Java学习笔记

(第6版)

林信良　著

清華大學出版社

北　京

内容简介

本书是作者十多年教学经验的总结，汇集了学员在学习过程中或认证考试中遇到的关于概念、实验、应用等方面的问题及解决方案。

本书基于 Servlet 4.0/Java SE 15，对代码进行了重新审查与更新，涵盖 Java 15~17 的文本块、模式比对、record/sealed 等新特性，并介绍 OWASP TOP 10、CWE、CVE，讨论注入攻击、会话安全、密码管理、Java EE 安全机制、CSRF 等 Web 安全概念。必要时从 Java SE API 的源代码开始分析，介绍各种语法在 Java SE API 中的应用。本书还添加了关于 Spring 的内容，包含 Spring DI/AOP、Spring MVC、Spring Security 等，以及 Spring Boot 快速开发方案的使用，涵盖中文处理、图片验证、自动登录、验证过滤器、压缩处理、在线资料管理、邮件发送等领域的实用案例。此外，本书还提供丰富的练习示例，让你更好地掌握学习重点，并详细介绍 IDE 的使用，使你可以快速将所学知识应用于工作中。

本书适合 Java 的初、中级读者以及广大 Java 应用开发人员阅读。

图书在版编目（CIP）数据

Java 学习笔记 / 林信良著. -- 6 版. -- 北京 : 清华大学出版社, 2025. 4. -- ISBN 978-7-302-68696-5

Ⅰ. TP312.8

中国国家版本馆 CIP 数据核字第 2025JR3669 号

责任编辑：王　军　刘远菁
封面设计：高娟妮
版式设计：恒复文化
责任校对：马遥遥
责任印制：宋　林

出版发行：清华大学出版社
网　　址：https://www.tup.com.cn，https://www.wqxuetang.com
地　　址：北京清华大学学研大厦 A 座　　**邮　　编：**100084
社 总 机：010-83470000　　**邮　　购：**010-62786544
投稿与读者服务：010-62776969，c-service@tup.tsinghua.edu.cn
质 量 反 馈：010-62772015，zhiliang@tup.tsinghua.edu.cn
印 装 者：涿州汇美亿浓印刷有限公司
经　　销：全国新华书店
开　　本：148mm×210mm　　**印　　张：**20.5　　**字　　数：**899 千字
版　　次：2025 年 5 月第 1 版　　**印　　次：**2025 年 5 月第 1 次印刷
定　　价：139.80 元

产品编号：099116-01

序

图灵奖得主 Dijkstra 在 2001 年写信给得州大学预算委员会，希望大学的程序设计入门课程不要使用命令式的 Java 取代函数式的 Haskell；2001 年前后是 Java 2 的时代，而 Java 1.3 推出没多久，难怪 Dijkstra 会觉得 Java 看起来就像个商业噱头，完全可以想象他为何对此感到不安。

然而从 Java 8 开始，Java 持续、稳健地添加、增强函数式的语法、API 等元素，跟上了其他具有一级函数式特性语言的脚步，添加了一些高级流程抽象，甚至在 Java 16～17 版本中，开始添加模式比对、record、sealed 类，这些特性其实对应的是函数式中更为基础的元素——“代数数据类型(Algebraic Data Type)”，这让开发者不仅能使用命令式的 Java，还能便利地基于函数式规范来思考与实践。

我本身也是函数式规范的爱好者，就我而言，命令式与函数式就是不同的思考方式，只不过人很容易受第一次接触的东西影响，甚至养成习惯。初入程序设计领域的人若一开始时接受命令式的训练，日后就会习惯用命令式来解决问题；若一开始时接受函数式的训练，那么看到命令式的 x=x+1 时，往往也会难以接受。

这也是 Dijkstra 在信中谈到的，我们会被使用的工具所约束，而编程语言作为一种工具，对我们的影响更为深远，因为它们塑造的是思考习惯！

就现实而言，大部分开发者确实是从命令式的训练开始的，这在一定程度上是因为许多主流语言是命令式的，同时反映了许多问题需要使用命令式来解决；然而命令式与函数式各有其应用场景，现今 Java 添加了越来越多的函数式元素，其实也反映了当今应用程序想解决的问题日益需要使用函数式。

如前所述，命令式与函数式就是不同的思考方式。对开发者来说，其实可使用的思考方式越多，面对问题时可用的工具就越多，也就越有办法确定合适的方案。

当然，要学习，就需要付出成本，不过我更倾向于认为这是一种投资，开发者在可用的思考方式等方面投资越多，能解决的问题就越广、越深，个人积累也越深厚，姑且不要说什么提高自身价值或不可取代性，就根本而言，这是对自己所从事领域的尊重。

毕竟程序设计本身就是一项需要不断培养思考方式的工作，是个需要不断积累经验的领域，如果开发者吝于在学习上投资，懒得花时间去积累经验，这不就是在贬低自身从事的工作吗？那么当初又何必进入这个领域呢？

前言

通过本书的前言，你可以更好地了解如何阅读和使用本书。

新旧版本的差异

介绍 JDK 15～17 的新特性，是本书改版的重点之一。4.4.3 节介绍 Java 15 的文本块(Text Block)，6.2.5 节介绍 instanceof 时也谈到了 Java 16 的模式比对(Pattern Matching)，9.1.3 节与 18.3.1 节介绍 Java 16 的 record 类，18.3.2 节讨论 Java 17 的 sealed 类。

本书改版的第二个重点是对一些过时或不再需要详细介绍的内容进行简化或删除，如旧版中第 1 章的 JDK 历史、第 5 章的传值调用、第 11 章的 ForkJoinPool、第 13 章的 Data 与 Calendar、第 15 章的国际化、第 16 章的 RowSet 等。

删除陈旧内容的另一个目的是为新特性的说明留出足够的篇幅。另外，15.2 节添加了 Java 11 中新增的 HTTP Client API 的说明，11.1.5 节添加了 java.util.concurrent.atomic 说明。

至于本书的内容，照惯例将全书内容重新审阅了一次，并在示例部分适当地使用新特性，例如使用文本块简化字符串模板，如果某个类实际上是不可变的数据类，那就使用 record 类。

从 Java SE 12 开始，为了获取程序员的反馈意见，Java 中的一些新功能会以预览的形式进行发布；这些预览功能在未来可能会发生比较大的变化，因此本书不会对预览功能进行介绍。

从 Java SE 17 开始，LTS(Long Term Support，长时间支持版本)的发布周期缩短为两年一次，因此本书未来的版本也将基于 LTS 的版本。

字体

本书对正文和程序代码使用了不同的字体，以进行区分。

代码示例

你可以通过扫描本书封底的二维码下载本书所使用的示例代码。

本书的许多示例代码都使用了完整的代码实现，如以下代码示例。

ClassObject Guess.java

```
package cc.openhome;

import java.util.Scanner;   ← ❶ 告诉编译器接下来想偷懒
import static java.lang.System.out;

public class Guess {
    public static void main(String[] args) {
        var console = new Scanner(System.in);   ← ❷ 建立 Scanner 实例
        var number = (int) (Math.random() * 10);
        var guess = -1;

        do {
            out.print("猜数字（0 ~ 9）:");
            guess = console.nextInt();   ← ❸ 取得下一个整数
        } while(guess != number);

        out.println("猜中了...XD");
    }
}
```

示例代码上方的 ClassObject 表示可在本书配套代码库的 samples 文件夹中找到相应章节的文件夹，然后在其中找到 ClassObject 项目；而 ClassObject 右边的 Guess.java 则表示，可以在这个项目中找到 Guess.java 文件。如果程序代码中出现了数字标号和提示文字，那么在后面的正文部分会有对这些数字标号和提示文字的详细说明。

原则上，建议你尝试编写并运行每个示例程序，但如果时间有限，可以自行决定练习哪些示例。本书带有不少的练习，建议你自己完成，如果示例旁有图标，比如下面的代码：

Game1 SwordsMan.java

```
package cc.openhome;

public class SwordsMan extends Role {
    public void fight() {
        System.out.println("挥剑攻击");
    }
}
```

该图标表示建议你动手操作，而且在本书配套代码库的 labs 文件夹中，有该练习项目的基础代码。打开该项目之后，补全其中缺失的程序代码即可。

如果看到如下程序代码，则应知它是一个完整的程序代码，而不是项目的一部分，它旨在展现如何编写完整的内容：

```
public class Hello {
    public static void main(String[] args) {
        System.out.println("Hello!World!");
    }
}
```

如果看到以下代码，则应知它是代码片段，旨在强调编写程序代码时需要特别注意的部分：

```
var swordsMan = new SwordsMan();
...
out.printf("剑客 (%s, %d, %d)%n", swordsMan.getName(),
        swordsMan.getLevel(), swordsMan.getBlood());
var magician = new Magician();
...
out.printf("魔法师 (%s, %d, %d)%n", magician.getName(),
        magician.getLevel(), magician.getBlood());
```

有些简单的代码片段会适当地使用 jshell 示例(可参考图 3-1)。如果看到提示文字以 jshell>开头，那么应知这些内容是在 jshell 环境中执行的，如下所示：

```
jshell> System.out.printf("example:%.2f%n", 19.234);
example:19.23
```

对话框

本书中会出现以下形式的对话框：

提示>>> 针对课程中提到的概念提供一些额外的资源或思考方向。虽然你可以暂时忽略这些提示，但如果有时间的话，不妨针对这些提示多做些思考或讨论。

注意>>> 针对课程中提到的概念以对话框的方式强调必须注意的使用方式、陷阱或应该避免的问题。看到这个对话框时请仔细思考。

附录

示例文件包括本书中全部的示例，并提供 Eclipse 示例项目，附录则说明如何使用这些示例项目。

目录

第 1 章　Java 平台概述 1
1.1　Java 不只是语言 1
1.1.1　Java 的前世今生 1
1.1.2　三大平台 5
1.1.3　JCP 与 JSR 7
1.1.4　Oracle JDK 与 OpenJDK 8
1.2　JVM/JRE/JDK 10
1.2.1　什么是 JVM 10
1.2.2　JRE 与 JDK 12
1.2.3　下载并安装 JDK 13
1.2.4　了解 JDK 安装内容 15
第 2 章　从 JDK 到 IDE 17
2.1　从“Hello，World”开始 17
2.1.1　编写 Java 源代码 17
2.1.2　PATH 是什么 20
2.1.3　JVM(java)与CLASSPATH 23
2.1.4　编译器(javac)与 CLASSPATH 26
2.2　管理源代码和字节码文件 27
2.2.1　编译器(javac)与 SOURCEPATH 28
2.2.2　通过 package 对类进行管理 29
2.2.3　使用 import 简化操作 31
2.3　初识模块平台系统 34
2.3.1　JVM(java)与 module-path 34
2.3.2　编译器(javac)与 module-path 37
2.3.3　编译器(javac)与 module-source-path 38
2.4　使用 IDE 39
2.4.1　IDE 项目管理基础 39
2.4.2　使用了哪个 JRE 43
2.4.3　类文件版本 45
第 3 章　基础语法 48
3.1　类型、变量和运算符 48
3.1.1　类型 48
3.1.2　变量 52
3.1.3　运算符 55
3.1.4　处理类型 62
3.2　流程控制 66
3.2.1　if...else 条件表达式 66
3.2.2　switch 条件表达式 69
3.2.3　for 循环 72
3.2.4　while 循环 74
3.2.5　break 和 continue 75
课后练习 77
第 4 章　认识对象 78
4.1　类与实例 78
4.1.1　定义类 78
4.1.2　使用标准类 82
4.1.3　对象赋值与相等性 85
4.2　基本类型包装器 87
4.2.1　包裹基本类型 87
4.2.2　自动装箱与拆箱 88
4.2.3　自动装箱与拆箱的内幕 89
4.3　数组对象 92
4.3.1　数组基础 92
4.3.2　操作数据对象 95
4.3.3　复制数组 101

4.4 字符串对象……105
4.4.1 字符串基础……105
4.4.2 字符串特性……108
4.4.3 文本块……112
4.4.4 源代码编码……114
4.4.5 Java 与 Unicode……117
4.5 查询 Java API 文档……120
课后练习……124

第 5 章 对象封装……126
5.1 什么是封装……126
5.1.1 封装对象初始流程……126
5.1.2 对象封装的操作流程……129
5.1.3 封装对象的内部数据……132
5.2 类的语法细节……135
5.2.1 public 权限设定……135
5.2.2 关于构造函数……137
5.2.3 构造函数与方法重载……138
5.2.4 使用 this……140
5.2.5 static 类成员……144
5.2.6 变长参数……149
5.2.7 内部类……150
课后练习……152

第 6 章 继承与多态……154
6.1 什么是继承……154
6.1.1 继承共同行为与实现……154
6.1.2 多态与从属……158
6.1.3 重新定义实现……163
6.1.4 抽象方法、抽象类……166
6.2 继承语法细节……167
6.2.1 protected 成员……167
6.2.2 覆盖的细节……169
6.2.3 再看构造函数……171
6.2.4 再看 final 关键字……173
6.2.5 java.lang.Object……174
6.2.6 关于垃圾收集……181
6.2.7 再看抽象类……184
课后练习……186

第 7 章 接口与多态……188
7.1 什么是接口……188
7.1.1 使用接口定义行为……188
7.1.2 行为的多态……193
7.1.3 解决需求变化……196
7.2 接口的语法细节……203
7.2.1 接口的默认设定……203
7.2.2 匿名内部类……207
7.2.3 使用 enum 列举常量……212
课后练习……214

第 8 章 异常处理……215
8.1 语法与继承架构……215
8.1.1 使用 try、catch……215
8.1.2 异常继承架构……218
8.1.3 要抓还是要抛……223
8.1.4 贴心还是制造麻烦……225
8.1.5 了解堆栈跟踪……228
8.1.6 关于 assert……232
8.2 异常与资源管理……235
8.2.1 使用 finally……235
8.2.2 自动尝试关闭资源……237
8.2.3 java.lang.AutoCloseable 接口……240
课后习题……243

第 9 章 Collection 与 Map……244
9.1 使用 Collection 收集对象……244
9.1.1 认识 Collection 架构……244
9.1.2 带有索引的 List……246
9.1.3 内容不重复的 Set……250
9.1.4 支持队列操作的 Queue……255
9.1.5 使用泛型……258
9.1.6 Lambda 表达式简介……263
9.1.7 Iterable 与 Iterator……265
9.1.8 Comparable与Comparator……268

9.2 键值对与 Map······273
9.2.1 常用 Map 实现的类······274
9.2.2 遍历 Map 键值······278
9.3 不可变的 Collection 与 Map······281
9.3.1 不可变特性简介······281
9.3.2 Collections 的 unmodifiableXXX()方法······282
9.3.3 List、Set、Map 的 of() 方法······284
课后练习······287
第 10 章 输入/输出······288
10.1 InputStream 与 OutputStream······288
10.1.1 流设计概念······288
10.1.2 流继承架构······292
10.1.3 流处理包装器······295
10.2 字符处理类······300
10.2.1 Reader 与 Writer 继承架构······300
10.2.2 字符处理装饰器······302
课后练习······304
第 11 章 线程与并行 API······306
11.1 线程······306
11.1.1 线程简介······306
11.1.2 Thread 与 Runnable······309
11.1.3 线程生命周期······311
11.1.4 关于 ThreadGroup······318
11.1.5 synchronized 与 volatile······321
11.1.6 等待与通知······333
11.2 并行 API······338
11.2.1 Lock、ReadWriteLock 与 Condition······338
11.2.2 使用 Executor······348
11.2.3 并行 Collection 简介······357
课后练习······361
第 12 章 Lambda······362
12.1 认识 Lambda 语法······362
12.1.1 Lambda 语法概览······362
12.1.2 Lambda 表达式与函数式接口······366
12.1.3 当 Lambda 遇上 this 与 final 时······368
12.1.4 方法与构造函数引用······370
12.1.5 接口默认方法······373
12.2 Functional 与 Stream API······377
12.2.1 使用Optional取代null······377
12.2.2 标准 API 的函数式接口······380
12.2.3 使用 Stream 进行管道操作······383
12.2.4 对 Stream 进行 reduce 与 collect······386
12.2.5 关于 flatMap()方法······392
12.2.6 与 Stream 相关的 API······395
12.2.7 活用 Optional 与 Stream······396
12.3 Lambda、并行化与异步处理······399
12.3.1 Stream 与并行化······399
12.3.2 Arrays 与并行化······403
12.3.3 通过 CompletableFuture 进行异步处理······404
课后练习······408
第 13 章 时间与日期······409
13.1 认识时间与日期······409
13.1.1 衡量时间······409
13.1.2 年历简介······411
13.1.3 认识时区······412
13.2 认识 Date 与 Calendar······412
13.2.1 时间轴上瞬间的 Date······413

13.2.2 处理时间与日期的 Calendar……414
13.3 新时间与日期 API……417
13.3.1 机器时间观点的 API……417
13.3.2 人类时间观点的 API……419
13.3.3 对时间的运算……422
13.3.4 年历系统设计……425
课后练习……426

第 14 章 NIO 与 NIO2……427
14.1 认识 NIO……427
14.1.1 NIO 概述……427
14.1.2 Channel 架构与操作……428
14.1.3 Buffer 架构与操作……429
14.2 NIO2 文件系统……433
14.2.1 NIO2 架构……433
14.2.2 操作路径……434
14.2.3 属性读取与设定……437
14.2.4 操作文件与文件夹……440
14.2.5 读取、访问文件夹……443
14.2.6 过滤、搜索文件……448
课后练习……451

第 15 章 通用 API……452
15.1 日志……452
15.1.1 日志 API 简介……452
15.1.2 指定日志层级……454
15.1.3 使用 Handler 与 Formatter……457
15.1.4 自定义 Handler、Formatter 与 Filter……458
15.1.5 使用 logging.properties……461
15.2 HTTP Client API……462
15.2.1 浅谈 URI 与 HTTP……462
15.2.2 HTTP Client API 入门……466
15.2.3 发送请求信息……469
15.3 正则表达式……473
15.3.1 正则表达式简介……473
15.3.2 quote()与 quoteReplacement()……481
15.3.3 Pattern 与 Matcher……482
15.3.4 Unicode 正则表达式……487
15.4 处理数字……490
15.4.1 使用 BigInteger……490
15.4.2 使用 BigDecimal……492
15.4.3 数字的格式化……495
15.5 再谈堆栈跟踪……496
15.5.1 获取StackTraceElement……496
15.5.2 Stack-Walking API……499
课后练习……504

第 16 章 整合数据库……505
16.1 JDBC 入门……505
16.1.1 JDBC 简介……505
16.1.2 连接数据库……512
16.1.3 使用 Statement、ResultSet……519
16.1.4 使用 PreparedStatement、CallableStatement……524
16.2 JDBC 高级应用……528
16.2.1 使用 DataSource 取得连接……528
16.2.2 使用 ResultSet 查看、更新数据……532
16.2.3 批量更新……534
16.2.4 Blob 与 Clob……535
16.2.5 事务简介……536
16.2.6 metadata 简介……545
课后练习……547

第 17 章 反射与类加载器……549
17.1 使用反射……549
17.1.1 Class 与.class 文件……549
17.1.2 使用 Class.forName()……552
17.1.3 从 Class 创建对象……554
17.1.4 从 Class 获得信息……557

17.1.5 操作对象的方法与成员…560
17.1.6 动态代理…563
17.1.7 反射与模块…567
17.1.8 使用 ServiceLoader…574
17.2 了解类加载器…577
17.2.1 类加载器层级…577
17.2.2 创建 ClassLoader 实例…579
课后练习…581

第 18 章 自定义泛型、列举与标注…582
18.1 自定义泛型…582
18.1.1 使用 extends 与?…582
18.1.2 使用 super 与?…588
18.2 自定义列举…591
18.2.1 成员的细节…591
18.2.2 构造函数、方法与接口…592
18.3 record 与 sealed…596
18.3.1 深入了解 record 类…596
18.3.2 sealed 的类型层级…601
18.4 关于标注…604
18.4.1 常用标准标注…604
18.4.2 自定义标注类型…608
18.4.3 运行时读取标注信息…614
课后练习…617

第 19 章 深入了解模块化…619
19.1 使用模块…619
19.1.1 模块的种类…619
19.1.2 requires、exports 与 opens 的细节说明…623
19.1.3 补丁模块…627
19.1.4 放宽模块封装与依赖…628
19.2 模块 API…630
19.2.1 使用 Module…630
19.2.2 使用 ModuleDescriptor…632
19.2.3 浅谈 ModuleLayer…633
19.3 打包模块…634
19.3.1 使用 jar 打包…635
19.3.2 使用 JMOD 进行打包…637
19.3.3 使用 jlink 建立运行时镜像…640

附录 如何使用本书项目…643

第1章 Java平台概述

学习目标

- Java版本迁移简介
- 了解JVM、JRE与JDK
- 认识 Java SE、Java EE、Java ME
- 下载、安装JDK
- 了解JDK规范与操作

1.1 Java不只是语言

自1995年以来，Java已经走过25个年头，经过这些年的不断发展，正如本节标题所示，Java已不仅是一门编程语言，它还代表了解决问题的平台(Platform)，更代表了原厂、各个厂商、社区、开发者与使用者沟通的成果。若仅从编程语言的角度来看待Java，就如管中窥豹，只会看到Java身为编程语言的那部分，而看不到Java在编程语言之外、更可贵也更庞大的资源。

1.1.1 Java的前世今生

一门语言的诞生都有其目的，因为这个目的将成就这门语言的主要特性。探索Java的历史演进，对于掌握Java特性与各种可用资源，有着极大的帮助。

Java的诞生

Java最早是Sun公司在绿色项目(Green Project)中撰写Star7应用程序的编程语言，当时它的名称不是Java，而是Oak。

绿色项目始于1990年12月，由Patrick Naughton、Mike Sheridan与James Gosling[1]主持，目的是掌握下一代计算机应用程序趋势。他们认为下一代计算机应用程序的趋势会集中在消费性数码产品(如当今的平板、手机等消费性电子产品)的使用上。1992年9月3日，Green Team项目小组展示了Star7手持设备，这个设备具有无线网络连接、5英寸LCD彩色屏幕、

1 James Gosling被尊称为Java之父。

PCMCIA 接口等功能，而 Oak 在绿色项目中是用来编写 Star7 应用程序的编程语言。

之所以称之为 Oak，是因为 James Gosling 的办公室窗外有一棵橡树(Oak)，他就顺势取了这个名称，后来发现 Oak 名称已经被注册了，工程师们边喝咖啡边讨论着新名称，最后灵机一动，将它改为 Java。

Java 中有许多为了节省资源而进行的设计，像动态加载类文件、字符串池(String Pool)等特性，这是因为 Java 一开始就是为消费性数码产品而设计的，而通常这类小型装置的内存和运算资源非常有限。

随着万维网(World Wide Web)的兴起，Java Applet(见图 1-1)成为网页互动技术的代表。

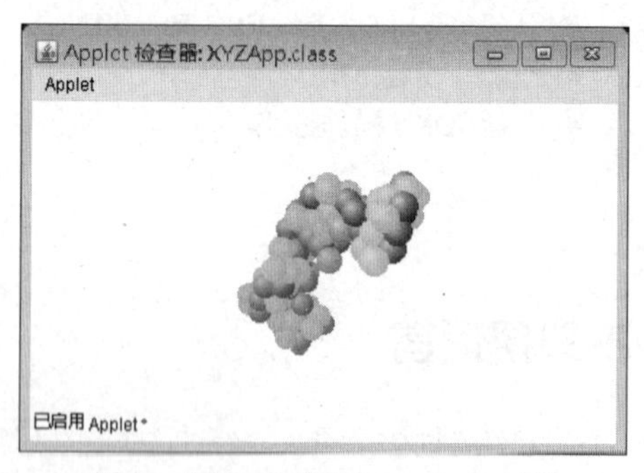

图 1-1 旧版 JDK 所带的 Java Applet 示例

1993 年，第一个全球互联网浏览器 Mosaic 诞生，James Gosling 认为互联网与 Java 的一些特性不谋而合。利用 Java Applet 在浏览器上展现互动性媒体，在当时而言，是对视觉感官的一种革命性颠覆。Green Team 仿照 Mosaic 开发出基于 Java 技术的浏览器 WebRunner(原名为 BladeRunner)，后来它被改名为 HotJava。虽然 HotJava 只是展示性产品，但运用 Java Applet 展现的多媒体效果，马上引起了许多人的注意。

1995 年 5 月 23 日[1]，Oak 正式更名为 Java，Java Development Kit (当时 JDK 全名)1.0a2 版本正式对外发布。1996 年 Netscape Navigator 2.0 也正式支持 Java，Microsoft Explorer 亦开始支持 Java，从此 Java 逐渐在互联网的世界流行起来。虽然当时消费性市场并未接受 Star7 产品，绿色项目面临被关闭的命运，然而全球互联网的兴起给了 Java 新的生命与舞台。

提示»» Java SE 17 以后，Applet 被标示为移除(Removal)，这意味着下个版本会删除 Applet。

从 J2SE 到 Java SE

随着 Java 越来越受到关注，Sun 在 1998 年 12 月 4 日发布了 Java 2 Platform，Standard

1 这一天被公认为 Java 的诞生日。

Edition(简称 J2SE)1.2，Java 开发者版本一开始是通过 Java Development Kit 名称发布的，简称 JDK，而 J2SE 是平台名称，其中包含了 JDK 与 Java 编程语言。

Java 平台标准版(J2SE)约以每两年为周期，推出重大版本更新，1998 年 12 月 4 日发布 J2SE 1.2，2000 年 5 月 8 日发布 J2SE 1.3，2002 年 2 月 13 日发布 J2SE 1.4，“Java 2”名称也从 J2SE 1.2 一直沿用至之后的各个版本。

2004 年 9 月 29 日发布的 Java 平台标准版的版本号不是 1.5，而是直接跳到 5.0，称为 J2SE 5.0，以表明此版本与先前版本相比有着巨大的改变，像语法上的简化、泛型(Generics)、列举(Enum)、注解(Annotation)等重大功能的添加。

2006 年 12 月 11 日发布的 Java 平台标准版，除了版本号之外，名称也有了变化，称为 Java Platform, Standard Edition 6，简称 Java SE 6，JDK 6 全名为 Java SE Development Kit 6，也就是不再像以前 Java 2 那样带有“2”这个号码，版本号 6 或 1.6.0 同时使用，6 是产品版本(Product Version)，而 1.6.0 是开发者版本(Developer Version)。

在 Java SE 8 之前，大部分 Java 标准版平台都会取个代码名称(Code Name)，例如 J2SE 5.0 的代码名称 Tiger(老虎)。为了引人注目，发布会上还出现了只小白老虎，而许多书的封面也应景地放上老虎的图片。有关 JDK 代码名称与发布日期，可以参考表 1-1。

表 1-1 Java 版本、代码名称与发布时间

版本	代码名称	发布时间
JDK 1.1.4	Sparkler(烟火)	1997 年 9 月
JDK 1.1.5	Pumpkin(番瓜)	1997 年 12 月
JDK 1.1.6	Abigail(圣经故事中的人物)	1998 年 4 月
JDK 1.1.7	Brutus(罗马政治家)	1998 年 9 月
JDK 1.1.8	Chelsea(足球俱乐部名称)	1999 年 4 月
J2SE 1.2	Playground(游乐场)	1998 年 12 月
J2SE 1.2.1	无	1999 年 3 月
J2SE 1.2.2	Cricket(蟋蟀)	1999 年 7 月
J2SE 1.3	Kestrel(红隼)	2000 年 5 月
J2SE 1.3.1	Ladybird(瓢虫)	2001 年 5 月
J2SE 1.4.0	Merlin(魔法师的名字)	2002 年 2 月
J2SE 1.4.1	Hopper(蚱蜢)	2002 年 9 月
J2SE 1.4.2	Mantis(螳螂)	2003 年 6 月
J2SE 5.0	Tiger(老虎)	2004 年 9 月
Java SE 6	Mustang(野马)	2006 年 12 月
Java SE 7	Dolphin(海豚)	2011 年 7 月
Java SE 8(LTS)	无	2014 年 3 月

(续表)

版本	代码名称	发布时间
Java SE 9	无	2017 年 9 月
Java SE 11(LTS)	无	2018 年 9 月
Java SE 17(LTS)	无	2021 年 9 月

提示>>> 表 1-1 在 Java SE 9 之后，只列出长期支持(Long Term Support，LTS)版本，其他版本的发布时间，可参考“JDK Releases”[1]，稍后会介绍什么是长期支持版本。

江山易主

如表 1-1 所示，J2SE 1.2、J2SE 1.3、J2SE 1.4.0、J2SE 5.0、Java SE 6 推出的时间间隔差不多都是两年，然而 Java SE 7 却让 Java 开发者等了四年多，让人不禁想问：Java 怎么了？

原因有很多，Java SE 7 对新版本的规划摇摆不定，且涵盖许多不易实现的新特性，加上 Sun 苦于营收，低迷不振，影响了新版本的推动，承诺发布的日期不断变更。然后，2010 年 Oracle 宣布并购 Sun，Java 也正式成为 Oracle 的产品。并购会带来一连串的组织重整，导致 Java SE 7 的发布日期再度调整。在经历了一些重新规划、调整后，Java SE 7 才最终于 2011 年 7 月发布。

Java SE 8 的发布也是一波三折，该版本原定于 2013 年发布，然而接二连三暴露出的 Java 安全漏洞迫使 Java 开发团队决定先检查、修补 Java 安全问题，几经延迟之后，最后将发布 Java SE 8 的时间定为 2014 年 3 月。

后来，由于 Java SE 9 重大特性之一——Java 模块平台系统开发时间仓促，加之 JCP 执行委员会(Java Community Process Executive Committee)曾经投票否决了 Java 模块平台系统，Java SE 9 的发布日期也多次延迟，它最终在 2017 年 9 月正式发布。

目前发布周期

Java SE 6 之后，重大版本的推出往往旷日累时，给人们停滞不前的感觉。相对地，有不少其他语言技术采取了常态化发布新版本的做法，Java 后来也跟上了潮流。从 Java SE 9 开始，JDK 以半年为周期，持续发布新版本。

常态化发布的新版本，内容仅包含当时已完成的新特性。版本格式采取 $FEATURE.$INTERIM.$UPDATE.$PATCH，$FEATURE 每六个月变更一次，必须包含新增特性，$INTERIM 目前总是为 0，之所以保留它，是为了方便未来使用，同一 $FEATURE 下，$UPDATE 每三个月递增一次，包含安全、bug 修正，而$PATCH 只会在发布紧急重大补丁时递增，因此对于刚发布的 Java SE 17 来说，完整版本号是 17.0.0。

1 JDK Releases：https://www.java.com/releases/.

就企业而言，安全性补丁是重要考量之一，需要留意的是长期支持(Long Term Support)版本，也就是表 1-1 中标示为 LTS 的版本。Java SE 8 是 LTS，而 Java SE 8 之后，Java SE 16 以前，每三年发布一个 LTS，因此 Java SE 11 是 LTS。LTS 版本维护的周期较长，实际维护时间视 JDK 来源而定(稍后会介绍)，可能会是三到六年不等的时间。

然而，从 Java SE 17 开始，LTS 的发布周期缩短为两年一次，目的是让企业有更多的 LTS 选择。

提示 >>> 重要的开源原始代码库或框架多半基于 LTS 版本，例如，Spring Framework 6 就是基于 Java SE 17 的。

此外，Java SE 9、Java SE 12～16 等版本只是短期支持版本，发布六个月后就不再维护，通常用于开发评估。在新版本发布后，短期支持版本的使用者应尽快将其更新至新版本。

1.1.2　三大平台

在 Java 发展过程中，由于该语言的应用领域越来越广，并逐渐扩展到各级应用软件的开发，Sun 公司在 1999 年 6 月于美国旧金山的 JavaOne 大会上，公布了新的 Java 体系架构，该架构根据不同级别的应用开发定义了不同的应用版本：J2SE(Java 2 Platform， Standard Edition)、J2EE(Java 2 Platform， Enterprise Edition)与 J2ME(Java 2 Platform，Micro Edition)。

J2SE、J2EE 与 J2ME 是当时的名称，由于 Java SE 6 后 Java 不再带有“2”这个标志，J2SE、J2EE 与 J2ME 分别被正名为 Java SE、Java EE 与 Java ME。

提示 >>> 尽管 Sun 从 2006 年底，就将三大平台正名为 Java SE、Java ME 与 Java EE，然而时至今日，不少人的习惯还是没有改过来，J2SE、J2ME 与 J2EE 这些名词还是被很多人使用。

Java SE(Java Platform, Standard Edition)

Java SE 是 Java 各应用平台的基础。若想要学习其他的平台应用，则必先将 Java SE 作为基础。Java SE 也正是本书主要的介绍对象。

图 1-2 为 Java SE 的整体架构图。

提示 >>> Java SE 11 以后不再包含 Java Web Start。2021 年 7 月，OpenJDK 管理委员会同意解散 AWT、Swing、2D 项目。

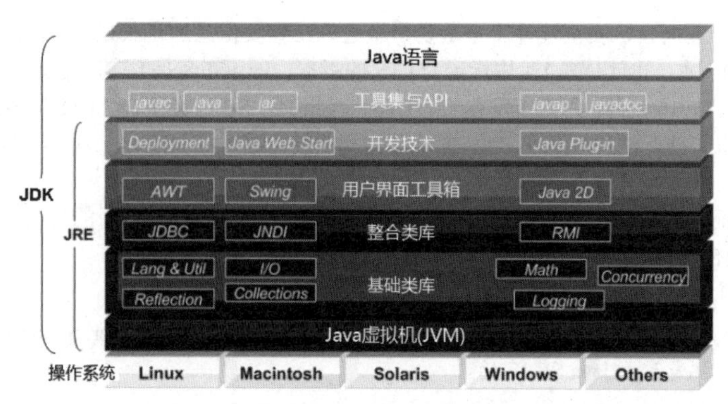

图 1-2 Java SE 架构图

Java SE 包含了几个主要部分：JVM、JRE、JDK 与 Java 语言。

为了运行编写好的 Java 程序，必须有 Java 虚拟机(Java Virtual Machine，JVM)。JVM 包含在 Java 执行环境(Java SE Runtime Environment，JRE)中，因此，为了运行 Java 程序，必须安装 JRE。

若要开发 Java 程序，必须先安装 JDK(Java SE Development Kit)。JDK 包括 JRE 以及开发过程中需要的一些工具程序，像 javac、java 等工具程序(关于 JRE 及 JDK 的安装与使用，会在第 2 章中进行说明)。

Java 语言只是 Java SE 的一部分，除了语言，Java SE 还提供庞大且强大的标准 API，提供字符串处理、数据输入/输出、网络套件等功能。可以基于这些 API 进行程序开发，而不用重复开发功能相同的组件。事实上，在熟悉 Java 语言之后，更多的时候，你都是在学习如何使用 Java SE 提供的 API 来组成应用程序。

Java EE(Java Platform, Enterprise Edition)/Jakarta EE

Java EE 以 Java SE 为基础，定义了一系列服务、API、协议，适用于开发分布式、多层式(Multi-tier)、基于 meta 的 Web 应用程序。整个 Java EE 的体系相当庞大，大家普遍了解的技术有 JSP、Servlet、JavaMail、Enterprise Java Beans(EJB)等，其中每项服务或技术都有专门的书籍进行说明，本书将不做过多介绍。然而可以肯定的是，必须先奠定良好的 Java SE 基础，才能更好地学习 Java EE 的开发。

2017 年 9 月，Oracle 宣布将 Java EE 的源代码公开，相关技术授权给了 Eclipse 基金会，而基金会后来把 Java EE 更名为 Jakarta EE。

Java ME(Java Platform, Micro Edition)

Java ME 是 Java 平台版本中最小的一个，被用作在小型数码设备上开发及部署应用程序的平台，像消费性电子产品或嵌入式系统等。早期的手机、PDA、股票机等，常部署 Java ME，以便使用 Java 语言来开发相关应用程序，如游戏、股票软件、月历等；后来 Android 系统兴起，不少 Java ME 的应用场景被 Android 相关的技术取代了。

1.1.3　JCP 与 JSR

Java 不仅是编程语言，也是标准规范！

先来看看没有标准的话会有什么问题。我们的身边有些东西没有标准，例如手机充电器，不同厂商所产手机的充电器就不相同，家里面一堆充电器互不兼容，换个手机，充电器就不能用了，这种情况在过去经常发生！

有标准的好处是什么？现在许多计算机周边设备都以 USB 作为传输接口，这可以让计算机不再使用各种适配器。过去，计算机主机后面总有一堆不同规格的传输接口，而今，USB 接口的普及使计算机的使用方便了不少，许多手机的充电器也都采用 USB 接口，这真是一件好事。

回头来谈谈 Java 是标准规范这件事。编译/执行 Java 的 JDK/JRE，并非只有 Oracle 能实现，其他厂商或组织也可以实现自己的 JDK/JRE，你写的 Java 程序可以在不同厂商或组织实现的 JRE 上执行。以第 2 章将学到的第一个 Java 程序为例，其中有这么一行代码：

```
System.out.println("Hello, World");
```

这行程序的目的是，请系统(System)的输出(out)设备显示(println) Hello, World。是谁决定使用 System、out、println 这些名称的？为什么不是 Platform、Output、ShowLine 这些名称？如果 Oracle 使用 System、out、println 这些名称，而其他厂商使用 Platform、Output、ShowLine 这些名称，用 Oracle 的 JDK 写的程序就不能在其他厂商的 JRE 上执行，那 Java 最基本的特性“跨平台”就无法实现了！

Java 最初由 Sun 创造，为了让对 Java 感兴趣的厂商、组织、开发者或使用者，都可以参与定义 Java 未来的功能与特性，Sun 公司于 1998 年成立了 JCP(Java Community Process)。这是一个开放性国际组织，目的是让 Java 的发展由 Sun 非正式地主导，并让 Java 的发展过程受到全世界数以百计代表成员的公开监督。

任何想加入 Java 的功能或特性，必须以 JSR(Java Specification Requests)正式文件的方式提交。JSR 必须经过 JCP 执行委员会投票通过，方可成为最终标准文件，感兴趣的厂商或组织可以根据 JSR 去实现其产品。

若 JSR 成为最终文件，必须根据 JSR 内容生成免费且开放源代码的参考实现，称为 RI(Reference Implementation)，并提供 TCK(Technology Compatibility Kit)——技术兼容测试工具箱，以便其他想根据 JSR 实现产品的厂商或组织参考与测试兼容性。图 1-3 展示了 JCP、JSR、RI 与 TCK 之间的关系。

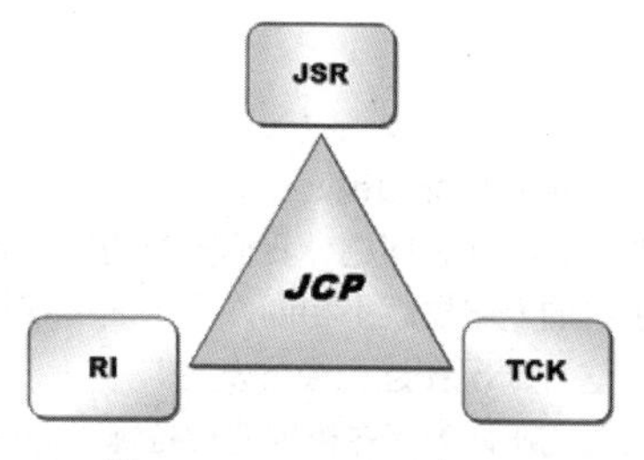

图 1-3　JCP、JSR、RI 与 TCK

提示>>> JCP 的官方网站为 jcp.org。

现在，无论是 Java SE、Java EE/Jakarta EE 或 Java ME，都遵循业界共同确立的标准。每个标准都代表了业界面临的一些问题，他们期待使用 Java 来解决问题，认为应该有某些组件、特性、应用程序接口等来满足需求，因而将 JSR 确定为正式标准规范文件。对于不同的技术解决方案，标准规范会给予一个编号。

在 JSR 规范之下，各厂商可以各自实现，因而同一份 JSR 可以有不同厂商的实现产品。

Java SE 17 的主要规范是在 JSR 392 文件中定义的，而 Java SE 17 中的特定技术会在特定的 JSR 文件中进行定义。如果你对这些文件感兴趣，可以参考 JSR 392 文件。

提示>>> 想要查询 JSR 文件，只要在"jcp.org/en/jsr/detail?id="后面加上文件编号就可以了，例如，查询 JSR 392 文件的网址是 jcp.org/en/jsr/detail?id=392。JSR 对于 Java 初学者而言过于晦涩，但 JSR 文件定义了相关技术的功能，希望你在将来有能力时，试着自行阅读 JSR 文件，这将有助于了解相关技术规范的更多细节。

1.1.4 Oracle JDK 与 OpenJDK

在过去，Sun 的 JDK 实现就是 JDK 的参考实现(Reference Implementation)，感兴趣的厂商或组织可以根据 JSR 自行实现其产品。只有通过 TCK 兼容性测试的实现可以使用 Java 这个商标。

Oracle JDK

过去的 SunBCL 提到，从 Sun 下载的 JDK 被用于桌面个人电脑时，是免费的(no-fee)；Oracle 接管 Sun 之后，OracleBCL 提到，从 Oracle 下载的 JDK 只能用于一般用途；"Oracle Java SE 8 Release Updates"[1]指出，Oracle JDK 8 于 2019 年 1 月后公开

1 Oracle Java SE 8 Release Updates：https://www.java.com/en/download/release_notice.jsp.

更新，若没有商业授权，不可用于非个人用途；Oracle 在“Oracle Technology Network License Agreement for Oracle Java SE”[1]写道，除了开发、测试、原型、应用程序展示等开发用途(Development Use)，不可用于数据处理、商业、产品等目的。

简单来说，JDK 8 以来至 Java SE 17 之前的这段时间，Oracle JDK 使用者必须先取得商用授权，才能进行商业应用，以及使用 Oracle JDK 提供的商用技术(像 Java SE Advanced Desktop、Advanced、Suite 等)，从 Oracle 官方取得 bug 补丁、安全性补丁等服务。

在 Java SE 17 正式发布之际，Oracle 允许在 NFTC(No-Fee Termsand Conditions)[2]授权下免费使用 Java，这涵盖了商业用途，详情可参考“Introducing the Free Java License”[3]。

OpenJDK

在 2006 年的 JavaOne 大会上，Sun 宣告其参考实现将开放源代码，从 JDK 7b10 开始有了 OpenJDK，并于 2009 年 4 月 15 日正式发布 OpenJDK。

与当时同为开放源代码的 SunJDK(SunJDK 当时采用 JRL)不同，OpenJDK 采用 GPL 2 (带有 Classpath Exception 的版本)，前者源代码可用于个人研究，但禁止任何商业用途，后者则允许用于商业用途。

“Oracle JDK Releases for Java 11 and Later”[4]提到，从 Java 11 开始，除了发布 Oracle JDK 构建版本之外，也会提供 OpenJDK 参考实现，不过后者不能使用 Oracle 提供的 bug 补丁、安全性补丁等服务。

然而，相关的补丁源代码会回馈至 OpenJDK 的源代码库，OpenJDK 使用者可以自行取得源代码进行建构；除了自行建构之外，有些组织会在取得补丁源代码后，提供预先建构好的 OpenJDK LTS 免费版本，像 Adoptium[5](前身 AdoptOpenJDK)、Amazon Corretto[6]、Microsoft Build of OpenJDK[7]；Azul Zulu 则为 OpenJDK 提供了付费服务，而在考量与操作系统的整合度时，Red Hat 提供了 OpenJDK 的构建版本。

简单来说，现有的 JDK 选择很多，无论你选哪个版本，请确认来源是否可信任，留意授权问题、提供了哪些服务以及支持的时效等！

先前提到过，就企业而言，需要留意的是 LTS，在表 1-1 中，标示为 LTS 的版本有 Java SE 8、Java SE 11 与 Java SE 17。各种提供 JDK 的网站应该都会显示支持至哪个年月，不过，由于 Java SE 9 以后开始支持模块化，这对既有应用程序及第三方程序库来说是个重大改革，不少企业必须进行谨慎的评估、修改，才能进行升级，因此，

---

1 Oracle Technology Network License Agreement for Oracle Java SE：https://www.oracle.com/downloads/licenses/javase-license1.html.

2 NFTC：https://www.oracle.com/downloads/licenses/no-fee-license.html.

3 Introducing the Free Java License：https://blogs.oracle.com/java/post/free-java-license.

4 Oracle JDK Releases for Java 11 and Later：https://blogs.oracle.com/java/post/oracle-jdk-releases-for-java-11-and-later.

5 Adoptium：https://adoptium.net/.

6 Amazon Corretto：https://aws.amazon.com/tw/corretto.

7 Microsoft Build of OpenJDK：https://www.microsoft.com/openjdk.

Java SE 8 的 OpenJDK 预先建构版本都至少支持到 2023 年。

然而，Java SE 8 发布于 2014 年，是个发布较久的版本了，后续版本推出的许多新功能或代码库在 Java SE 8 上无法使用。若没有历史性问题，建议采用 Java SE 11 以后的 LTS 版本，既有的旧项目也应尽快进行相关升级，以迁移至 Java SE 11 以后的 LTS 版本。

1.2 JVM/JRE/JDK

不要只从编程语言的角度来看待 Java，这样只会看到冰山一角。先前也提到过，Java SE 包含 JVM、JRE、JDK 与 Java 语言，了解 JVM、JRE 与 JDK 的作用与彼此间的关系，对于认识 Java 而言，是重要的一环。

1.2.1 什么是 JVM

通过图 1-2 可以看到，Java Virtual Machine(JVM)会构建在 Linux、Windows、iOS 等操作系统之上。许多关于 Java 的书都会告诉你，JVM 让 Java 可以跨平台，但是跨平台是怎么一回事？在这之前，得先了解不能跨平台是怎么一回事。

计算机只认识一种语言，也就是 0、1 序列组成的机器指令。当你使用 C/C++等高级语言撰写程序时，其实这些语言使用的是人类可阅读的语法，也就是比较接近英语语法的语言。这是为了方便人类阅读及编写，计算机其实看不懂 C/C++这类语言。为了将 C/C++翻译为 0、1 序列组成的机器指令，你必须有个翻译员，担任翻译员工作的就是编译器(Compiler)，如图 1-4 所示。

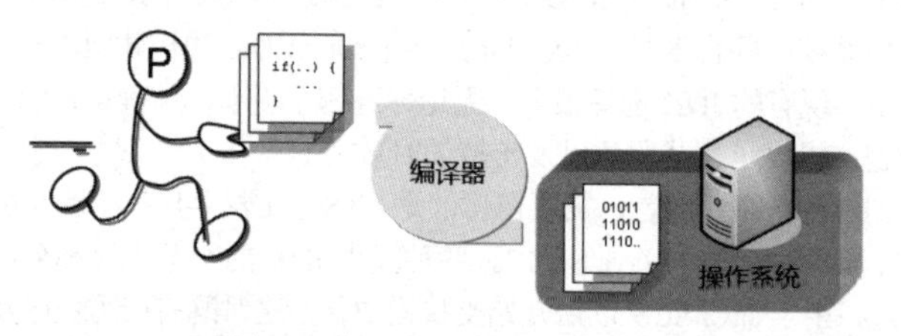

图 1-4 编译器将程序翻译为机器码

问题在于，每个平台认识的 0、1 序列并不一样。如图 1-5 所示，某指令在 Windows 上也许是 0101，在 Linux 下也许是 1010，因此必须使用不同的编译器，为不同平台编译出可执行的机器码。在 Windows 平台上编译好的程序，不能直接拿到 Linux 等其他平台上执行，也就是说，这类应用程序无法达到“编译一次，到处执行”的跨平台目的。

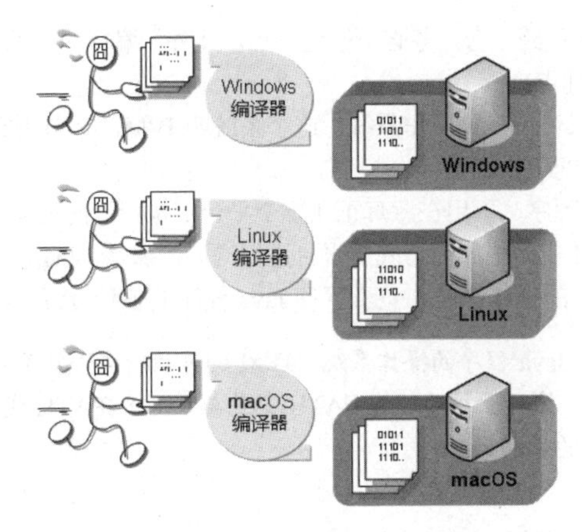

图 1-5　使用特定平台的编译器翻译出对应的机器码

Java 是个高级语言，要让计算机执行你编写的程序，也得通过翻译。不过 Java 编译时，并不直接编译为依赖于某平台的 0、1 序列，而是翻译为中介格式的字节码(Bytecode)。

如图 1-6 所示，Java 源代码的扩展名为*.java，由编译器翻译成扩展名为*.class 的字节码。若想执行字节码文件，目标平台必须安装 JVM(Java Virtual Machine)。JVM 会将字节码翻译为适用于该平台的机器码。

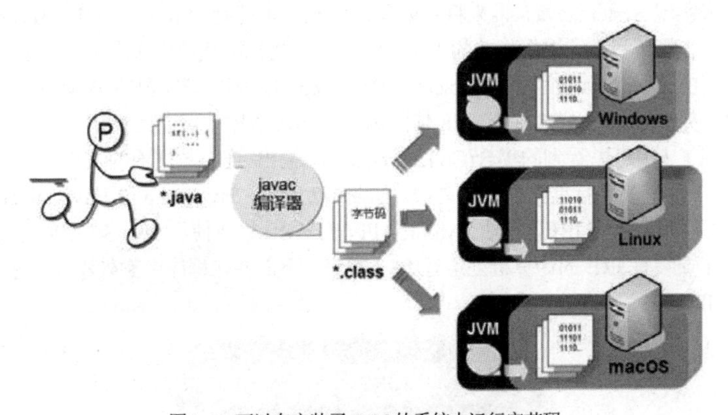

图 1-6　可以在安装了 JVM 的系统中运行字节码

不同的平台必须安装专属该平台的 JVM。这就好比你讲中文(*.java)，Java 编译器把你的话翻译为英语(*.class)，这份英语文件到各国家/地区之后，再由当地看得懂英文的人(JVM)翻译为当地语言(机器码)。

JVM 的任务之一就是充当当地的翻译员，将字节码文件翻译为当前平台看得懂的 0、1 序列。有了 JVM，Java 程序就可实现“编译一次，到处执行”的跨平台目的。JVM

能够让 Java 程序实现跨平台，务必了解这一点，此外，编写 Java 程序时，还需要知道有关 JVM 的以下几点。

(1) Java 程序只认识一种操作系统，这个系统叫 JVM，字节码文件(扩展名为.class 的文件)就是 JVM 的可执行文件。

(2) 对于 Java 程序，不用在意真正在哪个平台上执行，而只需要知道如何在 JVM 中运行。至于 JVM 实际上如何与底层平台进行沟通，那是 JVM 自己的事，因为 JVM 就相当于 Java 程序的操作系统，负责管理 Java 程序的各种资源。

注意>>> JVM 就是 Java 程序的操作系统，JVM 的可执行文件就是.class 文件，务必了解这一点，这对于往后理解 PATH 变量与 CLASSPATH 变量之间的差别，将有非常大的帮助。

1.2.2 JRE 与 JDK

让我们再看一下将在第 2 章学到的第一个 Java 程序，其中会有这么一行代码：

```
System.out.println("Hello, World");
```

之前曾经介绍过，Java 是个标准，System、out、println 这些名称都是标准中规定的名称，实际上，必须有人根据标准编写出 System.java，并将其编译为 System.class，才能在编写第一个 Java 程序时，使用 System 类上 out 对象的 println()方法。

谁来实现 System.java？谁来将它编译为.class？可能是 Oracle、IBM、Apache，无论如何，这些厂商必须根据相关的 JSR 标准文件，将标准代码库实现出来，这样一来，我们编写的第一个 Java 程序在 Oracle、IBM、Apache 等厂商实现的 JVM 上运行时，必须引用如 System 这样的标准 API，你的第一个 Java 程序才可能运行在不同的平台上。

在图 1-2 中可以看到的集合(Collection)、输入/输出、连接数据库的 JDBC 等 Java SE API，都在各个 JSR 标准文件规定之中。如图 1-7 所示，Java Runtime Environment 就是 Java 运行环境，简称 JRE，包括 Java SE API 与 JVM。只要使用 Java SE API 的软件库，就可以在安装有 JRE 的计算机上运行 Java 程序，不需要在程序中额外添加程序库，而可以由 JRE 直接提供。

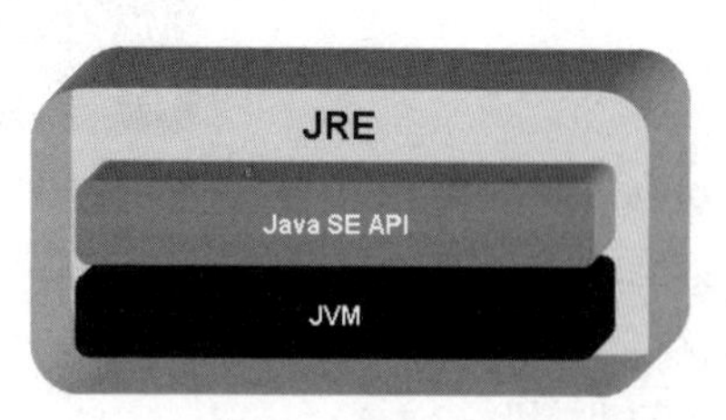

图 1-7 JRE 中包含 Java SE API 和 JVM

先前说过，若要在.java 中编写 Java 程序，并且需要使用编译器将程序编译为.class 文件，那么像编译器这样的工具程序由谁提供？答案就是 JDK，全名为 Java Developer Killer！呃！不对！是 Java Development Kit！

正如图 1-2 所示，JDK 包含 javac、java、javadoc 等工具。要开发 Java 程序，必须先安装 JDK，这样才可以使用这些工具，JDK 本身包含 JRE，因此能运行 Java 程序。总而言之，JDK 包含 Java 编程语言、工具程序与 JRE，JRE 则包含 Java SE API 与 JVM。

在过去，要编写 Java 程序，则需要安装 JDK，如果只是想让朋友执行程序，那么他只需要安装 JRE，而不用安装 JDK，因为他不需要 javac 之类的工具软件；不过新版本的 Oracle JDK 或 Open JDK 不再提供独立的 JRE 安装或下载，因此现在若想执行 Java 程序，也要使用 JDK。

对初学者来说，JDK 确实不是很友善，这大概是 Java 社区的隐性规则，会假设你懂得如何准备相关开发环境。因此装好 JDK 之后，应该自己设定环境变量或相关参数，JDK 不会为你完成这些工作，过去将 JDK 全名戏称为 Java Developer Killer，这是有原因的。

1.2.3　下载并安装 JDK

如果想下载并安装 Oracle JDK，请访问“Java Downloads”[1]，JDK 下载页面如图 1-8 所示。

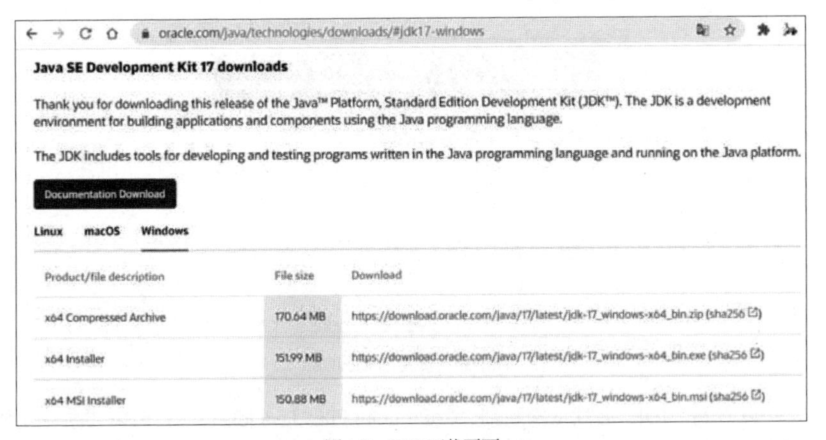

图 1-8　JDK 下载页面

这里以 Windows 下载为例。来到“Windows”部分，然后选择“x64 Installer”，单击“jdk-17_windows-x64_bin.exe”链接，开始下载。再次提醒，如果将 Oracle JDK 用于商业用途，你需要付费并取得商业授权，否则它仅供个人使用。

1 Java Downloads：https://www.oracle.com/java/technologies/downloads/.

下载完成后，右键单击下载的文件，然后查看属性，如图 1-9 所示，选择“解除锁定”。

图 1-9　解除可执行文件的锁定

接着运行这个可执行文件，就可以看到安装画面，直接单击“下一步”按钮，然后会看到如图 1-10 所示的窗口。

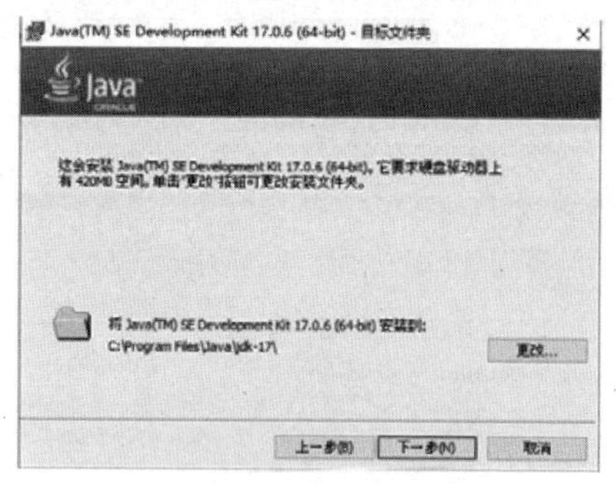

图 1-10　安装 Oracle JDK

可以看到，JDK 会默认安装到“C:\Program Files\Java\jdk-17”，若需要改变安装位置，可以单击“更改...”。无论如何，请记住 Java 被安装到了哪个路径，第 2 章会需要这项内容，接着单击“下一步”，开始进行安装，直到完成。

如果想下载 OpenJDK，可以访问“JDK 17 General-Availability Release”[1]，下载页面如图 1-11 所示。

---

1 JDK 17 General-Availability Release：https://jdk.java.net/17/.

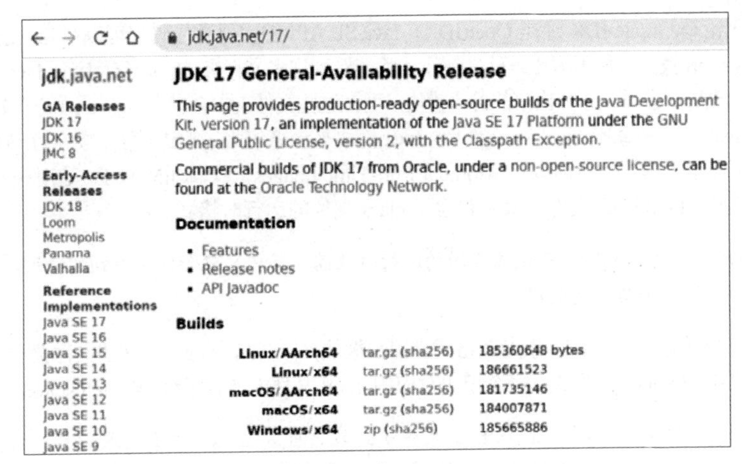

图 1-11　下载 OpenJDK

OpenJDK 提供 Windows/x64 版本的 zip 压缩文件，下载之后将其解压缩到想存放的路径即可。请记住你的存放路径，第 2 章会需要这项内容。

1.2.4　了解 JDK 安装内容

那么 JDK 中到底有哪些东西呢？假设 Oracle JDK 被安装到“C:\Program Files\Java\jdk-17\”，打开该文件夹，将会发现如图 1-12 所示的内容。

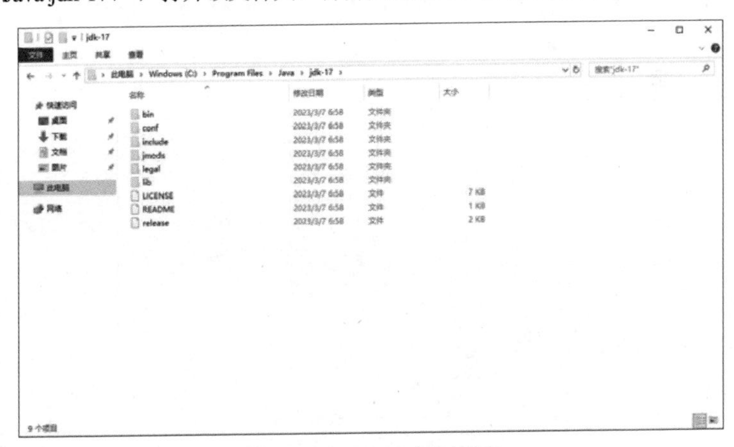

图 1-12　Oracle JDK 安装文件夹

就外观来看，Oracle JDK 与 OpenJDK 的文件夹最大的差别在于，Oracle JDK 有个 LICENSE 文件，记住，无论你使用哪个版本，都要留意授权问题！

无论是 Oracle JDK 还是 OpenJDK，Java SE API 的实现源代码都可以在 lib 文件夹中的 src.zip 找到。使用解压缩软件解压，就能看到许多文件夹，它们会对应到 Java SE 9 以后的模块平台系统划分出来的各个模块，而在这些文件夹中会有许多.java 源代码文件。

Java SE API 编译好.class 文件后，Java 模块平台系统为了改进性能、安全性与可维护性，使用了模块运行时映像(Modular Run-Time Images)，又称 JIMAGE，这对应着 lib 文件夹中的 modules 文件，其中包含了.class 文件的运行时格式。

提示»» 可以使用 jlink 来创建专用的运行时映像，其中只包含你使用到的模块，19.3 节将介绍如何创建。

在编译时，引入新的 JMOD 格式来封装模块，扩展名为.jmod，这些文件位于 JDK 文件夹中的 jmods 文件夹，每个模块对应的.jmod 文件中包含了编译完成的.class 文件。

提示»» 在过去，JAR(Java Archive)文件是封装.java 或.class 文件的主要格式。许多开发工具都能自动创建 JAR 文件，而在命令行中，可以使用 JDK 的 jar 工具软件来制作 JAR 文件，19.3 节将介绍如何使用 jar 工具软件。JMOD 文件可以比 JAR 文件包含更多的信息，像原始命令、代码库等。JDK 包含了 jmod 工具软件，可以用来创建 JMOD 文件，或者从 JMOD 文件中取得封装的内容(目前实际上只是 zip 压缩，然而未来可能会改变)，19.3 节也将介绍如何使用 jmod 工具软件。

第2章 从 JDK 到 IDE

学习目标

- 了解并设定 PATH
- 了解并指定 CLASSPATH、SOURCEPATH
- 通过 package 与 import 对类进行管理
- 模块平台系统简介
- 了解 JDK 与 IDE 的映像

2.1 从“Hello，World”开始

第一个“Hello, World”出现在 Brian Kernighan 写的 *A Tutorial Introduction to the Language B* (B 语言是 C 语言的前身)，用来将“Hello, World”文字显示在计算机屏幕上，自此之后，很多编程语言教学文件或书籍无数次地将它用作第一个示例程序。为什么要将“Hello, World”用作第一个示例程序？因为它很简单，初学者只要键入简单的几行代码(有的语言甚至只要一行)，就可让计算机执行命令并得到结果：显示“Hello, World”。

本书也从显示“Hello, World”开始，然而，在完成这个简单的程序后，千万要记得探索这个简单程序背后的细节，千万别过于乐观地认为，你可以轻松驾驭你想从事的程序设计工作。

2.1.1 编写 Java 源代码

在正式编写程序之前，请先确定你可以看到文件的扩展名。在 Windows 下，默认不显示扩展名，这会造成重新命名文件时的困扰。如果目前在“文件管理器”下无法看到扩展名，请来到“文件夹选项”中的“查看”选项卡，并选择显示文件扩展名，如图 2-1 所示。

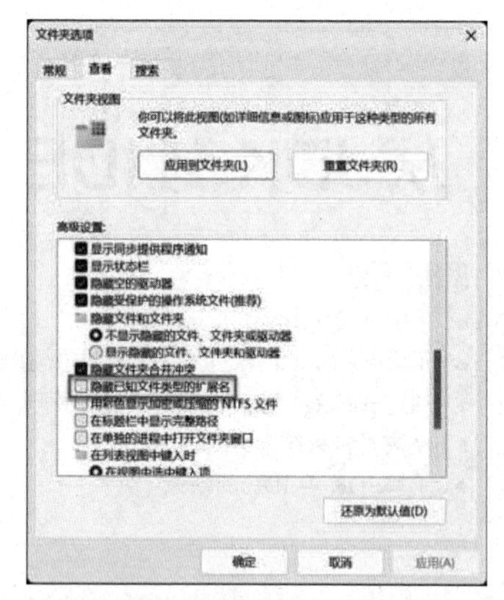

图 2-1　取消“隐藏已知文件类型的扩展名”

接着选择一个文件夹来编写 Java 源代码文件，本书始终在 C:\workspace 文件夹中编写程序，请创建“文本文件”(也就是.txt 文件)，并将文件重新命名为 HelloWorld.java。由于文本文件的扩展名.txt 被改为.java，系统会询问是否更改扩展名。请确定更改，接着在 HelloWorld.java 上右键单击“编辑”按钮，并撰写程序，如图 2-2 所示。

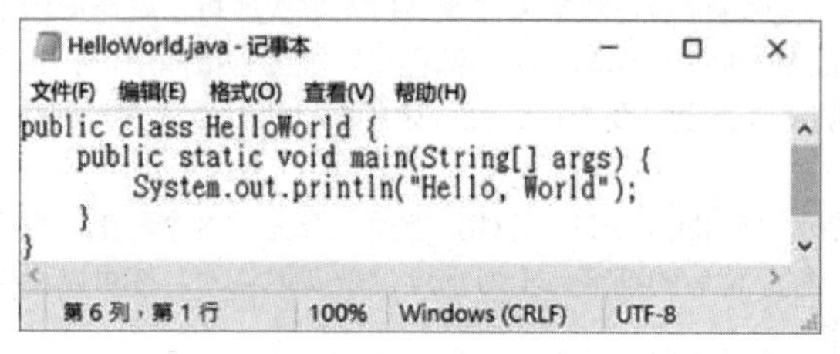

图 2-2　第一个 Java 程序

提示 >>> Windows 中自带的纯文本编辑器并不好用，建议你使用 NotePad++: notepad-plus-plus.org。

编写这个文件时，需要注意以下几点：

- 扩展名是.java

这就是必须让“文件管理器”显示扩展名的原因。

- 文件名与类名必须相同

类名是指 class 关键字(Keyword)后的名称，就这个示例而言，类名称必须与 HelloWorld.java 的文件名(HelloWorld)相同。

- 注意字母大小写

Java 代码是区分字母大小写的，System 与 system 对 Java 程序来说是不同的名称。

- 空白只能是半角空格或者 Tab 制表符

有些初学者可能不小心输入了全角空格字符，这很不容易检查出来。

坦率地讲，若要对新手解释第一个 Java 程序，其实并不容易，这个简单的程序就涉及文件管理、类(Class)定义、程序入口、命令行参数(Command Line Argument)等概念。下面先对这个示例做基本的说明。

定义类

class 是用来定义类的关键字，其后接类名称(HelloWorld)。Java 程序规定，程序代码要定义在“类”中。class 前有个 public 关键字，表示 HelloWorld 类是公共类，到目前为止只要知道，一个.java 文件可定义多个类，但是只能有一个公共类，而且 Java 文件名必须与公共类名称相同。

定义代码块(Block)

在程序中使用大括号{}定义代码块，大括号两两成对，用来标识程序代码的范围。例如，在前面的程序中，HelloWorld 类的代码块包含 main()方法(Method)，而 main()方法的代码块包含一句显示信息的代码。

定义 main()方法

程序运行的起点就是程序的入口(Entry Point)，Java 程序的执行起点是 main()方法，Java 语法中规定 main()方法的形式必须是：

```
public static void main(String[] args)
```

提示 >>> 虽然说是语法的规定，不过在理解每个关键字的意义之后，仍可对每个元素加以解释。main()方法是 public 成员，表示可以被 JVM 公开执行；static 表示 JVM 不用生成类实例就可以被调用。Java 程序执行过程中的错误，可用“异常”进行处理；如果 main()不用返回值，声明为 void 即可。String[] args 可以在执行程序时，取得使用者指定的命令行参数。

编写语句(Statement)

让我们看看 main()当中的一行语句：

```
System.out.println("Hello, World");
```

语句是编程语言中的一行指令，简单而言就是编程语言中的“一句话”。注意，语句要用分号(;)表示结束，这个语句的作用是请系统的输出设备显示文字“Hello, World”。

提示>>> 其实这边使用了 java.lang 软件包(package)中 System 类的 public static 成员 out，out 将引用 PrintStream 实例。你使用 PrintStream 定义的 println()方法，将指定的字符串(String)输出为文本，println()表示输出字符串之后进行换行。如果使用 print()，输出字符串后不会换行。

其实我真正想说的是，对于基本的 Java 程序，这么写就对了。要一下子接受如此多的概念，确实不容易，如果现阶段无法理解，就先当这些是 Java 语言语法的规定。相关内容在随后各章节还会详细解释，届时你自然就会理解第一个 Java 程序是怎么回事了！

2.1.2 PATH 是什么

第 1 章提到过，*.java 必须编译为*.class，才能在 JVM 中运行，Java 的编译器工具软件是 javac。装好 JDK 之后，工具软件就会放在 JDK 安装文件夹的 bin 文件夹中，你必须启动系统命令行，如图 2-3 所示，切换至 C:\workspace，并执行 javac 命令。

图 2-3　哎呀！执行失败

提示>>> 如果你使用 Oracle JDK 安装程序，就不会遇到这个问题，因为它会自动帮你设置好接下来要谈到的 PATH，不过，建议你最好还是了解一下接下来要介绍的 PATH 设定。

失败了？为什么？这是(Windows)操作系统在向你抱怨，它找不到 javac！当要执行一个工具软件时，那个命令放在哪，系统默认是不知道的，除非你跟系统说工具软件存放的位置，如图 2-4 所示。

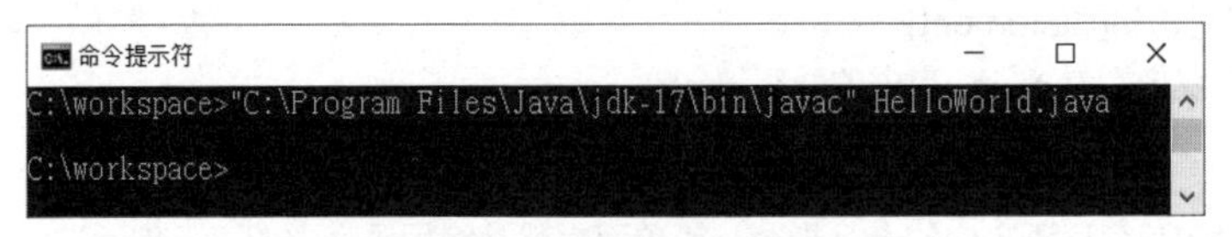

图 2-4　指定工具软件位置

javac 编译成功后会静悄悄地结束，因此，没看到消息就是好消息；简单来说，当你输入命令而没有指定路径信息时，操作系统会依照 PATH 环境变量设定的路径顺序，依次在各个路径下寻找这个命令。可以如图 2-5 所示，执行 echo %PATH%来看看目前系统 PATH 环境变量中包括哪些路径信息。

根据图 2-5 的 PATH 信息，如果输入 java 命令，系统会从第一个路径开始寻找 java(.exe)工具软件，如果没有找到，再在下一个路径中寻找 java(.exe)工具软件，以此类推，找到的话就执行。

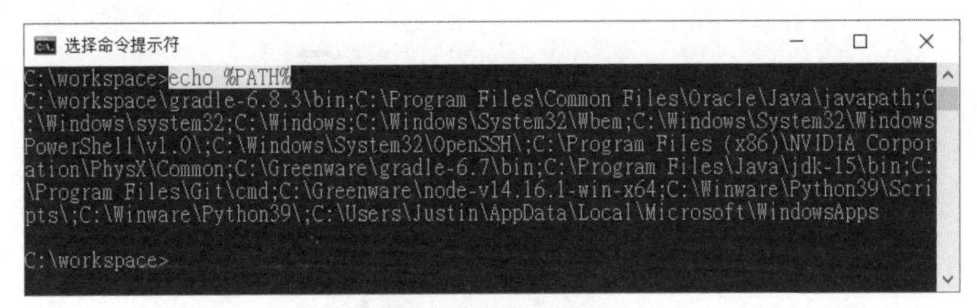

图 2-5　查看 PATH 信息

然而按照图 2-5 的 PATH 信息，如果输入 javac 命令，即使系统找完所有的 PATH 路径，也找不到 javac(.exe)工具软件。当所有路径都找不到指定的工具软件时，就会出现图 2-3 所示的错误信息。

你要在 PATH 中设定工具软件的路径信息，系统才可以在 PATH 中找到要执行的命令。如果要设定 PATH，在 Windows 中可以使用 SET 命令来设定，设定方式为 SETPATH=路径，见图 2-6。

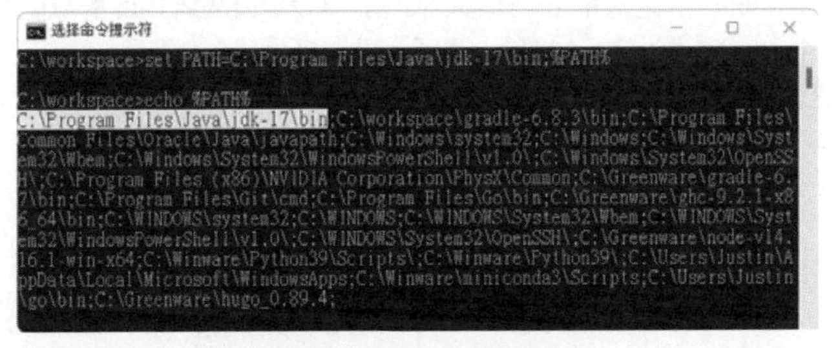

图 2-6　设定 PATH 环境变量

设定时如果有多个路径，可以使用分号(;)进行区隔，通常会将原有 PATH 附加在设定值之后，这样一来，在寻找其他命令时，才能利用既有的 PATH 信息。设定完成后，就可以执行 javac，而不用额外指定路径。

不过，如果在命令行中设定，关掉这个命令行对话框之后，下次启动命令行窗口时又要重新设定。为了方便，可以在“用户变量”或“系统变量”中设定路径。对于 Windows，可以在“文件管理器”选择“此电脑”，单击鼠标右键选择“属性”，进入“高级系统设定”，再进入“系统属性”，接着切换到“高级”页面，单击下方的“环境变量”按钮，在环境变量对话框中的“用户变量”或“系统变量”编辑“Path”变量，如图 2-7 所示。

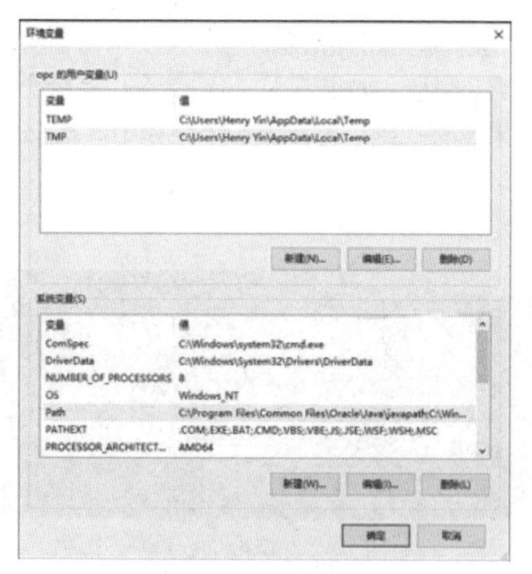

图 2-7　设置用户变量或者系统变量

在允许多人共享的系统中，系统变量的设定，会直接应用到当前登录的用户，而用户变量只影响个别用户。启动命令行工具(cmd)时获得的环境变量，是系统变量“附加”用户变量。如果使用 SET 命令设定环境变量，将以 SET 设定的结果为准。

以 Windows 设定系统变量为例，如图 2-7 所示，选择 Path 变量后，在“编辑环境变量”对话框中单击“新建”按钮，输入 JDK“bin”文件夹的路径“C:\Program Files\Java\jdk-17\bin”，之后单击“上移”按钮，将设定值放到 Path 的最前端，接着单击“确定”按钮，完成设定，如图 2-8 所示。重新启动命令行工具(cmd)后，就会使用新的环境变量。

图 2-8　编辑 Path 系统变量

建议将 JDK 的 bin 路径放在 Path 变量最前方，因为系统搜寻路径时会从最前方开始，在路径下找到指定的工具软件后就会立即执行。若系统中安装了两个以上的 JDK，那么路径设定的顺序将决定执行哪个 JDK 的工具软件。在安装了多个 JDK 或 JRE 的计算机中，必须知道执行了哪个版本的 JDK 或 JRE，并且必须确定路径信息。

提示›››› 由于使用命令行工具时获得的环境变量是系统变量附加用户变量，若系统变量 PATH 已经设定某个 JDK，那么即使你在用户变量 PATH 中将想要的 JDK 路径设在最前头，也会使用系统变量 PATH 设定的 JDK。如果没有权限变更系统变量，就使用 SET 命令，因为使用 SET 命令设定环境变量时，将以 SET 设定的结果为准。

2.1.3 JVM(java)与 CLASSPATH

完成 HelloWorld.java 的编译之后，同一文件夹下会出现 HelloWorld.class。第 1 章谈到过，JVM 的可执行文件扩展名是.class，接下来要启动 JVM，要求 JVM 执行 HelloWorld 命令，如图 2-9 所示。

图 2-9　第一个“Hello, World”出现了

在图 2-9 中，启动 JVM 的命令是 java，要求 JVM 执行 HelloWorld 时，只需要指定类名称(就像执行 javac.exe 工具软件，键入 javac 即可)，不用附加.class 扩展名。

对于单一源代码的简单小型程序，每次都得以 javac 将其编译为.class 后再以 java 执行，觉得麻烦吗？自 Java SE 11 以后，可使用 java 直接执行.java 文件，这会即时地将.java 文件编译为字节码并将其存放在内存中，然后直接执行，例如，对于上面的 HelloWorld.java，也可通过如图 2-10 所示的方式直接执行。

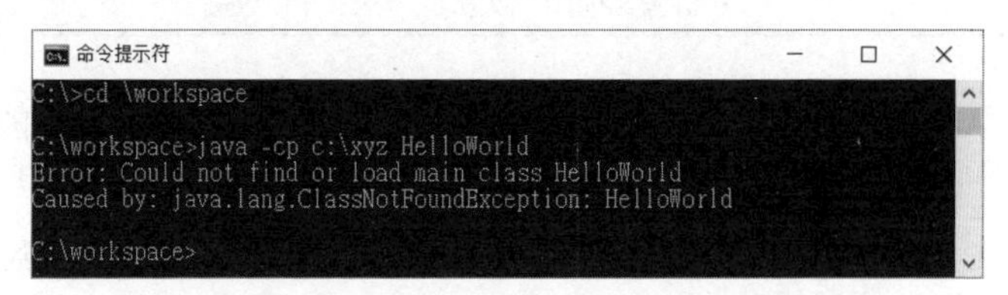

图 2-10　从 Java SE 11 开始，可以用 java 执行单一源代码的文件

注意›››› Java SE 9 新增了模块平台系统特性，建议使用模块路径(Module Path)取代类路径(Class Path)。不过，在实际工作中，仍需要了解接下来要介绍的类路径，有此基础之后，在学习模块平台系统时，才能掌握模块路径的使用方法。

接下来，请试着切换到 C:\，想想看，如何执行 HelloWorld？图 2-11 中的几个方式都是行不通的。

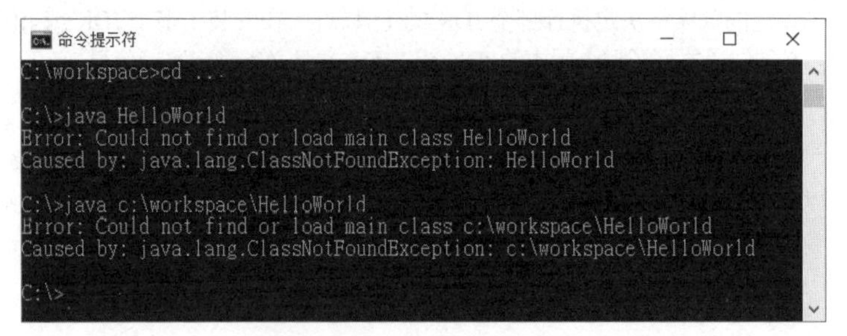

图 2-11　怎么执行 HelloWorld 呢

java 命令有什么作用？正如先前所言，执行 java 命令的目的在于启动 JVM，其后接类名称，表示要求 JVM 运行指定的可执行文件(.class)。

2.1.2 节提到过，在具体操作系统中执行某个命令时，会根据 PATH 中的路径信息，寻找可执行文件(例如，对 Windows 来说，就是以.exe、.bat 为扩展名的文件，对 Linux 等系统来说，就是有执行权限的文件)。

从第 1 章开始就一直强调，JVM 是 Java 程序唯一认得的操作系统，对 JVM 来说，可执行文件就是扩展名为.class 的文件。想在 JVM 中执行某个可执行文件(.class)，就要告诉 JVM 这个虚拟操作系统到哪些路径下寻找文件，方式是通过 CLASSPATH 指定其可执行文件(.class)的路径信息。

如表 2-1 所示，对 Windows 与 JVM 做个简单的对比，就可以很清楚地了解 PATH 与 CLASSPATH 的区别。

表 2-1　PATH 与 CLASSPATH

操作系统	搜索路径	可执行文件
Windows	PATH	.exe、.bat
JVM	CLASSPATH	.class

注意>>> PATH 与 CLASSPATH 是不同层次的环境变量，具体操作系统搜寻可执行文件时看 PATH，而 JVM 搜寻可执行文件(.class)时只看 CLASSPATH。

如何在启动 JVM 时告知可执行文件(.class)的位置？可使用-classpath 参数来指定，如图 2-12 所示。

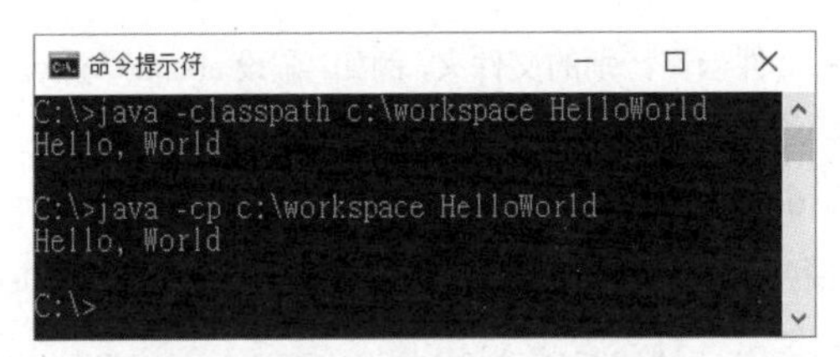

图 2-12　启动 JVM 时指定 CLASSPATH

-classpath 的缩写形式-cp 比较常用。如果有多个路径信息，可以用分号进行区隔。例如：

```
java -cp C:\workspace;C:\classes HelloWorld
```

JVM 会按照 CLASSPATH 路径顺序，搜寻对应的类文件，找到后就立即加载。如果在 JVM 的 CLASSPATH 路径信息中找不到指定的类文件，就会出现 java.lang.NoClassDefFoundError 信息。

为什么图 2-9 不用特别指定 CLASSPATH 呢？JVM 默认的 CLASSPATH 就是读取当前文件夹中的.class；如果自行指定 CLASSPATH，就以指定的为准，如图 2-13 所示。

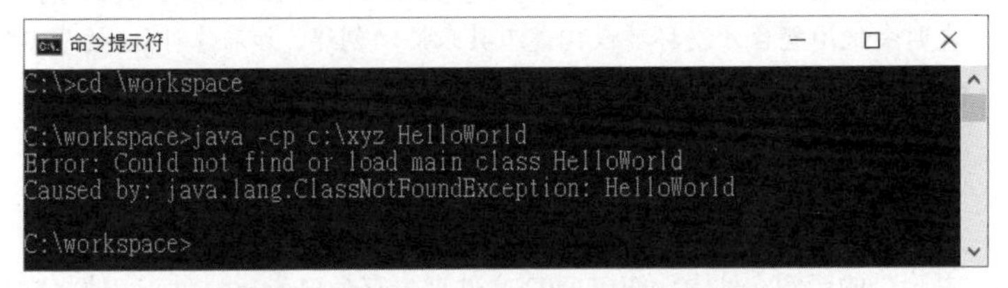

图 2-13　在指定的 CLASSPATH 中找不到类文件

在图 2-13 中，虽然工作路径在 C:\workspace(其中包含 HelloWorld.class)，你启动 JVM 时指示它到 C:\xyz 中搜寻类文件，JVM 于是按部就班地到指定的 C:\xyz 中进行查找，结果因找不到而显示错误信息。有时候，若希望 JVM 从当前文件夹开始寻找类文件，则可以使用“.”指定，如图 2-14 所示。

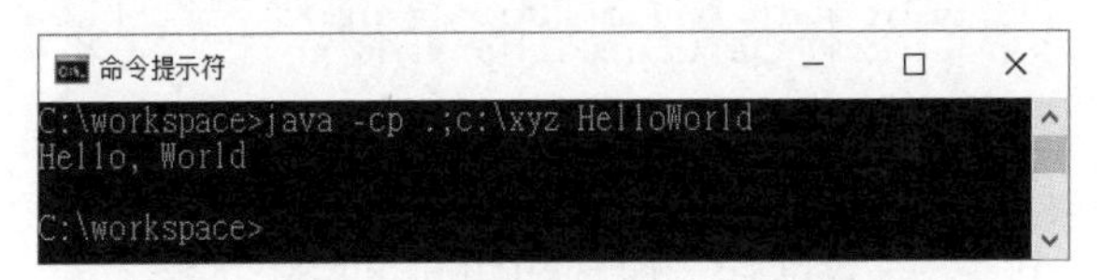

图 2-14　指定“.”表示搜寻类文件时从当前文件夹开始

如果使用 Java 开发了软件库，这些软件库中的类文件会封装为 JAR(Java Archive)文件，也就是扩展名为.jar 的文件。JAR 文件实际使用 ZIP 格式进行压缩，其中包含一堆.class 文件，那么，如果有个 JAR 文件，应如何在 CLASSPATH 中进行设定？

答案是将 JAR 文件当作特别的文件夹，例如，假设 abc.jar 与 xyz.jar 放在 C:\lib 中，执行时若要使用 JAR 文件中的类文件，可以进行如下设定：

```
java -cp C:\workspace;C:\lib\abc.jar;C:\lib\xyz.jar SomeApp
```

如果有些类路径经常使用，也可通过环境变量进行设定。例如：

```
SET CLASSPATH=C:\classes;C:\lib\abc.jar;C:\lib\xyz.jar
```

在启动 JVM 时，也就是执行 java 时，若没使用-cp 或-classpath 指定 CLASSPATH，就会读取 CLASSPATH 环境变量。同样，命令行中的设定在关闭命令行工具之后就会失效。若希望每次开启命令行工具时都可以使用某个 CLASSPATH，则可以设定系统变量或用户变量。如果执行时使用了-cp 或-classpath 指定 CLASSPATH，则以-cp 或-classpath 的指定为准。

如果某个文件夹中有许多.jar 文件，可使用“*”表示使用文件夹中所有.jar 文件(也可使用这种方法在系统变量中进行设定)。例如，指定使用 C:\jars 下的所有 JAR 文件：

```
java -cp .;C:\jars\* cc.openhome.JNotePad
```

提示»» 可以使用 JDK 自带的 jar 程序来创建 JAR 文件，不过很少会这么做，因为开发时会使用整合开发环境或构建工具来协助创建。如果你对 jar 的基本使用感兴趣，可以参考 19.3 节。

2.1.4 编译器(javac)与 CLASSPATH

在本书附带的示例文件中，labs/CH02 文件夹内有个 classes 文件夹，请将它复制到 C:\workspace，确认 C:\workspace\classes 有个已编译的 Console.class 文件，接着可以在 C:\workspace 中打开 Main.java，通过图 2-15 所示的代码使用 Console 类。

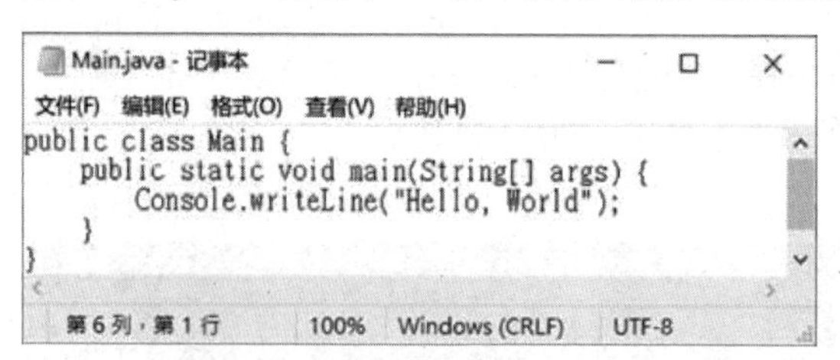

图 2-15　使用已编译好的.class 文件

如果按照图 2-16 所示的方式进行编译，将得到错误信息。

```
C:\workspace>javac Main.java
Main.java:3: error: cannot find symbol
        Console.writeLine("Hello, World");
        ^
  symbol:   variable Console
  location: class Main
1 error

C:\workspace>
```

图 2-16　找不到 Console 类的编译错误

编译器在抱怨，它找不到 Console 类(cannot find symbol)。事实上，在使用 javac 编译器时，若要使用其他类的代码库，也必须指定 CLASSPATH，告诉 javac 编译器到哪查找.class 文件，如图 2-17 所示。

```
C:\workspace>javac -cp classes Main.java

C:\workspace>java Main
Exception in thread "main" java.lang.NoClassDefFoundError: Console
        at Main.main(Main.java:3)
Caused by: java.lang.ClassNotFoundException: Console
        at java.base/jdk.internal.loader.BuiltinClassLoader.loadClass(BuiltinClassLoader.java:641)
        at java.base/jdk.internal.loader.ClassLoaders$AppClassLoader.loadClass(ClassLoaders.java:188)
        at java.base/java.lang.ClassLoader.loadClass(ClassLoader.java:520)
        ... 1 more

C:\workspace>
```

图 2-17　编译成功，但执行时找不到 Console 类的错误

这一次编译成功了，但无法执行，原因是执行时找不到 Console 类。因为你忘了向 JVM 指定 CLASSPATH，所以 JVM 找不到 Console 类。按照图 2-18 所示的代码运行即可。

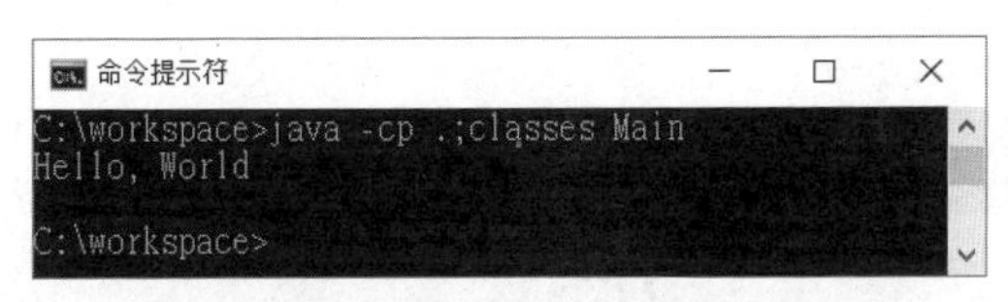

图 2-18　找到 Console 类，并且成功执行 Main

别忘了，如果执行 JVM 时指定了 CLASSPATH，就只会在指定的 CLASSPATH 中寻找要使用的类，因此图 2-18 指定 CLASSPATH 时，需要指定“.;classes”。注意它前端的“.”，这表示从当前文件夹开始搜寻，这样才能找到当前文件夹下的 Main.class，以及 classes 下的 Console.class。

2.2　管理源代码和字节码文件

观察一下当前的 C:\workspace 文件夹，可知源代码(.java)文件与字节码文件(.class)

被放在一起。想象一下，如果程序规模稍大一些，一堆.java 与.class 文件混杂在一起，会有多么混乱，你需要高效地管理源代码与字节码文件。

2.2.1 编译器(javac)与 SOURCEPATH

首先必须解决源代码文件与字节码文件被放在一起的问题。请将本书示例文件中 labs/CH02 文件夹中的 Hello1 文件夹复制到 C:\workspace 中。Hello1 文件夹中有 src 与 classes 文件夹，src 文件夹中有 Console.java 与 Main.java 这两个文件，其中的 Console.java 就是 2.1.4 节中 Console 类的源代码(目前不用关心它的内容)，而 Main.java 的内容与图 2-15 所示内容相同。

简单而言，src 文件夹是用来放置源代码文件的，而编译好的字节码文件希望能指定存放至 classes 文件夹。可以在命令行模式下，切换至 Hello1 文件夹，然后进行编译，如图 2-19 所示。

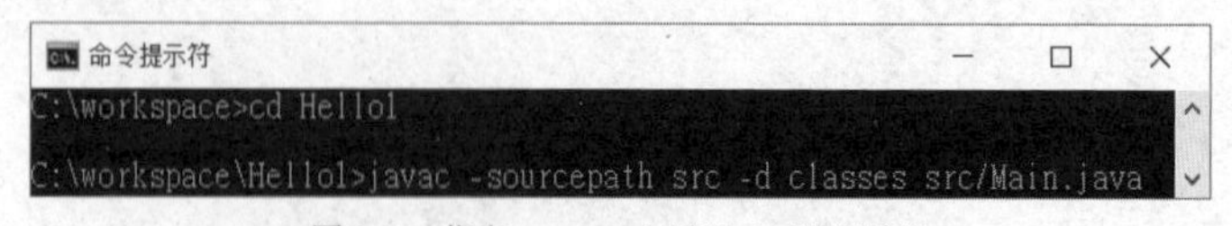

图 2-19 指定-sourcepath 以及-d 以进行编译

在编译 src/Main.java 时，由于代码中要使用 Console 类，你必须告诉编译器 Console 类的源代码文件存放的位置。这里使用-sourcepath 指示编译器从 src 文件夹中寻找源代码文件，而-d 指定了编译完成的字节码文件存放的文件夹，编译器会将用到的相关类源代码一并进行编译。编译完成后，会在 classes 文件夹中看到 Console.class 与 Main.class 文件。你可以通过图 2-20 所示的方式执行程序。

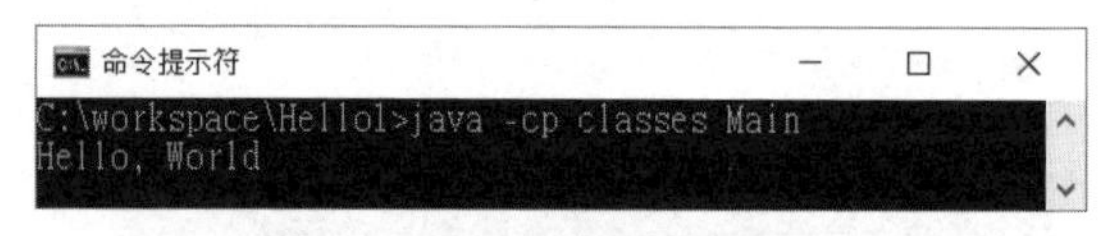

图 2-20 指定执行 classes 中的 Main 类

在编译时，会先搜寻-sourcepath 指定的文件夹(上例中指定 src 文件夹)，看看是否有使用到的类的源代码，然后搜寻已编译的类字节码文件，默认搜寻字节码的路径会包括 JDK 文件夹中的 lib\modules，以及当前的工作路径。

确认源代码与字节码搜寻路径之后，接着检查类的字节码的搜寻路径中是否已经有编译完成的类。如果存在编译完成的类且从上次编译后，类的源代码并没有发生变化，那么不必重新编译；若不存在字节码文件，则对类进行编译。

就上例而言，在类的字节码搜索路径中，找不到 Main.java 与 Console.java 编译后的类字节码文件，因此会将其重新编译 Main.class 与 Console.class 并将编译后的文件存放至 classes 文件夹。

实际项目中会有数以万计的.java，如果每次都重新将.java 编译为.class，这将是非常费时的工作，也没有必要，因此编译时可以指定类路径。若存在编译后的类字节码文件，而且上次编译后源代码并没有修改，就不会重新编译。

就上例而言，可将-cp 指定为 classes，如图 2-21 所示。

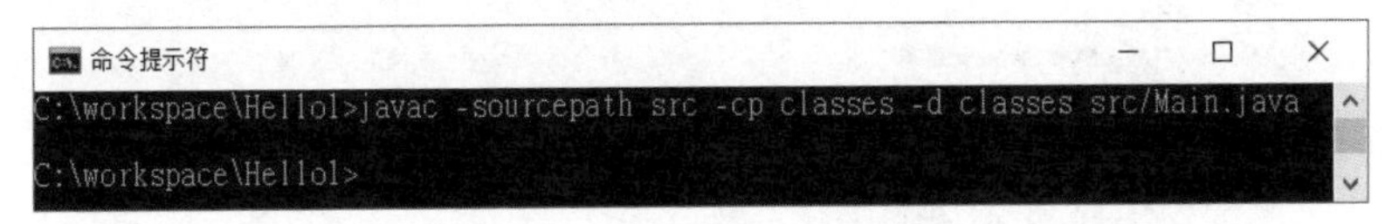

图 2-21　编译时指定-sourcepath 与-cp

注意，这次将-sourcepath 指定为 src，而-cp 为 classes，因此会在 src 中寻找源代码文件，除了 JDK 文件夹的 lib\modules 中的文件，也会在 classes 中搜索字节码文件。由于类字节码的搜索路径包括 classes 文件夹，编译器可以找到 Console 类的字节码，因此不必重新编译 Console.java，而只将 javac 指定的 Main.java 重新编译为 Main.class。

提示 »» 使用 javac 编译时若加上-verbose 参数，可以看到编译过程中搜寻源代码及类字节码的过程。

2.2.2　通过 package 对类进行管理

现在你编写类的时候，.java 放在 src 文件夹中，编译出来的.class 放置在 classes 文件夹下。虽然从文件管理的角度看，这比之前有了优化，但还不够好，就如同你会使用不同的文件夹来放置不同用途的文件，类也应该分门别类地放置。

举例来说，一个应用程序中会有多个类彼此合作，也可能由多个团队协同工作，完成应用程序的某些功能模块，然后将这些模块组合在一起。若应用程序由多个团队合作完成，又不分门别类地放置.class，那么若 A 部门写了 Util 类并将其编译为 Util.class，B 部门也写了 Util 类并将其编译为 Util.class，当他们要整合应用程序时，就会发生文件相互覆盖的问题；若现在要统一管理源代码，也许源代码也会发生相互覆盖的问题。

你要有个分门别类管理类的方法，无论是实体文件上的分类管理，还是类名称上的分类管理，在 Java 语法中，有个 package 关键字，可以协助你达到这个目的。

请用编辑器打开 2.2.2 节中 Hello1/src 文件夹中的 Console.java，在开头键入图 2-22 中反白的内容。

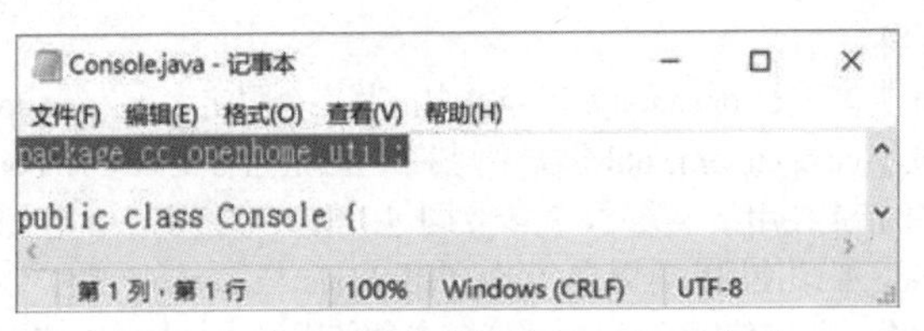

图 2-22　将 Console 类放在 cc.openhome.util 包下

这表示，Console 类将放在 cc.openhome.util 类别下，以 Java 的术语来说，Console 类将放在 cc.openhome.util 包(package)中。

请再用文本编辑器打开 2.2.2 节中 Hello1/src 文件夹中的 Main.java，在开头键入图 2-23 中反白的内容，这表示 Main 类将放在 cc.openhome 包下。

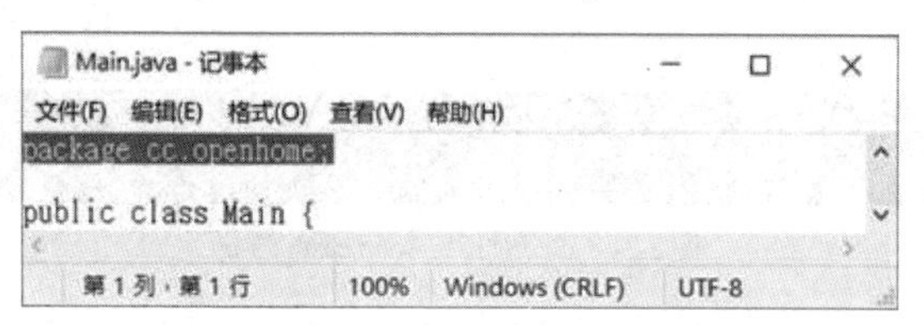

图 2-23　将 Main 类放在 cc.openhome 包下

提示》》 包通常会用组织或公司的网址命名。举例来说，假设网址是 openhome.cc，包就会反过来命名为 cc.openhome。由于组织或公司的网址是独一无二的，这样的命名方式不会与其他组织或公司的包发生同名冲突。

当类源代码开始使用 package 进行分类时，会具有以下四种管理上的意义：

- 源代码文件要放置在与 package 所定义名称层级相同的文件夹层级中。
- 通过 package 定义的名称与 class 所定义的名称，共同生成类的完全限定名称(Fully Qualified Name)。
- 字节码文件要放置在与 package 所定义名称层级相同的文件夹层级中。
- 要在包之间共享的类或方法必须声明为 public。

第四点关系到包之间的权限管理，将在 5.2.1 节进行介绍，本章先不予讨论，下面针对前三点分别进行说明。

源代码文件与包管理

目前计划将所有源代码文件放在 src 中管理，由于 Console 类使用 package 定义在 cc.openhome.util 包下，因此 Console.java 必须放在 src 文件夹中的 cc/openhome/util 文件夹中。在没有工具辅助的情况下，必须手动创建文件夹。Main 类使用 package 定义在 cc.openhome 包下，因此 Main.java 必须放在 src 文件夹中的 cc/openhome 文件夹里。

这么做的好处很明显，日后若不同组织或公司的源代码要放在一起管理，就不容易发生源代码文件彼此覆盖的问题。

完全限定名称

由于 Main 类位于 cc.openhome 包分类中，其完全限定名称为 cc.openhome.Main，而 Console 类位于 cc.openhome.util 分类中，其完全限定名称为 cc.openhome.util.Console。

在源代码中指定使用某个类时，对于相同包中的类，使用 class 定义的名称即可；而对于不同包的类，必须使用完全限定名称。由于 Main 与 Console 类位于不同的包中，因此，如果要在 Main 类中使用 Console 类，就必须使用 cc.openhome.util.Console，也就是说，现在必须修改 Main.java，如图 2-24 所示。

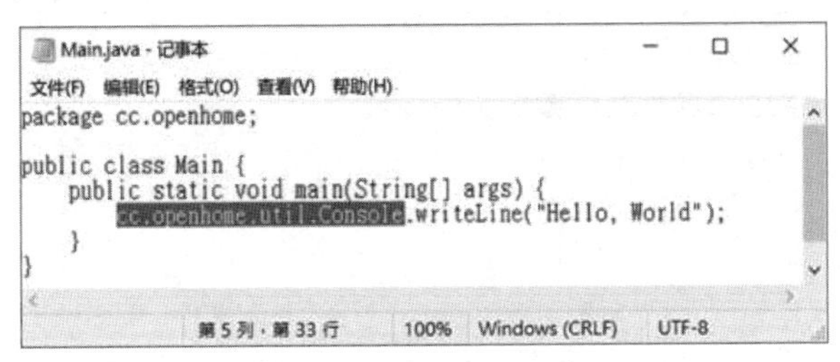

图 2-24　使用完全限定名称

这么做的好处在于，如果另一个组织或公司也使用 class 定义了 Console，但其包定义为 com.abc，那么其完全限定名称将是 com.abc.Console，因而不会与 cc.openhome.util.Console 发生名称冲突问题。

字节码文件与包管理

目前计划将字节码文件放在 classes 文件夹中管理，由于 Console 类使用 package 定义在 cc.openhome.util 包下，因此编译出来的 Console.class 必须放在 classes 文件夹中的 cc/openhome/util 文件夹中。Main 类使用 package 定义在 cc.openhome 包下，所以 Main.class 必须放在 classes 文件夹中的 cc/openhome 文件夹里。

编译时并不用手动创建对应包层级的文件夹，若使用-d 指定字节码的存放位置，将会自动创建出对应包层级的文件夹，并将编译出来的字节码文件放到对应的位置，如图 2-25 所示。

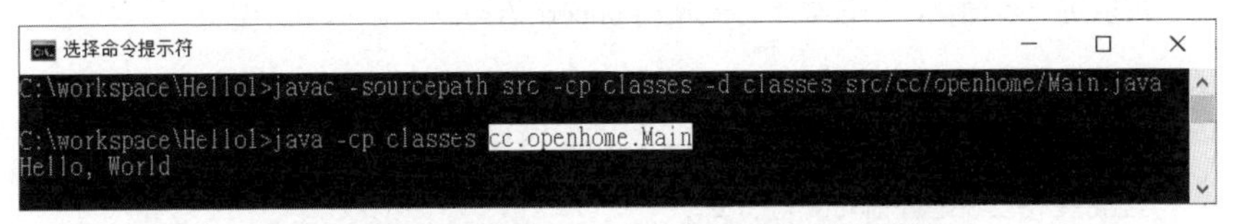

图 2-25　指定-d 参数之后，会创建对应包的文件夹层级

由于 Main 类位于 cc.openhome 包中，因此在图 2-25 中，使用 java 执行程序时，必须指定完全限定名称，也就是指定 cc.openhome.Main 这个名称。

2.2.3　使用 import 简化操作

使用包机制，可避免不同代码模块中类名重复导致冲突的问题，然而，若每次编写程序时都得键入完全限定名称，也是件麻烦的事。想想看，有些包定义的名称非常冗长，单是输入完全限定名称就要花费很多时间。

可以使用 import 进行简化，如图 2-26 所示。

Main.java - 记事本

文件(F) 编辑(E) 格式(O) 查看(V) 帮助(H)

```
package cc.openhome;

import cc.openhome.util.Console;

public class Main {
    public static void main(String[] args) {
        Console.writeLine("Hello, World");
    }
}
```

第 3 列，第 1 行 100% Windows (CRLF) UTF-8

图 2-26 使用 import 减少输入的麻烦

编译与执行时的命令方式与图 2-25 相同。当编译器解析 Main.java 并看到 import 声明时，会先记得 import 的名称，后续解析程序时，若看到 Console 名称，原本不知道 Console 是什么东西，但编译器记得你用 import 告诉过它，如果遇到不认识的名称，就去比对一下 import 过的名称。编译器试着使用 cc.openhome.util.Console，结果可以在指定的类路径(cc/openhome/util 文件夹)下找到 Console.class，于是继续进行编译。

import 只是告诉编译器，遇到不认识的类名称时，可以尝试使用 import 语句中列出的名称，import 让你少打一些字，同时让编译器多为你做一些事。

如果要引用同一个包中的多个类，你也许会多次使用 import：

```
import cc.openhome.Message;
import cc.openhome.User;
import cc.openhome.Address;
```

可以进一步简化，通过如下方式使用 import 语句：

```
import cc.openhome.*;
```

图 2-26 也可以使用以下 import 语句，而编译与执行结果相同：

```
import cc.openhome.util.*;
```

当编译器解析 Main.java 并看到 import 的声明时，会先记得有 cc.openhome.util 包名称，在后续解析到 Console 名称时，发现它不认识 Console，但编译器记得你用 import 告诉过它，如果遇到不认识的名称，可以比对一下 import 语句中列出的名称。编译器试着将 cc.openhome.util 与 Console 结合为 cc.openhome.util.Console，结果可以在指定的类路径(cc/openhome/util 文件夹)下找到 Console.class，于是继续进行编译。

但是简化也需要有个限度，假设创建了一个 Arrays：

```
package cc.openhome;
public class Arrays {
...
}
```

如果某个类中有如下程序代码：

```
import cc.openhome.*;
import java.util.*;
public class Some {
    public static void main(String[] args) {
        Arrays arrays;
         ...
    }
}
```

那么在编译时会遇到如图 2-27 所示的错误信息。

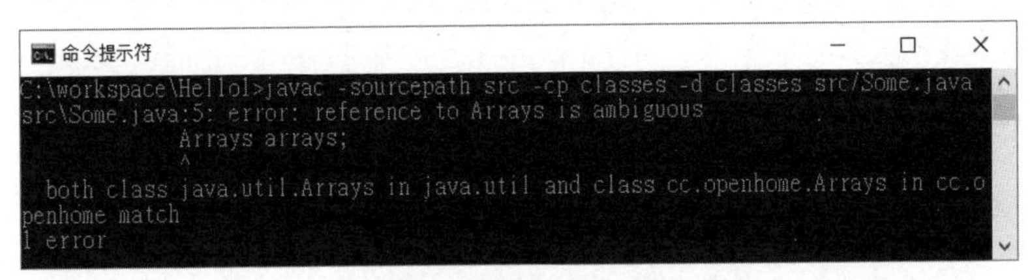

图 2-27　到底要用哪个 Arrays

若编译器在解析 Some.java 时看到 import 的声明，会先记得有 cc.openhome 包名称，在继续解析到 Arrays 这一行时，发现它不认识 Arrays，但编译器记得你用 import 告诉过它，若遇到不认识的名称，可以比对 import 语句中列出的名称。编译器试着将 cc.openhome 与 Arrays 结合为 cc.openhome.Arrays，结果可以在类路径(cc/openhome 文件夹)下找到 Arrays.class。

然而，编译器试着将 java.util 与 Arrays 结合为 java.util.Arrays，发现也可以在 Java SE API 的 modules(默认的类加载路径之一)对应的 java/util 文件夹中找到 Arrays.class，于是编译器困惑了，到底该使用 cc.openhome.Arrays 还是 java.util.Arrays？

遇到这种情况时，就不能简化了，要使用哪个类名称，就得明确地写出来：

```
import cc.openhome.*;
import java.util.*;
public class Some {
    public static void main(String[] args) {
          cc.openhome.Arrays arrays;
        ...
      }
}
```

这样修改之后，这个程序就可以通过编译了。简单而言，import 是简化工具，不能简化时就回归最保守的写法。

提示 ››› 学过 C/C++的读者请注意，import 与#include 一点都不像，无论源代码中有无 import，编译过后的.class 都是一样的，不会影响执行效率。

Java SE API 中有许多常用类，像第一个 Java 程序中使用的 System 类，其实也使用了包管理，其完整名称是 java.lang.System。由于 java.lang 包中的类很常用，即使不编写 import，也可直接使用 class 定义的名称，因此，通常不用如下语句编写程序(写了也没关系，只是自找麻烦)：

```
java.lang.System.out.println("Hello!World!");
```

如果类位于同一个包中，彼此使用时并不需要 import。当编译器看到一个没有包管理的类名称时，会先在同一个包中寻找类。如果找到，就使用；若没找到，再试着从 import 声明中进行比对。java.lang 可视为默认被导入，即使没有写任何 import 声明，也会尝试在 java.lang 中寻找类，看看能否找到对应的类。

2.3 初识模块平台系统

Java SE 9 以后的重大特性之一是模块平台系统。虽然基于兼容性，你仍然可以使用基于类路径的方式来组织、创建软件库，然而，标准 API 已经划分为各个模块，日后在查询 API 文件、使用其他运用了模块的软件库时，总会面对与模块相关的内容，因而还是趁早接触比较好。

当然，若真要深入学习模块平台系统，也有相当大的复杂性，初学时就深入了解的意义不大，反之，若根据遇到的需求逐步认识，对模块平台系统的理解才会更扎实，因而这里会谈到一些基础知识，如果有需要，之后各章节会逐步介绍更多内容。

2.3.1 JVM(java)与 module-path

对于模块平台系统，要知道的第一件事是，它与 Java 程序语言本身没有关系，而是为了管理软件库的功能封装以及软件库之间的依赖性而存在的。

为什么模块可以改进软件库的封装性与依赖性？以先前示例中的 Console 类为例，你基于它编写了新的软件库，接着有同事想要使用你的软件库，而你不想让他直接调用 Console 类的相关功能，以免他编写的程序直接依赖于 Console 类。就目前你知道的知识来说，只要能在类路径上找到 Console 类，他就可以调用相关功能，日后软件库之间错综复杂的依赖性就从此开始了，而这也是目前 Java 生态圈面临的重大问题之一。

当然，Java 生态圈二十几年来为这样的问题提出了解决方案，也有第三方(Third-party)的模块系统。为了统一模块平台的标准，同时考虑到 Java SE 平台瘦身(让小型运算设备可以根据需求下载必要的模块，而不是整个 JRE)、改进安全等因素，Java SE 9 决定添加模块平台系统。

模块平台系统跟 Java 程序语言本身没有关系，而且命令上的运用较为复杂，命令处理的细节基本上由相关开发工具完成。不过，通过手动创建模块的过程，可以了解模块的基本架构，也会对开发工具完成了哪些细节有更深刻的认识。

那就开始建立第一个模块吧！首先看看，一个未支持模块的程序项目要如何设定，才能成为模块。请将示例文件中 labs/CH02 文件夹中的 Hello2 文件夹复制到 C:\workspace。Hello2 中有个 src 文件夹，其中有 cc\openhome\Main.java 文件，其内容如下：

```
package cc.openhome;

public class Main {
    public static void main(String[] args) {
        System.out.println("Hello, World");
    }
}
```

根据先前几个小节的介绍，你应该知道在进入 Hello2 文件夹后，可以使用下面的命令来编译并执行程序：

```
javac -d classes src/cc/openhome/Main.java
java -cp classes cc.openhome.Main
```

这是基于类路径的方式，若想设定模块信息，要先决定模块名称，这里假设模块名为 cc.openhome。为了便于识别，在 src 中创建一个与模块名称相同的文件夹 cc.openhome，然后将原先 src 中的 cc 文件夹放到 cc.openhome 文件夹中，如图 2-28 所示。

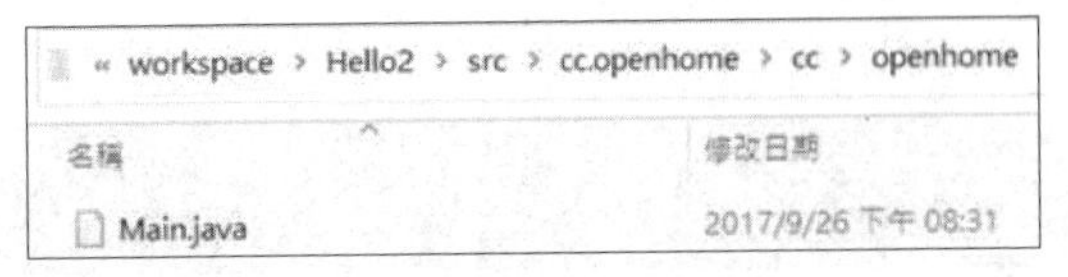

图 2-28　设置 cc.openhome 模块文件夹

接下来，在 cc.openhome 文件夹建立 module-info.java 并编写内容，如图 2-29 所示。

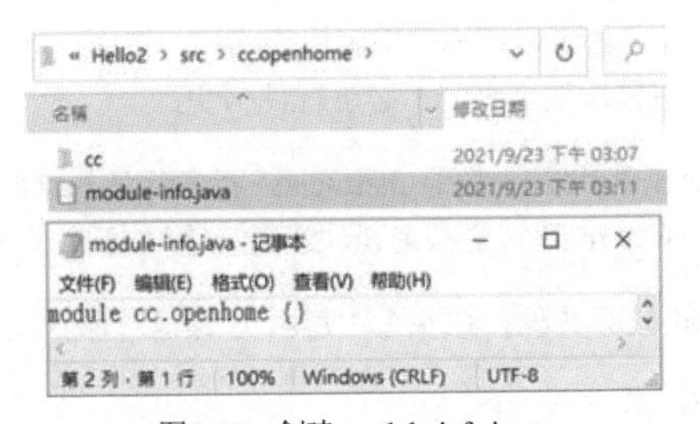

图 2-29　创建 module-info.java

这么一来，你就在源代码层面上建立了第一个模块。虽然 module-info.java 的扩展名为.java，但实际上它只是配置文件，其中 module 关键字仅在这个配置文件中用于设定，不是 Java 编程语言的一部分。module-info.java 的扩展名为.java，只是为了兼容性，让 javac 等工具程序易于处理这个配置文件。

图 2-29 中的 module 关键字将模块名称定义为 cc.openhome，除此之外，没有其他设定，这表示目前只能存取同模块的API，并且依赖于 Java 标准 API 的 java.base 模块。java.base 模块包含且导出(exports)了 java.lang 等常用包(exports 稍后就会说明)；言下之意也表明，必要的时候，可通过 module-info.java 设定模块，从而公开某些 API，或依赖于某个模块。

那么让我们来编译代码吧！可以将编译出来的类放在 mods 文件夹中对应模块名称的文件夹之中，如图 2-30 所示。

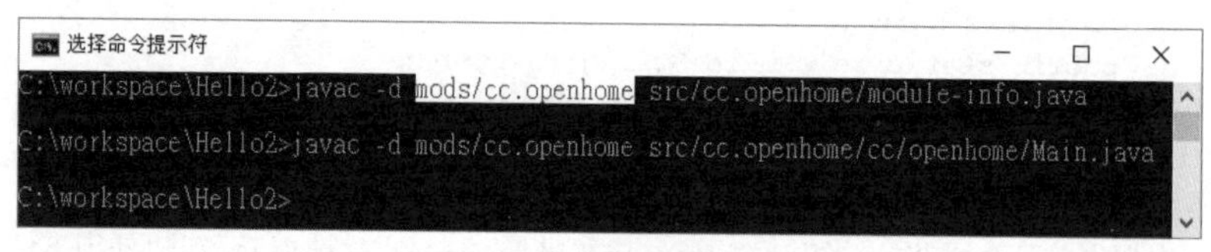

图 2-30 编译模块

这么一来，mods 中的 cc.openhome 就是完成编译的模块，其他开发者若要使用此模块，可以在执行 java 时，通过--module-path(或缩写-p)指定模块路径。

在模块封装后，可通过工具加载、读取 module-info.class 的信息，后面的章节谈到模块设定时，会以模块描述文件(Module Descriptor)来代称 module-info.java 或 module-info.class。

由于 Main.java 编写了程序入口，如果想执行它，可以通过--module 或缩写-m 指定模块的程序入口，如图 2-31 所示。

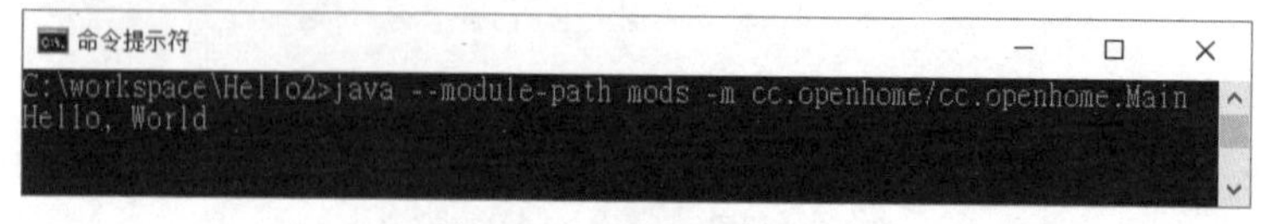

图 2-31 执行模块的程序入口

图 2-31 中使用了--module-path 指定模块路径，而不是使用-classpath 指定类路径，这时要注意的是，应在完全限定名称前指定模块名称，然而，这只是工具层面的要求，在源代码编写中，使用模块的 API，不必进行任何更改。

提示 >>> 如果使用 jar 工具程序，使用--main-class 指定程序入口的主类，将模块封装为 JAR 文件，那么-m 只需要指定模块名称，具体可参考 19.3.1 节。

cc.openhome.Main 也可以基于类路径来使用，方式与先前小节的说明相同，如图 2-32 所示。

图 2-32 基于兼容性，可以指定类路径

按照规定，在类路径下被发现的类，会自动归入未命名模块(Unnamed Module)。目前只需要知道，基于兼容性，未命名模块可以读取其他模块；相对地，在模块路径下被发现的类，应该属于某个命名模块(Named Module)，例如先前--module-path 指定的 mods 中，cc.openhome 模块就是一个命名模块，名称为 cc.openhome。

注意>>> 请暂时不要混用类路径与模块路径，明确定义的模块不能依赖于(requires)未命名模块，因为未命名模块没有名称，具体可见第 19 章的说明。

2.3.2　编译器(javac)与 module-path

假设现在基于某个原因，想将 2.2.3 节的成果拆分为两个模块，其中 cc.openhome.util 模块会包含 cc.openhome.util.Console 类，而 cc.openhome 模块会包含 cc.openhome.Main，并依赖于 cc.openhome.util 模块的 cc.openhome.util.Console 类，最后仍能够运行并显示出“Hello, World”，该怎么做呢？

基本上，可以使用刚才在 2.3.1 节创建的对应的文件夹与模块描述文件，不过，这次必须在模块描述文件中进行一些设置。为了练习时的方便，可以直接将示例文件中 labs/CH02 的 Hello3 文件夹复制到 C:\workspace，其中已经创建两个模块应有的文件夹及模块描述文件，不过模块描述文件还没有任何额外的设置。

先来处理 cc.openhome.util 模块。为了让其他模块能使用此模块下的 API，必须在模块描述文件中使用 exports 声明，宣告哪些包中的公共(public)类、方法或值是可以存取的。因此，打开 labs/CH02/Hello3/src/cc.openhome.util/module-info.java 文件，并按图 2-33 所示方式进行设定。

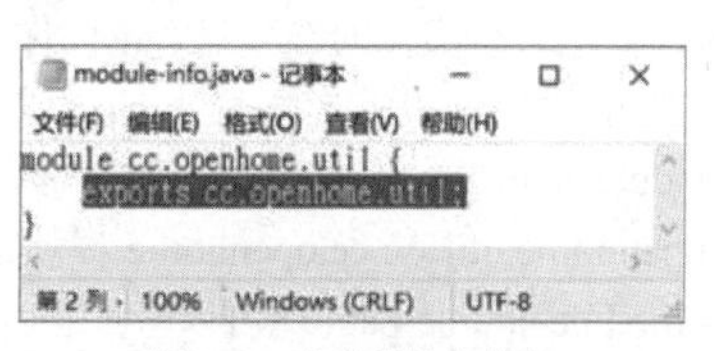

图 2-33　公共模块中的包

现在模块中 cc.openhome.util 包的 API 可以被其他模块使用了，接下来对 cc.openhome.util 模块进行编译，如图 2-34 所示。

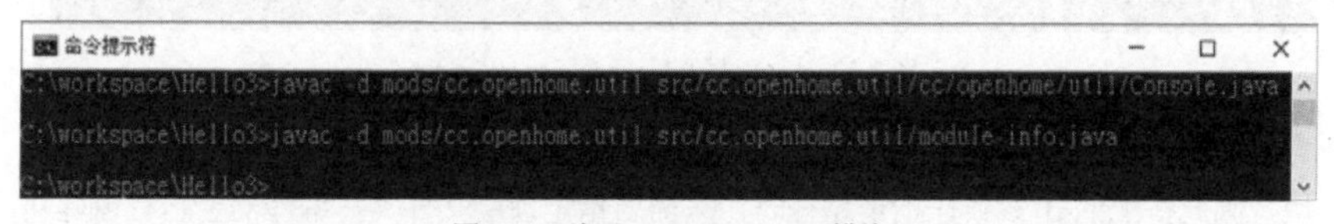

图 2-34　编译 cc.openhome.util 模块

因为 cc.openhome 模块依赖于 cc.openhome.util 模块，所以必须在 cc.openhome 的模块描述文件中，使用 requires 声明依赖的模块，请打开 labs/CH02/Hello3/src/

cc.openhome/module-info.java，并按图 2-35 所示方式完成设置。

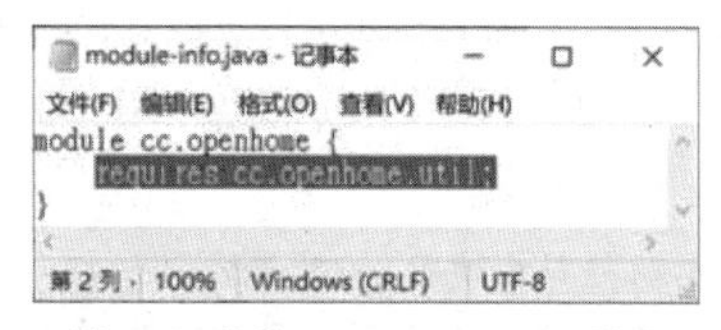

图 2-35 依赖于 cc.openhome.util 模块

接着对 cc.openhome 模块进行编译，然后运行并显示“Hello, World”(见图 2-36)。

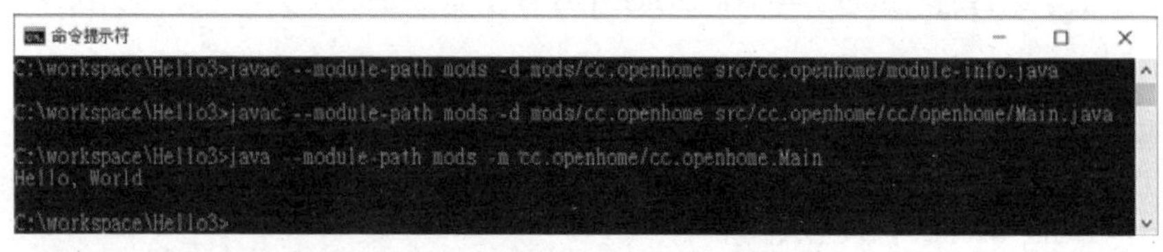

图 2-36 编译与运行 cc.openhome 模块

可以看到，在使用 javac 进行编译时，也可使用--module-path 指定模块路径。可以根据模块路径下各模块的模块描述文件，包括模块 API 的依赖、存取关系，来判断代码是否可以通过编译。

2.3.3 编译器(javac)与 module-source-path

你也许会想问，2.2.1 节曾经谈过，在使用 javac 编译时，可以使用-sourcepath 指定源代码路径，那么在编译模块时有类似的参数吗？也许你拿到了其他模块的源代码(而不是编译或进一步封装好的模块)，想自行编译出.class 文件。

在使用 javac 时，--module-source-path 可以指定模块的源代码路径。以刚才的示例来说，若不想分别对 cc.openhome.util 与 cc.openhome 模块进行编译，那么只要按照图 2-37 所示的方式设定--module-source-path 就可以了。

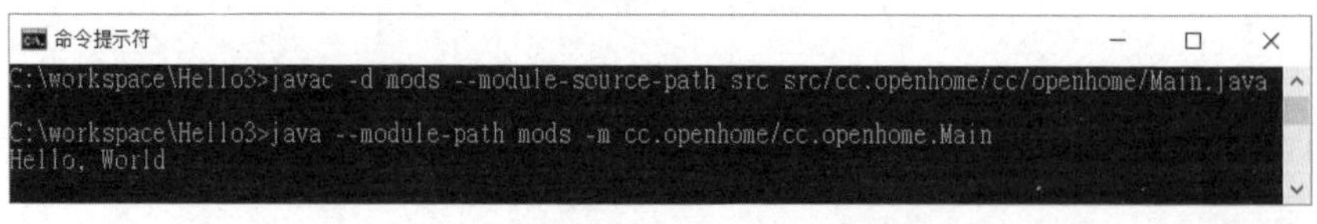

图 2-37 编译时指定--module-source-path

使用--module-source-path 指定模块的源代码路径时，由于源代码可能来自多个模块，因此搭配的-d 参数在指定路径时，只需要指定顶层文件夹，编译器会自行创建对应于模块名称的文件夹。

实际上，在使用--module-path 与--module-source-path 参数之后，搭配-d 参数时，本来就只需要指定顶层文件夹，2.3.1 节、2.3.2 节所述的步骤只是个循序渐进的过程，让你逐步了解--module-path 与--module-source-path 的作用，也就是说，按照图 2-38 所示的方式编译 cc.openhome.util 及 cc.openhome 模块即可。

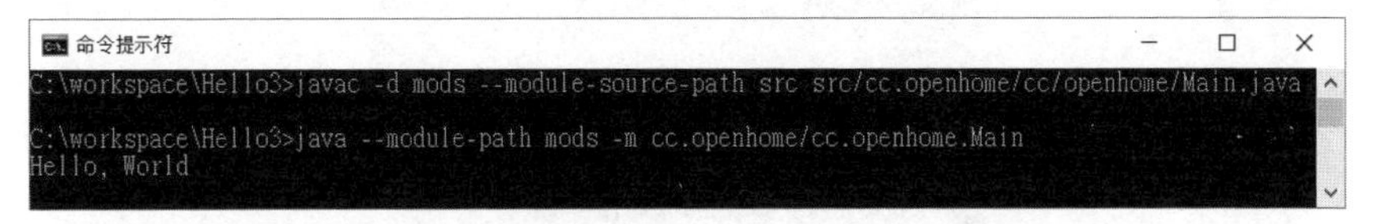

图 2-38　编译时指定--module-source-path 与--module-path

简单来说，可以暂时将--module-path 与--module-source-path 想象成-classpath 与-sourcepath 的对应参数。就初学者而言，对模块的认识到这里就足够了。在之后的章节中，若有必要，会适当引入其他有关模块的使用说明，而在第 19 章中，会更详细地进行有关模块的探讨。

提示>>> 如果你觉得关于模块的基本认识还不过瘾，也可以先看看"Project Jigsaw: Module System Quick-Start Guide"[1]。

2.4 使用 IDE

在开始使用包管理源代码和字节码文件之后，必须建立与包对应的实体文件夹层级，编译时必须正确指定-sourcepath、-cp 等参数，执行程序时必须使用完全限定名称。而在 Java SE 9 支持模块化之后，还必须会使用--module-source-path、--module-path 等参数，这实在很麻烦。可以考虑开始使用 IDE(Integrated Development Environment，集成开发环境)，由 IDE 代劳一些源代码和字节码文件的资源管理工作，以提升你的效率。

2.4.1 IDE 项目管理基础

Java 生态圈有许多 IDE，其中不少是优秀的开源产品，最为人熟知的有 NetBeans、Eclipse、IntelliJ IDEA 等。不同的 IDE 有不同的特点，但基本概念相同。只要了解 JDK 与相关命令操作，就不会受到特定 IDE 的限制。

在本书中，将使用 Eclipse IDE 进行介绍，Eclipse 的官方网址为 eclipse.org，在本书撰写之时，Eclipse 最新正式版本为 2021-09，可通过 eclipse.org/downloads/packages/installer 下载。

运行下载的安装文件后，会出现如图 2-39 所示的界面，就本书的内容来说，只要安装"Eclipse IDE for Java Developers"就可以了。

接着选择 JDK 与安装目录，单击"INSTALL"按钮就可以进行安装，在安装过程

1 Project Jigsaw: Module System Quick-Start Guide：https://openjdk.org/projects/jigsaw/quick-start.

中必须接受相关授权(见图 2-40)。

图 2-39 安装 Eclipse IDE for Java Developers

图 2-40 选择 JDK 与安装目录

安装完成后，桌面上会出现 Eclipse 快捷方式，执行后要选定工作区，如图 2-41 所示，本书默认使用 C:\workspace 作为工作区。

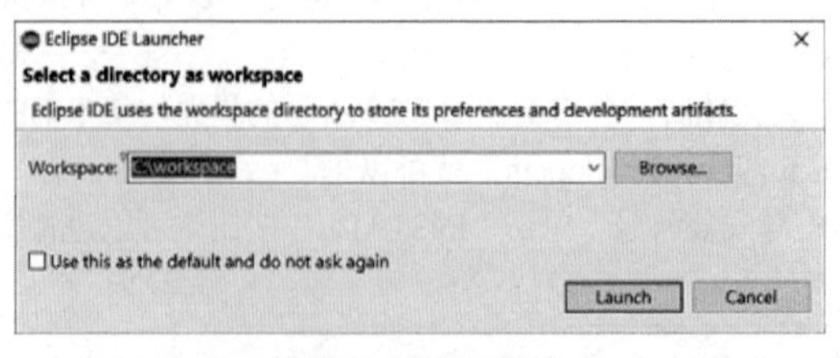

图 2-41 选择工作区

在程序的规模达到必须使用包进行管理的程度之后，应初步开始进行项目资源管理。在 IDE 中编写程序，也是从创建项目开始的，Eclipse 会在工作区存放项目间共享的信息，新增的项目也会默认储存在工作区中。

在新版 Java 发布之后，Eclipse 的下个版本才会正式支持这个版本的 Java，例如，Eclipse 2021-09 未直接支持 Java SE 17，不过可以安装 Java 17 Support for Eclipse 2021-09(见图 2-42)，这可通过在“Help/Eclipse Marketplace…”中搜索“Java 17 Support”来取得。

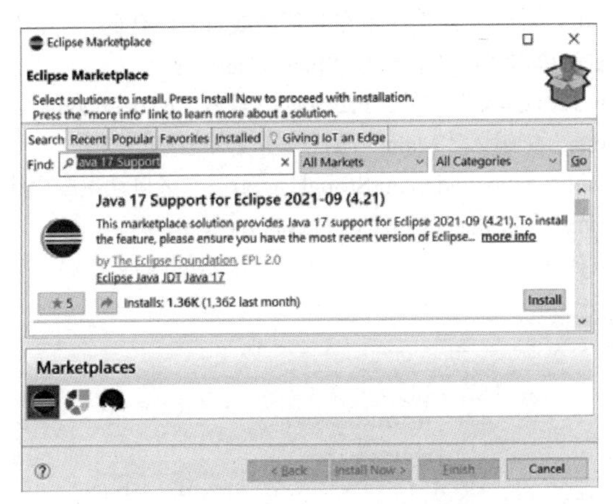

图 2-42　安装 Java 17 Support for Eclipse 2021-09

单击“Install”就可以进行安装，后续安装过程中采用默认选项并同意授权即可。安装完成后必须重新启动 Eclipse，从而进行更新。此时新建项目的默认编译器仍是 Java SE 16，可以进行如下调整：

(1) 在菜单中选择“Window/Preferences”。

(2) 在“Preferences”对话框中展开“Java”节点，选择其中的“Compiler”节点。

(3) 将“Compiler compliance level:”修改为“17”，单击“Apply”以进行应用。

这样，工作区中新建的项目就会使用 Java SE 17 作为默认的编译版本。日后若新版 Java 发布，想要马上搭配 Eclipse 来使用，也可使用以上方法进行操作。

IDE 通常会提供多种项目模板，这里先介绍基本的“Java Project”，可通过如下方式进行创建：

(1) 在菜单中选择“File/New/Java Project”。

(2) 在“New Java Project”对话框中，在“Project Name:”中输入项目名称“Hello4”，为“JRE”选择“JavaSE-17”，单击“Finish”按钮。

(3) 在出现的“New module-info.java”对话框中，可以看到默认的模块名称“Hello4”，单击“Create”按钮以进行创建。

项目创建后，IDE 通常会提供默认的项目查看检查框，方便用户查看一些项目资源。Eclipse 提供如图 2-43 所示的“Package Explorer”检查框。

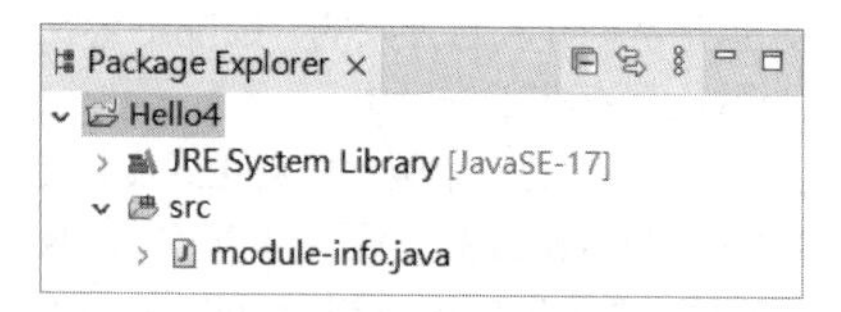

图 2-43 Eclipse IDE 的 Package Explorer 检查框

在图 2-43 中可以看到“src”，可在此新增或查看源代码文件，以新增类为例：

(1) 用鼠标右键单击“src”，选择“New/Class”。

(2) 在“New Java Class”中的“Package:”输入“cc.openhome”包名称。

(3) 在“Name:”中输入“Main”源代码主文件名称。

(4) 勾选“public static void main(String[] args)”，可自动生成程序入口。

(5) 单击“Finish”按钮就可创建 cc.openhome.Main 类。

可以在 Main.java 的 main()中写入如图 2-44 所示的内容。

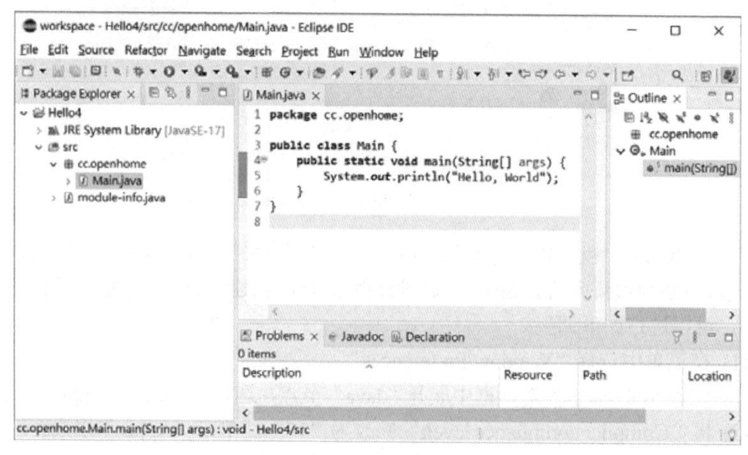

图 2-44 新增类

源代码文件保存时若无语法错误，就会自动进行编译，生成的.class 会存放在项目的 bin 文件夹，然而不会显示在“Package Explorer”窗口中。编译时.class 存放路径、源文件路径、模块路径等参数，Eclipse 会自动指定，不用我们操心。

如果要使用 Eclipse 运行有程序入口 main()的类，可在类上单击右键执行“Run As/Java Application”命令，在“Console”窗口中显示结果。

在 IDE 中，红色虚线表示导致编译错误的语法。若在编辑代码时看到红色虚线，请别慌张，把鼠标移至红色虚线上，就可看到编译错误信息。例如，图 2-45 显示了 Main.java 中，public class 定义的名称不等于 Main(主文件名)时产生的编译错误与提示信息。

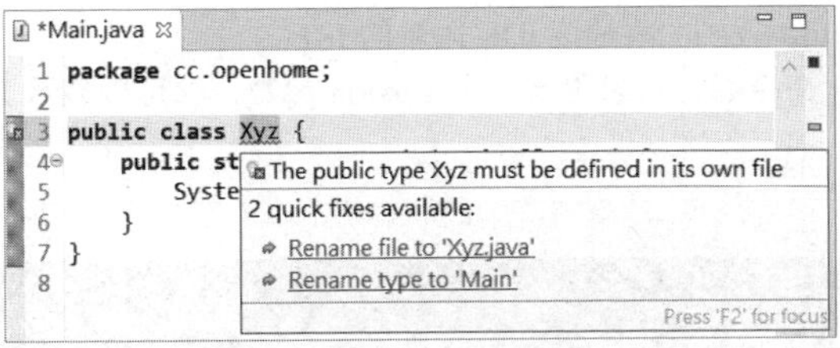

```
*Main.java
1 package cc.openhome;
2
3 public class Xyz {
4     public st
5         Syste
6     }
7 }
8
```

The public type Xyz must be defined in its own file
2 quick fixes available:
Rename file to 'Xyz.java'
Rename type to 'Main'
Press 'F2' for focus

图 2-45　在 IDE 中，红色虚线通常表示编译错误

对于一些编译错误，IDE 也许会提示一些改正方式。以 Eclipse 为例，会出现小灯泡图标，这时可以看看是否有合适的选项，如图 2-46 所示。

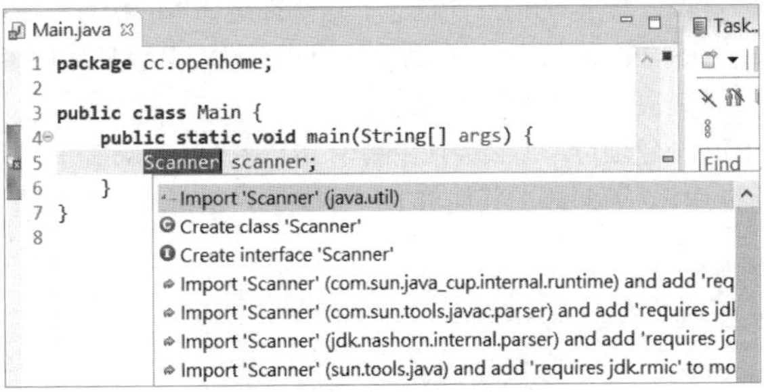

```
Main.java
1 package cc.openhome;
2
3 public class Main {
4     public static void main(String[] args) {
5         Scanner scanner;
6     }
7 }
8
```

Import 'Scanner' (java.util)
Create class 'Scanner'
Create interface 'Scanner'
Import 'Scanner' (com.sun.java_cup.internal.runtime) and add 'req
Import 'Scanner' (com.sun.tools.javac.parser) and add 'requires jdl
Import 'Scanner' (jdk.nashorn.internal.parser) and add 'requires jd
Import 'Scanner' (sun.tools.java) and add 'requires jdk.rmic' to mo

图 2-46　编译错误时的修改提示

以图 2-46 为例，因为编译器不认识 Scanner 类而发生编译错误，第一个选项表示，IDE 发现有个 java.util.Scanner 可用，看你是不是要导入它，然而其他包中也有 Scanner，也有创建类或接口的选项。IDE 有提示是好事，不过你仍要判断哪个才是正确的选项，并非选择第一个选项就万事大吉了。

以上内容简单解释了迄今为止，JDK 的工具使用、与编译相关的错误信息、包管理、模块等概念，至于对应到 IDE 哪些操作或设置以及其他的功能，会在之后说明相关内容时一起介绍。

2.4.2　使用了哪个 JRE

因为各种原因，你的计算机中可能不只存在一套 JRE！可以试着搜寻计算机中的文件，例如在 Windows 中查找 java.exe，可能会发现多个 java.exe 文件。在某种程度上可以认为，一个 java.exe 就代表一套 JRE！

既然计算机中有可能同时存在多套 JRE，那么到底运行了哪一套 JRE？在命令行中输入 java 命令，如果设定了 PATH，会执行按照 PATH 顺序找到的第一个 java 可执行文件，然而这个可执行文件对应的是哪一套 JRE？

如果设定 PATH 包括 JDK 的 bin 文件夹，那么执行 java 命令时，会使用 JDK 的

bin 中的 java(.exe)，找到的将是该 JDK 附带的 JRE。

在执行 java 命令时，可以附带一个-version 参数，这可以显示 JRE 的版本，如图 2-47 所示。

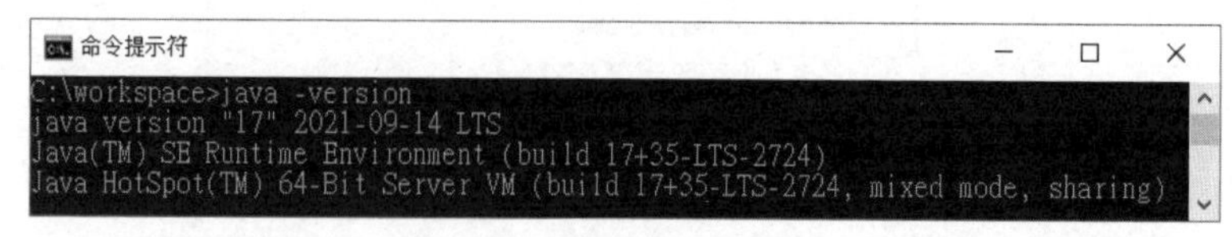

图 2-47 使用-version 确认版本

确认版本是很重要的一件事！命令行模式下，若要确认使用的 JRE，可先检查 PATH 路径中的顺序，再查看 java-version 的信息，这些都是基本的检查动作。

如果需要使用不同的 JRE，可以在命令行模式下设定 PATH 中内容的顺序。第一个 JDK 的 bin 文件夹决定了使用哪个 JRE。

如果使用 IDE 新建项目，那么会使用哪个 JRE 呢？Eclipse 默认使用图 2-40 选择的 JDK 所附带的 JRE。若想添加其他 JRE，可按照图 2-48 所示方式进行。

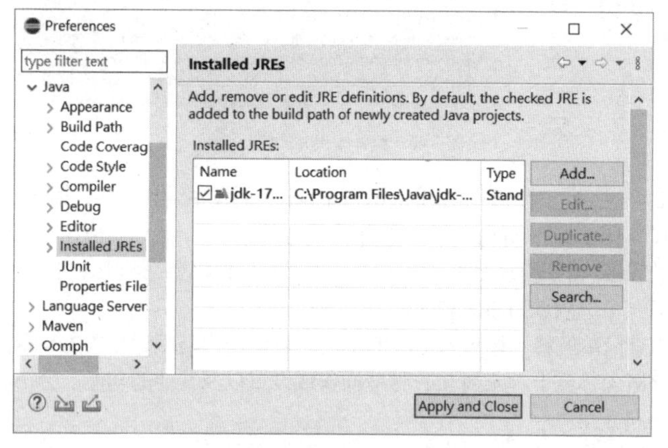

图 2-48 设定工作区 JRE

(1) 来到菜单“Window/Preferences”。

(2) 在“Preferences”对话框展开“Java”节点，选择其中的“Installed JREs”节点。

在“Installed JREs”中可以新增 JRE，如图 2-48 所示，勾选的 JRE 将是新建项目默认使用的 JRE；若想修改个别项目使用的 JRE，可以按照下面的方法进行：

(1) 在“Package Explorer”选择项目，然后单击右键，选择“Properties”。

(2) 在出现的对话框中，选择“Java Build Path”，然后选择“Libraries”标签(见图 2-49)。

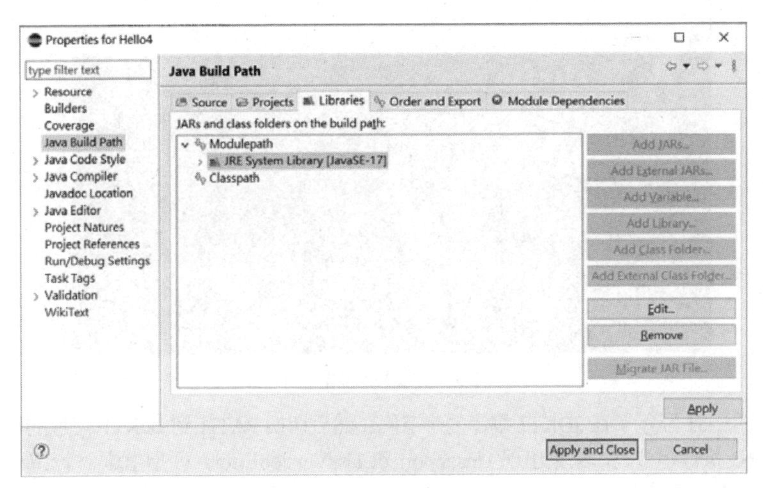

图 2-49　设定个别项目的 JRE

图 2-49 中的“Libraries”是管理模块路径与类路径的地方。若要将现有的 JAR 添加到项目管理中，也应在这里设定；如果要改变 JRE，可以双击“JRE System Library”选项，以选择想使用的 JRE，如图 2-50 所示。

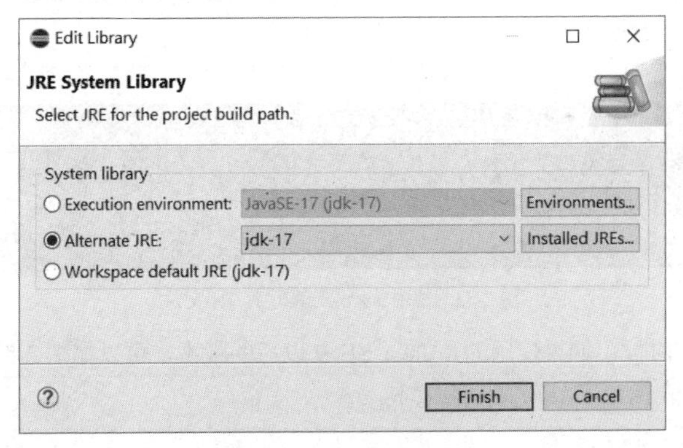

图 2-50　选择你想要的 JRE

2.4.3　类文件版本

如果使用新版本 JDK 编译出字节码文件，并在旧版本 JRE 上执行，可能会看到如图 2-51 所示的错误信息。

```
命令提示符
C:\workspace>javac -version
javac 17

C:\workspace>javac HelloWorld.java

C:\workspace>set PATH=C:\Program Files\Java\jdk-11\bin

C:\workspace>java -version
openjdk version "11" 2018-09-25
OpenJDK Runtime Environment 18.9 (build 11+28)
OpenJDK 64-Bit Server VM 18.9 (build 11+28, mixed mode)

C:\workspace>java HelloWorld
Error: LinkageError occurred while loading main class HelloWorld
        java.lang.UnsupportedClassVersionError: HelloWorld has been compiled
by a more recent version of the Java Runtime (class file version 61.0), this
version of the Java Runtime only recognizes class file versions up to 55.0
```

图 2-51　不支持此版本字节码

图 2-51 显示了在 JDK17 编译的字节码。然后切换 PATH 到 JDK11，使用其附带的 JRE 执行字节码，结果出现 UnsupportedClassVersionError，并指出这个字节码的主版本号与次版本号(major.minor)为 61.0，然而 JDK11 只支持 55.0 及较早版本。

编译器会在字节码文件中标示主版本号与次版本号。对于不同的版本号，字节码文件格式可能有所不同。JVM 在加载字节码文件后，会确认其版本号是否在可接受的范围内，否则不会处理该字节码文件。

可以使用 JDK 工具软件 javap 并加上-v 或-verbose 参数，以确认字节码文件的版本号，如图 2-52 所示。

图 2-52　使用 javap -v 解析字节码文件

在编译的时候，如果使用的是 Java SE 9 以后的版本，可以如图 2-53 所示，使用--release 参数来指定字节码文件的版本。

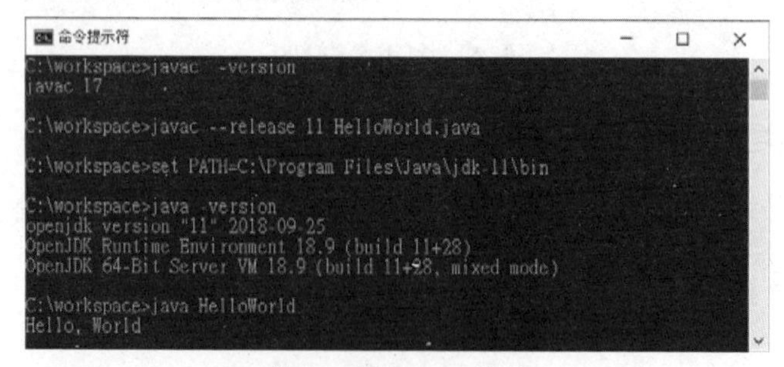

图 2-53　指定--release 选项

在 Eclipse 中新建 “Java Project” 时，如果在 “New Java Project” 对话框中的 “JRE” 选择“JavaSE-17”，--release 将默认为 17。如果想调整，可以在图 2-54 的“Java Compiler”中进行设定。

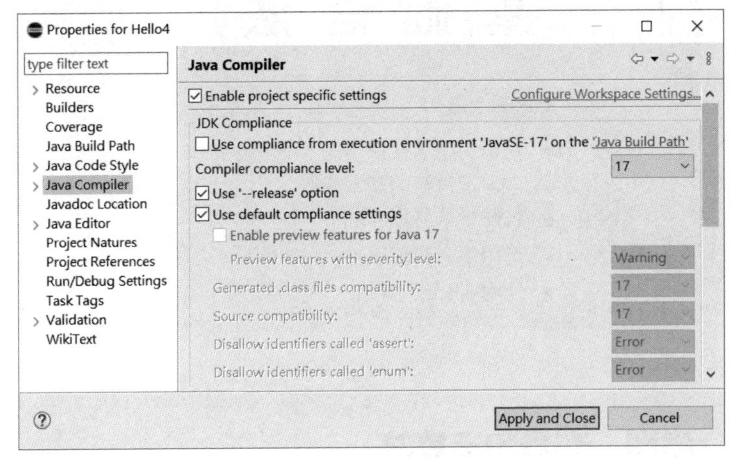

图 2-54　设置--release 选项

第3章 基础语法

学习目标

- 认识类型与变量
- 学习运算符的基本使用
- 了解类型转换的细节
- 运用基本流程语法
- 使用 jshell

3.1 类型、变量和运算符

Java 支持面向对象编程，然而在正式学习支持面向对象的语法之前，读者对于类型、变量、运算符、流程控制等基本语法元素，要有一定的了解。虽然各种编程语言都有这些基本语法，但别因此而忽视它们。因为各种程序语言都有其诞生宗旨与演化过程，所以这些基本语法元素会有其独有的特性。

3.1.1 类型

在 Java 的世界中，并非每个东西都能抽象化为对象，所以你还是要面对系统的一些特性。例如，程序执行时遇到数字，要想一下，该使用哪种数据类型来储存它，以及该数据类型有哪些特性。

基本上，Java 可以分为两大类型系统：

- 基本类型(Primitive Type)
- 类的类型(Class Type)，也称为引用类型(Reference Type)

本章先解释基本类型，第 4 章会开始说明类的类型。Java 的基本类型主要可分为整数、字节、浮点数、字符与布尔。

- 整数

可细分为 short 整数(占 2 字节)、int 整数(占 4 字节)与 long 整数(占 8 字节)。不同长度的整数，可储存的整数范围也不同。使用占内存更多的类型，可表示的整数范围就更大。

- 字节

对于 byte 类型，顾名思义，长度就是 1 字节。在需要逐字节处理数据(如图像处理、编码处理等)时会使用 byte 类型。若用于表示整数，byte 可表示-128～127 的整数。

- 浮点数

主要用来储存小数数值，可分为 float 浮点数(占 4 字节)与 double 浮点数(占 8 字节)。double 浮点数可表示的精确度比 float 浮点数大得多。

- 字符

Java 支持 Unicode。char 类型占 2 字节，可用来储存 UTF-16 Big Endian 的一个代码单元(Code Unit)。就现在而言，只需要知道英文或中文字符可以直接写在' '当中，以 char 类型进行储存，也可以把 65 535 以内的整数指定给 char 类型进行储存。

提示»» 对 Java 开发者而言，多半只要知道使用 char 储存字符就够了，然而若要用到 2 字节以上才能储存的字符，怎么办呢？这需要知道更多有关 Unicode 与 UTF 的知识，下一章将对此进行说明。

- 布尔

boolean 类型可表示 true 和 false，分别代表逻辑的“真”与“假”。在 Java 中，不必关心 boolean 类型的长度。

每种类型占用的内存长度不同，可储存的数值范围也就不同。例如，int 类型占用 4 字节，可储存的整数范围为-2 147 483 648～2 147 483 647，若要储存的值超出数据类型的范围(称为溢出)，将造成程序不可预期的结果。各种类型可储存的数值范围可通过 API 来获得。例如：

Basic Range.java

```
package cc.openhome;

public class Range {
    public static void main(String[] args) {
        // byte、short、int、long 范围
        System.out.printf("%d ~ %d%n",
                Byte.MIN_VALUE, Byte.MAX_VALUE);
        System.out.printf("%d ~ %d%n",
                Short.MIN_VALUE, Short.MAX_VALUE);
        System.out.printf("%d ~ %d%n",
                Integer.MIN_VALUE, Integer.MAX_VALUE);
        System.out.printf("%d ~ %d%n",
                Long.MIN_VALUE, Long.MAX_VALUE);
        // float、double 精度范围
        System.out.printf("%d ~ %d%n",
                Float.MIN_EXPONENT, Float.MAX_EXPONENT);
        System.out.printf("%d ~ %d%n",
                Double.MIN_EXPONENT, Double.MAX_EXPONENT);
        // char 可储存的代码单元范围
```

```
        System.out.printf("%h ~ %h%n",
              Character.MIN_VALUE, Character.MAX_VALUE);
        // boolean 的两个值
        System.out.printf("%b ~ %b%n",
              Boolean.TRUE, Boolean.FALSE);
    }
}
```

初学 Java 的人可能会看到一些新的语法与 API，下面逐一解释。

你在程序中看到的//符号是 Java 程序中单行注释的符号。注释用来说明代码意图或标注重要信息，编译器会忽略该行//符号之后的内容。注释对编译出来的程序不会有任何影响。另一种注释符号是/*与*/，可以用来进行多行注释。例如：

```
/* 作者：良葛格
   功能：示范 printf()方法
   日期：2021/09/30
 */
public class Demo {
...
```

编译器会忽略/*与*/之间的文字，不过下面这种使用多行注释的方式是不对的：

```
/*  批注文字 1……
    /*
        批注文字 2……
    */
*/
```

编译器会以为倒数第二个*/就代表注释结束，最后一个*/会被认为是错误的语法，这时就会发生编译错误。

System.out.printf()是标准 API。第一个 Java 程序显示"Hello,World"时，使用了 System.out.println()，这会在标准输出中显示文字并换行；如果使用 System.out.print()，则输出文字后不会换行。那么，System.out.printf()是什么？

printf()中的 f 是 format 的意思，也就是格式化，用在 System.out 上，就意味着对输出文字进行格式化之后再显示。printf()的第一个参数(Argument)是字符串，其中%d、%h、%b 等是格式控制符号。表 3-1 列出了一些常用的格式控制符号。

表 3-1 常用格式控制符号

符号	说明
%%	因为%符号已被用作控制符号的前置符号，所以使用%%在字符串中表示普通字符%
%d	以十进制整数格式输出，可用于 byte、short、int、long、Byte、Short、Integer、Long、BigInteger 数据类型
%f	以十进制浮点数格式输出，可用于 float、double、Float、Double 或 BigDecimal 数据类型

(续表)

符号	说明
%e、%E	以科学记数浮点数格式输出，提供的数必须是 float、double、Float、Double 或 BigDecimal 类型。%e 表示输出格式遇到字母时以小写表示，如 2.13 e+12；%E 则表示遇到字母时以大写表示
%o	以八进制整数格式输出，可用于 byte、short、int、long、Byte、Short、Integer、Long 或 BigInteger
%x、%X	以十六进制整数格式输出，可用于 byte、short、int、long、Byte、Short、Integer、Long 或 BigInteger。%x 表示字母输出以小写表示，%X 则以大写表示
%s、%S	字符串格式符号
%c、%C	字符符号输出，提供的数必须是 byte、short、char、Byte、Short、Character 或 Integer。%c 表示字母输出以小写表示，%C 则以大写表示
%b、%B	输出 boolean 值，%b 表示输出结果会是 true 或 false，%B 则表示输出结果会是 TRUE 或 FALSE。非 null 值输出是 true 或 TRUE，null 值输出是 false 或 FALSE
%h、%H	使用 Integer.toHexString(arg.hashCode())来得到输出结果，如果 arg 是 null，则输出 null，也常用于十六进制格式输出
%n	输出平台特定的换行符号，在 Windows 下会转换为"\r\n"，如果在 Linux 下，则会转换为'\n'，而在 macOS 下会转换为'\r'

提示>>> 如果想知道更多格式控制符号，可以参考“Formatter”[1]。

从 printf()方法的第二个参数开始，会按次序置换掉第一个参数的格式控制符号。Byte、Short、Integer、Long、Float、Double、Character、Boolean 都是 java.lang 包中的类，第 4 章会进行介绍。这些类都是基本类型的包装器(Wrapper)，而 MAX_VALUE、MIN_VALUE、MIN_EXPONENT、MAX_EXPONENT、TRUE、FALSE 等，都是这些类中的静态(static)成员(其实 System 的 out 也是)，别担心，后面会解释什么是静态成员，就目前来说，直接使用就可以了。

这个示例的输出结果如下：

```
-128 ~ 127
-32768 ~ 32767
-2147483648 ~ 2147483647
-9223372036854775808 ~ 9223372036854775807
-126 ~ 127
-1022 ~ 1023
0 ~ ffff
true ~ false
```

1 Formatter：https://docs.oracle.com/javase/9/docs/api/java/util/Formatter.html.

如果不想在测试一些程序片段时定义类、main 程序入口，编译、执行程序，不妨试试 jshell。JDK 9 以后内置了 jshell，这是 Java 版的 REPL(Read-Eval-Print Loop)环境，也就是一个简单的互动式程序设计环境。可以直接使用 jshell 命令进入该环境，如图 3-1 所示。

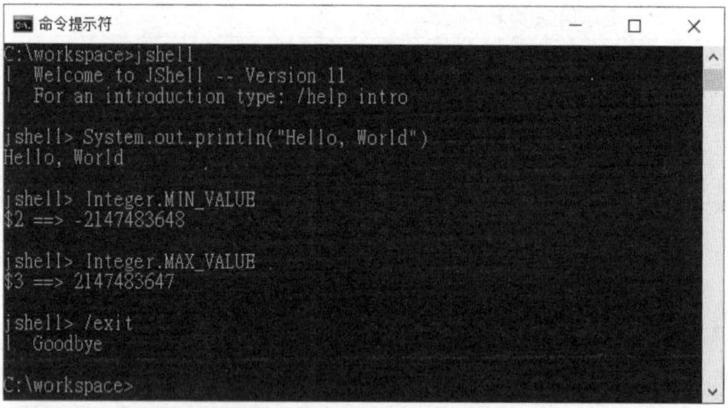

```
命令提示符
C:\workspace>jshell
|  Welcome to JShell -- Version 11
|  For an introduction type: /help intro

jshell> System.out.println("Hello, World")
Hello, World

jshell> Integer.MIN_VALUE
$2 ==> -2147483648

jshell> Integer.MAX_VALUE
$3 ==> 2147483647

jshell> /exit
|  Goodbye

C:\workspace>
```

图 3-1 使用 jshell 测试小程序

在 jshell 环境中，若执行后有返回值，会使用$n ==>的形式来显示返回值；如果想离开 jshell 环境，可以输入/exit 或者按下 Ctrl+D 键；若需要命令说明，可以输入/help，也可以在执行 jshell 时使用--help 参数显示说明。

本书的后续内容中有一些简单的程序片段，会适当地使用 jshell 示例。如果提示文字以 jshell>开头，表示那是在 jshell 环境中执行的。

可以在输出浮点数时指定精度，例如：

```
jshell> System.out.printf("example:%.2f%n", 19.234);
example:19.23
```

也可以指定输出时至少要预留的字符宽度，例如：

```
jshell> System.out.printf("example:%6.2f%n", 19.234);
example: 19.23
```

由于预留了 6 个字符宽度，不足的部分会使用空格来填充，因此执行结果会输出 example: 19.23(19.23 只占 5 个字符，因此在它的前端补了一个空格)。

3.1.2 变量

若想使用基本类型的数据，只要在程序中写下 10、3.14 这类的数值即可。例如：

```
System.out.println(10);
System.out.println(3.14);
System.out.println(10);
```

不过，如果程序中需要输出10的地方很多，要将10改为20，就要修改多个地方。如果有一个位置可以储存10，而且该位置有一个名称，每次通过这个名称来取得值的输出，那么，若将该位置的值改为20，输出不就都改为20了吗？对！这个具有名称的位置称为变量(Variable)，声明变量时可以告诉JVM数据类型与名称。例如：

```
int number = 10;
double PI = 3.14;
System.out.println(number);
System.out.println(PI);
System.out.println(number);
```

在这个程序片段的第一行，有一个名为number的位置，可以储存int类型的数据，=表示指定number的位置存放10。用程序术语来说的话，你声明了一个名为number的变量，可储存的值类型为int，使用=指定number变量的值为10。若之后要将输出10的部分改为20，那么把number变量的值改为20就可以了。

基本规则

基本类型是指可使用byte、short、int、long、float、double、char、boolean等关键字来声明的类型。变量在命名时有些规则：不可以使用数字开头，也不能使用一些特殊字符，像*、&、^、%等；变量名称不能与Java关键字(Keyword)同名，例如，int、float、class等不能用作变量名，也不可以与Java保留字(Reserved Word)同名，例如，goto就不能用作变量名称。

变量的命名风格应该以清晰易懂为主。初学者为了方便，常使用简单字母作为变量名称，这会造成日后程序维护的困难。Java业界的命名惯例(Naming Convention)是以小写字母开头，每个单词开始时第一个字母使用大写，这被称为驼峰式(Camel Case)命名法，可让人一眼就看出这个变量的作用。例如：

```
int ageOfStudent;
int ageOfTeacher;
```

到目前为止，程序示例都写在main()方法中，在方法内声明的变量称为局部变量(Local Variable)。JVM会为局部变量配置内存空间，但不会给这块空间默认值，因为这块空间原先就可能有无法预期的值。基于安全性，创建局部变量后，必须明确指定值才能进行读取，否则会发生编译错误，如图3-2所示。

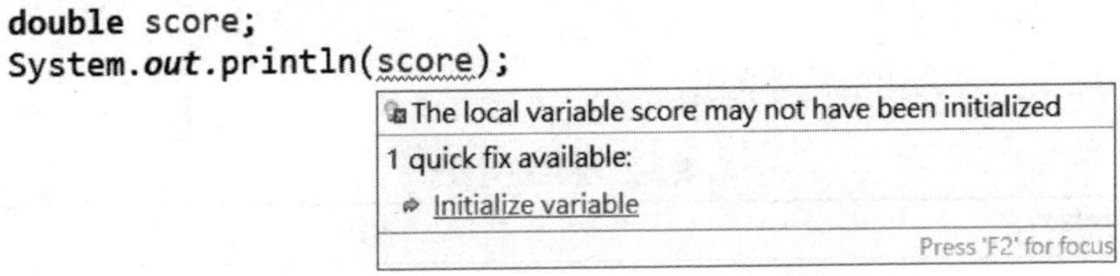

```
double score;
System.out.println(score);
```

The local variable score may not have been initialized
1 quick fix available:
Initialize variable
Press 'F2' for focus

图3-2 没有初始化变量就使用，产生了编译错误

这个程序片段声明变量 score 却没有为它赋值，第二行马上要求显示它的值，结果出现了编译错误信息。

若在指定变量值后，不想再改变值，可以加上 final 限定。后续编写程序时，如果自己或别人不经意修改了 final 变量，就会出现编译错误(见图 3-3)。

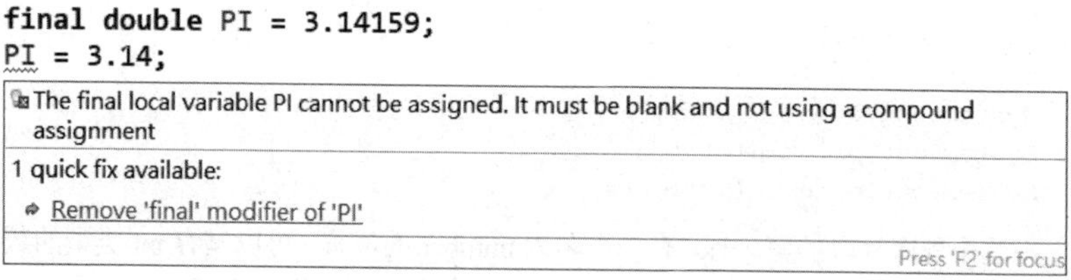

```
final double PI = 3.14159;
PI = 3.14;
```

The final local variable PI cannot be assigned. It must be blank and not using a compound assignment

1 quick fix available:

Remove 'final' modifier of 'PI'

Press 'F2' for focus

图 3-3 重新指定 final 变量所引发的编译错误

字面常量

在 Java 中给出一个值，该值称为字面常量(Literal Constant)。在整数字面常量表示上，除了十进制表示法之外，还有八进制或十六进制表示法。例如，10 这个值可以分别以十进制、十六进制与八进制表示：

```
int number1 = 12;    // 十进制表示
int number2 = 0xC;   // 十六进制表示，以 0x 开头
int number3 = 014;   // 八进制表示，以 0 开头
```

浮点数除了使用小数方式直接表示外，也可以直接使用科学记数法表示。例如，以下两个变量都表示 0.001 23 的值：

```
double number1 = 0.00123;
double number2 = 1.23e-3;
```

要表示字符的话，必须将字符放在单引号中，表示它是 char 类型。例如：

```
char size = 'S';
char lastName = '林';
```

既然单引号这个符号在语法上已用来表示字符，若就是想表示单引号本身呢？必须使用转义字符\，编译器看到\后会忽略下个字符，不会将它视为程序语法的一部分。例如，要表示'，就要用\'：

```
char symbol = '\'';
```

表 3-2 是一些常用的符号表示。

表 3-2 常用符号表示

常用符号	说明
\\	反斜杠 \
\'	单引号 '

(续表)

常用符号	说明
\"	双引号 "
\uxxxx	以十六进制数指定 char 的值，x 表示数字
\xxx	以八进制数指定 char 的值，x 表示数字
\b	倒退一个字符
\f	换页
\n	换行
\r	光标移至行首
\t	制表符(相当于按一次 Tab 键)

例如，若要使用\uxxxx 来表示“Hello”，可通过如下方式实现：

```
jshell> System.out.println("\u0048\u0065\u006C\u006C\u006F");
Hello
```

提示》》 \uxxxx 表示法可用在字符无法以打字方式输入的情况。事实上，如果在程序中输入了中文字符，编译时也会转换为\uxxxx 表示法，这些细节留到第 4 章介绍字符串时一起讨论。

boolean 类型可指定的值只有 true 和 false。例如：

```
boolean flag = true;
boolean condition = false;
```

字面常量表示法

撰写整数或浮点数字面常量时，可以使用下画线更清楚地表示某些数字。例如：

```
int number1 = 1234_5678;
double number2 = 3.141_592_653;
```

有时，想以二进制方式表示某个值，可以用 0b 作为开头。例如：

```
int mask = 0b101010101010;      // 用二进制表示十进制整数 2730
```

上面的程序片段也可以结合下画线，这样就更清楚了：

```
int mask = 0b1010_1010_1010;    // 用二进制表示十进制整数 2730
```

3.1.3　运算符

程序的目的就是运算，除了运算还是运算，程序语言中提供运算功能的就是运算符(Operator)。

算术运算

与算术相关的运算符有+、-、*、/，也就是加、减、乘、除，另外，%被称为模数或余数运算符。算术运算符在使用上是先乘除后加减。例如，代码 1 + 2 * 3 的结果是 7，而 2 + 2 + 8 / 4 结果是 6：

```
jshell> 1 + 2 * 3;
$1 ==> 7

jshell> 2 + 2 + 8 / 4;
$2 ==> 6
```

如果想在 2 + 2 + 8 加总后，再除以 4，则需要加上括号以明确定义运算顺序。例如：

```
jshell> (2 + 2 + 8) / 4;
$3 ==> 3
```

%计算的结果是除法后的余数，例如，10 % 3 得到余数 1。应用场景之一是数字循环，假设有个立方体要进行 360° 旋转，每次在角度上加 1，而 360° 后必须回归为 0，重新计数，这时可以这么编写程序：

```
int count = 0;
...
count = (count + 1) % 360;
```

提示>>> 可在运算符的两边各留一个空白，这样比较容易阅读。

比较、条件运算

Java 提供比较运算符(Comparison Operator)：大于(>)、大于等于(>=)、小于(<)、小于等于(<=)、等于(==)以及不等于(!=)。比较条件成立时结果为 true，不成立时结果为 false。以下程序片段显示了几个比较运算符的使用：

Basic Comparison.java

```
package cc.openhome;

public class Comparison {
    public static void main(String[] args) {
        System.out.printf("10 >  5 结果 %b%n", 10 > 5);
        System.out.printf("10 >= 5 结果 %b%n", 10 >= 5);
        System.out.printf("10 <  5 结果 %b%n", 10 < 5);
        System.out.printf("10 <= 5 结果 %b%n", 10 <= 5);
        System.out.printf("10 == 5 结果 %b%n", 10 == 5);
        System.out.printf("10 != 5 结果 %b%n", 10 != 5);
    }
}
```

上面程序执行的结果如下：

```
10 >  5 结果 true
10 >= 5 结果 true
10 <  5 结果 false
10 <= 5 结果 false
10 == 5 结果 false
10 != 5 结果 true
```

注意》》》 ==由两个连续的=(而不是一个=)组成，一个=表示赋值运算。例如，若要比较变量 x 与 y 是否相等，应该写 $x == y$，而不是 $x = y$，后者的作用是将 y 的值赋给 x，而不是比较 x 与 y 是否相等。

Java 有个条件运算符(Conditional Operator)，使用方式如下：

```
条件表达式?成立返回值:失败返回值
```

条件运算符返回值根据条件表达式的结果而定。若条件表达式结果为 true，则返回:前面的值；若为 false，则返回:后面的值。例如，如果 score 声明为 int 类型，储存了用户输入的学生得分，以下程序片段可用来判断学生是否及格：

```
System.out.printf("该学生是否及格?%c%n", score >= 60 ? '是':'否');
```

适当使用条件运算符，可以少写一些代码。例如，如果 number 声明为 int 类型，储存用户输入的数字，以下程序片段可用来判断奇数或偶数：

```
System.out.printf("是否为偶数?%c%n", (number % 2 == 0) ? '是':'否');
```

同样的程序片段，若改用本章稍后要介绍的 if...else 语法，写法如下：

```
if(number % 2 == 0) {
   System.out.println("是否为偶数?是");
}
else {
   System.out.println("是否为偶数?否");
}
```

逻辑运算

在逻辑上有“并”(AND)、“或”(OR)与“取反”(NOT)，对应的逻辑运算符(Logical Operator)分别为&&(AND)、||(OR)及!(NOT)。看看以下程序片段会输出什么结果。

```
jshell> int number = 75;
number ==> 75

jshell> number > 70 && number < 80;
$2 ==> true

jshell> number > 80 || number < 75;
```

```
$3 ==> false

jshell> !(number > 80 || number < 75);
$4 ==> true
```

三段语句分别输出了 true、false 与 true，分别表示：number 大于 70 且小于 80 为真，number 大于 80 或小于 75 为假，number 大于 80 或小于 75 的取反结果为真。

&&与||具有短路运算(Short-Circuit Evaluation)的特性。对于 AND，只要其中一个运算为假，就可以判定结果为假，因此对&&来说，只要左侧运算(Operand)结果为 false，就会直接返回 false，不会再去执行右侧运算。对于 OR，只要其中一个运算为真，就可以判定结果为真，因此对||来说，只要左侧计算结果为 true，就会直接返回 true，不会再去执行右侧的运算。

来举个运用短路运算的例子。两个整数相除，若除数为 0，就会发生 ArithmeticException，代表除 0 的错误。以下代码使用&&短路运算避免了这个问题：

```
if(b != 0 && a / b > 5) {
    // 完成一些事……
}
```

在这个程序片段中，变量 a 与 b 都是 int 类型，如果 b 为 0 的话，&&左侧运算结果就是 false，因此直接判断整个&&的结果为 false，不再去运行右侧计算，从而避免了 a / b 时的除零错误。

位运算

Java 中的位运算符(Bitwise Operator)分别是&(AND)、|(OR)、^(XOR)与~(补码)。如果不会基本的位运算，可以通过以下示例了解各个位运算的结果：

Basic Bitwise.java

```
package cc.openhome;

public class Bitwise {
    public static void main(String[] args) {
        System.out.println("AND 运算：");
        System.out.printf("0 AND 0 %5d%n", 0 & 0);
        System.out.printf("0 AND 1 %5d%n", 0 & 1);
        System.out.printf("1 AND 0 %5d%n", 1 & 0);
        System.out.printf("1 AND 1 %5d%n", 1 & 1);

        System.out.println("\nOR 运算：");
        System.out.printf("0 OR 0 %6d%n", 0 | 0);
        System.out.printf("0 OR 1 %6d%n", 0 | 1);
        System.out.printf("1 OR 0 %6d%n", 1 | 0);
        System.out.printf("1 OR 1 %6d%n", 1 | 1);

        System.out.println("\nXOR 运算：");
```

```
        System.out.printf("0 XOR 0 %5d%n", 0 ^ 0);
        System.out.printf("0 XOR 1 %5d%n", 0 ^ 1);
        System.out.printf("1 XOR 0 %5d%n", 1 ^ 0);
        System.out.printf("1 XOR 1 %5d%n", 1 ^ 1);
    }
}
```

执行的结果就是各个位运算的结果：

```
AND 运算：
0 AND 0     0
0 AND 1     0
1 AND 0     0
1 AND 1     1

OR 运算：
0 OR 0      0
0 OR 1      1
1 OR 0      1
1 OR 1      1

XOR 运算：
0 XOR 0     0
0 XOR 1     1
1 XOR 0     1
1 XOR 1     0
```

位运算是逐位运算。例如，10010001 与 01000001 做 AND 运算，答案就是 00000001。补码运算是将全部 0 变为 1，1 变为 0。例如，00000001 经补码运算后会变为 11111110。例如：

```
jshell> byte number = 0;
number ==> 0

jshell> ~number;
$2 ==> -1
```

在上面的程序片段中，byte 在内存中占 1 字节，0 在内存中的位表示为 00000000，经补码运算后变成 11111111，这个字节代表整数-1。

注意>>> 逻辑运算符与位运算符也常被混淆，像&&与&，||与|，初学时需要多注意。

位运算中还有左移(<<)与右移(>>)两个运算符。左移会将位往左移指定位数，左边被挤出的位将被丢弃，而右边补上 0；右移则相反，将位往右移指定位数，右边被挤出的位将被丢弃，最左边补上原来的位，如果左边原来是 0 就补 0，是 1 就补 1。还有个>>>运算符，在右移后，最左边使用 0 进行补齐。

使用左移运算来执行简单的 2 次方运算，例如：

Basic Shift.java

```
package cc.openhome;

public class Shift {
    public static void main(String[] args) {
        int number = 1;
        System.out.printf( "2 的 0 次方: %d%n", number);
        System.out.printf( "2 的 1 次方: %d%n", number << 1);
        System.out.printf( "2 的 2 次方: %d%n", number << 2);
        System.out.printf( "2 的 3 次方: %d%n", number << 3);
    }
}
```

执行结果：

```
2 的 0 次方: 1
2 的 1 次方: 2
2 的 2 次方: 4
2 的 3 次方: 8
```

实际地试一试左移，就知道为何可以这样执行“幂”运算了：

```
00000001 → 1
00000010 → 2
00000100 → 4
00001000 → 8
```

提示>>> 位运算平时并不常用，通常应用于图像处理、文字编码等场景，例如，《乱码 1/2》[1]中就有一些位运算的例子。

递增、递减运算

在程序中对变量递增 1 或递减 1 是常见的运算，例如：

```
int i = 0;
i = i + 1;
System.out.println(i);
i = i - 1;
System.out.println(i);
```

这个程序片段分别显示 1 与 0，可以改用递增、递减运算符来编写程序：

```
int i = 0;
i++;
System.out.println(i);
i--;
System.out.println(i);
```

1 乱码 1/2：https://openhome.cc/Gossip/Encoding/.

哪个写法比较好呢？就简洁度而言，使用++、--的写法比较好；就效率而言，其实没有差别，因为如果写i=i+1，编译器会将它转换为i++，同样，如果写i=i-1，编译器会将它转换为i--。

上面的程序片段还可以再简洁一些，然而不鼓励这么编写，因为代码的可读性会降低：

```
int i = 0;
System.out.println(++i);
System.out.println(--i);
```

可以将++或--编写在变量的前面或后面，不过两种写法是有差别的。将++或--写在变量前面，会先将变量值加1或减1，再返回变量值；将++或--写在变量后，会先返回变量值，然后对变量加1或减1。例如：

```
int i = 0;
int number = 0;
number = ++i;     // 结果相当于i = i + 1; number = i;
System.out.println(number);
number = --i;     // 结果相当于i = i - 1; number = i;
System.out.println(number);
```

在这个程序片段中，number的值会分别显示为1与0。再来看个例子：

```
int i = 0;
int number = 0;
number = i++;      // 相当于number = i; i = i + 1;
System.out.println(number);
number = i--;      // 相当于 number = i; i = i - 1;
System.out.println(number);
```

在这个程序片段中，number的值会先后分别显示为0与1。不鼓励这样使用++、--运算符，因为阅读代码时，还得费心去思考，是先返回变量值再运算，还是先运算然后才返回变量值的问题，而且容易出错，这不是一个好的编码风格。

赋值运算

到目前为止，本书中只出现过一种赋值运算符，也就是=运算符，事实上，赋值运算符还有许多，如表3-3所示。

表3-3 赋值运算符

赋值运算符	示例	结果
+=	a += b	a = a + b
-=	a -= b	a = a - b
*=	a *= b	a = a * b
/=	a /= b	a = a / b

(续表)

赋值运算符	示例	结果
%=	a %= b	a = a % b
&=	a &= b	a = a & b
|=	a |= b	a = a | b
^=	a ^= b	a = a ^ b
<<=	a <<= b	a = a << b
>>=	a >>= b	a = a >> b

3.1.4 处理类型

类型与变量看似简单，然而各个程序语言有其不同细节。接下来要介绍的类型转换概念，看似只是认证题目常考的内容，然而在实际工作中，确实也经常会用到。忽略类型转换经常导致程序出错，因此有必要了解类型转换。

类型转换

首先，如果写了以下程序片段：

```
double PI = 3.14;
```

这个片段编译时没有问题，若写了图 3-4 所示的程序片段。

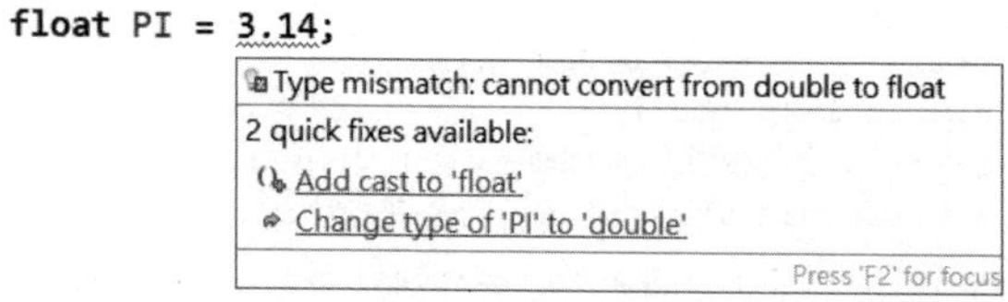

```
float PI = 3.14;
```

Type mismatch: cannot convert from double to float
2 quick fixes available:
Add cast to 'float'
Change type of 'PI' to 'double'
Press 'F2' for focus

图 3-4 类型不符

为什么得到了类型不符的编译错误？这是因为程序中给出浮点数时，编译器会默认使用 double 类型。就图 3-4 而言，若想将 double 长度的数据指定给 float 类型的变量，编译器就会告知将 double 类型放到 float 变量中，会因 8 字节数据要放到 4 字节空间，而丢失 4 字节的数据。

如果确实想把数据储存为 float 类型，可以在 3.14 后加上 F，明确地告诉编译器，3.14 是 float 类型。例如：

```
float PI = 3.14F;
```

另一个方式是，明确告诉编译器，就是要将 double 类型的 3.14 丢(Cast)给 float 变量，请编译器住嘴！

```
float PI = (float) 3.14;
```

编译器看到 double 类型的 3.14 要指定给 float 变量，本来要警告你这样做会损失精度，但你使用(float)语法告诉编译器别再发出警告了，编译器就不讲话了。于是编译通过，既然你不要编译器警告了，那程序执行期间如果出错，后果请自负，也就是说，如果因为损失精度而发生程序错误，那绝不是编译器的问题。

再来看整数的部分。如果你按照如下方式编码：

```
int number = 10;
```

这没有问题，但如果你按照图 3-5 所示的方式编码。

```
int number = 2147483648;
```

The literal 2147483648 of type int is out of range

Press 'F2' for focus

图 3-5　超出范围

编译时会出现值超出 int 范围的错误。也许你以为原因是 int 变量 number 装不下 2147483648，因为 int 类型的最大值是 2147483647，你可能误认为图 3-6 所示的方法可以解决问题。

```
long number = 2147483648;
```

The literal 2147483648 of type int is out of range

Press 'F2' for focus

图 3-6　还是超出范围

事实上，并非 number 装不下 2147483648，而是程序中给出一个整数时，默认不使用超过 int 类型的长度。因为 2147483648 超出了 int 类型的长度，所以你要直接告诉编译器，2147483648 是 long 类型，也就是在数字后加个 L，使其变成 long number = 2147483648L。

上面的方式可以通过编译，刚才说过，程序中给出一个整数时，默认不使用超过 int 类型的长度，因此下面的程序可以通过编译：

```
byte number = 10;
```

因为 10 在 byte 可储存的范围内，不过下面这样不行：

```
byte number = 128;
```

128 超过了 byte 可储存的范围，至少得用 short 才能储存 128，因此上面的程序会发生编译错误。

再来看运算，若表达式包含不同类型的数值，运算时以长度最长的类型为准，其他数值将自动提升(Promote)类型。例如：

```
int a = 10;
double b = a * 3.14;
```

在这个程序片段中，a 是 int 类型，而给出的 3.14 默认是 double 类型，a 的值被提至 double 类型以进行运算。

若参与运算的值都是不大于 int 类型的整数，则全部自动提升为 int 类型以进行运算。图 3-7 中的程序片段会发生编译错误。

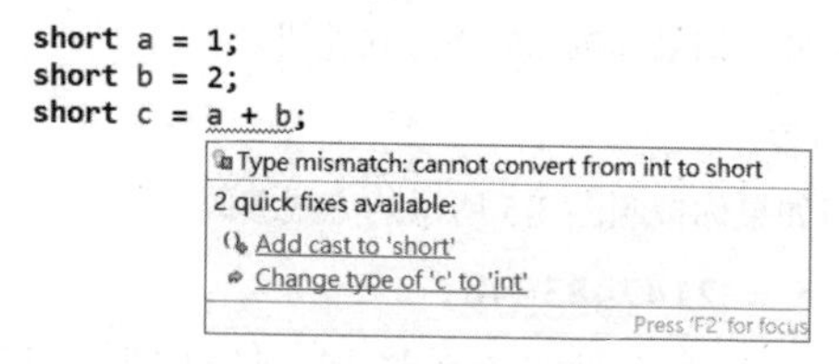

图 3-7　又是类型不符

a 与 b 都是 short 类型，然而在整数运算时，若参与运算的值都不大于 int，会一律在 int 范围内运算，若 int 运算结果要放到 short，编译器就又会警告类型不符的问题，这时若告诉编译器，就是要将 int 的运算结果丢给 short，编译器就会住嘴了：

```
short a = 1;
short b = 2;
short c = (short) (a + b);
```

类似地，图 3-8 中的程序片段不能通过编译。

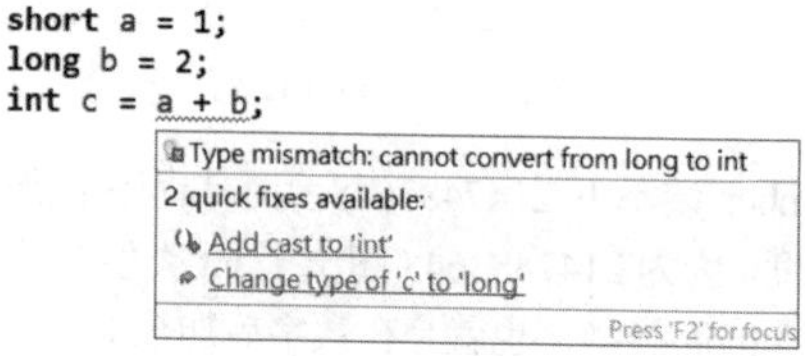

```
short a = 1;
long b = 2;
int c = a + b;
```

Type mismatch: cannot convert from long to int
2 quick fixes available:
Add cast to 'int'
Change type of 'c' to 'long'
Press 'F2' for focus

图 3-8　为什么还是提示类型不符

记得之前说过的吗？若表达式包含不同类型，运算时会以最长的类型为准。以图 3-8 而言，b 是 long 类型，于是 a 也被提至 long 空间以进行运算，如果 long 运算结果要放到 int 变量 c，编译器自然就要发出警告了。如果这真的是你想要的，那就叫编译器住嘴吧！

```
short a = 1;
long b = 2;
int c = (int) (a + b);
```

那么你觉得以下程序会显示什么？

```
System.out.println(10 / 3);
```

答案是 3，而不是 3.333333……，因为 10 与 3 会在 int 长度的空间中执行运算。若想得到 3.333333……的结果，则必须有个运算值是浮点数。例如：

```
System.out.println(10.0 / 3);
```

很无聊对吧？好像只是在玩弄语法？那么，看看下面的程序片段有没有问题。

```
int count = 0;
while(someCondition) {
    if(count + 1 > Integer.MAX_VALUE) {
        count = 0;
    }
    else {
        count++;
    }
    ...
}
```

这个程序片段想做的是，某些情况下不断递增 count 的值，如果 count 超过上限就归零，这里以 int 类型的最大值为上限。程序逻辑看似没错，但 count+ 1 > Integer.MAX_VALUE 永远不会成立，如果 count 已经到了 2147483647，也就是 int 类型的最大值，此时内存中的字节会是：

```
01111111 11111111 11111111 11111111
```

count + 1 则会变为：

```
10000000 00000000 00000000 00000000
```

字节的第一个位是 1，在 Java 中表示一个负数，上例也就是表示-2147483648。简单来讲，最后 count + 1 因超出 int 类型可储存范围而溢出，count+1> Integer.MAX_VALUE 永远不会成立。

提示»» 《Promotion 与 Cast》[1]中还有两个例子，你可以想想问题是什么。

var 类型推断

若编译器可从上下文推断出局部变量类型，可以使用 var 声明变量，而不用明确指定变量类型，例如：

```
var age = 10;                 // age 类型为 int
var pi = 3.14;                // pi 类型为 double
var upper = 100000000000L;    // upper 类型为 long
var tau = 3.14159F;           // tau 类型为 float
var isLower = true;           // isLower 类型为 boolean
```

当变量类型变得复杂时(比如使用后续章节介绍的泛型时)，善用 var 可以减轻声明类型的负担，对代码的可读性也会有帮助。

---

1 Promotion 与 Cast：https://openhome.cc/Gossip/JavaEssence/PromotionCast.html.

3.2 流程控制

现实生活中待解决的问题千奇百怪，想使用计算机解决的需求也各式各样：如果发生了……，就要……；对于……，就一直执行……；如果……，就停止……。为了告诉计算机特定条件下该执行的动作，可以使用条件表达式来定义程序的执行流程。

3.2.1 if...else 条件表达式

if...else 条件表达式用来处理“如果……成立，就要……，否则要……”的需求，语法如下：

```
if(条件表达式) {
    语句;
}
else {
    语句;
}
```

条件表达式运算结果为 true，会执行 if 的{和}中的语句，否则执行 else 的{和}中的语句。若条件表达式不成立时什么都不做，则 else 及对应的{}可以省略。

下面给出一个运用 if...else 判断数字为奇数还是偶数的示例：

Basic Odd.java

```java
package cc.openhome;

public class Odd {
    public static void main(String[] args) {
        var input = 10;
        var remain = input % 2;

        if(remain == 1) { // 余数为 1 时，是奇数
            System.out.printf("%d 是奇数%n", input);
        }
        else {
            System.out.printf("%d 是偶数%n", input);
        }
    }
}
```

提示>>> 示例中的 input 变量实际上可从用户的输入取得值。如何取得用户的输入，将在第 4 章说明。

如果 if 或 else 中只有一行语句，则{和}可以省略，不过就可读性来说，建议一律

加上{和}来明确定义范围。

提示»» Apple 公司曾经提交 iOS 上针对 CVE-2014-1266[1]的安全更新，原因是某个表达式中有两个连续缩进：

```
...
if ((err = SSLHashSHA1.update(&hashCtx, &signedParams)) != 0)
      goto fail;
      goto fail;
if ((err = SSLHashSHA1.final(&hashCtx, &hashOut)) != 0)
      goto fail;
...
```

因为缩进在同一层，阅读代码时大概也就没注意到，又没有{和}定义程序块，结果就是一定会执行 goto fail 的错误。

某些人会编写所谓的 if...else if 语法：

```
if(条件表达式1) {
    ...
}
else if(条件表达式2) {
    ...
}
else {
    ...
}
```

Java 中实际上不存在 if...else if 的语法，这只是省略{和}，并对代码进行排版的结果。如果不省略{和}，原本的程序应该是：

```
if(条件表达式1) {
    ...
}
else {
    if(条件表达式2) {
        ...
    }
    else {
        ...
    }
}
```

若条件表达式 1 不满足，就执行 else 中的语句，其中进行了条件表达式 2 的测试。若省略了第一个 else 的{和}：

1 CVE-2014-1266：https://support.apple.com/kb/HT6147.

```
if(条件表达式1) {
    ...
}
else
    if(条件表达式2) {
        ...
    }
    else {
        ...
    }
```

如果适当地排列这个代码片段，就能使其变为刚才看到的 if...else if 写法，这更利于阅读代码。例如，可用这种方式处理学生的得分等级问题：

Basic Level.java

```
package cc.openhome;

public class Level {
    public static void main(String[] args) {
        var score = 88;
        var level = '\0';

        if(score >= 90) {
            level = 'A';
        }
        else if(score >= 80 && score < 90) {
            level = 'B';
        }
        else if(score >= 70 && score < 80) {
            level = 'C';
        }
        else if(score >= 60 && score < 70) {
            level = 'D';
        }
        else {
            level = 'E';
        }
        System.out.printf("得分等级：%c%n", level);
    }
}
```

提示>>> 如果 isOpened 是 boolean 类型，想在 if 中做判断，请不要这样写：

```
if(isOpened == true) {
    ...
}
```

这样程序也可以正确执行，只不过显得很不专业。你不妨这么写：

```
if(isOpened) {
    ...
}
```

3.2.2 switch条件表达式

switch可用于比较整数、字符、字符串与Enum。Enum与switch的搭配使用，后面会再进行介绍。switch的语法结构如下：

```
switch(变量或计算式) {
    case 整数、字符、字符串或Enum:
        语句;
break;
    case 整数、字符、字符串或Enum:
        语句;
        break;
    ...
    default:
        语句;
}
```

对于switch括号中的变量或表达式，值必须是整数、字符、字符串或Enum，用来与case设置的整数、字符、字符串或Enum进行比较。如果符合就执行之后的语句，直至遇到break，离开switch程序块；若没有符合的case，则会执行default后的语句；若没有默认要处理的动作，则可以省略default。

之前展示的Level类，也可以使用switch来实现：

Basic Level2.java

```
package cc.openhome;

public class Level2 {
    public static void main(String[] args) {
        var score = 88;
        var quotient = score / 10;
        var level = '\0';

        switch(quotient) {
            case 10:
            case 9:
                level = 'A';
                break;
            case 8:
                level = 'B';
```

```
                break;
            case 7:
                level = 'C';
                break;
            case 6:
                level = 'D';
                break;
            default:
                level = 'E';
        }
        System.out.printf("得分等级：%c%n", level);
    }
}
```

在这个程序中，使用除法并取得运算后的商。如果学生的得分大于 90，则除以 10 所得的商一定是 9 或 10(100 分时)。case 10 没有任何的语句，也没有使用 break，所以直接往下执行，直至遇到 break，离开 switch，因此如果学生得分是 100 分，也会显示 A 的得分等级；如果比较条件不是 6～10 这些值，则会执行 default 的语句，这表示商小于 6，学生得分等级也就显示为 E 了。

从 Java SE 14 开始，switch 正式支持表达式形式，就上例来说，可改为以下形式：

Basic Level3.java

```
package cc.openhome;

public class Level3 {
    public static void main(String[] args) {
        var score = 88;
        var quotient = score / 10;
        var level = switch(quotient) {
            case 10, 9 -> 'A';
            case 8     -> 'B';
            case 7     -> 'C';
            case 6     -> 'D';
            default    -> 'E';
        };
        System.out.printf("得分等级：%c%n", level);
    }
}
```

对于 case 的比较，可以使用逗号进行分隔，来比较多个情况。每个情况的->右方指定值会成为 switch 的运算值，如此一来，就不用像 Level2 的示例那样，特意为 level 设置初始值了。

在需要代码块的情况下，也可改用 yield 指定 switch 的运算值，例如：

Basic Level4.java

```
package cc.openhome;

public class Level4 {
    public static void main(String[] args) {
        var score = 88;
        var quotient = score / 10;
        var level = switch(quotient) {
            case 10, 9:
                yield 'A';
            case 8:
                yield 'B';
            case 7:
                yield 'C';
            case 6:
                yield 'D';
            default:
                yield 'E';
        };
        System.out.printf("得分等级：%c%n", level);
    }
}
```

可以看到，switch 作为表达式时，虽然没有 break，然而执行完 case 之后，并不会往下个 case 继续执行；必要时，->与 yield 可以混合使用：

Basic Level5.java

```
package cc.openhome;

public class Level5 {
    public static void main(String[] args) {
        final String warning = "(哎呀，不及格呀！)";

        var score = 59;
        var quotient = score / 10;
        var level = switch(quotient) {
            case 10, 9 -> "A";
            case 8    -> "B";
            case 7    -> "C";
            case 6    -> "D";
            default   -> {
                String message = "E" + warning;
                yield message ;
            }
```

```
        };
        System.out.printf("得分等级：%s%n", level);
    }
}
```

就初学者而言，若要将特定值对应至某些动作或值，可使用 switch，它是个简单、便利的工具。然而切记不要滥用，如果各个 case 的逻辑或层次变得复杂而难以阅读，就应考虑其他设计方式的可行性。

提示》》》 为什么说 switch 是在 Java SE 14 正式支持表达式形式呢？因为从 Java SE 12 开始，switch 表达式就以预览形式存在了。

自 Java SE 12 开始，有些未正式确定的 Java 新功能，为了取得开发者的意见回馈，会以预览形式发布。如果要使用预览形式的语法，要以--release 设定版本并搭配--enable-preview 参数才能编译，之后也要指定--enable-preview 参数才能执行。预览形式的功能未来还可能变动，因此不建议在正式程序中使用。

由于预览功能在未来仍可能发生变化，所以本书不会对预览功能进行详细说明。

3.2.3 for 循环

如果要重复执行命令，可以使用 for 循环，基本语法之一如下：

```
for(初始表达式; 结果为boolean 的判别式; 循环表达式) {
    语句;
}
```

for 循环语法的圆括号中，初始表达式只执行一次，常用来声明或初始化变量。如果是声明变量，结束 for 循环后变量就会消失。第一个分号后，每次执行循环体之前会执行一次，若运算结果为 true，则会执行循环体；若结果为 false，则会结束循环。第二个分号后，每次执行完循环体之后会执行一次。

让我们看一个实际的 for 循环例子，在 jshell 中显示 1～10：

```
jshell> for(var i = 1; i <= 10; i++) {
   ...>     System.out.println(i);
   ...> }
1
2
3
4
5
6
7
8
9
10
```

简单来说，这个程序从i等于1开始，只要i小于等于10，就执行循环体(显示i)，然后递增i，这是for循环常见的使用方式。如果for主体只有一行语句，则{和}可以省略，但为了提升可读性，建议还是将它写出来。

在介绍for循环时，经典示例之一是显示九九乘法表，这里就用这个例子进行演示：

Basic MultiplicationTable.java

```
package cc.openhome;

public class MultiplicationTable {
    public static void main(String[] args) {
        for(var j = 1; j < 10; j++) {
            for(var i = 2; i < 10; i++) {
                System.out.printf("%d*%d=%2d ",i, j,  i * j);
            }
            System.out.println();
        }
    }
}
```

执行结果如下：

```
2*1= 2 3*1= 3 4*1= 4 5*1= 5 6*1= 6 7*1= 7 8*1= 8 9*1= 9
2*2= 4 3*2= 6 4*2= 8 5*2=10 6*2=12 7*2=14 8*2=16 9*2=18
2*3= 6 3*3= 9 4*3=12 5*3=15 6*3=18 7*3=21 8*3=24 9*3=27
2*4= 8 3*4=12 4*4=16 5*4=20 6*4=24 7*4=28 8*4=32 9*4=36
2*5=10 3*5=15 4*5=20 5*5=25 6*5=30 7*5=35 8*5=40 9*5=45
2*6=12 3*6=18 4*6=24 5*6=30 6*6=36 7*6=42 8*6=48 9*6=54
2*7=14 3*7=21 4*7=28 5*7=35 6*7=42 7*7=49 8*7=56 9*7=63
2*8=16 3*8=24 4*8=32 5*8=40 6*8=48 7*8=56 8*8=64 9*8=72
2*9=18 3*9=27 4*9=36 5*9=45 6*9=54 7*9=63 8*9=72 9*9=81
```

事实上，for循环语法只是将三个复合语句块写在圆括号中而已。第一个语句块只执行一次，第二个语句块判断是否继续下一次循环，第三个语句块只是一般的语句。

for圆括号中的每个语句块是以分号“;”进行区隔的，而在一个语句块中，若想写两个以上的语句，可使用逗号进行区隔。如果你有兴趣，可以研究下面九九乘法表的写法，只使用一个for循环，就可以完成九九乘法表的打印，执行结果与上一个示例相同。这只是为了有趣，就可读性而言，不建议这么写：

Basic MultiplicationTable2.java

```
package cc.openhome;

public class MultiplicationTable2 {
    public static void main(String[] args) {
        for (int i = 2, j = 1;  j < 10; i = (i==9)?((++j/j)+1):(i+1)) {
            System.out.printf("%d*%d=%2d%c", i, j,  i * j, (i==9 ? '\n' :
```

```
' '));
            }
        }
    }
```

提示》》》 for 循环圆括号中第二个复合语句块若没有编写，则默认值为 true。偶尔看到有人按如下方式编写程序，表示无穷循环：

```
for(;;) {
    ...
}
```

3.2.4 while 循环

while 循环可以根据指定条件表达式来判断是否执行循环主体，语法如下：

```
while(条件表达式) {
    语句;
}
```

若循环主体只有一个语句，则{和}可以省略不写，但为了增强可读性，建议还是写上。while 主要用于执行次数无法事先定义的重复性动作，例如在一个用户输入界面，用户输入的学生名字个数未知，只知道结束时要输入 quit，这种情况下就可以使用 while 循环。

下面是个游戏，看谁可以在最长时间内不撞到数字 5：

Basic RandomStop.java

```
package cc.openhome;

public class RandomStop {
    public static void main(String[] args) {
        while(true) {  ← ❶ 直接执行循环
            var number = (int) (Math.random() * 10);  ← ❷ 随机生成 0~9 的数字
            System.out.println(number);

            if(number == 5) {
                System.out.println("I hit 5....Orz");
                break;  ← ❸ 如果遇到 5，就退出循环
            }
        }
    }
}
```

这个示例的 while 判别式直接设为 true❶，表示不断地执行循环主体。Math.random()随机生成 0.0～1.0(不包括 1.0)的值，乘以 10 后只取整数，就得到 0～9 的数字❷。在 while 循环中，如果执行 break，就会离开循环主体。

一个参考的执行结果如下：

```
9
5
I hit 5....Orz
```

若想先执行一些动作，再判断要不要重复循环，可以使用 do...while，语法如下：

```
do {
    语句;
} while(条件表达式);
```

do...while 最后要以分号“;”结束，这个常被忽略；如果上一个示例改用 do...while，则可以少写一个 boolean 判断：

Basic RandomStop2.java

```
package cc.openhome;

public class RandomStop2 {
    public static void main(String[] args) {
        var number = -1;

        do {
            number = (int) (Math.random() * 10);  ← ❶ 先随机生成 0~9 的数字
            System.out.println(number);
        } while(number != 5);  ← ❷ 再判断要不要重复执行
        System.out.println("I hit 5....Orz");
    }
}
```

RandomStop 有 while 与 if 这两个需要进行 boolean 判断的地方，这主要是因为一开始 number 值并没有生成，只好先进入 while 循环。使用 do...while，先生成 number❶，再判断要不要执行循环❷，刚好可以解决这个问题。

3.2.5 break 和 continue

break 可以退出 switch、for、while、do...while 的程序块，在 switch 中，主要用来中断下个 case 比较，而在 for、while 与 do...while 中，主要用于中断当前的循环。

continue 作用与 break 类似，不过应用于循环的时候，break 会退出程序块，而 continue 只会略过之后语句，然后回到循环程序块开头，进行下次循环，而不是退出循环。例如：

```
jshell> for(var i = 1; i < 10; i++) {
   ...>     if(i == 5) {
   ...>         break;
   ...>     }
   ...>     System.out.printf("i = %d%n", i);
```

```
   ...> }
i = 1
i = 2
i = 3
i = 4
```

这段程序会显示 i = 1 到 i = 4，这是因为在 i 等于 5 时，会执行 break 而退出循环。再看下面这个程序：

```
jshell> for(var i = 1; i < 10; i++) {
   ...>     if(i == 5) {
   ...>         continue;
   ...>     }
   ...>     System.out.printf("i = %d%n", i);
   ...> }
i = 1
i = 2
i = 3
i = 4
i = 6
i = 7
i = 8
i = 9
```

当 i 等于 5 时，会执行 continue 并略过之后的语句，也就是说，该次的 System.out.printf()没有执行，而是直接从程序块开头执行下一次循环，因此 i = 5 没有显示。

break 与 continue 可以配合标签使用，例如，本来 break 只会退出 for 循环，通过设置标签与程序块，可以离开整个程序块。例如：

```
jshell> BACK:{
   ...>     for(var i = 0; i < 10; i++) {
   ...>         if(i == 9) {
   ...>             System.out.println("break");
   ...>             break BACK;
   ...>         }
   ...>     }
   ...>     System.out.println("test");
   ...> }
break
```

BACK 是个标签，当执行 break BACK;时，返回至 BACK 标签处，之后整个 BACK 程序块不执行，并直接跳过，因此 System.out.println("test")这一行不会被执行。

continue 也有类似的用法，只不过标签只能设置在 for 之前。例如：

```
jshell> BACK1:
   ...> for(int i = 0; i < 10; i++){
   ...>     BACK2:
   ...>     for(int j = 0; j < 10; j++) {
```

```
...>         if(j == 9) {
...>             continue BACK1;
...>         }
...>     }
...>     System.out.println("test");
...> }

jshell>
```

continue 配合标签，可以自由地跳至任何一层 for 循环，可以试着找出 continue BACK1 与 continue BACK2 的不同之处。设定 BACK1 时，System.out.println("test")不会被执行。

课后练习

实验题

1. 假设有 *m* 与 *n* 两个变量，分别储存 1000 与 495 两个值，请使用程序算出最大公因数。

2. 在三位的整数中，例如 153 可以满足 $1^3 + 5^3 + 3^3 = 153$，这样的数称为阿姆斯特朗(Armstrong)数，试用程序找出所有三位数的阿姆斯特朗数。

第 4 章 认识对象

学习目标

- 区分基本类型与类的类型
- 了解对象与引用的关系
- 从包装器认识对象
- 以对象的观点看待数组
- 认识字符串的特性
- 如何查询 API 文件

4.1 类与实例

Java 有基本类型与“类的类型”两个类型系统。第 3 章介绍了基本类型，本章要来谈“类的类型”。使用 Java 编写程序时几乎都在使用对象(Object)，要产生对象就必须先定义类(Class)。类是对象的设计图，对象是类的实例(Instance)。

不卖弄术语了，让我们开始吧！

4.1.1 定义类

在正式说明如何使用 Java 定义类之前，先来看看，如果要设计衣服，应如何进行。假设有个衣服的设计图(见图 4-1)，上面定义了衣服的款式、颜色以及尺寸。你会根据设计图制作出实际的衣服，每件衣服都是同一款式，但拥有不同的颜色与尺寸。你会为每件衣服印上名牌，这个名牌只能印在同款式的衣服上。

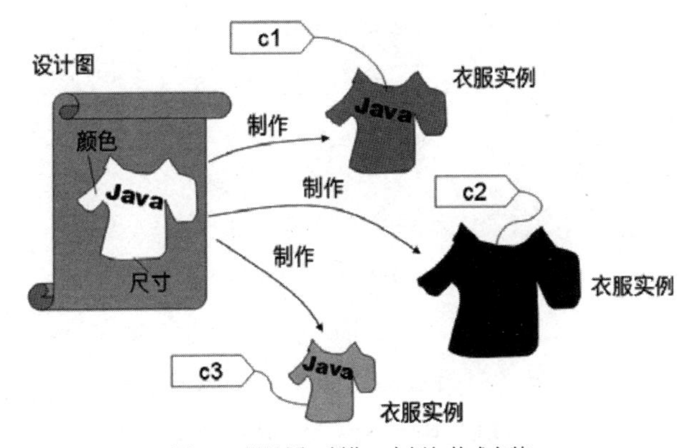

图 4-1　设计图、制作、实例与款式名牌

如果今天要开发服饰设计的软件，应如何使用 Java 编写呢？可以在程序中定义类，这相当于图 4-1 中衣服的设计图：

```
class Clothes {
   String color;
   char size;
}
```

类定义时使用 class 关键字，名称使用 Clothes，相当于为衣服设计图取名 Clothes。衣服的颜色用字符串表示，也就是 color 变量，可储存"red"、"black"、"blue"等值。衣服尺寸可以是'S'、'M'、'L'，所以使用 char 类型声明变量。如果要在程序中，利用 Clothes 类作为设计图，建立衣服实例，要使用 new 关键字。例如：

```
new Clothes();
```

这就新建了一个对象，更精确地说，创建了 Clothes 的实例。如果要设定名牌，可以进行如下声明：

```
Clothes c1;
```

在 Java 的术语中，这叫声明引用名称(Reference Name)、引用变量(Reference Variable)或直接叫引用(Reference)，当然，c1 本质上就是个变量。若要将 c1 绑到创建的实例上，可以使用=来指定，以 Java 术语来说，称将 c1 引用(Refer)到新建对象。例如：

```
Clothes c1 = new Clothes();
```

使程序语法(见图 4-2)直接对应图 4-1，就可以了解类与实例的区别，以及 class、new、=等语法的使用。

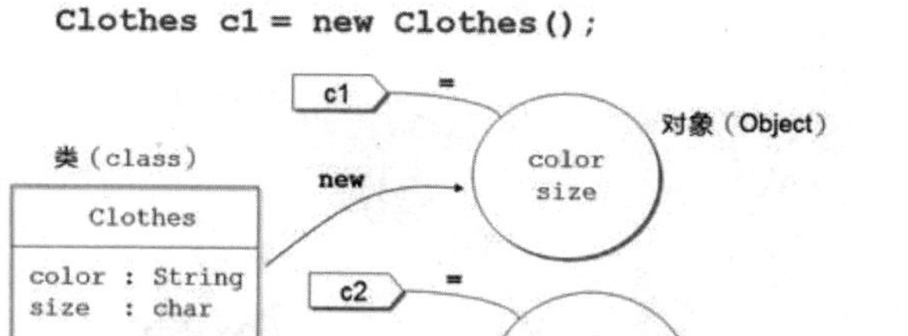

图 4-2 class、new、=等语法的关系

提示>>> 对象(Object)与实例(Instance)在 Java 中几乎是等义的名词，本书就将它们视为同义词，会交替使用这两个名词。

Clothes c1 = new Clothes()的写法中，出现了两次 Clothes，这是重复的信息。第 3 章谈过，如果编译器能从上下文推断出局部变量类型，则可以使用 var 声明变量：

```
var clothes = new Clothes();
```

在 Clothes 类中，定义了 color 与 size 两个变量，以 Java 术语来说，这定义了两个成员变量或者属性。也就是说，每个新建的 Clothes 实例都可以拥有不同的 color 与 size 值。下面列举一个例子。

ClassObject Field.java

```
package cc.openhome;

class Clothes { ←── ❶ 定义 Clothes 类
    String color;
    char size;
}

public class Field {
    public static void main(String[] args) {
        var sun = new Clothes();          ┐
        var spring = new Clothes();       ┘←── ❷ 创建 Clothes 实例

        sun.color = "red";           ┐
        sun.size = 'S';              │
        spring.color = "green";      │←── ❸ 为特定对象的成员变量设定值
        spring.size = 'M';           ┘
                                                      ❹ 显示特定对象
                                                        的成员变量值
        System.out.printf("sun (%s, %c)%n", sun.color, sun.size);
```

```
        System.out.printf("spring (%s, %c)%n", spring.color, spring.size);
    }
}
```

在这个 Field.java 中，定义了两个类：一个是公共的 Field 类，因此文件名必须是 Field，另一个是非公共的 Clothes❶。回忆一下第 2 章，一个.java 文件中可以有多个类定义，但只能有一个公共类，且文件名必须与公共类名称相同。

程序中建立了两个 Clothes 实例，并分别声明了 sun 与 spring 名称来进行引用❷，接着将 sun 引用的对象的 color 与 size，分别指定为"red"与'S'，同时将 spring 的 color 与 size，分别指定为"green"与'M'❸。最后分别显示 sun、spring 的成员变量值❹。

执行结果如下，可以看到 sun 与 spring 各自拥有的数据成员：

```
sun (red, S)
spring (green, M)
```

在刚才的示例中，为特定对象指定数据成员值的程序代码是类似的。如果想在创建对象时，一并进行某个初始化操作，比如指定数据成员值，则可以定义构造函数(Constructor)。构造函数是与类同名的方法(Method)，直接来看下面的示例：

ClassObject Field2.java

```
package cc.openhome;

class Clothes2 {
    String color;
    char size;

    Clothes2(String color, char size) { ◄── ❶ 定义构造函数
        this.color = color; ◄── ❷ color 参数的值指定给这个对象的 color 成员
        this.size = size;
    }
}

public class Field2 {
    public static void main(String[] args) {
        var sun = new Clothes2("red", 'S'); ◄── ❸ 使用构造函数来创建对象
        var spring = new Clothes2("green", 'M');

        System.out.printf("sun (%s, %c)%n", sun.color, sun.size);
        System.out.printf("spring (%s, %c)%n", spring.color, spring.size);
    }
}
```

在这个例子中，定义新建对象时，必须传入两个参数，它们分别是字符串类型的 color 参数(Parameter)与 char 类型的 size 参数❶。而在构造函数中，由于 color 参数与数据成员 color 同名，因此不可以直接写 color = color，这会将 color 参数的值又指定给 color

参数。你必须使用 this 表示，将 color 参数的值，指定给这个对象(this)的 color 成员。

接下来使用 new 构建对象时，只要传入字符串与字符，就可以初始化 Clothes 实例的 color 与 size 值，执行结果与上一个示例是相同的。

4.1.2 使用标准类

Java SE 提供了标准 API，这些 API 由许多类组成。使用标准类，可以避免在编写程序时，发生“重新发明轮子”的事情。接下来介绍两个基本的标准类：java.util.Scanner 和 java.math.BigDecimal。

提示>>> java.util 与 java.math 包存在于 java.base 模块，不用在模块描述文件中增加任何设定。

使用 java.util.Scanner

到目前为止的程序示例中，变量值都是固定的，没有办法接受用户的输入。若要在命令行工具下取得用户输入，虽然可以使用 System.in 对象的 read()方法，但它会以 int 类型返回读入的字符。如果输入 9 并使用 System.in.read()读取，就要将字符'9'转换为整数 9，会有些麻烦。

你可以使用 java.util.Scanner 来代劳，如下方的示例所示：

ClassObject Guess.java

```
package cc.openhome;

import java.util.Scanner; ←— ❶ 告诉编译器接下来想偷懒

public class Guess {
    public static void main(String[] args) {
        var console = new Scanner(System.in); ←— ❷ 创建 Scanner 实例
        var number = (int) (Math.random() * 10);
        var guess = -1;

        do {
            System.out.print("猜数字（0 ~ 9）:");
            guess = console.nextInt(); ←— ❸ 取得下一个整数
        } while(guess != number);

        System.out.println("猜中啦...XD");
    }
}
```

若不想每次都输入 java.util.Scanner，可以一开始就使用 import 告诉编译器，之后只要输入 Scanner 就可以了❶。在创建 Scanner 实例时，必须传入 java.io.InputStream 的实例，第10章讲解输入/输出流时会详细介绍，System.in就是一种InputStream，可以在创建Scanner实例时使用❷。

接下来想要什么数据，跟Scanner的实例要就可以了，顾名思义，示例中的Scanner实例会扫描标准输入，看看用户是否输入字符。至于具体怎么扫描，你就不用管了，有个Scanner.java定义了代码来完成这些事，并且编译出标准API供大家使用。

Scanner的nextInt()方法会看看标准输入中，有没有下一批输入(以空白或换行进行区分)，有的话会尝试将它解析为int类型❸。Scanner对每个基本类型都有对应的nextXXX()方法，如nextByte()、nextShort()、nextLong()、nextFloat()、nextDouble()、nextBoolean()等。如果想取得下个字符串(以空白或换行进行区分)，可以使用next()；如果想取得用户输入的整行文字，则可以使用nextLine()(以换行进行区分)。

提示>>> 习惯上，包名称以java开头的类，表示标准API提供的类。

使用java.math.BigDecimal

身为一名开发者，在面对浮点数运算时，千万要小心！例如，你知道如果在代码中编写1.0–0.8，运算结果会是什么吗？答案不是0.2，而是0.19999999999999996！这是Java的Bug吗？不是的！使用其他程序语言(如JavaScript、Python等)的话，也是这个结果。

简单来说，Java遵循IEEE 754浮点数运算(Floating-Point Arithmetic)规范，使用分数与指数来表示浮点数。例如，0.5会使用1/2来表示，0.75会使用1/2 + 1/4来表示，0.875会使用1/2 + 1/4 + 1/8来表示，而0.1会使用1/16 +1/32 + 1/256 + 1/512 +1/4096 + 1/8192 +...无限循环下去，无法精确表示，因而造成运算上的误差。

再来举个例子，你觉得以下程序片段会显示什么结果？

```
var a = 0.1;
var b = 0.1;
var c = 0.1;
if((a + b + c) == 0.3) {
   System.out.println("等于 0.3");
}
else {
   System.out.println("不等于 0.3");
}
```

由于浮点数误差的关系，结果显示为“不等于0.3”！类似的例子还有很多，结论就是，如果要求精确度，就要小心使用浮点数，而且别用==比较浮点数。

如何得到更高的精确度呢？可以使用java.math.BigDecimal类，以刚才的1.0–0.8为例，如何才能得到0.2的结果？让我们通过下方的程序来说明：

ClassObject DecimalDemo.java

```
package cc.openhome;
```

```
import java.math.BigDecimal;

public class DecimalDemo {
    public static void main(String[] args) {
        var operand1 = new BigDecimal("1.0");
        var operand2 = new BigDecimal("0.8");
        var result = operand1.subtract(operand2);
        System.out.println(result);
    }
}
```

构建 BigDecimal 的方法之一是使用字符串。BigDecmial 在构建时会解析传入的字符串，以默认精度进行接下来的运算，BigDecimal 提供 add()、subtract()、multiply()、divide()等方法，可以进行加、减、乘、除等运算，这些方法都会返回代表运算结果的 BigDecimal。

上面这个示例可以显示出 0.2 的结果，再来看利用 BigDecimal 比较相等性的例子：

ClassObject DecimalDemo2.java

```
package cc.openhome;

import java.math.BigDecimal;

public class DecimalDemo2 {
    public static void main(String[] args) {
        var op1 = new BigDecimal("0.1");
        var op2 = new BigDecimal("0.1");
        var op3 = new BigDecimal("0.1");
        var result = new BigDecimal("0.3");

        if(op1.add(op2).add(op3).equals(result)) {
            System.out.println("等于 0.3");
        }
        else {
            System.out.println("不等于 0.3");
        }
    }
}
```

由于 BigDecimal 的 add()等方法都会返回代表运算结果的 BigDecmial，因此可利用返回的 BigDecimal，再次调用 add()方法，最后调用 equals()比较两个 BigDecimal 实例代表的值，看看它们是否相等，于是有了 a.add(b).add(c).equals(result)的写法。

这里先简单介绍 BigDecimal 的使用，第 15 章会有更详细的说明。

4.1.3 对象赋值与相等性

在上一个示例中，比较两个 BigDecimal 是否相等时，使用的是 equals()方法而非==运算符，为什么？ Java 中有两大类型系统——基本类型和“类的类型”，初学者必须可以区分=与==运算用于基本类型与“类的类型”时的不同。

当=用于基本类型时，是将值复制给变量；而当==用于基本类型时，是比较两个变量，看它们储存的值是否相同。下面的程序片段会显示两个 true，因为 a 与 b 储存的值都是 10，而 a 与 c 储存的值也都是 10：

```
jshell> var a = 10;
a ==> 10

jshell> var b = 10;
b ==> 10

jshell> var c = 10;
c ==> 10

jshell> a == b;
$4 ==> true

jshell> a == c;
$5 ==> true
```

操作对象时，=是将名称引用至对象，而==是对比两边的运算值，看它们是否为同一对象。初学者可能看不懂这句话，用白话来说，=将名牌绑到对象上，而对于==，如果两边都是名牌的话，会比较两个名牌是否绑到同一对象。来看个示例：

```
jshell> var a = new BigDecimal("0.1");
a ==> 0.1

jshell> var b = new BigDecimal("0.1");
b ==> 0.1

jshell> a == b;
$4 ==> false

jshell> a.equals(b);
$5 ==> true
```

对于上面的程序片段，建议初学者通过绘图进行表示。以第一行为例，看到 new 关键字，就意味着创建对象，那就画个圆圈表示对象，这个对象包含“0.1”，同时创建一个名牌 a，并将它绑到新建的对象上，因此第一行与第二行执行后，可用图 4-3 来表示。

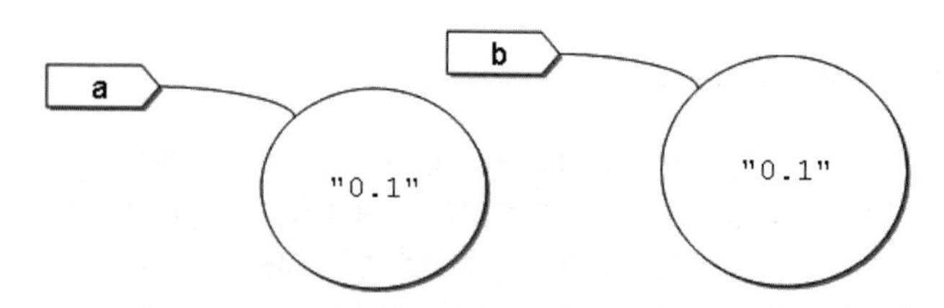

图 4-3　通过“=”向对象赋值的示意图

程序中使用 a == b，就是在问，a 名牌绑的对象是不是 b 名牌绑的对象？结果为 false。程序中使用 a.equals(b)，就是在问，依照 equals()方法的定义，a 名牌绑的对象与 b 名牌绑的对象是否相等？而 BigDecimal 的 equals()定义会比较包含值，因为 a 与 b 绑的对象，包含值都是“0.1”代表的数值，结果会是 true。

再来看一个例子：

```
jshell> var a = new BigDecimal("0.1");
a ==> 0.1

jshell> var b = new BigDecimal("0.1");
b ==> 0.1

jshell> var c = a;
c ==> 0.1

jshell> a == b;
$4 ==> false

jshell> a == c;
$5 ==> true

jshell> a.equals(b);
$6 ==> true
```

这个程序片段若执行到第三行 c = a，表示将 a 名牌绑的对象也给 c 名牌来绑，如图 4-4 所示。

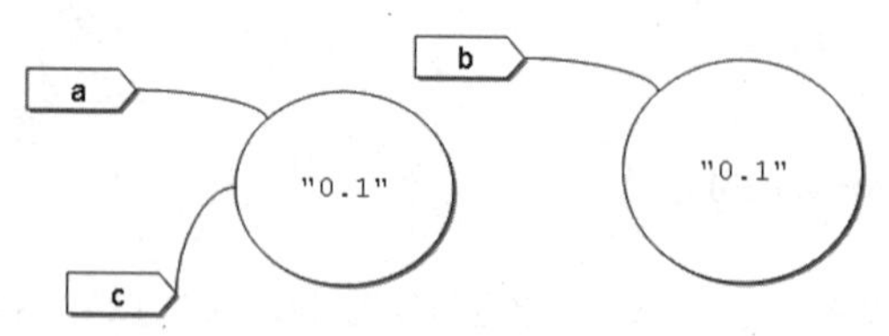

图 4-4　通过“=”向对象赋值的示意图

若问到 a==b，就是在问 a 与 b 是否绑在同一对象上？结果是 false。问到 a==c，就是在问 a 与 c 是否绑在同一对象上？结果是 true。问到 a.equals(b)，就是在问，对于 a 与 b 绑的对象，依照 BigDecimal 的 equals()定义，包含值是否相同？结果就是 true。

==用在对象类型上时，是在比较两个名称，看它们是否引用同一对象，而!=正好相反，是看两个名称是否没有引用同一对象。那么 equals()如何自行定义两个对象的相等性比较呢？这会在第 6 章详细说明。

提示»» 其实从内存的实际运作方式来看，=与==对于基本类型与对象类型并没有什么不同，有兴趣的话，可以参考《我们没什么不同》[1]。

4.2 基本类型包装器

因为 Java 有基本类型与类的类型，两者之间会有相互转换的需求。基本类型 long、int、double、float、boolean 等，可以通过自动装箱(Autoboxing)包裹 Long、Integer、Double、Float、Boolean 等类别的实例，而 Long、Integer、Double、Float、Boolean 等类别的实例，也可以通过自动拆箱(Unboxing)与基本类型结合运算。

4.2.1 包裹基本类型

使用基本类型的目的在于效率，然而更多时候，会使用类创建实例，因为对象本身可以携带更多信息。若要让基本类型如同对象那样被操作，可以使用 Long、Integer、Double、Float、Boolean、Byte 等类创建实例来包装(Wrap)基本类型。

Long、Integer、Double、Float、Boolean 等类是所谓的包装器(Wrapper)，正如这个名称所示，这些类的主要目的是提供对象实例(作为“壳”)，将基本类型包裹在对象之中，接着就可以直接操作这个对象，下面来看个简单的例子：

ClassObject IntegerDemo.java

```
package cc.openhome;

public class IntegerDemo {
   public static void main(String[] args) {
      int data1 = 10;
      int data2 = 20;

      var wrapper1 = Integer.valueOf(data1); ← ❶ 包裹基本类型
      var wrapper2 = Integer.valueOf(data2);

      System.out.println(data1 / 3); ← ❷ 基本类型运算
```

1 我们没什么不同：https://openhome.cc/Gossip/JavaEssence/EqualOperator.html.

```
        System.out.println(wrapper1.doubleValue() / 3); ← ❸ 操作包装器方法
        System.out.println(wrapper1.compareTo(wrapper2));
    }
}
```

基本类型包装器都归类于 java.lang 包，如果要使用 Integer 包装 int 类型的数据，方法之一是通过 Integer.valueOf()❶。第 3 章中提到，如果表达式中都是 int，就只会在 int 空间中执行运算，结果会是 int 类型的整数，因此 data1/3 会显示结果 3❷。你可以操作 Integer 的 doubleValue()，将包装值以 double 类型返回，如此就会在 double 空间中执行除法运算，结果会显示 3.33333333333...❸。

Integer 提供 compareTo()方法，可与另一个 Integer 对象进行比较。如果包装值相同，就返回 0，小于 compareTo()传入对象的话，包装值就返回-1，否则返回 1。==或!=只能比较相等性，而 compareTo()方法可以返回更多信息。

4.2.2 自动装箱与拆箱

除了使用 Integer.valueOf()，也可直接通过自动装箱(Autoboxing)包装基本类型：

```
Integer number = 10;
```

在上例中，number 会引用 Integer 实例；同样的动作也适用于 boolean、byte、short、char、int、long、float、double 等基本类型，分别会使用对应的 Boolean、Byte、Short、Character、Integer、Long、Float 或 Double 包装基本类型。若使用自动装箱功能来改写 IntegerDemo 中的代码：

```
Integer data1 = 10;
Integer data2 = 20;
System.out.println(data1.doubleValue() / 3);
System.out.println(data1.compareTo(data2));
```

程序看起来简洁了许多，data1 与 data2 在运行时会引用 Integer 实例，可以直接进行对象操作。还可通过如下方式使用自动装箱：

```
int number = 10;
Integer wrapper = number;
```

也可使用更一般化的 Number 类来自动装箱，例如：

```
Number number = 3.14f;
```

3.14f 会先被自动装箱为 Float，然后指定给 number。

可以自动装箱，也可以自动拆箱(Auto Unboxing)，自动取出包装器中的基本类型信息。例如：

```
Integer wrapper = 10;  // 自动装箱
int foo = wrapper;     // 自动拆箱
```

wrapper会引用Integer，如果被指定给int类型的变量foo，会自动取得包装的int类型，再指定给foo。

在运算时，也可进行自动装箱与拆箱，例如：

```
jshell> Integer number = 10;
number ==> 10

jshell> System.out.println(number + 10);
20

jshell> System.out.println(number++);
10
```

上例中会显示20与10，编译器会自动完成装箱与拆箱。也就是说，10会先装箱，然后在number + 10时先对number拆箱，再进行加法运算；number+ +行也是先对number拆箱，再进行递增运算。再来看一个例子：

```
jshell> Boolean foo = true;
foo ==> true

jshell> System.out.println(foo && false);
false
```

同样，foo会引用Boolean实例，在进行&&运算时，会先将foo拆箱，再与false进行&&运算，结果将显示false。

注意>>> 不要使用new创建基本类型包装器。从Java SE 9开始，基本类型包装器的构造函数都被标示为弃用(Deprecated)。

4.2.3 自动装箱与拆箱的内幕

自动装箱与拆箱的功能是“编译器糖”(Compiler Sugar)，也就是说，编译器让你编写程序时吃点甜头，编译时会决定是否进行装箱或拆箱动作。例如：

```
Integer number = 100;
```

编译器会自动展开为：

```
Integer localInteger = Integer.valueOf(100);
```

务必了解编译器会如何装箱与拆箱，例如，下面的程序是可以通过编译的：

```
Integer i = null;
int j = i;
```

然而执行时会有错误，因为编译器会将程序转换为：

```
Object localObject = null;
int i = localObject.intValue();
```

在 Java 代码中，null 代表一个特殊对象，任何类声明的名称都可以引用 null，表示该名称没有引用对象实体，这相当于有个牌子没有人佩戴。在上例中，由于 i 没有引用对象，因此不可能使用 intValue()方法，这相当于牌子没人佩戴，却要求佩戴牌子的人举手。这是一种错误，会出现 NullPointerException 的错误信息。

“编译器糖”提供了方便性，也因此隐藏了一些细节，别只顾着吃糖而忽略了该知道的概念。来看看，如果按照下方所示方式来编写程序，结果会怎样。

```
Integer i1 = 100;
Integer i2 = 100;

if (i1 == i2) {
   System.out.println("i1 == i2");
}
else {
   System.out.println("i1 != i2");
}
```

如果只看 Integer i1 = 100，就好像在看 int i1 = 100，直接使用==进行比较，有的人会理所当然地回答显示 i1 == i2，执行后也确实如此，那么下面这个程序呢？

```
Integer i1 = 200;
Integer i2 = 200;

if (i1 == i2) {
   System.out.println("i1 == i2");
}
else {
   System.out.println("i1 != i2");
}
```

代码只不过将 100 改为 200，然而执行结果将显示 i1!= i2，这是为什么？之前提过，自动装箱是编译器糖，实际上会使用 Integer.valueOf()创建 Integer 实例，因此需要知道 Integer.valueOf()如何创建 Integer 实例。查看 JDK 文件夹 lib/src.zip 中的 java.base/java/lang 文件夹中的 Integer.java，你会看到 valueOf()的实现内容：

```
public static Integer valueOf(int i) {
   if (i >= IntegerCache.low && i <= IntegerCache.high)
      return IntegerCache.cache[i + (-IntegerCache.low)];
   return new Integer(i);
}
```

简单来说，如果传入的 int 在 IntegerCache.low 与 IntegerCache.high 之间，可尝试

看看缓存(Cache)中有没有包装过相同值的实例。如果有，就直接返回，否则使用 new 构建新的Integer实例。IntegerCache.low的默认值是-128，IntegerCache.high的默认值是127。

因此，如果是下面这样的代码：

```
Integer i1 = 100;
Integer i2 = 100;
```

对于第一行代码，由于 100 在-128～127 之间，因此会从缓存中返回 Integer 实例。第二行代码执行时，要包装的同样是 100，于是从缓存中返回同一个 Integer 实例，i1 与 i2 会引用同一个 Integer 实例，使用==进行比较的话，结果将是 true。如果是下面这样的代码：

```
Integer i1 = 200;
Integer i2 = 200;
```

对于第一行代码，由于 200 不在-128～127 之间，因此会直接创建 Integer 实例。第二行代码执行时，也是直接创建新的 Integer 实例，i1 与 i2 不会引用同一个 Integer 实例，使用==进行比较的话，结果将是 false。

IntegerCache.low 的默认值是-128，执行时无法更改。IntegerCache.high 的默认值是 127，可以在启动 JVM 时，使用系统属性 java.lang.Integer.IntegerCache.high 来指定。例如：

```
> java -Djava.lang.Integer.IntegerCache.high=300 cc.openhome.Demo
```

进行如上设定后，Integer.valueOf()就会针对-128～300 范围内创建的包装器进行缓存，而针对先前 i1 与 i2 包装 200 时，使用==进行比较的结果，就又显示 i1==i2 了。

在 IDE 中，也可以指定 JVM 启动时可用的参数。例如在 Eclipse 中，可通过如下操作进行设定：

(1) 在想执行的源代码上单击右键，弹出菜单“Run as/Run Configurations…”。

(2) 在出现的“Run Configurations”对话框中，在“Java Application”节点单击右键，选择菜单“New Configuration”。

(3) 在新建的配置项目中切换至“Arguments”，在“VM arguments”中输入“-Djava.lang.Integer.IntegerCache.high=300”，单击“Apply”按钮，完成设定。

完成上面的设定之后，在该源代码上单击右键，执行菜单“Run as/Java Application”时，就会使用“VM arguments”的设定。

因此结论是，别使用==或!=来判断两个对象的实际内容值是否相等，而应使用 equals()。例如以下的代码：

```
Integer i1 = 200;
Integer i2 = 200;

if (i1.equals(i2)) {
    System.out.println("i1 == i2");
```

```
}
else {
   System.out.println("i1 != i2");
}
```

无论实际上 i1 与 i2 包装的值在哪个范围内，根据 Integer 定义的 equals()方法，只要 i1 与 i2 包装的值相同，equals()比较的结果就会是 true。

4.3 数组对象

数组在 Java 中就是对象，先前介绍过的对象基本性质，在操作数组时也都要注意，例如名称声明、=赋值的作用、==与!=的比较。掌握这些对象本质，才是灵活操作对象的不二法则。

4.3.1 数组基础

假设要用程序记录 Java 考试分数，若有 10 名学生，只使用变量的话，必须有 10 个变量储存学生分数：

```
int score1 = 88;
int score2 = 81;
int score3 = 74;
...
int score10 = 93;
```

然而，数组更适用于这个需求，数组是具有索引(Index)的数据结构。要声明数组并进行初始化，可通过如下方式实现：

```
int[] scores = {88, 81, 74, 68, 78, 76, 77, 85, 95, 93};
```

这样就创建了一个数组。使用 int[]进行声明，可在内存中分配 10 个 int 类型的连续空间，用来储存 88、81、74、68、78、76、77、85、95、93，并在各个储存位置给索引编号。索引从 0 开始，因为长度是 10，所以最后一个索引是 9。如果存取超出索引范围，会抛出 ArrayIndexOutOfBoundsException 错误。

提示 >>> 声明数组时，就 Java 开发人员的编写惯例来说，建议将[]放在类型关键字之后。[]也可放在声明的名称之后，这是为了方便 C/C++开发人员阅读，目前来说已不建议按照如下方式编写：

```
int scores[] = {88, 81, 74, 68, 78, 76, 77, 85, 95, 93};
```

有关 Java 程序的编写惯例，可以参考“Google Java Style Guide”[1]。

如果想按顺序取出数组中的每个值，方式之一就是使用 for 循环：

Array Score.java

```
package cc.openhome;

public class Scores {
    public static void main(String[] args) {
        int[] scores = {88, 81, 74, 68, 78, 76, 77, 85, 95, 93};

        for(var i = 0; i < scores.length; i++) {
            System.out.printf("学生分数：%d %n", scores[i]);
        }
    }
}
```

数组是对象，拥有 length 属性，可以取得数组的长度，也就是数组的元素个数。在引用名称旁加上[]来指定索引，就可以取得对应的值。上例的 i 为 0~9，逐一取值并显示。执行结果如下：

```
学生分数：88
学生分数：81
学生分数：74
学生分数：68
学生分数：78
学生分数：76
学生分数：77
学生分数：85
学生分数：95
学生分数：93
```

如果只是要循序地从头到尾取得数组值，可以使用增强式 for 循环(Enhanced for Loop)：

```
for(int score : scores) {
    System.out.printf("学生分数：%d %n", score);
}
```

这个程序片段会取得 scores 数组的第一个元素，指定给 score 变量后执行循环主体，接着取得 socres 的第二个元素，指定给 score 变量后执行循环主体，以此类推，直到 scores 数组元素都遍历完为止。若用这个 for 循环片段替换 Scores 类中的 for 循环，执行结果将是相同的。

如果想要为数组中的某个元素赋值，也可通过索引来完成。例如：

```
scores[3] = 86;
System.out.println(scores[3]);
```

1 Google Java Style Guide：https://google.github.io/styleguide/javaguide.html.

上面这个程序片段将数组中的第 4 个元素(因为索引从 0 开始，索引 3 就是第 4 个元素)赋值为 86，因此显示的结果为 86。

一维数组使用一个索引存取数组元素，二维数组使用两个索引存取数组元素。例如，声明数组来储存直角坐标(*x*, *y*)位置的值：

Array XY.java

```
package cc.openhome;

public class XY {
    public static void main(String[] args) {
        int[][] cords = {
            {1, 2, 3},
            {4, 5, 6}
        };

        for(var x = 0; x < cords.length; x++) {
            for(var y = 0; y < cords[x].length; y++) {
                System.out.printf("%2d", cords[x][y]);
            }
            System.out.println();
        }
    }
}
```

❶ 声明二维数组并进行初始化
❷ 列索引
❸ 行索引
❹ 指定行、列索引，取得数组元素

要声明二维数组，就要在类型关键字旁加上[][]❶。初学者可暂时将二维数组视为方阵，以便理解。由于有两个维度，必须先通过 cords.length 得知有几行(Row)❷。对于每一行，再利用 cords[x].length 得知每行有几个元素❸。在这个示例中，用二维数组来记录(*x*, *y*)坐标的储存值，*x*、*y* 就相当于行、列(Column)索引，因此可使用 cords[x][y] 来取得(*x*, *y*)坐标的储存值。执行结果如下：

```
1 2 3
4 5 6
```

其实这个示例也是按顺序遍历二维数组的，可用增强式 for 循环来改写，让代码更加简洁：

```
for(int[] row : cords) {
    for(int value : row) {
        System.out.printf("%2d", value);
    }
    System.out.println();
}
```

若用这个程序片段替换 XY 类(上面的程序)中的 for 循环，执行结果将是相同的，但第一个 for 中的 int[] row:cords 是怎么回事？如果想知道答案，就得认真了解数组是对象这件事，而不是仅将它当作连续内存空间。

提示 ››› 如果要声明三维数组，应在类型关键字旁使用[][][]，而对于四维，就用[][][][]，以此类推。不建议以三维数组以上的方式记录数据，因为这种方式不容易编写、阅读和理解；可以通过自定义类来满足这种需求，那会是较好的解决方法。

4.3.2　操作数据对象

如果事先不知道元素值，只知道元素个数，可以使用 new 关键字创建指定长度的数组。例如，预先创建长度为 10 的数组：

```
int[] scores = new int[10];
```

因为等号右边有明确的类型，如果 scores 是局部变量，可以使用 var 来简化：

```
var scores = new int[10];
```

在 Java 中，只要看到 new，就意味着创建对象，这个语法表明数组就是对象。使用 new 创建数组后，每个索引元素会有默认值，如表 4-1 所示。

表 4-1　数组元素的初始值

数据类型	初始值
byte	0
short	0
int	0
long	0L
float	0.0F
double	0.0D
char	'\u0000'
boolean	false
类	null

如果默认初始值不符合要求，可以使用 java.util.Arrays 的 fill()方法，例如，默认学生的分数是 60 分：

Array Score2.java

```
package cc.openhome;

import java.util.Arrays;

public class Scores2 {
```

```
    public static void main(String[] args) {
        var scores = new int[10];

        for(var score : scores) {
            System.out.printf("%2d", score);
        }
        System.out.println();

        Arrays.fill(scores, 60);
        for(var score : scores) {
            System.out.printf("%3d", score);
        }
    }
}
```

执行结果如下：

```
0 0 0 0 0 0 0 0 0 0
60 60 60 60 60 60 60 60 60 60
```

如果想在 new 数组中一并指定初始值，可通过如下方式实现。因为初始值个数已知，所以不用指定数组长度：

```
var scores = new int[] {88, 81, 74, 68, 78, 76, 77, 85, 95, 93};
```

数组既然是对象，而对象是类的实例，那么定义数组的类定义在哪？答案是，由 JVM 动态生成。某种程度上，可将 int[]这样的写法看作类名称，如此一来，int[]声明的变量就是引用名称，来看看下面这个代码片段会显示什么？

```
int[] scores1 = {88, 81, 74, 68, 78, 76, 77, 85, 95, 93};
int[] scores2 = scores1;
scores2[0] = 99;
System.out.println(scores1[0]);
```

因为数组是对象，而 scores1 与 scores2 是引用名称，将 scores1 赋值给 scores2，就是将 scores1 引用的对象也给 scores2 来引用，第二行执行后，可用图 4-5 来表示。

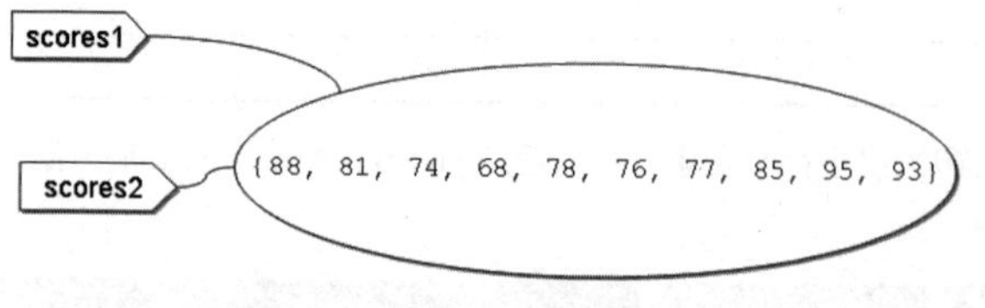

图 4-5　一维数组对象与引用名称

scores2[0] = 99 的意思是，将 scores2 引用的数组对象索引 0 指定为 99，而显示时使用的 scores1[0]的意思是，取得 scores1 引用的数组对象在索引 0 处的值，结果就是 99。

现在，你已经知道数组是对象，并且 int[]之类声明的变量就是引用名称，接下来进一步观察二维数组。如果想用 new 创建二维数组，可通过如下方式进行：

```
int[][] cords = new int[2][3];
```

对于局部变量，可以使用 var 将代码简化为：

```
var cords = new int[2][3];
```

按照一些书籍常用的说法，这将创建 2×3 的数组，每个索引的默认值如表 4-1 所示，然而这只是简化的说法。这个语法实际上建立了 int[][]类型的对象，里面有 2 个 int[]类型的索引，分别引用长度为 3 的一维数组对象，初始值都是 0，该语法用图 4-6 来表示的话会更清楚。

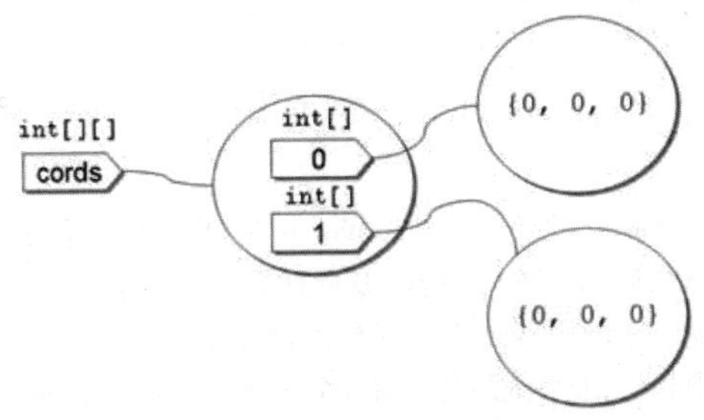

图 4-6　二维数组对象与引用名称

如果将 int[][] cords 看作 int[][] cords，int[]就相当于一个类 X，实际上就是在声明 X 类的一维数组，即 X[]。也就是说，实际上 Java 的多维数组是由一些一维数组实现的，或者说是数组的数组。

使用 cords.length 取得的长度，表示 cords 引用的对象个数，也就是 2 个。那么 cords[0].length 的值呢？这是在问，对于 cords 引用的对象，在索引 0 位置引用的对象(图 4-6 右上方的对象)长度是多少？答案是 3。

同样，如果问，cords[1].length 的值是多少？这是在问，对于 cords 引用的对象，在索引 1 处引用的对象(图 4-6 右下的对象)长度是多少？答案也是 3。回顾一下先前的 XY 类示例，应该就可以知道，为什么能按如下方式遍历二维数组了：

```
for(var x = 0; x < cords.length; x++) {
   for(var y = 0; y < cords[x].length; y++) {
      System.out.printf("%2d", cords[x][y]);
   }
   System.out.println();
}
```

那么这段增强式 for 语法是怎么回事呢？

```
int[][] cords = new int[2][3];
for(int[] row : cords) {
   for(int value : row) {
```

```
        System.out.printf("%2d", value);
    }
    System.out.println();
}
```

根据图 4-6 可知，row 引用的对象就是一维数组对象，外层 for 循环就是循序取得 cords 引用对象的每个索引对应的对象，并赋值给 int[]类型的 row 名称。

顺便说一下，上例也可以使用 var 简化为如下代码：

```
var cords = new int[2][3];
for(var row : cords) {
    for(var value : row) {
        System.out.printf("%2d", value);
    }
    System.out.println();
}
```

至于要不要使用 var，应通过权衡代码编写的方便性与可读性来判断。如果将类型信息写出来，有助于代码的阅读与理解，那就明确指定类型；如果代码有上下文信息，阅读时不会产生疑惑，那通过 var 来实现会比较方便。

如果使用 new 配置二维数组后想一并指定初始值(进行初始化)，可使用如下代码：

```
int[][] cords = new int[][] {
    {1, 2, 3},
    {4, 5, 6}
};
```

再试着用图 4-7 来表示这段代码执行后的结果。

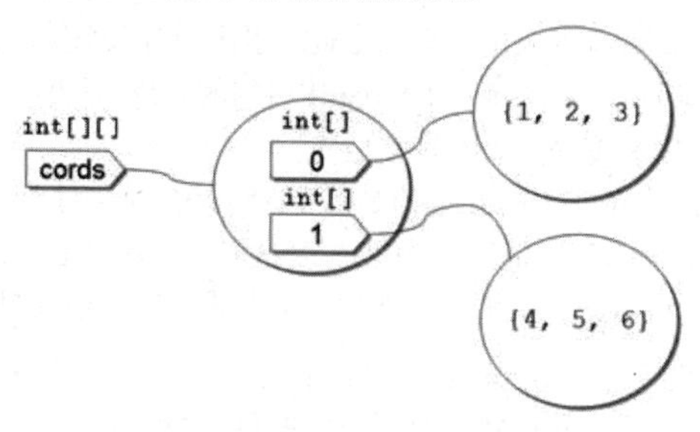

图 4-7　声明二维数组对象与初始值

没有人规定二维数组必须是方阵，也可创建不规则数组。例如：

Array IrregularArray.java

```
package cc.openhome;

public class IrregularArray {
    public static void main(String[] args) {
```

```
        int[][] arr = new int[2][]; ←— ❶ 声明 arr 引用的对象会有 2 个索引
        arr[0] = new int[] {1, 2, 3, 4, 5}; ←— ❷ arr[0]是长度为 5 的一维数组
        arr[1] = new int[] {1, 2, 3}; ←— ❸ arr[1]是长度为 3 的一维数组

        for(int[] row : arr) {
            for(int value : row) {
                System.out.printf("%2d", value);
            }
            System.out.println();
        }
    }
}
```

示例中 new int[2][]仅提供第一个[]数值，这表示 arr 引用的对象会有两个索引，但暂时引用 null❶，如图 4-8 所示。

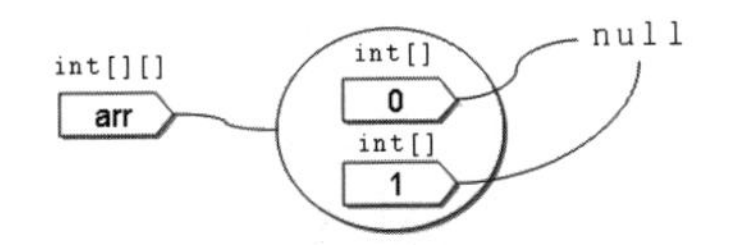

图 4-8　不规则数组示意图(1)

接着，让 arr[0]引用长度为 5 且元素值为 1、2、3、4、5 的数组，并让 arr[1]引用长度为 3 且元素值为 1、2、3 的数组，如图 4-9 所示。

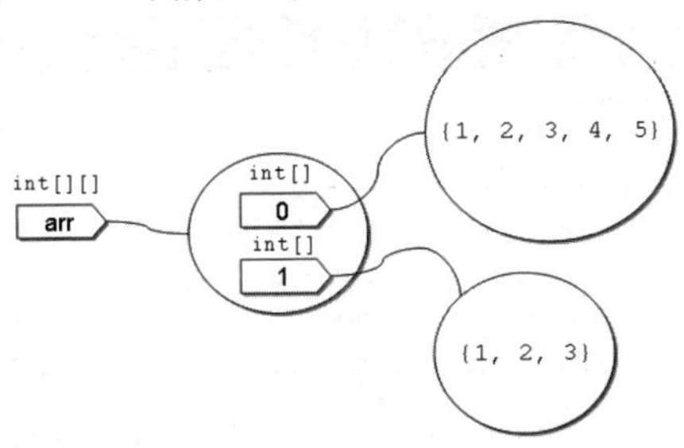

图 4-9　不规则数组示意图(2)

示例的执行结果如下：

```
1 2 3 4 5
1 2 3
```

也可通过下列代码创建数组：

```
int[][] arr = {
    {1, 2, 3, 4, 5},
    {1, 2, 3}
};
```

以上内容演示了如何创建基本类型的数组，接下来介绍如何创建“类的类型”的数组。先看如何用 new 关键字创建 Integer 数组：

```
Integer[] scores = new Integer[3];
```

同样，对于局部变量，可以使用 var 进行简化：

```
var scores = new Integer[3];
```

看来没什么，只不过类型关键字从 int、double 等换为类名称罢了，那么请问，上面的片段建立了几个 Integer 实例呢？注意，不是 3 个，而是 0 个。scores 引用的是一个 Integer[]类型实例，回头看一下表 4-1 可知，对于类，这个片段的写法创建的数组，每个索引都将引用 null，如图 4-10 所示。

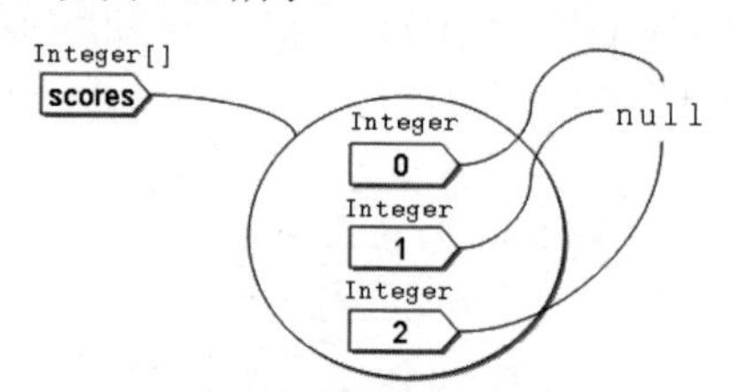

图 4-10 创建一个“类的类型”的一维数组

scores 的每个索引都是 Integer 类型，可以引用 Integer 实例。例如：

Array IntegerArray.java

```java
package cc.openhome;

public class IntegerArray {
    public static void main(String[] args) {
        Integer[] scores = new Integer[3];
        for(Integer score : scores) {
            System.out.println(score);
        }

        scores[0] = 99;
        scores[1] = 87;
        scores[2] = 66;

        for(Integer score : scores) {
            System.out.println(score);
        }
    }
}
```

执行结果如下：

```
null
null
null
99
87
66
```

如果事先知道 Integer 数组的每个元素要放什么，可按照如下方式编写程序：

```
Integer[] scores = {99, 87, 66};
```

那么再来问最后一个问题：以下 Integer 二维数组建立了几个 Integer 实例？

```
Integer[][] cords = new Integer[3][2];
```

同样，对于局部变量，可以使用 var 进行简化：

```
var cords = new Integer[3][2];
```

应该不会回答 6 个吧？建议初学者试着通过画图来表示，如图 4-11 所示。

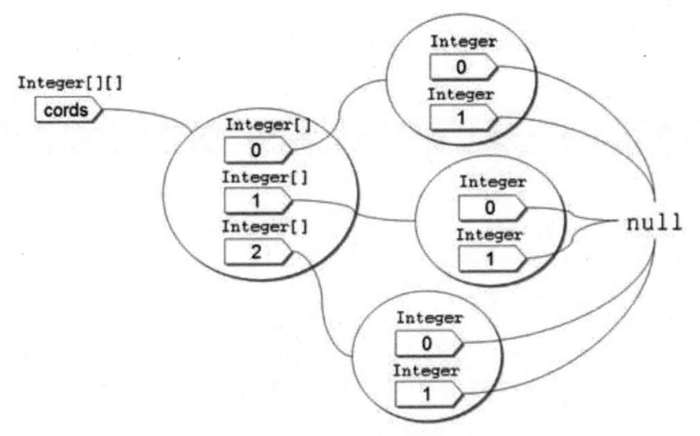

图 4-11　创建二维的“类的类型”数组

new Integer[3][2]代表一个 Integer[][]类型的对象，里面有 3 个 Integer[]类型的索引，分别引用长度为 2 的 Integer[]对象，而每个 Integer[]对象的索引都引用 null，因此答案是 0 个 Integer 实例。

4.3.3 复制数组

认识到数组是对象后，就应该知道，以下操作不是数组的复制：

```
int[] scores1 = {88, 81, 74, 68, 78, 76, 77, 85, 95, 93};
int[] scores2 = scores1;
```

如图 4-5 所示，这个程序片段将 scores1 引用的数组对象给 scores2 引用。如果要复制数组，基本做法是创建一个新数组。例如：

```
int[] scores1 = {88, 81, 74, 68, 78, 76, 77, 85, 95, 93};
var scores2 = new int[scores1.length];
for(var i = 0; i < scores1.length; i++) {
   scores2[i] = scores1[i];
}
```

在这个程序片段中，创建一个长度与 scores1 相同的新数组，再逐一访问 scores1 的每个元素，并指定给 scores2 对应的索引位置。

可以使用 System.arraycopy()方法以原生方式复制元素，这比自行使用循环的速度更快：

```
int[] scores1 = {88, 81, 74, 68, 78, 76, 77, 85, 95, 93};
var scores2 = new int[scores1.length];
System.arraycopy(scores1, 0, scores2, 0, scores1.length);
```

System.arraycopy()的五个参数可分别接受来源数组、来源起始索引、目的数组、目的起始索引和复制长度。

也可以使用 Arrays.copyOf()方法，不用另行创建新数组，Arrays.copyOf()会帮你创建。例如：

Array CopyArray.java

```
package cc.openhome;

import java.util.Arrays;

public class CopyArray {
   public static void main(String[] args) {
      int[] scores1 = {88, 81, 74, 68, 78, 76, 77, 85, 95, 93};
      int[] scores2 = Arrays.copyOf(scores1, scores1.length);

      for(var score : scores2) {
         System.out.printf("%3d", score);
      }
      System.out.println();

      scores2[0] = 99;
      // 不影响 scores1 引用的数组对象
      for(var score : scores1) {
     System.out.printf("%3d", score);
      }
   }
}
```

执行结果如下：

```
88 81 74 68 78 76 77 85 95 93
88 81 74 68 78 76 77 85 95 93
```

在 Java 中，数组一旦创建，长度就固定了。如果事先创建的数组长度不够，怎么办？那就只好创建新数组，并将原数组内容复制到新数组。例如：

```
int[] scores1 = {88, 81, 74, 68, 78, 76, 77, 85, 95, 93};
int[] scores2 = Arrays.copyOf(scores1, scores1.length * 2);
for(var score : scores2) {
    System.out.printf("%3d", score);
}
```

Arrays.copyOf()的第二个参数指定创建的新数组长度。上面这个程序片段创建的新数组长度是 20，执行结果会显示从 scores1 复制过去的 88、81、74……93 等元素，之后显示 10 个默认值 0。

上面展示了基本类型数组示例，对于“类的类型”声明的数组，则要注意引用的行为。来看示例：

```
Array  ShallowCopy.java
package cc.openhome;

class Clothes {
    String color;
    char size;
    Clothes(String color, char size) {
        this.color = color;
        this.size = size;
    }
}

public class ShallowCopy {
    public static void main(String[] args) {
        Clothes[] c1 = {new Clothes("red", 'L'), new Clothes("blue",
'M')};
        var c2 = new Clothes[c1.length];

        for(var i = 0; i < c1.length; i++) {     ←❶ 复制元素?
            c2[i] = c1[i];
        }

        c1[0].color = "yellow";  ←❷ 通过 c1 修改索引 0 位置对应的对象
        System.out.println(c2[0].color);  ←❸ 通过 c2 取得索引 0 位置对应对象的颜色
    }
}
```

这个程序的执行结果会显示 yellow，这是怎么回事？原因在于循环执行完毕后发生的事情❶，可用图 4-12 来表示。

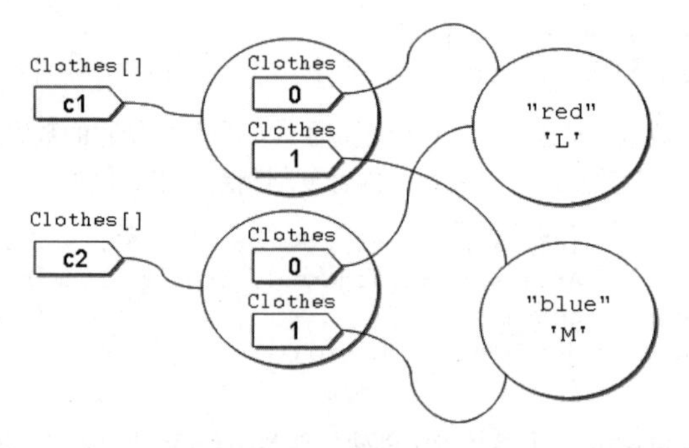

图 4-12 浅层复制

循环中仅将 c1 每个索引处引用的对象给 c2 每个索引来引用，并没有复制 Clothes 对象，在术语上，这称为复制引用，或浅层复制(Shallow Copy)。无论是 System.arraycopy() 还是 Arrays.copyOf()，用在“类的类型”声明的数组时，都是执行浅层复制。如果真的要复制对象，得自行实现，因为基本上只有你自己才知道，有哪些属性必须复制。例如：

Array DeepCopy.java

```
package cc.openhome;

class Clothes2 {
    String color;
    char size;
    Clothes2(String color, char size) {
        this.color = color;
        this.size = size;
    }
}

public class DeepCopy {
    public static void main(String[] args) {
        Clothes2[] c1 = {new Clothes2("red", 'L'), new Clothes2("blue", 'M')};
        var c2 = new Clothes2[c1.length];

        for(var i = 0; i < c1.length; i++) {
            c2[i] = new Clothes2(c1[i].color, c1[i].size); ← 自行复制元素
        }
        c1[0].color = "yellow";
        System.out.println(c2[0].color);
    }
}
```

这个示例执行深层复制(Deep Copy)，也就是说，c1 各索引引用的对象会被复制，并分别指定给 c2 各索引位置，结果显示 red。在循环执行完毕后，可用图 4-13 来表示引用与对象之间的关系。

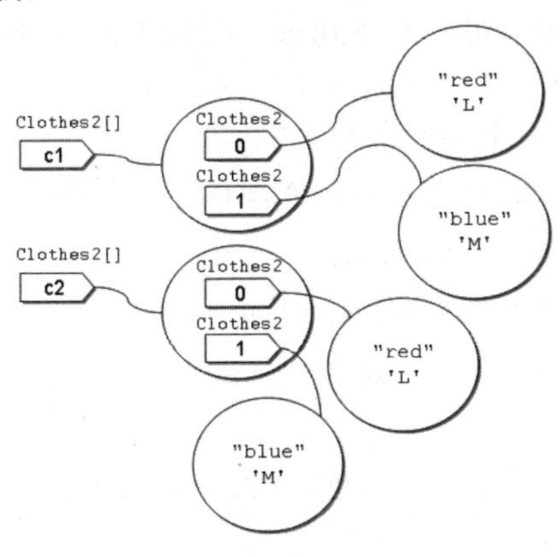

图 4-13　深层复制

4.4　字符串对象

字符串代表一组字符，是 java.lang.String 类的实例。注意，先前讨论过的对象操作特性，字符串也都拥有，不过，Java 基于性能因素，给予字符串某些特别且必须注意的特性。

4.4.1　字符串基础

由字符组成的文字符号称为字符串，例如，"Hello"字符串代表'H'、'e'、'l'、'l'、'o'这组字符。在某些程序语言中，字符串是以字符数组的方式存在的。然而在 Java 中，字符串是 java.lang.String 实例，你可以将一串字符放入" "中来建立字符串：

```
jshell> String name = "Justin";
name ==> "Justin"

jshell> name.length();
$2 ==> 6

jshell> name.charAt(0);
$3 ==> 'J'

jshell> name.toUpperCase();
$4 ==> "JUSTIN"
```

由于字符串是对象，因此自然拥有一些可操作的方法，如上面这个程序片段所示，可以使用 length()取得字符串对象管理的 char 数量，使用 charAt()取得字符串中某个 char(索引从 0 开始)，也可使用 toUpperCase()将字符串内容转为大写。

如果已经有个 char[]数组，也可使用 new 来创建 String 实例。例如：

```
char[] cs = {'J', 'u', 's', 't', 'i', 'n'};
String name = new String(cs);
```

如果必要，也可使用 String 的 toCharArray()方法，返回 char[]数组：

```
char[] cs2 = name.toCharArray();
```

可以使用加号“+”来连接字符串。例如：

```
jshell> String name = "Justin";
name ==> "Justin"

jshell> System.out.println("你的名字：" + name);
你的名字：Justin
```

若要将字符串转换为整数、浮点数等基本类型，可以使用表 4-2 中各类提供的解析方法。

表 4-2 将字符串解析为基本类型

方法	说明
Byte.parseByte(number)	将 number 解析为 byte 整数
Short.parseShort(number)	将 number 解析为 short 整数
Integer.parseInt(number)	将 number 解析为 int 整数
Long.parseLong(number)	将 number 解析为 long 整数
Float.parseFloat(number)	将 number 解析为 float 浮点数
Double.parseDouble(number)	将 number 解析为 double 浮点数

在表 4-2 中，假设 number 引用 String 实例，而且代表数字(例如 123、3.14)。如果无法解析，会抛出 NumberFormatException 错误。

来看一个综合练习。下面这个示例允许输入数字，每个数字会被解析为整数。如果输入 0，将计算数字总和并显示出来。

String Sum.java

```
package cc.openhome;

import java.util.Scanner;

public class Sum {
    public static void main(String[] args) {
        var console = new Scanner(System.in);
```

```
        var sum = 0;
        var number = 0;
        do {
            System.out.print("输入数字: ");
            number = Integer.parseInt(console.nextLine());
            sum += number;
        } while(number != 0);
        System.out.println("总和: " + sum);
    }
}
```

执行结果可能如下：

```
输入数字: 10
输入数字: 20
输入数字: 30
输入数字: 0
总和: 60
```

现在可以来看看程序入口 main()的 String[] args 参数了。在启动 JVM 并指定执行的类时，可以指定命令行参数(Command Line Argument)。例如，若在 String 项目文件夹中执行：

```
> java --module-path bin -m String/cc.openhome.Average 1 2 3 4
```

上面这个命令表示启动 JVM 并运行 cc.openhome.Average 类，而 Average 类会接受 1、2、3、4 这四个参数。这四个参数会形成 String 数组，并传给 main()的 args 引用。

来看看实际的应用。下面这个示例允许用户命令行参数提供整数，然后计算出所有整数的平均值：

String Average.java

```
package cc.openhome;

public class Average {
    public static void main(String[] args) {
        var sum = 0;
        for(var arg : args) {
            sum += Long.parseLong(arg);
        }
        System.out.println("平均: " + (float) sum / args.length);
    }
}
```

在 IDE 中，也可以指定 JVM 启动时可用的一些参数。例如，在 Eclipse 中，可以进行如下设定：

(1) 在想执行的源代码上单击右键，选择“Run as/Run Configurations...”。

(2) 在出现的“Run Configurations”对话框中，选择“Java Application”节点并单击右键，选择菜单“New Configuration”。

(3) 在新建的配置项目中切换至“Arguments”，在“Program arguments”中输入“1 2 3 4”，然后单击“Apply”按钮以完成设定。

进行如上设定之后，每次在该源代码上单击右键，执行菜单“Run as/Java Application”时，就会套用“Program arguments”的设定。

4.4.2 字符串特性

不同的程序语言会有一些相似的语法或元素，例如，程序语言多半具备 if、for、while 之类的语法，以及字符、数值、字符串之类的元素。然而各种程序语言解决的问题不同，这些类似的语法或元素中，各语言间会有细微且不容忽视的特性，在学习程序语言时，要格外小心。

Java 的字符串就有一些必须注意的特性：

- 字符串常量与字符串池
- 不可变(Immutable)字符串

字符串常量与字符串池

来看个程序片段，你觉得以下代码会显示 true 还是 false？

```
char[] name = {'J', 'u', 's', 't', 'i', 'n'};
var name1 = new String(name);
var name2 = new String(name);
System.out.println(name1 == name2);
```

希望现在的你有能力回答为什么结果是 false，因为 name1 与 name2 分别引用新创建出来的 String 实例，那么下面这段代码呢？

```
var name1 = "Justin";
var name2 = "Justin";
System.out.println(name1 == name2);
```

答案会是 true！这表明 name1 与 name2 引用同一对象？是的！在 Java 中，出于效率因素，对于" "中的字符串，只要内容相同(序列、大小写相同)，无论在代码中出现几次，JVM 都只会建立一个 String 实例，并在字符串池(String Pool)中进行维护。

在上面这个程序片段的第一行，JVM 会建立一个 String 实例放在字符串池中，并给 name1 引用，而第二行让 name2 直接引用字符串池中的 String 实例，如图 4-14 所示。

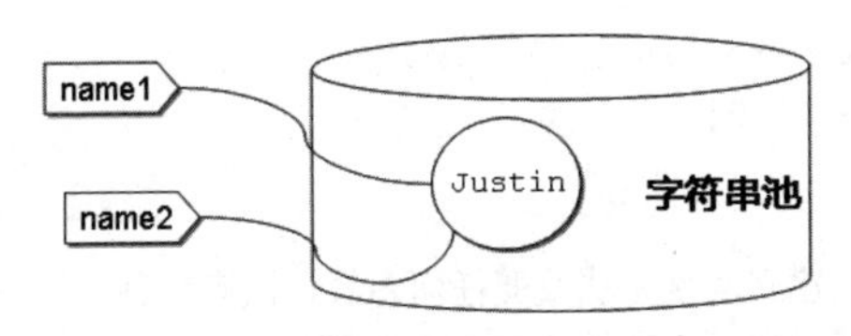

图 4-14 字符串池

用" "创建的字符串称为字符串常量(String Literal)，既然"Justin"使字符串内容固定下来，基于节省内存的考量，就不用为这些字符串常量分别建立 String 实例。来看个在实际工作中不常见，但认证考试中经常考的问题：

```
var name1 = "Justin";
var name2 = "Justin";
var name3 = new String("Justin");
var name4 = new String("Justin");
System.out.println(name1 == name2);
System.out.println(name1 == name3);
System.out.println(name3 == name4);
```

这个代码片段会分别显示 true、false、false 的结果，因为"Justin"会创建 String 实例并在字符串池中进行维护，name1 与 name2 引用的是同一个对象，而 new 将创建新对象，name3 与 name4 分别引用新建的 String 实例。试观察图 4-15，想一想为何结果为 true、false、false。

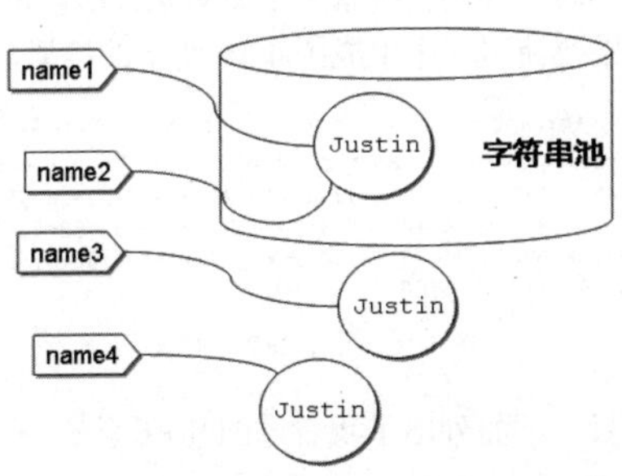

图 4-15 字符串池与新建实例

先前一直强调，如果想比较对象的具体内容相等性，不要使用==，而要使用 equals()。同样，若想知道字符串实际字符内容是否相同，不要使用==，而要使用 equals()。以下程序片段执行结果都为 true：

```
var name1 = "Justin";
var name2 = "Justin";
var name3 = new String("Justin");
var name4 = new String("Justin");
System.out.println(name1 == name2);
```

```
System.out.println(name1 == name3);
System.out.println(name3 == name4);
```

不可变字符串

字符串对象一旦建立，就无法改变任何内容，没有任何方法可以改变字符串的内容。那么怎样才能通过加号来连接字符串呢？例如：

```
String name1 = "Java";
String name2 = name1 + "World";
System.out.println(name2);
```

上面这个程序片段会显示 JavaWorld，由于无法更改字符串对象的内容，因此不能在 name1 引用的字符串对象后附加 World 内容。可以试着反编译这段程序，结果会发现：

```
    String s = "Java";
    String s1 = (new
StringBuilder()).append(s).append("World").toString();
    System.out.println(s1);
```

如果使用加号来连接字符串，就意味着创建 java.lang.StringBuilder 实例，使用它的 append()方法将加号左右两边的字符串相加，最后通过 toString()进行转换并返回。

简单来说，使用加号连接字符串时会产生新的 String 实例，这并非建议避免用加号来连接字符串，毕竟这种方式很方便，只是说，如果将加号应用在重复连接字符串的场景中，像循环或递归时，因为会频繁产生新对象，所以可能造成性能上的负担。

Lab 举个例子来说，如果要使用程序生成图 4-16 所示的结果，你会怎么写呢？

```
Problems  Javadoc  Declaration  Console ×
<terminated> OneTo100 [Java Application] C:\Program Files\Java\jdk-17\bin\javaw.exe (2021年10月13日 下午
1+2+3+4+5+6+7+8+9+10+11+12+13+14+15+16+17+18+19+20+21+22+23+24+25+26+27+28+29+30+31+3
2+33+34+35+36+37+38+39+40+41+42+43+44+45+46+47+48+49+50+51+52+53+54+55+56+57+58+59+60
+61+62+63+64+65+66+67+68+69+70+71+72+73+74+75+76+77+78+79+80+81+82+83+84+85+86+87+88+
89+90+91+92+93+94+95+96+97+98+99+100
```

图 4-16 显示 1+2+...+100

这是个很有趣的题目，下面列出了我看过的几种写法。有人这么写：

```
for(var i = 1; i < 101; i++) {
    System.out.print(i);
    if(i != 100) {
        System.out.print('+');
    }
}
```

这可以达到题目的要求，不过在性能上有没有改进的空间？其实可以改成这样：

```
for(var i = 1; i < 100; i++) {
    System.out.printf("%d+", i);
}
```

```
System.out.println(100);
```

程序变简洁了，而且少了一个 if 判断，不过就这个程序而言，少个 if 判断节省不了多少时间。事实上，你可以减少输出次数，因为 for 循环中调用 99 次 System.out.printf()，相较于内存中的运算，标准输出速度相对缓慢。有的人知道可以使用加号连接字符串，因此会这么写：

```
var text = "";
for(var i = 1; i < 100; i++) {
    text = text + i + '+';
}
System.out.println(text + 100);
```

这个程序片段减少了输出次数，确实改善了性能，不过使用加号连接字符串时会生成新的字符串，for 循环中有频繁创建新对象的问题，之前使用加号来连接字符串并进行反编译时你可能已经注意到，可以用 StringBuilder 来改善性能。

String OneTo100.java

```
package cc.openhome;

public class OneTo100 {
    public static void main(String[] args) {
        var oneTo100 = new StringBuilder();
        for (var i = 1; i < 100; i++) {
            oneTo100.append(i).append('+');
        }
        System.out.println(oneTo100.append(100).toString());
    }
}
```

StringBuilder 每次调用 append()之后，都会返回原有的 StringBuilder 对象，以便执行下一次操作。这个程序片段只生成了一个 StringBuilder 实例，只进行一次输出，性能上会比你最初看到的程序片段好得多。

再来看个认证考试中可能会考的题目，请问其结果会显示 true 还是 false？

```
var text1 = "Ja" + "va";
var text2 = "Java";
System.out.println(text1 == text2);
```

有的人会这么说：因为使用加号来连接字符串时会创建新的字符串，所以 text1 == text2 应该是 false 吧！如果这么认为，那就上当了！答案是 true！反编译之后就知道为什么了：

```
var str1 = "Java";
var str2 = "Java";
System.out.println(str1 == str2);
```

编译器是这么认为的：既然写了"Ja"+"va"，那你要的不就是"Java"吗？根据以上反编译之后的代码，显示 true 的结果就不足为奇了。

4.4.3 文本块

字符串连接还有个常见的应用场景，也就是设计模板，例如设计一个 HTML 模板：

```
String title = "Java Tutorial";
String content = "    <b>Hello, World</b>";

String html =
      "<!DOCTYPE html>\n"
    + "<html lang=\"zh-tw\">\n"
    + "<head>\n"
    + "    <title>" + title + "</title>\n"
    + "</head>\n"
    + "<body>\n"
    +    content
    + "</body>\n"
    + "</html>\n";
```

以上代码旨在基于 title、content 变量的内容来生成 HTML，如果将 HTML 放入标准输出，会产生以下内容：

```
<!DOCTYPE html>
<html lang="zh-tw">
<head>
    <title>Java Tutorial</title>
</head>
<body>
    <b>Hello, World</b></body>
</html>
```

显然，字符串连接的代码片段很难阅读。Java 15 新增了文本块(Text Block)特性，非常适用于有跨行、缩进之类的字符串模板需求，例如，若想输出刚才的结果，可以编写以下程序：

```
String  TextBlock.java
package cc.openhome;

public class TextBlock {
    public static void main(String[] args) {
        String html =
            """
            <!DOCTYPE html>
            <html lang="zh-tw">
            <head>
```

```
        <title>%s</title>
    </head>
    <body>
        %s
    </html>
    """;

        String title = "Java Tutorial";
        String content = "<b>Hello, World</b>";

        System.out.println(html.formatted(title, content));
    }
}
```

文本块使用"""标示文本块的开头与结尾，你可以在文本块中直接换行、缩进，不管操作系统本身的换行符号是什么，文本块的换行都会使用\n，缩进的起点以结尾的"""所在行的起点作为依据。

文本块会创建 String 实例，因此如果文本块中有需要置换的部分，可以使用formatted()方法，这是 Java 15 在 String 上新增的实例方法。在 Java 15 之前，如果要直接对字符串进行格式化，可以使用 String.format()静态方法。就上例来说，将html.formatted(title, content)编写为 String.format(html, title, content)，也可以达到目的，只不过就这个例子来说，使用 formatted()比较方便。

无论是 formatted()实例方法，还是 String.format()静态方法，可搭配的格式控制符号都与表 3-1 所示符号相同。

从示例中可以看到，代码的可读性大为提升，不仅可以直接换行或缩进，也避开了加号的干扰。由于文本块以三个"""包含文字，因此"就不用特别写成\"。然而相对地，如果文本块中的文字有"""，那就必须写为\"""。

文本块各行末尾的空白默认会被忽略。如果真的想在各行末尾保留一些空格，可以使用\s，例如：

```
String text =
    """
    line 1    \s
    line 2    \s
    """;
```

在这个程序片段中，\s 前的空格会被保留，因此对于 text 引用的 String 实例，line 1与 line 2 文字后面将各有四个空格。

文本块中的换行，默认会使用\n 代替，然而有时候可能会书写长段文字，如果编辑器不支持或设定为不自动换行，这时文字若超出可视范围，该怎么办？可以加上\，其后方的换行就会被忽略。例如下面的代码片段，书写上虽然有换行，然而 text 不会包含\n：

```
String text =
   """
   It's all a game of construction — some with a brush, \
   some with a shovel, some choose a pen and \
   some, including myself, choose code.
   """;
```

4.4.4 源代码编码

先前的字符串示例都只使用英文字符，OK！相信现在或未来的日子，你不会只处理英文，因此有必要了解 Java 中如何处理中文！不过在这之前，先来看一个问题：你写的.java 原始文件使用什么编码？

这其实是个简单但很重要的问题，许多开发者却回答不出来。如果是繁体中文 Windows，操作系统编码是 MS950(兼容于 Big5)。若使用 Windows 默认的纯文本编辑器，过去会使用操作系统默认编码来储存文字，然而 Windows 10Build 1903 更新以后，默认的纯文本编辑器会使用 UTF-8 编码。如果你的 Windows 纯文本编辑器右下角有显示编码(可参考图 2-2)，那它就是默认使用 UTF-8 编码的纯文本编辑器。

不同 IDE 会有不同的默认设定。Eclipse 的源代码编码默认与操作系统编码相同，因此 Eclipse 如果运行在繁体中文 Windows 中，.java 源代码文件将默认使用 MS950 编码。

本书在 2.4 节介绍 IDE 的使用之前，特意不在示例中使用中文，因为我使用的 Windows 纯文本编辑器默认使用 UTF-8 编码储存文字，如果我用它来编写一个如下所示的 Main.java：

```
public class Main {
   public static void main(String[] args) {
      System.out.println("Hello");
      System.out.println("哈囉[1]");
   }
}
```

那么执行下面编译的话：

```
> javac Main.java
```

将会看到一堆无法理解的编码错误信息：

```
Main.java:4: error: unmappable character (0xE5) for encoding x-windows-950
      System.out.println("??  ??");
                           ^
Main.java:4: error: unmappable character (0x93) for encoding x-windows-950
      System.out.println("??  ??");
                            ^
Main.java:4: error: unmappable character (0x9B) for encoding x-windows-950
```

1 为了表示作者使用了 MS950 编码，此处的文字保持繁体。

```
        System.out.println("??  ??");
                                 ^
Main.java:4: error: unmappable character (0x89) for encoding x-windows-950
        System.out.println("??  ??");
                                  ^
4 errors
```

javac 默认使用操作系统编码来读取.java 文件内容，因此在 Windows 上按照上面所示方式执行 javac 时，Java 会试图以 MS950 编码读取 Main.java，然而 Main.java 储存时使用的是 UTF-8，这两个编码不相同，javac 就看不懂源代码了。

如果文本编辑器使用的是 UTF-8，javac 编译时要指定-encoding 为 UTF-8，这样编译器就会用指定的编码读取.java 中的内容。例如：

```
> javac -encoding UTF-8 Main.java
```

对于生成的.class 字节码文件，如果使用反编译工具还原代码，会看到以下内容：

```
public class Main {
    public static void main(String args[]) {
        System.out.println("Hello");
        System.out.println("\u54C8\u56C9");
    }
}
```

还记得表 3-2 吗？char 的值可以用\uxxxx 表示，在上面反编译的程序中，“\u54C8\u56C9”就是“哈囉”两个字符的\uxxxx 表示。

IDE 通常允许自定义源代码编码。对于 Eclipse，可以在项目上单击右键，选择“Properties”。在“Resource”节点中有个“Text file encoding”，可以单击“Other”，然后设定源代码编码，在单击“Apply”按钮之后应用设定，如图 4-17 所示。

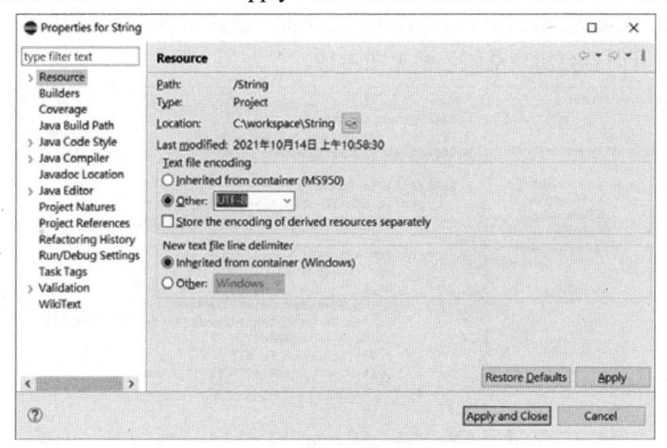

图 4-17　设定项目源代码编码

若有必要，也可设定工作区(Workspace)默认的文字编码，在该工作区新建项目时就会使用该文字编码。可以按照如下方式进行操作：

(1) 选择菜单“Window/Preferences”，然后在弹出的“Preferences”对话框中，展开左边的“General/Workspace”节点。

(2) 在右边的“Text file encoding”底下选择“Other”，在下拉菜单中选择“UTF-8”，然后单击“Apply”按钮，如图 4-18 所示。

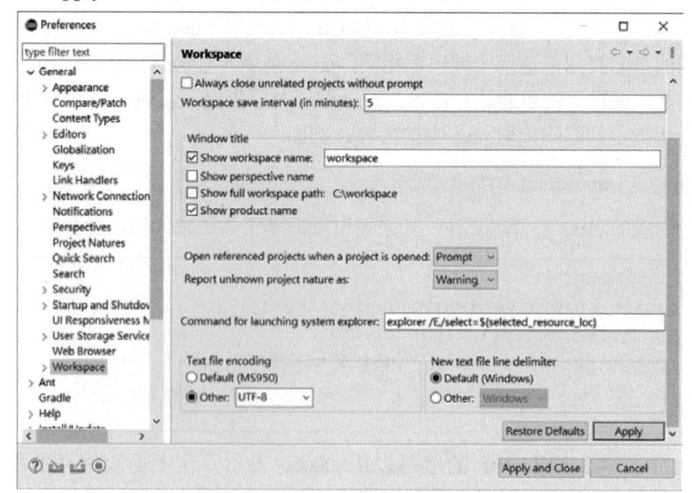

图 4-18　设定工作区源代码的编码

UTF-8 是目前开发程序时，文字的主流储存编码，建议新项目都采用 UTF-8。本书的 Eclipse 示例从 4.4 节开始，都会采用 UTF-8 编码。

有时候，你的项目编码设定与其他项目不同，这时来自其他项目的源代码在你的 Eclipse 中打开时就会出现乱码，参见图 4-19。

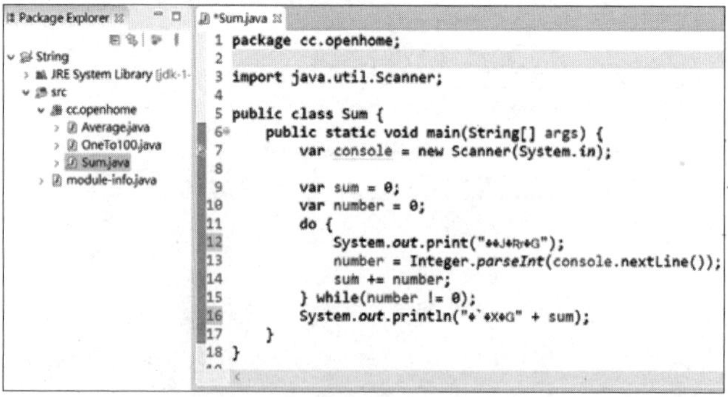

```
Package Explorer
String
  JRE System Library [jdk-1...
  src
    cc.openhome
      Average.java
      OneTo100.java
      Sum.java
    module-info.java

*Sum.java
1  package cc.openhome;
2
3  import java.util.Scanner;
4
5  public class Sum {
6      public static void main(String[] args) {
7          var console = new Scanner(System.in);
8
9          var sum = 0;
10         var number = 0;
11         do {
12             System.out.print("��J�R�G");
13             number = Integer.parseInt(console.nextLine());
14             sum += number;
15         } while(number != 0);
16         System.out.println("�`�X�G" + sum);
17     }
18 }
```

图 4-19　因编码不同而产生的乱码

这时可以在源代码文件的节点上单击右键，选择“Properties”。在“Resource”节点中有个“Text file encoding”，可以选择其下方的“Other”，然后设置正确的源代码编码，如图 4-20 所示。注意，这个设置只会应用于个别文件。

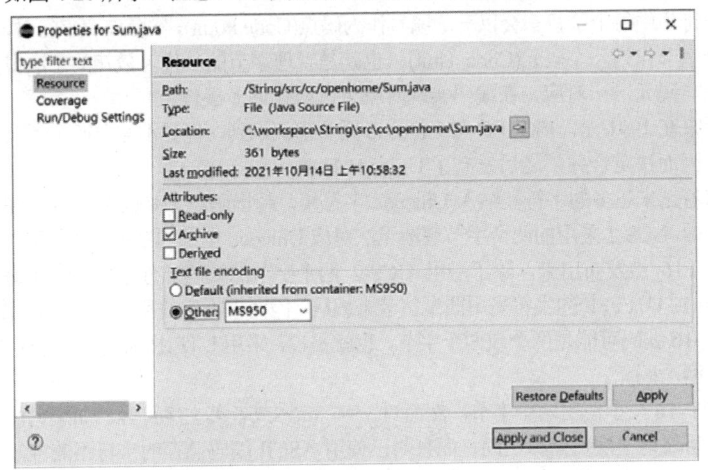

图 4-20 设定特定源代码文件的编码

如果来自其他项目的源代码出现乱码，设定个别文件编码只是权宜之计，不建议在同一个项目中混合不同编码的文件，建议尽早将加入的文件重新储存为统一的编码。

4.4.5 Java 与 Unicode

刚才谈到的 Unicode 与 UTF-8 到底是什么？不少开发者不清楚 Unicode 与 UTF 之间的关系，确实，如果开发者平常任务中不需要处理文字、特殊字符，或者没遇过乱码的问题，那么即便不清楚 Unicode 与 UTF 之间的关系，也没什么问题。如果你的情况就是这样，可以放心地略过接下来这节的内容，这对后续章节的理解不会造成什么障碍。

如果经常要处理文字且被乱码问题困扰过，或者想弄清楚 Unicode 与 UTF 之间的关系，那么，不妨仔细阅读接下来的内容。

Unicode 与 UTF

字符集是一组符号的集合，字符编码是字符实际储存时的字节格式。如前面的示例所示，如果读取文件时使用的编码不正确，编辑器会因解读错误而造成乱码，在 Unicode 与 UTF(Unicode Transformation Format)出现之前，各个系统之间因编码不同而造成的问题困扰着许多开发者。

要统一编码问题，就必须统一管理符号集合，也就是要有统一的字符集。ISO/IEC 与 Unicode Consortium 都曾经想统一字符集，而 ISO/IEC 在 1990 年先公布了第一套字符集的编码方式 UCS-2，使用两个字节来对字符进行编码。

字符集中每个字符都会以一个编号作为码点(Code Point)，实际储存字符时，UCS-2 以两个字节作为一个码元(Code Unit)，也就是管理字节的单位。最初的想法很简单，令码点与码元一一对应，在编码实现时就可以简化许多操作。

后来在 1991 年，ISO/IEC 与 Unicode 团队都认识到，世界不需要两个不兼容的字符集，因而决定合并，之后发布了 Unicode 1.0。

随着越来越多的字符被纳入 Unicode 字符集，超出码点 U+0000 到 U+FFFF 可容纳的范围，UCS-2 采用的两个字节逐渐无法对应 Unicode 全部的字符码点。后来在 1996 年，UTF16 被发布出来，除了沿用 UCS-2 两个字节的编码部分之外，还让超出码点 U+0000 到 U+FFFF 的字符采用四个字节来编码，因而根据字符所在的码点范围，对应的 UTF-16 编码可能是两个或四个字节，也就是说，采用 UTF-16 储存的字符可能会有一个或两个码元。

UTF-16 至少使用两个字节，然而对于+/? @#$或者英文字符等，如果也使用两个字节，将显得很浪费储存空间，而且与已使用 ASCII 编码储存的字符不兼容，因此，Unicode 的另一编码标准——UTF-8 被用来解决这个问题。

UTF-8 储存字符时使用的字节数量，也是根据字符落在哪个 Unicode 范围而定的。从 UTF-8 的观点来看，ASCII 编码是其子集，储存 ASCII 字符时只使用一个字节，其他附加符号(例如 π)的拉丁文、希腊文等，会使用两个字节。至于中文部分，UTF-8 采用三个字节储存，更罕见的字符可能会用到四到六个字节，例如，微笑表情符号 U+1F642 就使用了四个字节。

简单来说，Unicode 对字符给予编号以便进行管理。真正要储存字符时，可以采用 UTF-8、UTF-16 等将其编码为特定字节。

char 与 String

在讨论原始编码时提到过，编写 Java 源代码时，开发者可以使用 MS950、UTF-8(甚至 UTF-16)等编码，只要能正确储存字符，而且 javac 编译时以-encoding 指定编码，就可以通过编译。对于源代码中的非 ASCII 字符，编译过程会将其转为\uxxxx 的形式；在运行时，对\uxxxx 采用的实现是 UTF-16 Big Endian，内存中会使用两个字节(也就是一个码元)来储存。

如 3.1.1 节所述，Java 支持 Unicode，char 类型占 2 字节，对于码点在 U+0000 到 U+FFFF 范围内的字符，例如'林'，源代码中可使用以下方式表示：

```
char fstName1 = '林';
char fstName2 = '\u6797';
```

U+0000到U+FFFF范围内的字符被Unicode归类为BMP(Basic Multilingual Plane)，码点与码元一对一对应。现在问题来了，若字符不在BMP范围内呢？例如，高音谱记号𝄞的Unicode码点为U+1D11E，显然无法只用一个\uhhhh来表示，也无法储存在char类型的空间中。

程序中若真的要表示𝄞，必须使用字符串储存，而“𝄞”在编译时会转换为“\uD834\uDD1E”，表示UTF-16编码时的高低码元，这称为“代理对”(Surrogate Pair)。

还记得4.4.1节所述内容吗？可以使用字符串的length()取得字符串对象管理的char数量，也就是码元数量。如果字符串中的字符都在BMP范围内，则length()返回值确实等于字符串中的字符数；然而，既然“𝄞”编译时转换为“\uD834\uDD1E”，那么length()返回值会是什么呢？答案是2！

```
jshell> var g_clef = "\uD834\uDD1E";
g_clef ==> "?"

jshell> g_clef.length();
$2 ==> 2
```

然而𝄞是一个字符！如果字符串中的字符在BMP范围外，就不能把length()返回值当成字符串中的字符数了。

字符串的length()返回值是char的数量，也就是表示字符串所使用的UTF-16码元数量，因此在3.1.1节中介绍char时是这么写的：“char类型占2字节，可用来储存UTF-16 Big Endian的一个代码单元”。

类似地，字符串的charAt()可以指定索引，取得字符串中的char，而不是字符。如果要指定索引取得字符串中的字符，可以使用codePointAt()，这会以int类型返回码点号码：

```
jshell> "\uD834\uDD1E".charAt(0) == 0X1D11E;
$3 ==> false

jshell> "\uD834\uDD1E".codePointAt(0) == 0X1D11E;
$4 ==> true
```

注意>>> 在Java中，字符不等于char，字符是Unicode字符集内管理的符号，而char是储存数据用的类型。

如果想取得字符串中的字符数量(而不是char的数量)，可以使用字符串的codePoints()方法，这会返回java.util.stream.IntStream类型。详细的使用方式会在第12章说明，现在只要知道，该类型可用来逐一处理字符串中每个字符的码点。通过它的count()方法，可以计算字符总数(而不是码元数量)：

```
jshell> "高音谱：\uD834\uDD1E".length(); // char数量
$5==> 6
```

```
jshell> "高音谱：\uD834\uDD1E".codePoints().count() // 字符数量
$6==> 5
```

java.lang.Character

如果想处理字符，可以使用 java.lang.Character 提供的方便的 API，它对 Unicode 也有较多支持。例如，如果想指定码点来创建字符串，可以先使用 Character.tochars(codePoint)，这会返回 char[]，代表 UTF-16 使用到的码元：

```
jshell> Character.toChars(0X6797)
$7==> char[1] { '林' }

jshell> Character.toChars(0X1D11E)
$8==> char[2] { '?', '?' }
```

在 jshell 中无法显示的字符会以'?'表示，上面第二个示例的结果显示使用了两个码元。4.4.1 节介绍过，如果已经有一个 char[]数组，可以使用 new 创建 String 实例，因此可通过下面的方式指定码点，创建字符串：

```
jshell> var g_clef = new String(Character.toChars(0X1D11E))
g_clef ==> "?"

jshell> g_clef.equals("\uD834\uDD1E")
$10 ==> true
```

除了以上介绍的之外，在必须使用正则表达式(Regular Expression)处理文字的情况下，Java 也在 Unicode 方面提供了支持，详见第 15 章。

4.5 查询 Java API 文档

本章谈到许多的类，像 java.util.Scanner、java.math.BigDecimal、各种基本类型包装器、java.util.Arrays、java.lang.String、java.lang.StringBuilder 等，也使用了一些类定义的方法，那么，对于书上没示范过的方法，你怎么知道如何使用？当然是查询 Java API 文档！

本书将以查询 Java SE API 文档为例。首先访问 JDK 17 Documentation，如图 4-21 所示，网址为 docs.oracle.com/javase/17/。

图 4-21 中的页面有 JDK17 的许多相关文档。如果想查询更早版本的文档，只要单击主页上面的“Java SE”按钮就可以获得，如果想查看 Java SE 17 的 API Documentation(见图 4-22)，可以单击主页左边的“API Documentation”。

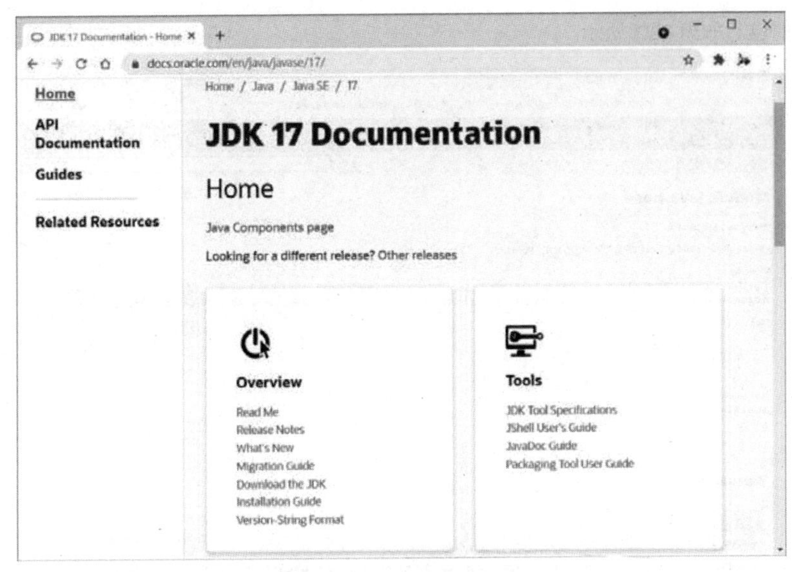

图 4-21 JDK 17 Documentation

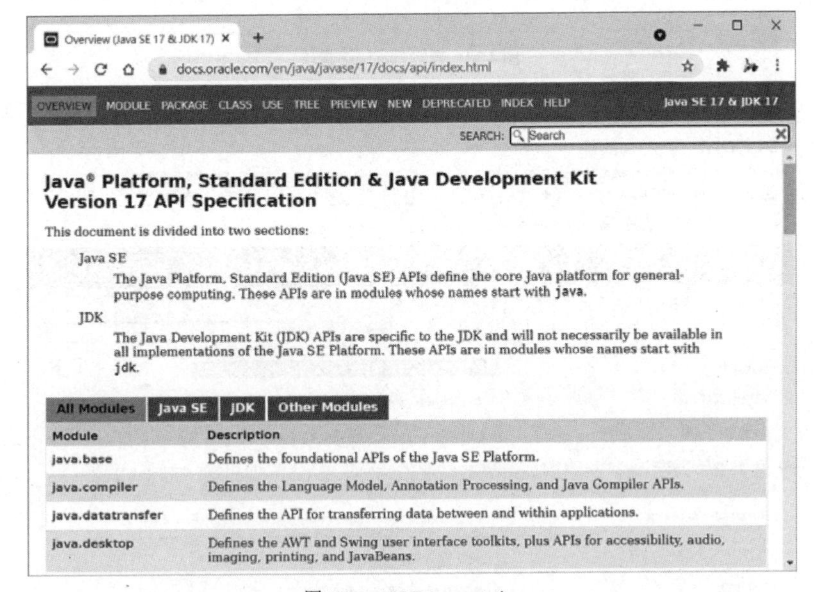

图 4-22 API Documentation

由于 Java SE 9 以后支持模块化，你可以在页面中看到各个模块的名称。如果想查询 java.base 模块的 java.lang.String，可以单击“java.base”模块，这会显示该模块中全部的包，如图 4-23 所示。

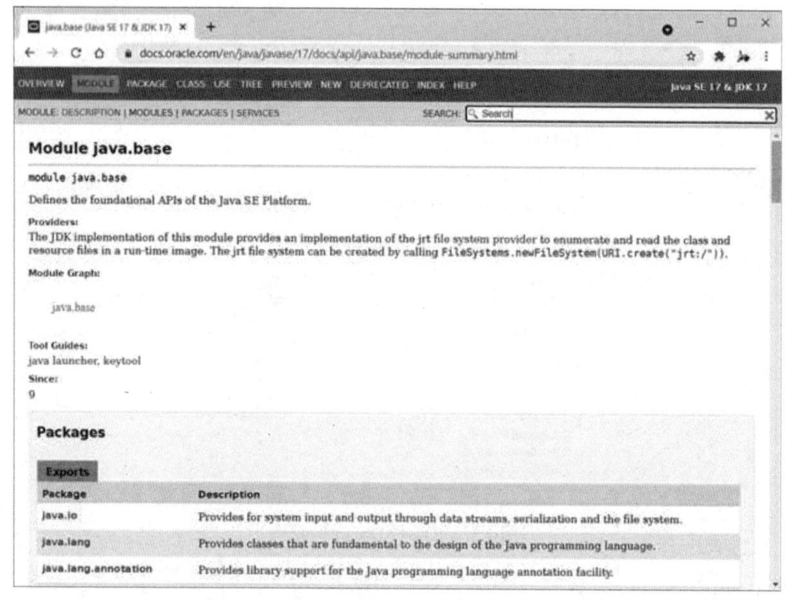

图 4-23　查看 java.base 模块

接着选择“java.lang”包，就可以在页面中寻找 java.lang.String 的简要说明，如图 4-24 所示。

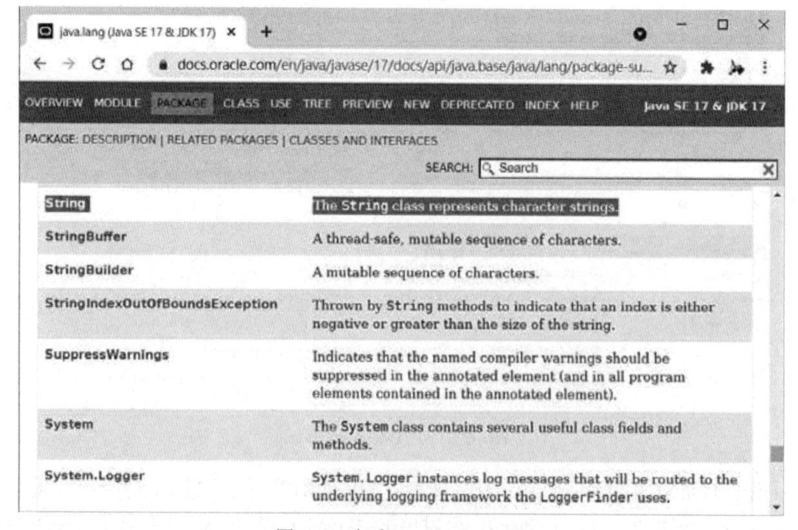

图 4-24　查看 java.lang.String 类

单击“String”即可进入 java.lang.String 的详细说明。初学者目前可以先了解构造函数的部分，见图 4-25。

Constructors	
Constructor	**Description**
`String()`	Initializes a newly created `String` object so that it represents an empty character sequence.
`String(byte[] bytes)`	Constructs a new `String` by decoding the specified array of bytes using the platform's default charset.
`String(byte[] ascii, int hibyte)`	**Deprecated.** This method does not properly convert bytes into characters.
`String(byte[] bytes, int offset, int length)`	Constructs a new `String` by decoding the specified subarray of bytes using the platform's default charset.
`String(byte[] ascii, int hibyte, int offset, int count)`	**Deprecated.** This method does not properly convert bytes into characters.
`String(byte[] bytes, int offset, int length, String charsetName)`	Constructs a new `String` by decoding the specified subarray of bytes using the specified charset.
`String(byte[] bytes, int offset, int length, Charset charset)`	Constructs a new `String` by decoding the specified subarray of bytes using the specified charset.

图 4-25 构造函数说明

这显示出创建 String 实例时可提供的数据，以及方法说明，如图 4-26 所示。

Method Summary

All Methods | Static Methods | Instance Methods | Concrete Methods | Deprecated Methods

Modifier and Type	Method	Description
`char`	`charAt(int index)`	Returns the `char` value at the specified index.
`IntStream`	`chars()`	Returns a stream of `int` zero-extending the `char` values from this sequence.
`int`	`codePointAt(int index)`	Returns the character (Unicode code point) at the specified index.
`int`	`codePointBefore(int index)`	Returns the character (Unicode code point) before the specified index.
`int`	`codePointCount(int beginIndex, int endIndex)`	Returns the number of Unicode code points in the specified text range of this `String`.
`IntStream`	`codePoints()`	Returns a stream of code point values from this sequence.
`int`	`compareTo(String anotherString)`	Compares two strings lexicographically.
`int`	`compareToIgnoreCase(String str)`	Compares two strings lexicographically, ignoring case differences.

图 4-26 方法说明列表

这显示了可用的方法名称、参数类型与返回值类型。单击任一个方法的链接，还可以看到详细说明，例如，单击 charAt()方法，如图 4-27 所示。

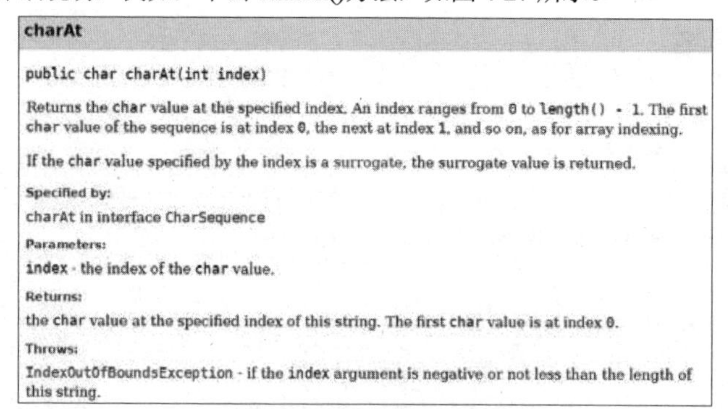

图 4-27　方法的详细说明

我们发现，在 API 文档的右上方有个查找框。可以检索一下 BigDecimal 的相关 API，如图 4-28 所示。

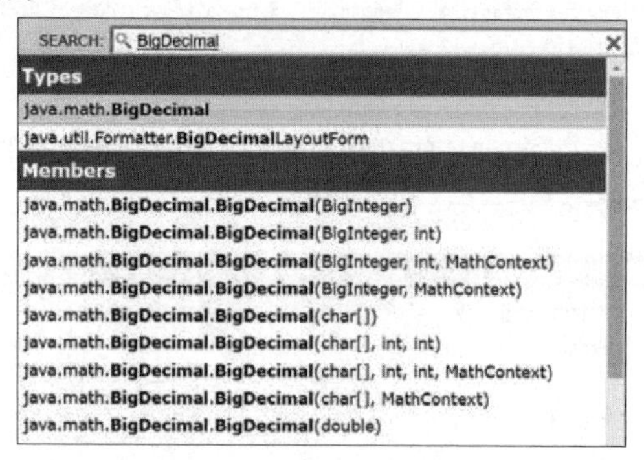

图 4-28　利用查找框查询文档

在之后的章节中，若有必要，还会查询 API 文档，并介绍哪里记录着相关的信息。

课后练习

操作题

1. Fibonacci 是 13 世纪的欧洲数学家，他在著作中提过，假设一只兔子每月生一只小兔子，一个月后小兔子也开始生小兔子。起初只有一只兔子，一个月后有两只兔子，两个月后有三只兔子，三个月后有五只兔子，以此类推，这意味着每个月兔子总数会是 1、1、2、3、5、8、13、21、34、55、89……，这就是斐波那契数列，公式定义如下：

```
fn = fn-1 + fn-2   if n > 1
fn = n             if n = 0, 1
```

请编写程序，让用户输入想计算的斐波那契数的个数，并由程序全部显示出来。例如：

```
求几个斐波那契数? 10
0 1 1 2 3 5 8 13 21 34
```

请编写一个简单的洗牌程序，并在命令行模式下显示洗牌结果。例如：

```
桃 6 方 9 方 6 梅 5 梅10 心 5 梅 K 梅 6 心 J 心 1 心 6 梅 3 梅 7
方 4 方 1 心 7 方 2 方 J 梅 Q 桃 2 心 2 梅 2 心10 桃 7 桃 1 桃 8
心 9 方 Q 方 7 心 3 梅 9 梅 1 心 4 桃 Q 桃10 桃 3 方 K 桃 K 桃 9
方10 梅 8 方 3 梅 4 方 8 方 5 桃 5 心 8 梅 J 心 Q 桃 J 桃 4 心 K
```

2. 下面是一个数组，请使用程序将其中的元素由小到大排序：

```
int[] number = {70, 80, 31, 37, 10, 1, 48, 60, 33, 80};
```

3. 下面是一个排序后的数组，请编写程序，让用户在数组中寻找指定数字，找到就显示索引值，找不到就显示-1：

```
int[] number = {1, 10, 31, 33, 37, 48, 60, 70, 80};
```

第5章 对象封装

学习目标

- 封装的概念与实现
- 定义类、构造函数和方法
- 使用方法重载与不定长变量
- 了解 static 成员

5.1 什么是封装

第 4 章介绍了如何定义类，但请注意，定义类并不等于完成了面向对象的封装(Encapsulation)，那么什么是封装？你必须从使用者的角度思考问题。

本节着重介绍封装的概念，说明如何以 Java 语法实现封装，有一些内容会稍微与第 4 章重复，这是为了介绍上的完整性。在了解了封装的基本概念之后，下一节会进入 Java 的语法细节。

5.1.1 封装对象初始流程

假设你要写个管理充值卡的应用程序，应定义充值卡要记录哪些数据，像充值卡号码、余额、会员积分，首先使用 class 关键字进行定义：

```
package cc.openhome;

class CashCard {
    String number;
    int balance;
    int bonus;
}
```

若这个类定义在 cc.openhome 包中，则使用 CashCard.java 文件进行储存，将其编译为CashCard.class，并将这个字节码文件给朋友使用，你的朋友要建立 5 张充值卡的数据：

```
var card1 = new CashCard();
card1.number = "A001";
```

```
card1.balance = 500;
card1.bonus = 0;

var card2 = new CashCard();
card2.number = "A002";
card2.balance = 300;
card2.bonus = 0;

var card3 = new CashCard();
card3.number = "A003";
card3.balance = 1000;
card3.bonus = 1;    // 单次充值1000元，可获得1个会员积分
```

在这里可以看到，如果想访问对象的数据成员，可通过“.”运算符加数据成员名称。

你发现你的朋友每次建立充值卡对象时都有相同的初始动作，也就是指定卡号、余额与会员积分。这个流程是重复的，更多的CashCard实例创建会带来更多的代码重复。程序中出现重复的流程，往往意味着存在改进的空间，4.1.1节谈过，可以通过定义构造函数(Constructor)来改进这个问题。

Encapsulation1 CashCard.java

```
package cc.openhome;

class CashCard {
   String number;
   int balance;
   int bonus;

   CashCard(String number, int balance, int bonus) {
      this.number = number;
      this.balance = balance;
      this.bonus = bonus;
   }
}
```

正如4.1.1节所述，构造函数是与类名称同名的方法(Method)，不用声明返回值类型。在这个例子中，构造函数上的number、balance与bonus参数，与类别的number、balance、bonus数据成员同名。为了进行区别，在对象的数据成员前加上this关键字，表示将number、balance与bonus参数的值，指定给这个对象的number、balance、bonus数据成员。

在重新编译之后，将编译结果交给你的朋友。同样是建立5个CashCard对象，现在他只要这么写：

```
var card1 = new CashCard("A001", 500, 0);
var card2 = new CashCard("A002", 300, 0);
```

```
var card3 = new CashCard("A003", 1000, 1);
...
```

比较看看，他会想用这个程序片段，还是刚刚那个程序片段？那么你封装了什么？你用构造函数实现了对象初始化流程的封装。封装对象初始化流程有什么好处？拿到CashCard 类的使用者，不用重复编写对象初始化流程，事实上，他也不用知道对象如何初始化。就算你修改构造函数的内容，重新编译并将字节码文件发送给这位朋友，CashCard 类的使用者也不必修改其程序。

实际上，如果类使用者想创建 5 个 CashCard 实例，并将数据显示出来，可以用数组，而不必特意声明引用名称。例如：

Encapsulation1 CashApp.java

```
package cc.openhome;

public class CardApp {
    public static void main(String[] args) {
        CashCard[] cards = {
            new CashCard("A001", 500, 0),
            new CashCard("A002", 300, 0),
            new CashCard("A003", 1000, 1),
            new CashCard("A004", 2000, 2),
            new CashCard("A005", 3000, 3)
        };

        for(var card : cards) {
            System.out.printf("(%s, %d, %d)%n",
                    card.number, card.balance, card.bonus);
        }
    }
}
```

执行结果如下：

```
(A001, 500, 0)
(A002, 300, 0)
(A003, 1000, 1)
(A004, 2000, 2)
(A005, 3000, 3)
```

提示>>> 接下来说明示例时，会假设有两个以上的开发者。记住！如果面向对象或设计上的概念对你来说太抽象，请用两人或多人共同开发的角度来想想看：这样的观念与设计对大家合作有没有好处。

5.1.2 对象封装的操作流程

假设你的朋友使用 CashCard 建立 3 个对象，并对对象进行充值的动作：

```
var scanner = new Scanner(System.in);
var card1 = new CashCard("A001", 500, 0);
var money = scanner.nextInt();
if(money > 0) {
    card1.balance += money;
    if(money >= 1000) {
        card1.bonus++;
    }
}
else {
    System.out.println("充值是负的？你在胡闹吗？");
}

var card2 = new CashCard("A002", 300, 0);
money = scanner.nextInt();
if(money > 0) {
    card2.balance += money;
    if(money >= 1000) {
        card2.bonus++;
    }
}
else {
    System.out.println("充值是负的？你在胡闹吗？");
}

var card3 = new CashCard("A003", 1000, 1);
// 还是那些 if...else 的重复流程
...
```

你的朋友做了简单的检查，如果充值是负的，就给出错误提示；而充值大于 1000 的话，就发放 1 个会员积分。显然，充值的流程出现了重复。你想了一下，充值这个动作，CashCard 实例可以自己处理，如此一来，使用者就能更便利地操作！可以定义方法来解决这个问题：

Encapsulation2 CashCard.java

```
package cc.openhome;

class CashCard {
    String number;
    int balance;
    int bonus;
```

```
    CashCard(String number, int balance, int bonus) {
        this.number = number;
        this.balance = balance;
        this.bonus = bonus;
    }

    void store(int money) {  // 充值时调用的方法 ←── ❶没有返回值
        if(money > 0) {
            this.balance += money;
            if(money >= 1000) {
                this.bonus++;
            }
        }                                                  ← ❷封装充值流程
        else {
            System.out.println("充值是负的？你在胡闹吗？");
        }
    }

    void charge(int money) { // 扣款时调用的方法
        if(money > 0) {
            if(money <= this.balance) {
                this.balance -= money;
            }
            else {
                System.out.println("余额不足！");
            }
        }
        else {
            System.out.println("扣负数？这不是让我充值吗？");
        }
    }

    int exchange(int bonus) { // 积分兑换时调用的方法 ←── ❸会返回 int 类型
        if(bonus > 0) {
            this.bonus -= bonus;
        }
        return this.bonus;
    }
}
```

在 CashCard 类中，除了定义充值用的 store()方法，还考虑到扣款用的 charge()方法，以及兑换积分的 exchange()方法。在类中定义方法，如果不用返回值，方法名称前可以声明 void❶。

前面出现的充值重复流程，现在都封装到 store()方法中❷，好处是 CashCard 的使用者现在可以这么编写代码：

```
var scanner = new Scanner(System.in);
var card1 = new CashCard("A001", 500, 0);
card1.store(scanner.nextInt());

var card2 = new CashCard("A002", 300, 0);
card2.store(scanner.nextInt());

var card3 = new CashCard("A003", 1000, 1);
card3.store(scanner.nextInt());
```

你封装了什么呢？封装了充值的流程。哪天也许考虑每充值 1000 元就增加 1 个积分，就算你改变了 store()的流程，CashCard 使用者也不必修改程序。

同样，charge()与 exchange()方法也分别封装了扣款以及积分兑换的流程。为了知道积分兑换后剩余的积分还有多少，exchange()必须返回剩余的点数值。方法如果有返回值，就必须在方法名称前声明返回值的类型❸。

提示»» 在 Java 命名习惯中，方法名称的首字母是小写的。

如果要直接创建三个 CashCard 实例，而后进行充值并显示明细，其实可以按照下面的方法使用数组，让程序更简洁：

Encapsulation2 CashApp.java

```
package cc.openhome;

import java.util.Scanner;

public class CardApp {
    public static void main(String[] args) {
        CashCard[] cards = {
            new CashCard("A001", 500, 0),
            new CashCard("A002", 300, 0),
            new CashCard("A003", 1000, 1)
        };

        var console = new Scanner(System.in);
        for(var card : cards) {
            System.out.printf("为 (%s, %d, %d) 充值：",
                    card.number, card.balance, card.bonus);
            card.store(console.nextInt());
            System.out.printf("明细 (%s, %d, %d)%n",
                    card.number, card.balance, card.bonus);
        }
    }
}
```

执行结果如下：

```
为 (A001, 500, 0) 充值：1000
明细 (A001, 1500, 1)
为 (A002, 300, 0) 充值：2000
明细 (A002, 2300, 1)
为 (A003, 1000, 1) 充值：3000
明细 (A003, 4000, 2)
```

隐藏对象细节是封装的目的之一，另一个目的是公开使用者感兴趣的信息。例如，使用者对于充值、扣款、积分兑换的行为感兴趣，因此你公开了 CashCard 的 store()、charge()与 exchange()方法(然而隐藏其流程细节)。

5.1.3 封装对象的内部数据

在前一个示例中，CashCard 类定义了 store()等方法，你希望使用者按照下面的示例编写程序，这样才可以执行 stroe()等方法中的相关条件检查流程：

```
CashCard card1 = new CashCard("A001", 500, 0);
card1.store(console.nextInt());
```

老实说，你的“希望”完全是一厢情愿，因为 CashCard 使用者可以按照下面的方法编写程序并跳过相关条件检查：

```
var card1 = new CashCard("A001", 500, 0);
card1.balance += console.nextInt();
card1.bonus += 100;
```

问题在哪？你没有封装 CashCard 中那些不想让其他使用者直接访问的私有数据，如果那些数据是该类的实例私有的，那么可以使用 private 关键字进行定义：

Encapsulation3 CashCard.java

```
package cc.openhome;

class CashCard {
    private String number;
    private int balance;      ❶ 使用 private 定义私有成员
    private int bonus;
    ...

    void store(int money) {   ❷ 要修改 balance，需要通过 store()定义的流程
        if(money > 0) {
            this.balance += money;
            if(money >= 1000) {
                this.bonus++;
            }
        }
```

```
        else {
            System.out.println("充值是负的？你在胡闹吗？");
        }
    }

    int getBalance() {
        return balance;
    }

    int getBonus() {        ← ❸ 提供取值的方法成员
        return bonus;
    }

    String getNumber() {
        return number;
    }
}
```

在这个例子中，不想让使用者直接访问 number、balance 与 bonus，因而使用 private 进行声明❶。其他使用者若直接访问 number、balance 与 bonus，就会导致编译失败，如图 5-1 所示。

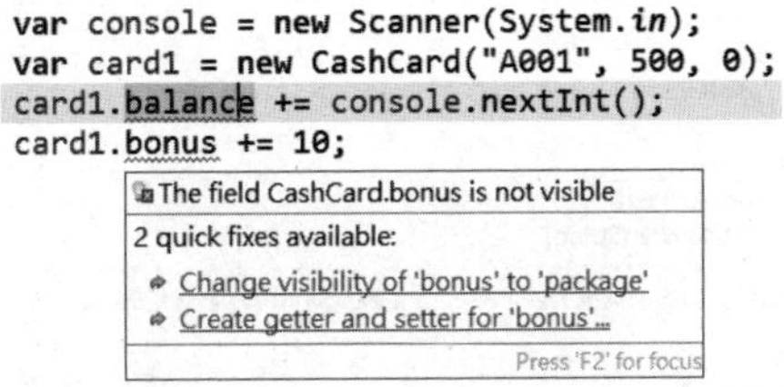

```
var console = new Scanner(System.in);
var card1 = new CashCard("A001", 500, 0);
card1.balance += console.nextInt();
card1.bonus += 10;
```

The field CashCard.bonus is not visible
2 quick fixes available:
Change visibility of 'bonus' to 'package'
Create getter and setter for 'bonus'...
Press 'F2' for focus

图 5-1 不能访问 private 成员

如果你没有提供访问 private 成员的方法，使用者就不能访问。在 CashCard 的例子中，如果想修改 balance 或 bonus，得通过 store()、charge()、exchange()等方法，因而一定得执行你定义的流程❷。

如果不能直接取得 number、balance 与 bonus，如图 5-2 所示，那这段代码怎么办？

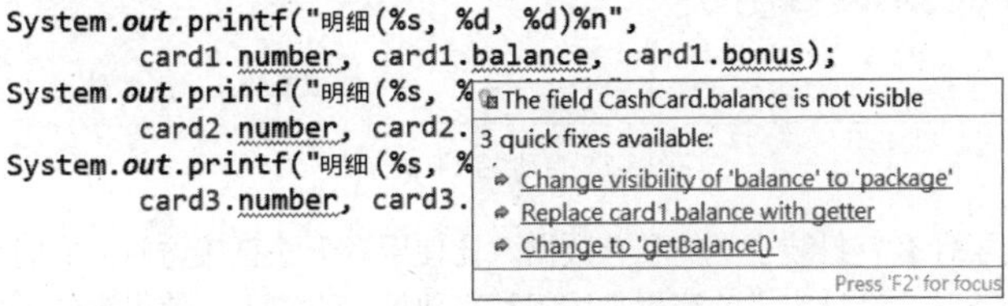

```
System.out.printf("明细(%s, %d, %d)%n",
        card1.number, card1.balance, card1.bonus);
System.out.printf("明细(%s, %
        card2.number, card2.
System.out.printf("明细(%s, %
        card3.number, card3.
```

The field CashCard.balance is not visible
3 quick fixes available:
Change visibility of 'balance' to 'package'
Replace card1.balance with getter
Change to 'getBalance()'
Press 'F2' for focus

图 5-2 若不能访问 private 成员该怎么办

可以提供取值方法(Getter)，让使用者可以取得 number、balance 与 bonus 的值。基于你的想法，CashCard 类上定义了 getNumber()、getBalance()与 getBonus()等取值方法，可以按照下方所示方式修改程序：

```
System.out.printf("明细 (%s, %d, %d)%n",
        card1.getNumber(), card1.getBalance(), card1.getBonus());
System.out.printf("明细 (%s, %d, %d)%n",
        card2.getNumber(), card2.getBalance(), card2.getBonus());
System.out.printf("明细 (%s, %d, %d)%n",
        card3.getNumber(), card3.getBalance(), card3.getBonus());
```

在 Java 的命名规范中，取值方法的名称以 get 开头，之后接首字母大写的单词。在 IDE 中，可以使用代码自动生成功能来生成取值方法。以 Eclipse 为例，可以在类的源代码中单击右键，执行“Source”命令，选择“Generate Getters and Setters...”，在对话框中选择数据成员的取值(或设值)方法，单击“Generate”按钮，从而自动生成对应的代码，如图 5-3 所示。

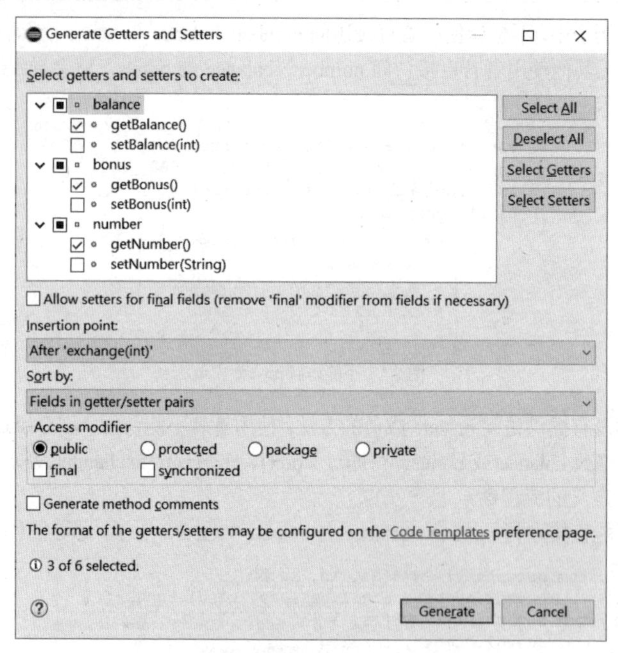

图 5-3　自动生成取值方法

你封装了什么？封装了类的私有数据，让使用者无法直接访问。他们必须通过你提供的操作方法，经过定义的流程来访问私有数据，事实上，使用者也无从得知实例中有哪些私有数据，且不会知道对象的内部细节。

提示>>> 在这个示例中，不想让使用者知道 number、balance 与 bonus 等细节，因而将它们隐藏起来；然而封装的另一个目的是公开使用者感兴趣的信息，例如，若要定义代表数据表的载体，使用者对字段名称、结构等感兴趣，相应地就应将它们公开。第 9 章谈 Java 16 的记录类时，会展示这类封装的例子。

private 也可以用在方法或构造函数声明上，私有方法或构造函数通常是类内部某个共享的计算流程，外界不用知道私有方法的存在。私有构造函数的实际例子会在介绍列举(Enum)时展示，详情可参考第 18 章。private 也可用于内部类的声明，内部类会在稍后说明。

5.2 类的语法细节

前一节讨论过面向对象中封装的通用概念，以及如何用 Java 语法来实现，接下来这节将讨论 Java 特定的语法细节。

5.2.1 public 权限设定

前一节的 CashCard 类定义在 cc.openhome 包中。假设现在为了满足管理上的要求，要将 CashCard 类定义到 cc.openhome.virtual 包中，为此，除了要让源代码与字节码文件夹符合包的层级，还得对源代码内容做些修改：

```
package cc.openhome.virtual;

class CashCard {
    ...
}
```

修改过后，会发现使用到 CashCard 的 CardApp 出错了。根据第 2 章中有关 package 与 import 的介绍可知，因为 CashCard 与 CardApp 在不同的包中，所以应该在 CardApp 加上 import 语句，可是加上后还是显示错误(见图 5-4)。

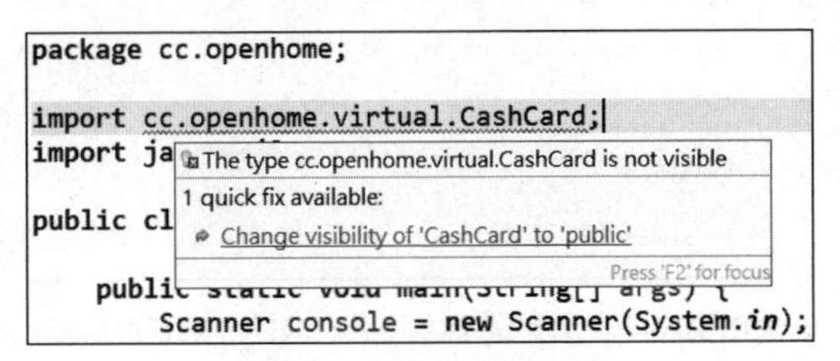

图 5-4　找不到 CashCard

对于没有声明权限修饰的成员，只有在相同包的类代码中才可以直接访问，也就是“包范围权限”。如果试图在不同包的类代码中直接访问，就会看到如图 5-4 所示的编译错误信息。

如果其他包的类代码想访问某个包的类或对象成员，那么该类或对象成员必须是公共成员，要使用 public 进行声明。例如：

Public CashCard.java

```
package cc.openhome.virtual;

public class CashCard {←── ❶ 这是一个公共类

    ...     ❷ 这是一个公共的构造函数
            ↓
    public CashCard(String number, int balance, int bonus) {
        ...
    }

    public void store(int money) {←── ❸ 公共的 store()等方法
        ...
    }

    public void charge(int money) {
        ...
    }

    public int exchange(int bonus) {
        ...
    }

    public int getBalance() {
        return balance;
    }

    public int getBonus() {
        return bonus;
    }

    public String getNumber() {
        return number;
    }
}
```

可以用 public 来声明类，表示它是个公共类，这样一来它就可以用于其他包中❶。在构造函数上声明 public，表示其他包的程序可以直接调用这个构造函数❷。在方法上声明 public，表示其他包的程序可以直接调用这个方法❸。如果愿意，也可在对象数据成员上声明 public。

注意 ››› Java SE 9 引入了模块系统，因此，如果采用模块进行设计，那么想让其他模块访问的包必须在模块描述文件中进行声明，否则即使是 public 的类或方法，其他模块也无法访问。

回忆一下，2.2.2 节介绍过，包管理以及权限管理上的概念，在没有定义任何权限关键字时，就是包权限，其实有 private、protected 与 public 三种权限修饰，你已经了解 private 与 public 的使用了，protected 会在第 6 章进行说明。

提示 ››› 如果类没有声明 public，类中的方法就算是 public 的，也相当于包权限，因为其他包根本无法使用这个类，更别说使用其中定义的方法了。

5.2.2　关于构造函数

在定义类时，可以使用构造函数定义对象建立的初始流程。构造函数的名称与类名称同名，且是不必声明返回值类型的方法。例如：

```
class Some {
   private int a = 10;     // 指定初始值
   private String text;    // 默认值 null
   Some(int a, String text) {
      this.a = a;
      this.text = text;
   }
   ...
}
```

如果通过下面的方法创建 Some 实例，成员 a 与 text 会被初始化两次：

```
var some = new Some(10, "some text");
```

创建对象时，数据成员就会进行初始化。如果没有指定初始值，就会使用默认值进行初始化。默认值如表 5-1 所示。

表 5-1　数据成员初始值

数据类型	初始值
byte	0
short	0
int	0
long	0L
float	0.0F
double	0.0D
char	'\u0000'

(续表)

数据类型	初始值
boolean	false
类	null

使用 new 创建 Some 对象时，a 与 text 分别先初始化为 10 与 null，之后再通过构造函数流程，设定为构造函数赋予的参数值。如果定义类时没有编写任何构造函数，编译器会自动添加一个无参数、内容为空的构造函数。正因为编译器会在你没有编写任何构造函数时自动添加默认构造函数(Default Constructor)，所以在没有编写任何构造函数时，可以使用无参数方式调用构造函数：

```
var some = new Some();
```

提示>>> 无参数的构造函数式也称为 Nullary 构造函数，而编译器自动添加的构造函数称为默认构造函数。自行编写的无参数构造函数不是默认构造函数(而是一个 Nullary 构造函数)。虽然这只是名词定义问题，不过认证考试时要知道两者之间的区别。

如果你自行编写了构造函数，编译器就不会自动创建默认构造函数。如果按照下面的方式编写代码：

```
public class Some {
    public Some(int a) {
    }
}
```

那就只有一个带 int 参数的构造函数，因而不能通过 new Some()来创建对象，而必须使用 new Some(1)来创建对象。

5.2.3 构造函数与方法重载

根据使用情境或条件的不同，创建对象时也许希望有不同的初始化流程，你可以定义多个构造函数，但前提是它们的参数类型或个数不同，这称为重载(Overload)构造函数。例如：

```
class Some {
    private int a = 10;
    private String text = "n.a.";

    Some(int a) {
        if(a > 0) {
            this.a = a;
        }
```

```
    }

    Some(int a, String text) {
        if(a > 0) {
            this.a = a;
        }
        if(text != null) {
            this.text = text;
        }
    }
    ...
}
```

在这个代码片段中，创建对象时有两种选择，使用 new Some(100)，或者使用 new Some(100, "some text")。

定义方法时也可进行重载，编译时会根据参数类型或个数决定要调用的对应方法。以 String 类为例，它的 valueOf()方法就提供了多个版本：

```
public static String valueOf(boolean b)
public static String valueOf(char c)
public static String valueOf(char[] data)
public static String valueOf(char[] data, int offset, int count)
public static String valueOf(double d)
public static String valueOf(float f)
public static String valueOf(int i)
public static String valueOf(long l)
public static String valueOf(Object obj)
```

例如调用 String.valueOf(10)，因为 10 是 int 类型，所以会执行 valueOf(int i)的版本。对于 String.valueOf(10.12)，因为 10.12 是 double 类型，所以会执行 valueOf(double d)的版本(代码片段中的 static 稍后就会进行说明)。

返回值类型不可作为方法重载的依据，例如，以下方法重载并不正确，编译器会将其视为重复定义而编译失败：

```
class Some {
    int someMethod(int i) {
        return 0;
    }

    double someMethod(int i) {
        return 0.0;
    }
}
```

提示»» 方法重载是特定多态(Ad-hoc Polymorphism)的一种实现，有兴趣的读者可以进一步参考《界面一致、实现各异的特定多态》[1]。

使用方法重载时，要注意自动装箱、拆箱问题，想一想以下程序的结果会是什么。

```
Class  OverloadBoxing.java
package cc.openhome;

class Some {
    void someMethod(int i) {
        System.out.println("int 版本被调用");
    }

    void someMethod(Integer integer) {
        System.out.println("Integer 版本被调用");
    }
}

public class OverloadBoxing {
    public static void main(String[] args) {
        var s = new Some();
        s.someMethod(1);
    }
}
```

结果是显示“int 版本被调用”，如果想调用参数为 Integer 版本的方法，要明确指定。例如：

```
s.someMethod(Integer.valueOf(1));
```

编译器在处理重载方法时，会按照以下顺序来处理：

- 装箱动作前，符合参数个数与类型的方法。
- 装箱动作后，符合参数个数与类型的方法。
- 尝试有不定长度参数(稍后说明)，并符合参数类型的方法。
- 找不到合适的方法，发生编译错误。

5.2.4 使用 this

除了被声明为 static 的地方外，this 关键字可以出现在类的任意文本块中，代表“这个对象”的引用名称。本书中目前出现的例子就是在构造函数参数与对象数据成员同名时，用 this 加以区别。

```
public class CashCard {
```

1 界面一致、实现各异的特定多态：https://openhome.cc/Gossip/Programmer/Ad-hoc-Polymorphism.html.

```
    private String number;
    private int balance;
    private int bonus;

    public CashCard(String number, int balance, int bonus) {
        this.number = number;      // 将参数 number 指定给这个对象的 number
        this.balance = balance;    // 将参数 balance 指定给这个对象的 balance
        this.bonus = bonus;        // 将参数 bonus 指定给这个对象的 bonus
    }
    ...
}
```

5.2.3 节展示过下面这个程序片段：

```
class Some {
    private int a = 10;
    private String text = "n.a.";

    Some(int a) {
        if(a > 0) {
            this.a = a;
        }
    }

    Some(int a, String text) {
        if(a > 0) {
            this.a = a;
        }
        if(text != null) {
            this.text = text;
        }
    }
    ...
}
```

粗体字部分的流程是重复的，重复在程序设计中是“不好的味道”(Bad Smell)。可以在构造函数中调用另一个构造函数，例如：

```
class Some {
    private int a = 10;
    private String text = "n.a.";

    Some(int a) {
        if(a > 0) {
            this.a = a;
        }
    }
```

```
    Some(int a, String text) {
        this(a);
        if(text != null) {
            this.text = text;
        }
    }
    ...
}
```

this()代表调用另一个构造函数，至于调用哪个构造函数，就看调用 this()时给的参数类型与个数。在上例中，this(a)会调用 Some(int a)版本的构造函数。

注意>>> this()调用只能出现在构造函数的第一行。

在创建对象之后、调用构造函数之前，若有想执行的流程，可以使用{}定义。为了方便理解，下面直接来看个示例：

```
Class  ObjectInitialBlock.java
package cc.openhome;

class Other {
    {
        System.out.println("对象初始化代码块");
    }

    Other() {
        System.out.println("Other()构造函数");
    }

    Other(int o) {
        this();
        System.out.println("Other(int o) 构造函数");
    }
}

public class ObjectInitialBlock {
    public static void main(String[] args) {
        new Other(1);
    }
}
```

这个示例调用了 Other(int o)版本的构造函数，而其中使用 this()调用了 Other()版本的构造函数。如果编写了对象初始化代码块，对象建立后就会先执行对象初始化代码块，接着才调用指定的构造函数，执行结果如下：

```
对象初始化代码块
Other()构造函数
```

```
Other(int o) 构造函数
```

3.1.2 节介绍过 final 关键字，如该部分内容所述，如果局部变量声明了 final，那么设置值后将不能再改动。对象数据成员上也可以声明 final，如果使用了以下程序片段：

```
class Something {
    final int x = 10;
    ...
}
```

其他地方就不能再对 x 设置值，否则会出现编译错误。那以下程序片段呢？

```
public class Something {
    final int x;
    ...
}
```

将 x 设为默认初始值 0，而其他地方对 x 赋值？不对！如果对象数据成员被声明为 final，但没有指定值，表示延迟为对象成员设定值。在构造函数执行流程中，一定要有对该数据成员指定值的动作，否则会出现编译错误(见图 5-5)。

```
public class Something {
    final int x;

    Something() {
                    The blank final field x may not have been initialized
    }               1 quick fix available:
                      Initialize final field 'x' in constructor.
                                                     Press 'F2' for focus

    Something(int x) {
        this.x = x;
    }
```

图 5-5　x 可能没有初始值的编译错误

在图 5-5 中，虽然 Something(int x)对 final 对象成员 x 进行赋值，然而用户如果调用了 Something()版本的构造函数，x 就不会被设置值，因而出现编译错误。如果改用以下代码，就可以通过编译：

```
class Something {
    final int x;

    Something() {
        this(10);
    }

    Something(int x) {
        this.x = x;
    }
}
```

5.2.5 static 类成员

来看一个代码片段：

```
class Ball {
    double radius;
    final double PI = 3.14159;
    ...
}
```

如果创建多个 Ball 实例，每个 Ball 实例都会有自己的 radius 与 PI 成员，如图 5-6 所示。

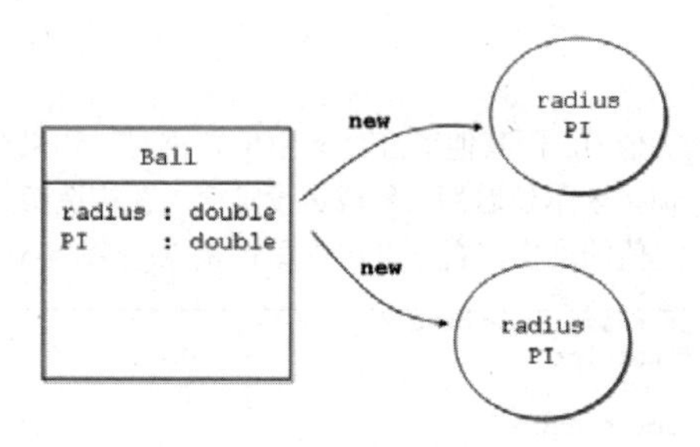

图 5-6 每个 Ball 都拥有自己的 radius 与 PI 数据成员

不过，圆周率其实是个固定常数，不用每个实例分别创建，你可以在 PI 上声明 static，表示它属于类：

```
class Ball {
    double radius;
    static final double PI = 3.141596;
    ...
}
```

被声明为 static 的成员不会让个别实例所拥有，而是属于类。如上定义后，Ball 实例只会各自拥有 radius，如图 5-7 所示。

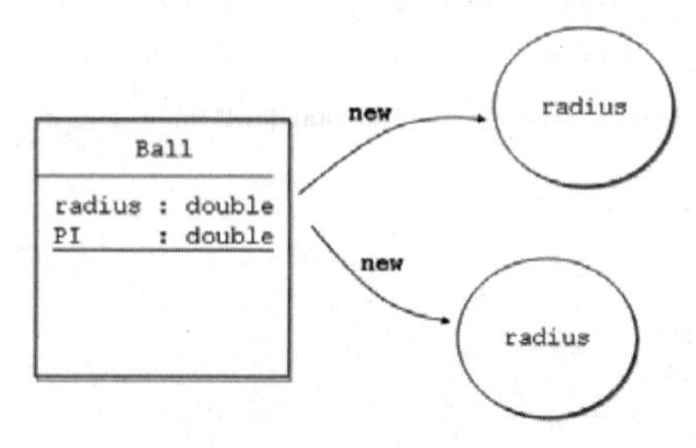

图 5-7 PI 属于 Ball 类

被声明为static的成员将类名称作为命名空间，也就是说，可采用如下方式取得圆周率：

```
System.out.println(Ball.PI);
```

通过类名称与“.”运算符，就可以取得static成员；也可将方法声明为static成员。例如：

```
class Ball {
    double radius;
    static final double PI = 3.141596;
    static double toRadians(double angdeg) { // 弧度
        return angdeg * (Ball.PI / 180);
    }
}
```

被声明为static的方法也将类名称作为命名空间，可通过类名称与“.”运算符来调用static方法：

```
System.out.println(Ball.toRadians(100));
```

虽然语法上可以通过引用名称访问static成员，但非常不建议这样编写代码：

```
var ball = new Ball();
System.out.println(ball.PI);                // 非常不建议
System.out.println(ball.toRadians(100)); // 非常不建议
```

在Java程序设计领域，早就有许多良好的命名惯例，虽然有时候可以不遵守惯例，然而容易造成沟通与维护上的麻烦。以类命名实例来说，首字母是大写的；以static使用惯例来说，应通过类名称与“.”运算符进行访问。

在大家都遵守命名惯例的情况下，看到首字母大写，就知道眼前的是类；通过类名称与“.”运算符来访问，就知道面对的是static成员。

那么，一直在用的System.out、System.in呢？没错！out就是System拥有的static成员，in也是System的static成员，这可以通过查看API文档得知，如图5-8所示。

Fields

Modifier and Type	Field	Description
static PrintStream	err	The "standard" error output stream.
static InputStream	in	The "standard" input stream.
static PrintStream	out	The "standard" output stream.

图5-8 System.err、System.in、System.out都是static的

进一步单击out链接，就会看到完整声明(如果感兴趣，也可以查看src.zip中的System.java)，如图5-9所示。

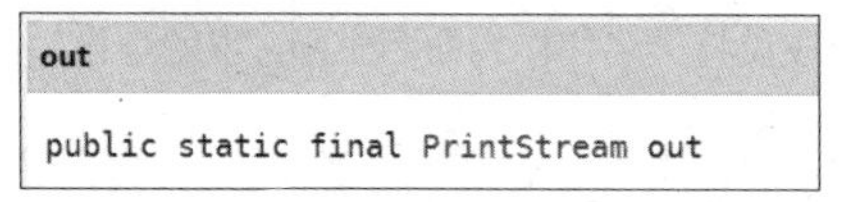

图 5-9　out 的完整声明

out 是 java.io.PrintStream 类型，被声明为 static，它属于 System 类。先前遇到的例子还有 Integer.parseInt()、Long.parseLong()等方法，根据命名惯例，首字母大写的就是类，类名称加上“.”运算符直接调用的，就是 static 成员，你可以自行查询 API 文档来确认这件事。

正如先前 Ball 类展示的，static 成员的所有者是类，将类名称当作命名空间是常见的方式。例如在 Java SE API 中，只要想到与数学相关的内容，就会想到 java.lang.Math，因为有许多以 Math 为命名空间的常量与公共方法，如图 5-10 所示。

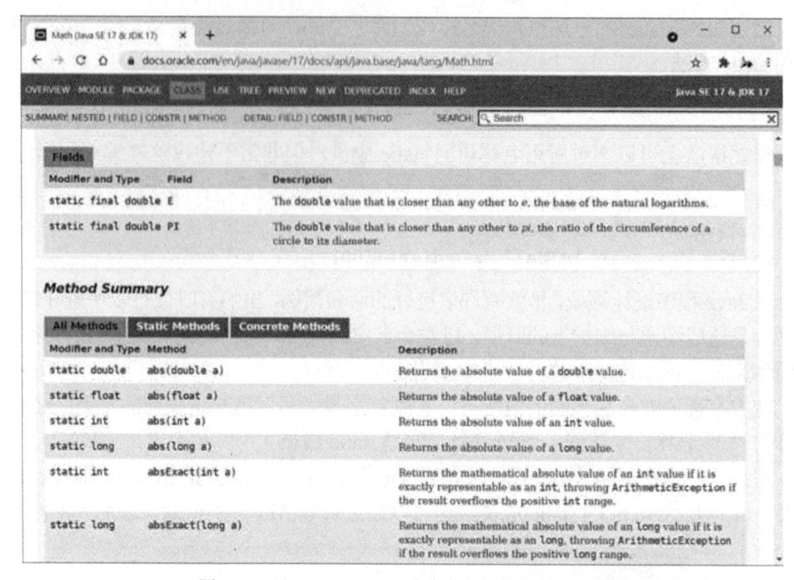

图 5-10　以 java.lang.Math 为命名空间的常量与方法

因为都是 static 成员，所以可以这样使用：

```
jshell> Math.PI;
$1 ==> 3.141592653589793

jshell> Math.toRadians(100);
$2 ==> 1.7453292519943295
```

由于 static 成员属于类，因此 static 方法或文本块(稍后说明)中不能出现 this 关键字，如图 5-11 所示。

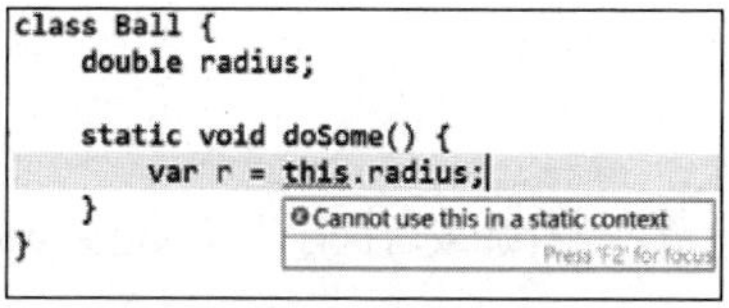

```
class Ball {
    double radius;

    static void doSome() {
        var r = this.radius;
    }        Cannot use this in a static context
}                                   Press 'F2' for focus
```

图 5-11　static 方法中不能使用 this

如果代码中编写了某对象的数据成员，那么即使没有使用 this，也隐含着使用这个对象的某个成员的意思，如图 5-12 所示。

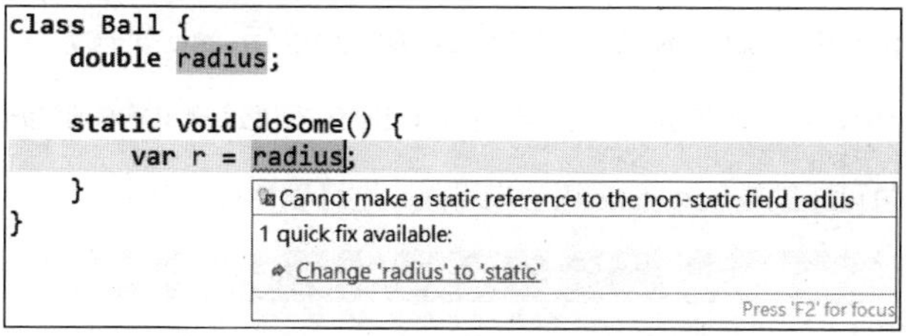

```
class Ball {
    double radius;

    static void doSome() {
        var r = radius;
    }        Cannot make a static reference to the non-static field radius
}            1 quick fix available:
              Change 'radius' to 'static'
                                                     Press 'F2' for focus
```

图 5-12　static 方法中不能使用非 static 数据成员

图 5-12 中编写了 radius，这隐含着 this.radius 的意义，因此会出现编译错误。static 方法或代码块中，也不能调用非 static 方法，如图 5-13 所示。

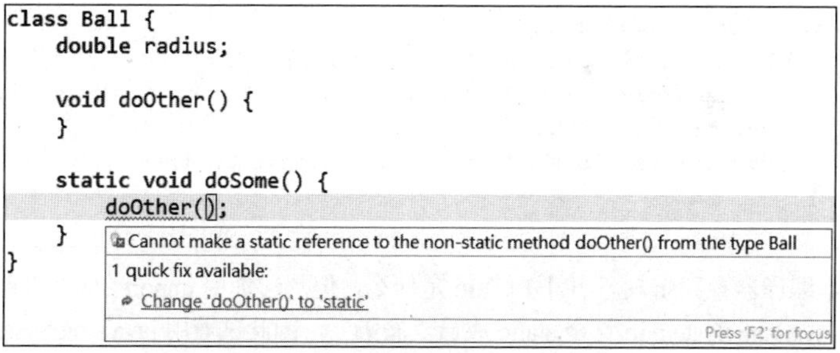

```
class Ball {
    double radius;

    void doOther() {
    }

    static void doSome() {
        doOther();
    }    Cannot make a static reference to the non-static method doOther() from the type Ball
}        1 quick fix available:
          Change 'doOther()' to 'static'
                                                     Press 'F2' for focus
```

图 5-13　static 方法中不能使用非 static 成员方法

图 5-13 中编写了 doOther()，实际上隐含着 this.doOther()的意义，因此会出现编译错误。static 方法或代码块中，可以使用 static 数据成员或方法成员，例如：

```
class Ball {
    static final double PI = 3.141596;
    static void doOther() {
        var tau = 2 * PI;
    }

    static void doSome() {
        doOther();
```

```
    }
    ...
}
```

如果有些代码想在字节码文件加载后执行，可以定义 static 文本块。例如：

```
class Ball {
    static {
        System.out.println("字节码加载后就会执行");
    }
}
```

在这个例子中，Ball.class 加载 JVM 后，默认会执行 static 代码块。

提示>>> 第 16 章会谈到 JDBC，其中有通过 static 代码块注册 JDBC 驱动程序的例子。

静态成员可通过 import static 语法来引入，这可以少打几个字。例如：

Class ImportStatic.java

```
package cc.openhome;

import java.util.Scanner;
import static java.lang.System.in;
import static java.lang.System.out;

public class ImportStatic {
    public static void main(String[] args) {
        var console = new Scanner(in);
        out.print("请输入姓名: ");
        out.printf("%s 你好! %n", console.nextLine());
    }
}
```

原本编译器看到 in 时，并不知道 in 是什么，但想起你用 import static 告诉过它，想针对 java.lang.System.in 这个 static 成员“偷懒”，因此试着用 java.lang.System.in 编译，结果成功了，out 也是同样的道理。如果同一类中有多个 static 成员想“偷懒”，也可使用“*”。例如，将上例中 import static 的两行改为如下的一行，也可编译成功：

```
import static java.lang.System.*;
```

提示>>> 适当使用 import static 来简化 static 成员或方法的使用，可增加可读性。

与 import 一样，import static 语法是为了“偷懒”，但别“偷懒”过头，以免发生名称冲突，基本上，解析名称时的顺序如下。

- 局部变量覆盖：选用方法中的同名变量、参数、方法名称。
- 成员覆盖：使用类中定义的同名数据成员、方法名称。

- 重载方法对比：使用 import static 的各个静态成员，若有同名冲突，将尝试通过重载进行判断。

如果编译器无法判断，则会返回错误，例如，若 cc.openhome.Util 定义了 static 的 sort()方法，而 java.util.Arrays 也定义了 static 的 sort()方法，在图 5-14 所示的情况下，编译将会出错。

```
import static java.util.Arrays.*;
import static cc.openhome.Util.*;

public class Main {
    public static void main(String[] args) {
        sort(new int[] {4, 2, 5});
            ❸ The method sort(int[]) is ambiguous for the type Main
    }                                          Press 'F2' for focus
}
```

图 5-14　到底要使用哪个 sort()

5.2.6 变长参数

在调用方法时，如果方法的参数个数事先无法决定，该怎么办？例如，System.out.printf()方法就无法事先决定参数个数：

```
out.printf("%d", 10);
out.printf("%d %d", 10, 20);
out.printf("%d %d %d", 10, 20, 30);
```

变长参数(Variable-length Argument)可以轻松地解决这个问题。直接来看示例：

Class MathTool.java

```
package cc.openhome;

public class MathTool {
    public static int sum(int... numbers) {
        var sum = 0;
        for(var number : numbers) {
            sum += number;
        }
        return sum;
    }
}
```

要使用变长参数，声明参数时就要在类型关键字后加上...。在 sum()方法中，可使用增强式 for 循环取得变长参数中的每个元素，你可以使用如下代码：

```
out.println(MathTool.sum(1, 2));
out.println(MathTool.sum(1, 2, 3));
out.println(MathTool.sum(1, 2, 3, 4));
```

变长参数是“编译器糖”，int...声明的变量实际上将展开为数组，而调用变长参数的客户端，例如 out.println(MathTool.sum(1, 2, 3))，展开后也是变为数组再作为参数进行传递，这可以从反编译后的代码得知：

```
out.println(
    MathTool.sum(new int[] {1, 2, 3})
);
```

使用变长参数时，方法上声明的变长参数，必须是参数行中的最后一个。例如，以下是合法的声明：

```
void some(int arg1, int arg2, int... varargs) {
    ...
}
```

如下声明方式是非法的：

```
void some(int... varargs, int arg1, int arg2) {
    ...
}
```

如果使用对象的变长参数，那么声明的方法相同，例如：

```
void some(Other... others) {
    ...
}
```

5.2.7 内部类

类中可以再定义类，称为内部类(Inner Class)，下面先简单介绍语法，之后的章节将展示相关的应用。

内部类可以定义在类代码块之中。例如，以下程序片段创建了非静态的内部类：

```
class Some {
    class Other {
    }
}
```

提示>>> 虽然你在现实中很少看到接下来的写法，不过若要使用 Some 中的 Other 类，必须先创建 Some 实例的实例。例如：

```
Some s = new Some();
Some.Other o = s.new Other();
```

内部类也可以使用 public、protected 或 private 进行声明。例如：

```
class Some {
   private class Other {
   }
}
```

内部类本身可以访问外部类的成员，通常非静态内部类会声明为 private，这种内部类是为辅助类中某些操作而设计的，外部不用知道内部类的存在。

内部类也可声明为 static。例如：

```
class Some {
   static class Other {
   }
}
```

一个被声明为 static 的内部类，通常将外部类当作命名空间。可以参照下方代码创建类实例：

```
Some.Other o = new Some.Other();
```

想简化变量声明的话，可以使用 var：

```
var o = new Some.Other();
```

被声明为 static 的内部类，虽然将外部类当作命名空间，但算是一个独立的类，它可以访问外部类的 static 成员，但不可访问外部类的非 static 成员，如图 5-15 所示。

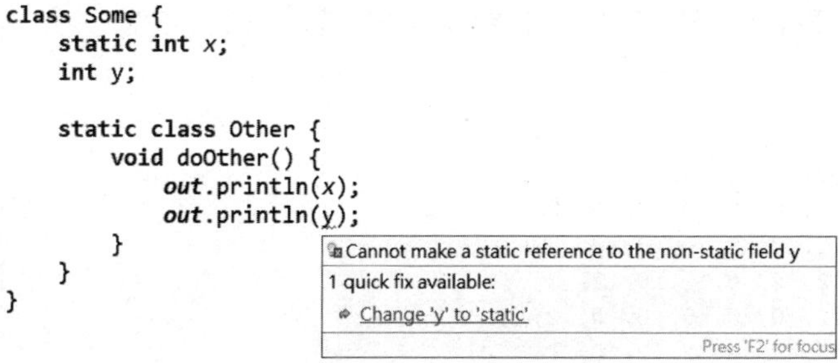

```
class Some {
    static int x;
    int y;

    static class Other {
        void doOther() {
            out.println(x);
            out.println(y);
        }
    }
}
```

Cannot make a static reference to the non-static field y
1 quick fix available:
Change 'y' to 'static'
Press 'F2' for focus

图 5-15　static 内部类不可以访问外部类的非 static 成员

方法中也可以声明类，这通常用于辅助方法中的运算，在方法外无法使用。例如：

```
class Some {
   void doSome() {
      class Other {
      }
   }
}
```

现实工作中较少在方法中定义带有名称的内部类，倒是常在方法中定义匿名的内部类(Anonymous Inner Class)并直接进行实例化，这跟类别继承或接口操作有关，我们先了解一下语法，细节留到第 7 章再讨论：

```
Object o = new Object() {
    public String toString() {
        return "语法示例而已";
    }
};
```

稍微解释一下，这个语法定义了一个没有名称的类，它继承了 Object 类，并重新定义(Override)了 toString()方法，new 表示实例化这个没有名称的类。匿名类语法本身在某些场合会显得比较冗余，这可以通过 Lambda 语法来解决，第 9 章与第 12 章会再讨论。

课后练习

操作题

1. 据说古代有座塔由三支钻石棒支撑，塔的主人在第一根棒上放置 64 个由小至大排列的金盘，并命人将所有金盘从第一根棒移至第三根棒。搬运过程遵守大盘在小盘下的原则。若每日仅搬一个盘子，在盘子全部搬至第三根棒时，这个塔将毁灭。请编写程序，该程序允许输入任意盘数，并按照以上搬运原则显示搬运过程。

2. 如果有个二维数组代表如下迷宫，0 表示道路，2 表示墙壁：

```
int[][] maze = {
    {2, 2, 2, 2, 2, 2, 2},
    {0, 0, 0, 0, 0, 0, 2},
    {2, 0, 2, 0, 2, 0, 2},
    {2, 0, 0, 2, 0, 2, 2},
    {2, 2, 0, 2, 0, 2, 2},
    {2, 0, 0, 0, 0, 0, 2},
    {2, 2, 2, 2, 2, 0, 2}
};
```

假设老鼠会从索引(1, 0)开始，请使用程序确定老鼠如何跑到索引(6, 5)的位置，并以■表示墙，◇代表老鼠，显示出老鼠走出迷宫的路径(见图 5-16)。

图 5-16　迷宫

3. 有个 8×8 的棋盘，骑士走法为国际象棋走法，请编写程序，可指定骑士从棋盘任一位置出发，通过标号显示走完的所有位置。例如，其中一个走法：

```
52 21 64 47 50 23 40  3
63 46 51 22 55  2 49 24
20 53 62 59 48 41  4 39
61 58 45 54  1 56 25 30
44 19 60 57 42 29 38  5
13 16 43 34 37  8 31 26
18 35 14 11 28 33  6  9
15 12 17 36  7 10 27 32
```

4. 国际象棋中皇后可直线前进，吃掉遇到的棋子。假设棋盘上有 8 个皇后，请编写程序，显示 8 个皇后相安无事地放置在棋盘上的所有方式。例如，其中一种排列方法如图 5-17 所示。

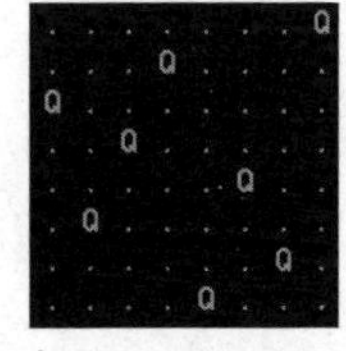

图 5-17　8 个皇后问题

第6章 继承与多态

学习目标

- 了解继承的用途
- 了解继承与多态的关系
- 了解如何重新定义方法
- 了解 java.lang.object
- 介绍垃圾回收机制

6.1 什么是继承

在面向对象中，通过子类继承(Inherit)父类，可避免重复定义行为与实现，然而并非想避免重复定义行为与实现时就使用继承，滥用继承而导致程序维护上的问题时有所闻。如何正确判断是否使用继承，以及继承后如何活用多态，是学习继承时的重点。

6.1.1 继承共同行为与实现

多个类之间如果重复定义了相同的行为与实现，可使用继承来重构。下面以实际示例说明，假设你正在开发一款 RPG(Role-Playing Game)游戏，一开始设定的角色有剑客与魔法师。首先你定义了剑客类：

```
public class SwordsMan {
    private String name;   // 角色名称
    private int level;     // 角色等级
    private int blood;     // 角色血量

    public void fight() {
        System.out.println("挥剑攻击");
    }

    public int getBlood() {
        return blood;
    }
    public void setBlood(int blood) {
```

```
        this.blood = blood;
    }

    public int getLevel() {
        return level;
    }
    public void setLevel(int level) {
        this.level = level;
    }

    public String getName() {
        return name;
    }
    public void setName(String name) {
        this.name = name;
    }
}
```

接下来设定魔法师的类：

```
public class Magician {
    private String name;    // 角色名称
    private int level;      // 角色等级
    private int blood;      // 角色血量

    public void fight() {
        System.out.println("魔法攻击");
    }

    public void cure() {
        System.out.println("魔法治疗");
    }

    public int getBlood() {
        return blood;
    }
    public void setBlood(int blood) {
        this.blood = blood;
    }

    public int getLevel() {
        return level;
    }
    public void setLevel(int level) {
        this.level = level;
    }

    public String getName() {
```

```
        return name;
    }
    public void setName(String name) {
        this.name = name;
    }
}
```

你注意到了什么吗？游戏中的角色都会带有角色名称、等级与血量，类中也为名称、等级与血量定义了取值方法与设值方法，Magician 中粗体字部分与 SwordsMan 中对应的代码重复了。重复在程序设计上是不好的信号。举例来说，若要将 name、level、blood 改为其他名称，就要修改 SwordsMan 与 Magician 两个类；如果有更多类具有重复的代码，就要修改更多的类，这会造成维护上的不便。

如果要改进，可以把相同的代码提升(Pull Up)为父类，如：

Game1 Role.java

```
package cc.openhome;

public class Role {
    private String name;
    private int level;
    private int blood;

    public int getBlood() {
        return blood;
    }

    public void setBlood(int blood) {
        this.blood = blood;
    }

    public int getLevel() {
        return level;
    }

    public void setLevel(int level) {
        this.level = level;
    }

    public String getName() {
        return name;
    }

    public void setName(String name) {
        this.name = name;
    }
}
```

这个类在定义上没什么特别的新语法，只不过是将 SwordsMan 与 Magician 中重复的代码复制过来。接着 SwordsMan 可以用如下方式继承 Role:

Game1 SwordsMan.java

```
package cc.openhome;

public class SwordsMan extends Role {
    public void fight() {
        System.out.println("挥剑攻击");
    }
}
```

这边显示了新的关键字 extends，这表示 SwordsMan 会扩充 Role 的行为与实现，也就是继承 Role 的行为与实现，然后扩充 Role 原本没有的 fight()行为与实现。对于程序代码来说，在 Role 中定义的代码，SwordsMan 都继承并拥有了，然后又定义了 fight()方法的代码。类似地，Magician 也可通过如下方式继承 Role 类:

Game1 Magician.java

```
package cc.openhome;

public class Magician extends Role {
    public void fight() {
        System.out.println("魔法攻击");
    }

    public void cure() {
        System.out.println("魔法治疗");
    }
}
```

Magician 继承 Role 的行为与实现，再扩充 Role 原本没有的 fight()与 cure()行为与实现。

如何看出确实发生了继承呢？通过以下简单的程序可以看出:

Game1 RPG.java

```
package cc.openhome;

public class RPG {
    public static void main(String[] args) {
        demoSwordsMan();
        demoMagician();
    }

    static void demoSwordsMan() {
        var swordsMan = new SwordsMan();
```

```
        swordsMan.setName("Justin");
        swordsMan.setLevel(1);
        swordsMan.setBlood(200);
        System.out.printf("剑客：(%s, %d, %d)%n", swordsMan.getName(),
                swordsMan.getLevel(), swordsMan.getBlood());
    }

    static void demoMagician() {
        var magician = new Magician();
        magician.setName("Monica");
        magician.setLevel(1);
        magician.setBlood(100);
        System.out.printf("魔法师：(%s, %d, %d)%n", magician.getName(),
                magician.getLevel(), magician.getBlood());
    }
}
```

虽然 SwordsMan 与 Magician 没有定义 getName()、getLevel()与 getBlood()等方法，但从 Role 继承了这些方法，所以可以在上面的示例中直接使用，执行的结果如下：

```
剑客：(Justin, 1, 200)
魔法师：(Monica, 1, 100)
```

若要将 name、level、blood 改为其他名称，就只需要修改 Role.java，继承 Role 的子类都不必修改。

注意>>> 有的书籍或文档会说，private 成员无法继承，那是错的！如果 private 成员无法继承，那为什么上面的示例中 name、level、blood 记录的值会显示出来呢？private 成员会被继承，只不过子类无法直接访问，必须通过父类提供的方法来访问(如果父类愿意提供访问方法的话)。

6.1.2 多态与从属

在 Java 中，子类只能继承一个父类。继承除了可避免类之间重复的行为与实现定义外，还有个重要的关系——子类与父类之间会有从属关系，这是什么意思？以先前的示例来说，SwordsMan 继承了 Role，那么 SwordsMan 从属于 Role(SwordsMan is a Role)；Magician 继承了 Role，那么 Magician 从属于 Role(Magician is a Role)。

为何要知道继承时父类与子类之间的这种从属关系？因为如果想要理解多态(Polymorphism)，就必须先知道操作的对象属于哪一种东西！

来看实际的例子，以下代码片段可以通过编译：

```
SwordsMan swordsMan = new SwordsMan();
Magician magician = new Magician();
```

那你知道以下程序片段也可通过编译吗？

```
Role role1 = new SwordsMan();
Role role2 = new Magician();
```

那为何以下程序片段无法通过编译呢？

```
SwordsMan swordsMan = new Role();
Magician magician = new Role();
```

编译器就是语法检查器，若要知道以上程序片段为何可以编译或无法编译，可将自己当作编译器，检查语法的逻辑是否正确，方式是从=号右边往左读：右边的内容是否从属于左边呢(右边类型是不是左边类型的子类)？如图 6-1 所示。

图 6-1　利用从属关系来判断语法的正确性

从右往左读，SwordsMan 是否从属于 Role 呢？是的！因此编译可以通过。Magician 是否从属于 Role 呢？是的！因此编译可以通过。使用同样的判断方式，可以知道为何以下程序片段编译失败：

```
SwordsMan swordsMan = new Role();  // Role 是否从属于 SwordsMan
Magician magician = new Role();    // Role 是否从属于 Magician
```

对于第一行，编译器认为 Role 不一定从属于 SwordsMan，因此编译失败；对于第二行，编译器认为 Role 不一定从属于 Magician，因此编译失败。我们继续把自己当成编译器，再来看看以下程序片段是否可通过编译：

```
Role role1 = new SwordsMan();
SwordsMan swordsMan = role1;
```

这个程序片段最后会编译失败。先从第一行看，SwordsMan 从属于 Role，该行可以通过编译。编译器检查这类语法时，一次只看一行，就第二行而言，编译器看到 role1 是 Role 声明的名称，于是检查 Role 是否从属于 SwordsMan，答案是不一定，所以第二行编译失败！

编译器会检查父子类之间的从属关系，如果不要编译器发出警告，可通过如下代码叫它住嘴：

```
Role role1 = new SwordsMan();
SwordsMan swordsMan = (SwordsMan) role1;
```

对于第二行，原本编译器想警告你，Role 不一定从属于 SwordsMan，但你加上了(SwordsMan)，让它住嘴了，因为这表示，你就是要让 Role 扮演 SwordsMan，既然你都明确要求编译器别发出警告了，编译器就让这段代码通过编译了，不过后果得自行承担！

以上面这个程序片段来说，role1 确实引用 SwordsMan 实例，所以在第二行让 SwordsMan 实例扮演 SwordsMan，这没有什么问题，运行时不会出错，如图 6-2 所示。

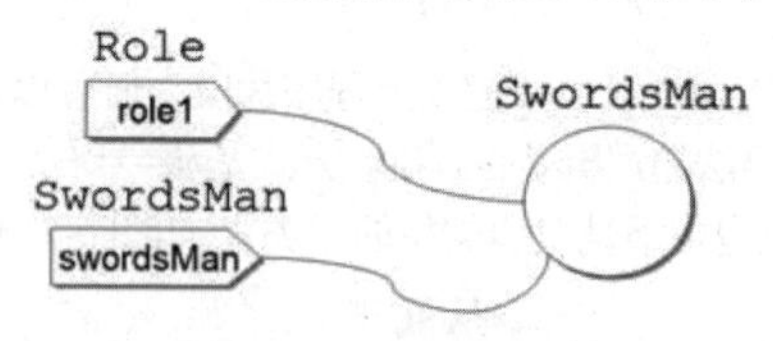

图 6-2 判断是否可以扮演成功

对于以下程序片段，编译可以成功，但是运行时会出错：

```
Role role2 = new Magician();
SwordsMan swordsMan = (SwordsMan) role2;
```

对于第一行，Magician 从属于 Role，可以通过编译，但对于第二行，role2 为 Role 类型，编译器原本认定 Role 不一定从属于 SwordsMan 而想要发出警告，但是你明确告诉编译器，就是要让 Role 扮演 SwordsMan，编译器通过编译了，不过后果自负。实际上，role2 引用的是 Magician，你要让魔法师假扮剑客？这在执行时期会发生错误而抛出 java.lang.ClassCastException，如图 6-3 所示。

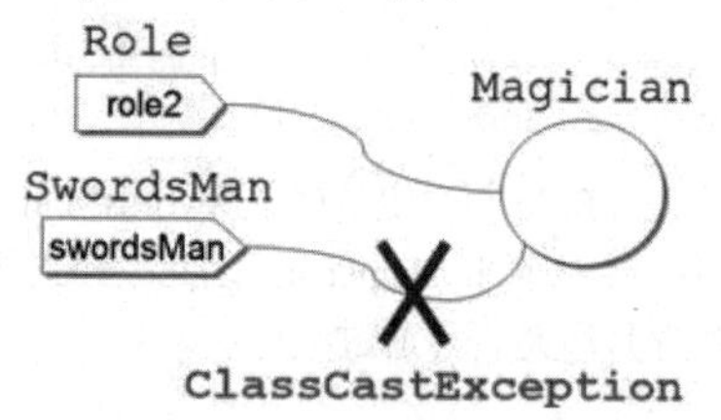

图 6-3 扮演失败，运行时抛出 ClassCastException

使用从属原则，就可以判断编译是成功还是失败；将扮演(CAST)看作让编译器住嘴的语法，并留意引用的对象实际类型，就可以判断何时可以扮演成功，以及何时会抛出 ClassCastException。例如，以下代码将编译成功，执行也没有问题：

```
SwordsMan swordsMan = new SwordsMan();
Role role = swordsMan;    // SwordsMan 从属于 Role
```

以下程序片段会编译失败：

```
SwordsMan swordsMan = new SwordsMan();
Role role = swordsMan;          // SwordsMan 从属于 Role，这行可以通过编译
```

```
SwordsMan swordsMan2 = role;  // Role 不一定从属于 SwordsMan，所以编译失败
```

以下程序片段可以编译成功，执行时也没问题：

```
SwordsMan swordsMan = new SwordsMan();
Role role = swordsMan;       // SwordsMan 从属于 Role，这行可以通过编译
//你告诉编译器让 Role 扮演 SwordsMan，下面这行可以通过编译
SwordsMan swordsMan2 = (SwordsMan) role;  // role 引用 SwordsMan 实例，执行
                                          // 成功
```

以下程序片段可以编译成功，但执行时会抛出 ClassCastException：

```
SwordsMan swordsMan = new SwordsMan();
Role role = swordsMan;      // SwordsMan 从属于 Role，这行可以通过编译
//你告诉编译器让 Role 扮演 Magician，下面这行可以通过编译
Magician magician = (Magician) role; // role 引用 Magician 实例，执行失败
```

以上这一连串的语法测试好像只是在玩弄语法？其实不是！是否了解以上这些概念，会决定写出来的东西有没有弹性以及是否方便维护！

有这么严重吗？来给你出个题目吧！请设计一个 static 方法，显示所有角色的血量！OK！上一章刚学过如何定义方法，有的人会以如下方式编写代码：

```
static void showBlood(SwordsMan swordsMan) {
   out.printf("%s 血量 %d%n",
         swordsMan.getName(), swordsMan.getBlood());
}
static void showBlood(Magician magician) {
   out.printf("%s 血量 %d%n",
         magician.getName(), magician.getBlood());
}
```

分别为 SwordsMan 与 Magician 设计 showBlood()同名方法，这是重载方法的运用，可通过如下方式调用：

```
showBlood(swordsMan);    // swordsMan 是 SwordsMan 类型
showBlood(magician);     // magician 是 Magician 类型
```

现在的问题是，目前你的游戏只有 SwordsMan 与 Magician 这两个角色，如果有一百个角色呢？重载出一百个方法？这种方式显然不可行！如果角色都继承自 Role，而且你知道这些角色都从属于 Role，就可以按如下方式设计方法并调用：

Game2 RPG.java

```
package cc.openhome;

public class RPG {
   public static void main(String[] args) {
      var swordsMan = new SwordsMan();
      swordsMan.setName("Justin");
      swordsMan.setLevel(1);
```

```
        swordsMan.setBlood(200);

        var magician = new Magician();
        magician.setName("Monica");
        magician.setLevel(1);
        magician.setBlood(100);

        showBlood(swordsMan);  ← ❶ SwordsMan 从属于 Role
        showBlood(magician);   ← ❷ Magician 从属于 Role
    }

    static void showBlood(Role role) {  ← ❸ 声明为 Role 类型
        System.out.printf("%s 血量 %d%n",
                role.getName(), role.getBlood());
    }
}
```

这里只定义了一个 showBlood()方法，参数声明为 Role 类型❸。第一次调用 showBlood()时传入 SwordsMan 实例，这是合法的语法，因为 SwordsMan 从属于 Role❶。第二次调用 showBlood()时传入 Magician 实例，这也是可行的，因为 Magician 从属于 Role❷。执行结果如下：

```
Justin 血量 200
Monica 血量 100
```

这样的写法好处是什么？就算有 100 种角色，只要它们继承自 Role，就可以使用这个方法显示角色的血量，不需要像先前使用重载方式时那样，为不同角色写 100 个方法，多态写法显然具有更高的可维护性。

什么叫多态？以抽象方式解释，就是使用单一接口操作多种类型的对象！若用以上的示例来理解，在 showBlood()方法中，既可通过 Role 类型操作 SwordsMan 对象，也可通过 Role 类型操作 Magician 对象。

注意»» 稍后会讲到 interface 的使用，在多态定义中，使用单一接口操作多种类型的对象，这里的接口并不是专指 interface，而是指对象上可操作的方法。

提示»» 以继承及接口来实现多态，是次类型(Subtype)多态的一种实现。有兴趣的话，可以进一步参考《思考行为外观的次类型多态》[1]。

看看下面这段代码：

```
SwordsMan swordsMan = new SwordsMan();
Role role = swordsMan;
SwordsMan swordsMan2 = (SwordsMan) role;
```

1 思考行为外观的次类型多态：https://openhome.cc/Gossip/Programmer/SubTypePolymorphism.html.

就上例来说，声明 swordsMan 时可以使用 var，而将 role 指定给 swordsMan2 时，已经明确告知编译器要将其转为 SwordsMan 类型，因此声明 swordsMan2 时可以使用 var：

```
var swordsMan = new SwordsMan();
Role role = swordsMan;
var swordsMan2 = (SwordsMan) role;
```

6.1.3　重新定义实现

现在有个需求，请设计 static 方法，使其能够播放角色攻击的动画。你也许会这么想，使用刚刚学习的多态写法，设计一个 drawFight()方法如何？如图 6-4 所示。

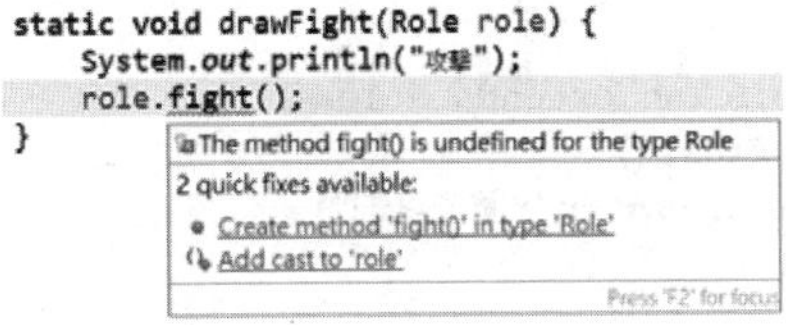

```
static void drawFight(Role role) {
    System.out.println("攻击");
    role.fight();
}
```

The method fight() is undefined for the type Role
2 quick fixes available:
Create method 'fight()' in type 'Role'
Add cast to 'role'
Press 'F2' for focus

图 6-4　Role 没有定义 fight()方法

drawFight()方法只知道传进来的会是一个 Role 对象，编译器也只能检查调用的方法对于 Role 来说是否有定义，显然，Role 没有定义 fight()方法，因此出现编译错误。

然而仔细观察一下 SwordsMan 与 Magician 的 fight()方法，可知其方法名称(Method Signature)都是：

```
public void fight()
```

也就是说，操作接口是相同的，只是方法实现内容不同。可将 fight()方法提升到 Role 类定义：

Game3 Role.java

```
package cc.openhome;

public class Role {
 ...
   public void fight() {
       //子类要重新定义 fight()的实现
   }
}
```

以上代码在 Role 类中定义了 fight()方法。实际上角色如何进行攻击，只有子类知道，因此这里的 fight()方法内容为空，没有任何代码实现。SwordsMan 继承 Role 之后，再对 fight()的实现进行定义：

Game3 SwordsMan.java

```
package cc.openhome;

public class SwordsMan extends Role {
    public void fight() {
        System.out.println("挥剑攻击");
    }
}
```

在继承父类之后，定义与父类中相同的方法名称，但实现的内容不同，这称为覆盖(Override)。Magician 继承 Role 之后，也覆盖了 fight()的实现：

Game3 Magician.java

```
package cc.openhome;

public class Magician extends Role {
    public void fight() {
        System.out.println("魔法攻击");
    }
    ...
}
```

Role 现在定义了 fight()方法(虽然方法代码块中没有代码)，编译器现在能找到 Role 的 fight()方法了，因此可以按如下方式编写程序：

Game3 RPG.java

```
package cc.openhome;

public class RPG {
    public static void main(String[] args) {
        var swordsMan = new SwordsMan();
        swordsMan.setName("Justin");
        swordsMan.setLevel(1);
        swordsMan.setBlood(200);

        var magician = new Magician();
        magician.setName("Monica");
        magician.setLevel(1);
        magician.setBlood(100);

        drawFight(swordsMan);  ← ❶ 实际操作的是 SwordsMan 实例
        drawFight(magician);   ← ❷ 实际操作的是 Magician 实例
    }

  static void drawFight(Role role) {  ← ❸ 声明为 Role 类型
        System.out.print(role.getName());
```

```
        role.fight();
    }
}
```

以上代码在 drawFight()方法中声明了 Role 类型的参数❸，那方法中调用的到底是 Role 定义的 fight()，还是个别子类定义的 fight()呢？如果传入 drawFight()的是 SwordsMan，role 参数引用的就是 SwordsMan 实例，操作的就是 SwordsMan 上的方法定义，见图 6-5。

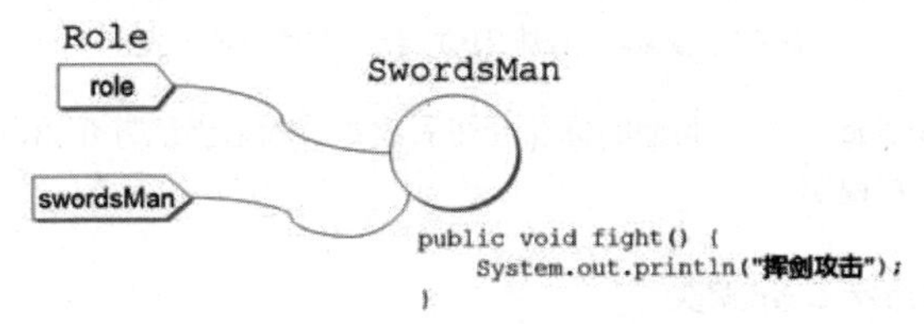

图 6-5　role 牌子挂在 SwordsMan 实例上

这就好比 role 牌子挂在 SwordsMan 实例身上，你要求带 role 牌子的对象攻击，发动攻击的对象就是 SwordsMan 实例。同样，如果传入 drawFight()的是 Magician，role 参数引用的就是 Magician 实例，操作的就是 Magician 上的方法定义，如图 6-6 所示。

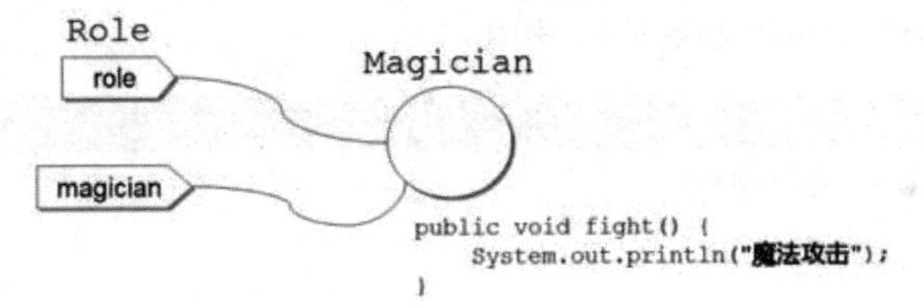

图 6-6　role 牌子挂在 Magician 实例上

因此示例最后的执行结果是：

```
Justin 挥剑攻击
Monica 魔法攻击
```

在覆盖父类的方法时，方法名称必须相同，若打错字了：

```
public class SwordsMan extends Role {
    public void Fight() {
        System.out.println("挥剑攻击");
    }
}
```

以这里的例子来说，父类定义的是 fight()，但子类定义了 Fight()，这不是对 fight()的覆盖，相反，子类新定义了一个 Fight()方法。这是合法的方法定义，编译器不会发出任何错误信息，你只会在运行示例时，发现 SwordsMan 完全没有攻击。

在覆盖方法时，可以在子类的方法前标注@Override，这表示要求编译器检查该方法是否覆盖了父类的方法，如果没有发生覆盖，就会引发编译错误，如图 6-7 所示。

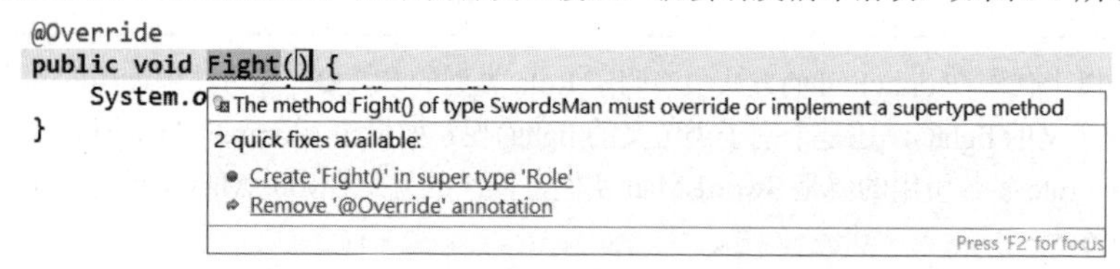

图 6-7 编译器检查是否真的覆盖了父类的某个方法

除了@Override 之外，其他的标注会在后续章节的适当地方介绍，而标注的详细语法会在第 19 章说明。

6.1.4 抽象方法、抽象类

在上一个示例的 Role 类定义中，fight()方法中实际上没有代码，虽然满足了多态的需求，但会引发一个问题：没有任何方式强迫或提示子类要实现 fight()方法，只能口头或在文档上告知别人，若有人没有传达到、没有看文档或把文档看漏了呢？

可以使用 abstract 将该方法标示为抽象方法(Abstract Method)。该方法不用编写{}代码块，直接使用分号(;)结束即可。例如：

Game4 Role.java

```
package cc.openhome;

public abstract class Role {
  ...
   public abstract void fight();
}
```

类如果有未实现的抽象方法，表示这个类定义不完整。定义不完整的类不能用来生成实例，这就好比设计图不完整，就不能用来生产成品。对于内含抽象方法的类，一定要在 class 前标示 abstract，表示这是一个定义不完整的抽象类(Abstract Class)。如果尝试用抽象类创建实例，就会引发编译错误(见图 6-8)。

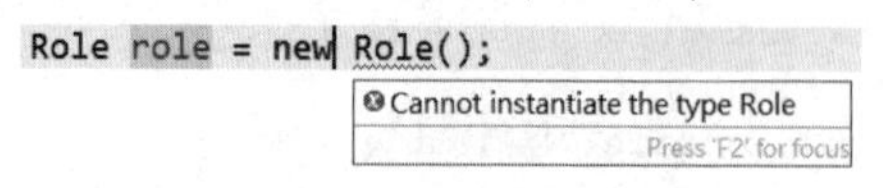

图 6-8 不能实例化抽象类

子类若继承抽象类，对于抽象方法，有两种处理方式：其一是继续将该方法标示为 abstract(该子类因此也是个抽象类，必须在 class 前标示 abstract)，另一个做法是实现抽象方法。如果两个方式都没被实现，就会引发编译错误，如图 6-9 所示。

```
public class SwordsMan extends Role {

}
```

The type SwordsMan must implement the inherited abstract method Role.fight()

2 quick fixes available:

- Add unimplemented methods
- Make type 'SwordsMan' abstract

Press 'F2' for focus

图 6-9 没有实现抽象方法

6.2 继承语法细节

上一节介绍了继承的基础概念和语法，然而结合 Java 的特性，继承还有不少重要的细节，像哪些成员只能在子类中使用、哪些方法名称算覆盖、Java 对象都是某种 java.lang.Object 等，这些将在本节中详细说明。

6.2.1 protected 成员

就上一节的 RPG 游戏来说，如果建立了一个角色并想显示角色的细节，必须按如下方式编写代码：

```
var swordsMan = new SwordsMan();
...
out.printf("剑客 (%s, %d, %d)%n", swordsMan.getName(),
        swordsMan.getLevel(), swordsMan.getBlood());
var magician = new Magician();
...
out.printf("魔法师 (%s, %d, %d)%n", magician.getName(),
        magician.getLevel(), magician.getBlood());
```

这对使用 SwordsMan 或 Magician 的客户端有点不方便。如果可以在 SwordsMan 或 Magician 定义 toString()方法，并返回角色的字符串描述：

```
public class SwordsMan extends Role {
    ...
    public String toString() {
        return "剑客 (%s, %d, %d)".formatted(
            this.getName(), this.getLevel(), this.getBlood());
    }
}

public class Magician extends Role {
    ...
    public String toString() {
        return "魔法师 (%s, %d, %d)".formatted(
            this.getName(), this.getLevel(), this.getBlood());
    }
}
```

客户端就可以编写如下代码：

```
var swordsMan = new SwordsMan();
...
out.println(swordsMan.toString());
var magician = new Magician();
...
out.printf(magician.toString());
```

看上去客户端简洁了许多。不过你定义的 toString()在取得名称、等级与血量时不是很方便，因为 Role 的 name、level 与 blood 被定义为 private，无法直接在子类中访问，只能通过 getName()、getLevel()、getBlood()来取得。

将 Role 的 name、level 与 blood 定义为 public？这又会完全开放 name、level 与 blood 的访问权限，你并不想这么做。只想让子类直接访问 name、level 与 blood 的话，可以将它们定义为 protected：

Game5 Role.java

```
package cc.openhome;

public abstract class Role {
    protected String name;
    protected int level;
    protected int blood;
    ...
}
```

对于被声明为 protected 的成员，同一包中的其他类可以直接访问。对于不同包中的类，继承后的子类可以直接访问。现在 SwordsMan 可按如下方式定义 toString()：

Game5 SwordsMan.java

```
package cc.openhome;

public class SwordsMan extends Role {
   ...
    public String toString() {
        return "剑客 (%s, %d, %d)".formatted(
            this.name, this.level, this.blood);
    }
}
```

Magician 也可按如下方式编写：

Game5 Magician.java

```
package cc.openhome;

public class Magician extends Role {
```

```
    ...
    public String toString() {
        return "魔法师 (%s, %d, %d)".formatted(
            this.name, this.level, this.blood);
    }
}
```

提示>>> 如果方法中没有同名参数，则 this 可以省略。不过基于程序的可读性，建议使用 this，这样会比较清楚。

截至目前，你已经看过三个权限关键字，也就是 public、protected 与 private。虽然只有三个权限关键字，但实际上有四个权限范围，因为没有定义权限关键字时，默认就是包(package)范围。表 6-1 列出了权限关键字与权限范围的关系。

表 6-1　权限关键字与范围

关键字	类内部	相同包内的类	不同包中的类
public	可访问	可访问	可访问
protected	可访问	可访问	子类可访问
无	可访问	可访问	不可访问
private	可访问	不可访问	不可访问

提示>>> 简单来说，这些关键字按照权限由小到大来排序，就是 private、无关键字、protected 和 public。设计时要使用哪个权限，是根据经验或团队讨论而定的。如果一开始不知道使用哪个权限，就先使用 private，日后视需求再放开权限。

别忘了，Java SE 9 以后支持模块化。如果采用模块方式设计，那么 public、protected 还会受到模块描述文件中设定的权限限制。

6.2.2　覆盖的细节

6.1.3 节讲过如何对方法进行覆盖。有时候覆盖方法，并非对父类中的方法完全不满意，只是希望在执行父类方法前、后做点加工。例如，也许 Role 类原本就定义了 toString()方法：

Game6 Role.java

```
package cc.openhome;

public abstract class Role {
    ...
    public String toString() {
        return "(%s, %d, %d)".formatted(
```

```
                this.name, this.level, this.blood);
    }
}
```

如果在 SwordsMan 子类覆盖 toString()时，可以通过 Role 的 toString()方法取得字符串结果，再连接“剑客”字样，不就能获得想要的描述了吗？若想取得父类中的方法定义，可以在调用方法前加上 super 关键字。例如：

Game6 SwordsMan.java

```
package cc.openhome;

public class SwordsMan extends Role {
    ...
    @Override
    public String toString() {
        return "剑客" + super.toString();
    }
}
```

类似地，Magician 在覆盖 toString()时也可以如法炮制：

Game6 Magician.java

```
package cc.openhome;

public class Magician extends Role {
    ...
    @Override
    public String toString() {
        return "魔法师" + super.toString();
    }
}
```

可以使用 super 关键字调用的父类方法，这些方法不能定义为 private(因为如果定义为 private，那么该方法只能在父类内使用)。

覆盖方法时要注意，对于父类中的方法权限，只能扩大，不能缩小。如果原来成员是 public，那么子类覆盖时不可以是 private 或 protected，如图 6-10 所示。

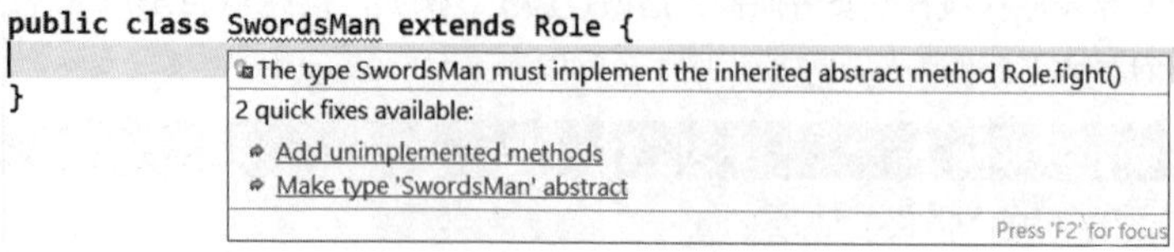

```
public class SwordsMan extends Role {

}
```

The type SwordsMan must implement the inherited abstract method Role.fight()
2 quick fixes available:
Add unimplemented methods
Make type 'SwordsMan' abstract
Press 'F2' for focus

图 6-10　覆盖时不能缩小方法权限

覆盖方法可以定义权限较大的关键字，此外，如果返回类型是父类中方法返回类型的子类，也可通过编译。例如，原先设计了 Bird 类：

```
public class Bird {
    protected String name;
    public Bird(String name) {
        this.name = name;
    }
    public Bird copy() {
        return new Bird(name);
    }
}
```

原先 copy()返回了 Bird 类型，如果 Chicken 继承自 Bird，那么覆盖 copy()方法时可以返回 Chicken，例如：

```
public class Chicken extends Bird {
    public Chicken(String name) {
        super(name);
    }
    public Chicken copy() {
        return new Chicken(name);
    }
}
```

注意»» static 方法被当前类所有，如果子类中定义了相同名称的 static 成员，那么该成员由子类拥有，而非覆盖。static 方法也没有多态，因为静态方法可以被继承或隐藏，但不能被覆盖，不能实现父类的引用，然后可以指向不同子类的对象。

6.2.3 再看构造函数

如果类之间有继承关系，那么创建子类实例后，会先执行父类构造函数定义的流程，再执行子类构造函数定义的流程。

构造函数可以重载，父类中可重载多个构造函数。如果子类构造函数中没有指定执行父类中哪个构造函数，默认会调用父类中无参数的那个构造函数。如果使用下面的程序：

```
class Some {
    Some() {
        out.println("调用 Some()");
    }
}
```

```
class Other extends Some {
    Other() {
        out.println("调用 Other()");
    }
}
```

如果尝试 new Other()，会先执行 Some()的流程，再执行 Other()的流程，也就是先显示“调用 Some()”，再显示“调用 Other()”，觉得奇怪吗？先继续往下看，就知道为什么了。

如果想执行父类中某个构造函数，可以使用 super()指定。例如：

```
class Some {
    Some() {
        out.println("调用 Some()");
    }

    Some(int i) {
        out.println("调用 Some(int i)");
    }
}

class Other extends Some {
    Other() {
        super(10);
        out.println("调用 Other()");
    }
}
```

在这个例子中，执行 new Other()时，先调用了 Other()版本的构造方法。super(10)表示调用父类构造函数时，传入 int 数值 10，因此先执行父类 Some(int i)版本的构造函数，再继续执行 Other()中 super(10)之后的流程。其实，当你编写如下代码时：

```
class Some {
    Some() {
        out.println("调用 Some()");
    }
}

class Other extends Some {
    Other() {
        out.println("调用 Other()");
    }
}
```

我们之前谈过，如果子类构造函数没有指定执行父类中哪个构造函数，默认会调用父类中无参数的构造函数，也就是相当于这样编写代码：

```
class Some {
    Some() {
        out.println("调用 Some()");
    }
}

class Other extends Some {
    Other() {
        super();
        out.println("调用 Other()");
    }
}
```

因此执行 new Other()时，先执行 Other()的流程，Other()指定调用父类无参数的构造方法，而后执行 super()之后的流程。

注意>>> this()与 super()只能择一调用，而且一定要在构造函数的第一行执行。

那么你知道图 6-11 中为什么会出现编译错误吗？

```
class Some {
    Some(int i) {
        out.println("调用 Some(int i)");
    }
}

class Other extends Some {
    Other() {
        | Implicit super constructor Some() is undefined. Must explicitly invoke another constructor
        ou                                                                    Press 'F2' for focus
    }
}
```

图 6-11 找不到构造函数

5.2.2 节介绍过，编译器会在你没有编写任何构造函数时自动添加无参数的默认构造函数(Default Constructor)，如果你自行定义了构造函数，编译器就不会自动添加任何构造函数了。在图 6-11 中，Some 定义了有参数的构造函数，因此编译器不会再添加默认构造函数，Other 的构造函数没有指定调用父类的哪个构造函数，于是默认调用父类无参数的构造函数，但父类哪来的无参数构造函数呢？因此编译失败了！

6.2.4 再看 final 关键字

3.1.2 节谈过，在指定变量值之后，如果不想改变值，可在声明变量时加上 final 以进行限定，后续编写程序时，如果自己或别人不经意修改了 final 变量，将出现编译错误。

5.2.4 节也谈过，若对象数据成员被声明为 final，但没有明确使用“=”指定值，就表示延迟对象成员值的设定。在构造函数执行流程中，一定要有对该数据成员指定值的动作，否则会出现编译错误。

class 前也可以加上 final 关键字，如果 class 使用了 final 关键字限定，就表示这个类在继承体系中是最后一个，不会再有子类，也就是不能被继承。有没有实际的例子呢？有的！String 在定义时就被限定为 final，这可以在 API 文档上得到证实，如图 6-12 所示。

Class String

java.lang.Object
    java.lang.String

All Implemented Interfaces:

Serializable, CharSequence, Comparable<String>, Constable, ConstantDesc

```
public final class String
extends Object
```

图 6-12　String 是 final 类

如果打算继承 final 类，将发生编译错误(见图 6-13)。

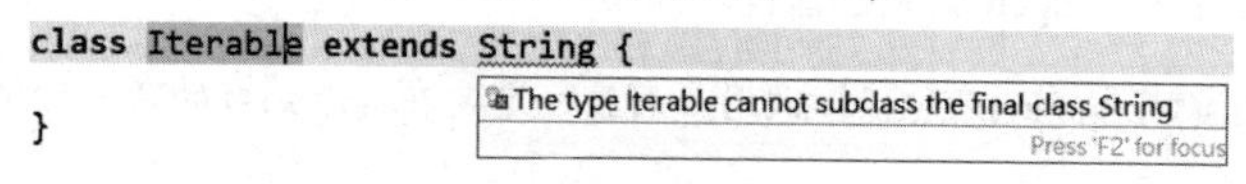
class Iterable extends String {
}
The type Iterable cannot subclass the final class String
Press 'F2' for focus

图 6-13　不能继承 final 类

定义方法时也可以将其限定为 final，表示最后一次定义该方法，子类不可以覆盖 final 方法。有没有实际的例子呢？有的！java.lang.Object 上有几个 final 方法，图 6-14 展示了其中的一个。

notify

```
public final void notify()
```

Wakes up a single thread that is waiting on this object's monitor. If any threads are waiting on this object, one of them is chosen to be awakened. The choice is arbitrary and occurs at the discretion of the implementation. A thread waits on an object's monitor by calling one of the wait methods.

图 6-14　Object 类上的一个 final 方法

若尝试在继承父类后，覆盖 final 方法，就会发生编译错误，如图 6-15 所示。

```
class Some extends Object {
    public void notify() {

    }
}
```

Cannot override the final method from Object
Press 'F2' for focus

图 6-15　不能覆盖 final 方法

6.2.5 java.lang.Object

在 Java 中，子类只能继承一个父类。如果定义类时没有使用 extends 关键字指定继承任何类，那么会继承 java.lang.Object，也就是说，如果使用下方代码定义类：

```
public class Some {
   ...
}
```

相当于：

```
public class Some extends Object {
   ...
}
```

任何类追溯至最上层父类，就是 java.lang.Object，对象一定从属于 Object，因此如下代码是合法的：

```
Object o1 = "Justin";
Object o2 = new Date();
```

String 是一种 Object，Date 是一种 Object，任何类型的对象都可以使用 Object 类型的名称来引用。这有什么好处？如果有个需求是使用数组收集各种对象，那该声明什么类型呢？答案是 Object[]。例如：

```
Object[] objs = {"Monica", new Date(), new SwordsMan()};
var name = (String) objs[0];
var date = (Date) objs[1];
var swordsMan = (SwordsMan) objs[2];
```

因为数组长度有限，所以使用数组来收集对象的方式不是那么方便，下面定义的 ArrayList 类型可以不限长度地收集对象：

Inheritance ArrayList.java

```
package cc.openhome;

import java.util.Arrays;

public class ArrayList {
   private Object[] elems; ←— ❶ 使用 Object 数组进行收集
   private int next; ←— ❷ 下一个可存储对象的索引

   public ArrayList(int capacity) { ←— ❸ 指定初始容量
      elems = new Object[capacity];
   }

   public ArrayList() {
      this(16); ←— ❹ 初始容量默认为 16
   }

   public void add(Object o) { ←— ❺ 收集对象方法
```

```
        if(next == elems.length) {  ←— ❻ 自动增长 Object 数组长度
            elems = Arrays.copyOf(elems, elems.length * 2);
        }
        elems[next++] = o;
    }

    public Object get(int index) {  ←— ❼ 根据索引获取收集的对象
        return elems[index];
    }

    public int size() {  ←— ❽ 已收集的对象个数
        return next;
    }
}
```

自定义的 ArrayList 类，内部使用 Object 数组来收集对象❶，每次收集的对象会放在 next 指定的索引处❷。在创建 ArrayList 实例时，可以指定内部数组初始容量❸。如果使用无参数构造函数，则默认容量为 16❹。

如果要收集对象，可通过 add()方法，注意，参数的类型为 Object，可以接收任何对象❺。如果内部数组原长度不够，就要使用 Arrays.copyOf()方法自动创建原长度两倍的数组并复制元素❻。如果想取得收集的对象，可以使用 get()指定索引来取得❼。如果想知道已收集的对象个数，可通过 size()方法获得❽。

以下代码使用自定义的 ArrayList 类，可收集访客姓名，并将名单转为大写后显示：

Inheritance Guest.java

```
package cc.openhome;

import java.util.Scanner;
import static java.lang.System.out;

public class Guest {
    public static void main(String[] args) {
        var names = new ArrayList();
        collectNameTo(names);
        out.println("访客名单：");
        printUpperCase(names);
    }

    static void collectNameTo(ArrayList names) {
        var userInput = new Scanner(System.in);
        while(true) {
            out.print("访客姓名：");
            var name = userInput.nextLine();
            if(name.equals("quit")) {
                break;
```

```
            }
            names.add(name);
        }
    }

    static void printUpperCase(ArrayList names) {
        for(var i = 0; i < names.size(); i++) {
            var name = (String) names.get(i);
            out.println(name.toUpperCase());
        }
    }
}
```

执行结果示例如下：

```
访客姓名：Justin
访客姓名：Monica
访客姓名：Irene
访客姓名：quit
访客名单：
JUSTIN
MONICA
IRENE
```

java.lang.Object 是所有类的顶层父类，这代表 Object 中定义的方法，我们自定义的类都继承了。只要不是被定义为 final 的方法，都可以覆盖，如图 6-16 所示。

All Methods | Instance Methods | Concrete Methods | Deprecated Methods

Modifier and Type	Method	Description
protected Object	clone()	Creates and returns a copy of this object.
boolean	equals(Object obj)	Indicates whether some other object is "equal to" this one.
protected void	finalize()	**Deprecated.** The finalization mechanism is inherently problematic.
Class<?>	getClass()	Returns the runtime class of this Object.
int	hashCode()	Returns a hash code value for the object.
void	notify()	Wakes up a single thread that is waiting on this object's monitor.
void	notifyAll()	Wakes up all threads that are waiting on this object's monitor.
String	toString()	Returns a string representation of the object.
void	wait()	Causes the current thread to wait until it is awakened, typically by being *notified* or *interrupted*.
void	wait (long timeoutMillis)	Causes the current thread to wait until it is awakened, typically by being *notified* or *interrupted*, or until a certain amount of real time has elapsed.
void	wait (long timeoutMillis, int nanos)	Causes the current thread to wait until it is awakened, typically by being *notified* or *interrupted*, or until a certain amount of real time has elapsed.

图 6-16 java.lang.Object 定义的方法

覆盖 toString()

举例来说，在 6.2.1 节的示例中，SwordsMan 等类曾定义过 toString()方法，其实，toString()是 Object 定义的方法，Object 的 toString()默认定义为：

```
    public String toString() {
        return getClass().getName() + "@" +
Integer.toHexString(hashCode());
    }
```

目前你不用深入了解这段代码的详细内容，总之返回的字符串包括类名称以及十六进制的哈希码，通常这没有什么可读性上的意义。实际上 6.2.1 节的示例中，SwordsMan 等类覆盖了 toString()。许多方法如果传入对象，默认都会调用 toString()，例如，System.out.print()等方法就会调用 toString()来取得字符串描述并显示，因此 6.2.1 节的这个程序片段：

```
var swordsMan = new SwordsMan();
...
out.println(swordsMan.toString());
var magician = new Magician();
...
out.printf(magician.toString());
```

实际上只要这样写就可以了：

```
var swordsMan = new SwordsMan();
...
out.println(swordsMan);
var magician = new Magician();
...
out.printf(magician);
```

覆盖 equals()

4.1.3 节介绍过，要比较对象的实质相等性，不能使用==，而应使用 equals()方法。对 Integer 等包装器以及字符串内容进行相等性比较时，都要使用 equals()方法。

实际上，equals()方法是 Object 类中定义的方法，其代码实现为：

```
public boolean equals(Object obj) {
    return (this == obj);
}
```

如果没有覆盖 equals()，那么使用 equals()方法时，其作用等同于==，因此若要比较实质相等性，就必须自行对它进行覆盖。一个简单的例子是比较两个 Cat 对象是否实际代表同样的 Cat 数据：

```
public class Cat {
    ...
    public boolean equals(Object other) {
```

```
        // other 引用的就是这个对象，当然是同一对象
        if(this == other) {
            return true;
        }

        /* other 引用的对象是不是 Cat 创建出来的
    例如，若是 Dog 创建出来的，当然就不用比了*/
        if(other instanceof Cat) {
            var cat = (Cat) other;
            //如果名字与生日都相等，就认为两个对象实质上是相等的
            return getName().equals(cat.getName()) &&
              getBirthday().equals(cat.getBirthday());
        }

        return false;
    }
}
```

这个程序片段演示了 equals()实现的基本概念，相关说明都以注释方式呈现。这里也用到了 instanceof 运算符，它可以用来判断对象是否由某个类创建。左边数据是对象，右边数据是类。

在使用 instanceof 时，编译器还会来帮点忙，会检查左边的数据类型是否在右侧数据的子类型的继承架构中(或接口实现架构中，第 7 章介绍什么是接口)，如图 6-17 所示。

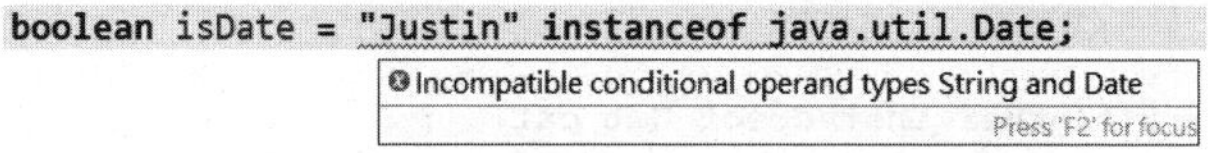

```
boolean isDate = "Justin" instanceof java.util.Date;
```

Incompatible conditional operand types String and Date

Press 'F2' for focus

图 6-17　String 跟 Date 在继承架构中一点关系也没有

执行时，并非只有左侧对象为右侧的子类直接实例化时才返回 true，如果左侧类型是右侧子类型的子类型，instanceof 也返回 true。

这里仅演示了 equals()实现的基本概念，实际上实现 equals()并非这么简单。实现 equals()时通常也要实现 hashCode()，原因会等到第 9 章探讨 Collection 时再说明，若现在就想知道 equals()与 hashCode()实现时要注意的一些事项，可参考《对象相等性》[1]。

提示>>> 2007 年研究文献 “Declarative Object Identity Using Relation Types” 指出，在考察大量 Java 代码之后，作者发现大部分 equals()方法的实现都是错误的。

Java SE 16 为 instanceof 增加了模式匹配(Pattern Matching)的功能，在 instanceof 的右侧可以指定名称，如果类型比对相符，对象就会指定给该名称，例如：

```
public class Cat {
    ...
```

1 对象相等性：https://openhome.cc/Gossip/JavaEssence/ObjectEquality.html.

```
    public boolean equals(Object other) {
        // other 引用的就是这个对象，当然是同一对象
        if(this == other) {
            return true;
        }

        // 使用 Java SE 16 时用 Java SE 16 模式匹配
        if(other instanceof Cat cat) {
            return getName().equals(cat.getName()) &&
                getBirthday().equals(cat.getBirthday());
        }

        return false;
    }
}
```

instanceof 模式匹配时指定的名称，只有在 instanceof 判断为 true 的情况下才能访问，例如：

```
public class Cat {
    ...
    public boolean equals(Object other) {
        if(this == other) {
            return true;
        }

        if(!(other instanceof Cat cat)) {
            // 因为 other instanceof Cat 结果为 false，这里不能访问 cat
            return false;
        }

        // 这里可以访问 cat
        return getName().equals(cat.getName()) &&
              getBirthday().equals(cat.getBirthday());
    }
}
```

在上例中，虽然 if 中的条件判断式!(other instanceof Cat cat)结果为 true，但是因为 other instanceof Cat 为 false，所以 if 代码块中无法访问 cat。这很合理，毕竟 other instanceof Cat 为 false，本来就不该被用作 Cat，编译器就直接阻止你使用 cat 了。

不过，这只是示例，就这个例子来说，对 instanceof 的结果取反，只会让可读性变得更差，请别这么做！

instanceof 模式匹配指定的名称结合&&、||或?:三元运算符时，也要留意范围问题。接下来只是示例，在将其用于工作中前，请考察可读性是否良好！

下面的代码可以通过编译：

```
boolean isSameName = other instanceof Cat cat && getName().equals
(cat.getName());
```

&&的右侧要能估值，左侧必须是 true，因此右边的表达式可以访问 cat 名称；然而以下代码会出现编译错误：

```
boolean wat = other instanceof Cat cat ||
getName().equals(cat.getName());
```

||的右侧要能估值，左侧必须是 false，既然不是 Cat 类型了，又怎么能访问 cat 呢？因此无法编译。

在下面的例子中，?:三元运算符可以通过编译：

```
boolean isSameName = (other instanceof Cat cat) ?
                     getName().equals(cat.getName()) : false;
```

就上例来说，:的右边无法使用 cat 名称，故意写成以下形式，不过，即使:右边可以使用 cat 名称，也请不要这么写，因为可读性不佳：

```
boolean isSameName = !(other instanceof Cat cat) ? false :
                     getName().equals(cat.getName());
```

6.2.6 关于垃圾收集

对象会占据内存空间，如果程序执行流程中已无法再使用某个对象，该对象就是徒耗内存的垃圾。

JVM 有垃圾收集(Garbage Collection，GC)机制，垃圾对象占据的内存空间会被垃圾收集器找出并释放。那么，哪些会被 JVM 认定为垃圾对象？简单而言，执行流程中，无法通过变量引用的对象就是 GC 认定的垃圾对象。

执行流程？具体来说就是某条线程(第 11 章会介绍线程)可执行的程序流程，目前你唯一接触到的线程就是 main()程序入口开始后的主线程(也就是主流程)。垃圾收集机制有一定的复杂性，不同需求下会使用不同的垃圾收集算法，幸运的是，对于初学者来说，知道基本概念即可，细节可交给 JVM 去处理。

假设你有一个类：

```
class Some {
    Some next;
}
```

如果从程序入口开始，有一段代码如下所示：

```
var some1 = new Some();
var some2 = new Some();
some1 = some2;
```

执行到第二行时，主线程可通过名称引用到的对象如图 6-18 所示。

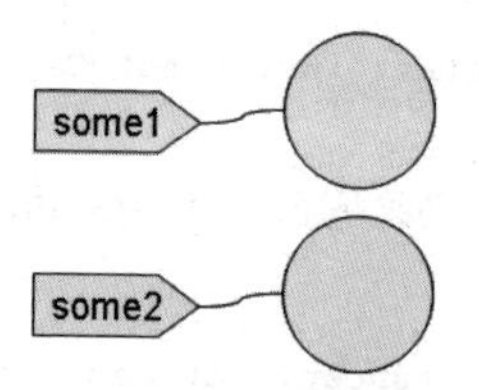

图 6-18 两个对象都有牌子

执行到第三行时，将 some2 引用的对象给 some1 引用，如图 6-19 所示。

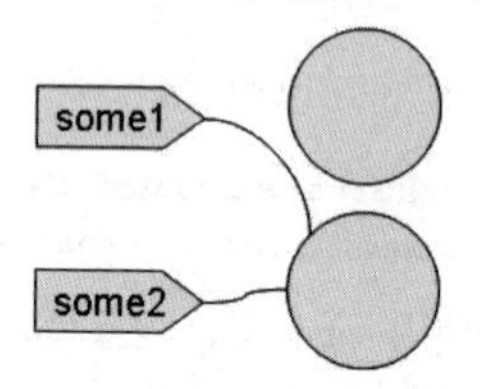

图 6-19 没有牌子的就是垃圾

原先 some1 引用的对象不再被任何名称引用，这个对象就是内存中的垃圾了，GC 会自动找出、回收这些垃圾。

然而实际程序的流程会更复杂一些。如果有段程序是这样的：

```
var some = new Some();
some.next = new Some();
some = null;
```

在执行到第二行时，情况如图 6-20 所示，此时还没有对象是垃圾。

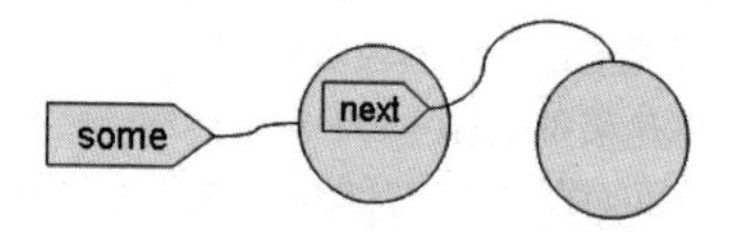

图 6-20 链式引用

由于可通过 some 引用中间的对象，而 some.next 可以引用最右边的对象，目前不需要回收任何对象。执行完第三行后，情况如图 6-21 所示。

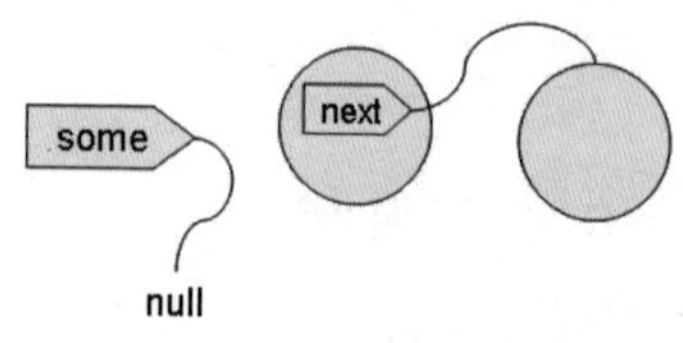

图 6-21 回收几个对象呢

由于无法通过 some 引用中间对象，也就无法再通过中间对象的 next 引用右边对象，因此两个对象都是垃圾。类似地，图 6-22 所示代码中，数组引用的对象都会被回收。

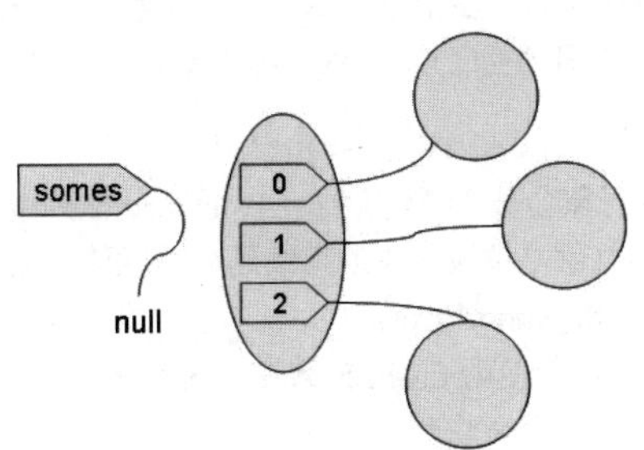

图 6-22　回收几个对象呢

被回收的对象包括数组本身，以及三个索引对应的三个对象。如果是形同孤岛的对象，例如：

```
var some = new Some();
some.next = new Some();
some.next.next = new Some();
some.next.next.next = some;
some = null;
```

执行到第四行时，情况如图 6-23 所示。

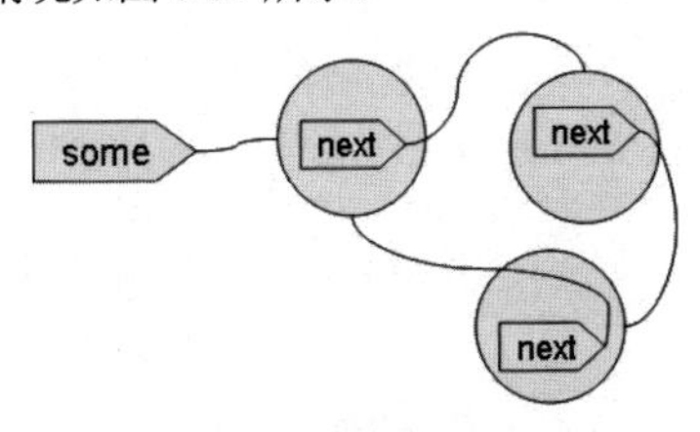

图 6-23　循环引用

执行完第五行之后，情况如图 6-24 所示。

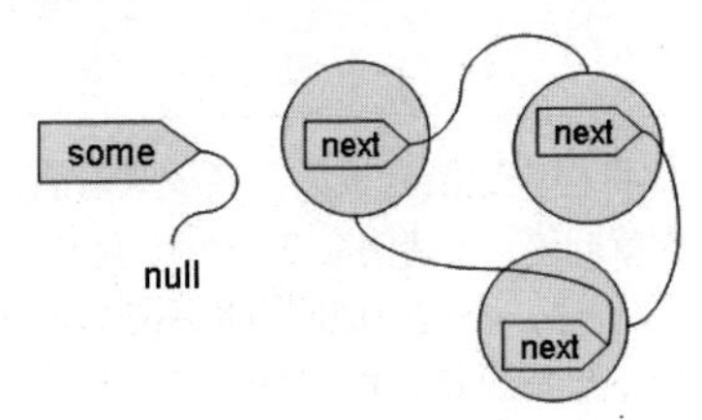

图 6-24　形成孤岛

这个时候形成孤岛的右边三个对象，将全部被 GC 处理掉。

注意>>> GC 在回收对象前会调用对象的 finalize()方法，这是 Object 定义的方法。如果在对象被回收前，有些事情想做，可以覆盖 finalize()方法。不过何时启动 GC，要视 JVM 采用的 GC 算法而定，也就是说，就开发而言，无法确认 finalize()被调用的时机。

定义了 finalize()的对象会被 JVM 放到一个 finalize 队列中，垃圾收集的时间可能延后。若大量生成这类对象，垃圾收集的持续延后可能使对象迟迟无法回收，最后导致内存不足的错误(OutOfMemoryError)。

Effective Java 建议，避免使用 finalize()方法。从 Java SE 9 开始，finalize()方法被标示为“废弃”，不建议再去定义它。

6.2.7 再看抽象类

编写程序时常有些看似不合理但又非得完成的需求，举例来说，老板叫你开发一个猜数字游戏，要随机生成 0～9 的数字，使用者输入的数字如果与系统中的数字相同，就显示“猜中了”，如果不同，就继续让使用者输入数字，直到猜中为止。

这程序有什么难的？相信现在的你也可以写出来：

```
package cc.openhome;

import java.util.Scanner;

public class Guess {
    public static void main(String[] args) {
        var console = new Scanner(System.in);
        var number = (int) (Math.random() * 10);
        var guess = -1;
        do {
            System.out.print("输入数字：");
            guess = console.nextInt();
        } while(guess != number);
        System.out.println("猜中了");
    }
}
```

圆满完成任务了吧？你将程序交给老板后，老板皱着眉头说：“我说过要在命令行模式下运行游戏吗？”你就问道：“请问会在哪个环境中执行呢？”老板答道：“还没决定，也许会用 Windows 程序，不过改成网页也不错，嗯……下个星期开会讨论一下。”你问：“那我可以等下星期讨论完再来写吗？”老板说：“不行！”你(内心独白)：“当我是哆啦 A 梦嘛！我又没有时光机……”

有些需求本身确实不合理，然而有些可通过设计(Design)来解决，以上面的例子来说，虽然取得用户输入、显示结果的环境未定，但你负责的这部分可以先实现。例如：

Inheritance GuessGame.java

```java
package cc.openhome;

public abstract class GuessGame {
    public void go() {
        var number = (int) (Math.random() * 10);
        var guess = -1;
        do {
            print("输入数字：");
            guess = nextInt();
        } while(guess != number);
        println("猜中了");
    }

    public void println(String text) {
        print(text + "\n");
    }

    public abstract void print(String text);
    public abstract int nextInt();
}
```

这个类的定义不完整，print()与 nextInt()都是抽象方法，因为还没决定在哪个环境运行猜数字游戏，所以如何显示输出、取得用户输入，还不能实现。可以先实现的是猜数字的流程，虽然它是抽象方法，但在 go()方法中，是可以调用的。

等到下星期开会时，最终决定在命令行模式下运行猜数字游戏。你就再编写 ConsoleGame 类，继承抽象类 GuessGame，实现当中的抽象方法：

Inheritance ConsoleGame.java

```java
package cc.openhome;

import java.util.Scanner;

public class ConsoleGame extends GuessGame {
    private Scanner console = new Scanner(System.in);

    @Override
    public void print(String text) {
        System.out.print(text);

    }
```

```
    @Override
    public int nextInt() {
        return console.nextInt();
    }
}
```

只要创建出 ConsoleGame 实例，在执行 go()方法的过程中调用 print()、nextInt()或 println()等方法时，将执行 ConsoleGame 中定义的流程，完整的猜数字游戏就实现出来了。例如：

Inheritance Guess.java

```
package cc.openhome;

public class Guess {
    public static void main(String[] args) {
        GuessGame game = new ConsoleGame();
        game.go();
    }
}
```

执行结果可能如下所示：

```
输入数字：5
输入数字：4
输入数字：3
猜中了
```

提示>>> 前人在设计上的经验称为设计模式(Design Pattern)。为了沟通方便，特定模式会有特定名称，上例的实现模式常被称为 Template Method。如果对其他设计模式感兴趣，可以从《漫谈模式》[1]开始学习。

课后练习

实验题

1. 如果使用 6.2.5 节中设计的 ArrayList 类收集对象，想显示收集对象的字符串描述时，必须使用如下代码：

```
var list = new ArrayList();
// ……收集对象
for(var i = 0; i < list.size(); i++) {
    out.println(list.get(i));
```

1漫谈模式：https://openhome.cc/zh-tw/pattern/.

```
}
```

请重新定义 ArrayList 的 toString()方法，让客户端想显示收集对象的字符串描述时，可以使用如下代码：

```
var list = new ArrayList();
// ……收集对象
out.println(list);
```

2. 接上题，如果想比较两个 ArrayList 实例是否相等，希望可以通过如下代码进行比较：

```
var list1 = new ArrayList();
// ……用 list1 收集对象
var list2 = new ArrayList();
// ……用 list2 收集对象
System.out.println(list1.equals(list2));
```

请重新定义 ArrayList 的 equals()方法，先比较收集的对象个数，再比较各索引对应的对象实质上是否相等(使用各对象的 equals()方法进行比较)。

第7章 接口与多态

学习目标

- 使用接口定义行为
- 了解接口的多态操作
- 利用接口列举常量
- 利用 enum 列举常量

7.1 什么是接口

第 6 章谈过继承，你也许在一些书或文档中看过“别滥用继承”，或者“优先考虑接口而不是继承”的说法，什么情况叫滥用继承？接口代表的又是什么？这一节将实际来看个海洋乐园游戏的例子，探讨如何设计与改进继承、接口与多态，并决定什么时候应该使用哪种技术。

7.1.1 使用接口定义行为

老板想开发一款海洋乐园游戏，其中全部东西都会游泳。你想了一下，谈到会游的东西，第一个进入脑海的就是鱼。上一章刚学过继承，也知道继承可以运用多态，你也许会在 Fish 类中定义 swim()的行为：

```
public abstract class Fish {
   protected String name;

   public Fish(String name) {
      this.name = name;
   }

   public String getName() {
      return name;
   }

   public abstract void swim();
}
```

每种鱼的游泳方式不同，因此将 swim()定义为 abstract，Fish 也就是 abstract 类。接着定义小丑鱼 Anemonefish 继承 Fish：

```
public class Anemonefish extends Fish {
    public Anemonefish(String name) {
        super(name);
    }

    @Override
    public void swim() {
        System.out.printf("小丑鱼 %s 游泳%n", name);
    }
}
```

Anemonefish 继承了 Fish，并实现 swim()方法。也许你还定义了鲨鱼 Shark 类继承 Fish、食人鱼 Piranha 继承 Fish：

```
public class Shark extends Fish {
    public Shark(String name) {
        super(name);
    }

    @Override
    public void swim() {
        System.out.printf("鲨鱼 %s 游泳%n", name);
    }
}

public class Piranha extends Fish {
    public Piranha(String name) {
        super(name);
    }

    @Override
    public void swim() {
        System.out.printf("食人鱼 %s 游泳%n", name);
    }
}
```

老板说：“为什么都是鱼？人也会游泳啊！怎么没写？”于是你再定义 Human 类继承 Fish……等一下！Human 继承 Fish？不会觉得很奇怪吗？你会说：“程序可以执行啊！编译器也没抱怨！”

对！编译器的确不会抱怨，到目前为止，程序也确实可以执行，但是请回想第 6 章曾谈过的内容，继承会有“从属于”的关系，Anemonefish 是一种 Fish，Shark 是一种 Fish，Piranha 是一种 Fish，如果让 Human 继承 Fish，那 Human 是一种 Fish？你会说：“美人鱼啊！”如图 7-1 所示。

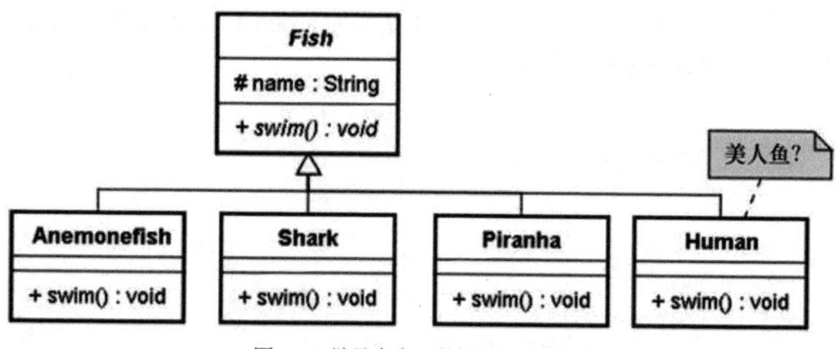

图 7-1 继承会有“从属于”的关系

提示》》》 图 7-1 中，Fish 是斜体字，表明它是抽象类，而 swim()也是斜体字，表明它是抽象方法；name 旁边有个#，表示 protected；swim()方法旁的+表示 public；箭头表示继承。

程序可以通过编译，也可以执行，然而设计上有不合理的地方，你可以继续硬掰下去，如果现在老板要求加个潜水艇呢？写个 Submarine 继承 Fish 吗？Submarine 是一种 Fish 吗？继续按这样的想法设计下去，你的程序架构会越来越不合理，越来越没有弹性！

Java 只能继承一个父类，更强化了“从属于”关系的限制性。如果老板突发奇想，想把海洋乐园变为海空乐园，其中有的东西会游泳，有的东西会飞，有的东西会游也会飞。如果用继承方式来解决，写个 Fish 供会游的东西继承，写个 Bird 供会飞的东西继承，那会游也会飞的怎么办？有办法定义飞鱼 FlyingFish 同时继承 Fish 和 Bird 吗？

重新考虑一下需求吧！老板想开发一个海洋乐园游戏，其中全部东西都会游泳。“全部东西”都会“游泳”，而不是“某种东西”都会“游泳”。先前的设计方式只定义了“全部鱼”都会“游泳”，只要它是一种鱼(也就是继承 Fish)。

“全部东西”都会“游泳”，表明“游泳”这个“行为”可以被全部东西“拥有”，而不是“某种”东西专属。对于“拥有的行为”，可以使用 interface 关键字定义：

OceanWorld1 Swimmer.java

```java
package cc.openhome;

public interface Swimmer {
    public abstract void swim();
}
```

以上代码定义了 Swimmer 接口，接口可以用于定义行为但不定义实现，在这里，Swimmer 的 swim()方法没有实现，直接标示为 abstract，而且一定是 public。对象如果想拥有 Swimmer 的行为，就必须实现 Swimmer 接口。例如，Fish 拥有 Swimmer 行为：

OceanWorld1 Fish.java

```
package cc.openhome;

public abstract class Fish implements Swimmer {
    protected String name;

    public Fish(String name) {
        this.name = name;
    }

    public String getName() {
        return name;
    }

    @Override
    public abstract void swim();
}
```

类要实现接口，就必须使用 implements 关键字。实现某个接口时，对于抽象方法，有两种处理方式：一是实现抽象方法，二是再度将该方法标示为 abstract。在这个示例中，Fish 不知道每条鱼怎么游，因此使用第二种处理方式。

目前 Anemonefish、Shark 与 Piranha 继承 Fish 后的代码，与先前演示的片段相同。那么，如果 Human 要能游泳呢？

OceanWorld1 Human.java

```
package cc.openhome;

public class Human implements Swimmer {
    private String name;

    public Human(String name) {
        this.name = name;
    }

    public String getName() {
        return name;
    }

    @Override
    public void swim() {
        System.out.printf("人类 %s 游泳%n", name);
    }
}
```

Human 实现了 Swimmer，不过 Human 没有继承 Fish，因此 Human 不是一种 Fish。类似地，Submarine 也有 Swimmer 的行为：

OceanWorld1 Submarine.java

```
package cc.openhome;

public class Submarine implements Swimmer {
    private String name;

    public Submarine(String name) {
        this.name = name;
    }

    public String getName() {
        return name;
    }

    @Override
    public void swim() {
        System.out.printf("潜水艇 %s 潜行%n", name);
    }
}
```

Submarine 实现了 Swimmer，不过 Submarine 没有继承 Fish，因此 Submarine 不是一种 Fish。目前程序的架构如图 7-2 所示。

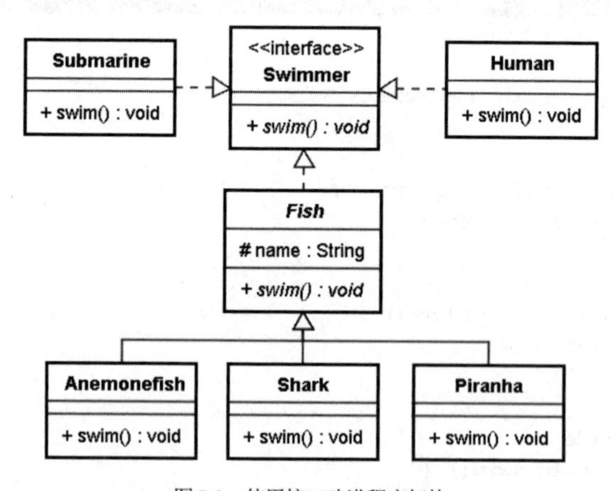

图 7-2　使用接口改进程序架构

提示 >>> 图 7-2 中的虚线空心箭头表示实现接口。

以 Java 的语义来说，继承有“从属于”的关系，实现接口表示“拥有行为”，但没有“从属于”的关系。Human 与 Submarine 实现了 Swimmer，所以都拥有 Swimmer 的行为，但没有继承 Fish，因此它们不是鱼。这样的架构比较合理且有弹性，可以应对一定程度的需求变化。

提示 >>> 有些书或文档会说，Human 与 Submarine 是一种 Swimmer，持这种观点的作者应该有 C++程序语言的背景，因为 C++可以多重继承，也就是说，子类可以拥有两个以上的父类。若其中一个父类用来定义抽象行为，该父类的作用就类似于 Java 的接口，因为也是用继承语义来实现，所以会有“从属于”的说法。

在 Java 中只能继承一个父类，因此“从属于”的语义更为强烈，建议将“从属于”的语义保留给继承。对于接口实现来说，使用“拥有行为”的语义，比较易于区分类继承与接口实现。

在有些文档中，如果 B 是 A 的子类，或者 B 实现了 A 接口，会统称 B 是 A 的次类型(subtype)。

7.1.2　行为的多态

在 6.1.2 节，我们曾试着扮演编译器，判断继承时哪些多态语法可以通过编译，扮演(Cast)语法的作用是什么，以及哪些情况下，执行时会发生“扮演”失败，哪些又会“扮演”成功。刚才谈过如何使用接口定义行为，接下来再来当一次编译器，看看哪些是合法的多态语法。例如：

```
Swimmer swimmer1 = new Shark();
Swimmer swimmer2 = new Human();
Swimmer swimmer3 = new Submarine();
```

这三行代码都可以通过编译，判断方式是看“右边是不是拥有左边的行为”，或者“右边对象是不是实现了左边接口”，如图 7-3 所示。

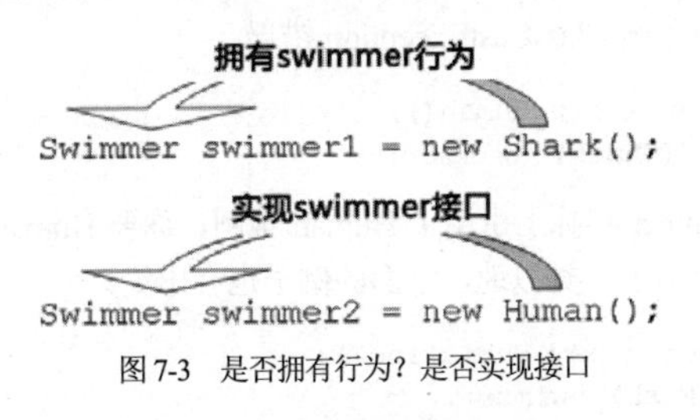

图 7-3　是否拥有行为？是否实现接口

Shark 拥有 Swimmer 行为吗？有的！因为 Fish 实现了 Swimmer 接口，所以 Fish 拥有 Swimmer 行为，Shark 继承 Fish，当然也拥有 Swimmer 行为，因此通过编译。Human

与 Submarine 也都实现了 Swimmer 接口，可以通过编译。

让我们进一步探索，来看看下面的代码是否可通过编译。

```
Swimmer swimmer = new Shark();
Shark shark = swimmer;
```

第一行要判断 Shark 是否拥有 Swimmer 行为？是的！可通过编译，但第二行呢？swimmer 是 Swimmer 类型，编译器看到该行时会想到，有 Swimmer 行为的对象是不是 Shark 呢？这可不一定！也许实际上是 Human 实例！有 Swimmer 行为的对象不一定是 Shark，因此第二行编译失败！

就上面的代码片段而言，实际上 swimmer 引用的是 Shark 实例，你可以加上扮演(Cast)语法：

```
Swimmer swimmer = new Shark();
Shark shark = (Shark) swimmer;
```

就第二行的语义而言，你其实是在告诉编译器，对，你知道有 Swimmer 行为的对象不一定是 Shark，不过你就是要它扮演 Shark，编译器就别再发出警告了。通过编译之后，执行时 swimmer 确实是引用 Shark 实例，因此不会有错误。

下面的程序片段会在第二行编译失败：

```
Swimmer swimmer = new Shark();
Fish fish = swimmer;
```

第二行 swimmer 是 Swimmer 类型，因此编译器会问，实现 Swimmer 接口的对象是否继承 Fish？不一定，也许是 Submarine！因为会实现 Swimmer 接口的并不一定继承 Fish，所以编译失败了。如果加上扮演语法：

```
Swimmer swimmer = new Shark();
Fish fish = (Fish) swimmer;
```

第二行告诉编译器，你知道有 Swimmer 行为的对象不一定继承 Fish，不过你就是要它扮演 Fish，编译器就别再发出警告了。通过编译之后，执行时 swimmer 确实是引用 Shark 实例，它是一种 Fish，因此不会有错误。

下面这个例子会抛出 ClassCastException 错误：

```
Swimmer swimmer = new Human();
Shark shark = (Shark) swimmer;
```

在第二行，swimmer 实际上引用了 Human 实例，你要 Human 扮演鲨鱼？这太荒谬了！因此执行时出错了。类似地，下面的例子也会出错：

```
Swimmer swimmer = new Submarine();
Fish fish = (Fish) swimmer;
```

在第二行，swimmer 实际上引用了 Submarine 实例，你要它扮演鱼？又不是《哆啦 A 梦》中的海底鬼岩城，哪来的机器鱼情节！Submarine 不是一种 Fish，执行时会因为扮演失败而抛出 ClassCastException。

使用 var 的话，可以由编译器自动推断局部变量类型，例如下方的程序片段：

```
Swimmer swimmer = new Shark();
Fish fish = (Fish) swimmer;
```

也可以写为：

```
Swimmer swimmer = new Shark();
var fish = (Fish) swimmer;
```

试判断以下语法，哪些可以通过编译，哪些可以扮演成功。来考虑一个需求，写个 static 的 doSwim()方法，让会游的东西都游起来，如果你不会使用接口多态语法，也许你会这样写：

```
static void doSwim(Fish fish) {
    fish.swim();
}

static void doSwim(Human human) {
    human.swim();
}

static void doSwim(Submarine submarine) {
    submarine.swim();
}
```

老实说，如果你已经会写接受 Fish 为参数的 doSwim()版本，那么你的编程功底算不错了，因为至少你知道，只要继承 Fish，无论是 Anemonefish、Shark 还是 Piranha，都可以使用 Fish 的 doSwim()版本，至少你会使用继承中的多态。而 Human 与 Submarine 各调用其接受 Human 及 Submarine 的 doSwim()版本。

问题是，如果“种类”很多，该怎么办？多了水母、海蛇、虫等种类呢？每个种类重载一个方法出来吗？其实在你的设计中，会游泳的东西都拥有 Swimmer 的行为，都实现了 Swimmer 接口，所以只要像下面这样设计就可以了：

OceanWorld2 Ocean.java

```
package cc.openhome;

public class Ocean {
    public static void main(String[] args) {
        doSwim(new Anemonefish("尼莫"));
        doSwim(new Shark("兰尼"));
        doSwim(new Human("贾斯汀"));
        doSwim(new Submarine("黄色一号"));
    }
```

```
    static void doSwim(Swimmer swimmer) {  ← ❶ 参数为 Swimmer 类型
        swimmer.swim();
    }
}
```

执行结果如下：

```
小丑鱼 尼莫 游泳
鲨鱼 兰尼 游泳
人类 贾斯汀 游泳
潜水艇 黄色一号 潜行
```

实现 Swimmer 接口的对象都可以使用示例中的 doSwim()方法，而 Anemonefish、Shark、Human、Submarine 等都实现了 Swimmer 接口。无论有多少种类，只要对象拥有 Swimmer 行为，便不用编写新的方法，可维护性提高许多！

7.1.3 解决需求变化

编写的程序要有弹性，要有可维护性！然而什么叫有弹性？何谓可维护性？老实说，这问题有点抽象，若从最简单的定义开始：增加新的需求，现有代码不必修改，只需要针对新需求编写程序，那就是有弹性、具可维护性的程序。

以 7.1.1 节提到的需求为例，如果今天老板突发奇想，想把海洋乐园变为海空乐园，其中有的东西会游泳，有的东西会飞，有的东西会游也会飞，那么现有的程序可以应对这个需求吗？

仔细想想，有的东西会飞，但不意味着某种东西才有“飞”这个行为。有了先前的经验，你使用 interface 定义了 Flyer 接口：

OceanWorld3 Flyer.java

```
package cc.openhome;

public interface Flyer {
    public abstract void fly();
}
```

Flyer 界面定义了 fly()方法，对于程序中想飞的东西，可以实现 Flyer 接口。假设一架海上飞机既有飞行的行为，又可以在海面上航行，可以定义 Seaplane 实现 Swimmer 与 Flyer 接口：

OceanWorld3 Seaplane.java

```
package cc.openhome;

public class Seaplane implements Swimmer, Flyer {
    private String name;
```

```
    public Seaplane(String name) {
        this.name = name;
    }

    @Override
    public void fly() {
        System.out.printf("海上飞机 %s 在飞%n", name);
    }

    @Override
    public void swim() {
        System.out.printf("海上飞机 %s 航行在海面%n", name);
    }
}
```

在 Java 中，类可以实现两个以上的接口，也就是拥有两种以上的行为。例如，Seaplane 就同时拥有 Swimmer 与 Flyer 的行为。

如果是会游也会飞的飞鱼呢？飞鱼是一种鱼，可以继承 Fish 类；飞鱼会飞，可以实现 Flyer 接口：

OceanWorld3 FlyingFish.java

```
package cc.openhome;

public class FlyingFish extends Fish implements Flyer {
    public FlyingFish(String name) {
        super(name);
    }

    @Override
    public void swim() {
        System.out.println("飞鱼游泳");
    }

    @Override
    public void fly() {
        System.out.println("飞鱼会飞");
    }
}
```

正如上面的示例所示，在 Java 中，类可以同时继承某个类，并实现某些接口。例如，FlyingFish 是一种鱼，也拥有 Flyer 的行为。如果现在要让会游的东西游泳，那么 7.1.1 节中的 doSwim()方法可以满足需求，因为 Seaplane 拥有 Swimmer 的行为，而 Flying Fish 也拥有 Swimmer 的行为：

OceanWorld3 Ocean.java

```
package cc.openhome;

public class Ocean {
    public static void main(String[] args) {
        ...
        doSwim(new Seaplane("空军零号"));
        doSwim(new FlyingFish("甚平"));
    }

  static void doSwim(Swimmer swimmer) {
        swimmer.swim();
    }
}
```

就满足目前的需求来说，只需要新增代码，不用修改既有的代码，你的程序确实拥有某种程度的弹性与可维护性，如图 7-4 所示。

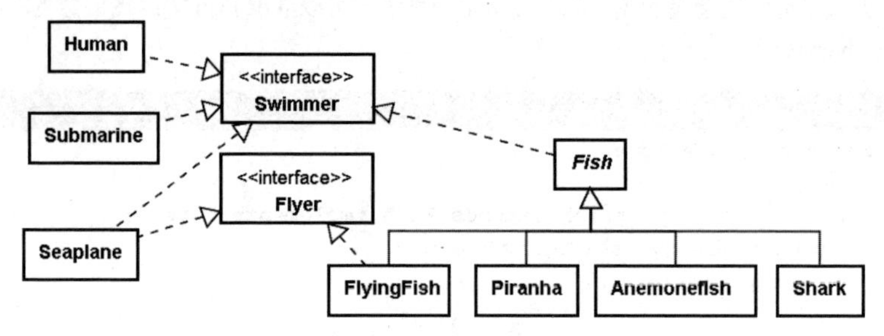

图 7-4　海空乐园目前的设计架构

当然，需求是无止境的，原有程序架构也许刚开始可以满足某些需求，然而后续需求可能超出既有架构预留的弹性。一开始要如何设计才能让程序有弹性，必须根据经验与分析进行判断。不用为了保持程序弹性而过度设计，因为过大的弹性表示过度预测需求，有的设计也许从不会遇到事先假设的需求。

例如，也许你预先假设会遇到某些需求而设计了一个接口，但从程序开发至生命周期结束，该接口从未被实现过，或者仅有一个类实现过该接口，那么该接口也许不必存在，你事先的假设也许是对需求的过度预测。

后续需求有可能超出既有架构预留的弹性。例如，老板又开口了："不是全部的人类都会游泳吧！有的飞机只会飞，不能停在海上啊！"

好吧！并非全部的人类都会游泳，因此不再让 Human 实现 Swimmer：

OceanWorld4 Human.java

```
package cc.openhome;
```

```
public class Human {
    protected String name;

    public Human(String name) {
        this.name = name;
    }

    public String getName() {
        return name;
    }
}
```

假设只有游泳选手会游泳，游泳选手是人类，并拥有 Swimmer 的行为：

OceanWorld4 SwimPlayer.java

```
package cc.openhome;

public class SwimPlayer extends Human implements Swimmer {
    public SwimPlayer(String name) {
        super(name);
    }

    @Override
    public void swim() {
        System.out.printf("游泳选手 %s 游泳%n", name);
    }
}
```

有的飞机只会飞，因此设计一个 Airplane 类(作为 Seaplane 的父类)，Airplane 实现 Flyer 接口：

OceanWorld4 Airplane.java

```
package cc.openhome;

public class Airplane implements Flyer {
    protected String name;

    public Airplane(String name) {
        this.name = name;
    }

    @Override
    public void fly() {
        System.out.printf("飞机 %s 在飞%n", name);
    }
}
```

Seaplane 会在海上航行，因此在继承 Airplane 之后，必须实现 Swimmer 接口：

OceanWorld4 Seaplane.java

```
package cc.openhome;

public class Seaplane extends Airplane implements Swimmer {
    public Seaplane(String name) {
        super(name);
    }

    @Override
    public void fly() {
        System.out.print("海上");
        super.fly();
    }

    @Override
    public void swim() {
        System.out.printf("海上飞机 %s 航行在海面%n", name);
    }
}
```

不过程序中的直升机就只会飞：

OceanWorld4 Helicopter.java

```
package cc.openhome;

public class Helicopter extends Airplane {
    public Helicopter(String name) {
        super(name);
    }

    @Override
    public void fly() {
        System.out.printf("飞机 %s 在飞%n", name);
    }
}
```

这一连串的修改都是为了调整程序架构，这只是个简单的示例。想象一下，若要在更大规模的程序中调整程序架构，会有多麻烦，而且不只是修改程序很麻烦，没有被修改的地方也可能因此出错，如图 7-5 所示。

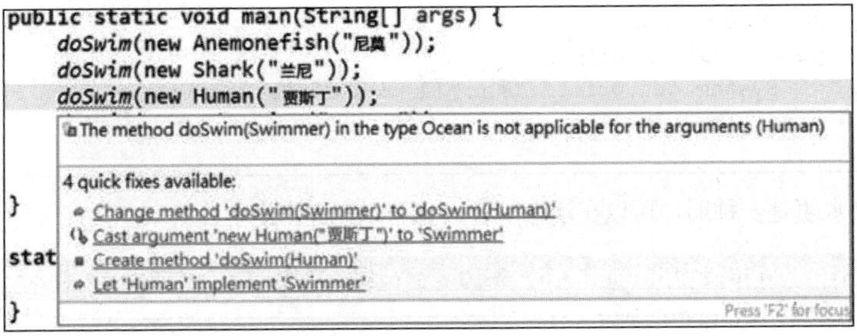

```
public static void main(String[] args) {
    doSwim(new Anemonefish("尼莫"));
    doSwim(new Shark("兰尼"));
    doSwim(new Human("贾斯丁"));
        The method doSwim(Swimmer) in the type Ocean is not applicable for the arguments (Human)

        4 quick fixes available:
}           Change method 'doSwim(Swimmer)' to 'doSwim(Human)'
            Cast argument 'new Human("贾斯丁")' to 'Swimmer'
stat        Create method 'doSwim(Human)'
            Let 'Human' implement 'Swimmer'
}                                                                 Press 'F2' for focus
```

图 7-5　没有对这里进行修改呀，怎么出错了

程序架构很重要！这就是个例子，因为 Human 不再实现 Swimmer 接口了，所以不能再套用 doSwim()方法，应该改用 SwimPlayer 了。

若在不好的架构下修改程序，很容易牵一发而动全身。想象一下，在更复杂的程序中修改程序之后，如果到处出错，你会陷入怎样的窘境。也有不少人因维护架构不好的程序而抓狂，甚至想推翻、重建。

提示 >>> 对于一些人来说，软件看不到、摸不着，改程序似乎不需成本，因此架构经常被忽视。曾经听过一个这样的比喻：没人敢在盖十几层高楼之后，要求修改地下室架构，但软件业界常常在做这种事。

也许老板又想到：水里的话，将浅海游泳与深海潜行分开好了！就算心里有千百个不愿意，你还是摸摸鼻子改了：

OceanWorld4 Diver.java

```
package cc.openhome;

public interface Diver extends Swimmer {
    public abstract void dive();
}
```

在 Java 中，接口可以继承另一个接口，也就是继承父接口的行为，再在子接口中定义额外的行为。假设一般的船可以在浅海航行：

OceanWorld4 Boat.java

```
package cc.openhome;

public class Boat implements Swimmer {
    protected String name;

    public Boat(String name) {
        this.name = name;
    }
```

```
    @Override
    public void swim() {
        System.out.printf("船在水面 %s 航行%n", name);
    }
}
```

潜水艇是一种船，可以在浅海航行，也可以在深海潜行：

OceanWorld4 Submarine.java

```
package cc.openhome;

public class Submarine extends Boat implements Diver {
    public Submarine(String name) {
        super(name);
    }

    @Override
    public void dive() {
        System.out.printf("潜水艇 %s 潜行%n", name);
    }
}
```

需求不断变化，架构也有可能因此而修改。好的架构在修改时，其实也不会使全部的代码都被牵动，这就是设计的重要性。不过如果这位老板无止境地扩张需求(见图 7-6)，他说一个，你改一个，也不是办法。找个时间，好好跟老板谈谈这个程序的需求边界到底在哪吧！

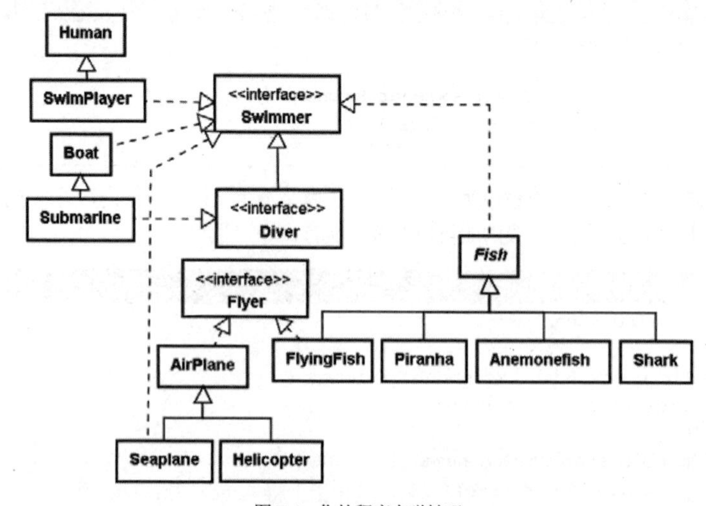

图 7-6　你的程序有弹性吗

7.2 接口的语法细节

上一节介绍了接口的基础概念与语法，然而结合 Java 的特性，接口还有一些重要的细节，像接口中的默认语法、常量定义、匿名内部类的编写等，这些将在本节中说明。

7.2.1 接口的默认设定

在 Java 中，可使用 interface 来定义抽象的行为与外观。如果是接口中的方法，可声明为 public abstract。例如：

```
public interface Swimmer {
    public abstract void swim();
}
```

接口中的方法没有被实现时，一定是公开且抽象的。为了方便，可以省略 public abstract：

```
public abstract:
public interface Swimmer {
    void swim();  //默认就是 public abstract
}
```

编译器会自动加上 public abstract，因此认证考试中经常出这个题目：

```
interface Action {
    void execute();
}

class Some implements Action {
    void execute() {
        out.println("实现一些服务");
    }
}
public class Main {
    public static void main(String[] args) {
        Action action = new Some();
        action.execute();
    }
}
```

“请问你的执行结果是什么？”这个问题本身就是个陷阱，这根本无法编译成功，因为 Action 定义的 execute()默认为 public abstract，而 Some 类在实现 execute()方法时，没有编写 public，这时会默认为包权限，这相当于将 Action 中 public 的方法缩小为包权限，因此编译失败了！必须将 Some 类的 execute()设为 public，才可通过编译。

interface 的方法可以有限制地实现，这是为了支持 Lambda 特性，第 12 章在介绍 Lambda 时会再说明。

在 interface 中，可以定义常量，其中一个应用是列举一组常量，例如：

Interface Action.java

```
package cc.openhome;

public interface Action {
   public static final int STOP = 0;
   public static final int RIGHT = 1;
   public static final int LEFT = 2;
   public static final int UP = 3;
   public static final int DOWN = 4;
}
```

过去的 Java 代码中，常在接口中列举常数，来看个应用：

Interface Game.java

```
package cc.openhome;

import static java.lang.System.out;

public class Game {
   public static void main(String[] args) {
      play(Action.RIGHT);
      play(Action.UP);
   }

   public static void play(int action) {
    out.println(
       switch(action) {
          case Action.STOP  -> "停止播放动画";
          case Action.RIGHT -> "播放右侧动画";
          case Action.LEFT  -> "播放左侧动画";
          case Action.UP    -> "播放上面动画";
          case Action.DOWN  -> "播放下面动画";
          default           -> "不支持该操作";
       }
    );
   }
}
```

想想看，如果将上面这个程序改为下面的样子，哪个在维护程序时比较清楚呢？

```
...
   public static void play(int action) {
    out.println(
```

```
        // 数字比较清楚，还是列举常量比较清楚？
        switch(action) {
            case 0  -> "停止播放动画";
            case 1  -> "播放右侧动画";
            case 2  -> "播放左侧动画";
            case 3  -> "播放上面动画";
            case 4  -> "播放下面动画";
            default -> "不支持该操作";
        }
    );
    }
    public static void main(String[] args) {
        play(1);     // 数字比较清楚，还是列举常量比较清楚？
        play(3);
    }
...
```

事实上，在 interface 中，也只能定义 public static final 的列举常量，为了方便，可以按照下面的方式编写：

```
public interface Action {
    int STOP = 0;
    int RIGHT = 1;
    int LEFT = 2;
    int UP = 3;
    int DOWN = 4;
}
```

编译器会展开为 public static final，因此在接口中列举常量时，一定要使用“=”指定值，否则会出现编译错误，如图 7-7 所示。

```
public interface Action {
    int STOP;
    int   The blank final field STOP may not have been initialized
    int   1 quick fix available:
    int     Initialize final field 'STOP' at declaration.
    int                                       Press 'F2' for focus
}
```

图 7-7　接口列举常量一定是 public static final

现在已不鼓励使用接口来列举常量，建议改用 enum 来列举，稍后将在 7.2.3 节进行说明。

提示»» 可以在类中定义常量，不过要明确写出 public static final。

类可以实现两个以上的接口，如果有两个接口定义了某个方法，那么实现两个接口的类会怎样呢？对于程序来说，并不会有错误，照样可以通过编译：

```
interface Some {
```

```
    void execute();
    void doSome();
}

interface Other {
    void execute();
    void doOther();
}

public class Service implements Some, Other {
    @Override
    public void execute() {
        out.println("execute()");
    }

    @Override
    public void doSome() {
        out.println("doSome()");
    }

    @Override
    public void doOther() {
        out.println("doOther()");
    }
}
```

在设计上，你要思考一下，Some 与 Other 定义的 execute()是否表示不同的行为？

如果表示不同的行为，那么 Service 在实现时，应该有不同的方法进行实现，因此 Some 与 Other 的 execute()方法得在名称上有所不同，Service 在实现时才能有两个不同的方法。

如果表示相同的行为，那么可以定义一个父接口，在其中定义 execute()方法，而 Some 与 Other 继承该接口，各自定义自己的 doSome()与 doOther()方法：

```
interface Action {
    void execute();
}

interface Some extends Action {
    void doSome();
}

interface Other extends Action {
    void doOther();
}

public class Service implements Some, Other {
```

```
    @Override
    public void execute() {
        out.println("execute()");
    }

    @Override
    public void doSome() {
        out.println("doSome()");
    }

    @Override
    public void doOther() {
        out.println("doOther()");
    }
}
```

接口可以继承别的接口，也可以同时继承两个以上的接口，同样使用 extends 关键字，这代表了继承父接口的行为。如果父接口中定义的方法被实现，也表示继承父接口的实现。

7.2.2　匿名内部类

在编写 Java 程序时，经常需要临时继承某个类或实现某个接口，并创建实例。由于这类子类或接口实现类只使用一次，因此不需要为这些类定义名称，这时可以使用匿名内部类(Anonymous Inner Class)来满足这个需求。匿名内部类的语法为：

```
new 父类()|接口() {
    // 类的具体实现
};
```

5.2.7 节介绍内部类时简单介绍过匿名内部类，那时以继承 Object 重新定义 toString()方法为例：

```
Object o = new Object() {  // 继承 Object 重新定义 toString()并直接生成实例
    @Override
    public String toString() {
        return "语法示例而已";
    }
};
```

在以上程序片段中，有个匿名类继承了 Object，接着直接生成该匿名类的实例。正因为它是匿名类，所以你没有类名称可用来声明变量类型，真要指定类型的话，只能用 Object 类型的变量引用该实例。

然而，通过 Object 类型的变量，能进行的多态操作将只限于 Object 定义的方法，像上面创建的匿名类实例基本上没太大用处。

如果使用 var 自动推断局部变量类型，继承 Object 来创建匿名类实例，倒是可以产生特殊的作用：

```
jshell> var o = new Object() {
   ...>     String name = "Justin Lin";
   ...>     String getFirstName() {
   ...>         return name.split(" ")[0];
   ...>     }
   ...>     String getLastName() {
   ...>         return name.split(" ")[1];
   ...>     }
   ...> };
o ==> $0@6e06451e

jshell> o.name
$2 ==> "Justin Lin"

jshell> o.getFirstName()
$3 ==> "Justin"

jshell> o.getLastName()
$4 ==> "Lin"
```

因为编译器自动推断出匿名的类型，所以你可以直接取得定义的值域、操作新增的方法。如果想临时创建对象来组合某些数据或操作，可以通过这种方式来实现。

如果要实现某个接口，例如，Some 接口定义了 doService()方法，那么若要建立匿名类实例，可通过如下方式进行：

```
Some some = new Some() {  // 实现 Some 接口并直接生成实例
    public void doService() {
        out.println("做一些事");
    }
};
```

提示>>> 如果接口仅定义一个抽象方法，可以使用 Lambda 表达式来简化这个程序的编写。例如：

```
Some some = () -> out.println("做一些事");
```

有关 Lambda 语法的细节，在第 9 章与第 12 章会详细介绍。

来举个接口应用的例子。假设你打算开发多人联机程序，对每个联机客户端创建 Client 对象并封装相关信息：

Interface Client.java

```
package cc.openhome;
```

```
public class Client {
    public final String ip;
    public final String name;

    public Client(String ip, String name) {
        this.ip = ip;
        this.name = name;
    }
}
```

程序中建立的 Client 对象都会加入 ClientQueue 以便集中管理，如果程序中的其他部分希望在 ClientQueue 的 Client 加入或移除时收到通知，以便做一些处理(例如进行日志记录)，可将 Client 加入或移除时的相关信息封装为 ClientEvent：

Interface ClientEvent.java

```
package cc.openhome;

public class ClientEvent {
    private Client client;

    public ClientEvent(Client client) {
        this.client = client;
    }

    public String getName() {
        return client.name;
    }

    public String getIp() {
        return client.ip;
    }
}
```

你可以定义 ClientListener 接口，如果有对象对 Client 加入 ClientQueue 这一事件感兴趣，可以实现这个接口：

Interface ClientListener.java

```
package cc.openhome;

public interface ClientListener {
    void clientAdded(ClientEvent event);   // 新增 Client 时会调用这个方法
    void clientRemoved(ClientEvent event); // 移除 Client 时会调用这个方法
}
```

如何在 ClientQueue 新增或移除 Client 时进行通知呢？直接来看代码：

Interface ClientQueue.java

```
package cc.openhome;

import java.util.ArrayList;

public class ClientQueue {
    private ArrayList clients = new ArrayList();   ← ❶ 收集上线的 Client
    private ArrayList listeners = new ArrayList(); ← ❷ 收集对这个对象感兴趣的 ClientListener
                   ❸ 注册 ClientListener
                   ↓
    public void addClientListener(ClientListener listener) {
        listeners.add(listener);
    }

    public void add(Client client) {
        clients.add(client);   ← ❹ 新增 Client
        var event = new ClientEvent(client);   ← ❺ 通知信息将封装为 ClientEvent
        for(var i = 0; i < listeners.size(); i++) {
            var listener = (ClientListener) listeners.get(i);
            listener.clientAdded(event);   ← ❻ 逐一取出 ClientListener 通知
        }
    }

    public void remove(Client client) {
        clients.remove(client);
        var event = new ClientEvent(client);
        for(var i = 0; i < listeners.size(); i++) {
            var listener = (ClientListener) listeners.get(i);
            listener.clientRemoved(event);
        }
    }
}
```

ClientQueue 会收集联机后的 Client 对象，虽然我们在 6.2.5 节曾经自己定义过 ArrayList 类，不过在第 9 章就会学到，通过 Java SE 提供的 java.util.ArrayList，可以进行对象收集，示例中就使用了 java.util.ArrayList 来收集 Client❶，以及对 ClientQueue 感兴趣的 ClientListener❷。

如果有对象对 Client 加入 ClientQueue 这一事件感兴趣，可以实现 ClientListener，并通过 addClientListener()注册❸。当每个 Client 通过 ClientQueue 的 add()收集时，会用 ArrayList 收集 Client❹，接着使用 ClientEvent 封装 Client 相关信息❺，运用 for 循环将注册的 ClientListener 逐一取出，并调用 clientAdded()方法进行通知❻。如果有对象被移除，流程是类似的，你可以在 ClientQueue 的 remove()方法中看到相关代码。

若想测试一下，可以使用以下代码，其中使用匿名内部类，直接创建了实现 ClientListener 的对象：

Interface MultiChat.java

```
package cc.openhome;

public class MultiChat {
    public static void main(String[] args) {
        var c1 = new Client("127.0.0.1", "Caterpillar");
        var c2 = new Client("192.168.0.2", "Justin");

        var queue = new ClientQueue();
        queue.addClientListener(new ClientListener() {
            @Override
            public void clientAdded(ClientEvent event) {
                System.out.printf("%s 从 %s 上线%n",
                        event.getName(), event.getIp());
            }

            @Override
            public void clientRemoved(ClientEvent event) {
                System.out.printf("%s 从 %s 离线%n",
                        event.getName(), event.getIp());
            }
        });

        queue.add(c1);
        queue.add(c2);

        queue.remove(c1);
        queue.remove(c2);
    }
}
```

执行结果如下：

```
caterpillar 从 127.0.0.1 上线
justin 从 192.168.0.2 上线
caterpillar 从 127.0.0.1 离线
justin 从 192.168.0.2 离线
```

如果要在匿名内部类中访问局部变量，该局部变量就必须是等效于 final 的，如图 7-8 所示，否则会发生编译错误。

```
 6          int x = 1;
 7⊖         var obj1 = new Object() {
 8⊖             public String toString() {
 9                  return String.format("obj(%d)", x);
10              }
11          };
12
13          int y = 1;
14⊖         var obj2 = new Object() {
15⊖             public String toString() {
16                  return String.format("obj(%d)", y);
17              }
18          };
19
20          y = y + 1;
```

图 7-8　匿名内部类只能取得等效于 final 的局部变量

在图 7-8 中，x 局部变量在范围内并没有重新设定值，等效于 final，因此在第 8 行编译器并没有报错。然而 y 局部变量在第 20 行被重新设定值，并非等效于 final，所以编译时会发生错误(也就是你在第 16 行看到的错误)。

提示>>> 要了解其中的原因，必须探讨一些底层机制。局部变量的生命周期只限于方法之中，如果上例中方法返回 obj 引用的对象，由于方法执行完成后局部变量生命周期就结束了，因此如果通过返回的对象访问变量，将会发生错误。Java 的做法是在匿名内部类的实例中创建新变量来引用 nums 所引用的对象，也就是说，编译器会展开为类似以下的内容:

```
int x = 1;
Object obj = new Object(x) {
    public String toString() {
        return String.format("obj(%d)", _x);
    }
    final int _x;
    {
        _x = x;
    }
};
```

如果你之后改变了 x 的值，内部_x 变量却还是原本的值，显然会是错误的结果，因此当编译器发现匿名内部类中有非等效于 final 的变量时，会直接报错。

7.2.3 使用 enum 列举常量

7.2.1 节介绍过如何使用接口定义列举常量，当时定义了 play()方法(作为示例):

```
...
    public static void play(int action) {
     out.println(
```

```
        switch(action) {
            case Action.STOP  -> "停止播放动画";
            case Action.RIGHT -> "播放右侧动画";
            case Action.LEFT  -> "播放左侧动画";
            case Action.UP    -> "播放上面动画";
            case Action.DOWN  -> "播放下面动画";
            default             -> "不支持该操作";
        }
    );
  }
...
```

play()的问题在于参数接受的是 int 类型，这表示可以传入任何 int 值，因此不得不使用 default，以处理执行时传入非定义范围的 int 值。

对于列举常量，建议使用 enum 语法来定义。直接来看示例：

Enum Action.java

```java
package cc.openhome;

public enum Action {
    STOP, RIGHT, LEFT, UP, DOWN
}
```

这是使用 enum 定义列举常量最简单的例子。Action 实例具有 STOP、RIGHT、LEFT、UP、DOWN 常量，来看看如何使用：

Enum Game.java

```java
package cc.openhome;

import static java.lang.System.out;

public class Game {
    public static void main(String[] args) {
        play(Action.RIGHT);  ← ❶ 只能传入 Action 实例
        play(Action.UP);
    }

    public static void play(Action action) {  ← ❷ 声明为 Action 类型
     out.println(
          switch(action) {
              case STOP  -> "停止播放动画";   ← ❸ 列举 Action 实例
              case RIGHT -> "播放右侧动画";
              case LEFT  -> "播放左侧动画";
              case UP    -> "播放上面动画";
              case DOWN  -> "播放下面动画";
          }
```

```
        );
    }
}
```

在这个示例中，play()方法的 action 参数声明为 Action 类型❷，也就是说，只有 Action.STOP、Action.RIGHT、Action.LEFT、Action.UP、Action.DOWN 可以传入❶。与 7.2.1 节中的 play()方法不同，此处可以传入任何 int 值，case 比较也只能列举 Action 实例❸。编译器在编译时检查是否列举了全部情况，因此不需要编写 default。

虽然 enum 列举可搭配 switch 使用，不过 3.2.2 节的末尾曾经介绍过，如果各个 case 的逻辑或层次变得复杂而难以阅读，就应考虑 switch 以外的其他设计方法。然而这需要对 enum 有更多认识，对初学者而言，知道以上 enum 的基本使用方式就够了，更多 enum 细节会在第 18 章进行说明。

课后练习

实验题

1. 针对 5.1 节中设计的 CashCard 类，老板要你写个 CashCardService 类，其中有个 save()方法，可以把每个 CashCard 实例的 number、balance 与 bonus 储存下来；还有个 load()方法，可以指定卡号来加载已储存的 CashCard：

```
public void save(CashCard cashCard)
public CashCard load(String number)
```

可是老板也还没决定是将其存为文件，存到数据库，还是存到另一台计算机中。你怎么写 CashCardService 呢？

提示 >>> 在网络上检索关键字“DAO”。

2. 假设今天要开发一个动画编辑程序，每个画面为“影片帧”(Frame)，多个帧可组合为动画清单(Play List)。动画清单也可由其他已经完成的动画清单组成，还可在动画清单与其他动画清单之间加入个别帧，如何设计程序来解决这个需求？

提示 >>> 在网络上检索关键字“Composite 模式”。

第8章 异常处理

学习目标

- 使用 try、catch 处理异常
- 了解异常的继承架构
- 了解 throw、throws 的使用场景
- 使用 finally 关闭资源
- 使用自动关闭资源的语法
- 了解 AutoCloseable 接口

8.1 语法与继承架构

程序中总有些意想不到的状况所引发的错误，Java 中的错误也以对象的方式呈现为 java.lang.Throwable 的各种子类实例。如果能捕捉包装错误的对象，就有机会处理该错误，例如尝试返回正常流程、进行日志记录(Logging)、以某种形式提醒用户等。

8.1.1 使用 try、catch

来看一个简单的程序。用户可以连续输入整数，最后输入 0，输入结束后，会显示输入数的平均值：

TryCatch Average.java

```
package cc.openhome;

import java.util.Scanner;

public class Average {
    public static void main(String[] args) {
        var console = new Scanner(System.in);
        var sum = 0.0;
        var count = 0;
        while(true) {
            var number = console.nextInt();
            if(number == 0) {
```

```
                break;
            }
            sum += number;
            count++;
        }
        System.out.printf("平均 %.2f%n", sum / count);
    }
}
```

如果用户正确地输入每个整数，程序会显示平均值：

```
10 20 30 40 0
平均 25.00
```

如果用户不小心输入错误，就会出现奇怪的信息，例如，如果第三个数输入 3o，而不是 30 的话：

```
10 20 3o 40 0
Exception in thread "main" java.util.InputMismatchException
    at java.base/java.util.Scanner.throwFor(Scanner.java:939)
    at java.base/java.util.Scanner.next(Scanner.java:1594)
    at java.base/java.util.Scanner.nextInt(Scanner.java:2258)
    at java.base/java.util.Scanner.nextInt(Scanner.java:2212)
    at TryCatch/cc.openhome.Average.main(Average.java:11)
```

这段错误信息对排错是很有价值的，不过先看看错误信息的第一行：

```
Exception in thread "main" java.util.InputMismatchException
```

Scanner 对象的 nextInt()方法可将用户输入的字符串解析为 int 值。如果出现 InputMismatchException 错误信息，表示不符合 nextInt()方法预期的格式，因为 nextInt()方法预期的字符串本身要代表数字。

错误会被包装为对象。如果愿意，可以尝试(try)执行程序并在捕捉(catch)错误对象后做些处理。例如：

TryCatch Average2.java

```
package cc.openhome;

import java.util.*;

public class Average2 {
    public static void main(String[] args) {
        try {
            var console = new Scanner(System.in);
            var sum = 0.0;
            var count = 0;
            while(true) {
                var number = console.nextInt();
```

```
                if(number == 0) {
                    break;
                }
                sum += number;
                count++;
            }
            System.out.printf("平均 %.2f%n", sum / count);
        } catch (InputMismatchException ex) {
            System.out.println("必须输入整数");
        }
    }
}
```

这里使用了try、catch语法，JVM会尝试执行try代码块内的代码。如果发生错误，执行流程会离开错误发生点，然后检查catch括号中声明的类型是否符合被抛出的错误类型，如果符合的话，就执行catch代码块中的代码。

一个执行无误的示例如下：

```
10 20 30 40 0
平均 25.00
```

示例中如果nextInt()发生InputMismatchException错误，流程会跳到类型声明为InputMismatchException的catch代码块，执行完catch代码块之后，没有其他代码了，程序就结束了。一个执行时输入有误的示例如下：

```
10 20 3o 40 0
必须输入整数
```

这示范了如何使用try、catch，并在错误发生时显示友好的信息。有时，即使发生了错误，也可以在捕捉和处理之后，尝试恢复程序正常执行流程。例如：

TryCatch Average3.java

```
package cc.openhome;

import java.util.*;

public class Average3 {
    public static void main(String[] args) {
        var console = new Scanner(System.in);
        var sum = 0.0;
        var count = 0;
        while(true) {
            try {
                var number = console.nextInt();
                if(number == 0) {
                    break;
                }
```

```
                    sum += number;
                    count++;
                } catch (InputMismatchException ex) {
                    System.out.printf("略过非整数输入：%s%n", console.next());
                }
            }
            System.out.printf("平均 %.2f%n", sum / count);
        }
    }
```

如果 nextInt()发生了 InputMismatchException 错误，执行流程就会跳到 catch 代码块，执行完 catch 代码块之后，由于还在 while 循环中，因此可以继续下个循环流程。

一个输入错误时的结果如下，对正确的整数输入进行加总，对错误的输入显示错误信息，最后显示平均值：

```
10 20 3o 40 0
略过非整数输入：3o
平均 23.33
```

不过，就 Java 在异常处理方面的设计来说，并不鼓励捕捉 InputMismatchException，原因在介绍异常继承架构时会说明。

8.1.2 异常继承架构

在先前的 Average 示例中，虽然没有编写 try、catch 语句，但照样可以编译执行。初学者往往不理解，为什么按照图 8-1 所示方式编写程序，编译时会发生错误？

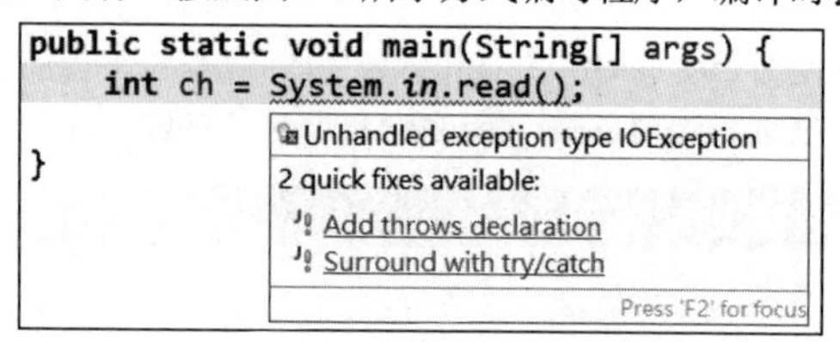

图 8-1　为什么一定要处理 java.io.IOException

要解决这个错误信息，有两种方式：一是使用 try、catch 包装 System.in.read()，二是在 main()方法旁声明 throws java.io.IOException。简单来说，System.in.read()其实告知编译器，调用它时可能会发生错误，编译器因此要求调用者必须明确处理错误。例如，下面这样的程序可以通过编译：

```
try {
    int ch = System.in.read();
} catch(java.io.IOException ex) {
    ex.printStackTrace() ;
}
```

对于 Average 示例与这里的例子，程序都有可能发生错误，为什么编译器只要求这个示例处理错误呢？要了解这个问题，得先了解那些错误对象的继承架构(见图 8-2)。

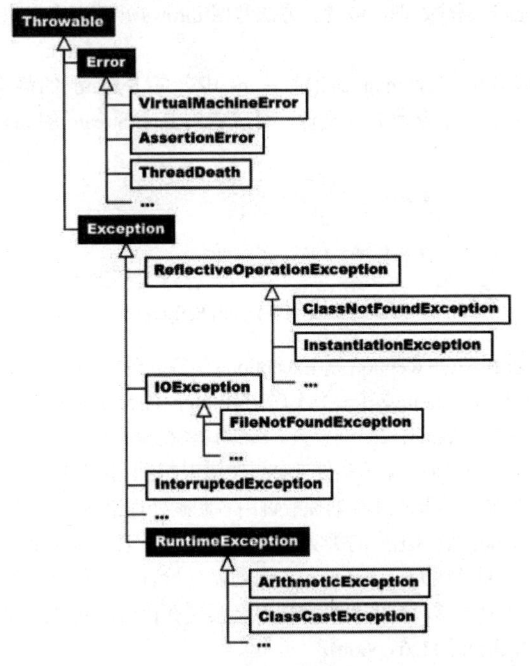

图 8-2　Throwable 继承架构图

首先要知道，错误会被包装为对象，这些对象是可抛出的(稍后会介绍 throw 语法)，因此错误相关的类会是 java.lang.Throwable 的子类。

Throwable 定义了取得错误信息、堆栈追踪(Stack Trace)等方法，它有两个子类：java.lang.Error 与 java.lang.Exception。

Error 及其子类实例代表严重系统错误，例如硬件层面错误、JVM 错误或内存不足等问题。虽然也可以用 try、catch 来处理 Error 对象，但并不建议这样做。发生严重系统错误时，Java 应用程序本身是无力处理的。举例来说，如果 JVM 分配的内存不足，如何编写程序，要求操作系统给予 JVM 更多内存呢？Error 对象抛出时，基本上不用处理，任其传播至 JVM，或者最多留下日志信息，作为开发者排错、修正程序时的线索。

提示 >>> 如果抛出了 Throwable 对象，而程序中没有任何 catch 捕捉到错误对象，最后由 JVM 捕捉到的话，就会显示错误对象提供的信息并中断程序。

对于程序设计本身的错误，建议使用 Exception 或其子类实例来表现，因此错误处理常被称为异常处理(Exception Handling)。

单就语法与继承架构来说，如果某个方法声明会抛出 Throwable 或子类实例，那么，只要它们不属于 Error 或 java.lang.RuntimeException 或其子类实例，调用者就必须明确使用 try、catch 语法处理，或者在方法旁用 throws 声明其会抛出异常，否则会编译失败。

例如，先前调用 System.in.read()时，in 其实是 System 的静态成员，类型为 java.io.InputStream。如果查询 API 文件，可以看到 InputStream 的 read()方法声明，如图 8-3 所示。

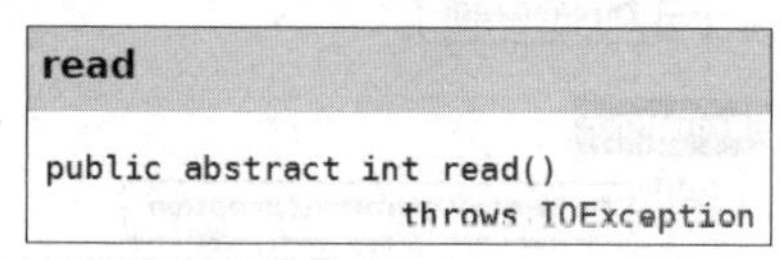

read

```
public abstract int read()
                 throws IOException
```

图 8-3 read()声明会抛出 IOException

从图 8-3 可看到，IOException 是 Exception 的直接子类，编译器要求调用者明确使用语法处理。如果 Exception 或其子类不属于 RuntimeException 或其子对象，则称之为受检异常(Checked Exception)。受谁检查？受编译器检查！受检异常存在的意义在于，API 设计者实现某个方法时，某些条件下会引发错误，而且认为调用者有能力处理错误，因此声明抛出受检异常，要求编译器提醒调用者明确处理错误，否则不可通过编译。

RuntimeException 衍生出来的类实例代表 API 设计者实现某个方法时，在某些条件下会引发错误，而且认为应该在调用方法前做好检查，以免引发错误。之所以将这类异常命名为执行时异常，是因为编译器不会强制在语法上对其进行处理，也可称之为非受检异常(Unchecked Exception)。

例如使用数组时，如果访问超出索引范围，将会抛出 ArrayIndexOutOfBoundsException，然而编译器不强迫在语法上对其进行处理，这是因为 ArrayIndexOutOfBoundsException 是一种 RuntimeException。可以在 API 文档的开头找到继承架构图，如图 8-4 所示。

Module java.base

Package java.lang

Class ArrayIndexOutOfBoundsException

```
java.lang.Object
    java.lang.Throwable
        java.lang.Exception
            java.lang.RuntimeException
                java.lang.IndexOutOfBoundsException
                    java.lang.ArrayIndexOutOfBoundsException
```

图 8-4 ArrayIndexOutOfBoundsException 是一种 RuntimeException

例如在 Average 示例中，InputMismatchException 是一种 RuntimeException，编译器不强迫在语法上对其进行处理，如图 8-5 所示。

```
Module java.base
Package java.util
Class InputMismatchException
java.lang.Object
    java.lang.Throwable
        java.lang.Exception
            java.lang.RuntimeException
                java.util.NoSuchElementException
                    java.util.InputMismatchException
```

图 8-5 InputMismatchException 是一种 RuntimeException

Java 之所以这样处理 RuntimeException，是因为调用方法前没有做好前置检查。客户端应该修改程序，使得调用方法时不会发生错误。如果真要以 try、catch 进行处理，建议使用日志或展现友好的信息，之前的 Average2 示范的做法就是个例子。

虽然有些小题大做，但是先前的 Average3 示例如果要避免出现 InputMismatchException，应该在取得用户的字符串输入之后，检查用户输入的是否为数字格式。若用户输入的是数字格式，就将其转换为 int 整数；如果格式不对，就提醒用户使用正确的格式输入，例如：

TryCatch Average4.java

```
package cc.openhome;

import java.util.Scanner;

public class Average4 {
    public static void main(String[] args) {
        var sum = 0.0;
        var count = 0;
        while(true) {
            var number = nextInt();
            if(number == 0) {
                break;
            }
            sum += number;
            count++;
        }
        System.out.printf("平均 %.2f%n", sum / count);
    }

    static Scanner console = new Scanner(System.in);

    static int nextInt() {
        var input = console.next();
        while(!input.matches("\\d+")) {
            System.out.println("请输入数字");
```

```
            input = console.next();
        }
        return Integer.parseInt(input);
    }
}
```

上例的 nextInt()方法中，使用 Scanner 的 next()方法取得输入的字符串。如果输入的字符串不是数字格式，会提示用户输入数字。String 的 matches()方法中设定了"\\d+"，这是正则表达式(Regular Expression)，表示字符串会是一个或多个代表数字的字符。如果输入的字符串符合正则表达式，matches()会返回 true，正则表达式会在第 15 章详细说明。

除了了解 Error 与 Exception 的区别，以及 Exception、RuntimeException 的区别，使用 try、catch 捕捉异常对象时还要注意，如果父类异常定义在子类异常之前，编译会发生失败，如图 8-6 所示。

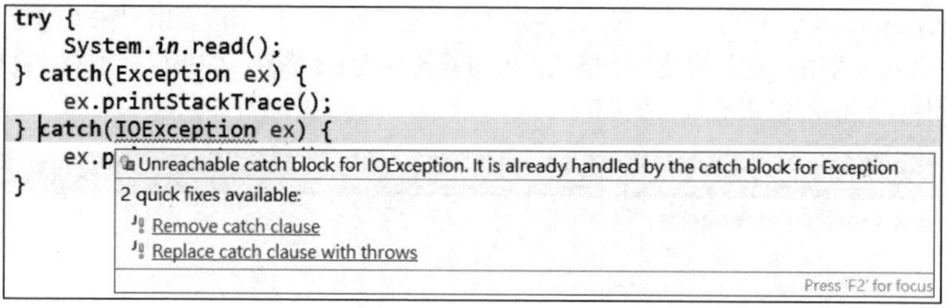

```
try {
    System.in.read();
} catch(Exception ex) {
    ex.printStackTrace();
} catch(IOException ex) {
    ex.p
}
```

Unreachable catch block for IOException. It is already handled by the catch block for Exception
2 quick fixes available:
Remove catch clause
Replace catch clause with throws
Press 'F2' for focus

图 8-6　须了解异常继承框架

编译失败的原因在于，比较时因为满足了父类异常，所以不必再捕捉子类异常；要完成这个片段的编译，必须更改异常捕捉的顺序。例如：

```
try {
    System.in.read();
} catch(IOException ex) {
    ex.printStackTrace();
} catch(Exception ex) {
    ex.printStackTrace();
}
```

你经常会发现数个类型的 catch 代码块完成相同的事情，例如，某些异常都要输出堆栈跟踪：

```
try {
    // 做一些事……
} catch(IOException e) {
    e.printStackTrace();
} catch(InterruptedException e) {
    e.printStackTrace();
```

```
} catch(ClassCastException e) {
    e.printStackTrace();
}
```

catch 异常后的代码块内容重复了，其编写不仅无聊而且对维护没有帮助。可以改用多重捕捉(Multi-catch)：

```
try {
    //做一些事……
} catch(IOException | InterruptedException | ClassCastException e) {
    e.printStackTrace();
}
```

这样的编写方式简洁许多，catch 代码块会在捕捉到 IOException、InterruptedException 或 ClassCastException 时执行。不过 catch 括号中列出的异常不得有继承关系，否则会发生编译错误，例如图 8-7 中的示例，编译器认为 Exception 可以涵盖 IOException，你又何必列出 IOException 呢？

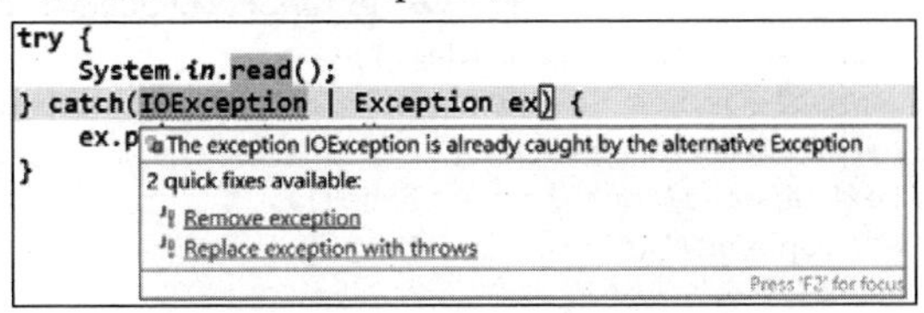

图 8-7　多重捕捉时也得注意异常继承架构

8.1.3　要抓还是要抛

假设今天你要开发一个程序库，有个功能是读取纯文本文件，并以字符串形式返回文件内容，你也许会这么编写程序：

```
public class FileUtil {
    public static String readFile(String name) {
        var text = new StringBuilder();
        try {
            var console = new Scanner(new FileInputStream(name));
            while(console.hasNext()) {
                text.append(console.nextLine())
.append('\n');
            }
        } catch (FileNotFoundException ex) {
            ex.printStackTrace();
        }
        return text.toString();
    }
}
```

虽然还没正式介绍如何访问文件，但是 4.1.2 节曾经谈过，Scanner 构建时可以给予 InputStream 实例，而 FileInputStream 可指定文件名来打开并读取文件，它是 InputStream 的子类，因此可以用来创建 Scanner。由于构建 FileInputStream 时会抛出 FileNotFoundException，你可以捕捉该异常并在控制台显示错误信息。

控制台？等一下！老板说过这个程序库会在命令行模式运行吗？如果这个程序库要用在 Web 网站上，发生错误时显示在控制台，Web 使用者怎么看得到？

你开发的是程序库，异常发生时如何处理，只有程序库的使用者知道，直接使用 catch 编写异常处理逻辑，在控制台输出错误信息的方式并不符合需求。

如果方法设计流程中发生异常，而你设计时没有充足信息来判断应如何处理(例如不知道程序库会用在什么环境)，那么可以抛出异常，让调用方法的客户端来处理。例如：

```
public class FileUtil {
    public static String readFile(String name)
                                    throws FileNotFoundException {
        var text = new StringBuilder();
        var console = new Scanner(new FileInputStream(name));
        while(console.hasNext()) {
            text.append(console.nextLine())
                .append('\n');
        }
        return text.toString();
    }
}
```

程序流程如果会抛出受检异常，而目前环境信息不足以处理异常，无法使用 try、catch 处理，在这种情况下，可让调用方法的客户端按照调用的环境进行处理。为了告诉编译器这件事，必须在方法上使用 throws，声明方法会抛出的异常类型或父类型，编译器才能通过编译。

抛出受检异常，表示你认为调用方法的客户端有能力且应该处理异常，throws 声明部分会是 API 接口的一部分，客户端不用查看源代码，从 API 文档就能直接得知，该方法可能抛出哪些异常。

如果认为执行时客户端调用方法的时机不当，才会引发某个错误，希望客户端准备好前置条件，再来调用方法，这时可以抛出非受检异常，让客户端得知此情况。对于非受检异常，编译器不会要求明确使用 try、catch 或在方法上声明 throws，因为 Java 的设计理念认为，非受检异常是程序设计不当引发的缺陷，不应使用 try、catch 尝试处理，而应改善程序逻辑来避免引发错误。

实际上在异常发生时，可使用 try、catch 进行符合当时环境的异常处理，对于当时环境无法处理的部分，可以再度抛出异常，由调用方法的客户端处理。如果想先处理部分事项，再抛出异常，可通过如下方式进行：

TryCatch FileUtil.java

```
package cc.openhome;

import java.io.*;
import java.util.Scanner;

public class FileUtil {                                    ❶ 声明方法中会抛出异常
    public static String readFile(String name)
                              throws FileNotFoundException {
        var text = new StringBuilder();
        try {
            var console = new Scanner(new FileInputStream(name));
            while(console.hasNext()) {
                text.append(console.nextLine())
                    .append('\n');
            }
        } catch (FileNotFoundException ex) {
            ex.printStackTrace();
            throw ex;  ← ❷ 执行时会抛出异常
        }
        return text.toString();
    }
}
```

在 catch 程序块进行部分错误处理之后，可以使用 throw(注意不是 throws)抛出异常❷。任何流程都可抛出异常，不一定要在 catch 程序块内抛出异常，然后跳离原有流程，可以抛出受检异常或非受检异常。如果抛出受检异常，表示认为客户端有能力且应处理异常，此时必须在方法上使用 throws 声明❶。如果抛出非受检异常，表示认为执行时客户端调用方法的时机出错了，抛出异常旨在要求客户端先修正缺陷，然后调用方法，此时就不必使用 throws 声明。

在继承的情况下，如果父类某方法使用 throws 声明某些异常，那么子类重新定义该方法时可以：

- 不声明任何 throws 异常。
- 可使用 throws 声明父类中该方法声明的某些异常。
- 可使用 throws 声明父类中该方法声明异常的子类。

但不可以：

- 使用 throws 声明父类方法未声明的其他异常。
- 使用 throws 声明父类方法声明异常的父类。

8.1.4 贴心还是制造麻烦

异常处理的本意是在程序错误发生时，能用明确方式通知 API 客户端，让客户端采取进一步的动作来修正错误，就我编写本书的时间点来说，Java 仍是唯一采用受检异常(Checked Exception)的语言，这有两个目的：一是文档化，受检异常声明会是 API 接口的一部分，只要查阅文档，就可以知道方法可能会引发哪些异常，并事先加以处理，而这是 API 设计者决定是否抛出受检异常的考虑因素之一；另一目的是提供编译器信息，以便编译时就能检查出 API 客户端是否对异常进行处理。

然而有些问题引发的异常，你根本无力处理，例如，使用 JDBC 编写数据库连接程序时，经常要处理的 java.sql.SQLException 是受检异常，如果异常发生的原因是数据库连接异常，或者源自物理链路问题，那么无论如何都不可能使用 try、catch 处理这类情况吧！

8.1.3 节中提到，错误发生的情境如果没有足够的信息让你处理异常，可以根据现有信息进行处理，然后重新抛出异常。你也许会这么编写代码：

```
public Customer getCustomer(String id) throws SQLException {
    ...
}
```

看起来似乎没有问题，然而假设此方法是在应用程序底层被调用的，在 SQLException 发生时，最好的方式是将异常传播至使用者页面呈现，例如网页应用程序发生错误时，将错误信息显示在网页上。

为了传播异常，你也许会选择在调用链的每个方法上都声明 throwsSQLException，然而先前假设的是，此方法的调用是在应用程序底层，这样的做法也许会导致许多代码被修改，另一个问题是，你有可能根本无权修改应用程序的其他部分，这样的做法显然行不通。

受检异常本意良好，有助于开发者在编译时就注意到异常的可能性，然而当应用程序规模增大时，受检异常会逐渐对维护造成麻烦。上述情况不一定在你自定义 API 时发生，当底层导入了会抛出受检异常的 API 时，也可能发生类似情况。

重新抛出异常时，除了将捕捉到的异常直接抛出，也可以考虑为应用程序自定义专属的异常类，让异常更能表现应用程序特有的错误信息。自定义异常类时，可以继承 Throwable、Error 或 Exception 的相关子类，通常建议继承 Exception 或其子类。如果一个异常类没有继承 Error 或 RuntimeException，则是受检异常。

```
public class CustomizedException extends Exception { // 自定义受检异常
    ...
}
```

错误发生时，如果当时情况没有足够信息让你处理异常，可以根据现有信息进行处理，然后重新抛出异常。既然已经针对错误做了某些处理，也就可以考虑自定义异常，从而更精确地表示出未处理的错误。如果认为调用 API 的客户端必须处理这类错误，就自定义受检异常。填入适当错误信息并重新抛出，并在方法上使用 throws 加以声明。如果认为调用 API 的客户端没有准备好就调用了方法，导致未处理的错误仍然存在，那就自定义非受检异常，填入适当错误信息并重新抛出。

```
public class CustomizedException extends RuntimeException {
  // 自定义非受检异常
    ...
}
```

下面是一个基本的例子：

```
try {
    ...
} catch(SomeException ex) {
    // 做些可行的处理
    // 也许可以进行日志记录之类的工作

   // 受检异常还是非受检异常?
    throw new CustomizedException("error message...");
}
```

类似地，如果流程中要抛出异常，也要思考一下，这到底是客户端可以处理的异常，还是客户端没有准备好前置条件就调用方法所引发的异常？

```
if(someCondition) {
    // 受检异常还是非受检异常?
    throw new CustomizedException("error message");
}
```

无论如何，Java 采用了受检异常的做法，未来标准 API 似乎打算一直这么区分下去。只是受检异常让开发人员无从选择，对于这类异常，编译器必然强制要求处理，确实会在设计上造成麻烦，因而有些开发者设计程序库时，会选择完全使用非受检异常。一些会封装应用程序底层行为的框架，如 Spring 或 Hibernate，就选择让异常体系成为非受检异常。例如 Spring 的 DataAccessException，或者 Hibernate 3 以后的 HibernateException，它们选择给予开发者较大的弹性来面对异常(开发者因此需要更多的经验才能掌握这些内容)。

随着应用程序的进化，异常也可以考虑进化，也许一开始被设计为受检异常，然而随着应用程序堆栈的加深，受检异常总要逐层往外声明、抛出，这也许说明原先认为客户端可处理的异常已经让每一层客户端都无力处理了，每层客户端都无力处理的异常也许该视为一种漏洞，客户端在调用时或许该准备好前置条件再调用，以免引发错误，这时你可能不得不将受检异常转换为非受检异常。

实际上确实有这类例子，Hibernate 3 之前的 HibernateException 是受检异常，然而 Hibernate 3 以后的 HibernateException 变成了非受检异常。

然而，即使不用面对受检异常与非受检异常的区别，开发者仍然必须思考，这到底是客户端可以处理的异常，还是客户端没有准备好前置条件就调用方法才引发的异常？

8.1.5 了解堆栈跟踪

在多重的方法调用下，异常发生点可能在某个方法之中。如果想得知异常发生的根源，以及多重方法调用下异常的堆栈传播，可以利用异常自动收集的堆栈追踪(Stack Trace)取得相关信息。

查看堆栈追踪最简单的方式就是直接调用异常对象的 printStackTrace()。例如：

TryCatch StackTraceDemo.java

```
package cc.openhome;

public class StackTraceDemo {
    public static void main(String[] args) {
        try {
            c();
        } catch(NullPointerException ex) {
            ex.printStackTrace();
        }
    }

    static void c() {
        b();
    }

    static void b() {
        a();
    }

    static String a() {
        String text = null;
        return text.toUpperCase();
    }
}
```

这个示例程序中，c()方法调用 b()方法，b()调用 a()，而 a()会因 text 引用 null，之后调用 toUpperCase()而引发 NullPointerException。假设事先不知道这个顺序(也许是在使用程序库)，当异常发生且被捕捉时，可以调用 printStackTrace()在控制台显示堆栈跟踪，如图 8-8 所示。

```
java.lang.NullPointerException
        at TryCatch/cc.openhome.StackTraceDemo.a(StackTraceDemo.java:22)
        at TryCatch/cc.openhome.StackTraceDemo.b(StackTraceDemo.java:17)
        at TryCatch/cc.openhome.StackTraceDemo.c(StackTraceDemo.java:13)
        at TryCatch/cc.openhome.StackTraceDemo.main(StackTraceDemo.java:6)
```

图 8-8　异常堆栈跟踪

堆栈跟踪信息显示了异常的类型，最顶层是异常的根源，接下来是调用方法的顺序，代码行数对应于当初的程序源代码。如果使用的是 IDE，单击行号就可直接显示源代码，并跳至对应行号(如果源代码存在的话)。printStackTrace()还有接受 PrintStream、PrintWriter 的版本，可将堆栈跟踪信息以指定方式输出至目的地(如文件)。

提示>>> 编译字节码文件时，默认会记录源代码行号等信息(作为排错信息)；在使用 javac 编译时指定-g:none 参数，就不会记录排错信息，编译出来的字节码文件容量会比较小。

如果想取得个别的堆栈跟踪元素以进行处理，可使用 getStackTrace()，这会返回 StackTraceElement 数组。数组中索引 0 为异常根源的相关信息，之后为各方法调用中的信息，可以使用 StackTraceElement 的 getClassName()、getFileName()、getLineNumber()、getMethodName()等方法取得对应的信息。

提示>>> Throwable 与 Thread 都定义了 getStackTrace()方法，可以使用 new Throwable() 或 Thread.currentThread()取得 Throwable 或 Thread 实例后再调用 getStackTrace() 方法。如果要更便于访问堆栈跟踪，可以使用 Stack-Walking API，这部分内容会在第 15 章做进一步介绍。

要善用堆栈跟踪，前提是代码中不可有隐藏异常的行为，例如在捕捉异常后什么都不做：

```
try {
    ...
} catch(SomeException ex) {
    // 什么也没有，绝对不要这么做！
}
```

这样的代码会对应用程序的维护造成严重伤害，因为异常信息会完全中止，之后调用此段代码的客户端完全不知道发生了什么事，让排错过程变得非常困难，甚至找不出错误根源。

另一种会对应用程序的维护造成伤害的方式就是对异常做不适当的处理，或显示不正确的信息。例如，有时由于某个异常层次下引发的异常类型很多：

```
try {
    ...
} catch(FileNotFoundException ex) {
    // 做一些处理
} catch(EOFException ex) {
    // 做一些处理
}
```

有些开发者为了省事，会试图使用 IOException 来捕捉全部异常，之后又因为经常找不到文件而把代码写成了这样：

```
try {
   ...
} catch(IOException ex) {
   out.println("找不到文件");
}
```

这类代码在项目中还是比较常见的，假如日后自己或者别人使用程序时真的发生了 EOFException(或因其他原因而发生 IOException 或其子类型异常)，但错误信息却一直显示“找不到文件”，就会误导排错的方向。

在使用 throw 重抛异常时，异常的跟踪堆栈的起点仍是异常的发生根源，而不是重抛异常的地方。例如：

TryCatch StackTraceDemo2.java

```
ppackage cc.openhome;

public class StackTraceDemo2 {
   public static void main(String[] args) {
      try {
         c();
      } catch(NullPointerException ex) {
         ex.printStackTrace();
      }
   }

   static void c() {
      try {
         b();
      } catch(NullPointerException ex) {
         ex.printStackTrace();
         throw ex;
      }

   }

   static void b() {
      a();
   }

   static String a() {
      String text = null;
      return text.toUpperCase();
   }
}
```

执行这个程序后，会显示以下的异常堆栈信息，如你所见，两次显示的是相同的堆栈信息：

```
java.lang.NullPointerException
  at TryCatch/cc.openhome.StackTraceDemo2.a(StackTraceDemo2.java:28)
  at TryCatch/cc.openhome.StackTraceDemo2.b(StackTraceDemo2.java:23)
  at TryCatch/cc.openhome.StackTraceDemo2.c(StackTraceDemo2.java:14)
  at TryCatch/cc.openhome.StackTraceDemo2.main(StackTraceDemo2.java:6)
java.lang.NullPointerException
  at TryCatch/cc.openhome.StackTraceDemo2.a(StackTraceDemo2.java:28)
  at TryCatch/cc.openhome.StackTraceDemo2.b(StackTraceDemo2.java:23)
  at TryCatch/cc.openhome.StackTraceDemo2.c(StackTraceDemo2.java:14)
  at TryCatch/cc.openhome.StackTraceDemo2.main(StackTraceDemo2.java:6)
```

如果想让异常堆栈的起点为重抛异常的地方，可以使用 fillInStackTrace()。这个方法会重新装载异常堆栈，并将起点设为重抛异常的地方，然后返回 Throwable 对象。例如：

TryCatch StackTraceDemo3.java

```
package cc.openhome;

public class StackTraceDemo3 {
    public static void main(String[] args) {
        try {
            c();
        } catch(NullPointerException ex) {
            ex.printStackTrace();
        }
    }

    static void c() {
        try {
            b();
        } catch(NullPointerException ex) {
            ex.printStackTrace();
            Throwable t = ex.fillInStackTrace();
            throw (NullPointerException) t;
        }
    }

    static void b() {
        a();
    }

    static String a() {
        String text = null;
        return text.toUpperCase();
    }
}
```

执行这个程序后，会显示以下信息，如你所见，第二次显示的堆栈跟踪的起点就是重抛异常的起点：

```
java.lang.NullPointerException
  at TryCatch/cc.openhome.StackTraceDemo3.a(StackTraceDemo3.java:28)
  at TryCatch/cc.openhome.StackTraceDemo3.b(StackTraceDemo3.java:23)
  at TryCatch/cc.openhome.StackTraceDemo3.c(StackTraceDemo3.java:14)
  at TryCatch/cc.openhome.StackTraceDemo3.main(StackTraceDemo3.java:6)
java.lang.NullPointerException
  at TryCatch/cc.openhome.StackTraceDemo3.c(StackTraceDemo3.java:17)
  at TryCatch/cc.openhome.StackTraceDemo3.main(StackTraceDemo3.java:6)
```

8.1.6 关于 assert

如果要求程序在执行的某个时间点或某些情况下必须处于某个状态，否则视为严重错误，必须立即停止程序，并确认流程设计是否正确，这样的需求称为断言(Assertion)。断言结果只有两种：成立和不成立。

Java 提供的 assert 语法有两种使用方式：

```
assert boolean_expression;
assert boolean_expression : detail_expression;
```

boolean_expression 如果为 true，则什么事都不会发生；如果为 false，则会发生 java.lang.AssertionError，此时如果采取第二个语法，会显示 detail_expression。如果 detail_expression 是个对象，则会调用 toString()显示文字描述结果。

默认执行程序时不会启用断言检查，如果要在执行时启用断言检查，可以在执行 java 命令时，指定-enableassertions 或-ea 参数。

那么何时该使用断言呢？一般有如下几个建议：

- 断言客户端调用方法前，已经准备好某些前置条件。
- 断言客户端调用方法后，会有方法承诺实现的结果。
- 断言对象某个时间点的状态。
- 使用断言取代注释。
- 断言程序流程中绝对不会执行到的代码部分。

以第 5 章的 CashCard 对象为例，它的 charge()方法原先设计如下：

```
...
    public void charge(int money) {
        if(money > 0) {
            if(money <= this.balance) {
                this.balance -= money;
            }
            else {
                out.println("钱不够啦！");
```

```
            }
        }
        else {
            out.println("扣负数？这不是叫我充值吗？");
        }
    }
...
```

原先的设计在错误发生时，直接在控制台中显示错误信息，通过适当地将 charge()方法的子流程封装为方法调用，并将错误信息以异常的形式抛出，可将原程序修改为如下形式：

```
...
    public void charge(int money) throws InsufficientException {
        checkGreaterThanZero(money);
        checkBalance(money);
        this.balance -= money;

        // this.balance 不能是负数
    }

    private void checkGreaterThanZero(int money) {
        if(money < 0) {
            throw new IllegalArgumentException("扣负数？这不是叫我充值吗？");
        }
    }

    private void checkBalance(int money) throws InsufficientException {
        if(money > this.balance) {
            throw new InsufficientException("钱不够啦！", this.balance);
        }
    }
...
```

提示»» 完整地修改 CashCard 程序，是本章的课后练习！

这里假设余额不足是一种商务流程上可处理的错误，因此让 InsufficientException 继承 Exception，成为受检异常，并要求客户端调用时必须处理，而调用 charge()方法时，本来就不该传入负数，因此 checkGreaterThanZero()会抛出非受检的 IllegalArgumentException，这是一种通过防御性程序设计(Defensive Programming)来实现速错(Fail Fast)的概念。

提示》》 防御性程序设计有些不好的名声，不过并不是说做了防御性程序设计就不好。可以参考《避免隐藏错误的防御性设计》[1]。

checkGreaterThanZero()是一种前置条件检查，如果程序上线后就不需要这种检查的话，可以用 assert 取代它，并在开发阶段使用-ea 选项，而程序上线后取消该选项。charge()方法使用了注释来提示，方法调用后的对象状态必定不能为负，这部分可以使用 assert 取代，能在实际上提高效益：

```
...
    public void charge(int money) throws InsufficientException {
        assert money >= 0 : "扣负数？这不是叫我充值吗？";

        checkBalance(money);
        this.balance -= money;

        assert this.balance >= 0 : "this.balance 不能是负数";
    }

    private void checkBalance(int money) throws InsufficientException
{
        if(money > this.balance) {
            throw new InsufficientException("钱不够啦！", this.balance);
        }
    }
...
```

另一种使用断言的情况，比如在 7.2.1 节的 Game 类中，如果必定不能有 default 的状况，也可以改用 assert：

```
...
    public static void play(int action) {
        switch(action) {
            case Action.STOP:
                out.println("停止播放动画");
                break;
            case Action.RIGHT:
                out.println("播放右侧动画");
                break;
            case Action.LEFT:
                out.println("播放左侧动画");
                break;
            case Action.UP:
                out.println("播放上面动画");
                break;
```

1 避免隐藏错误的防御性设计：https://openhome.cc/Gossip/Programmer/DefensiveProgramming.html.

```
            case Action.DOWN:
                out.println("播放下面动画");
                break;
            default:
                assert false : "非定义的常量";
        }
    }
...
```

开发人员使用 play()时，一定要使用 Action 定义的列举常量，否则有可能执行到 default，如果这种情况发生，将被视为开发时的严重错误，可以直接 assert false，表示此时必然断言失败。

注意》》》 断言用于判定程序中的某执行点是否在某个状态，不能把它当作 if 之类的判断式来使用，assert 不应被当作程序执行流程的一部分。

8.2 异常与资源管理

程序中因错误而抛出异常时，执行流程会中断，抛出异常位置之后的代码不会执行。如果程序开启了相关资源，使用完毕后，你是否考虑到关闭资源呢？如果因错误而抛出异常，你的设计是否能正确地关闭资源呢？

8.2.1 使用 finally

老实说，8.1.3 节中编写的 FileUtil 示例并不是很正确，之后在讨论输入/输出时会谈到，创建 FileInputStream 实例时会打开文件，而不使用时，应该调用 close()来关闭文件。FileUtil 是通过 Scanner 搭配 FileInputStream 来读取文件的，实际上 Scanner 对象有个 close()方法，可以关闭 Scanner 相关资源以及搭配的 FileInputStream。

那么何时关闭资源呢？如下代码并不是很正确：

```
...
public static String readFile(String name) throws FileNotFoundException {
    var text = new StringBuilder();
    var console = new Scanner(new FileInputStream(name));
    while(console.hasNext()) {
        text.append(console.nextLine())
            .append('\n');
    }
    console.close();
    return text.toString();
}
...
```

如果 console.close()前发生了异常，执行流程就会中断，console.close()就不会执行，Scanner 及搭配的 FileInputStream 就不会关闭。

你想要的是无论如何，最后一定要关闭资源，那么，try、catch 语法可以搭配 finally，这样，无论 try 代码块是否发生异常，只要编写了 finally 代码块，finally 代码块就一定会执行。例如：

TryCatchFinally FileUtil.java

```
package cc.openhome;

import java.io.*;
import java.util.Scanner;

public class FileUtil {
    public static String readFile(String name)
        throws FileNotFoundException {
        var text = new StringBuilder();
        Scanner console = null;
        try {
            console = new Scanner(new FileInputStream(name));
            while(console.hasNext()) {
                text.append(console.nextLine())
                    .append('\n');
            }
        } finally {
            if(console != null) {
                console.close();
            }
        }
        return text.toString();
    }
}
```

由于 finally 代码块一定会执行，这个示例中的 console 原先是 null，如果 FileInputStream 创建失败，console 就还是 null，因此 finally 代码块必须先检查 console 是否引用了对象，有的话才进一步调用 close()方法，否则 console 既引用 null，又打算调用 close()方法，会抛出 NullPointerException。

如果程序的流程先 return 了，而且写了 finally 代码块，那 finally 代码块会先执行完毕，再将值返回。例如，下面这个示例会先显示“finally...”再显示“1”：

TryCatchFinally FinallyDemo.java

```
package cc.openhome;

public class FinallyDemo {
    public static void main(String[] args) {
```

```
        System.out.println(test(true));
    }

    static int test(boolean flag) {
        try {
            if(flag) {
                return 1;
            }
        } finally {
            System.out.println("finally...");
        }
        return 0;
    }
}
```

8.2.2 自动尝试关闭资源

在使用 try、finally 尝试关闭资源时，常常会发现程序编写的流程是相似的，就如先前 FileUtil 示范的，会先检查 scanner 是否为 null，再调用 close()方法关闭 Scanner。对于这种类似的流程，可以使用尝试关闭资源(Try-with-resources)语法进行简化：

TryCatchFinally FileUtil2.java

```
package cc.openhome;

import java.io.FileInputStream;
import java.io.FileNotFoundException;
import java.util.Scanner;

public class FileUtil2 {
    public static String readFile(String name)
                                    throws FileNotFoundException {
        var text = new StringBuilder();
        try(var console = new Scanner(new FileInputStream(name))) {
            while(console.hasNext()) {
                text.append(console.nextLine())
                    .append('\n');
            }
        }
        return text.toString();
    }
}
```

尝试自动关闭资源的对象，应编写在 try 之后的括号中，如果不需要捕获任何异常，可以不用编写 catch，也不用编写 finally。

尝试关闭资源语法是编译器糖，可尝试反编译代码并观察一下，看看这个语法是否符合你的需求：

```
...
public static String readFile(String name) throws FileNotFoundException
{
    StringBuilder text = new StringBuilder();
    Scanner console = new Scanner(new FileInputStream(name));
    Throwable localThrowable2 = null;
    try {
        while (console.hasNext()) {
            text.append(console.nextLine())
                .append('\n');
        }
    } catch (Throwable localThrowable1) {      // 尝试捕捉所有错误
        localThrowable2 = localThrowable1;
        throw localThrowable1;
    }
    finally {
        if (console != null) {  // 如果 console 引用 Scanner 实例
            if (localThrowable2 != null) {     // 若先前已经捕获到其他异常
                try {
                    console.close();           // 尝试关闭 Scanner 实例
                } catch (Throwable x2) {       // 万一关闭时发生错误
                    localThrowable2.addSuppressed(x2);
                    // 在原异常对象中记录
                }
            } else {
                console.close();  // 如果之前没有发生任何异常，就直接关闭
Scanner
            }
        }
    }
    return text.toString();
}
...
```

上面代码中的重要部分，已直接在代码中以注释方式说明。如果异常被捕捉后的处理过程引发另一个异常，通常会抛出第一个异常作为响应。addSuppressed()方法是在 java.lang.Throwable 定义的方法，可将第二个异常记录在第一个异常之中。与之相对应的是 getSuppressed()方法，可返回 Throwable[]，代表先前被 addSuppressed()记录的各个异常对象。

在使用尝试关闭资源语法时，也可以搭配 catch。例如，你也许想在发生 FileNotFoundException 时显示堆栈跟踪信息：

```
...
public static String readFile(String name) throws FileNotFoundException {
    var text = new StringBuilder();
    try(var console = new Scanner(new FileInputStream(name))) {
        while(console.hasNext()) {
            text.append(console.nextLine());
            text.append('\n');
        }
    } catch(FileNotFoundException ex) {
        ex.printStackTrace();
        throw ex;
    }
    return text.toString();
}
...
```

反编译后可以看到，程序片段中粗体字部分产生在另一个 try、catch 代码块中：

```
...
public static String readFile(String name) throws FileNotFoundException {
    StringBuilder text = new StringBuilder();
    try(
        // 这个代码块中是尝试关闭资源语法展开后的代码
        Scanner console = new Scanner(new FileInputStream(name));
        Throwable localThrowable2 = null;
        try {
            while (console.hasNext()) {
                text.append(console.nextLine())
                    .append('\n');
            }
        } catch (Throwable localThrowable1) {
            localThrowable2 = localThrowable1;
            throw localThrowable1;
        }
        finally {
            if (console != null) {
                if (localThrowable2 != null) {
                    try {
                        console.close();
                    } catch (Throwable x2) {
                        localThrowable2.addSuppressed(x2);
                    }
                } else {
                    console.close();
                }
            }
        }
```

```
        } catch(FileNotFoundException ex) {
            ex.printStackTrace();
            throw ex;
        }
        return text.toString();
    }
    ...
```

尝试关闭资源语法仅能协助关闭资源，而不能用于处理异常。从反编译的代码中可以看到，使用尝试关闭资源语法时，不要试图自行编写代码以关闭资源，这样会造成重复调用 close()方法。实际上语义也是如此，既然要自动关闭资源了，又何必自行编写代码来关闭呢？

使用尝试关闭资源语法时，try 括号中引用资源的变量必须等效于 final，这样才能通过编译，例如，以下片段并没有对 scanner 进行重新指定的动作，try 可以直接关闭资源：

```
public static String readFile(Scanner scanner) {
    StringBuilder text = new StringBuilder();
    try(scanner) {
        while(scanner.hasNext()) {
            text.append(scanner.nextLine());
            text.append('\n');
        }
    }
    return text.toString();
}
```

8.2.3 java.lang.AutoCloseable 接口

尝试关闭资源语法可套用的对象，必须实现 java.lang.AutoCloseable 接口，这可以从 API 文档中得知，如图 8-9 所示。

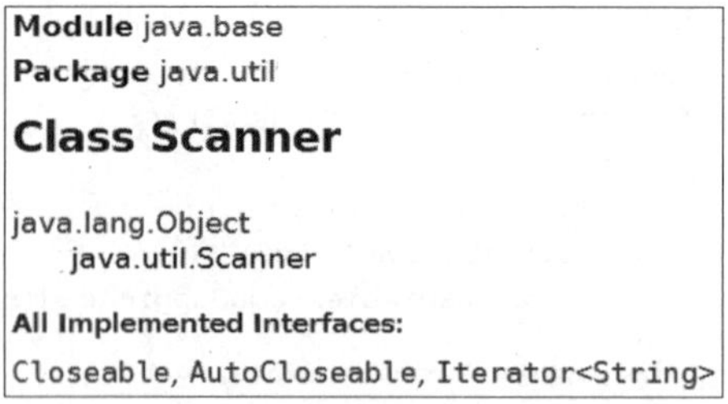

Module java.base
Package java.util

Class Scanner

java.lang.Object
    java.util.Scanner

All Implemented Interfaces:
Closeable, AutoCloseable, Iterator<String>

图 8-9　Scanner 实现了 AutoCloseable

AutoCloseable 仅定义了 close()方法：

```
package java.lang;
public interface AutoCloseable {
    void close() throws Exception;
}
```

继承 AutoCloseable 的子接口，或实现 AutoCloseable 的类，可在 AutoCloseable 的 API 文档上查询得知，如图 8-10 所示。

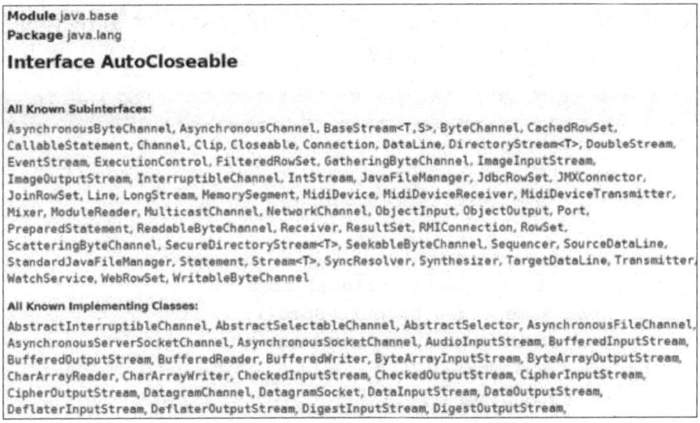

Module java.base
Package java.lang

Interface AutoCloseable

All Known Subinterfaces:

AsynchronousByteChannel, AsynchronousChannel, BaseStream<T,S>, ByteChannel, CachedRowSet, CallableStatement, Channel, Clip, Closeable, Connection, DataLine, DirectoryStream<T>, DoubleStream, EventStream, ExecutionControl, FilteredRowSet, GatheringByteChannel, ImageInputStream, ImageOutputStream, InterruptibleChannel, IntStream, JavaFileManager, JdbcRowSet, JMXConnector, JoinRowSet, Line, LongStream, MemorySegment, MidiDevice, MidiDeviceReceiver, MidiDeviceTransmitter, Mixer, ModuleReader, MulticastChannel, NetworkChannel, ObjectInput, ObjectOutput, Port, PreparedStatement, ReadableByteChannel, Receiver, ResultSet, RMIConnection, RowSet, ScatteringByteChannel, SecureDirectoryStream<T>, SeekableByteChannel, Sequencer, SourceDataLine, StandardJavaFileManager, Statement, Stream<T>, SyncResolver, Synthesizer, TargetDataLine, Transmitter, WatchService, WebRowSet, WritableByteChannel

All Known Implementing Classes:

AbstractInterruptibleChannel, AbstractSelectableChannel, AbstractSelector, AsynchronousFileChannel, AsynchronousServerSocketChannel, AsynchronousSocketChannel, AudioInputStream, BufferedInputStream, BufferedOutputStream, BufferedReader, BufferedWriter, ByteArrayInputStream, ByteArrayOutputStream, CharArrayReader, CharArrayWriter, CheckedInputStream, CheckedOutputStream, CipherInputStream, CipherOutputStream, DatagramChannel, DatagramSocket, DataInputStream, DataOutputStream, DeflaterInputStream, DeflaterOutputStream, DigestInputStream, DigestOutputStream,

图 8-10　AutoCloseable 的子接口与实现类

只要实现 AutoCloseable 接口，就可使用尝试关闭资源语法，以下是个简单的示例：

TryCatchFinally AutoCloseableDemo.java

```
package cc.openhome;

public class AutoCloseableDemo {
    public static void main(String[] args) {
        try(var res = new Resource()) {
            res.doSome();
        } catch(Exception ex) {
            ex.printStackTrace();
        }
    }
}

class Resource implements AutoCloseable {
    void doSome() {
        System.out.println("做一些事");
    }

    @Override
```

```
    public void close() throws Exception {
        System.out.println("资源被关闭");
    }
}
```

执行结果如下：

```
做一些事
资源被关闭
```

尝试关闭资源语法也可关闭两个以上的对象资源，只要以分号区隔即可。来看看以下示例，哪个对象资源会先被关闭呢？

TryCatchFinally AutoCloseableDemo2.java

```
package cc.openhome;

import static java.lang.System.out;

public class AutoCloseableDemo2 {
    public static void main(String[] args) {
        try(var some = new ResourceSome();
            var other = new ResourceOther()) {
            some.doSome();
            other.doOther();
        } catch(Exception ex) {
            ex.printStackTrace();
        }
    }
}

class ResourceSome implements AutoCloseable {
    void doSome() {
        out.println("做一些事");
    }

    @Override
    public void close() throws Exception {
        out.println("资源 Some 被关闭");
    }
}

class ResourceOther implements AutoCloseable {
    void doOther() {
        out.println("做其他事");
    }

    @Override
```

```
    public void close() throws Exception {
        out.println("资源 Other 被关闭");
    }
}
```

在 try 的括号中，越靠后编写的对象资源会越早被关闭。执行结果如下，ResourceOther 实例会先被关闭，然后 ResourceSome 实例被关闭：

```
做一些事
做其他事
资源 Other 被关闭
资源 Some 被关闭
```

课后习题

实验题

1. 对于 5.2 节中设计的 CashCard 类，store()与 charge()方法传入负数时，错误信息只显示在命令行模式下，这不是正确的做法，请修改 store()与 charge()方法，使其在传入负数时抛出 IllegalArgumentException。

2. 续上题，请修改 CashCard 类，并在积分或余额不足时，抛出以下异常，其中 number 表示剩余积分或余额：

```
package cc.openhome.virtual;
public class InsufficientException extends Exception {
    private int remain;

    public InsufficientException(String message, int remain) {
        super(message);
        this.remain = remain;
    }

    public int getRemain() {
        return remain;
    }
}
```

3. 续上题，请修改 CashCard 类的 store()与 charge()方法，改为通过 assert 来断言不能传入负数。

第9章 Collection 与 Map

学习目标

- 认识 Collection 与 Map 架构
- 使用 Collection 与 Map 实现
- Lambda 表达式简介
- 泛型语法简介

9.1 使用 Collection 收集对象

程序中常有收集对象的需求，到目前为止，你学过的方式涉及使用 Object 数组，而 6.2.5 节中曾自行开发 ArrayList 类，封装了自动增长 Object 数组长度等行为。Java SE 其实已经提供了数个收集对象的类，不用重新创建类似的 API。

9.1.1 认识 Collection 架构

针对收集对象的需求，Java SE 提供了 Collection API。在使用之前，建议先了解其继承与接口实现的架构，以便判断该采用哪个类，以及类之间如何合作，而不会陷入死记 API 或抄写示例的窘境，Collection API 接口继承架构设计如图 9-1 所示。

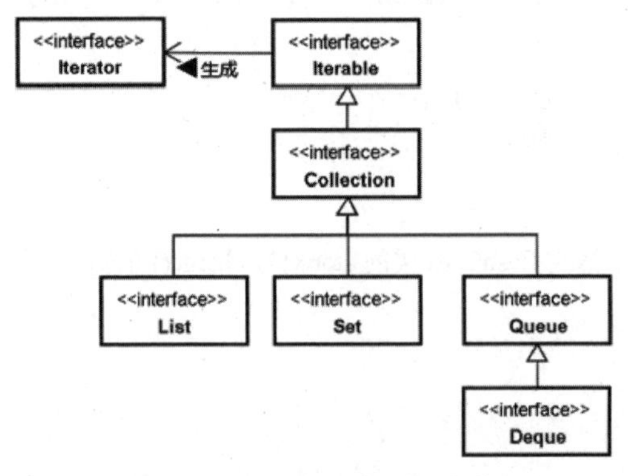

图 9-1　Collection API 接口继承架构

收集对象的行为，如新增对象的 add()方法、移除对象的 remove()方法等，都定义在 java.util.Collection 中。既可以收集对象，又能逐一取得对象，这就是 java.lang.Iterable 定义的行为，它定义了 iterator()方法返回 java.util.Iterator 实现的对象，可以逐一取得收集的对象。详细操作方式，稍后会说明。

收集对象的共同行为定义在 Collection 中，然而收集对象时有不同的需求。如果希望收集时记录各对象的索引顺序，并可根据索引取回对象，这样的行为应定义在 java.util.List 接口中。如果希望收集的对象不重复，并具有集合的行为，则可通过 java.util.Set 定义。如果希望收集对象时可使用队列的方式，将收集的对象加入尾端，取得对象时应从前端开始取得，可以使用 java.util.Queue。如果希望对 Queue 的两端进行加入、移除等操作，则可以使用 java.util.Deque。

收集对象时，会根据需求使用不同的接口来实现对象。举例来说，如果想收集时具有索引顺序，实现方式之一是使用数组，而若要以数组实现 List，就应使用 java.util.ArrayList。如果查看 API 文档，会发现如图 9-2 所示的继承与实现架构。

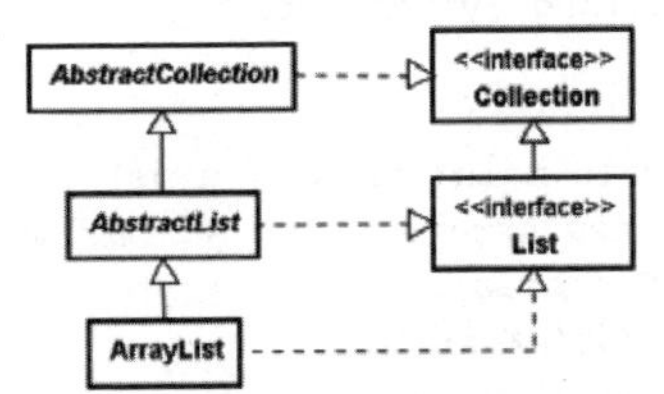

图 9-2　ArrayList 继承与接口实现架构

Java SE API 不仅提供许多实现类，也考虑到自行扩充 API 的需求。就收集对象的基本行为来说，Java SE 提供的 java.util.AbstractCollection 实现了 Collection 的基本行为，java.util.AbstractList 实现了 List 的基本行为。必要时，可以继承 AbstractCollection 以实现自己的 Collection，继承 AbstractList 以实现自己的 List，这会比直接实现 Collection 或 List 接口方便许多。

有时，为了只表示感兴趣的接口或类，会简化继承与实现的架构图(见图 9-3)。

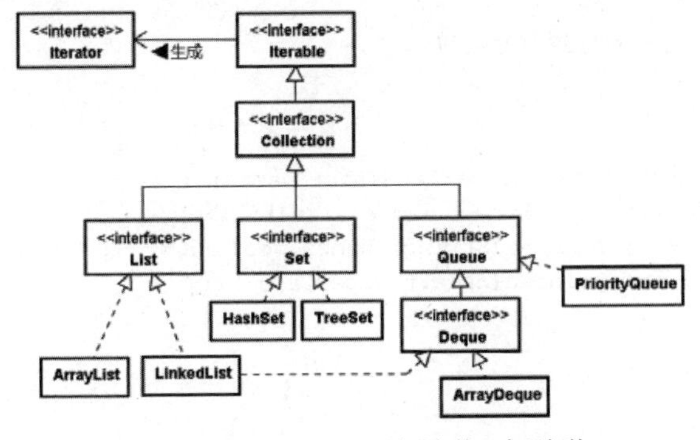

图 9-3　简化后的 Collection 继承与接口实现架构

这样的表示方式可以更清楚地说明哪些类实现了哪个接口、继承了哪个类，或哪些接口又继承了哪个接口。至于详细的继承与实现架构，还是那句话——可以查询 API 文档。

9.1.2 带有索引的 List

List 是一种 Collection，收集对象并以索引方式保留收集的对象顺序，实现类之一是 java.util.ArrayList，实现原理大致如 6.2.5 节中的 ArrayList 示例所示。例如，可用 java.util.ArrayList 改写 6.2.5 节中的 Guest 类，而作用相同：

Collection Guest.java

```
package cc.openhome;

import java.util.*;
import static java.lang.System.out;

public class Guest {
    public static void main(String[] args) {
        var names = new ArrayList();  ← 使用 Java SE 的 ArrayList
        collectNameTo(names);
        out.println("访客名单：");
        printUpperCase(names);
    }

    static void collectNameTo(List names) {
        var console = new Scanner(System.in);
        while(true) {
            out.print("访客姓名：");
            var name = console.nextLine();
            if(name.equals("quit")) {
                break;
            }
            names.add(name);
        }
    }

    static void printUpperCase(List names) {
        for(var i = 0; i < names.size(); i++) {
            var name = (String) names.get(i);  ← 使用 get()根据索引取得对象
            out.println(name.toUpperCase());
        }
    }
}
```

如果查看 API 文档，可发现 List 界面定义了 add()、remove()、set()等根据索引操作的方法。根据图 9-3 可知，java.util.LinkedList 也实现了 List 接口，可将上面示例中的 ArrayList 换为 LinkedList，而结果保持不变，那么什么时候该用 ArrayList？什么时候该用 LinkedList 呢？

ArrayList 特性

正如 6.2.5 节中自行开发的 ArrayList，java.util.ArrayList 实现时，内部会使用 Object 数组来保存收集到的对象，因此，考虑是否使用 ArrayList，就等于考虑是否使用数组的特性。

数组在内存中是连续的线性空间，使用索引随机存取时速度很快。如果操作上有这类需求(比如排序)，就可使用 ArrayList，以得到较好的速度表现。

数组在内存中是连续的线性空间，如果需要调整索引顺序，会有较差的表现。例如在已收集 100 个对象的 ArrayList 中，使用可指定索引的 add()方法，将新增对象放到索引 0 位置，那么原先索引 0 位置的对象必须调整到索引 1，索引 1 的对象必须调整至索引 2，索引 2 的对象必须调整至索引 3……以此类推，若使用 ArrayList 进行这类操作，效率并不高。

数组的长度固定也是要考虑的问题，当 ArrayList 内部数组长度不够时，会创建新的数组，并将旧数组的引用指定给新数组，这也是必须耗费时间与内存的操作。为此，ArrayList 有个可指定容量(Capacity)的构造函数。如果大致知道将收集的对象范围，并事先创建足够长度的内部数组，便可以节省以上描述的成本。

LinkedList 特性

LinkedList 在实现 List 接口时采用了链接(Link)结构。如果不是很了解何谓链接，可参考下面的 SimpleLinkedList 示例：

Collection SimpleLinkedList.java

```
package cc.openhome;

public class SimpleLinkedList {
    private class Node {
        Node(Object o) {
            this.o = o;
        }
        Object o;
        Node next;
    }

    private Node first;

    public void add(Object elem) {
        var node = new Node(elem);
```

❶ 使用 Node 对收集的对象进行封装

❷ 第一个节点

❸ 新增 Node 封装对象，并由上个 Node 的 next 进行引用

```
        if(first == null) {
            first = node;
        }
        else {
            append(node);
        }
    }

    private void append(Node node) {
        var last = first;
        while(last.next != null) {
            last = last.next;
        }
        last.next = node;
    }

    public int size() { ←── ❹ 遍历所有 Node 并进行计数，从而得到长度
        var count = 0;
        var last = first;
        while(last != null) {
            last = last.next;
            count++;
        }
        return count;
    }

    public Object get(int index) {
        checkSize(index);
        return findElemOf(index);
    }

    private void checkSize(int index) throws IndexOutOfBoundsException
{
        var size = size();
        if(index >= size) {
            throw new IndexOutOfBoundsException(
                    "Index: %d, Size: %d".formatted(index, size));
        }
    }

    private Object findElemOf(int index) { ←── ❺ 遍历所有 Node 并进行计数，
        var count = 0;                              从而获得对应索引对象
        var last = first;
        while(count < index) {
            last = last.next;
            count++;
        }
```

```
        return last.o;
    }
}
```

在 SimpleLinkedList 内部使用 Node 封装新增的对象❶，每次使用 add()新增对象后，会形成如图 9-4 所示的链状结构❸。

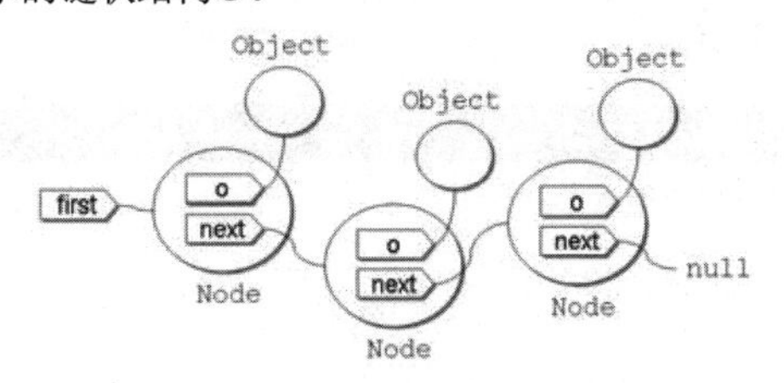

图 9-4　利用链接来收集对象

每次新增对象时会建立新的 Node 来保存对象，不会事先耗费内存。如果调用 size() ❹，就从第一个对象❷开始逐一引用下一个对象并进行计数，便可取得收集的对象长度。如果想调用 get()指定索引并取得对象，则从第一个对象开始逐一引用下一个对象并计数，便可取得指定索引的对象❺。

可以看出，想要指定索引并随机访问对象时，链接都得使用从第一个元素开始查找下一个元素的方式，这样做的效率较低，比如排序就不适合使用链接实现的 List。想象一下，如果排序时必须将索引 0 与索引 10 000 的元素调换，效率会不会高呢？

链接的每个元素会引用下一个元素，这有利于调整索引顺序。例如，若在已收集的 100 个对象的 SimpleLinkedList 中实现可指定索引的 add()方法，将新增对象放到索引 0 的位置，则理论上如图 9-5 所示。

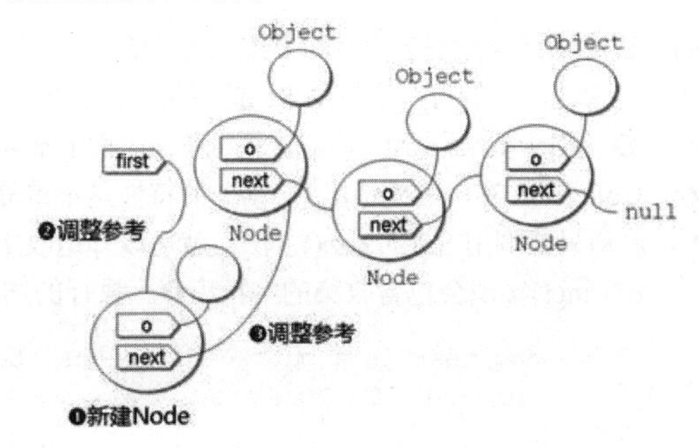

图 9-5　调整索引顺序所需动作较少

新增的对象会创建 Node 实例封装❶，而 first(或上一节点的 next)重新引用新建的 Node 对象❷，新建 Node 的 next 引用下一 Node 对象❸。因此，若收集的对象时常会有变动索引的情况，也许应该考虑链接实现的 List，比如随时会有客户端登录或注销的客户端 List，使用 LinkedList 的话会有较高的效率。

9.1.3 内容不重复的 Set

收集过程中如果有相同对象，就不再重复收集，若有这类需求，可以使用 Set 接口的实现对象。例如有个字符串，其中有许多的英文单词，若想知道不重复的单词有几个，可以使用如下程序：

Collection WordCount.java

```
package cc.openhome;

import java.util.*;

public class WordCount {
    public static void main(String[] args) {
        var console = new Scanner(System.in);

        System.out.print("请输入英文：");
        var words = tokenSet(console.nextLine());
        System.out.printf("不重复的单词有 %d 个：%s%n", words.size(),
words);
    }

    static Set tokenSet(String line) {
        var tokens = line.split(" ");
        return new HashSet(Arrays.asList(tokens));
    }
}
```

❶ 显示收集的个数与字符串

❷ 根据空格对字符串进行切割

❸ 使用 HashSet 收集字符串

String 的 split()方法可以指定分割字符串的方式，这里指定以空格进行分割，split()会返回 String[]，其中包含分割后的每个字符串❷。接着将 String[]中的每个字符串加入 Set 实现的 HashSet 中❸。由于 Arrays.asList()方法返回 List，而 List 是一种 Collection，可传给 HashSet 接受 Collection 实例的构造函数。Set 的特性是不重复，因此相同的单词不会再重复加入，最后只要调用 Set 的 size()方法，就可以知道收集的字符串中单词的个数。HashSet 的 toString()实现会包含收集的字符串❶。执行的结果如下：

```
请输入英文：This is a dog that is a cat where is the student
不重复的单词有 9 个：[that, cat, is, student, a, the, where, dog, This]
```

再来看一个示例：

Collection Students.java

```
package cc.openhome;

import java.util.*;

class Student {
```

```
    private final String name;
    private final String number;

    Student(String name, String number) {
        this.name = name;
        this.number = number;
    }

    String name() {
        return this.name;
    }

    String number() {
        return this.number();
    }

    @Override
    public String toString()  {
        return "(%s, %s)".formatted(name, number);
    }
}

public class Students {
    public static void main(String[] args) {
        var students = new HashSet();
        students.add(new Student("Justin", "B835031"));
        students.add(new Student("Monica", "B835032"));
        students.add(new Student("Justin", "B835031"));
        System.out.println(students);
    }
}
```

程序使用 HashSet 收集了 Student 对象，其中故意重复加入学生数据，然而如执行结果所示，Set 没有将重复的学生数据排除：

```
[(Monica, B835032), (Justin, B835031), (Justin, B835031)]
```

hashCode()与 equals()

这是必然的结果，因为你没有告诉 Set，什么样的 Student 实例才算重复。以 HashSet 为例，会使用对象的 hashCode()与 equals()来判断对象是否相同。HashSet 的实现概念是，在内存中创建空间，每个空间会有一个哈希编码(Hash Code)，如图 9-6 所示。

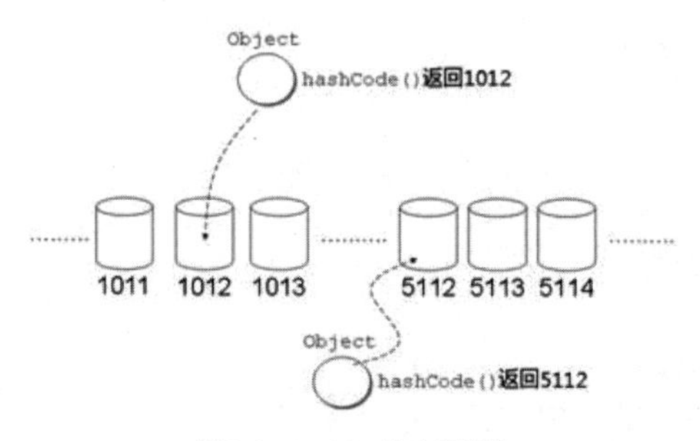

图 9-6 HashSet 的实现概念

这些空间称为哈希桶(Hash Bucket)。如果对象要加入 HashSet，会调用对象的 hashCode()取得哈希码，并尝试放入对应号码的哈希桶中。如果哈希桶中没有对象，就直接放入，如图 9-6 所示；如果哈希桶中有对象呢？会再调用对象的 equals()进行比较，如图 9-7 所示。

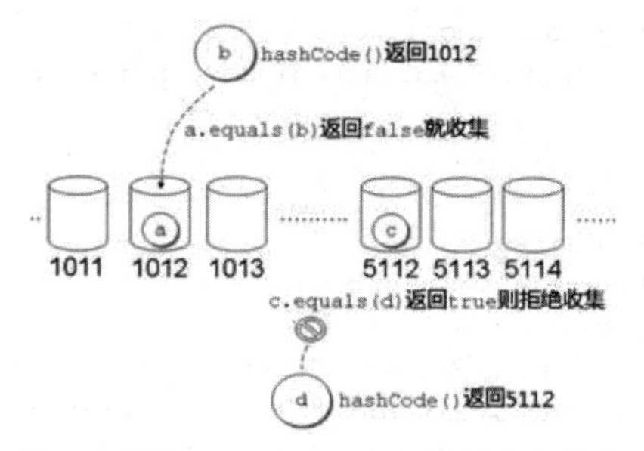

图 9-7 根据 equals()与 hashCode()判断要不要收集

如果同一哈希桶已有对象，且调用该对象的 equals()方法与要加入的对象比较结果为 false，则表示两个对象不是重复对象，可以收集；如果比较结果是 true，则表示两个对象是重复对象，不予收集。

事实上不只有 HashSet，Java 中许多情况都需要判断对象是否重复，且都会调用 hashCode()与 equals()方法，因此官方文档建议，两个方法要同时实现。就先前示例而言，如果实现了 hashCode()与 equals()方法，重复的 Student 就不会被收集。

Collection Students2.java

```
package cc.openhome;

import java.util.*;

class Student2 {
    private final String name;
    private final String number;
    Student2(String name, String number) {
```

```
        this.name = name;
        this.number = number;
    }

    String name() {
        return this.name;
    }

    String number() {
        return this.number();
    }

    @Override
    public String toString()  {
        return "(%s, %s)".formatted(name, number);
    }

    // Eclipse 自动生成的 equals()与 hashCode()
    // 就示范而言已经足够了

    @Override
    public int hashCode() {
        final int prime = 31;
        int result = 1;
        result = prime * result + ((name == null) ? 0 : name.hashCode());
        result = prime * result + ((number == null) ? 0 : number.hashCode());
        return result;
    }

    @Override
    public boolean equals(Object obj) {
        if (this == obj)
            return true;
        if (obj == null)
            return false;
        if (getClass() != obj.getClass())
            return false;
        Student2 other = (Student2) obj;
        if (name == null) {
            if (other.name != null)
                return false;
        } else if (!name.equals(other.name))
            return false;
        if (number == null) {
            if (other.number != null)
                return false;
        } else if (!number.equals(other.number))
```

```
            return false;
        return true;
    }
}

public class Students2 {
    public static void main(String[] args) {
        var students = new HashSet();
        students.add(new Student2("Justin", "B835031"));
        students.add(new Student2("Monica", "B835032"));
        students.add(new Student2("Justin", "B835031"));
        System.out.println(students);
    }
}
```

在这里,定义 Student 的姓名与学号如果相同,就是相同的 Student 对象,hashCode()直接利用 String 的 hashCode()再做运算(Eclipse 自动生成的代码)。执行结果如下,可看出不再收集重复的 Student2 对象:

```
[(Justin, B835031), (Monica, B835032)]
```

初试 record 类

对于刚才示范的学生类,name 与 number 是 final,实例建立后无法更改状态,只能通过 name()、number()方法取值。通常这种类只是想将特定结构的数据以对象的形式记录下来,以便后续在应用程序中传递,并且希望在传递过程中数据不能被改变,只能用于取值用途。

对于这类需求,在 Java 16 以后,可以使用 record 类来定义。例如:

Collection Students3.java

```
package cc.openhome;

import java.util.*;
// 使用 record 类
record Student3(String name, String number) {}

public class Students3 {
    public static void main(String[] args) {
        var students = new HashSet();
        students.add(new Student3("Justin", "B835031"));
        students.add(new Student3("Monica", "B835032"));
        students.add(new Student3("Justin", "B835031"));
        System.out.println(students);
    }
}
```

在定义 record 类时，不需要加上 class 关键字，类名称之后紧跟定义 record 类的默认构造函数。上面定义的学生类在语义上是在告诉其他开发者(或未来阅读代码的自己)，这里定义了学生，用来记录学生的数据，数据是以 name 与 number 的顺序构成的，学生实例建立时指定的数据就是实例唯一的状态，除此之外没有别的含义了。

也就是说，定义 record 类时指定的字段名称、顺序用来组成数据的结构。编译器默认会为指定的字段名称生成 private final 的值域，以及同名的公开方法，就上例来说，这意味着会生成 name()与 number()方法，并返回对应的值域。

因为具有字段名称、顺序、状态不可变动等特性，所以编译器能自动生成 hashCode()、equals()以及 toString()等方法。如果想要一个可记录数据的数据载体，不妨使用 record 类来定义，这非常方便。以上示例的执行结果如下所示，可看出其中没有重复的对象，也将默认的 toString()用于显示用途：

```
    [Student3[name=Justin, number=B835031], Student3[name=Monica,
number=B835032]]
```

不要天真地只将 record 类当成可自动生成 hashCode()、equals()、toString()等方法的语法糖。别忘了，record 类的实例状态无法变动，而且 record 类不能实现继承。相较于使用 class 定义的类，record 类有一些限制，使你只在定义数据载体时才使用 record 类。

必要时，record 类可以定义实例方法或静态方法或实现接口。由于 record 类是用来定义数据载体的，里面定义的方法基本上也会与承载的数据相关，像数据的转换、加载或储存等，后续章节将展示相关示例；至于 record 类的更多细节，会留到第 18 章再来讨论。

9.1.4 支持队列操作的 Queue

如果希望在收集对象时使用队列方式，将新收集的对象加入队列尾端，取得对象时从前端开始取得，可以使用 Queue 接口的实现对象。Queue 继承自 Collection，也具有 Collection 的 add()、remove()、element()等方法，然而 Queue 定义了 offer()、poll()与 peek()等方法，这些方法最主要的差别之一在于，add()、remove()、element()等操作失败时会抛出异常，而 offer()、poll()与 peek()等操作失败时会返回特定值。

如果实现了 Queue 对象，并打算以队列方式使用，且队列长度受限，通常建议使用 offer()、poll()与 peek()等方法。offer()方法用来在队列后端加入对象，成功时会返回 true，失败时则返回 false。poll()方法用来取出队列前端的对象，如果队列为空，则返回 null。peek()用来获取(但不取出)队列前端的对象，如果队列为空，则返回 null。

先前提过 LinkedList，它不仅实现了 List 接口，也实现了 Queue 的行为，因此可将 LinkedList 当作队列来使用。例如：

Collection RequestQueue.java

```
package cc.openhome;
```

```
import java.util.*;

interface Request {
   void execute();
}

public class RequestQueue {
   public static void main(String[] args) {
      var requests = new LinkedList();
      offerRequestTo(requests);
      process(requests);
   }

   static void offerRequestTo(Queue requests) {
      // 模拟将请求加入队列
      for(var i = 1; i < 6; i++) {
         var request = new Request() {
            public void execute() {
               System.out.printf("处理数据 %f%n", Math.random());
            }
         };
         requests.offer(request);
   }
   }
   // 处理队列中的请求
   static void process(Queue requests) {
      while(requests.peek() != null) {
         var request = (Request) requests.poll();
         request.execute();
      }
   }
}
```

执行的示例结果如下:

```
处理数据 0.302919
处理数据 0.616828
处理数据 0.589967
处理数据 0.475854
处理数据 0.274380
```

有时开发人员也会想对队列的前端与尾端进行操作，在前端加入对象与取出对象，或在尾端加入对象与取出对象，Queue 的子接口 Deque 定义了这类行为。Deque 定义的 add First()、removeFirst()、getFirst()、addLast()、removeLast()、getLast()等方法，操作失败时会抛出异常，而 offerFirst()、pollFirst()、peekFirst()、offerLast()、pollLast()、peekLast()等方法，操作失败时会返回特定值。

Queue 的行为与 Deque 的行为有所重复，有几个操作是等义的，如表 9-1 所示。

表 9-1　Queue 与 Deque 的等义方法

Queue 方法	Deque 等义方法
add()	addLast()
offer()	offerLast()
remove()	removeFirst()
poll()	pollFirst()
element()	getFirst()
peek()	peekFirst()

java.util.ArrayDeque 实现了 Deque 接口，以下示例使用 ArrayDeque 来实现容量有限的堆栈。

Collection Stack.java

```
package cc.openhome;

import java.util.*;
import static java.lang.System.out;

public class Stack {
    private Deque elems = new ArrayDeque();
    private int capacity;

    public Stack(int capacity) {
        this.capacity = capacity;
    }

    public boolean push(Object elem) {
        if(isFull()) {
            return false;
        }
        return elems.offerLast(elem);
    }

    private boolean isFull() {
        return elems.size() + 1 > capacity;
    }

    public Object pop() {
        return elems.pollLast();
    }

    public Object peek() {
```

```
        return elems.peekLast();
    }

    public int size() {
        return elems.size();
    }

    public static void main(String[] args) {
        var stack = new Stack(5);
        stack.push("Justin");
        stack.push("Monica");
        stack.push("Irene");
        out.println(stack.pop());
        out.println(stack.pop());
        out.println(stack.pop());
    }
}
```

堆栈使用的是先进后出的结构，所以执行结果最后显示 Justin：

```
Irene
Monica
Justin
```

9.1.5 使用泛型

在使用 Collection 收集对象时，事先不会知道被收集对象的类型，因此内部实现时，使用 Object 来引用被收集的对象，获取对象时也是返回 Object 类型，原理可参考 6.2.5 节实现的 ArrayList，或 9.1.2 节实现的 SimpleLinkedList。

由于获取对象时返回 Object 类型，如果想针对某个类定义的行为进行操作，就必须告诉编译器，让对象重新扮演该类型。例如：

```
var names = Arrays.asList("Justin", "Monica", "Irene") ;
var name = (String) names.get(0);
```

Collection 收集对象时，考虑到收集各种对象的需求，内部实现采用 Object 来引用对象，执行时编译器不可能知道对象实际的类型，因此你必须自行告诉编译器，让对象重新扮演为自己的类型。

Collection 可以收集各种对象，然而实际工作中 Collection 收集的会是同一类型的对象(也不建议收集不同类型的对象)，例如，整个 Collection 收集的都是字符串对象，因此可使用泛型(Generics)语法，在设计 API 时指定类或方法可支持泛型，让 API 客户端使用时更为方便，并实现编译时的检查。

例如，6.2.5 节中自己实现的 ArrayList，可加入泛型语法：

Collection ArrayList.java

```
package cc.openhome;

import java.util.Arrays;

public class ArrayList<E> { ←— ❶ 这个类支持泛型
   private Object[] elems;
   private int next;

   public ArrayList(int capacity) {
      elems = new Object[capacity];
   }

   public ArrayList() {
      this(16);
   }

   public void add(E e) { ←— ❷ 加入的对象必须是客户端声明的 E 类型
      if(next == elems.length) {
         elems = Arrays.copyOf(elems, elems.length * 2);
      }
      elems[next++] = e;
   }

   public E get(int index) { ←— ❸ 获取的对象以客户端声明的 E 类型返回
      return (E) elems[index];
   }

   public int size() {
      return next;
   }
}
```

请留意示例中的粗体字部分，类名称旁出现了角括号<E>，这表示这个类支持泛型❶。实际加入 ArrayList 的对象会是客户端声明的 E 类型，E 只是类型参数(Type Parameter)，表示 Element。为了便于理解代码，也可以用 T、K、V 等代号。

由于使用<E>定义类型，因此在需要编译器检查类型的地方，都可以使用 E，例如，add()方法接收的对象类型是 E❷，get()方法中必须将对象转换为 E 类型❸。

使用泛型语法，会对 API 设计者造成一些语法上的麻烦，然而对客户端会更加友好。例如：

```
...
ArrayList<String> names = new ArrayList<String>();
names.add("Justin");
names.add("Monica");
```

```
String name1 = names.get(0);
String name2 = names.get(1);
...
```

声明与创建对象时，可使用角括号告知编译器类型参数的实际类型。上例的 ArrayList 对象收集 String，也返回 String，不需要自行使用括号指定类型。如果实际上加入了 String 之外的对象，编译器会检查出这个错误，如图 9-8 所示。

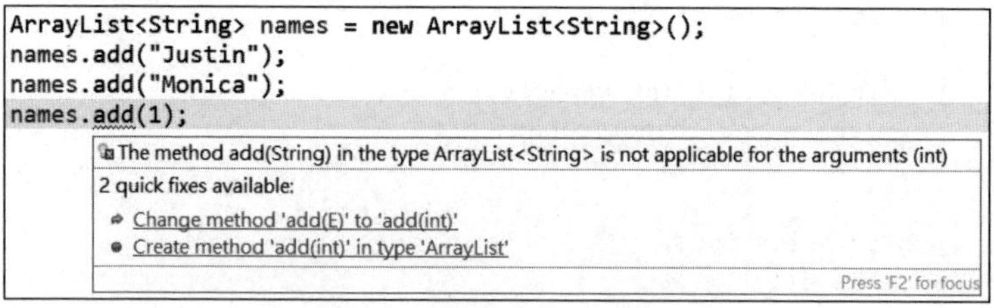

```
ArrayList<String> names = new ArrayList<String>();
names.add("Justin");
names.add("Monica");
names.add(1);
```

The method add(String) in the type ArrayList<String> is not applicable for the arguments (int)

2 quick fixes available:

- Change method 'add(E)' to 'add(int)'
- Create method 'add(int)' in type 'ArrayList'

Press 'F2' for focus

图 9-8　编译器会检查加入的类型

Collection API 支持泛型语法。如果在 API 文件中看到角括号与类型参数，可知其支持泛型语法，如图 9-9 所示。

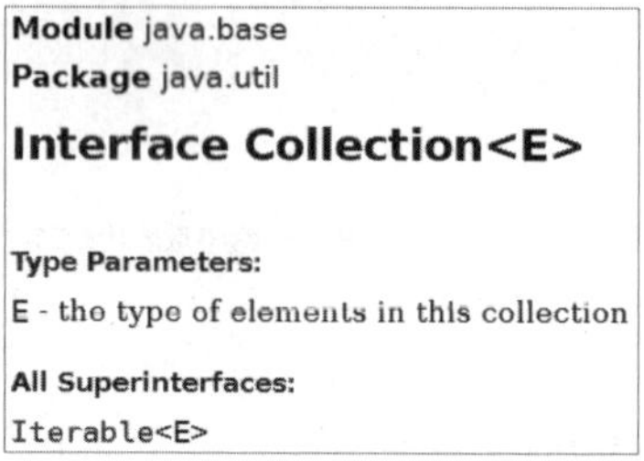

Module java.base

Package java.util

Interface Collection<E>

Type Parameters:

E - the type of elements in this collection

All Superinterfaces:

Iterable<E>

图 9-9　API 文档上的角括号代表支持泛型

这类 API 在使用时，如果没有指定类型参数的实际类型，内部实现中出现类型参数的地方会回归为使用 Object 类型。

以 java.util.List 为例，若要指定类型参数，可以按照下面的方式进行声明：

```
...
List<String> words = new LinkedList<String>();
words.add("one");
String word = words.get(0);
...
```

泛型语法有一部分是编译器糖(一部分是记录在字节码中的信息)，如果反编译以上程序片段，可以看到以下代码内容：

```
...
LinkedList linkedlist = new LinkedList();
linkedlist.add("one");
```

```
String s = (String) linkedlist.get(0);
...
```

正因为展开后会有粗体字部分的语法，以下代码会发生编译错误：

```
List<String> words = new LinkedList<String>();
words.add("one");
Integer number = words.get(0); // 编译错误
...
```

因为编译器试着展开代码后，代码实际上会是如下的样子，进而发生编译错误：

```
List words = new LinkedList();
words.add("one");
Integer number = (String) words.get(0); // 编译错误
...
```

如果接口支持泛型，在实现时也会比较方便，例如，假设有个接口声明如下所示：

```
...
public interface Comparator<T> {
    int compare(T o1, T o2);
    ...
}
```

这表示实现接口时如果指定 T 实际类型，compare()就可以直接套用 T 类型。例如：

```
public class StringComparator implements Comparator<String> {
    @Override
    public int compare(String s1, String s2) {
        return -s1.compareTo(s2);
    }
}
```

如果不指定 T 实际类型，T 就回归为使用 Object，就上例来说，实际操作上就会烦琐一些，例如：

```
public class StringComparator implements Comparator {
    @Override
    public int compare(Object o1, Object o2) {
   String s1 = (String) o1;
   String s2 = (String) o2;
        return -s1.compareTo(s2);
    }
}
```

再来看以下程序片段：

```
List<String> words = new LinkedList<String>();
```

会不会觉得有点烦琐呢？声明 words 时已经使用 List<String>告诉编译器 words 收集的对象会是 String 了，构建 LinkedList 时，为什么要用 LinkedList<String>再写一次呢？如果不想重复编写，可以使用如下代码：

```
List<String> words = new LinkedList<>();
```

如果声明引用时指定了类型，构建对象时若省略类型，那么后者会根据前者来推断类型，这样可以使语法更加简洁。

如果搭配 var 的话，可以按如下方式编写代码：

```
var words = new LinkedList<String>();
```

这么一来，words 会是 LinkedList<String>类型，角括号中的 String 别省略了，如果省略的话，编译可以通过，然而，words 会被推论为 LinkedList<Object>类型：

```
var words = new LinkedList<>(); // words 会是 LinkedList<Object>类型
```

也可以只在方法上定义泛型，最常见的是在静态方法上定义泛型，例如，假设原本有个 elemOf()方法，如下：

```
public static Object elemOf(Object[] objs, int index) {
   return objs[index];
}
```

如果有个 String[]的 args 要传给 elemOf()方法，返回索引 i 位置的 String 对象，那么需要这么做：

```
var arg = (String) elemOf(args, i);
```

如果能将 elemOf()设计为泛型方法，例如：

```
public static <T> T elemOf(T[] objs, int index) {
   return objs[index];
}
```

如果 elemOf()方法是定义在 Util 类中的，就可以使用 Util.<String>elemOf()指定 T 的实际类型；如果编译器可以自动从代码中推断出 T 的实际类型，也可以不用自行指定 T 的类型。例如：

```
String arg = elemOf(args, i);
```

泛型语法还有许多细节，就初学者而言，知道以上的应用即可，更多泛型语法细节将在第 18 章介绍。

提示>>> 适当地使用泛型语法，可以使代码在语法上简洁一些，编译器也可以事先进行类型检查，然而泛型语法可能变得很复杂(有人称之为魔幻，这个词也许更加贴切)。泛型的使用应该以不影响可读性与维护性为前提。

9.1.6　Lambda 表达式简介

回顾一下 9.1.4 节中的 RequestQueue 示例，其中使用匿名类语法实现 Request 接口并创建实例：

```
var request = new Request() {
public void execute() {
      out.printf("处理数据 %f%n", Math.random());
   }
};
```

Request 接口只定义了一个方法，然而匿名类语法显得冗长，当这种情况发生时，可以使用 Lambda 表达式(Expression)，如以下代码所示：

```
Request request = () -> out.printf("处理数据 %f%n", Math.random());
```

相对于匿名类，Lambda 表达式省略了接口类型与方法名称，->左边是参数行，右边是方法主体，编译器可以从 Request request 的声明中得知语法上省略的接口信息。

来看另一个例子，假设有个接口声明如下：

```
public interface IntegerFunction {
   Integer apply(Integer i);
}
```

类似地，可以使用匿名类来创建 IntegerFunction 的实例：

```
var doubleFunction = new IntegerFunction() {
   public Integer apply(Integer i) {
      return i * 2;
   }
};
```

然而语法上比较烦琐，如果改用 Lambda 表达式，写法就简洁多了：

```
IntegerFunction doubleFunction = (Integer i) -> i * 2;
```

编译器可以从 IntegerFunction doubleFunction 得知，你实现并创建了 IntegerFunction 的实例，既然如此，编译器应该也可以得知参数 i 的类型是 Integer 吧！没错，以下写法也是可行的：

```
IntegerFunction doubleFunction = (i) -> i * 2;
```

编译器具备类型推断(Type Inference)的能力，可以编写更加简洁的Lambda表达式；如果是单参数且不用写出参数类型，也可以省略参数行括号，因此上式还可以写为：

```
IntegerFunction doubleFunction = i -> i * 2;
```

在使用 Lambda 表达式的编译器推断类型时，可以将泛型声明的类型作为信息来源。例如，有个接口声明如下：

```
public interface Comparator<T> {
   int compare(T o1, T o2);
}
```

如果以匿名类语法来实现，应该如下所示：

```
Comparator<String> byLength = new Comparator<String>() {
   public int compare(String name1, String name2) {
      return name1.length() - name2.length();
   }
};
```

重复的信息更多了，Comparator、String 与 compare 等都是重复信息，虽然定义匿名类时，如果等号左边指定了泛型的实际类型，右边就可以省略类型声明：

```
Comparator<String> byLength = new Comparator<>() {
   public int compare(String name1, String name2) {
      return name1.length() - name2.length();
   }
};
```

或者使用 var 进行简化：

```
var byLength = new Comparator<String>() {
   public int compare(String name1, String name2) {
      return name1.length() - name2.length();
   }
};
```

不过，若使用 Lambda 语法来实现，辅以编译器的类型推断能力，最简洁的写法如下所示：

```
Comparator<String> byLength =
    (name1, name2) -> name1.length() - name2.length();
```

结合目前已介绍的 var、泛型与 Lambda 表达式，让我们来改写 9.1.4 节中的 Request Queue 示例，看看代码会不会更简洁一些。

Collection RequestQueue2.java

```
package cc.openhome;

import java.util.*;

interface Request2 {
   void execute();
}
```

```
public class RequestQueue2 {
    public static void main(String[] args) {
        var requests = new LinkedList<Request2>();
        offerRequestTo(requests);
        process(requests);
    }

    static void offerRequestTo(Queue<Request2> requests) {
        // 模拟将请求加入队列
        for (var i = 1; i < 6; i++) {
            requests.offer(
                () -> System.out.printf("处理数据 %f%n", Math.random())
            );
        }
    }
    // 处理队列中的请求
    static void process(Queue<Request2> requests) {
        while(requests.peek() != null) {
            var request = requests.poll();
            request.execute();
        }
    }
}
```

虽然不鼓励使用 Lambda 表达式来编写复杂的计算，不过如果流程较为复杂，无法以一行 Lambda 表达式写完，可以使用代码块{}符号将计算流程包裹起来。例如：

```
Request request = () -> {
    out.printf("处理数据 %f%n", Math.random());
};
```

在 Lambda 表达式中使用代码块时，如果方法必须返回值，代码块中就必须使用 return。例如：

```
IntegerFunction doubleFunction = i -> {
    return i * 2;
}
```

这里对 Lambda 表达式的简介只涵盖了 Lambda 特性的一小部分，第 12 章还会完整介绍 Lambda，即使如此，运用目前已经学到的关于 Lambda 表达式的知识，在编写 Collection 相关功能时，也能让代码更具表达能力且更容易理解。

9.1.7 Iterable 与 Iterator

如果要写个 forEach()方法，显示 List 收集的对象，也许你会这么写：

```
...
    static void forEach(List list) {
        var size = list.size();
        for(var i = 0; i < size; i++) {
            out.println(list.get(i));
        }
    }
...
```

这个方法适用于所有实现 List 接口的对象，如 ArrayList、LinkedList 等。如果要你写个 forEach()方法来显示 Set 收集的对象，你该怎么写呢？在查看过 Set 的 API 文档后，你发现 toArray()方法可以将 Set 收集的对象转为 Object[]返回，因此你这么编写代码：

```
...
    static void forEach(Set set) {
        for(var obj : set.toArray()) {
            out.println(obj);
        }
    }
...
```

这个方法适用于所有实现 Set 接口的对象，如 HashSet、TreeSet 等。如果现在要实现一个 forEach()方法来显示 Queue 收集的对象，也许你会这么写：

```
...
    static void forEach(Queue queue) {
        while(queue.peek() != null) {
            out.println(queue.poll());
        }
    }
...
```

代码表面上看来好像正确，不过 Queue 的 poll()方法会取出对象，在显示 Queue 收集的对象之后，Queue 也就空了，这并不是你想要的结果，怎么办呢？

无论是 List、Set、Queue 还是 Collection，都有个 iterator()方法，该方法返回 java.util.Iterator 接口的实现对象，因为 iterator()方法定义在 java.lang.Iterable 接口中，它是 Collection 的父接口。

对于 Collection 的实现，可使用 java.util.Iterator 对象访问其内部收集的对象，方式是通过 hasNext()看看是否有下个对象，如果有的话，就使用 next()取得下个对象。因此，无论是 List、Set、Queue 还是 Collection，都可使用如下所示的 forEach()来显示收集的对象：

```
...
    static void forEach(Iterable iterable) {
        var iterator = iterable.iterator();
```

```
        while(iterator.hasNext()) {
            out.println(iterator.next());
        }
    }
...
```

提示»» 任何实现 Iterable 的对象都可以使用这个 forEach()方法，并非仅限于 Collection。本章有个课后练习要求编写一个 IterableString 类，对于该练习，可以运用这个 forEach()方法，逐一显示字符串中的 char。

先前曾对数组应用增强式 for 循环，实际上，增强式 for 循环可用于实现 Iterable 接口的对象，因此刚才的 forEach()方法可以使用增强式 for 循环来简化。

Collection ForEach.java

```
package cc.openhome;

import java.util.*;

public class ForEach {
    public static void main(String[] args) {
        var names = Arrays.asList("Justin", "Monica", "Irene"); ❶
        forEach(names); ❷
        forEach(new HashSet(names)); ❸
        forEach(new ArrayDeque(names)); ❹
    }

    static void forEach(Iterable iterable) {
        for(var obj : iterable) {
            System.out.println(obj);
        }
    }
}
```

这里使用了 java.util.Arrays 的 static 方法 asList()，这个方法接受不定长度的参数，可将指定的参数收集为 List❶。List 是一种 Iterable 对象，可以使用 forEach()方法❷。HashSet 具有接受 Collection 的构造函数，List 是一种 Collection，可用来构建 HashSet，而 Set 是一种 Iterable 对象，可使用 forEach()方法❸。同理，ArrayDeque 具有接受 Collection 的构造函数，List 是一种 Collection，可用来构建 ArrayDeque，而 Deque 是一种 Iterable 对象，可使用 forEach()方法❹。

增强式 for 循环是编译器糖，用在 Iterable 对象上时会展开为：

```
private static void forEach(Iterable iterable) {
    Object o;
    for(Iterator i$ = iterable.iterator();
            i$.hasNext();
```

```
System.out.println(o)) {
        o = i$.next();
    }
}
```

可以看到，此处还是调用了 iterator()方法，使用返回的 Iterator 对象来迭代获取收集的对象。

Iterable 本身就定义了 forEach()方法，可以让对象进行迭代处理：

```
var names = Arrays.asList("Justin", "Monica", "Irene");
names.forEach(name -> out.println(name));
new HashSet(names).forEach(name -> out.println(name));
new ArrayDeque(names).forEach(name -> out.println(name));
```

Iterable 的 forEach()方法接受 java.util.function.Consumer<T>接口的实例，这个接口只定义一个 accept(T t)方法，通常搭配 Lambda 表达式，让代码变得更加简洁而且易于阅读。

提示>>> Lambda 还可以进行方法引用(Method Reference)，让代码变得更加简洁：

```
var names = Arrays.asList("Justin", "Monica", "Irene");
names.forEach(out::println);
new HashSet(names).forEach(out::println);
new ArrayDeque(names).forEach(out::println);
```

方法引用等更多关于 Lambda 的细节，第 12 章会详细介绍。

9.1.8 Comparable 与 Comparator

在收集对象后进行的排序是常用的动作，你不用实现排序算法，java.util.Collections 提供 sort()方法。由于必须有索引才能进行排序，Collections 的 sort()方法接受 List 实现的对象。例如：

```
jshell> var numbers = Arrays.asList(10, 2, 3, 1, 9, 15, 4);
numbers ==> [10, 2, 3, 1, 9, 15, 4]

jshell> Collections.sort(numbers);

jshell> numbers
numbers ==> [1, 2, 3, 4, 9, 10, 15]
```

如果是以下示例呢？

Collection Sort.java

```
package cc.openhome;
```

```
import java.util.*;

record Customer(String id, String name, int age) {}

public class Sort {
   public static void main(String[] args) {
      var accounts = Arrays.asList(
            new Customer("X1234", "Justin", 46),
            new Customer("X5678", "Monica", 43),
            new Customer("X2468", "Irene", 13)
      );
      Collections.sort(accounts);     // 无法通过编译
      System.out.println(accounts);
   }
}
```

你会发现编译器无法通过编译，就算将 var 改为 List<Account>也不行。如果将 var 改为 List，虽然可以通过编译，然而执行时会抛出 ClassCastException。

```
Exception in thread "main" java.lang.ClassCastException: class
cc.openhome.Customer cannot be cast to class java.lang.Comparable
...
```

实现 Comparable

原因在于你没告诉 Collections 的 sort()方法，要根据 Customer 的 id、name 还是 age 排序，那它要怎么排呢？Collections 的 sort()方法要求被排序的对象必须实现 java.lang.Comparable 接口，这个接口有个 compareTo()方法，该方法必须返回大于 0、等于 0 或小于 0 的数，这有什么作用？直接来看针对账户余额进行排序的例子就可以了解。

Collection Sort2.java

```
package cc.openhome;

import java.util.*;

record Customer2(String id, String name, int age)
                                        implements Comparable<Customer2> {
   @Override
   public int compareTo(Customer2 other) {
      return this.age - other.age;
   }
}

public class Sort2 {
   public static void main(String[] args) {
```

```
        var accounts = Arrays.asList(
                new Customer2("X1234", "Justin", 46),
                new Customer2("X5678", "Monica", 43),
                new Customer2("X2468", "Irene", 13)
        );
        Collections.sort(accounts);
        System.out.println(accounts);
    }
}
```

Collections 的 sort()方法在比较 a 对象跟 b 对象时，会先令 a 对象扮演(Cast)为 Comparable。如果对象没实现 Comparable，就会抛出 ClassCastException，然后调用 a.compareTo(b)。如果 a 对象在顺序上小于 b 对象，则必须传回小于 0 的值；如果顺序相等，则返回 0；如果顺序上 a 大于 b，就返回大于 0 的值。因此，上面的示例将会按照年龄从小到大的顺序排列账户对象：

```
    [Customer2[id=X2468, name=Irene, age=13], Customer2[id=X5678,
name=Monica, age=43], Customer2[id=X1234, name=Justin, age=46]]
```

为何在先前的 Sort 类中，可以直接对 Integer 进行排序呢？如果查看 API 文档，可以发现 Integer 实现了 Comparable 接口，如图 9-10 所示。

```
public final class Integer
extends Number
implements Comparable<Integer>, Constable, ConstantDesc
```

图 9-10　Integer 实现了 Comparable 接口

实现 Comparator

如果对象无法实现 Comparable 呢？你可能拿不到源代码！或者无法修改源代码！举例来说，String 本身实现的 Comparable 可以按如下方式排序：

```
jshell> var words = Arrays.asList("B", "X", "A", "M", "F", "W", "O");
words ==> [B, X, A, M, F, W, O]

jshell> Collections.sort(words);

jshell> words;
words ==> [A, B, F, M, O, W, X]
```

如果想让排序结果反过来呢？修改 String.java？这个方法不可行！继承 String 后再重新定义 compareTo()方法？也不可能，因为 String 被声明为 final，无法继承。

Collections 的 sort()方法有个重载版本，可接受 java.util.Comparator 接口的实现对象。如果使用这个版本，排序方式将根据 Comparator 的 compare()定义来决定。例如：

Collection Sort3.java

```
package cc.openhome;
```

```
import java.util.*;

    class StringComparator implements Comparator<String> {
        @Override
        public int compare(String s1, String s2) {
            return -s1.compareTo(s2);
        }
    }

    public class Sort3 {
        public static void main(String[] args) {
            var words = Arrays.asList("B", "X", "A", "M", "F", "W", "O");
            Collections.sort(words, new StringComparator());
            System.out.println(words);
        }
    }
```

Comparator 的 compare()会传入两个对象，如果顺序上 o1 小于 o2，则必须返回小于 0 的值，顺序相等则返回 0，如果顺序上 o1 大于 o2 就返回大于 0 的值。在这个示例中，String 本身就是 Comparable，因此将 compareTo()返回值乘上-1，就可以调换排列顺序。执行结果如下：

```
[X, W, O, M, F, B, A]
```

在 Java 规范中，对于跟顺序有关的行为，要么要求对象本身可以实现 Comparable，要么允许另行指定 Comparator 对象来指定如何排序。

例如，若想针对数组进行排序，可以使用 java.util.Arrays 的 sort()方法。如果查询 API 文档，会发现该方法针对对象排序时有两个版本：一个版本要求数组中的对象必须是 Comparable(否则会抛出 ClassCastException)，另一个版本允许传入 Comparator 指定排序方式。

Set 的实现类之一 java.util.TreeSet 不仅拥有收集不重复对象的能力，还可用红黑树结构来排序对象，条件就是收集的对象必须是 Comparable(否则会抛出 ClassCastException)，或者在构建 TreeSet 时指定 Comparator 对象。

Queue 的实现类之一 java.util.PriorityQueue 也是如此，收集至 PriorityQueue 的对象会根据你指定的优先级来决定对象在队列中的顺序，优先级的指定可以是 Comparable 对象本身(否则会抛出 ClassCastException)，或者是创建 PriorityQueue 时指定的 Comparator 对象。

对了！刚才简单介绍过 Lambda 语法，Comparator 接口需要实现的只有一个 compare()方法，因此上面的示例可以通过使用 Lambda 语法变得更简洁一些：

```
jshell> var words = Arrays.asList("B", "X", "A", "M", "F", "W", "O");
words ==> [B, X, A, M, F, W, O]
```

```
jshell> Collections.sort(words, (s1, s2) -> -s1.compareTo(s2));

jshell> words;
words ==> [X, W, O, M, F, B, A]
```

List 的 sort()方法可接受 Comparator 实例指定的排序方式，因此代码还可以写成：

```
jshell> var words = Arrays.asList("B", "X", "A", "M", "F", "W", "O");
words ==> [B, X, A, M, F, W, O]

jshell> words.sort((s1, s2) -> -s1.compareTo(s2));

jshell> words;
words ==> [X, W, O, M, F, B, A]
```

提示>>> 如果只是想使用 String 的 compareTo()方法，通过方法引用特性，还可以将代码写得更简洁：

```
var words = Arrays.asList("B", "X", "A", "M", "F", "W", "O");
words.sort(String::compareTo);
```

来考虑一个更复杂的情况：如果一个 List 的某些索引处包括 null，现在打算让 null 排在最前面，之后按照字符串长度由大到小排序，那该怎么写？这样吗？

```
public class StrLengthInverseNullFirstComparator
                                implements Comparator<String> {
    @Override
    public int compare(String s1, String s2) {
        if(s1 == s2) {
            return 0;
        }
        if(s1 == null) {
            return -1;
        }
        if(s2 == null) {
            return 1;
        }
        if(s1.length() == s2.length()) {
            return 0;
        }
        if(s1.length() > s2.length()) {
            return -1;
        }
        return 1;
    }
}
```

阅读起来很困难，对吧？更别说为了表示这个比对器的作用，必须取个晦涩难懂的类名称！其实排序会有各式各样的组合需求，Java SE 考虑到这点，为排序加入了高级语义 API，例如，Comparator 有些静态方法可以让代码具有较高的可读性。

以刚才的需求为例，要创建对应的 Comparator 实例，可以按如下方式编写程序：

Collection Sort4.java

```
package cc.openhome;

import java.util.*;
import static java.util.Comparator.*;

public class Sort6 {
    public static void main(String[] args) {
        var words = Arrays.asList(
                "B", "X", "A", "M", null ,"F", "W", "O", null);
        words.sort(nullsFirst(reverseOrder()));
        System.out.println(words);
    }
}
```

reverseOrder()返回的 Comparator 会反转 Comparable 对象定义的顺序，nullsFirst()接受 Comparator，在其定义的顺序上附加“null 排在最前面”的规则后，返回新的 Comparator。程序执行结果如下：

```
[null, null, X, W, O, M, F, B, A]
```

在这里也可以看到，import static 的适当运用可让代码表达本身的操作意图，相较于以下代码来说，会更加清晰：

```
words.sort(Comparator.nullsFirst(Comparator.reverseOrder()));
```

提示>>> Comparator 还有不少方法可以使用，像 comparing()与 thenComparing()等。要使用这些方法，得了解 Lambda 的更多特性，例如位于 java.util.function 包中 Function 等接口的意义，这会在第 12 章详细介绍。

9.2 键值对与 Map

在网络搜寻中，根据关键字可找到对应的数据，相似地，程序设计中也常有这类需求：根据某个键(Key)来取得对应的值(Value)。你可以利用 java.util.Map 接口的实现对象来建立或收集键值对应的数据，之后只要指定键，就可以取得相应的值。

9.2.1 常用 Map 实现的类

同样，在使用 Map 的相关 API 之前，不妨先了解 Map 的设计架构(见图 9-11)，这对正确使用 API 会有帮助。

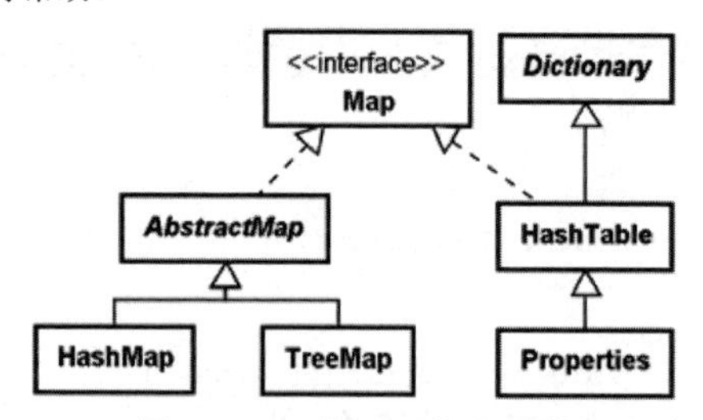

图 9-11 Map 接口实现与继承架构

常用的 Map 实现类为 java.util.HashMap 与 java.util.TreeMap，它们继承抽象类 java.util.AbstractMap，而 java.util.Dictionary 与 java.util.HashTable 是从 JDK1.0 就遗留下来的 API，不建议直接使用。不过，HashTable 子类 java.util.Properties 经常被使用，因此本书将一并介绍。

使用 HashMap

Map 支持泛型语法，直接来看个使用 HashMap 的示例，可以根据指定的用户名称取得对应的信息：

Map Messages.java

```
package cc.openhome;

import java.util.*;
import static java.lang.System.out;

public class Messages {
    public static void main(String[] args) {
        var messages = new HashMap<String, String>();          ❶ 以泛型语法指定键值类型
        messages.put("Justin", "Hello! Justin 的信息! ");  ┐
        messages.put("Monica", "给 Monica 的私信! ");       ├ ❷ 建立键值映射
        messages.put("Irene", "Irene 的可爱猫喵喵叫! ");    ┘

        var console = new Scanner(System.in);
        out.print("取得谁的信息: ");
        String message = messages.get(console.nextLine());
        out.println(message);                                  ❸ 通过键来取得值
        out.println(messages);
    }
}
```

建立Map实现对象时，可以使用泛型语法指定键与值的类型。在这里，键使用String类型，值也使用 String 类型❶。要建立键值映像，可以使用 put()方法。第一个参数是键，第二个参数是值❷。对于 Map 而言，键不会重复，键是否重复是根据 hashCode()与 equals()来判断的，作为键的对象必须实现 hashCode()与 equals()。如果要指定键，然后取回对应的值，则使用 get()方法❸。执行结果如下：

```
取得谁的信息：Monica
给 Monica 的私信！
{Monica=给 Monica 的私信！，Justin=Hello! Justin 的信息！，Irene=Irene 的可爱猫喵喵叫！}
```

在 HashMap 中建立键值映像后，键是无序的，这可以在执行结果中看到。若想让键以有序的方式储存，可以使用 TreeMap。

使用 TreeMap

如果使用 TreeMap 建立键值映像，键的部分会排序，条件是作为键的对象必须实现 Comparable 接口，或是创建 TreeMap 时，指定实现 Comparator 接口的对象。例如：

Map Messages2.java

```
package cc.openhome;

import java.util.*;

public class Messages2 {
    public static void main(String[] args) {
        var messages = new TreeMap<String, String>();
        messages.put("Justin", "Hello! Justin 的信息！");
        messages.put("Monica", "给 Monica 的私信！");
        messages.put("Irene", "Irene 的可爱猫喵喵叫！");
        System.out.println(messages);
    }
}
```

由于 String 实现了 Comparable 接口，因此结果是根据键来排序的：

```
{Irene=Irene 的可爱猫喵喵叫!，Justin=Hello! Justin 的信息!，Monica=给 Monica 的私信！}
```

如果想看到相反的排序结果，可以参照下面的代码实现 Comparator：

Map Messages3.java

```
package cc.openhome;

import java.util.*;
```

```
public class Messages3 {
    public static void main(String[] args) {
        var messages = new TreeMap<String, String>(
                        (s1, s2) -> -s1.compareTo(s2)
                    );

        messages.put("Justin", "Hello! Justin 的信息! ");
        messages.put("Monica", "给 Monica 的私信! ");
        messages.put("Irene", "Irene 的可爱猫喵喵叫! ");
        System.out.println(messages);
    }
}
```

创建 TreeMap 时使用 Lambda 表达式来指定 Comparator 实例，执行结果如下：

```
{Monica=给 Monica 的私信！, Justin=Hello! Justin 的信息！, Irene=Irene 的可爱猫喵喵叫！}
```

使用 Properties

Properties 类继承自 HashTable，HashTable 实现了 Map 接口，因此具有 Map 的行为。虽然可以使用 put()设定键值映像，使用 get()方法指定键取回值，但是常用 Properties 的 setProperty()指定字符串类型的键值，使用 getProperty()取回字符串类型的值，“键”与“值”通常称为属性名称与属性值。例如：

```
var props = new Properties();
props.setProperty("username", "justin");
props.setProperty("password", "123456");
out.println(props.getProperty("username"));
out.println(props.getProperty("password"));
```

Properties 也可以从文件中读取属性，例如，假设有个.properties 文件，如下所示：

Map person.properties

```
# 用户名与密码
cc.openhome.username=justin
cc.openhome.password=123456
```

.properties 的=左边设定属性名称，右边设定属性值。可以使用 Properties 的 load()方法指定 InputStream 实例，例如 FileInputStream，从文件中加载属性。例如：

Map LoadProperties.java

```
package cc.openhome;

import java.io.*;
import java.util.Properties;
```

```
public class LoadProperties {
    public static void main(String[] args) throws IOException {
        var props = new Properties();
        props.load(new FileInputStream(args[0]));
        System.out.println(props.getProperty("cc.openhome.username"));
        System.out.println(props.getProperty("cc.openhome.password"));
    }
}
```

load()方法执行完毕后，会自动关闭 InputStream 实例。就上例而言，如果命令行参数指定了 person.properties 的位置，则执行结果如下：

```
justin
123456
```

除了可加载.properties 文件之外，也可使用 loadFromXML()方法加载.xml 文件，文件格式必须如下所示：

```
<?xml version="1.0" encoding="UTF-8"?>
<!DOCTYPE properties SYSTEM "http://java.sun.com/dtd/properties.dtd">
<properties>
    <comment></comment>
    <entry key="cc.openhome.username">justin</entry>
    <entry key="cc.openhome.password">123456</entry>
</properties>
```

在使用 java 指令启动 JVM 时，可以使用-D 指定系统属性。例如：

```
> java -Dusername=justin -Dpassword=123456 LoadSystemProps
```

你可以使用 System 的 static 方法 getProperties()取得 Properties 实例，该实例包括系统属性。例如：

Map LoadSystemProps.java

```
package cc.openhome;

public class LoadSystemProps {
    public static void main(String[] args) {
        var props = System.getProperties();
        System.out.println(props.getProperty("username"));
        System.out.println(props.getProperty("password"));
    }
}
```

通过 System.getProperties()取回的 Properties 实例中，也包括许多默认属性，例如，java.version 可取得 JRE 版本，java.class.path 可取得类路径等。详细属性可参阅 System.getProperties()的 API 文档说明，如图 9-12 所示。

getProperties

`public static Properties getProperties()`

Determines the current system properties. First, if there is a security manager, its `checkPropertiesAccess` method is called with no arguments. This may result in a security exception.

The current set of system properties for use by the `getProperty(String)` method is returned as a `Properties` object. If there is no current set of system properties, a set of system properties is first created and initialized. This set of system properties includes a value for each of the following keys unless the description of the associated value indicates that the value is optional.

Key	Description of Associated Value
java.version	Java Runtime Environment version, which may be interpreted as a Runtime.Version
java.version.date	Java Runtime Environment version date, in ISO-8601 YYYY-MM-DD format, which may be interpreted as a LocalDate
java.vendor	Java Runtime Environment vendor
java.vendor.url	Java vendor URL
java.vendor.version	Java vendor version *(optional)*
java.home	Java installation directory
java.vm.specification.version	Java Virtual Machine specification version, whose value is the feature element of the runtime version
java.vm.specification.vendor	Java Virtual Machine specification vendor

图 9-12　默认的系统属性

9.2.2 遍历 Map 键值

如果想取得 Map 全部的键，或是想取得 Map 全部的值，该怎么做？Map 虽然与 Collection 没有继承上的关系，但却是可以彼此搭配的 API。

如果想取得 Map 全部的键，可以调用 Map 的 keySet()返回 Set 对象。由于键是不重复的，用 Set 实现返回是理所当然的做法。如果想取得 Map 全部的值，可以使用 values()返回 Collection 对象。例如：

Map MapKeyValue.java

```
package cc.openhome;

import java.util.*;
import static java.lang.System.out;

public class MapKeyValue {
    public static void main(String[] args) {
        var map = new HashMap<String, String>();
        map.put("one", "一");
        map.put("two", "二");
        map.put("three", "三");

        out.println("显示键");
        // keySet()返回 Set
        map.keySet().forEach(key -> out.println(key));

        out.println("显示值");
        // values()返回 Collection
```

```
        map.values().forEach(key -> out.println(key));
    }
}
```

记得前一节谈到的，Set 或 Collection 都从属于 Iterable，可使用 forEach()方法，或者像下面这样使用增强式 for 循环语法：

```
static void foreach(Iterable<String> iterable) {
    for(var element : iterable) {
        out.println(element);
    }
}
```

上面这个示例使用 HashMap 实现，执行结果是无序的：

```
显示键
two
one
three
显示值
二
一
三
```

如果改用 TreeMap 实现该示例，可以看出执行结果将按照键排序：

```
显示键
one
three
two
显示值
一
三
二
```

如果想同时取得 Map 的键与值，可以使用 entrySet()方法，这会返回一个 Set 对象，每个元素都是 Map.Entry 实例，可以调用 getKey()取得键，同时调用 getValue()取得值。例如：

Map MapKeyValue2.java

```
package cc.openhome;

import java.util.*;

public class MapKeyValue2 {
    public static void main(String[] args) {
        var map = new TreeMap<String, String>();
        map.put("one", "一");
        map.put("two", "二");
        map.put("three", "三");
```

```
        foreach(map.entrySet());
    }

    static void foreach(Iterable<Map.Entry<String, String>> iterable)
{
        for(Map.Entry<String, String> entry: iterable) {
            System.out.printf("(键 %s, 值 %s)%n",
                    entry.getKey(), entry.getValue());
        }
    }
}
```

这个示例采用了一些比较精简的语法，不过初学者可能看不太懂泛型语法的部分。泛型语法被用到某个程度时，其实可读性并不好，编写程序时还是得兼顾可读性。在上例的 for 循环中，Map.Entry<String, String>可以使用 var 来改善以下示例，执行结果相同，但更容易阅读：

Map MapKeyValue3.java

```
package cc.openhome;

import java.util.*;

public class MapKeyValue3 {
    public static void main(String[] args) {
        var map = new TreeMap<String, String>();
        map.put("one", "一");
        map.put("two", "二");
        map.put("three", "三");
        map.forEach(
          (key, value) -> System.out.printf("(键 %s, 值 %s)%n", key, value)
        );
    }
}
```

Map 没有继承 Iterable，示例中展示的 forEach()方法是定义在 Map 接口中的，它接受 java.util.function.BiConsumer<T, U>接口实例，这个接口上只有抽象方法 void accept(T t, U u)必须实现，两个参数分别接受每次迭代 Map 而得的键和值，结合 Lambda 表达式，可获得不错的可读性。两个示例的执行结果相同，如下所示：

```
(键 one, 值 一)
(键 three, 值 三)
(键 two, 值 二)
```

提示》》 除了 forEach()外，Map 还有一些好用的方法，你可以进一步阅读《Map 便利的默认方法》[1]。

9.3 不可变的 Collection 与 Map

Java 以面向对象为主要规范，近几年来，函数式程序设计(Functional Programming)规范越来越受到重视，Java 也吸纳了函数式设计的一些概念，先前的 Lambda 表达式就是其中之一。在这一节中，来看看不可变的(Immutable) Collection 与 Map。实际上，不可变也是函数式设计的概念之一。

9.3.1 不可变特性简介

不可变(Immutability)是函数式程序设计的基本特性之一。如果试着去了解函数式程序设计，会看到有不少说法是这么描述的："纯函数式语言中的变量是不可变的。"是这样的吗？基本上没错，在纯函数式语言(像 Haskell)中，当你说 x = 1 时，就无法再修改它的值，x 就是 1，1 的名称(而不是变量)就是 x，不会再是其他的东西。实际上，在纯函数式语言中，并没有变量的概念存在。

Java 并非以函数式为主要规范，一开始没有不可变的概念与特性。若想在 Java 中使用变量来模仿不可变特性，通常会在变量上使用 final 进行修饰，然后通过这样的限制，实现程序目的。

谈到不可变特性，就会相对应地谈到副作用(Side Effect)。一个具有副作用的方法会改变对象的状态。

例如，Collections 的 sort()方法会调整 List 实例的元素顺序，这就使得 List 实例的状态改变，因而 sort()方法是有副作用的方法，而 List 本身的 add()方法会增加所包含的元素的数量，这就使得 List 实例的状态改变，因而 List 本身的 add()方法是有副作用的方法；如果一个静态方法接受 List，并在过程中改变了 List 的状态，那该静态方法是个有副作用的静态方法。

在应用程序运行期间，系统本身的状态会不断变化，而系统状态是由许多对象状态组成的，如果程序语言本身有变量的概念，在编写时就容易调整变量值，也就容易调整对象状态，因此也就易于改变整个系统的状态。

然而，副作用是个双刃剑，在设计不良的系统中，如果没有适当地管理副作用，对象状态会越来越难以跟踪，最后会出现难以掌握的系统状态。常见的问题是排错困难，难以追查系统发生错误的原因。更可怕的是，你明明知道程序写错了，系统却能正常运作，只能担忧着哪天踩到里头的地雷而爆出系统漏洞。

如果变量不可变，设计出来的方法就不会有副作用，对象的状态也不可变。不可

1 Map 便利的默认方法：https://openhome.cc/Gossip/CodeData/JDK8/Map.html.

变对象(Immutable Object)有许多好处，比如将其作为参数传递时，不用担心状态会被改变；在并行(Concurrent)程序设计中，不用担心线程竞争共享资源的问题；在面对数据处理问题时，如果需要一些 Collection 独享，像有序的 List、收集不重复对象的 Set 等，如果这些对象不可变，那就有可能共享数据结构，达到节省时间及空间的目的。

Java 毕竟不是以函数式为主要规范的，最初设计 Collection 框架时，并没有为不可变对象设计专用类型，看看 Collection 接口就知道了，add()、remove()等方法就直接定义在里面。有趣的是，如“Collections Framework Overview”[1]所述，有些方法操作是可选的(Optional)，如果不打算提供实现的方法，可以抛出 UnsupportedOperation-Exception，而实现对象必须在文档中指明支持哪些操作。

虽然 Java 不是以函数式为主要规范的，然而有时为了在设计上限制副作用的发生，会希望某些对象具有不可变的特性，以便掌握对象的状态，从而便于掌握系统某些部分的状态。

9.3.2 Collections 的 unmodifiableXXX()方法

如果一个 Collection 或 Map 已经收集了一些元素，现在打算传递这个对象，而且不希望拿到此对象的任何一方对它进行修改(Modify)，方式之一是使用 Collections 提供的 unmodifiableXXX()方法。这类方法会返回一个不可修改的对象，如果只是取得元素，那是没问题的；如果调用了有副作用的 add()、remove()等方法，则会抛出 UnsupportedOperationException，例如：

```
jshell> var names = new ArrayList<String>();
names ==> []

jshell> names.add("Monica");
$2 ==> true

jshell> names.add("Justin");
$3 ==> true

jshell> var unmodifiableNames = Collections.unmodifiableList(names);
unmodifiableNames ==> [Monica, Justin]

jshell> unmodifiableNames.get(0);
$5 ==> "Monica"

jshell> unmodifiableNames.add("Irene");
|  Exception java.lang.UnsupportedOperationException
|        at Collections$UnmodifiableCollection.add (Collections.java:1062)
|        at (#3:1)
```

1 Collections Framework Overview：https://docs.oracle.com/javase/9/docs/api/java/util/doc-files/coll-overview.html.

不过现在并不建议使用这组方法，原因在于 unmodifiableXXX()方法返回的对象只是不支持修改操作罢了，这是什么意思？就上面的程序片段来说，如果直接调用 names.add("Irene")，那么 unmodifiableNames 的内容也会跟着改变：

```
jshell> names.add("Irene");
$7 ==> true

jshell> unmodifiableNames;
unmodifiableNames ==> [Monica, Justin, Irene]
```

这是因为 get()、containsAll()等方法只是单纯地将操作委托给 unmodifiableXXX()接收的对象(而 add()等方法直接编写 throw new UnsupportedOperationException())，例如，unmodifiableCollection()方法的实现如下：

```
public static <T> Collection<T> unmodifiableCollection(Collection<?
extends T> c) {
    return new UnmodifiableCollection<>(c);
}

static class UnmodifiableCollection<E> implements Collection<E>,
Serializable {
    private static final long serialVersionUID = 1820017752578914078L;

    final Collection<? extends E> c;

    UnmodifiableCollection(Collection<? extends E> c) {
        if (c==null)
            throw new NullPointerException();
        this.c = c;
    }
   ...
    public boolean add(E e) {
        throw new UnsupportedOperationException();
    }
    public boolean remove(Object o) {
        throw new UnsupportedOperationException();
    }

    public boolean containsAll(Collection<?> coll) {
        return c.containsAll(coll);
    }
   ...
}
```

Collections 的 unmodifiableXXX()方法并没有保证不可变，毕竟它在名称上也指出了，返回的对象是不可修改的，而非不可变动的。无论这是否在玩文字游戏，如果想要不可变特性，那么使用 Collections 的 unmodifiableXXX()返回的对象，显然是有所不足的。

9.3.3 List、Set、Map 的 of()方法

List、Set、Map 等都提供了 of()方法，表面上看来，它们似乎只是创建 List、Set、Map 实例的便捷方法，例如：

```
jshell> var nameLt = List.of("Justin", "Monica");
nameLt ==> [Justin, Monica]

jshell> var nameSet = Set.of("Justin", "Monica");
nameSet ==> [Monica, Justin]

jshell> var scoreMap = Map.of("Justin", 95, "Monica", 100);
scoreMap ==> {Justin=95, Monica=100}
```

比较特别的是 Map.of()，它是采取 Map.of(K1, V1, K2, V2)的方式创建的，也就是使用键、值、键、值的方式来指定。List、Set、Map 的 of()方法会建立不可变对象，你不能对它们调用有副作用的方法，否则会抛出 UnsupportedOperationException，例如：

```
jshell> nameLt.add("Irene");
|  Exception java.lang.UnsupportedOperationException
|        at ImmutableCollections.uoe (ImmutableCollections.java:73)
|        at ImmutableCollections$AbstractImmutableCollection.add
(ImmutableCollections.java:77)
|        at (#5:1)

jshell> nameSet.add("Irene");
|  Exception java.lang.UnsupportedOperationException
|        at ImmutableCollections.uoe (ImmutableCollections.java:73)
|        at ImmutableCollections$AbstractImmutableCollection.add
(ImmutableCollections.java:77)
|        at (#7:1)

jshell> scoreMap.put("Irene", 100);
|  Exception java.lang.UnsupportedOperationException
|        at ImmutableCollections.uoe (ImmutableCollections.java:73)
|        at ImmutableCollections$AbstractImmutableMap.put
(ImmutableCollections.java:866)
|        at (#9:1)
```

那么它们可以避免刚才 Collections 的 unmodifiableXXX()提到的问题吗？这些 of()方法多数都是采用可变长度参数的方式定义的，而且重载了多个具有不同参数个数的版本，以 List 的 of()方法为例，如图 9-13 所示。

static <E> List<E>	of()	Returns an unmodifiable list containing zero elements.
static <E> List<E>	of(E e1)	Returns an unmodifiable list containing one element.
static <E> List<E>	of(E... elements)	Returns an unmodifiable list containing an arbitrary nur
static <E> List<E>	of(E e1, E e2)	Returns an unmodifiable list containing two elements.
static <E> List<E>	of(E e1, E e2, E e3)	Returns an unmodifiable list containing three elements.
static <E> List<E>	of(E e1, E e2, E e3, E e4)	Returns an unmodifiable list containing four elements.
static <E> List<E>	of(E e1, E e2, E e3, E e4, E e5)	Returns an unmodifiable list containing five elements.
static <E> List<E>	of(E e1, E e2, E e3, E e4, E e5, E e6)	Returns an unmodifiable list containing six elements.

图 9-13　List 的 of()方法

在参数少于 10 个的情况下，会使用对应个数的 of()版本，因而不会有引用原 List 实例的问题，至于那个 of(E...elements)版本，内部并不直接引用原本 elements 引用的实例，而是建立一个新数组，然后对 elements 的元素逐一进行浅层复制。为了方便你了解，下面列出了 JDK 中的源代码实现片段：

```
ListN(E... input) {
    // copy and check manually to avoid TOCTOU
    @SuppressWarnings("unchecked")
    E[] tmp = (E[])new Object[input.length]; // implicit nullcheck of input
    for (int i = 0; i < input.length; i++) {
        tmp[i] = Objects.requireNonNull(input[i]);
    }
    this.elements = tmp;
}
```

因此在数据结构上，就算对该版本的 of()方法直接传入数组，也不会有引用原 elements 所引用的数组的疑虑，从而进一步支持了不可变特性；然而因为这是对元素的浅层复制，所以如果直接改变了元素的状态，of()方法返回的对象还是会反映出对应的状态变更。例如：

```
jshell> class Student {
   ...>     String name;
   ...> }
|  created class Student

jshell> var student = new Student();
student ==> Student@cb644e

jshell> student.name = "Justin";
$3 ==> "Justin"
```

```
jshell> var students = List.of(student);
students ==> [Student@cb644e]

jshell> students.get(0).name;
$5 ==> "Justin"

jshell> student.name = "Monica";
$6 ==> "Monica"

jshell> students.get(0).name;
$7 ==> "Monica"
```

就上面的程序片段来说，如果想要增强不可变特性，应该让 Student 类在定义时也支持不可变特性，如此一来， List.of()方法的使用才有意义，例如，将值域设为 final：

```
jshell> class Student {
   ...>     final String name;
   ...>     Student(String name) {
   ...>         this.name = name;
   ...>     }
   ...> }
|  created class Student

jshell> var student = new Student("Justin");
student ==> Student@cb644e

jshell> var students = List.of(student);
students ==> [Student@cb644e]
```

如果 Student 的职责只是记录数据的数据载体，那么也可以使用 record 类定义，因为 record 类的实例状态是不可变动的：

```
jshell> record Student(String name) {}
|  created record Student

jshell> var student = new Student("Justin");
student ==> Student[name=Justin]

jshell> var students = List.of(student);
students ==> [Student[name=Justin]]
```

你也许会想到先前使用过的 Arrays.asList()方法，它似乎与 List.of()方法很像，Arrays.asList()方法返回的对象长度固定，确实是无法修改的，但由于方法定义时使用不定长度参数，因此也可以直接指定数组为参数，这就会引发类似的问题：

```
jshell> String[] names = {"Justin", "Monica"};
names ==> String[2] { "Justin", "Monica" }
```

```
jshell> var nameLt = Arrays.asList(names);
nameLt ==> [Justin, Monica]

jshell> names[0] = "Irene";
$3 ==> "Irene"

jshell> nameLt;
nameLt ==> [Irene, Monica]
```

会发生这个问题的理由类似于 Arrays.asList()返回的对象，内部引用了 names 引用的对象(你可以试着查看 Arrays.java 的源代码实现来验证)；如果需要的是不可变对象，而不是无法修改的对象，建议改用 List.of()，而不是使用 Arrays.asList()。

课后练习

实验题

1. 尝试写个 IterableString 类，可指定字符串创建 IterableString 实例，让该实例可使用增强式 for 循环，或者是本身的 forEach()方法，逐一取出字符串中的字符。

2. 假设有个字符串数组，如下所示：

```
String[] words = {"RADAR","WARTER START","MILK KLIM","RESERVERED","IWI"};
```

请编写程序，判断字符串数组中有哪些字符串，从前面看的字符顺序与从后面看的字符顺序是相同的。

提示>>> 可以使用 Deque。

第10章 输入/输出

学习目标

- 了解流与输入/输出
- 了解 InputStream、OutputStream 继承架构
- 了解 Reader、Writer 继承架构
- 使用输入/输出包装器

10.1 InputStream 与 OutputStream

想活用输入/输出 API，就要先了解 Java 如何以流(Stream)抽象化输入/输出的观念，以及 InputStream、OutputStream 继承架构。如此一来，无论是标准输入/输出、文件输入/输出，还是网络输入/输出、数据库输入/输出等，都可用一致的模式进行操作。

10.1.1 流设计概念

Java 将输入/输出抽象化为流，数据有来源及目的地，衔接两者的是流对象。打个比方，数据就好比水，而 stream 好比水管，通过水管的连接，水由一端流向另一端，如图 10-1 所示。

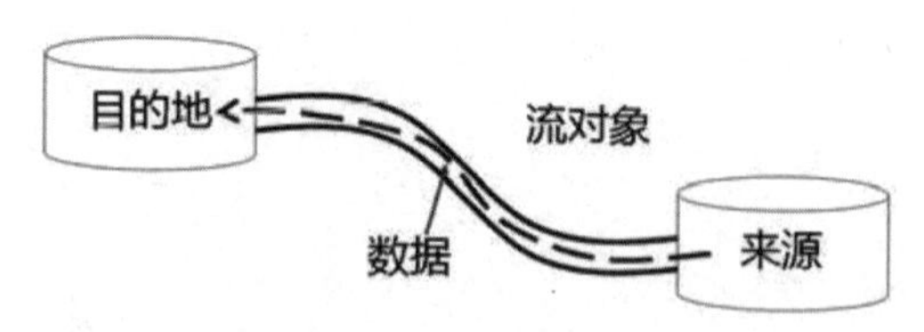

图 10-1　通过“流”来连接来源与目的地

从应用程序的角度来看，如果要将数据从来源取出，可以使用输入流；如果要将数据写入目的地，可以使用输出流，如图 10-2 所示。在 Java 中，输入流的代表对象为 java.io.InputStream 实例，输出流的代表对象为 java.io.OutputStream 实例。无论数据源或目的地是什么，只要设法取得 InputStream 或 OutputStream 实例，接下来操作输入/输出的方式就一致了，不必理会来源或目的地的真正形式。

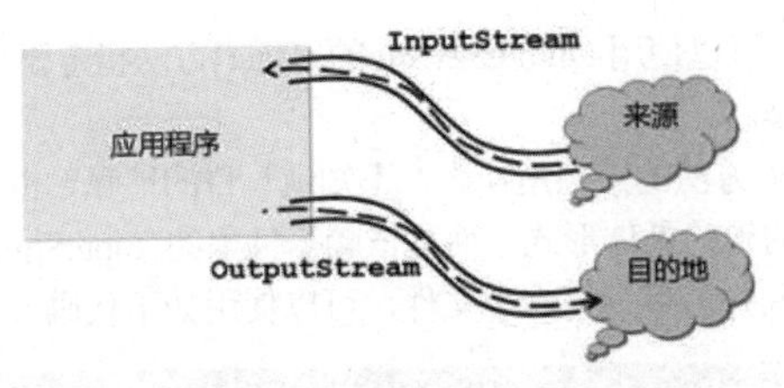

图 10-2 通过应用程序了解 InputStream 与 OutputStream

在来源和目的地都未知的情况下，如何编写程序？举例而言，可以设计一个通用的 dump()方法。

Stream IO.java

```
package cc.openhome;

import java.io.*;

public class IO {                          ❶ 数据来源与目的地
    public static void dump(InputStream src, OutputStream dest)
                             throws IOException {  ← ❷ 客户端要处理异常
        try (src; dest) {  ← ❸ 尝试自动关闭资源
            var data = new byte[1024];  ← ❹ 储存读入的数据
            var length = 0;
            while((length = src.read(data)) != -1) {  ← ❺读取数据
                dest.write(data, 0, length);  ← ❻写出数据
            }
        }
    }
}
```

dump()方法接受 InputStream 与 OutputStream 实例，两者分别代表读取数据的来源，以及输出数据的目的地❶。在进行 InputStream 与 OutputStream 的相关操作时如果发生错误，会抛出 java.io.IOException 异常。在这里的 dump()方法上声明 throws，让调用 dump()方法的客户端处理异常❷。

提示》》》 许多 I/O 操作都会声明抛出 IOException，如果想在捕捉后将其转为执行时异常，可以使用 java.io.UncheckedIOException，这个异常继承了 RuntimeException。

在不使用 InputStream 与 OutputStream 时，必须使用 close()方法关闭流。由于 InputStream 与 OutputStream 实现了 java.io.Closeable 接口，其父接口为 java.lang.AutoCloseable 接口，可使用“尝试自动关闭资源”语法❸。

每次从 InputStream 读入的数据会先存入 byte 数组❹，InputStream 的 read()方法会尝试读入 byte 数组长度的数据，并返回实际读入的字节，只要读入的数据不是-1，就

表示读取到数据❺。可以使用 OutputStream 的 write()方法指定要写出的 byte 数组、初始索引与数据长度❻。

那么这个 dump()方法的来源是什么？不知道！目的地呢？也不知道！dump()方法没有限定来源或目的地的具体形式，而是依赖于抽象的 InputStream、OutputStream。如果要将某文件读入并另存为另一个文件，可以使用如下代码：

Stream Copy.java

```
package cc.openhome;

import java.io.*;

public class Copy {
    public static void main(String[] args) throws IOException {
        IO.dump(
              new FileInputStream(args[0]),
              new FileOutputStream(args[1])
        );
    }
}
```

这个程序可以由命令行参数指定读取的文件来源与写出的目的地；稍后就会介绍流继承架构，FileInputStream 是 InputStream 的子类，用于连接文件，从而读入数据；FileOutputStream 是 OutputStream 的子类，用于连接文件，从而写出数据。

若要从 HTTP 服务器读取某个网页，并将其另存为文件，也可以使用这里设计的 dump()方法。例如：

Stream Download.java

```
package cc.openhome;

import java.io.*;
import java.net.URI;
import java.net.http.HttpClient;
import java.net.http.HttpRequest;
import java.net.http.HttpResponse.BodyHandlers;

public class Download {
    public static InputStream openStream(String uri) throws Exception {
        // Java 11 新增的 HttpClient API
        return HttpClient
                .newHttpClient()
                .send(
                    HttpRequest.newBuilder(URI.create(uri)).build(),
                    BodyHandlers.ofInputStream()
                )
```

```
                .body();
    }

    public static void main(String[] args) throws Exception {
        var src = openStream(args[0]);
        var dest = new FileOutputStream(args[1]);
        IO.dump(src, dest);
    }
}
```

虽然要到第 15 章才会介绍 Java 11 新增的 HTTP Client API，但是这里的重点在于，openStream()可以指定 HTTP 网址，在 HTTP 请求后取得响应，返回 InputStream，接着就可以从中读取响应的主体内容。因为是 InputStream，所以可以使用 dump()方法进一步处理。

因为 HTTP Client API 位于 java.net.http 模块中，所以你必须在 module-info.java 中使用 requires 声明依赖的模块：

Stream module-info.java

```
module Stream {
    requires java.net.http;
}
```

无论来源或目的地的具体形式是什么，只要想办法取得 InputStream 或 OutputStream，接下来就能调用 InputStream 或 OutputStream 的相关方法。例如，使用 java.net.ServerSocket 接受客户端连接：

```
ServerSocket server = null;
Socket client = null;
try {
    server = new ServerSocket(port);
    while(true) {
        client = server.accept();
        var input = client.getInputStream();
        var output = client.getOutputStream();
        // 接下来就是操作 InputStream、OutputStream 实例了……
        ...
    }
}
catch(IOException ex) {
    ...
}
```

如果将来你学到 Servlet，想将文件输出至浏览器，也会有类似的操作：

```
response.setContentType("application/pdf");
InputStream in = this.getServletContext()
                     .getResourceAsStream("/WEB-INF/jdbc.pdf");
```

```
OutputStream out = response.getOutputStream();
byte[] data = new byte[1024];
int length;
while((length = in.read(data)) != -1) {
    out.write(data, 0, length);
}
```

10.1.2 流继承架构

在了解了流抽象化数据来源与目的地的概念后，接下来要搞清楚 InputStream、OutputStream 继承架构。首先观察 InputStream 的常用类继承架构，如图 10-3 所示。

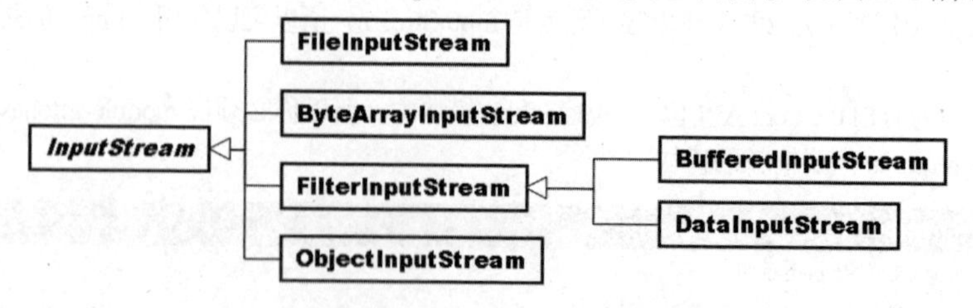

图 10-3 InputStream 常用类继承架构

再来看看 OutputStream 的常用类继承架构，见图 10-4。

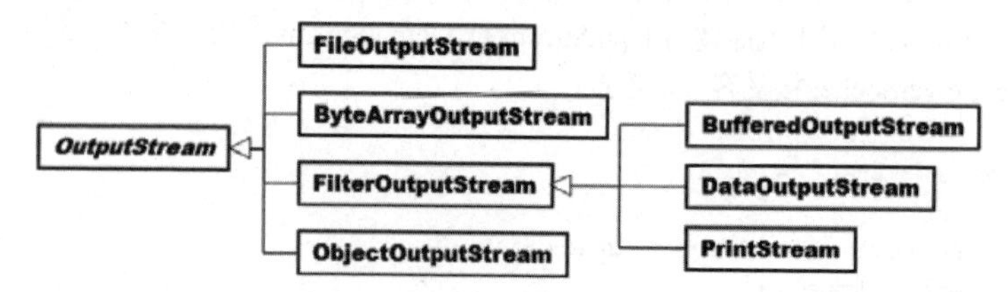

图 10-4 OutputStream 常用类继承架构

了解了 InputStream 与 OutputStream 类继承架构之后，再来逐步讨论相关类的使用方式。

标准输入/输出

还记得 System.in 与 System.out 吗？查看 API 文档的话，会发现它们分别是 InputStream 和 PrintStream 的实例，分别代表标准输入(Standard Input)与标准输出(Standard Output)，以个人电脑而言，通常对应至文本模式中的输入与输出。

以 System.in 而言，因为文本模式下通常是取得整行的用户输入，因此较少直接操作 InputStream 相关方法，而是如先前章节所述使用 java.util.Scanner 来包装 System.in，你操作 Scanner 相关方法，而 Scanner 操控 System.in 取得数据，并将其转换为你想要的数据类型。

可以使用 System 的 setIn()方法指定 InputStream 实例，重新指定标准输入来源。下面的示例故意将标准输入指定为 FileInputStream，可以读取指定文件并将其显示在文本模式中。

Stream StandardIn.java

```
package cc.openhome;

import java.io.*;
import java.util.*;

public class StandardIn {
   public static void main(String[] args) throws IOException {
      System.setIn(new FileInputStream(args[0]));
      try(var file = new Scanner(System.in)) {
         while(file.hasNextLine()) {
            System.out.println(file.nextLine());
         }
      }
   }
}
```

System.out 为 PrintStream 的实例，从图 10-4 来看，它是一种 OutputStream，如果要对 10.1.1 节的 Download 示例进行修改，使其输出至标准输出，也可以这么写：

```
...
var url = new URL(args[0]);
var src = url.openStream();
IO.dump(src, System.out);
...
```

标准输出可以重新定向到文件，执行程序时使用>将输出结果定向到指定的文件即可，例如，如果 Hello 类执行了 System.out.println("HelloWorld")：

```
> java Hello > Hello.txt
```

那么上面的指令执行方式会将 HelloWorld 定向到 Hello.txt 文件，而不会将其显示在文本模式当中；如果使用>>，HelloWorld 则是附加信息。可以使用 System 的 setOut()方法指定 PrintStream 实例，将结果输出至指定的目的地。例如，特意将标准输出的内容指定到文件。

Stream StandardOut.java

```
package cc.openhome;

import java.io.*;

public class StandardOut {
```

```
    public static void main(String[] args) throws IOException {
        try(var file = new PrintStream(new FileOutputStream(args[0]))) {
            System.setOut(file);
            System.out.println("HelloWorld");
        }
    }
}
```

PrintStream 接受 OutputStream 实例，这个示例用 PrintStream 包装 FileOutputStream，你操作 PrintStream 相关方法，PrintStream 会代你操作 FileOutputStream。

除了 System.in 与 System.out 之外，还有个 System.err，它是 PrintStream 实例，称为标准错误输出流，用于显示错误信息。例如，在文本模式下，System.out 输出的信息可以使用>或>>重新定向到文件，但 System.err 输出的信息无法重新定向。也可以使用 System.setErr()来指定 PrintStream，重新指定标准错误输出流。

FileInputStream 与 FileOutputStream

FileInputStream 是 InputStream 的子类，可以指定文件名称来创建实例。一旦创建文件就打开文件，接着就可用它读取数据。FileOutputStream 是 OutputStream 的子类，可以指定文件名称来创建实例。一旦创建文件就打开文件，接着就可以用它写出数据。无论是 FileInputStream 还是 FileOutputStream，不使用时都要通过 close()关闭文件。

FileInputStream 实现了 InputStream 的 read()抽象方法，可从文件读取数据。FileOutputStream 实现了 OutputStream 的 write()抽象方法，可将数据写入文件。先前的 IO.dump()方法已经示范过 read()与 write()方法。

FileInputStream、FileOutputStream 在读取、写入文件时是以字节为单位的，通常会使用一些高级类加以包装，进行一些高级操作，像先前示范过的 Scanner 与 PrintStream 类等。之后还会看到更多包装 InputStream、OutputStream 的类，它们也可用来包装 FileInputStream、FileOutputStream。

ByteArrayInputStream 与 ByteArrayOutputStream

ByteArrayInputStream 是 InputStream 的子类，可指定 byte 数组创建实例，创建之后可将 byte 数组当作数据源读取。ByteArrayOutputStream 是 OutputStream 的子类，可将 byte 数组作为写出数据的目的地，输出完成后，可使用 toByteArray()取得 byte 数组。

ByteArrayInputStream 实现了 InputStream 的 read()抽象方法，可以从 byte 数组中读取数据，ByteArrayOutputStream 实现了 OutputStream 的 write()抽象方法，可以将数据写入 byte 数组。先前的 IO.dump()方法中示范过的 read()与 write()方法就是 ByteArrayInputStream、ByteArrayOutputStream 的操作示例，要知道，它们都是 InputStream、OutputStream 的子类。

10.1.3　流处理包装器

InputStream、OutputStream 提供流的基本操作。如果想对输入/输出的数据进行加工处理，可以使用包装器类。先前示范过的 Scanner 类就是包装器，它接受 InputStream 实例。你可以操作 Scanner 包装器的相关方法，Scanner 会实际操作内部的 InputStream 来取得数据，并将其转换为你想要的数据类型。

InputStream、OutputStream 的一些子类也具有包装器的作用，这些子类在构建时可以接受 InputStream、OutputStream 实例，先前介绍的 PrintStream 就是这样的例子。你操作 PrintStream 的 print()、println()等方法，PrintStream 会自动将数据转换为 byte 数组数据，并利用包装的 OutputStream 进行输出。

常用的包装器有具备缓冲区功能的 BufferedInputStream、BufferedOutputStream，具备数据转换处理功能的 DataInputStream、DataOutputStream，以及具备对象序列化能力的 ObjectInputStream、ObjectOutputStream 等。

这些类本身并没有改变 InputStream、OutputStream 的行为，只不过在 InputStream 取得数据之后，再做一些加工处理，或者在输出时做一些加工处理，再由 OutputStream 真正进行输出，因此它们也被称为装饰器(Decorator)。就像给照片装上华丽的外框，就可以让照片变得更华丽，这也有点像小水管衔接大水管，如小水管(InputStream)读入数据，再由大水管(如 BufferedInputStream)增加缓冲功能，如图 10-5 所示。

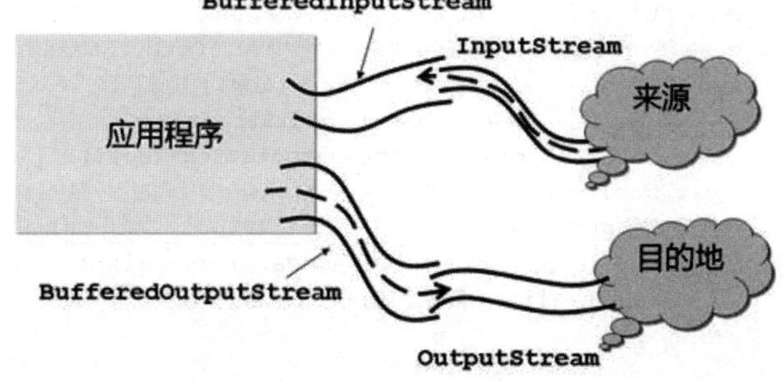

图 10-5　装饰器提供高级操作

接下来介绍几个常用的流装饰器类。

BufferedInputStream 与 BufferedOutputStream

在先前的 IO.dump()方法中，每次调用 InputStream 的 read()方法时都会直接向来源请求数据，每次调用 OutputStream 的 write()方法时都会直接将数据写到目的地，这并不是效率最高的方式。

以文件存取为例，如果传入 IO.dump()的是 FileInputStream、FileOutputStream 实例，每次调用 read()时都会要求读取硬盘，每次调用 write()时都会要求写入硬盘，这会将许多时间花费在硬盘定位上。

如果 InputStream 第一次调用 read()时可以尽量将数据读取到内存缓冲区，后续调用 read()时先看看缓冲区内是否还有数据，如果有，就从缓冲区读取；如果没有，就从来源读取数据到缓冲区。通过减少从来源直接读取数据的次数，提升数据读取效率(毕竟内存的存取速度较快)。

如果 OutputStream 每次调用 write()时可将数据写入内存中的缓冲区，等缓冲区满了再将其中的数据写入目的地，则可通过减少对目的地写入的次数，提升数据写出的效率。

BufferedInputStream 与 BufferedOutputStream 提供缓冲区功能，创建 BufferedInputStream、BufferedOutputStream 时必须提供 InputStream、OutputStream 以进行包装，可使用默认设置或自定义缓冲区大小。

BufferedInputStream 与 BufferedOutputStream 主要在内部提供缓冲区功能，在操作上与 InputStream、OutputStream 没有太大差别。例如，将之前的 IO.dump()改写为 BufferedIO.dump()方法。

Stream BufferedIO.java

```
package cc.openhome;

import java.io.*;

public class BufferedIO {
   public static void dump(InputStream src, OutputStream dest)
                              throws IOException {
       try(var input = new BufferedInputStream(src);
           var output = new BufferedOutputStream(dest)) {
           var data = new byte[1024];
           var length = 0;
           while ((length = input.read(data)) != -1) {
               output.write(data, 0, length);
           }
       }
   }
}
```

DataInputStream 与 DataOutputStream

DataInputStream、DataOutputStream 用于装饰 InputStream、OutputStream。DataInputStream、DataOutputStream 提供读取、写入基本类型的方法，比如读写 int、double、boolean 等的方法。这些方法会在指定的类型与字节间转换，不用亲自完成字节与类型转换的动作。

来看个实际使用 DataInputStream、DataOutputStream 的例子。下面的 Member 类可以调用 save()来储存 Member 实例本身的数据，并将 Member 的会员号用作文件名。通过调用 Member.load()，可以读取文件中的会员资料，然后将其封装为 Member 实例并返回。

Stream Member.java

```
package cc.openhome;

import java.io.*;

record Member(String id, String name, int age) {
    public void save() throws IOException {
        try(var output = new DataOutputStream(new FileOutputStream(id)))
{
            output.writeUTF(id);
            output.writeUTF(name);
            output.writeInt(age);
        }
    }

                                                ❶创建 DataOutputStream 并包装
    public void save() throws IOException {       FileOutputStream
        try(var output = new DataOutputStream(
                               new FileOutputStream(id))) {
            output.writeUTF(id);
            output.writeUTF(name);      ← ❷ 根据不同的类型，调用 writeXXX()方法
            output.writeInt(age);
        }
    }

    public static Member load(String id) throws IOException {
                                  ❸ 创建 DataInputStream 并包装 FileInputStream
        try(var input = new DataInputStream(new FileInputStream(id))) {
            return new Member(
                    input.readUTF(), input.readUTF(), input.readInt());
        }
    }                             ❹ 根据不同的类型，调用 readXXX()方法
}
```

这里使用了 9.1.3 节介绍过的 record 类，将 Member 作为数据载体，并定义了数据的加载与储存方法。

在 save()方法中，使用 DataOutputStream 包装 FileOutputStream❶，储存 Member 实例时，会使用 writeUTF()、writeInt()方法分别储存字符串类型与 int 类型❷。在 load()方法中，使用 DataInputStream 包装 FileInputStream❸，并调用 readUTF()、readInt()分别读入字符串类型、int 类型❹。下面是个使用 Member 类的例子。

Stream MemberDemo.java

```
package cc.openhome;

import java.io.IOException;
import static java.lang.System.out;

public class MemberDemo {
    public static void main(String[] args) throws IOException {
        Member[] members = {
            new Member("B1234", "Justin", 90),
            new Member("B5678", "Monica", 95),
            new Member("B9876", "Irene", 88)
        };
        for(var member : members) {
            member.save();
        }
        out.println(Member.load("B1234"));
        out.println(Member.load("B5678"));
        out.println(Member.load("B9876"));
    }
}
```

示例中准备的三个 Member 实例分别储存为文件后再读取回来，执行结果如下：

```
Member[id=B1234, name=Justin, age=90]
Member[id=B5678, name=Monica, age=95]
Member[id=B9876, name=Irene, age=88]
```

ObjectInputStream 与 ObjectOutputStream

在之前的示例中，取得 Member 的 number、name、age 数据并进行储存，读回时也是先取得 number、name、age 数据，再用这些数据生成 Member 实例。实际上，也可将内存中的对象整个储存下来，之后再读入、还原为对象。可以使用 ObjectInputStream、ObjectOutputStream 装饰 InputStream、OutputStream，从而完成这项工作。

ObjectInputStream 提供的 readObject()方法将数据读取为对象，而 ObjectOutputStream 提供的 writeObject()方法将对象写至目的地。可以被这两个方法处理的对象必须实现 java.io.Serializable 接口。这个接口并没有定义任何方法，只是作为标识使用，表示这个对象是可以被序列化的(Serializable)。

下面这个示例是对前一个示例的改写，ObjectInputStream、ObjectOutputStream 分别被用来储存、读入数据。

Stream Member2.java

```
package cc.openhome;

import java.io.*;                                    ❶ 实现 Serializable
                                                              ↓
record Member2(String id, String name, int age) implements Serializable {
```

```
    public void save() throws IOException {
        try(var output = new ObjectOutputStream(
                             new FileOutputStream(id))) {
            output.writeObject(this);
        }
    }

    public static Member2 load(String id)
                throws IOException, ClassNotFoundException {
        try(var input = new ObjectInputStream(
                            new FileInputStream(id))) {
            return (Member2) input.readObject();
        }
    }
}
```

❷ 创建 DataOutputStream 来包装 FileOutputStream

❸ 调用 writeObject()方法写入对象

❹ 创建 DataInputStream 包装 FileInputStream

❺ 调用 readObject()方法读取对象

为了能够直接读、写对象，Member2 实现了 Serializable❶。在储存对象时，使用 ObjectOutputStream 包装 FileOutputStream❷，由 ObjectOutputStream 的 writeObject()处理内存的对象数据，再由 FileOutputStream 写入文件❸。在读入对象时，使用 ObjectInputStream 包装 FileInputStream❹。readObject()会用 FileInputStream 读入字节文件，再交给 ObjectInputStream 处理，将其还原为 Member2 实例❺。

下面的程序用来测试 Member2 类是否可以正确对对象进行读写，执行结果与 MemberDemo 相同。

Stream Member2Demo.java

```
package cc.openhome;

import static java.lang.System.out;

public class Member2Demo {
    public static void main(String[] args) throws Exception {
        Member2[] members = {new Member2("B1234", "Justin", 90),
                             new Member2("B5678", "Monica", 95),
                             new Member2("B9876", "Irene", 88)};
        for(var member : members) {
            member.save();
        }
        out.println(Member2.load("B1234"));
        out.println(Member2.load("B5678"));
        out.println(Member2.load("B9876"));
    }
}
```

如果在进行对象序列化时，不希望某些数据成员被写入，可通过 transient 关键字进行标记。

10.2 字符处理类

InputStream、OutputStream 是用来读入和写出字节数据的。若要处理字符数据，使用 InputStream、OutputStream 时就得对照编码表，在字符与字节之间进行转换；Java SE API 提供了相关的输入/输出字符处理类，让你不用亲自进行字节与字符编码转换的枯燥工作。

10.2.1 Reader 与 Writer 继承架构

针对字符数据的读取，Java SE 提供 java.io.Reader 类，将字符数据读入的来源抽象化。针对字符数据的写入，则提供了 java.io.Writer 类，将数据写出的目的地抽象化。

举例来说，若想从来源读入字符数据，或将字符数据写至目的地，都可以使用下面的 CharUtil.dump()方法。

Stream CharUtil.java

```
package cc.openhome;

import java.io.*;
                                   ❶ 数据来源与目的地
                                                              ❷ 客户端要处理异常
public class CharUtil {
    public static void dump(Reader src, Writer dest) throws IOException {
        try(src; dest) {  ←— ❸ 尝试自动关闭资源
            var data = new char[1024];  ←— ❹ 存储读取的数据
            var length = 0;
            while((length = src.read(data)) != -1) {  ←— ❺读取数据
                dest.write(data, 0, length);  ←— ❻写出数据
            }
        }
    }
}
```

dump()方法接受 Reader 与 Writer 实例，两者分别代表读取数据的来源以及输出数据的目的地❶。在进行 Reader 与 Writer 操作时如果发生错误，会抛出 IOException 异常。这里在 dump()方法声明 throws，由调用 dump()方法的客户端处理异常❷。

在不使用 Reader 与 Writer 时，必须使用 close()关闭流。由于 Reader 与 Writer 实现了 Closeable 接口，其父接口为 AutoCloseable 接口，可使用“尝试自动关闭资源”的语法❸。

每次从 Reader 读入的数据都会先存入 char 数组中❹。Reader 的 read()方法每次都

会尝试读入 char 数组长度的数据，并返回实际读入的字符数。只要字符数不是-1，就表示读取到字符❺。可以使用 Writer 的 write()方法指定要写出的 char 数组、初始索引与数据长度❻。

同样，先了解 Reader、Writer 继承架构，有利于灵活运用 API。首先看看 Reader 继承架构，如图 10-6 所示。

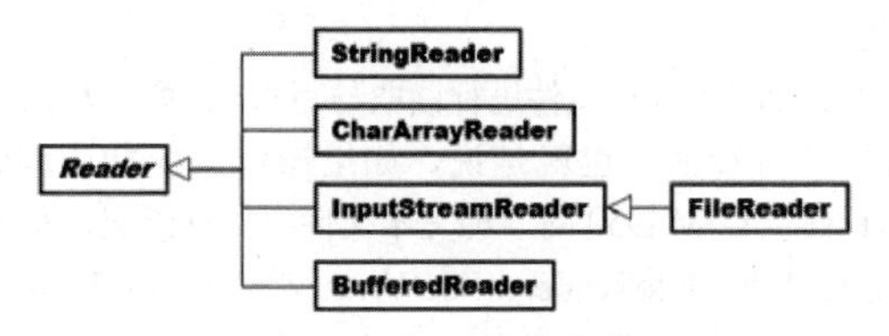

图 10-6 Reader 继承架构图

图 10-6 列出了常用的 Reader 子类。再来看看 Writer 常用类继承架构图，见图 10-7。

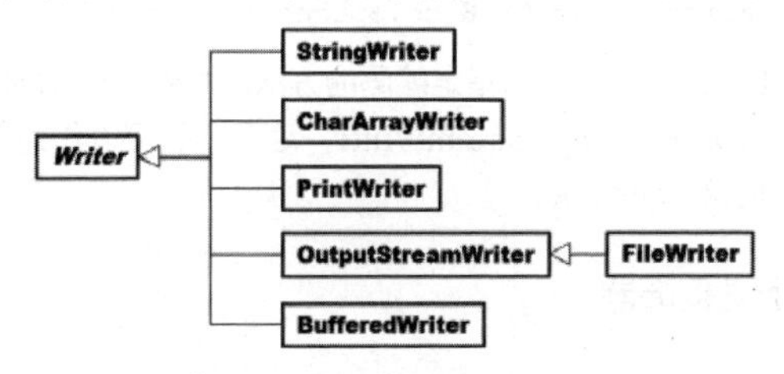

图 10-7 Writer 继承架构图

从图 10-6 与图 10-7 得知，FileReader 从属于 Reader，主要用于读取文件并将读到的数据转换为字符；StringWriter 从属于 Writer，可将字符数据写至 StringWriter。使用 toString()方法取得的字符串包含了写入的字符数据。

因此，若要使用 CharUtil.dump()读入文件、将其转为字符串并显示在文本模式中，可以使用如下代码。

Stream CharUtilDemo.java

```
package cc.openhome;

import java.io.*;

public class CharUtilDemo {
    public static void main(String[] args) throws IOException {
        var reader = new FileReader(args[0]);
        var writer = new StringWriter();
        CharUtil.dump(reader, writer);
        System.out.println(writer.toString());
    }
}
```

如果执行 CharUtilDemo 时在命令行参数指定了文件位置，而文件内容是字符数据，就可以在文本模式下看到文件的文字内容。

稍微解释一下常用的 Reader、Writer 子类。StringReader 可以将字符串包装起来，当作读取来源，StringWriter 则可以作为写入目的地，最后用 toString()取得写入的字符组成的字符串。类似地，CharArrayReader、CharArrayWriter 则将 char 数组当作读取来源以及写入目的地。

FileReader、FileWriter 可以对文件进行读取与写入，读取或写入时默认使用操作系统默认编码来执行字符转换。也就是说，如果操作系统默认编码是 MS950，则 FileReader、FileWriter 会以 MS950 对“纯文本文件”执行读取、写入的动作。如果操作系统默认编码是 UTF-8，FileReader、FileWriter 就会使用 UTF-8。

在启动 JVM 时，可以通过指定-Dfile.encoding 来指定 FileReader、FileWriter 所使用的编码。例如，指定使用 UTF-8：

```
> java -Dfile.encoding=UTF-8 cc.openhome.CharUtil sample.txt
```

FileReader、FileWriter 没有可以指定编码的方法。如果编写程序时想指定编码，可以使用 InputStreamReader、OutputStreamWriter，这两个类可以作为装饰器，接下来讨论字符处理装饰器时会一并说明。

10.2.2 字符处理装饰器

InputStream、OutputStream 的有些装饰器类可以对 InputStream、OutputStream 包装添加额外功能，Reader、Writer 也有些装饰器类。接下来介绍常用的字符处理装饰器类。

InputStreamReader 与 OutputStreamWriter

如果流处理的字节数据实际上代表字符编码数据，而你想将这些字节数据转换为对应的编码字符，可以使用 InputStreamReader、OutputStreamWriter 来包装流数据。

在创建 InputStreamReader 与 OutputStreamWriter 时，可以指定编码，如果没有指定编码，会使用 JVM 启动时获取的默认编码。下面将对 CharUtil 的 dump()进行改写，提供可指定编码的 dump()方法。

Stream CharUtil2.java

```
package cc.openhome;

import java.io.*;

public class CharUtil2 {
    public static void dump(Reader src, Writer dest) throws IOException {
        try(src; dest) {
            var data = new char[1024];
            var length = 0;
            while((length = src.read(data)) != -1) {
```

```
                d.write(data, 0, length);
            }
        }
    }

    public static void dump(InputStream src, OutputStream dest,
                         String charset) throws IOException {
        dump(
            new InputStreamReader(src, charset),
            new OutputStreamWriter(dest, charset)
        );
    }

    // 使用默认编码
    public static void dump(InputStream src, OutputStream dest)
                        throws IOException {
        dump(src, dest, System.getProperty("file.encoding"));
    }
}
```

若想以 UTF-8 处理字符数据，例如读取 UTF-8 的 Main.java 文本文件，并将其另存为 UTF-8 的 Main.txt 文本文件，可以使用如下代码：

```
CharUtil2.dump(
    new FileInputStream("Main.java"),
    new FileOutputStream("Main.txt"),
    "UTF-8"
);
```

BufferedReader 与 BufferedWriter

BufferedInputStream、BufferedOutputStream 为 InputStream、OutputStream 提供缓冲区功能，从而改进输入/输出的效率，相似地，BufferedReader、BufferedWriter 可为 Reader、Writer 提供缓冲区，在处理字符输入/输出时，可以提升效率。

举个使用 BufferedReader 的例子，如果想按行读取文本文件，可以按如下方式编写代码：

```
BufferedReader reader =
new BufferedReader(
   new InputStreamReader(new FileInputStream(fileName))
    );
String line = reader.readLine();
```

创建 BufferedReader 时要指定 Reader，可以指定或采用默认缓冲区大小。就 API 的使用而言，FileInputStream 是 InputStream 的实例，可以用于 InputStreamReader 的创建，InputStreamReader 从属于 Reader，因此可用于 BufferedReader 的创建。

就装饰器的作用而言，InputStreamReader 对 FileInputStream 读入的字节数据进行编码转换，而 BufferedReader 对编码转换后的数据进行缓冲处理，以提升读取效率。BufferedReader 的 readLine()方法可以读取一行数据(将换行字符作为行尾)并返回字符串，返回的字符串不包括换行字符。

PrintWriter

PrintWriter 与 PrintStream 在使用上类似。不过，除了可以对 OutputStream 进行包装，PrintWriter 还能包装 Writer，提供 print()、println()、format()等方法。

课后练习

实验题

1. 在异常发生时，可以使用异常对象的 printStackTrace()显示堆栈跟踪。如何改写以下程序，使异常发生时，可将堆栈跟踪添加到 UTF-8 编码的 exception.log 文件中：

```
package cc.openhome;

import java.io.*;

public class Exercise1 {
    public static void dump(InputStream src, OutputStream dest)
                              throws IOException {
        try(src; dest) {
            var data = new byte[1024];
            var length = 0;
            while((length = src.read(data)) != -1) {
                dest.write(data, 0, length);
            }
        }
    }

}
```

2. 请编写程序，该程序可以读取任何编码的文本文件，指定文件名并将文件转存为 UTF-8 的文本文件。

3. 试着编写一个 FileUtil 类，其中包括 open()方法，且包含处理 FileInputStream 实例创建、close()方法调用，以及将 IOException 包装为 java.io.UncheckedIOException 实例并重新抛出的程序流程。FileUtil 的 open()方法应该通过如下方式来使用：

```
package cc.openhome;

import java.util.Scanner;
import static cc.openhome.FileUtil.open;
```

```
public class Exercise3 {
    public static void main(String[] args) {
        open(args[0], fileInputStream -> {
            var file = new Scanner(fileInputStream);
            while(file.hasNextLine()) {
                System.out.println(file.nextLine());
            }
        });
    }
}
```

第11章 线程与并行 API

学习目标

- 认识 Thread 与 Runnable
- 使用 synchronized
- 使用 wait()、notify()、notifyAll()
- 运用高级并行 API

11.1 线程

目前为止介绍过的示例都是单线程程序，这类程序启动后，从 main()开始至结束只有一个流程，然而有时候程序需要多个流程，设计方式之一是使用多线程(Multi-thread)。

11.1.1 线程简介

如果要写个龟兔赛跑游戏，赛程长度为 10 步，每秒钟乌龟前进一步，兔子可能前进两步或睡觉，那该怎么设计呢？以目前学过的单线程程序来说，你可能会通过如下代码进行设计。

Thread TortoiseHareRace.java

```
package cc.openhome;

import static java.lang.System.out;

public class TortoiseHareRace {
    public static void main(String[] args) {
        boolean[] flags = {true, false};
        var totalStep = 10;
        var tortoiseStep = 0;
        var hareStep = 0;
        out.println("龟兔赛跑开始……");
        while(tortoiseStep < totalStep && hareStep < totalStep) {
            tortoiseStep++;  ←── ❶ 乌龟前进一步
```

```
            out.printf("乌龟前进了 %d 步...%n", tortoiseStep);
            var isHareSleep = flags[((int) (Math.random() * 10)) % 2];
            if(isHareSleep) {                       ↑
                out.println("兔子睡着了 zzzz");     ❷ 随机睡觉
            } else {
                hareStep += 2; ←── ❸兔子前进两步
                out.printf("兔子前进了 %d 步...%n", hareStep);
            }
        }
    }
}
```

这个程序只有一个流程，也就是从 main()开始到结束的流程。tortoiseStep 递增 1 表示乌龟前进一步❶，兔子可能随机睡觉❷，若不是睡觉，就将 hareStep 递增 2，表示兔子前进两步❸，只要乌龟或兔子跑完 10 步就离开循环，表示比赛结束。

由于程序只有一个流程，只能将乌龟与兔子的行为混杂在这个流程中编写。为什么每次都先递增乌龟步数再递增兔子步数呢？这样对兔子不公平啊！如果程序执行时可以有两个流程，一个是乌龟流程，一个是兔子流程，程序逻辑会比较清楚。

若想在 main()以外独立设计流程，可以编写实现 java.lang.Runnable 接口的类，流程的进入点是 run()方法。例如，可以按如下方式设计乌龟的流程。

Thread Tortoise.java

```
package cc.openhome;

public class Tortoise implements Runnable {
    private int totalStep;
    private int step;

    public Tortoise(int totalStep) {
        this.totalStep = totalStep;
    }

    @Override
    public void run() {
        while(step < totalStep) {
            step++;
            System.out.printf("乌龟前进了 %d 步...%n", step);
        }
    }
}
```

在 Tortoise 类中，乌龟的流程会从 run()开始，乌龟负责每秒前进一步即可，其中不会混杂兔子的流程。同样地，可以按如下方式设计兔子的流程。

Thread Hare.java

```
package cc.openhome;

public class Hare implements Runnable {
    private boolean[] flags = {true, false};
    private int totalStep;
    private int step;

    public Hare(int totalStep) {
        this.totalStep = totalStep;
    }

    @Override
    public void run() {
        while(step < totalStep) {
            var isHareSleep = flags[((int) (Math.random() * 10)) % 2];
            if(isHareSleep) {
                System.out.println("兔子睡着了 zzzz");
            } else {
                step += 2;
                System.out.printf("兔子前进了 %d 步...%n", step);
            }
        }
    }
}
```

在 Hare 类中，兔子的流程会从 run()开始，兔子负责睡觉或每秒前进两步即可，其中不会混杂乌龟的流程。

从 main()开始的流程会由主线程(Main Thread)执行，那么对于刚才设计的 Tortoise 与 Hare，run()方法定义的流程该由谁执行呢？可以创建 Thread 实例来执行由 Runnable 实例定义的 run()方法。例如：

Thread TortoiseHareRace2.java

```
package cc.openhome;

public class TortoiseHareRace2 {
    public static void main(String[] args) {
        var tortoise = new Tortoise(10);
        var hare = new Hare(10);
        var tortoiseThread = new Thread(tortoise);
        var hareThread = new Thread(hare);
        tortoiseThread.start();
        hareThread.start();
    }
}
```

在这个程序中，主线程执行 main()定义的流程，main()的流程中创建了 tortoiseThread 与 hareThread 两个线程，这两个线程会分别执行 Tortoise 与 Hare 的 run()方法，要启动线程执行指定流程，必须调用 Thread 实例的 start()方法。执行的示例结果如下：

```
乌龟前进了 1 步...
兔子睡着了 zzzz
乌龟前进了 2 步...
兔子前进了 2 步...
乌龟前进了 3 步...
兔子前进了 4 步...
乌龟前进了 4 步...
兔子睡着了 zzzz
乌龟前进了 5 步...
兔子睡着了 zzzz
乌龟前进了 6 步...
兔子睡着了 zzzz
乌龟前进了 7 步...
兔子前进了 6 步...
乌龟前进了 8 步...
兔子前进了 8 步...
乌龟前进了 9 步...
兔子睡着了 zzzz
乌龟前进了 10 步...
兔子前进了 10 步...
```

11.1.2　Thread 与 Runnable

从开发者的角度来看，JVM 是台虚拟计算机，默认只安装一个称为主线程的 CPU，可执行 main()定义的执行流程。如果想为 JVM 加装 CPU，就要创建 Thread 实例；要启动加装的 CPU；就要调用 Thread 实例的 start()方法。加装的 CPU 执行流程可以定义在 Runnable 接口的 run()方法中。

提示 >>> 实际上 JVM 启动后，不只有一个主线程，它还会有垃圾收集、内存管理等线程。不过这是底层机制，就编写程序的角度来看，默认只有主线程。

除了将流程定义在 Runnable 的 run()方法中，还可以采用另一种方式，即继承 Thread

类，并重新定义 run()方法。先前的龟兔赛跑程序也可以改写为以下形式：

```
public class TortoiseThread extends Thread {
    ...// 与 Tortoise 相同，因此省略

    @Override
    public void run() {
        ...// 与 Tortoise 相同，因此省略
    }
}

public class HareThread extends Thread {
    ...// 与 Hare 相同，因此省略

    @Override
    public void run() {
        ...// 与 Hare 相同，因此省略
    }
}
```

这两个类继承自 Thread，并重新定义了 run()方法。可以在 main()主流程中，使用如下程序启动线程：

```
new TortoiseThread(10).start();
new HareThread(10).start();
```

实际上 Thread 类本身也实现了 Runnable 接口，而 run()方法的实现如下：

```
...
    @Override
    public void run() {
        if (target != null) {
            target.run();
        }
    }
...
```

调用 Thread 实例的 start()方法后，会执行上面定义的 run()方法。如果创建 Thread 时指定了 Runnable 实例，就会由 target 进行引用。因此，如果直接继承 Thread，并重新定义 run()方法，也可以执行其中的流程。

那么是实现 Runnable 好，还是继承 Thread，并在 run()中定义流程好？实现 Runnable 的好处是较有弹性，因为类还有机会继承其他类。如果继承了 Thread，那么该类将从属于 Thread。

创建 Thread 时可接受 Runnable 实例，在某些必须以匿名类语法创建 Thread 的情况下，可以考虑用 Lambda 表达式实现 Runnable。例如，假设有个 Thread 是按照下面的方式创建的：

```
var someThread = new Thread() {
    public void run() {
        // 方法实现内容……
    }
};
```

可以改用以下较简洁的方式实现：

```
var someThread = new Thread(() -> {
    // 方法实现内容……
});
```

11.1.3　线程生命周期

线程生命周期颇为复杂，下面从最简单的开始介绍。

Daemon 线程

如果主线程中启动了其他线程，默认会等待被启动的线程都执行完 run()方法才停止 JVM。如果有 Thread 被标示为 Daemon 线程，在非 Daemon 线程都结束时，JVM 就会终止。

可以通过 setDaemon(true)将线程设定为 Daemon 线程，下面是个简单示例，可以试着删除调用 setDaemon()这一行的注释，看看执行前后的差异。

Thread DaemonDemo.java

```
package cc.openhome;

public class DaemonDemo {

    public static void main(String[] args) {
        var thread = new Thread(() -> {
            while (true) {
                System.out.println("Orz");
            }
        });
        // thread.setDaemon(true);
        thread.start();
    }
}
```

如果没有使用 setDaemon(true)，程序会不断地显示 Orz 而不终止；使用 isDaemon()方法，可判断线程是否为 Daemon 线程。

从 Daemon 线程产生的线程默认是 Daemon 线程，因为基本上由一个后台服务线程衍生出来的线程，应该是为了在后台服务而存在，在产生它的线程停止时，它也应该随之停止。

Thread 基本状态图

调用 Thread 实例的 start()方法后，线程可能处于可执行(Runnable)、被阻断(Blocked)或执行中(Running)状态，状态间的转移如图 11-1 所示。

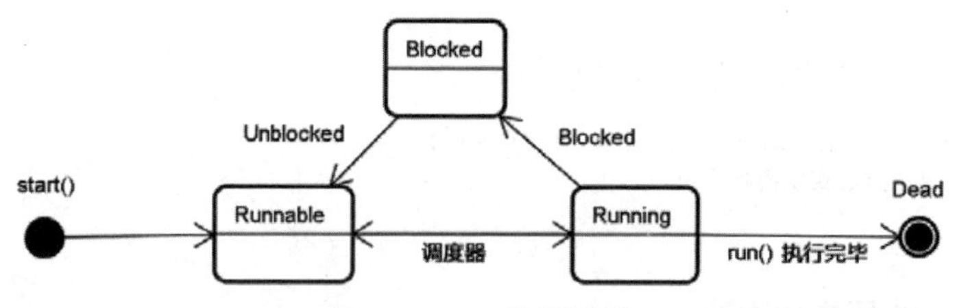

图 11-1 Thread 基本状态图

实例化 Thread 并执行 start()之后，线程进入 Runnable 状态，此时线程尚未执行 run()方法，必须等待调度器(Scheduler)将它放入 CPU 执行，这样才会执行 run()方法，并且进入 Running 状态。线程看起来像是同时执行的，然而事实上在同一时间点，一个 CPU 只能执行一个线程，只是 CPU 会不断切换线程，且切换动作很快，因此线程看起来像是同时执行的。

线程具有优先级，可以使用 Thread 的 setPriority()方法设定优先级，可以将其值设为 1(Thread.MIN_PRIORITY)到 10(Thread.MAX_PRIORITY)之间的数字，默认值为 5(Thread.NORM_PRIORITY)。数字越大，调度器越优先将它放入 CPU。如果优先级相同，则通过轮询(Round-robin)的方式执行。

有几种状况会让线程进入 Blocked 状态，例如调用 Thread.sleep()方法，会让线程进入 Blocked 状态(还有进入 synchronized 前竞争对象锁定的阻断、调用 wait()的阻断等，稍后就会介绍)；等待输入/输出完成时也会进入 Blocked 状态。对于多线程，当某个线程进入 Blocked 状态时，让另一线程进入 CPU(成为 Running 状态)，以免 CPU 空闲下来，这是改进性能的常用方式之一。

例如，以下这个程序可以下载指定网址的网页，来看看不使用线程时花费的时间。

Thread Download.java

```
package cc.openhome;

import java.net.URI;
import java.net.http.HttpClient;
import java.net.http.HttpRequest;
import java.net.http.HttpResponse.BodyHandlers;
import java.io.*;

public class Download {
    public static void main(String[] args) throws Exception {
        String[] urls = {
            "https://openhome.cc/Gossip/Encoding/",
```

```
            "https://openhome.cc/Gossip/Scala/",
            "https://openhome.cc/Gossip/JavaScript/",
            "https://openhome.cc/Gossip/Python/"
        };

        String[] fileNames = {
            "Encoding.html",
            "Scala.html",
            "JavaScript.html",
            "Python.html"
        };

        for(var i = 0; i < urls.length; i++) {
            dump(openStream(urls[i]),
                 new FileOutputStream(fileNames[i]));
        }
    }

    static InputStream openStream(String uri) throws Exception {
        return HttpClient
                 .newHttpClient()
                 .send(
                     HttpRequest.newBuilder(URI.create(uri)).build(),
                     BodyHandlers.ofInputStream()
                 )
                 .body();
    }

    static void dump(InputStream src, OutputStream dest)
                               throws IOException {
        try(src; dest) {
            var data = new byte[1024];
            var length = 0;
            while((length = src.read(data)) != -1) {
                dest.write(data, 0, length);
            }
        }
    }
}
```

这个程序每次迭代时，会以指定网址开启网络连接、进行 HTTP 请求，然后写入文件等。等待网络连接、HTTP 协议很耗时(也就是进入 Blocked 状态的时间较长)，第一个网页下载完后，再下载第二个网页，接着才是第三个、第四个。你可以先执行这个程序，看看它在你的计算机与网络环境中会耗时多久。

如果可以在第一个网页等待网络连接、HTTP 协议时启动第二个、第三个、第四个网络连接，那么效率会大大提升。例如：

Thread Download2.java

```
package cc.openhome;

import java.net.URL;
import java.io.*;

public class Download2 {

    public static void main(String[] args) {
        String[] urls = {
            "https://openhome.cc/Gossip/Encoding/",
            "https://openhome.cc/Gossip/Scala/",
            "https://openhome.cc/Gossip/JavaScript/",
            "https://openhome.cc/Gossip/Python/"
        };

        String[] fileNames = {
            "Encoding.html",
            "Scala.html",
            "JavaScript.html",
            "Python.html"
        };

        for (var i = 0; i < urls.length; i++) {
            var index = i;
            new Thread(() -> {
                try {
                    dump(openStream(urls[index]),
                        new FileOutputStream(fileNames[index]));
                } catch(Exception ex) {
                    throw new RuntimeException(ex);
                }
            }).start();
        }
    }

    ...// 与之前的示例相同，因此省略
}
```

在上面的示例中，每次迭代时都会建立新 Thread 并启动，从而下载网页。你可以试着执行该示例，看看它与前一示例的差别有多大，这个示例花费的时间会明显减少。

线程因输入/输出进入 Blocked 状态，在完成输入/输出后，会回到 Runnable 状态，等待调度器将它放入 CPU 执行(进行 Running 状态)。对于进入 Blocked 状态的线程，可以用另一个线程调用该线程的 interrupt()方法，让它离开 Blocked 状态。

举例来说，使用 Thread.sleep()时会让线程进入 Blocked 状态，若此时有其他线程调用该线程的 interrupt()方法，会抛出 InterruptedException 对象，这是让线程“醒过来”的方式。以下是个简单示例。

Thread InterruptedDemo.java

```
package cc.openhome;

public class InterruptedDemo {
    public static void main(String[] args) {
        var thread = new Thread() {
            @Override
            public void run() {
                try {
                    Thread.sleep(99999);
                } catch(InterruptedException ex) {
                    System.out.println("我醒了，哈哈");
                    throw new RuntimeException(ex);
                }
            }
        };
        thread.start();
        thread.interrupt(); // 主线程调用 Thread 的 interrupt()
    }
}
```

执行结果如下：

```
Exception in thread "Thread-0" java.lang.RuntimeException:
java.lang.InterruptedException: sleep interrupted
  at Thread/cc.openhome.InterruptedDemo.lambda$0(InterruptedDemo.java:11)
  at java.base/java.lang.Thread.run(Thread.java:832)
Caused by: java.lang.InterruptedException: sleep interrupted
  at java.base/java.lang.Thread.sleep(Native Method)
  at Thread/cc.openhome.InterruptedDemo.lambda$0(InterruptedDemo.java:8)
  ... 1 more
```

注意》》 InterruptedException 设计为可处理的受检异常，捕捉后必须思考，如果线程是因为某些条件被迫中断而离开 Blocked 状态，该执行哪些收尾动作，比如清除线程使用的资源等，以及其他情况下的处理方式，绝对不要置之不理，什么都不做。

插入线程

如果 A 线程正在运行，流程中允许 B 线程加入，等 B 线程执行完再继续执行 A

线程的流程，那么可以使用 join()方法完成这项需求。这就好比你手上有份工作正在进行，老板安排了另一工作并要求你先将其做好，然后你继续进行原本的工作。

当线程使用 join()加入另一线程时，另一个线程会等待被加入的线程工作完毕，然后继续执行它的流程，join()表示将线程加入，使其成为另一个线程的流程。

Thread JoinDemo.java

```
package cc.openhome;

import static java.lang.System.out;

public class JoinDemo {
    public static void main(String[] args) throws InterruptedException {
        out.println("Main thread 开始...");

        var threadB = new Thread(() -> {
            out.println("Thread B 开始...");
            for(var i = 0; i < 5; i++) {
                out.println("Thread B 执行...");
            }
            out.println("Thread B 将结束...");
        });

        threadB.start();
        threadB.join(); // Thread B 加入 Main thread 流程

        out.println("Main thread将结束...");
    }
}
```

程序启动后主线程就开始运行，在主线程中新建 threadB，并在启动 threadB 后，加入(join())主线程流程，主线程会等 threadB 执行完毕之后再继续运行原本的流程，执行结果如下：

```
Main thread 开始...
Thread B 开始...
Thread B 执行...
Thread B 执行...
Thread B 执行...
Thread B 执行...
Thread B 执行...
Thread B 将结束...
Main thread将结束...
```

如果 threadB 没有使用 join()加入主线程流程，则最后一行中显示“Main thread 将结束...”的语句会先执行完毕。

有时候加入的线程可能需要很久的时间来处理，如果不想无止境地等待它执行完毕，可在使用 join()时指定时间，例如 join(10000)，这表示加入的线程至多可运行 10 000 毫秒，也就是 10 秒，如果时间到了但它还没执行完，就忽略它，当前线程可以继续执行原本流程。

停止线程

线程完成 run()方法后，会进入 Dead 状态，进入 Dead(或已经调用过 start()方法)的线程不可调用 start()方法，否则会抛出 IllegalThreadStateException 异常。

Thread 类定义了 stop()方法，不过被标示为 Deprecated。被标示为 Deprecated 意味着，该 API 过去确实存在，但是会引发某些问题，为了确保向前兼容性，尚未直接剔除这类 API，然而不建议在新编写的程序中继续使用它，如图 11-2 所示。

stop

```
@Deprecated(since="1.2")
public final void stop()
```

Deprecated.
This method is inherently unsafe. Stopping a thread with Thread.stop causes it to unlock all of the monitors that it has locked (as a natural consequence of the unchecked `ThreadDeath` exception propagating up the stack). If any of the objects previously protected by these monitors were in an inconsistent state, the damaged objects become visible to other threads, potentially resulting in arbitrary behavior. Many uses of `stop` should be replaced by code that simply modifies some variable to indicate that the target thread should stop running. The target thread should check this variable regularly, and return from its run method in an orderly fashion if the variable indicates that it is to stop running. If the target thread waits for long periods (on a condition variable, for example), the `interrupt` method should be used to interrupt the wait. For more information, see Why are Thread.stop, Thread.suspend and Thread.resume Deprecated?.

图 11-2　不建议使用被标示为 Deprecated 的 API

如果使用了被标示为 Deprecated 的 API，编译器会发出警告，而在 IDE 中，通常会出现删除线，表示不建议使用，例如，Eclipse 中的样式如图 11-3 所示。

```
threadB.stop();
```

图 11-3　被标示为 Deprecated 的 API 会特别显示

若直接调用 Thread 的 stop()方法，将不理会你设定的释放、取得锁定流程，线程会直接释放已锁定的对象(锁定的观念稍后会谈到)，这有可能使对象陷入无法预期的状态。除了 stop()方法外，Thread 的 resume()、suspend()、destroy()等方法也不建议再使用，可参考“Java Thread Primitive Deprecation”[1]的说明。

1 Java Thread Primitive Deprecation：https://docs.oracle.com/javase/9/docs/api/java/lang/doc-files/threadPrimitiveDeprecation.html.

如果要停止线程，最好自行实现，让线程跑完应有的流程，而非调用 Thread 的 stop()方法。例如，如果有个线程会在无限循环中进行某个动作，那么停止线程的方式就是让它有机会离开无限循环：

```
public class Some implements Runnable {
    private boolean isContinue = true;
    ...
    public void stop() {
        isContinue = false;
    }

    public void run() {
        while(isContinue) {
            ...
        }
    }
}
```

在这个程序片段中，若线程执行了 run()方法，就会进入 while 循环，如果想要停止线程，就调用 Some 的 stop()方法，这会将 isContinue 设为 false，在跑完此次 while 循环，并且下次 while 条件测试为 false 时就会离开循环。执行完 run()方法后，线程将进入 Dead 状态。

因此，线程的停止必须根据条件自行实现，此外，线程的暂停、重启也必须根据具体情况来进行设定，而不是直接调用 suspend()、resume()等方法。

11.1.4 关于 ThreadGroup

每个线程都属于某个线程组(ThreadGroup)。如果在 main()主流程中产生线程，该线程会属于 main 线程组。可以使用以下程序片段取得当前线程所属线程组的名称：

```
Thread.currentThread().getThreadGroup().getName();
```

每个线程产生时都会被归入某个线程组，这要看线程是在哪个组产生的。如果没有指定，线程会归入产生该线程的线程组，也可以自行指定线程组。线程一旦归入某个组，就无法更换线程组。

java.lang.ThreadGroup 类正如其名，可以管理组中的线程，可以使用以下方式生成线程组，并在生成线程时指定所属的线程组：

```
var group1 = new ThreadGroup("group1");
var group2 = new ThreadGroup("group2");
var thread1 = new Thread(group1, "group1's member");
var thread2 = new Thread(group2, "group2's member");
```

ThreadGroup 的某些方法可以对线程组中的线程产生作用。例如，interrupt()方法可中断组中的线程，setMaxPriority()方法可以设定组中线程的最大优先级(本来就拥有更高优先级的线程不受影响)。

如果想一次取得群组中全部的线程，可以使用 enumerate()方法。例如：

```
var threads = new Thread[threadGroup1.activeCount()];
threadGroup1.enumerate(threads);
```

activeCount()方法可取得线程组的线程数量，enumerate()方法要传入 Thread 数组，每个数组索引会引用至线程组中的各个线程对象。

ThreadGroup 有个 uncaughtException()方法，当线程组中某个线程因发生异常而未被捕捉时，JVM 会调用此方法进行处理。如果 ThreadGroup 有父 ThreadGroup，就会调用父 ThreadGroup 的 uncaughtException()方法，否则会看看异常类型。如果是 ThreadDeath 实例，就什么都不做；如果不是，则会调用异常的 printStackTrace()。如果要定义 ThreadGroup 中线程的异常处理行为，可以重新定义此方法。例如：

Thread ThreadGroupDemo.java

```
package cc.openhome;

public class ThreadGroupDemo {

    public static void main(String[] args) {
        var group = new ThreadGroup("group") {
            @Override
            public void uncaughtException(
                            Thread thread, Throwable throwable) {
                System.out.printf("%s: %s%n",
                    thread.getName(), throwable.getMessage());
            }
        };

        var thread = new Thread(group, () -> {
            throw new RuntimeException("测试异常");
        });

        thread.start();
    }
}
```

uncaughtException()方法的第一个参数可取得发生异常的线程实例，第二个参数可取得异常对象，示例中显示了线程的名称及异常信息，结果如下：

```
Thread-0: 测试异常
```

如果 ThreadGroup 中的线程发生异常，uncaughtException()方法的处理顺序为：

- 如果当前 ThreadGroup 有父 ThreadGroup，则会调用父 ThreadGroup 的 uncaughtException()方法。

- 否则，看看是否使用了 Thread.setDefaultUncaughtExceptionHandler()方法来设定 Thread.UncaughtExceptionHandler 实例，有的话就会调用其 uncaughtException()方法。
- 否则，看看异常是否为 ThreadDeath 实例，若“是”，则什么都不做；如果“不是”，则会调用异常的 printStackTrace()方法。

未捕捉异常会先由 setUncaughtExceptionHandler()设定的 Thread.UncaughtException-Handler 实例处理，之后是线程的 ThreadGroup.uncaughtException()，然后是默认的 Thread.UncaughtExceptionHandler。

对于线程本身未捕捉的异常，自行指定处理方式的例子如下：

Thread ThreadGroupDemo2.java

```
package cc.openhome;

public class ThreadGroupDemo2 {

    public static void main(String[] args) {
        var group = new ThreadGroup("group");

        var thread1 = new Thread(group, () -> {
            throw new RuntimeException("thread1 测试异常");
        });
        thread1.setUncaughtExceptionHandler((thread, throwable) -> {
            System.out.printf("%s: %s%n",
                    thread.getName(), throwable.getMessage());
        });

        var thread2 = new Thread(group, () -> {
            throw new RuntimeException("thread2 测试异常");
        });

        thread1.start();
        thread2.start();
    }
}
```

在这个示例中，thread1、thread2 属于同一个 ThreadGroup。thread1 设定了 Thread.UncaughtExceptionHandler 实例，因此未捕捉的异常会以 Thread.UncaughtExceptionHandler 定义的方式处理。thread2 没有设定 Thread.UncaughtExceptionHandler 实例，因此由 ThreadGroup 默认的第三个处理方式显示堆栈跟踪。执行结果如下：

```
Exception in thread "Thread-1" java.lang.RuntimeException:
thread2 测试异常
  at Thread/cc.openhome.ThreadGroupDemo2.lambda$2
```

```
    (ThreadGroupDemo2.java:17)
  at java.base/java.lang.Thread.run(Thread.java:832)
Thread-0: thread1 测试异常
```

11.1.5　synchronized 与 volatile

还记得 6.2.5 节中开发的 ArrayList 类吗？当它只用于主线程时，没有什么问题。如果有两个以上的线程同时使用它，会怎样？例如：

Thread ArrayListDemo.java

```
package cc.openhome;

public class ArrayListDemo {
    public static void main(String[] args) {
        var list = new ArrayList();
        var thread1 = new Thread(() -> {
            while(true) {
                list.add(1);
            }
        });

        var thread2 = new Thread(() -> {
            while(true) {
                list.add(2);
            }
        });

        thread1.start();
        thread2.start();
    }
}
```

这个示例创建两个线程，分别对同一 ArrayList 实例使用 add()方法。若尝试执行程序，“有可能”会发生 ArrayIndexOutOfBoundsException 异常：

```
 Exception in thread "Thread-0" Exception in thread "Thread-1"
java.lang.ArrayIndexOutOfBoundsException: Index 69 out of bounds for length
64
    at Thread/cc.openhome.ArrayList.add(ArrayList.java:21)
    at Thread/cc.openhome.ArrayListDemo.lambda$0(ArrayListDemo.java:9)
    at java.base/java.lang.Thread.run(Thread.java:832)
```

这是概率问题，有可能发生，也有可能不发生。如果没有发生 ArrayIndexOutOf-BoundsException 异常，最后会因数组长度过长，JVM 分配的内存不够而发生 java.lang.OutOfMemoryError，这里重点讨论为何会发生 ArrayIndexOutOfBounds-

Exception 异常。让我们看看 ArrayList 的 add()方法片段：

```
...
    public void add(Object o) {
        if(next == elems.length) {
            elems = Arrays.copyOf(elems, elems.length * 2);
        }
        elems[next++] = o;
    }
...
```

如果某个线程调用了 add()，此时 next 刚好等于内部数组的长度，应该先创建新数组并完成元素复制动作，然后在新数组中引用新添加的元素，接着递增 next，这个流程应该一气呵成。

如果 thread1、thread2 线程会调用 add()方法，假设 thread1 已经执行到 add()中的 list[next++] = o 行，此时 CPU 调度器将 thread1 设定回 Runnable 状态，将 thread2 设定为 Running 状态，而 thread2 已经完成 add()中 list[next++]= o 的执行，此时 next 刚好等于数组长度。如果此时 CPU 调度器将 thread2 设置回 Runnable 状态，将 thread1 设置为 Running 状态，则 thread1 开始运行 list[next++] = o 这行，因为 next 刚好等于数组长度，结果将会发生 ArrayIndexOutOfBoundsException 异常。

这就是多个线程访问相同资源时引发的竞争情况(Race Condition)，对于这个例子来说，thread1、thread2 同时访问 next，使得 next 在巧合情况下，脱离了原本应被管控的条件，所以像 ArrayList 这样的类不是线程安全的(Thread-safe)类。

使用 synchronized

该怎么解决呢？可以在 add()等方法上加上 synchronized 关键字。例如：

```
...
    public synchronized void add(Object o) {
        if(next == elems.length) {
            elems = Arrays.copyOf(elems, elems.length * 2);
        }
        elems[next++] = o;
    }
...
```

在加上 synchronized 关键字后，再次执行之前的示例，就不会看到 ArrayIndexOutOfBoundsException 了，这是为什么？

每个对象都会有个内部锁(Intrinsic Lock)，或称为监控锁(Monitor Lock)。被标示为 synchronized 的代码块会被监控，任何要执行 synchronized 代码块的线程都必须先取得对象的内部锁。如果 A 线程已取得内部锁并开始执行 synchronized 代码块，此时，若 B 线程也想执行 synchronized 代码块，则会因无法取得对象的内部锁而进入等待锁的状态，直到 A 线程释放内部锁(例如执行完 synchronized 代码块)，B 线程才有机会取得内部锁并执行 synchronized 内存块。

若在方法上标示 synchronized，则执行该方法时必须取得该实例的内部锁。一旦 add()方法加上了 synchronized，thread1 调用 add()时，就要取得对象的内部锁，如果此时 thread2 也想调用 add()方法，则会因无法取得内部锁而进入等待锁定状态。thread1 执行完 add()后离开 synchronized 代码块并释放内部锁。thread2 在取得内部锁后，才可以调用 add()方法。简单来说，这确保了某个线程可完整执行 add()定义的流程，从而避免了 ArrayIndexOutOfBoundsException 的发生。

之前在说明图 11-1 中的 Blocked 状态时，是以 Thread.sleep()与输入/输出为例的，实际上等待对象的内部锁时，也会进入 Blocked 状态，如图 11-4 所示。

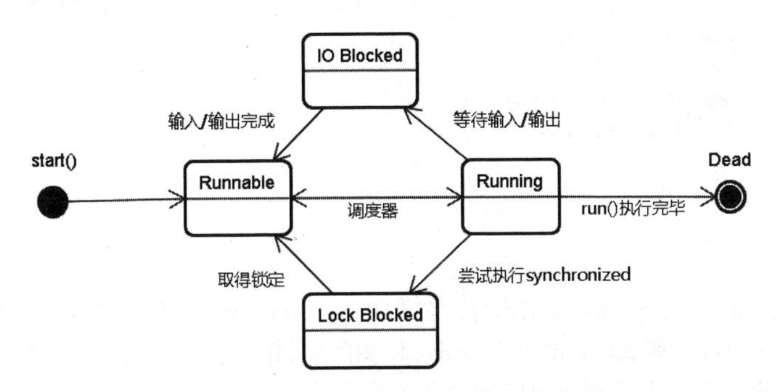

图 11-4　加上锁定条件的线程状态图

线程如果因尝试执行 synchronized 代码块而进入 Blocked 状态，那么在取得内部锁之后，它会先回到 Runnable 状态，等待 CPU 调度器将它设定为 Running 状态。

synchronized 既可以声明在方法上，又可作为语句使用。例如：

```
...
    public void add(Object o) {
        synchronized(this) {
            if(next == list.length) {
                list = Arrays.copyOf(list, list.length * 2);
            }
            list[next++] = o;
        }
    }
...
```

这个程序片段的意思是，在线程要执行 synchronized 代码块时，必须取得括号中指定对象的内部锁。此语法的目的之一是，当不想锁定整个方法，而只想锁定会发生竞争状况的代码块时，让线程在执行完代码块后释放内部锁，从而使其他线程有机会再去竞争内部锁。相较于将整个方法声明为 synchronized 的做法，这样做的效率更高。

由于这个语法可指定取得内部锁的对象来源，对于本身设计时没有考虑竞争问题的 API，也可按如下方式编写代码：

```
...
var list = new ArrayList();
var thread1 = new Thread(() -> {
    while(true){
        synchronized(list) {
            list.add(1);
        }
    }
});

var thread2 = new Thread(() -> {
    while(true) {
        synchronized(list) {
            list.add(2);
        }
    }
});
...
```

如果 ArrayList 的 add()方法本身没有设定 synchronized，按如上方式编写的话，每当要执行粗体字代码块时，必须取得 list 对象的内部锁，以确保 add()执行完成，避免 thread1、thread2 同时调用 add()方法而引发竞争问题。

第 9 章介绍过的 Collection 与 Map 都不是线程安全的，你可以使用 Collections 的 synchronizedCollection()、synchronizedList()、synchronizedSet()、synchronizedMap()等方法，这些方法会对传入的 Collection、List、Set、Map 实例进行包装，并返回线程安全的对象。例如，下面的 List 操作：

```
var list = new ArrayList<String>();
synchronized(list) {
    ...
    list.add("...");
}
...
synchronized(list) {
    ...
    list.remove("...");
}
```

可通过如下方式进行简化：

```
var list = Collections.synchronizedList(new ArrayList<String>());
...
list.add("...");
...
list.remove("...");
```

使用 synchronized 语句，可以实现更细粒度的控制，例如提供不同对象作为锁定来源：

```
public class Material {
    private int data1 = 0;
    private int data2 = 0;
    private Object lock1 = new Object();
    private Object lock2 = new Object();

    public void doSome() {
        ...
        synchronized(lock1) {
            ...
            data1++;
            ...
        }
        ...
    }

    public void doOther() {
        ...
        synchronized(lock2) {
            ...
            data2--;
            ...
        }
        ...
    }
}
```

这里想避免以下情况：doSome()中同时有两个以上的线程执行 synchronized 代码块，或是在 doOther()中有两个以上的线程同时执行 synchronized 代码块。由于 data1 与 data2 并不同时出现在两个方法中，因此当一个线程执行 doSome()，而另一个线程执行 doOther()时，并不会引发共享访问问题，此时分别提供不同对象作为锁定来源，这样，当 doSome()中的 synchronized 被线程访问时，就不会因 doOther()中的 synchronized 被另一个线程访问而引发阻断延迟。

synchronized 提供的是可重入同步(Reentrant Synchronization)，也就是说，线程取得某个对象的内部锁后，如果执行过程中又要执行 synchronized，且尝试取得线程的对象来源为同一个，就可以直接执行。

由于线程无法取得锁定时会造成阻断，不正确地使用 synchronized 可能导致性能低下。另一个问题是死锁(Dead Lock)，例如，如果有些资源在多线程下彼此交叉取用，将有可能造成死锁，以下是个简单的例子。

Thread DeadLockDemo.java

```
package cc.openhome;

class Resource {
    private String name;
    private int resource;

    Resource(String name, int resource) {
        this.name = name;
        this.resource = resource;
    }

    String getName() {
        return name;
    }

    synchronized int doSome() {
        return ++resource;
    }

    synchronized void cooperate(Resource resource) {
        resource.doSome();
        System.out.printf("%s 整合 %s 的资源%n",
                    this.name, resource.getName());
    }
}

public class DeadLockDemo {
    public static void main(String[] args) {
        var resource1 = new Resource("resource1", 10);
        var resource2 = new Resource("resource2", 20);

        var thread1 = new Thread(() -> {
            for(var i = 0; i < 10; i++) {
                resource1.cooperate(resource2);
            }
        });
        var thread2 = new Thread(() -> {
            for(var i = 0; i < 10; i++) {
                resource2.cooperate(resource1);
            }
        });

        thread1.start();
        thread2.start();
    }
}
```

上面这个程序会不会发生死锁，也是概率问题。你可以尝试执行一下，有时程序可顺利执行完，有时会整个卡住。

会发生死锁的原因在于，thread1 调用 resource1.cooperate(resource2)时，会取得 resource1 的内部锁，如果此时 thread2 正好也调用 resource2.cooperate(resource1)，则会取得 resource2 的内部锁，恰巧 thread1 现在打算运用传入的 resource2 调用 doSome()，理应取得 resource2 的内部锁，但是它被 thread2 拿走了，于是 thread1 进入阻断状态，而 thread2 也打算运用传入的 resource1 调用 doSome()，理应取得 resource1 的内部锁，但是它被 thread1 取走了，于是 thread2 也进入等待状态。

这个示例为何有时会出现死锁？简单而言，这是因为有时候，两个线程都处于“你不放开 resource1 的内部锁，我就不放开 resource2 的内部锁”的状态。Java 在死锁发生时无法自行解除，因此设计多线程时，应避免死锁发生的可能性。

使用 volatile

synchronized 要求实现被标示代码块的互斥性(Mutual Exclusion)与可见性(Visibility)。互斥性是指 synchronized 代码块只允许一个线程执行，可见性是指上一线程离开 synchronized 代码块后，另一个线程看到的会是上一个线程对于该代码块中涉及的变量、对象状态修改后的结果。

提示>>> volatile 的概念比较深奥，初学者可以略过。

对于可见性的要求，有时会想要达到变量范围，而不是程序块范围。在这之前要先知道，基于效率，线程可以将变量的值缓存于自己的内存空间中，完成操作后，再对变量进行更新。问题在于缓存的时机不一定，如果有多个线程会访问某个变量，则有可能发生变量值已更新，然而某些线程还在使用缓存值的情况。

由于这个行为是在内存中进行的，且缓存的时机无法预期，因此很难以可视化的方式来举例说明这个情况，以下是比较接近且能用可视化方式呈现需求的示例。

Thread Variable1Test.java

```
package cc.openhome;

class Variable1 {
    static int i = 0;
    static int j = 0;

    static void increment() {
        i++;
        System.out.printf("thread1 更新了 i: %d%n", i);
    }

    static void showChanged() {
       if(i != j) {
            j = i;
```

```
            System.out.printf("i 更新了：%d%n", i);
        }
    }
}

public class Variable1Test {
    public static void main(String[] args) {
        var thread1 = new Thread(() -> {
            while(true) {
                // 模拟每隔一段时间的更新
                try {
                    Thread.sleep(1000);
                } catch (InterruptedException e) {
                    e.printStackTrace();
                }
                Variable1.increment();
            }
        });
        var thread2 = new Thread(() -> {
            while(true) {
                Variable1.showChanged();
            }
        });

        thread1.start();
        thread2.start();
    }
}
```

thread1 会每隔一段时间调用 Variable1.increment()来更新 i，而 thread2 会调用 Variable1.showChanged()，如果 i 不等于 j，就会更新 j，并显示 i 已更新。就我使用的 JDK 来说，如果 i 的更新不频繁，thread2 会缓存 i 值，因此你可能只会看到“thread1 更新了 i”，却没有或很少看到“i 更新了”：

```
thread1 更新了 i：1
thread1 更新了 i：2
thread1 更新了 i：3
thread1 更新了 i：4
thread1 更新了 i：5
thread1 更新了 i：6
thread1 更新了 i：7
thread1 更新了 i：8
...
```

这是因为 i 的值被 thread2 缓存了，若想避免缓存，可以采用以下几个方式：提升 thread1 更新 i 的频率，降低 thread2 读取 i 的频率，或者在 increment()与 showChanged()方法上标示 synchronized。

Thread Variable2Test.java

```
package cc.openhome;

class Variable2 {
    static int i = 0;
    static int j = 0;

    static synchronized void increment() {
        i++;
        System.out.printf("thread1 更新了 i: %d%n", i);
    }

    static synchronized void showChanged() {
       if(i != j) {
            j = i;
            System.out.printf("i 更新了: %d%n", i);
       }
    }
}

public class Variable2Test {
    public static void main(String[] args) {
        var thread1 = new Thread(() -> {
            while(true) {
               // 模拟每隔一段时间的更新
                try {
                    Thread.sleep(1000);
                } catch (InterruptedException e) {
                    e.printStackTrace();
                }
                Variable2.increment();
            }
        });
        var thread2 = new Thread(() -> {
            while(true) {
                Variable2.showChanged();
            }
        });

        thread1.start();
        thread2.start();
    }
}
```

synchronized 要求实现被标示代码块的互斥性与可见性，因此 thread2 能看到 thread1 对 i 的更新了：

```
thread1 更新了 i: 1
```

```
i 更新了: 1
thread1 更新了 i: 2
i 更新了: 2
thread1 更新了 i: 3
i 更新了: 3
thread1 更新了 i: 4
i 更新了: 4
thread1 更新了 i: 5
i 更新了: 5
thread1 更新了 i: 6
i 更新了: 6
...
```

这里的结果显示，thread1 更新，thread2 就会更新，这是因为 Thread.sleep(1000) 的作用，如果线程切换很快，可能就不会有这种顺序关系，而且这里的重点不在于顺序，而是 thread2 能看到 thread1 对变量的更新。

然而 synchronized 要求实现被标示代码块的互斥性与可见性，如果你要求的并非代码块范围的可见性，而是想要 i 被更新时，另一个线程也能看到，synchronized 就不是合适的方案，因为 synchronized 会进行对象锁定，可能造成执行效率的问题。

如果要提升效率，可以在变量上声明 volatile，表示变量是不稳定的。被标示为 volatile 的变量不允许线程缓存，这保证了变量的可见性。如果有线程更新了变量值，另一线程必然能看到更新。举例来说，如果将之前示例的 i 声明为 volatile:

Thread Variable3Test.java

```java
package cc.openhome;

class Variable3 {
    static volatile int i = 0;
    static int j = 0;

    static void increment() {
        i++;
        System.out.printf("thread1 更新了 i: %d%n", i);
    }

    static void showChanged() {
       if(i != j) {
            j = i;
            System.out.printf("i 更新了: %d%n", i);
       }
    }
}

public class Variable3Test {
    public static void main(String[] args) {
```

```
        var thread1 = new Thread(() -> {
            while(true) {
                // 模拟每隔一段时间的更新
                try {
                    Thread.sleep(1000);
                } catch (InterruptedException e) {
                    e.printStackTrace();
                }
                Variable3.increment();
            }
        });
        var thread2 = new Thread(() -> {
            while(true) {
                Variable3.showChanged();
            }
        });

        thread1.start();
        thread2.start();
    }
}
```

由于 i 被声明为 volatile，执行时可看到 thread1 的更新对 thread2 可见了：

```
i 更新了：1
thread1 更新了 i：1
thread1 更新了 i：2
i 更新了：2
i 更新了：3
thread1 更新了 i：3
i 更新了：4
thread1 更新了 i：4
i 更新了：5
thread1 更新了 i：5
...
```

显示顺序可能略有混乱，这是因为没有使用 synchronized，并且发生了线程切换，但这个示例只是为了观察 volatile 的作用，显示顺序并不是这个示例的重点，重要的是 thread2 能看到 thread1 对变量的更新。

由这三个示例可见，volatile 保证的是单一变量的可见性，线程对变量的访问会在共享内存进行，不会缓存变量。线程对共享内存中变量的读写，另一线程一定看得到。

下面是 volatile 的实际应用：

```
public class Some implements Runnable {
    private volatile boolean isContinue = true;
    ...
    public void stop() {
```

```
            isContinue = false;
        }

        public void run() {
            while(isContinue) {
                ...
            }
        }
    }
```

如果 thread1 线程正在执行 Some 实例 run()方法中的 while 循环，你不希望 thread1 因缓存了 isContinue 而使 thread2 调用 stop()方法将 isContinue 设定为 false，而 thread1 无法在下次 while 条件检查时，即时看到 thread2 对 isContinue 的更新，那么可以将 isContinue 标示为 volatile。

提示 >>> "Managing Volatility"[1]是关于 volatile 更详细的介绍，其中包含几个正确使用 volatile 的例子以及不正确使用 volatile 的例子。

java.util.concurrent.atomic 包

如果想保证变量的可见性，可以使用 java.util.concurrent.atomic 包提供的一些原子性(automic)类。原子性是指进行一些运算时，保证其过程不被分割，例如 AtomicInteger，可保证变量的可见性，也保证递增、递减运算过程不被分割。之前的示例也可使用 AtomicInteger 来实现：

Thread Variable4Test.java

```
package cc.openhome;

import java.util.concurrent.atomic.AtomicInteger;

class Variable4 {
    // 指定整数初始值，建立 AtomicInteger 实例
    static AtomicInteger i = new AtomicInteger(0);
    static int j = 0;

    static void increment() {
        // 递增并取得整数值
        System.out.printf("thread1 更新了 i: %d%n",
i.incrementAndGet());
    }

    static void showChanged() {
        // 取得整数值
```

1 Managing Volatility：www.ibm.com/developerworks/java/library/j-jtp06197.

```
            if(i.get() != j) {
                j = i.get();
                System.out.printf("i 更新了: %d%n", j);
            }
        }
    }

public class Variable4Test {
    public static void main(String[] args) {
        var thread1 = new Thread(() -> {
            while(true) {
                // 模拟每隔一段时间的更新
                try {
                    Thread.sleep(1000);
                } catch (InterruptedException e) {
                    e.printStackTrace();
                }
                Variable4.increment();
            }
        });
        var thread2 = new Thread(() -> {
            while(true) {
                Variable4.showChanged();
            }
        });

        thread1.start();
        thread2.start();
    }
}
```

感兴趣的话，可以看看 AtomicInteger 的源代码。其中在变量上声明了 volatile，因此示例中的 thread2 能看到 thread1 对变量的更新。

11.1.6　等待与通知

wait()、notify()与 notifyAll()是 Object 定义的方法，可以控制线程释放对象的内部锁，或者通知线程参与内部锁的竞争。

之前谈过，线程在进入 synchronized 范围前，要先取得指定对象的内部锁。执行 synchronized 的代码期间，如果调用对象的 wait()方法，线程会释放内部锁，进入对象等待集(Wait Set)而处于阻断状态，其他线程可以竞争内部锁，取得内部锁的线程可以执行 synchronized 的代码。

被放在等待集中的线程不会参与 CPU 排队，wait()可以指定等待时间，时间到后线程会再度参与排队，若指定时间为 0 或不指定，线程会持续等待，直到被中断(调用

interrupt())或被告知(notify())可以参与排队。

如果调用对象的 notify()，会从该对象的等待集随机通知一个线程参与排队，再度执行 synchronized 前，被通知的线程会与其他线程竞争内部锁；如果调用 notifyAll()，会通知等待集中全部的线程参与排队，这些线程会与其他线程竞争内部锁。

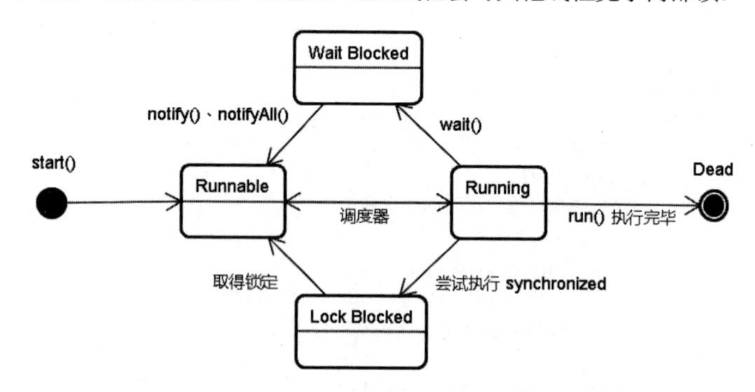

图 11-5 wait()、notify()、notifyAll()与 synchronized 线程状态图

简单而言，线程调用对象的 wait()方法时，会释放内部锁并等待通知，或等待指定时间，直到被 notify()或时间到时，试着竞争内部锁，如果取得了内部锁，就从之前调用 wait()处继续执行。

这就好比你在柜台办理业务，做到一半时柜台人员请你到等待区等候通知(或等候 1 分钟，诸如此类)，当你被通知(或时间到)时，柜台人员才会继续为你服务。如果有多人同时等待，调用 notifyAll()就相当于通知等待区的所有人，看谁最先抢到柜台前面的椅子并坐下，就先处理谁的业务。

wait()、notify()或 notifyAll()的应用示例之一，就是生产者与消费者。生产者会将产品交给店员，消费者从店员处取走产品，店员只能储存固定数量的产品。如果生产者速度较快，店员可储存产品的量已满，店员会叫生产者等一下(wait)，等有空位放产品时再通知(notify)生产者继续生产；如果消费者速度较快，店中产品销售一空，店员则会告诉消费者等一下(wait)，等店中有产品了再通知(notify)消费者前来消费。

来看个示例，假设生产者每次生产一个整数给店员：

Thread Producer.java

```
package cc.openhome;

public class Producer implements Runnable {
    private Clerk clerk;

    public Producer(Clerk clerk) {
        this.clerk = clerk;
    }
```

```
    public void run() {                                  ❶ 生成 1 到 10 的整数
        System.out.println("生产者开始生产整数……");
        for(var product = 1; product <= 10; product++) {
            try {
                clerk.setProduct(product);  ←── ❷ 将产品交给店员
            } catch (InterruptedException ex) {
                throw new RuntimeException(ex);
            }
        }
    }
}
```

程序中使用 for 循环生成 1 到 10 的整数❶，Clerk 代表店员。可通过 setProduct()方法将生产的整数交给店员❷。

消费者从店员那里取走整数：

Thread Consumer.java

```
package cc.openhome;

public class Consumer implements Runnable {
    private Clerk clerk;

    public Consumer(Clerk clerk) {
        this.clerk = clerk;
    }

    public void run() {
        System.out.println("消费者开始消耗整数……");
        for(var i = 1; i <= 10; i++) {  ←── ❶ 消费 10 次整数
            try {
                clerk.getProduct();  ←── ❷ 从店员处取走产品
            } catch (InterruptedException ex) {
                throw new RuntimeException(ex);
            }
        }
    }
}
```

程序中使用 for 循环来消费 10 次整数❶，可通过 Clerk 的 getProduct()方法，从店员处取走整数❷。

由于店员只能持有一个整数，必须尽到通知与要求等待的职责：

Thread Clerk.java

```
package cc.openhome;

public class Clerk {
```

```
    private final int EMPTY = 0;
    private int product = EMPTY;  ←— ❶ 只持有一个产品，EMPTY 表示没有产品

    public synchronized void setProduct(int product)
                                throws InterruptedException {
        waitIfFull();  ←— ❷ 看看店员有没有空间收产品，没有的话就稍候
        this.product = product;  ←— ❸ 店员收货
        System.out.printf("生产者设定(%d)%n", this.product);
        notify();  ←— ❹ 通知等待集中的线程(如消费者)
    }

    private synchronized void waitIfFull() throws InterruptedException {
        while(this.product != EMPTY) {
            wait();
        }
    }

    public synchronized int getProduct() throws InterruptedException {
        waitIfEmpty();  ←——— ❺ 看看目前店员有没有货，没有的话就稍候
        var p = this.product;  ←— ❻ 准备交货
        this.product = EMPTY;  ←— ❼ 表示货品被取走
        System.out.printf("消费者取走(%d)%n", p);
        notify();  ←— ❽ 通知等待集中的线程(如生产者)
        return p;  ←— ❾ 交货了
    }

    private synchronized void waitIfEmpty() throws InterruptedException {
        while(this.product == EMPTY) {
            wait();
        }
    }
}
```

Clerk 只能持有一个整数，EMPTY 表示目前没有产品❶。如果 Producer 调用了 setProduct()，此时不会进入 while 循环，因此设定 Clerk 的 product 为指定的整数❸。此时等待集中没有线程，因此调用 notify()没有作用❹。假设 Producer 再次调用 setProduct()，waitIfFull()方法中查看 Clerk 的 product 是否为 EMPTY，如果不是，表示店员无法收货，则进入 while 循环，执行 wait()❷。Producer 释放锁定，进入对象等待集。

假设 Consumer 调用 getProduct()，由于 Clerk 的 product 不为 EMPTY，不会进入 while 循环，于是 Clerk 准备交货❻，并将 product 设为 EMPTY❼，表示货品已被取走，接着调用 notify()通知等待集内的线程，可以参与锁定竞争❽，最后将 p 传回并释放锁定❾。假设 Consumer 又调用了 getProduct()，如果 waitIfEmpty()中 Clerk 的 product 为 EMPTY，表示没有产品，则进入 while 循环，执行 wait()后释放内部锁，进入对象等待集❺。如果此时 Producer 取得内部锁，就会从 setProduct()中 wait()处继续执行。

注意>>> 如果多个 Producer、Consumer 同时调用 Clerk 的 getProduct()、setProduct()，而 wait()没有放在条件表达式成立的循环中执行，会如何呢？Java 官方文档中说明，线程有可能在未经 notify()、interrupt()或超时情况下私自苏醒(Spurious Wakeup)，应用程序应考虑这种情况，wait()一定要在条件表达式成立的循环中执行。

可以使用以下程序来演示 Producer、Consumer 与 Clerk：

Thread ProducerConsumerDemo.java

```
package cc.openhome;

public class ProducerConsumerDemo {
    public static void main(String[] args) {
        var clerk = new Clerk();
        new Thread(new Producer(clerk)).start();
        new Thread(new Consumer(clerk)).start();
    }
}
```

生产者会生产 10 个整数，消费者会消耗 10 个整数，生产与消耗的速度不同，由于店员处只能放置一个整数，生产者只能每次生产一个，再由消费者消耗一个：

```
生产者开始生产整数……
消费者开始消耗整数……
生产者设定 (1)
消费者取走 (1)
生产者设定 (2)
消费者取走 (2)
生产者设定 (3)
消费者取走 (3)
生产者设定 (4)
消费者取走 (4)
生产者设定 (5)
消费者取走 (5)
生产者设定 (6)
消费者取走 (6)
生产者设定 (7)
消费者取走 (7)
生产者设定 (8)
消费者取走 (8)
生产者设定 (9)
消费者取走 (9)
生产者设定 (10)
消费者取走 (10)
```

11.2 并行 API

使用 Thread 创建多线程程序时，必须亲自处理 synchronized、对象锁定、wait()、notify()、notifyAll()等细节。如果需要的是线程池、读写锁等高级操作，可使用 java.util.concurrent 包创建更稳定的并行应用程序。

11.2.1 Lock、ReadWriteLock 与 Condition

synchronized 要求线程必须先取得对象的内部锁，才可执行被标示的代码块中的内容，未取得内部锁的线程会被阻断。如果希望允许线程尝试取得锁定，并且在无法取得锁定时先做其他事，可以直接使用 synchronized，但必须通过一些设计才可实现这个需求。如果要搭配 wait()、notify()、notifyAll()等方法，在设计上就会更加复杂。

java.util.concurrent.locks 包提供 Lock、ReadWriteLock、Condition 接口以及相关实现类，可以提供类似于 synchronized、wait()、notify()、notifyAll()的作用，以及更多高级功能。

使用 Lock

Lock 接口的主要实现类之一是 ReentrantLock，可以达到 synchronized 的作用，也提供额外的功能。先来看如何使用 ReentrantLock 改写 9.1.5 节中的 ArrayList，使其成为线程安全类的类：

Concurrency ArrayList java

```
package cc.openhome;

import java.util.Arrays;
import java.util.concurrent.locks.*;

public class ArrayList<E> {
    private Lock lock = new ReentrantLock();  ← ❶ 使用 ReentrantLock
    private Object[] elems;
    private int next;

    public ArrayList(int capacity) {
        elems = new Object[capacity];
    }

    public ArrayList() {
        this(16);
    }

    public void add(E elem) {
        lock.lock();  ← ❷ 进行锁定
```

```
        try {
            if (next == elems.length) {
                elems = Arrays.copyOf(elems, elems.length * 2);
            }
            elems[next++] = elem;
        } finally {
            lock.unlock(); ◀— ❸ 解除锁定
        }
    }

    public E get(int index) {
        lock.lock();
        try {
            return (E) elems[index];
        } finally {
            lock.unlock();
        }
    }

    public int size() {
        lock.lock();
        try {
            return next;
        } finally {
            lock.unlock();
        }
    }
}
```

如果有线程通过 ReentrantLock 对象进行锁定，则同一线程可以用同一 ReentrantLock 实例再次进行锁定❶。若想以 Lock 对象进行锁定，则可以调用 lock()方法❷。只有取得 Lock 内部锁的线程，才可以执行代码。若要解除锁定，可以调用 Lock 对象的 unlock()❸。

注意››› 在调用 Lock 对象的 lock()方法后，后续执行流程可能抛出异常而无法解除锁定，为了避免这种情况，一定要在 finally 中调用 Lock 对象的 unlock()方法。

Lock 接口还定义了 tryLock()方法，线程调用 tryLock()，如果能取得锁定，则会返回 true，无法取得锁定时不会发生阻断，而是返回 false。来试着使用 tryLock()解决 11.1.5 节中 DeadLockDemo 的死锁问题：

Concurrency NoDeadLockDemo.java

```
package cc.openhome;

import java.util.concurrent.locks.*;
```

```
class Resource {
    private ReentrantLock lock = new ReentrantLock();
    private String name;

    Resource(String name) {
        this.name = name;
    }

    void cooperate(Resource res) {
        while (true) {
            try {
                if(lockMeAnd(res)) {  ← ❶ 取得当前与传入的 Resource 的 Lock 锁定
                    System.out.printf("%s 整合%s 的资源%n",  ← ❷ 仅在两个 Resource 的 Lock 都取得锁定时执行资源整合
                                this.name, res.name);
                    break;  ← ❸ 资源整合成功，离开循环
                }
            } finally {
                unLockMeAnd(res);  ← ❹ 解除当前与传入的 Resource 的 Lock 锁定
            }
        }
    }

    private boolean lockMeAnd(Resource res) {
        return this.lock.tryLock() && res.lock.tryLock();
    }

    private void unLockMeAnd(Resource res) {
        if(this.lock.isHeldByCurrentThread()) {
            this.lock.unlock();
        }
        if(res.lock.isHeldByCurrentThread()) {
            res.lock.unlock();
        }
    }
}

public class NoDeadLockDemo {
    public static void main(String[] args) {
        var res1 = new Resource("resource1");
        var res2 = new Resource("resource2");

        var thread1 = new Thread(() -> {
            for(var i = 0; i < 10; i++) {
                res1.cooperate(res2);
            }
        });
```

```
        var thread2 = new Thread(() -> {
            for(var i = 0; i < 10; i++) {
                res2.cooperate(res1);
            }
        });

        thread1.start();
        thread2.start();
    }
}
```

之前 DeadLockDemo 会发生死锁，是因为两个线程在使用 cooperate()方法取得当前 Resource 锁定后，尝试调用另一 Resource 的 doSome()方法，因无法取得另一 Resource 的内部锁而阻断。也就是说，线程因无法同时取得两个 Resource 的内部锁而阻断，既然如此，就在无法同时取得两个 Resource 的内部锁时，干脆释放已取得的内部锁，借此避免死锁问题。

改写后的 cooperate()会在 while 循环中执行 lockMeAnd(res)❶，在该方法中使用当前 Resource 的 Lock 的 tryLock()方法尝试取得锁定，并使用传入 Resource 的 Lock 的 tryLock()方法尝试取得内部锁，只有当两次 tryLock()返回值都是 true 时，也就是在两个 Resource 都取得内部锁后，才进行资源整合❷并离开 while 循环❸。无论哪个 tryLock()成功，都要在 finally 调用 unLockMeAnd(res)❹，在该方法中测试并解除锁定。

使用 ReadWriteLock

前面设计了线程安全的 ArrayList，如果有两个线程都想调用 get()与 size()方法，由于锁定的关系，其中一个线程必须等待另一线程解除内部锁，两个线程不能同时调用 get()与 size()，然而这两个方法只是读取对象状态，并没有改变对象状态。如果只是读取操作，可以允许线程同时并行工作，这能使读取效率有所改善。

ReadWriteLock 接口定义了读取锁定与写入锁定行为，可以使用 readLock()、writeLock()方法返回 Lock 实现的对象。ReentrantReadWriteLock 是 ReadWriteLock 接口的主要实现类，readLock()方法会返回 ReentrantReadWriteLock.ReadLock 实例，writeLock()方法会返回 ReentrantReadWriteLock.WriteLock 实例。

ReentrantReadWriteLock.ReadLock 实现了 Lock 界面，调用其 lock()方法时，只有当没有 ReentrantReadWriteLock.WriteLock 实例调用过 lock()方法(也就是没有任何写入锁定)时，才能取得读取锁定。

ReentrantReadWriteLock.WriteLock 实现了 Lock 接口，调用其 lock()方法时，只有当没有 ReentrantReadWriteLock.ReadLock 或 ReentrantReadWriteLock.WriteLock 实例调用过 lock()方法(也就是没有任何读取或写入锁定)时，才能取得写入锁定。

例如，可使用 ReadWriteLock 改写之前的 ArrayList，以提升读取效率：

Concurrency ArrayList2.java

```
package cc.openhome;

import java.util.Arrays;
import java.util.concurrent.locks.*;
                                                  ❶ 使用 ReadWriteLock
public class ArrayList2<E> {                               ↓
    private ReadWriteLock lock = new ReentrantReadWriteLock();
    private Object[] elems;
    private int next;

    public ArrayList2(int capacity) {
        elems = new Object[capacity];
    }

    public ArrayList2() {
        this(16);
    }

    public void add(E elem) {
        lock.writeLock().lock(); ←— ❷ 取得写入锁定
        try {
            if(next == elems.length) {
                elems = Arrays.copyOf(elems, elems.length * 2);
            }
            elems[next++] = elem;
        } finally {
            lock.writeLock().unlock(); ←— ❸ 解除写入锁定
        }
    }

    public E get(int index) {
        lock.readLock().lock();
        try {
            return (E) elems[index];
        } finally {
            lock.readLock().unlock();
        }
    }

    public int size() {
        lock.readLock().lock(); ←— ❹ 取得读取锁定
        try {
            return next;
```

```
        } finally {
            lock.readLock().unlock(); ←— ❺ 解除读取锁定
        }
    }
}
```

这次在 ArrayList 中使用 ReadWriteLock❶，当有线程调用 add()方法进行写入操作时，先要取得写入锁定❷，如果有其他线程想再次取得写入锁定或读取锁定，则必须等待此次写入锁定解除，记得在 finally 解除写入锁定❸。

当有线程调用 get()方法进行读取操作时，先要取得读取锁定❹，其他线程后续也可再取得读取锁定(例如有线程打算再调用 get()或 size()方法)，然而如果有线程打算取得写入锁定，则必须等待全部的读取锁定解除，记得在 finally 解除读取锁定❺。

这样设计之后，如果线程都是在调用 get()或 size()方法，就不太可能因等待锁定而进入阻断状态，这可以提升读取效率。

使用 StampedLock

ReadWriteLock 仅在没有任何读取或写入锁定时，才可以取得写入锁定，这可用于实现悲观读取(Pessimistic Reading)。如果线程进行读取时，经常有另一线程有写入需求，那么为了维持数据的一致性，ReadWriteLock 的读取锁定就可派上用场。

然而，如果读取线程很多，写入线程很少，ReadWriteLock 的使用可能会使写入线程遭受饥饿(Starvation)问题，也就是说，写入线程可能因为迟迟无法竞争到内部锁而一直处于等待状态。

StampedLock 类可支持乐观读取(Optimistic Reading)实现，也就是说，在读取线程很多，写入线程很少的情况下，你可以乐观地认为，写入与读取同时发生的机会很少，因此不必悲观地使用完全的读取锁定，程序可以先检查数据读取之后是否遭到写入线程的更改，再采取后续的措施(重新读取更改后的数据，或者抛出异常)。

假设之前的 ArrayList 示例处于读取线程多而写入线程少的情况，而你想实现乐观读取，就可以使用 StampedLock 类：

Concurrency ArrayList3.java

```
package cc.openhome;

import java.util.Arrays;
import java.util.concurrent.locks.*;

public class ArrayList3<E> {
    private StampedLock lock = new StampedLock();←— ❶ 使用 StampedLock
    private Object[] elems;
    private int next;

    public ArrayList3(int capacity) {
        elems = new Object[capacity];
```

```
    }

    public ArrayList3() {
        this(16);
    }

    public void add(E elem) {
        var stamp = lock.writeLock();  ← ❷ 取得写入锁定
        try {
            if(next == elems.length) {
                elems = Arrays.copyOf(elems, elems.length * 2);
            }
            elems[next++] = elem;
        } finally {
            lock.unlockWrite(stamp); ← ❸ 解除写入锁定
        }
    }

    public E get(int index) {
        var stamp = lock.tryOptimisticRead(); ← ❹ 尝试乐观读取锁定
        var elem = elems[index];
        if(!lock.validate(stamp)) {  ← ❺ 查询是否有排他的锁定
            stamp = lock.readLock();  ← ❻ 真正地读取锁定
            try {
                elem = elems[index];
            } finally {
                lock.unlockRead(stamp);  ← ❼ 解除读取锁定
            }
        }
        return (E) elem;
    }

    public int size() {
        var stamp = lock.tryOptimisticRead();
        var size = next;
        if(!lock.validate(stamp)) {
            stamp = lock.readLock();
            try {
                size = next;
            } finally {
                lock.unlockRead(stamp);
            }
        }
        return size;
    }
}
```

示例中使用了 StampedLock❶，可以使用 writeLock()方法取得写入锁定，这会返回 long 整数，代表锁定戳(Stamp)❷，可用于解除锁定❸或通过 tryConvertToXXX()方法转换为其他锁定。

示例中演示了一种乐观读取的实现方式，tryOptimisticRead()不会真正执行读取锁定，而是返回锁定戳❹，如果有其他排他性锁定的话，戳(stamp)会是 0。示例接着将数据暂读出至局部变量，validate()方法用来验证 stamp 是否被其他排他性锁定取得了❺，如果是，就返回 false；如果 stamp 是 0，也会返回 false。如果 if 验证出 stamp 被其他排他性锁定取得，则重新使用 readLock()完成真正的读取锁定❻，并在锁定时更新局部变量，而后解除读取锁定❼。如 if 验证条件不成立，则直接返回局部变量的值。示例中的 size()方法采用类似的实现方式。

注意》》 在 validate()后有可能发生写入而返回结果不一致的情况，如果在意这样的不一致，应当采用完全的锁定。

提示》》 “StampedLock Idioms”[1]比较了 synchronized、volatile、ReentrantLock、ReadWriteLock、StampedLock 等同步锁定机制。

使用 Condition

Condition 接口用来搭配 Lock，最基本用法就是达到 Object 的 wait()、notify()、notifyAll()方法的作用。先来看看如何使用 Lock 与 Condition 改写 11.1.6 节中生产者、消费者示例中的 Clerk 类：

Concurrency Clerk.java

```
package cc.openhome;

import java.util.concurrent.locks.Condition;
import java.util.concurrent.locks.Lock;
import java.util.concurrent.locks.ReentrantLock;

public class Clerk {
    private final int EMPTY = 0;
    private int product = EMPTY;                          ❶ 创建 Condition 对象
    private Lock lock = new ReentrantLock();
    private Condition condition = lock.newCondition();

    public void setProduct(int product) throws InterruptedException {
        lock.lock();
        try {
            waitIfFull();
            this.product = product;
```

1 StampedLock Idioms：https://www.javaspecialists.eu/archive/Issue215.html.

```
            System.out.printf("生产者设定(%d)%n", this.product);
            condition.signal(); ← ❷ 用 Condition 的 signal()取代
        } finally {                 Object 的 notify()
            lock.unlock();
        }
    }

    private void waitIfFull() throws InterruptedException {
        while(this.product != EMPTY) {
            condition.await(); ← ❸ 用 Condition 的 await()取代
        }                         Object 的 wait()
    }

    public int getProduct() throws InterruptedException {
        lock.lock();
        try {
            waitIfEmpty();
            var p = this.product;
            this.product = EMPTY;
            System.out.printf("消费者取走(%d)%n", p);
            condition.signal();
            return p;
        } finally {
            lock.unlock();
        }
    }

    private void waitIfEmpty() throws InterruptedException {
        while(this.product == EMPTY) {
            condition.await();
        }
    }
}
```

可以调用 Lock 的 newCondition()取得 Condition 实现对象❶，调用 Condition 的 await()，会使线程进入 Condition 的等待集❸。若要通知等待集内的一个线程，可以调用 signal()方法❷。若要通知等待集内全部的线程，可以调用 signalAll()方法。Condition 的 await()、signal()、signalAll()方法，可视为 Object 的 wait()、notify()、notifyAll()方法的对应。

事实上，11.1.6 节中的 Clerk 对象调用 wait()时，无论是生产者还是消费者线程，都会进入 Clerk 对象的等待集。在有多个生产者、消费者线程的情况下，等待集会存在生产者与消费者线程，调用 notify()时，有可能通知到生产者线程，也可能通知到消费者线程。如果消费者线程取走产品后，Clerk 没有产品了，而消费者最后 notify()时，实际又通知到消费者线程，这只会让消费者线程再度执行 wait()，因此重复进出等待集。

事实上，一个 Condition 对象代表有一个等待集，可以重复调用 Lock 的 newCondition()，取得多个 Condition 实例，这代表可以有多个等待集。上面改写的 Clerk 类只使用了一个 Condition，因此只有一个等待集，作用将类似于 11.1.6 节中的 Clerk 类。如果可以有两个等待集，一个给生产者线程用，另一个给消费者线程用，生产者只通知消费者等待集，消费者只通知生产者等待集，这样会提升效率。例如：

Concurrency Clerk2.java

```
package cc.openhome;

import java.util.concurrent.locks.Condition;
import java.util.concurrent.locks.Lock;
import java.util.concurrent.locks.ReentrantLock;

public class Clerk2 {
    private final int EMPTY = 0;
    private int product = EMPTY;
    private Lock lock = new ReentrantLock();
    private Condition producerCond = lock.newCondition(); ❶ 拥有生产者等待集
    private Condition consumerCond = lock.newCondition(); ❷ 拥有消费者等待集

    public void setProduct(int product) throws InterruptedException {
        lock.lock();
        try {
            waitIfFull();
            this.product = product;
            System.out.printf("生产者设定(%d)%n", this.product);
            consumerCond.signal(); ←— ❸ 通知消费者等待集中的消费者线程
        } finally {
            lock.unlock();
        }
    }

    private void waitIfFull() throws InterruptedException {
        while(this.product != EMPTY) {
            producerCond.await(); ←— ❹到生产者等待集等待
        }
    }

    public int getProduct() throws InterruptedException {
        lock.lock();
        try {
            waitIfEmpty();
            var p = this.product;
            this.product = EMPTY;
            System.out.printf("消费者取走 (%d)%n", p);
```

```
            producerCond.signal(); ←── ❺ 通知生产者等待集中的生产线程
            return p;
        } finally {
            lock.unlock();
        }
    }

    private void waitIfEmpty() throws InterruptedException {
        while(this.product == EMPTY) {
            consumerCond.await(); ←── ❻到消费者等待集等待
        }
    }
}
```

这个示例分别为生产者线程与消费者线程建立了 Condition 对象，这表示可拥有两个等待集，一个给生产者线程用❶，另一个给消费者线程用❷。如果 Clerk2 无法收东西了，那就请生产者线程到生产者等待集中等待❹，而生产者线程设定产品后，会通知消费者等待集中的线程❸。反之，消费者线程会到消费者等待集中等待❻，通知的对象是生产者等待集中的线程❺。

11.2.2 使用 Executor

Runnable 用来定义可执行流程(以及执行过程中必要的资源)，Thread 用来执行 Runnable。两者结合的基本做法正如之前介绍的，将 Runnable 指定给 Thread 以用于创建，并调用 start()开始执行。

Thread 的建立与系统资源有关，如何创建 Thread、是否重用 Thread、何时销毁 Thread、Runnable 何时排定给 Thread 执行，这些都是复杂问题。为此，从 JDK 5 开始，定义了 java.util.concurrent.Executor 接口，目的是将 Runnable 的指定与执行分离。Executor 接口只定义了一个 execute()方法：

```
package java.util.concurrent;
public interface Executor {
    void execute(Runnable command);
}
```

单看这个方法，不会知道被指定的 Runnable 如何执行。例如，可以将 11.1.2 节中的 Download 与 Download2 行为封装起来：

Concurrency Pages.java

```
package cc.openhome;

import java.net.URI;
import java.net.http.HttpClient;
import java.net.http.HttpRequest;
```

```
import java.net.http.HttpResponse.BodyHandlers;
import java.util.concurrent.*;
import java.io.*;

public class Pages {
    private String[] urls;
    private String[] fileNames;
    private Executor executor;

    public Pages(String[] urls, String[] fileNames, Executor executor) {
        this.urls = urls;
        this.fileNames = fileNames;
        this.executor = executor;
    }

    public void download() {
        for(var i = 0; i < urls.length; i++) {
            var url = urls[i];
            var fileName = fileNames[i];
            executor.execute(() -> {
                try {
                    dump(openStream(url), new FileOutputStream(fileName));
                } catch (Exception ex) {
                    throw new RuntimeException(ex);
                }
            });
        }
    }

    private InputStream openStream(String uri) throws Exception {
        return HttpClient
                .newHttpClient()
                .send(
                    HttpRequest.newBuilder(URI.create(uri)).build(),
                    BodyHandlers.ofInputStream()
                )
                .body();
    }

    private void dump(InputStream src, OutputStream dest)
                                    throws IOException {
        try(src; dest) {
            var data = new byte[1024];
            var length = 0;
            while((length = src.read(data)) != -1) {
                dest.write(data, 0, length);
            }
```

```
        }
    }
}
```

单看这个 Pages 类，不会知道实际上 Executor 如何执行给定的 Runnable 对象。至于如何执行，要看 Executor 的实现类如何定义，也许你定义了一个 DirectExecutor，单纯调用传入 execute()方法的 Runnable 对象的 run()方法，例如：

Concurrency DirectExecutor.java

```java
package cc.openhome;

import java.util.concurrent.Executor;

public class DirectExecutor implements Executor {
    public void execute(Runnable r) {
        r.run();
    }
}
```

如果按照如下方式使用 Pages 与 DirectExecutor：

Concurrency Download.java

```java
package cc.openhome;

public class Download {
    public static void main(String[] args) {
        String[] urls = {
            "https://openhome.cc/Gossip/Encoding/",
            "https://openhome.cc/Gossip/Scala/",
            "https://openhome.cc/Gossip/JavaScript/",
            "https://openhome.cc/Gossip/Python/"
        };

        String[] fileNames = {
            "Encoding.html",
            "Scala.html",
            "JavaScript.html",
            "Python.html"
        };

        new Pages(urls, fileNames, new DirectExecutor()).download();
    }
}
```

那意味着只由主线程逐一执行指定的每个页面的下载。如果定义一个 ThreadPer TaskExecutor：

Concurrency ThreadPerTaskExecutor.java

```
package cc.openhome;

import java.util.concurrent.Executor;

public class ThreadPerTaskExecutor implements Executor {
    public void execute(Runnable r) {
        new Thread(r).start();
    }
}
```

对于每个传入的 Runnable 对象，会创建 Thread 实例并执行 start()。如果按照如下方式使用 Pages 与 ThreadPerTaskExecutor：

Concurrency Download2.java

```
package cc.openhome;

public class Download2 {
    public static void main(String[] args) throws Exception {
        ...// 这部分与 Download 相同，因此省略
        new Pages(urls, fileNames,
                new ThreadPerTaskExecutor()).download();
    }
}
```

针对每个网页，会启动一个线程来进行下载。或许你会想到，如果要下载的页面很多，每次通过线程下载完页面后就丢弃该线程，过于浪费系统资源。也许你会想实现具有线程池(Thread Pool)的 Executor，创建可重复使用的线程，在线程完成 Runnable 的 run()方法之后，让该线程回到池中等待被重复使用，这是可行的。不过不用亲自实现，因为标准 API 提供了接口与实现类，可满足这个需求。在这之前，先来看看 Executor 的 API 架构，如图 11-6 所示。

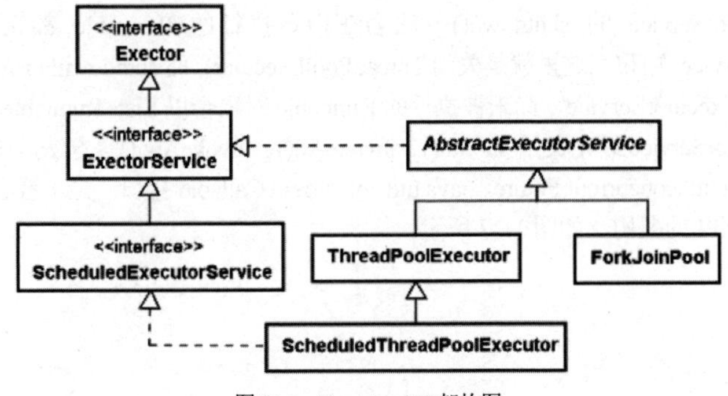

图 11-6　Executor API 架构图

使用 ThreadPoolExecutor

在标准 API 中，像线程池这类服务的行为，实际上定义在 Executor 的子接口 java.util.concurrent.ExecutorService 中，通用的 ExecutorService 由抽象类 AbstractExecutorService 实现。如果需要线程池的功能，可以使用其子类 java.util.concurrent.ThreadPoolExecutor。根据不同的线程池需求，ThreadPoolExecutor 有多种不同的构造函数可供使用。不过通常会使用 java.util.concurrent.Executors 的 newCachedThreadPool()、newFixedThreadPool()静态方法来构建 ThreadPoolExecutor 实例，这让程序看起来较清楚且便于使用。

Executors.newCachedThreadPool()返回的 ThreadPoolExecutor 实例会在必要时创建线程，Runnable 可能执行在新建的线程或被拿来重复使用的既有线程上，newFixedThreadPool()则可指定在池中建立固定数量的线程，这两个方法都有接受 java.util.concurrent.ThreadFactory 的版本，可在 ThreadFactory 的 newThread()方法中，实现 Thread 实例的建立。

例如，可使用 ThreadPoolExecutor 搭配之前的 Pages：

Concurrency Download3.java

```
package cc.openhome;

import java.util.concurrent.Executors;

public class Download3 {
    public static void main(String[] args) {
        ...// 这部分与 Download 相同，因此省略

        var executorService = Executors.newCachedThreadPool();
        new Pages(urls, fileNames, executorService).download();
        executorService.shutdown();
    }
}
```

ExecutorService 的 shutdown()方法会在指定执行的 Runnable 都完成后，将 ExecutorService 关闭(在这里就是关闭 ThreadPoolExecutor)，而 shutdownNow()方法可以立即关闭 ExecutorService，尚未被执行的 Runnable 对象会以 List<Runnable>返回。

ExecutorService 还定义了 submit()、invokeAll()、invokeAny()等方法，这些方法中出现了 java.util.concurrent.Future、java.util.concurrent.Callable 接口。先来看看这两个接口与相关 API 的架构，如图 11-7 所示。

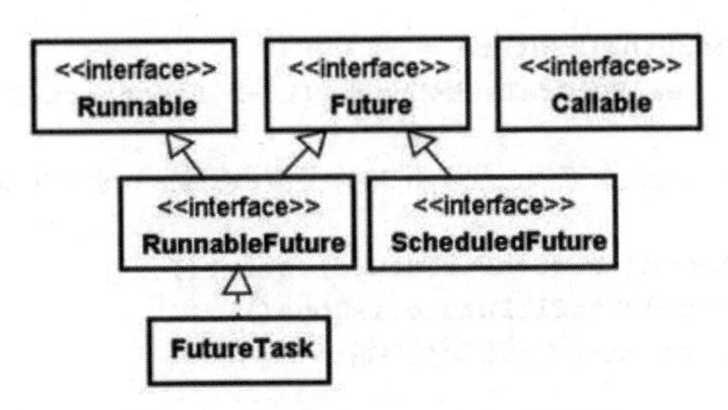

图 11-7　Future 与 Callable API 架构图

你可能说过这样的话："老板，我要一份鸡蛋饼，待会来拿！"这描述了 Future 定义的行为，就是让你在未来取得结果。可以将想执行的工作交给 Future，Future 会使用另一个线程来进行工作，这样你就可以先忙别的事。过段时间，再调用 Future 的 get()取得结果。如果结果已经产生，get()会直接返回，否则会进入阻断，直到结果返回，get()的另一版本可以指定等待结果的时间。若指定时间已到但结果还没产生，就会抛出 java.util.concurrent.TimeoutException，也可以使用 Future 的 isDone()方法，看看结果是否已产生。

Future 经常与 Callable 搭配使用，Callable 的作用与 Runnable 类似，可定义想执行的流程，不过 Runnable 的 run()方法无法返回值，也无法抛出受检异常(Checked Exception)，然而 Callable 的 call()方法可以返回值，也可以抛出受检异常：

```
package java.util.concurrent;
public interface Callable<V> {
   V call() throws Exception;
}
```

java.util.concurrent.FutureTask 是 Future 的实现类，创建时可传入 Callable 实现对象以指定执行的内容。下面是使用 Future 与 Callable 的例子：

Concurrency FutureCallableDemo.java

```
package cc.openhome;

import java.util.concurrent.*;
import static java.lang.System.*;

public class FutureCallableDemo {
   static long fibonacci(long n) {
      if(n <= 1) {
         return n;
      }
      return fibonacci(n - 1) + fibonacci(n - 2);
   }

   public static void main(String[] args) throws Exception {
```

```
        var the30thFibFuture =
                new FutureTask<Long>(() -> fibonacci(30));

        out.println("老板，我要第 30 个斐波那契数，一会儿来拿……");

        new Thread(the30thFibFuture).start();
        while(!the30thFibFuture.isDone()) {
            out.println("去忙其他事情……");
        }

        out.printf("第 30 个斐波那契数：%d%n", the30thFibFuture.get());
    }
}
```

由于 FutureTask 也实现了 Runnable 接口(RunnableFuture 的父接口)，可以用它来创建 Thread。示例的执行结果如下：

```
老板，我要第 30 个斐波那契数，一会儿来拿……
去忙其他事情……
第 30 个斐波那契数：832040
```

提示>>> 关于斐波那契数，可以参考“斐波那契数列”[1]。

如果你的流程已定义了某个 Runnable 对象，可以使用 FutureTask 创建时提供的接受 Runnable 的版本，并可指定一个对象在调用 get()时返回(运算结束后)。

回头看看 ExecutorService 的 submit()方法，它可以接受 Callable 对象，调用后返回的 Future 对象可用于稍后取得运算结果。例如，将以上示例改写为使用 ExecutorService 的版本：

Concurrency FutureCallableDemo2.java

```
package cc.openhome;

import java.util.concurrent.*;
import static java.lang.System.*;

public class FutureCallableDemo2 {
    static long fibonacci(long n) {
        if(n <= 1) {
            return n;
        }
        return fibonacci(n - 1) + fibonacci(n - 2);
    }
```

1 斐波那契数列：https://openhome.cc/zh-tw/algorithm/basics/fibonacci/.

```
    public static void main(String[] args) throws Exception {
        var service = Executors.newCachedThreadPool();

        out.println("老板，我要第 30 个斐波那契数，一会儿来拿……");

        var the30thFibFuture = service.submit(() -> fibonacci(30));
        while(!the30thFibFuture.isDone()) {
            out.println("去忙其他事情……");
        }

        out.printf("第 30 个斐波那契数：%d%n", the30thFibFuture.get());
    }
}
```

示例的执行结果与前一示例相同。如果有多个 Callable，可以先将它们收集在 Collection 中，然后调用 ExecutorService 的 invokeAll()，这会以 List<Future<T>>返回与 Callable 相关联的 Future 对象。如果有多个 Callable，但只要有一个执行完成就可以，则可先将它们收集在 Collection，然后调用 ExecutorService 的 invokeAny()，只要 Collection 中的一个 Callable 完成，invokeAny()就会返回该 Callable 的执行结果。

使用 ScheduledThreadPoolExecutor

ScheduledExecutorService 为 ExecutorService 的子接口，可以进行任务调度；schedule()方法用来安排 Runnable 或 Callable 实例延迟多久后执行一次，并返回 Future 子接口 ScheduledFuture 的实例；对于重复性的执行，可使用 scheduleWithFixedDelay()与 scheduleAtFixedRate()方法。

在一个线程只安排一个 Runnable 实例的情况下，scheduleWithFixedDelay()方法可安排延迟多久后首次执行 Runnable，执行完 Runnable，会安排延迟多久后再度执行，因为它以上次 Runnable 完成执行的时间为准，所以下次执行时间为上次执行完的时间加上设定好的时间间隔。

scheduleAtFixedRate()可指定延迟多久后首次执行 Runnable，同时按照指定周期安排每次执行 Runnable 的时间。如果上一次 Runnable 执行时间未超过指定周期，执行时间就是排定时间；如果上次 Runnable 执行时间超过指定周期，上次 Runnable 执行完后，会立即执行下次 Runnable(执行时间就会晚于排定时间)。不管是 scheduleWithFixedDelay()还是 scheduleAtFixedRate()，上次排定的任务抛出异常时，不会影响下次排程的进行。

ScheduledExecutorService 的实现类 ScheduledThreadPoolExecutor 为 ThreadPoolExecutor 的子类，具有线程池与调度功能。可以使用 Executors 的 newScheduledThreadPool()方法指定返回内建多少个线程的 ScheduledThreadPoolExecutor；使用 newSingleThreadScheduledExecutor()，则可用单一线程执行排定的工作。

下面通过示例探讨 newSingleThreadScheduledExecutor()返回的 ScheduledExecutor-

Service，在排定一个 Runnable 的情况下，使用 scheduleWithFixedDelay()安排执行的时间点。

Concurrency ScheduledExecutorServiceDemo.java

```
package cc.openhome;

import java.util.concurrent.*;

public class ScheduledExecutorServiceDemo {
    public static void main(String[] args) {
        var service = Executors.newSingleThreadScheduledExecutor();

        service.scheduleWithFixedDelay(
                () -> {
                    System.out.println(new java.util.Date());
                    try {
                        Thread.sleep(2000); // 假设这个任务会执行 2 秒
                    } catch (InterruptedException ex) {
                        throw new RuntimeException(ex);
                    }
                }, 2000, 1000, TimeUnit.MILLISECONDS);
    }
}
```

java.util.Date 创建时，会取得当时的系统时间。每次任务会执行 2 秒，而后延迟 1 秒，因此看到的时间间隔为 3 秒：

```
Wed Dec 08 15:36:07 CST 2021
Wed Dec 08 15:36:10 CST 2021
Wed Dec 08 15:36:13 CST 2021
Wed Dec 08 15:36:17 CST 2021
Wed Dec 08 15:36:20 CST 2021
```

如果把以上示例的 scheduleWithFixedDelay()换为 scheduleAtFixedRate()，那么每次排定的执行周期虽然为 1 秒，但由于每次任务实际上会执行 2 秒，将超过排定周期，上一次工作执行完后，会立即执行下一次工作，结果显示时间间隔为 2 秒：

```
Wed Dec 08 15:36:54 CST 2021
Wed Dec 08 15:36:56 CST 2021
Wed Dec 08 15:36:58 CST 2021
Wed Dec 08 15:37:00 CST 2021
Wed Dec 08 15:37:02 CST 2021
```

如果再把 Thread.sleep(2000)改为 Thread.sleep(500)，那么由于每次任务的执行不会超过排定周期，时间间隔将为 1 秒：

```
Wed Dec 08 15:37:34 CST 2021
Wed Dec 08 15:37:36 CST 2021
```

```
Wed Dec 08 15:37:37 CST 2021
Wed Dec 08 15:37:37 CST 2021
Wed Dec 08 15:37:38 CST 2021
```

提示>>> 对于这三个示例，如果排定的 Runnable 超过两个，会怎样呢？如果改用 Executors 的 newScheduledThreadPool()方法，创建包含多个线程的线程池，执行结果又会如何呢？为了不影响多个排定任务的执行时间，可以为线程池创建足够数量的线程。

11.2.3　并行 Collection 简介

java.util.concurrent 包提供了一些支持并行操作的 Collection 子接口与实现类，下面介绍一些常用的接口与类。

如果使用第 9 章介绍过的 List 实现，由于它们并非线程安全的类，为了避免在使用迭代器时受另一线程写入操作的影响，必须通过以下方式进行处理：

```
var list = new ArrayList();
...
synchronized(list) {
    var iterator = list.iterator();
    while(iterator.hasNext()) {
        ...
    }
}
```

使用 Collections.synchronizedList()时也需要这样操作，它返回的实例保证的是 List 操作时的线程安全，并非保证返回的 Iterator 操作时的线程安全，因此使用迭代器操作时，仍需要通过下面的方式来实现：

```
var list = Collections.synchronizedList(new ArrayList());
...
synchronized(list) {
    var iterator = list.iterator();
    while(iterator.hasNext()) {
        ...
    }
}
```

提示>>> 别忘了，对 Collection 使用增强式 for 循环语法时，底层也使用迭代器，在多线程访问时，也得使用类似下面的代码：

```
var list = Collections.synchronizedList(new ArrayList());
...
synchronized(list) {
```

```
        for(var o : list) {
           ...
        }
    }
```

CopyOnWriteArrayList 实现了 List 接口，这个类的实例在进行写入操作(例如 add()、set()等)时，内部会创建新数组，并复制原有数组索引的引用，然后在新数组上进行写入操作，写入完成后，再将内部原引用旧数组的变量引用至新数组。

对写入而言，这是个很耗资源的设计，然而在使用迭代器时，写入不会影响迭代器已引用的对象。对于很少进行写入操作，但频繁使用迭代器的情况，可以使用 CopyOnWriteArrayList 提高迭代器操作的效率。

CopyOnWriteArraySet 实现了 Set 接口，内部使用 CopyOnWriteArrayList 来完成 Set 的各种操作，因此它的一些特性与 CopyOnWriteArrayList 是相同的，例如执行写入操作时会因创建新数组、复制索引引用而较耗成本，但在使用迭代器操作时会有较高的效率，因此，CopyOnWriteArraySet 适用于很少进行写入操作，但频繁使用迭代器的场景。

BlockingQueue 是 Queue 的子接口，新定义了 put()与 take()等方法。线程如果调用 put()方法，在队列已满的情况下会被阻断；线程如果调用 take()方法，在队列为空的情况下会被阻断。有了这个特性，对于 11.1.6 节中生产者与消费者的示例，就不用自行设计 Clerk 类了，可以直接使用 BlockingQueue。例如，Producer 可以通过如下方式来实现：

Concurrency Producer3.java

```java
package cc.openhome;

import java.util.concurrent.BlockingQueue;

public class Producer3 implements Runnable {
   private BlockingQueue<Integer> productQueue;

   public Producer3(BlockingQueue<Integer> productQueue) {
      this.productQueue = productQueue;
   }

   public void run() {
      System.out.println("生产者开始生产整数……");
      for(var product = 1; product <= 10; product++) {
         try {
            productQueue.put(product);
            System.out.printf("生产者提供整数(%d)%n", product);
         } catch (InterruptedException ex) {
            throw new RuntimeException(ex);
```

```
            }
        }
    }
}
```

Consumer3 可以改为如下形式：

Concurrency Consumer3.java

```
package cc.openhome;

import java.util.concurrent.BlockingQueue;

public class Consumer3 implements Runnable {
    private BlockingQueue<Integer> productQueue;

    public Consumer3(BlockingQueue<Integer> productQueue) {
        this.productQueue = productQueue;
    }

    public void run() {
        System.out.println("消费者开始消耗整数……");
        for(var i = 1; i <= 10; i++) {
            try {
                var product = productQueue.take();
                System.out.printf("消费者消耗整数(%d)%n", product);
            } catch (InterruptedException ex) {
                throw new RuntimeException(ex);
            }
        }
    }
}
```

可以使用 BlockingQueue 的实现 ArrayBlockingQueue 类，这样就不用处理麻烦的 wait()、notify()等流程。例如：

Concurrency ProducerConsumerDemo3.java

```
package cc.openhome;

import java.util.concurrent.*;

public class ProducerConsumerDemo3 {
    public static void main(String[] args) {
        var queue = new ArrayBlockingQueue<Integer>(1); // 容量为1
        new Thread(new Producer3(queue)).start();
        new Thread(new Consumer3(queue)).start();
    }
}
```

BlockingQueue 还有其他实现，以及 BlockingQueue 子接口和相关实现类，你可以查看 API 文档来了解实现原理与相关使用。

ConcurrentMap 是 Map 的子接口，它定义了 putIfAbsent()、remove()与 replace()等方法，这些方法都是原子(Atomic)操作。putIfAbsent()可以在键对象不存在于 ConcurrentMap 中时加入键/值对象，否则返回键对应的值对象，这相当于自行在 synchronized 中进行以下动作：

```
if (!map.containsKey(key)) {
   return map.put(key, value);
} else {
   return map.get(key);
}
```

remove()只有在键对象存在，且对应的值对象等于指定的值对象时，才将键/值对象删除，这相当于自行在 synchronized 中进行以下动作：

```
if (map.containsKey(key) && map.get(key).equals(value)) {
   map.remove(key);
   return true;
} else return false;
```

replace()有两个版本，其中一个版本只在键对象存在，且对应的值对象等于指定的值对象时，才对值对象进行置换，这相当于自行在 synchronized 中进行以下动作：

```
if (map.containsKey(key) && map.get(key).equals(oldValue)) {
  map.put(key, newValue);
  return true;
} else return false;
```

另外一个版本是在键对象存在时，对值对象进行置换，这相当于自行在 synchronized 中进行以下动作：

```
if (map.containsKey(key)) {
   return map.put(key, value);
} else return null;
```

ConcurrentHashMap 是 ConcurrentMap 的实现类，ConcurrentNavigableMap 是 ConcurrentMap 的子接口，其实现类为 ConcurrentSkipListMap，可视为支持并行操作的 TreeMap 版本。可以查看 API 文档来了解相关使用方式与实现原理。

提示»» 关于 ConcurrentHashMap 中的 putIfAbsent()、remove()与 replace()等方法的说明，可以参考《Map 便利的默认方法》[1]。

1 Map 便利的默认方法：https://openhome.cc/Gossip/CodeData/JDK8/Map.html.

课后练习

实验题

如果有个线程池，可以分配线程来执行 Request 实现对象的 execute()方法，执行完后该线程类必须能被重复使用，那么该线程类应如何设计呢？假设 Request 接口的定义如下：

```
public interface Request {
    void execute();
}
```

第12章 Lambda

学习目标

- 认识 Lambda 语法
- 运用方法引用
- 了解接口默认方法
- 善用 Functional 与 Stream API
- Lambda、平行化与异步处理

12.1 认识 Lambda 语法

第 9 章曾经简单介绍过 Lambda 语法，之后相关的示例也适当地运用 Lambda 语法来让代码变得更简洁。不过，那并非 Lambda 项目的全部，这一章会完整地讨论并使用 Lambda。

12.1.1 Lambda 语法概览

9.1.6 节简单讨论过 Lambda 语法，不过，基于主题的完整性，这里会从头开始介绍。先来看一个简化匿名类的场景，举例来说，如果打算将用户名称按照长度排序，可以按如下方式编写程序：

```
String[] names = {"Justin", "caterpillar", "Bush"};
Arrays.sort(names, new Comparator<String>() {
    public int compare(String name1, String name2) {
        return name1.length() - name2.length();
    }
});
```

Arrays 的 sort()方法可用来排序，不过得告诉它进行元素比较时所用的顺序，可通过实现 java.util.Comparator 来说明这件事，然而匿名类的语法有些冗长。也许你曾经看过 9.1.6 节的内容，不过先别急着使用 Lambda 语法，如果想稍微改变一下 Arrays.sort()这一行的可读性，可以尝试使用如下方法：

```
Comparator<String> byLength = new Comparator<String>() {
```

```
    public int compare(String name1, String name2) {
        return name1.length() - name2.length();
    }
};

String[] names = {"Justin", "caterpillar", "Bush"};
Arrays.sort(names, byLength);
```

通过变量 byLength，确实可以让排序意图清楚许多，只是实现 Comparator 的匿名类依旧冗长。可以使用 Lambda 特性来简化代码，例如，声明 byLength 时已经写过 Comparator<String>，为什么实现匿名类时又得写一次 Comparator<String>？如果使用 Lambda 表达式，可以将其写为：

```
Comparator<String> byLength =
    (String name1, String name2) -> name1.length() - name2.length();
```

将重复的 Comparator<String>信息从等号右边删除后，原本的匿名类只有一个方法需要实现，因此在使用 Lambda 表达式时，从等号左边的 Comparator<String>声明就可以知道，Lambda 表达式要实现 Comparator<String>的 compare()方法。

仔细看看，既然声明变量时使用了 Comparator<String>，为什么 Lambda 表达式的参数又得声明 String？确实不用，编译器可以根据 byLength 变量的声明类型推断 name1 与 name2 的类型，因此代码可以再简化为：

```
Comparator<String> byLength =
    (name1, name2) -> name1.length() - name2.length();
```

var 语法可以自动推断变量类型，Lambda 也可以在前后文信息足够的情况下，自动推断参数类型。JDK11 以后可将代码写成这样：

```
Comparator<String> byLength =
    (var name1, var name2) -> name1.length() - name2.length();
```

等号右边的表达式够简短了，不如直接将其放到 Arrays 的 sort()方法中。

Lambda LambdaDemo.java

```
package cc.openhome;

import java.util.Arrays;

public class LambdaDemo {
    public static void main(String[] args) {
        String[] names = {"Justin", "caterpillar", "Bush"};
        Arrays.sort(names,
                (name1, name2) -> name1.length() - name2.length());
        System.out.println(Arrays.toString(names));
    }
}
```

编译器能通过 names 进行推断，sort()第二个参数类型是 Comparator<String>，因此 name1 与 name2 不用声明类型；跟一开始的匿名类写法相比，这里的代码简洁许多，那么，Lambda 只是匿名类的语法糖吗？不！还有许多细节会在后续内容中介绍，现在仅专注于去除重复信息与改善可读性。

如果许多地方都有按字符串长度排序的需求，你会怎么做？如果是在同一方法内，那就像先前那样使用 byName 局部变量；如果类中有多个方法要被共享，那就使用 byName 的数据成员。byName 引用的实例没有状态问题，因而适合声明为 static；如果要在多个类间共享，就设定为 public static。例如：

Lambda StringOrder.java

```
package cc.openhome;

public class StringOrder {
    public static int byLength(String s1, String s2) {
        return s1.length() - s2.length();
    }

    public static int byLexicography(String s1, String s2) {
        return s1.compareTo(s2);
    }

    public static int byLexicographyIgnoreCase(String s1, String s2) {
        return s1.compareToIgnoreCase(s2);
    }
}
```

这次你聪明一些，将可能的字符串排序方式都定义出来了，原来的按照名称长度排序的代码就可以改写为：

```
    String[] names = {"Justin", "caterpillar", "Bush"};
    Arrays.sort(names, (name1, name2) -> StringOrder.byLength(name1,
name2));
```

也许你发现了，除了方法名称之外，byLength 方法的签署与 Comparator 的 compare()方法相同，你只是在 Lambda 表达式中，将参数 s1 与 s2 传给 byLength 方法，这似乎是重复操作？如果可以直接重用 byLength 方法，不是更好吗？方法引用(Method Reference)可以达到这个目的：

Lambda StringOrderDemo.java

```
package cc.openhome;

import java.util.Arrays;

public class StringOrderDemo {
```

```
    public static void main(String[] args) {
        String[] names = {"Justin", "caterpillar", "Bush"};
        Arrays.sort(names, StringOrder::byLength);
        System.out.println(Arrays.toString(names));
    }
}
```

方法引用的特性在重用既有 API 上扮演了重要角色。重用既有方法的实现，可避免到处编写 Lambda 表达式。上面的例子展示了运用方法参考的方式之一——引用既有的 static 方法。

来看看另一个需求：按字典顺序对名称进行排序。因为已经定义了 StringOrder，也许你会这么编写程序：

```
String[] names = {"Justin", "caterpillar", "Bush"};
Arrays.sort(names, StringOrder::byLexicography);
```

嗯？仔细看看，在 StringOrder 的 byLexicography()方法实现中，只是调用 String 的 compareTo()方法，也就是将参数 s1 当作 compareTo()的接受者，同时将参数 s2 当作 compareTo()方法的参数。在这种情况下，可以直接引用 String 类的 compareTo 方法，例如：

Lambda StringDemo.java

```
package cc.openhome;

import java.util.Arrays;

public class StringDemo {
    public static void main(String[] args) {
        String[] names = {"Justin", "caterpillar", "Bush"};
        Arrays.sort(names, String::compareTo);
        System.out.println(Arrays.toString(names));
    }
}
```

类似地，若想按照字典顺序对名称进行排序，但忽略大小写差异，可以不用再通过 StringOrder 的 static 方法，而是直接引用 String 的 compareToIgnoreCase()：

```
String[] names = {"Justin", "caterpillar", "Bush"};
Arrays.sort(names, String::compareToIgnoreCase);
```

方法引用不仅能让你避免重复编写 Lambda 表达式，还能让代码变得更清楚。这里只是让你初尝 Lambda 的甜头，关于 Lambda 的更多细节，后面会继续探讨。

12.1.2 Lambda 表达式与函数式接口

之前看过 Lambda 的几个应用示例，接下来得了解一些细节了。首先，你得知道以下代码：

```
Comparator<String> byLength =
    (String name1, String name2) -> name1.length() - name2.length();
```

以上代码可以拆开为两部分：等号右边是 Lambda 表达式(Expression)，等号左边是作为 Lambda 表达式的目标类型(Target Type)。先来看看等号右边的 Lambda 表达式：

```
(String name1, String name2) -> name1.length() - name2.length()
```

这个 Lambda 表达式表示接受参数 name1 和 name2，两个参数都是 String 类型，目前->右边定义了会返回结果的表达式。如果运算比较复杂，则必须使用多行语句，可以加入{}以定义代码块；如果有返回值，则必须加上 return，例如：

```
(String name1, String name2) -> {
   String name1 = name1.trim();
   String name2 = name2.trim();
   ...
   return name1.length() - name2.length();
}
```

代码块可以由数个语句组成，然而不建议这样使用。运用 Lambda 表达式时，应尽量使用简单的表达式。若实现较为复杂，可以考虑方法引用等其他方式。

Lambda 表达式即使不接受任何参数，也必须给出括号。例如：

```
() -> "Justin"                 // 不接受参数，返回字符串
() -> System.out.println()    // 不接受参数，没有返回值
```

在编译器可推断类型的情况下，Lambda 表达式的参数类型可以不写。例如，以下示例可以根据 Comparator<String>推断出 name1 与 name2 的类型是 String，因此不用写出参数类型：

```
Comparator<String> byLength =
    (name1, name2) -> name1.length() - name2.length();
```

Lambda 表达式不代表任何类型的实例，同一个 Lambda 表达式可表示不同目标类型的对象实现，例如，上面示例中(name1, name2)-> name1.length()- name2.length()，用于表示 Comparator<String>的实现，如果定义了一个接口：

```
public interface Func<P, R> {
   R apply(P p1, P p2);
}
```

那么同样是(name1, name2)-> name1.length()- name2.length()表达式，在以下代码中：

```
Func<String, Integer> func =
    (name1, name2) -> name1.length() - name2.length();
```

该表达式就是用来表示目标类型 Func<String, Integer>的实现，这个例子也演示了如何定义 Lambda 表达式的目标类型，Lambda 是基于 interface 语法定义函数式接口(Functional Interface)的，作为 Lambda 表达式的目标类型。函数式接口只定义了一个抽象方法，许多现存接口都是这种接口，比如标准 API 中的 Runnable、Callable、Comparator 等，都只定义了一个方法。

```
public interface Runnable {
    void run();
}

public interface Callable<V> {
    V call() throws Exception;
}

public interface Comparator<T> {
    int compare(T o1, T o2);
}
```

当接口只有一个方法要实现时，你只关心参数及实现主体，不想考虑类与方法名称，比如 12.1.1 节中通过匿名类实现的例子：

```
Arrays.sort(names, new Comparator<String>() {
    public int compare(String name1, String name2) {
        return name1.length() - name2.length();
    }
});
```

就这个代码片段而言，主要关心的是怎么比较两个元素，这种情况下，使用 Lambda 表达式，更能专注于代码的意图：

```
Arrays.sort(names, (name1, name2) -> name1.length() - name2.length());
```

Lambda 表达式只关心方法签署的参数与返回定义，但忽略方法名称。如果函数式接口定义的方法只接受一个参数，例如：

```
public interface Func {
    public void apply(String s);
}
```

对于 Lambda 表达式的编写，如果编译器可推断类型，则原来的写法是：

```
Func func = (s) -> out.println(s);
```

这时括号就是多余的了，该表达式可以简写为：

```
Func func = s -> out.println(s);
```

函数式接口是只定义一个方法的接口，不过有时难以直接分辨接口是否为函数式接口，例如，你稍后就会看到，接口可以定义默认方法(Default Method)，而接口可能继承其他接口，重新定义某些方法，等等，这些都会使你更加难以确认接口是否为函数式接口。如果要编译器帮忙检查是否定义了函数式接口，可以使用@FunctionalInterface：

```
@FunctionalInterface
public interface Func<P, R> {
   R apply(P p);
}
```

如果接口使用@FunctinalInterface 标注，但它并非函数式接口，会引发编译错误。例如下面这个接口：

```
@FunctionalInterface
public interface Function<P, R> {
   R call(P p);
   R call(P p1, P p2);
}
```

编译器会对此接口产生以下编译错误：

```
@FunctionalInterface
^
  Function is not a functional interface
    multiple non-overriding abstract methods found in interface Function
1 error
```

12.1.3 当 Lambda 遇上 this 与 final 时

Lambda 表达式不是匿名类的语法糖，如果将它当作语法糖，在处理 this 引用对象时，就会觉得困惑。来看看接下来的程序，其中使用了匿名类，先想想结果会是什么。

Lambda ThisDemo.java

```
package cc.openhome;

import static java.lang.System.out;

class Hello {
   Runnable r1 = new Runnable() {
      public void run() {
         out.println(this);
      }
   };

   Runnable r2 = new Runnable() {
      public void run() {
         out.println(toString());
```

```
        }
    };

    public String toString() {
        return "Hello, world!";
    }
}

public class ThisDemo {
    public static void main(String[] args) {
        var hello = new Hello();
        hello.r1.run();
        hello.r2.run();
    }
}
```

你认为执行结果会显示“Hello, World!”吗？但其实并不是，执行结果如下：

```
cc.openhome.Hello$1@2dda6444
cc.openhome.Hello$2@5e9f23b4
```

在这个示例中，this 引用的对象以及 toString()(即 this.toString())的接受者都是匿名类创建的实例，也就是 Runnable 实例，由于示例中没有定义 Runnable 的 toString()方法，显示结果是 Object 默认的 toString()方法返回的字符串。再来看看接下来的程序，它会显示什么？

Lambda ThisDemo2.java

```
package cc.openhome;

import static java.lang.System.out;

class Hello2 {
    Runnable r1 = () -> out.println(this);
    Runnable r2 = () -> out.println(toString());

    public String toString() {
        return "Hello, world!";
    }
}

public class ThisDemo2 {
    public static void main(String[] args) {
        var hello = new Hello2();
        hello.r1.run();
        hello.r2.run();
    }
}
```

如果 Lambda 表达式只是匿名类的语法糖，那么结果也该显示 cc.openhome.Hello$1@2dda6444 与 cc.openhome.Hello$2@5e9f23b4 之类的信息，然而执行结果会显示两次“Hello, World!”。

Lambda 表达式主体中 this 引用的对象以及 toString()(即 this.toString())的接受者是来自 Lambda 的上下文(Context)，也就是说，Lambda 表达式在哪个命名范围(Scope)，就能引用该范围内的名称，比如变量或方法。

在上面的示例中，因为 Hello 类包围了 Lambda 表达式，Lambda 表达式引用了类范围中的名称，示例中定义了 Hello 类的 toString()返回“Hello, world!”，所以执行时才会显示两次“Hello, world!”。

Lambda 表达式捕获的局部变量必须是 final 或等效于 final 的变量，例如，下面的 names 变量可以被 Lambda 表达式捕捉：

```
String[] names = {"Justin", "Monica", "Irene"};
Runnable runnable = () -> {
   for(String name : names) {
       out.println(name);
   }
};
```

这表示 Lambda 表达式中不能修改捕获的局部变量值，因为 Java 采用 Lambda 的理由之一，是为了支持并行程序设计。Lambda 表达式捕获的局部变量如果可修改值，也就意味着并行时必须处理同步锁定问题，所以 Java 通过禁止 Lambda 表达式修改局部变量值来避免这类问题。

12.1.4 方法与构造函数引用

临时为函数式接口定义实现时，会发现 Lambda 表达式很方便，然而有时候，某些静态方法的主体实现流程与自行定义的 Lambda 表达式相同。Java 考虑到了这种状况，Lambda 表达式只是定义函数式接口实现的一种方式，除此之外，只要静态方法的方法签署中，参数与返回值定义相同，就可以使用静态方法来定义函数式接口实现。

举例来说，在 12.1.1 节曾定义过以下代码：

```
package cc.openhome;

public class StringOrder {
   public static int byLength(String s1, String s2) {
      return s1.length() - s2.length();
   }
   ...
}
```

如果想定义 Comparator<String>的实现，就必须实现 int compare(String s1, String s2)方法，你可以使用 Lambda 表达式来定义：

```
Comparator<String> byLength = (s1, s2) -> s1.length() - s2.length();
```

然而仔细观察，你会发现 StringOrder 的静态方法 byLength 的参数、返回值，与 Comparator<String>的 int compare(String s1, String s2)的参数、返回值相同，你可以让函数式接口的实现引用 StringOrder 的静态方法 byLength:

```
Comparator<String> byLength = StringOrder::byLength;
```

这个特性称为方法引用(Method Reference)，可以避免到处写下 Lambda 表达式，尽量运用既有的 API 实现，也可以改善可读性，12.1.1 节就探讨过，与其写下：

```
String[] names = {"Justin", "caterpillar", "Bush"};
Arrays.sort(names, (name1, name2) -> name1.length() - name2.length());
```

不如通过如下方式，让程序变得更清晰：

```
String[] names = {"Justin", "caterpillar", "Bush"};
Arrays.sort(names, StringOrder::byLength);
```

函数式接口实现除了可以引用静态方法之外，还可引用特定对象的实例方法。例如，9.1.7 节介绍过，Iterable 有 forEach()方法，可以对迭代对象进行特定处理：

```
var names = List.of("Justin", "Monica", "Irene");
names.forEach(name -> out.println(name));
new HashSet(names).forEach(name -> out.println(name));
new ArrayDeque(names).forEach(name -> out.println(name));
```

发现了吗？上面写了三个重复的 Lambda 表达式，forEach()接受 java.util.function.Consumer 接口的实例，Consumer 定义了 void accept(T t)方法，out 是 PrintStream 实例，println()其实是 out 实例的方法。println()的方法签署与 accept()方法相同，你可以直接引用 out 的 println()方法：

```
var names = List.of("Justin", "Monica", "Irene");
names.forEach(out::println);
new HashSet(names).forEach(out::println);
new ArrayDeque(names).forEach(out::println);
```

函数式接口实现也可以引用类定义的非静态方法，函数式接口会试图用第一个参数作为方法接收者。举例来说：

```
Comparator<String> naturalOrder = String::compareTo;
```

虽然 Comparator<String>的 int compare(String s1, String s2)方法必须有两个参数，但是在以上方法引用中，会试图用参数 s1 作为 compareTo()的方法接收者，并以 s2 作为方法的参数，也就是 s1.compareTo(s2)，实际的应用详见 12.1.1 节：

```
String[] names = {"Justin", "caterpillar", "Bush"};
Arrays.sort(names, String::compareTo);
```

```
...
Arrays.sort(names, String::compareToIgnoreCase);
```

方法引用可重用既有 API 的方法定义，构造函数引用(Constructor Reference)则可重用既有 API 的类构造函数。你也许会发出疑问："构造函数？它们有返回值类型吗？"构造函数语法不用指定返回类型，然而它隐含着返回值类型，也就是类本身。

来看看引用构造函数的场景之一，如果按照下面的方式定义 map()方法：

```
static <T, R> List<R> map(List<T> list, Function<T, R> mapper) {
    var mapped = new ArrayList<R>();
    for(var i = 0; i < list.size(); i++) {
        mapped.add(mapper.apply(list.get(i)));
    }
    return mapped;
}
```

其中使用了 java.util.function.Function 接口，这个接口定义了一个 R apply(T t)方法，map()方法接受 Function 实例，以指定如何将 T 转换为 R，你也许想将用户名称转为 Person 实例：

```
var names = List.of(args);  // args 是命令行参数
var persons = map(names, name -> new Person(name));
```

上例中的 Lambda 表达式只是使用 name 调用 Person 构造函数，不如直接引用 Person 的构造函数吧！

Lambda MethodReferenceDemo.java

```
package cc.openhome;

import static java.lang.System.out;
import java.util.*;
import java.util.function.Function;

record Person(String name) {}

public class MethodReferenceDemo {
    static <P, R> List<R> map(List<P> list, Function<P, R> mapper) {
        var mapped = new ArrayList<R>();
        for(var i = 0; i < list.size(); i++) {
            mapped.add(mapper.apply(list.get(i)));
        }
        return mapped;
    }

    public static void main(String[] args) {
        var names = List.of(args);
        var persons = map(names, Person::new);
```

```
        persons.forEach(out::println);
    }
}
```

如果类有多个构造函数，会使用函数式接口的方法签署来进行比对，以找出对应的构造函数。这个示例也演示了刚才介绍的方法引用，forEach()接受 Consumer 实例，而 Consumer 的实现直接引用了 System.out 的 println()方法。

12.1.5 接口默认方法

接口定义时可以有默认实现，或者称为默认方法(Default Method)。默认方法的实例之一就是定义在 Iterable 接口中的 forEach()方法：

```
package java.lang;

import java.util.Iterator;
import java.util.Objects;
import java.util.function.Consumer;

public interface Iterable<T> {
    Iterator<T> iterator();
    default void forEach(Consumer<? super T> action) {
        Objects.requireNonNull(action);
        for (T t : this) {
            action.accept(t);
        }
    }
}
```

默认方法使用 default 关键字进行修饰，默认权限为 public。forEach()是默认方法，而 iterator()方法没有实现，因此 Iterable 实现类要实现 iterator()方法，这样，API 客户端就可以直接使用 forEach()方法。例如，可以按如下方式编写代码：

```
var names = List.of("Justin", "caterpillar", "Monica");
names.forEach(out::println);
```

默认方法让接口看起来像有抽象方法的抽象类，然而因为接口本身不能定义数据成员，所以默认方法的实现中无法直接使用数据成员。

默认方法也提供了共享相同实现的方便性。例如，可以按如下方式定义自己的 Comparable 接口：

```
public interface Comparable<T> {
    int compareTo(T that);

    default boolean lessThan(T that) {
        return compareTo(that) < 0;
```

```
    }
    default boolean lessOrEquals(T that) {
        return compareTo(that) <= 0;
    }
    default boolean greaterThan(T that) {
        return compareTo(that) > 0;
    }
    ...
}
```

如果有一个 Ball 类想实现这个 Comparable 接口，则只需要实现 compareTo()方法：

```
public class Ball implements Comparable<Ball> {
    private int radius;
    ...
    public int compareTo(Ball that) {
        return this.radius - that.radius;
    }
}
```

这么一来，每个 Ball 实例就会拥有 Comparable 定义的默认方法。因为类可以实现多个接口，所以使用默认方法，就可以在某个接口定义可共享的操作。如果有一个类需要某些可共享的操作，那么只需要实现相关接口，就可以混入这些共享的操作了。

在实现默认方法时，可能会将算法定义为更小的流程，而这些流程不用公开。基于这种需求，接口可以定义 private 方法，可被默认方法调用，但不用加上 default 以进行修饰。例如：

```
public interface Some {
    default void doIt() {
        subMethod1();
        subMethod2();
    }
    private void subMethod1() {
        // 私有实现……
    }
    private void subMethod2() {
        // 私有实现……
    }

}
```

辨别方法的实现版本

接口没有实现时，判断方法来源时会简单许多。为接口定义默认实现，可引入更强大的功能，但是也使代码变得更加复杂，你需要留意采用的是哪个默认方法。

接口也可以被继承，而抽象方法或默认方法都会被继承下来。子接口以抽象方法重新定义父接口已定义的抽象方法，通常是为了文档化。这是常见的实践(Practice)，因为没有实现，所以没有辨别实现版本的问题。

如果接口定义了默认方法，在辨别实现版本时有许多需要注意的地方。例如，父接口的抽象方法在子接口中可以用默认方法实现，而父接口的默认方法在子接口中可以被重新定义。

如果父接口有一个默认方法，子接口再次声明与父接口相同的方法签署，但没有给出 default，也就没有对方法进行实现，这意味着子接口将该方法重新定义为抽象方法了。例如，也许可以自定义一个 BiIterable：

```
import java.util.Iterator;
import java.util.function.Consumer;

public interface BiIterable<T> extends Iterable<T> {
    Iterator<T> iterator();
    void forEach(Consumer<? super T> action);
    ...
}
```

在上面的例子中，BiIterable 的 forEach()方法没有被实现，因此实现 BiIterable 接口的类必须实现 forEach()方法。

如果有两个父接口定义了相同方法签署的默认方法，就会引发冲突。例如，假设 Part 与 Canvas 接口都定义了 default 的 draw()方法，而 Lego 接口继承 Part、Canvas 时，没有重新定义 draw()，就会发生编译错误。

解决的方法是明确重新定义 draw()，如将其重新定义为抽象方法或默认方法。如果将其重新定义为默认方法时，想明确调用某个父接口的 draw()方法，就必须使用接口名称与 super 来明确指定，例如：

```
public interface Lego extends Part, Canvas {
    default void draw() {
        Part.super.draw();
    }
}
```

如果类实现的两个接口拥有相同的父接口，其中一个接口重新定义了父接口的默认方法，而另一个接口没有，那么实现类会采用重新定义的版本。例如，按照下面方式自定义一个 LinkedList：

```
class LinkedList<E> implements List<E>, Queue<E>
```

如果 List 与 Queue 的父接口 Collection 定义了 removeAll()默认方法，List 继承 Collection 后重新以默认方法定义了 removeAll()，而 Queue 继承 Collection 后，没有重新定义 removeAll()方法，那 LinkedList 采用的版本就是 List 的 removeAll()默认方法，而不是 Collection 中的 removeAll()默认方法。

如果子类继承了父类，又实现了某个接口，而父类的方法与接口中的默认方法具有相同的方法签署，就会采用父类的方法定义。

简单来说，类的定义优先于接口的定义。如果有重新定义，就以重新定义为准，必要时使用接口与 super 指定的默认方法。

接口可以定义静态方法，9.1.8 节中使用的 nullsFirst()、reverseOrder()等方法就是定义在 Comparator 接口中的静态方法。

回顾 Iterable、Iterator、Comparator

来看看标准 API 中具有默认方法的接口，其中一个在 9.1.7 节出现过，也就是 Iterable 接口，它定义了 forEach()默认方法：

```
...
public interface Iterable<T> {
    ...
    default void forEach(Consumer<? super T> action) {
        Objects.requireNonNull(action);
        for (T t : this) {
            action.accept(t);
        }
    }
...
}
```

之前的示例演示了 forEach()的应用，也就是将收集的对象逐一迭代，不用再通过 Iterator 实例进行外部迭代。Iterator 也有个 forEachRemaining()的默认实现，可用来迭代剩余元素：

```
...
public interface Iterator<E> {
    ...
    default void forEachRemaining(Consumer<? super E> action) {
        Objects.requireNonNull(action);
        while (hasNext())
            action.accept(next());
    }
}
```

9.1.8 节介绍过 Comparator，当时使用过 nullsFirst()、reverseOrder()等静态方法，Comparator 也定义了一些默认方法，比如 thenComparing()方法，可以利用既有的 Comparator 实例组合出具有复合比较条件的 Comparator 实例。例如，假设想先按照客户的姓氏来排序，如果姓氏相同，就再按照名字来排序；如果姓氏和名字都相同，就再按照居住地的邮政编码来排序。你可以按照下面的方法创建 Comparator：

Lambda CustomerDemo.java

```
package cc.openhome;

import static java.lang.System.out;
import java.util.*;
import static java.util.Comparator.comparing;

public class CustomerDemo {
    public static void main(String[] args) {
        var customers = Arrays.asList(
                new Customer("Justin", "Lin", 804),
                new Customer("Monica", "Huang", 804),
                new Customer("Irene", "Lin", 804)
        );

        var byLastName = comparing(Customer::lastName);

        customers.sort(
            byLastName
                .thenComparing(Customer::firstName)
                .thenComparing(Customer::zipCode)
        );

        customers.forEach(out::println);
    }
}

record Customer(String firstName, String lastName, Integer zipCode) {}
```

Comparator 实例调用 thenComparing()方法时会返回新的 Comparator 实例，因此可以再次调用 thenComparing()方法，以组合出想要的排序方式。程序的执行结果如下：

```
Customer[firstName=Monica, lastName=Huang, zipCode=804]
Customer[firstName=Irene, lastName=Lin, zipCode=804]
Customer[firstName=Justin, lastName=Lin, zipCode=804]
```

12.2 Functional 与 Stream API

Lambda 项目所包含的配套 API 主要存储在 java.util.function 与 java.util.stream 包中。了解并善用这些 API，才能发挥 Lambda 的威力。

12.2.1 使用 Optional 取代 null

在探讨 java.util.Optional 类的使用之前，必须先引用一下 Java Collection API 及

JSR166 贡献者 Doug Lea 的话：

Null sucks.

图灵奖得主、快速排序发明者Tony Hoare在QCon London 2009做“Null References: The Billion Dollar Mistake”主题演讲时也谈到 null：

“I call it my billion-dollar mistake.”

Java 开发者经常会面对 NullPointerException。如果有个变量引用 null，通过该变量进行操作，就会引发 NullPointerException。

null 的根本问题在于语义含糊，就字面意思来说，null 可以表示“不存在”“没有”“无”或“空”等概念，在应用时常令人感到模棱两可，让开发者有了各自解释的空间。若开发者一想到“嘿！这里是空的……”就直接放个 null，或者一想到“嗯！没什么东西可以返回……”就不假思索地返回 null，而使用者总是忘了检查 null，那将引发各种可能的错误。

由于 null 的根本问题在于语义含糊，要避免误用 null，就应该确认使用 null 的时机与目的，并使用明确语义。开发者从方法返回 null，代表客户端必须检查返回值是否为 null，如果是 null，常见的处理方式之一是使用默认值，以便后续程序继续执行。举个例子来说：

```
public static void main(String[] args) {
    var nickName = findNickName("Duke");
    if (nickName == null) {
        nickName = "Openhome Reader";
    }
    out.println(nickName);
}

static String findNickName(String name) {
    // 模拟的键值数据库
    var nickNames = Map.of(
        "Justin", "caterpillar",
        "Monica", "momor",
        "Irene", "hamimi"
    );
    return nickNames.get(name); // 键不存在时会传回 null
}
```

在上面的程序中，如果调用 findNickName()时忘了检查返回值，执行结果将会显示 null，这种情况在这个简单的例子中不会产生多大的影响，只是显示结果令人困惑罢了；然而如果后续的执行流程涉及重要的结果，而程序顺利地持续执行下去，错误可能要到某个执行环节才会发生，造成不可预期的结果。

可以修改 findNickName()，使其返回 Optional<String>实例，而不是返回 null。方法如果返回 Optional 实例，表示该实例既可能包含值，也可能不包含值。有几个静态方法可以创建 Optional 实例：使用 of()方法，可以指定非 null 值创建 Optional 实例；使用 empty()方法，则能创建不包含值的 Optional 实例。例如，可使用 Optional 改写上面的 findNickName()方法：

```
static Optional<String> findNickName(String name) {
    var nickNames = Map.of(
        "Justin", "caterpillar",
        "Monica", "momor",
        "Irene", "hamimi"
    );
    var nickName = nickNames.get(name);
    return nickName == null ? Optional.empty() : Optional.of(nickName);
}
```

因为 findNickName()返回 Optional 实例，语义上表示该实例既可能有值，也可能没有值，所以客户端将意识到必须进行检查，如果不检查，就直接调用 Optional 的 get()方法：

```
var nickName = findNickName("Duke").get();
out.println(nickName);
```

这会直接抛出 java.util.NoSuchElementException，以实现速错(Fail Fast)的概念，让开发者可以立即发现错误，并了解到必须使用代码检查。可能的检查方式之一是：

```
var nickOptional = findNickName("Duke");
var nickName = "Openhome Reader";
if(nickOptional.isPresent()) {
    nickName = nickOptional.get();
```

不过这看来有点冗长，较好的方式之一是使用 orElse()方法，指定值不存在时的替代值：

```
var nickOptional = findNickName("Duke");
out.println(nickOptional.orElse("Openhome Reader"));
```

过去许多程序库中使用了 null，这些程序库无法说改就改，可以使用 Optional 的 ofNullable()来衔接程序库中会返回 null 的方法。使用 ofNullable()方法时，如果指定了非 null 值，就会调用 of()方法；如果指定了 null 值，就会调用 empty()方法。例如，之前的 findNickName()方法可以简化为：

```
static Optional<String> findNickName(String name) {
    var nickNames = Map.of(
        "Justin", "caterpillar",
        "Monica", "momor",
        "Irene", "hamimi"
    );
    return Optional.ofNullable(nickNames.get(name));
}
```

Optional 还有更高级的 map()与 flatMap()方法，稍后将会解释，在这之前，得先认识一下 java.util.function 包的函数式接口。

12.2.2 标准 API 的函数式接口

Lambda 表达式的目标类型要根据函数式接口而定。虽然可以自行定义函数式接口，但是对于几种常用的函数式行为，标准 API 已经定义了通用的函数式接口，可以先基于通用的函数式接口编写程序，必要时才考虑自定义函数式接口。

java.util.function 中包含通用函数式接口，就行为来说，这些接口可以分为 Consumer、Function、Predicate 与 Supplier 四种类型。

Consumer 函数式接口

如果需要接受一个参数，处理后不返回值，可以使用 Consumer 接口，它的定义如下：

```
package java.util.function;

import java.util.Objects;

@FunctionalInterface
public interface Consumer<T> {
    void accept(T t);
    ...
}
```

接受 Consumer 的方法之一是 Iterable 的 forEach()方法：

```
default void forEach(Consumer<? super T> action) {
    Objects.requireNonNull(action);
    for (T t : this) {
        action.accept(t);
    }
}
```

因为它接受参数而没有返回值，所以它是单纯消耗参数，这也是它被命名为 Consumer 的原因，这表示 accept()执行时会有副作用(Side Effect)，比如改变对象状态、输入/输出等。例如，使用 System.out 的 println()：

```
List.of("Justin", "Monica", "Irene").forEach(out::println);
```

Consumer 接口接受单一对象实例作为参数，对于基本类型 int、long、double，有 IntConsumer、LongConsumer、DoubleConsumer 这三个函数式接口；BiConsumer 接口接受两个对象实例作为参数，此外还有 ObjIntConsumer、ObjLongConsumer、ObjDouble-Consumer，这三个接口的第一个参数接受对象，而对于第二个参数，它们分别接受 int、long 与 double。

Function 函数式接口

如果需要接受一个参数，执行后返回结果，可使用 Function 接口，它的定义如下：

```
package java.util.function;

import java.util.Objects;

@FunctionalInterface
public interface Function<T, R> {
    R apply(T t);
    ...
}
```

这行为就像数学函数 $y=f(x)$，给予 x 值以计算 y 值。应用之一就是 12.1.4 节中的 MethodReferenceDemo 示例，该示例中的 map()方法接受 Function 实例，将值转换为另一个值。

UnaryOperator 为 Function 的子接口，其参数与返回值是相同的类型。虽然 Java 不支持运算符重载，但是这个命名规则源自某些语言，运算符也是函数的概念：

```
@FunctionalInterface
public interface UnaryOperator<T> extends Function<T,T>
```

对于基本类型的函数式转换，有 IntFunction、LongFunction、DoubleFunction、IntToDoubleFunction、IntToLongFunction、LongToDoubleFunction、LongToIntFunction、DoubleToIntFunction、DoubleToLongFunction 等函数式接口。看看它们的名称或 API 文档，就可以了解它们的作用。

如果需要的行为是接受两个参数并返回一个结果，可以使用 BiFunction 接口：

```
package java.util.function;

import java.util.Objects;

@FunctionalInterface
public interface BiFunction<T, U, R> {
    R apply(T t, U u);
    ...
}
```

类似地，BinaryOperator 是 BiFunction 的子接口，它的两个参数与返回值是相同的类型；对于基本类型，也有一些对应的函数式接口，凡是以 BiFunction 或 BinaryOperator 名称结尾的，都是这类函数式接口，你可以直接查询 API 来了解它们的用途。

Predicate 函数式接口

如果需要接受一个参数，返回 boolean 值，也就是根据传入的参数判断真假，可以使用 Predicate 函数式接口，其定义为：

```
package java.util.function;

import java.util.Objects;

@FunctionalInterface
public interface Predicate<T> {
    boolean test(T t);
    ...
}
```

举例来说，假设有个存放文件名称的 String 数组 fileNames，若想知道扩展名为.txt 的元素有几个，可以使用如下代码：

```
var count = Stream.of(fileNames)
                  .filter(name -> name.endsWith("txt"))
                  .count();
```

后面还会详细介绍 Stream，这个实例的 filter()方法接受 Predicate 实例。fileNames 的元素会流入 Predicate 的 test()方法，该方法通过返回 true 或 false 来判断是否要保留流入的元素，只有保留下来的元素才会流入 filter()返回的 Stream，你可以通过 count()取得保留并流过来的元素个数。

类似地，BiPredicate 接受两个参数，返回 boolean 值。基本类型对应的函数式接口有 IntPredicate、LongPredicate、DoublePredicate。

Supplier 函数式接口

如果需要的行为是不接受任何参数就返回值，可以使用 Supplier 函数式接口：

```
package java.util.function;

@FunctionalInterface
public interface Supplier<T> {
    T get();
}
```

不接受参数就能返回值，说明 Supplier 实例本身有副作用，是一个生产者、工厂、发生器之类的角色，如提供容器、固定值、某时间点某物的状态、外部输入、按需(On-demand)索取的(昂贵)运算等。

举例来说，稍后就会介绍的 Stream 接口定义了 collect()方法，其中有个版本就接受 Supplier 实例。Supplier 在必要时产生容器，以便 collect()收集对象，如图 12-1 所示。

```
collect

<R> R collect(Supplier<R> supplier,
              BiConsumer<R,? super T> accumulator,
              BiConsumer<R,R> combiner)
```

图 12-1　Stream 接口的 collect()方法

至于 BooleanSupplier、DoubleSupplier、IntSupplier、LongSupplier，你可以直接查询 API，以了解其作用。

12.2.3　使用 Stream 进行管道操作

在正式了解 Stream 接口之前，先来看一个程序片段：

```
var fileName = args[0];  // args 是命令行参数
var prefix = args[1];
var firstMatchdLine = "no matched line";
for(var line : Files.readAllLines(Paths.get(fileName))) {
    if(line.startsWith(prefix)) {
        firstMatchdLine = line;
        break;
    }
}
out.println(firstMatchdLine);
```

程序中使用了 java.nio.file 的 Files 与 Paths 类，这两个类是将在第 14 章中介绍的 NIO2 标准类。get()方法返回的 Path 实例代表指定的路径。readAllLines()方法读取文件的全部内容，并以换行作为依据，将每行内容收集在 List<String>后返回，程序会找到第一个符合条件的行，然后离开循环。

对于这类需求，建议改用以下程序来完成：

Lambda LineStartsWith.java

```
package cc.openhome;

import java.io.IOException;
import java.nio.file.Files;
import java.nio.file.Paths;

public class LineStartsWith {
    public static void main(String[] args) throws IOException {
        var fileName = args[0];
        var prefix = args[1];
        var maybeMatched = Files.lines(Paths.get(fileName))
                                .filter(line -> line.startsWith(prefix))
                                .findFirst();
```

```
        System.out.println(maybeMatched.orElse("no matched line"));
    }
}
```

相比于第一个程序片段，第二个程序片段的最大不同是没有使用 for 循环与 if 判断式，并使用管道(Pipeline)操作风格；性能上也有差异，如果读取的文件很大，第二个程序片段会比第一个程序片段效率更高。

Files 的 lines()方法会返回 java.util.stream.Stream 实例，就这个例子来说，返回的是 Stream<String>。使用 Stream 的 filter()方法，可以留下符合条件的元素；使用 findFirst()方法，可以尝试取得留下的元素中的第一个；当然也可能没有留下任何元素，因此返回 Optional<String>实例。

性能的差异在于，第一个程序片段的 Files.readAllLines()方法返回的是 List<String>实例，其中包含文件中全部的文本行，如果第一行就符合指定条件，后续的行读取就是多余的；第二个程序片段的 lines()方法不会马上读取文件内容，filter()也不会马上进行过滤，而是会在调用 findFirst()时驱动 filter()执行，此时才要求 lines()返回的 Stream 进行第一行的读取，如果第一行就符合条件，后续的行就不会再读取，效率的差异就在于此。

第二个程序片段之所以能够达到这类惰性求值(Lazy Evaluation)的效果，是因为在需要数据时，findFirst()请求 filter()，此时 filter()才要求读取文档下一行。这种“你需要，我再给”的行为得益于 Stream 实例。

在行为上，第一个程序片段取得 List 返回的 Iterator，并搭配 for 循环进行外部迭代(External Iteration)；第二个程序片段则将迭代行为隐藏在 lines()、filter()与 findFirst()方法中，也就是进行内部迭代(Internal Iteration)，因为内部迭代行为被隐藏了，所以有许多提高效率的可能性。

Stream 的顶层父接口是 AutoCloseable，而 Stream 的直接父接口 java.util.stream.BaseStream 的 close()实现了 close()方法，然而绝大多数的 Stream 不需要调用 close()方法，一些 I/O 操作除外，例如 Files.lines()、Files.list()与 Files.walk()方法，对于这类操作，建议搭配尝试关闭资源(try-with-resource)语法。

Stream API 使用管道操作风格，一个管道基本上包括以下几个部分：

- 来源(Source)
- 零或多个中间操作(Intermediate Operation)
- 一个最终操作(Terminal Operation)

来源可能是文件、数组、聚类、产生器(Generator)等，在这个例子中，来源就是指定的文件。中间操作又称聚合操作(Aggregate Operation)，这些操作被调用时，不会立即对数据进行处理，它们很懒惰(Lazy)，只在后续中间操作需要数据时，才处理下一笔数据，比如，第二个程序片段中的 filter()方法就是这样的惰性方法。最终操作是最后真正需要结果时的操作，会要求之前懒惰的中间操作开始运行。

这就是 Stream API 被命名为 Stream 的原因。Stream 实例衔接了来源，中间操作方法会返回 Stream 实例，然而不会马上处理数据，每个中间操作后的 Stream 实例会串联在一起。Stream 的最终操作方法会返回真正需要的结果，最终操作方法会引发先前中间操作时串联在一起的 Stream 实例进行数据处理。

从来源取得数据进行运算，进而得到最终结果，是程序设计中经常进行的动作，不少具有来源概念的 API 都增加了返回 Stream 的方法。除了这里用到的 Files，还可以使用 Stream 的静态方法创建 Stream 实例，比如，可以尝试使用 of()方法，对于数组，也可以使用 Arrays 的 stream()方法创建 Stream 实例。

Collection 也是个例子，它让 stream()方法返回 Stream 实例，只要是 Collection，就可以进行中间操作。例如，原来的程序片段如下：

```
    List<Player> players = ...;
    List<String> names = new ArrayList<>();
    for(Player player : players) {
       if(player.age() > 15) {
          names.add(player.name().toUpperCase());
       }
    }
    for(String name : names) {
       System.out.println(name);
}
```

可以使用 Stream API 将以上代码改为以下风格的代码：

Lambda PlayerDemo.java

```
package cc.openhome;

import static java.lang.System.out;
import java.util.List;
import static java.util.stream.Collectors.toList;

public class PlayerDemo {
   public static void main(String[] args) {
      var players = List.of(
              new Player("Justin", 39),
              new Player("Monica", 36),
              new Player("Irene", 6)
      );
      players.stream()
              .filter(player -> player.age() > 15)
              .map(Player::name)
              .map(String::toUpperCase)
              .collect(toList())
              .forEach(out::println);
   }
```

```
    }

    record Player(String name, Integer age) {}
```

每个中间操作都隐藏了细节，因此有许多提高效率的可能性，此外，鼓励开发者多利用这类风格，从而避免编写一些重复的流程，或思考目前的复杂计算实际上是由哪些小任务完成的。

例如，如果程序在 for 循环中使用了 if:

```
for(var player : players) {
    if(player.age() > 15) {
        // 这是下一个小任务
    }
}
```

也许就有改用 filter()方法的可能性：

```
players.stream()
       .filter(player -> player.age() > 15)
       ... // 接下来的中间或者最终操作
```

如果程序在 for 循环中从一个类型转换到另一类型：

```
for(var player: players) {
    var upperCase = player.name().toUpperCase();
   ... // 下一个小任务
}
```

也许就有改用 map()方法的可能性：

```
players.stream()
       .map(Player::name)
       .map(String::toUpperCase)
       ... // 下一个小任务
```

for 循环中如果掺杂了许多小任务，会使循环中的代码晦涩难懂。识别出这些小任务，使用中间操作，形成管道化操作风格，就能提升代码的可读性。

Stream 的直接父接口为 BaseStream，而 BaseStream 还有 DoubleStream、IntStream 与 LongStream 这三个用于基本类型操作的子接口。

Stream 只能迭代一次，若重复对 Stream 进行迭代，会引发 IllegalStateException。

12.2.4 对 Stream 进行 reduce 与 collect

在程序设计中，有不少地方需要在一组数据中按条件求得一个数，或按照条件将一组数据收集至另一个容器中。针对这类需求，许多开发者最常采用的解决方式之一是使用循环。举例来说，假设想求得一组员工中男性的平均年龄：

```
List<Employee> employees = ...;
var sum = 0;
for(var employee : employees) {
    if(employee.gender() == Gender.MALE) {
        sum += employee.age();
    }
}
var average = sum / employees.size();
```

循环中有过滤的动作，如果想求得一组员工中男性的最大年龄，常见的写法如下：

```
var max = 0;
for(var employee : employees) {
    if(employee.gender() == Gender.MALE) {
        if(employee.age() > max) {
            max = employee.age();
        }
    }
}
```

循环中也有过滤的动作，这类需求存在类似的流程，而你也不断编写着类似的流程，因此你阅读代码时无法一眼察觉程序的目的，你可以将程序改写为：

Lambda EmployeeDemo.java

```
package cc.openhome;

import static java.lang.System.out;
import java.util.List;

public class EmployeeDemo {
    public static void main(String[] args) {
        var employees = List.of(
                new Employee("Justin", 39, Gender.MALE),
                new Employee("Monica", 36, Gender.FEMALE),
                new Employee("Irene", 6, Gender.FEMALE)
        );

        var sum = employees.stream()
                .filter(employee -> employee.gender() == Gender.MALE)
                .mapToInt(Employee::age)
                .sum();

        var average = employees.stream()
                .filter(employee -> employee.gender() == Gender.MALE)
                .mapToInt(Employee::age)
                .average()
                .getAsDouble();
```

```
        var max = employees.stream()
                .filter(employee -> employee.gender() == Gender.MALE)
                .mapToInt(Employee::age)
                .max()
                .getAsInt();

        List.of(sum, average, max).forEach(out::println);
    }
}

enum Gender { FEMALE, MALE }

record Employee(String name, Integer age, Gender gender) {}
```

除此之外，IntStream 还提供了 sum()、average()、max()、min()等方法。

那么如果有其他的计算需求呢？

使用 reduce()方法

尝试观察先前的循环结构，可以发现，实际上它们都有一个流程：通过一个步骤将一组数据逐步削减，然后通过指定运算来取得结果。标准 API 将这个流程标准化，定义了 reduce()方法。例如，以上三个流程也可以使用 reduce()重新编写为如下形式：

Lambda EmployeeDemo2.java

```
package cc.openhome;

import static java.lang.System.out;
import java.util.List;

public class EmployeeDemo2 {
    public static void main(String[] args) {
        var employees = List.of(
            new Employee2("Justin", 39, Gender2.MALE),
            new Employee2("Monica", 36, Gender2.FEMALE),
            new Employee2("Irene", 6, Gender2.FEMALE)
        );

        var sum = employees.stream()
             .filter(employee -> employee.gender() == Gender2.MALE)
             .mapToInt(Employee2::age)
             .reduce((total, age) -> total + age)
             .getAsInt();

        var males = employees.stream()
             .filter(employee -> employee.gender() == Gender2.MALE)
             .count();
```

```
        var average = employees.stream()
            .filter(employee -> employee.gender() == Gender2.MALE)
            .mapToInt(Employee2::age)
            .reduce((total, age) -> total + age)
            .getAsInt() / males;

        var max = employees.stream()
            .filter(employee -> employee.gender() == Gender2.MALE)
            .mapToInt(Employee2::age)
            .reduce(0, (currMax, age) -> age > currMax ? age : currMax);

        List.of(sum, average, max).forEach(out::println);
    }
}

enum Gender2 { FEMALE, MALE }

record Employee2(String name, Integer age, Gender2 gender) {}
```

设定给 reduce()的 Lambda 表达式必须接受两个参数：第一个参数是访问该组数据前一元素后的运算结果，第二个参数为目前访问的元素。Lambda 表达式的主体就是你原先在循环中进行的运算。

reduce()如果没有指定初始值(严格来说是恒等值，见 API 文档)，会试着以该组数据中的第一个元素作为首次调用 Lambda 表达式时的第一个引数值；由于数据集合可能为空，因此 reduce()的没有初始值的版本会返回 OptionalInt(对于非基本类型数据集合，则会返回 Optional)。

使用 collect()方法

若想将男性员工的数据收集至另一个 List<Employee>呢？可以使用 Stream 的 collect()方法，最简单的方式就是：

```
List<Employee> males = employees.stream()
        .filter(employee -> employee.gender() == Gender.MALE)
          // toList()是 java.util.stream.Collectors 的静态方法
        .collect(toList());
```

12.2.3 节中的 PlayDemo 示例也演示过 toList()的使用，Collectors 的 toList()方法不是返回 List，而是返回 java.util.stream.Collector 实例。Collector 主要有四个方法：supplier()返回 Supplier，定义如何创建新容器(用来收集对象)；accumulator()返回 BiConsumer，定义如何使用容器收集对象；combiner()返回 BinaryOperator，定义当有两个容器时，如何将它们合并为一个容器；finisher()返回 Function，选择性地定义收集对象的容器如何转换。

来看看另一个版本的 Stream 中的 collect()方法，这有助于了解 Collector 的几个方法的使用，以下程序片段的结果与上面的 collect()示例的结果相同：

```
List<Employee> males = persons.stream()
                .filter(employee -> employee.gender() == Gender.MALE)
                .collect(
                    () -> new ArrayList<>(),
                    (maleLt, employee) -> maleLt.add(employee),
                    (maleLt1, maleLt2) -> maleLt1.addAll(maleLt2)
                );
```

当 collect()需要收集对象时，会使用第一个 Lambda 取得容器对象，这相当于 Collector 中的 supplier()的作用。第二个 Lambda 定义了如何收集对象，这相当于 Collector 的 accumulator()的作用。在使用具有并行处理能力的 Stream 时，有可能使用多个容器对原数据集合进行分治(Divide and Conquer)处理。每个小任务完成时，该如何合并，就是第三个 Lambda 要定义的内容。另外，别忘了可以用方法引用，因此上面的代码可以写成以下比较简洁的方式：

```
List<Employee> males = employees.stream()
            .filter(employee -> employee.gender() == Gender.MALE)
            .collect(ArrayList::new, ArrayList::add,
ArrayList::addAll);
```

使用这个版本的 collect()时需要处理比较多的细节，你可以先看看 Collectors 提供了哪些 Collector 实现。如果想将数据收集为 List，可以如之前那样使用 toList()取得现成的 Collector 实现对象；如果想按性别分组，可以使用 Collectors 的 groupingBy()方法，告诉它要用哪个值作为分组键(Key)，最后返回的 Map 会将收集结果的 List 作为值(Value)：

```
Map<Gender, List<Employee>> males = employees.stream()
                .collect(
                    groupingBy(Employee::gender));
```

有的方法还带有另一种流畅风格，例如，如果想在按性别分组之后，分别取得男、女员工的姓名作为最后结果，可以按如下方式编写代码：

```
Map<Gender, List<String>> males = employees.stream()
                .collect(
                    groupingBy(Employee::gender,
                        mapping(Employee::name, toList()))
                );
```

例如，若想在按性别分组之后，分别取得男、女员工年龄的总和，可以按如下方式编写代码：

```
Map<Gender, Integer> males = employees.stream()
              .collect(
                 groupingBy(Employee::gender,
                     reducing(0, Employee::age, Integer::sum))
              );
```

如果想计算各性别的平均年龄，可以使用 Collectors 的 averagingInt()方法：

```
Map<Gender, Double> males = employees.stream()
              .collect(
                 groupingBy(Employee::gender,
                     averagingInt(Employee::age))
              );
```

Collectors 有个 joining()静态方法。如果在管道化操作后，想进行字符串的连接，可以使用如下方式：

```
List<Customer> customers = ...;
String joinedFirstNames = customers.stream()
                             .map(Customer::firstName)
                             .collect(joining(", "));
```

另外，如果想让字符串间以连字符进行连接，可以用 String 的 join()静态方法。例如：

```
String message = String.join("-", "Java", "is", "cool");
                                            // 结果为 Java-is-cool
```

join()接受 CharSequence 实现对象，String 是其中之一。类似地，假设有一组实现了 CharSequence 的对象，若想以指定的字符串将它们传回的字符串描述连接起来，可使用另一版本的 join()。例如：

```
List<String> strs = List.of("Java", "is", "cool");
String message = String.join("-", strs); // 结果为 Java-is-cool
```

除了 List 之外，这个版本的 join()还可接受 Iterable 实现的对象，因此 Set 等都可以使用 join()方法。上面的示例实际上只收集字符串，对于这类需求，可以使用 StringJoiner 类。例如：

```
var joiner = new StringJoiner("-");
var message = joiner.add("Java")
                .add("is")
                .add("cool")
                .toString();  // 结果为 Java-is-cool
```

Collectors 的 filtering()方法可指定过滤条件并返回 Collector 实例，filtering()方法可用来减少管道操作层次，或建立可重用的 Collector，例如，原先有如下操作：

```
List<Employee> males = employees.stream()
     .filter(employee -> employee.gender() == Gender.MALE)
```

```
    .collect(toList());
```

如果改用 filtering()方法，可以使用如下代码：

```
List<Employee> males = employees.stream()
   .collect(filtering(
      employee -> employee.gender() == Gender.MALE, toList())
   );
```

12.2.5 关于 flatMap()方法

程序设计中经常会出现嵌套的流程，就结构来看，各层运算往往极为类似，只是运算结果的类型不同，因此很难提炼能够重用的流程。举例来说，如果方法可能返回 null，你也许会设计出如下流程：

```
var company = order.findCompany();
if(company != null) {
   var address = company.findAddress();
   if(address != null) {
      return address;
   }
}
return "n.a.";
```

嵌套的层次可能还会更深，比如：

```
var company = order.findCompany();
if(company != null) {
   var address = company.findAddress();
   if(address != null) {
      var city = address.findCity();
      if(city != null) {
         ...
      }
   }
}
return "n.a.";
```

嵌套的层次不深时，也许代码看起来还算直观，然而层次加深之后，你很容易迷失在层次之中，虽然各层都判断值是否为 null，不过因为值的类型不同，似乎很难提炼能够重用的流程。

依据 12.2.1 节中的介绍，在方法可能没有值时，不建议使用 null。如果能修改代码，使 findCompany()返回 Optional<Company>，使 findAddress()返回 Optional<String>，那上面的程序片段可以先改为：

```
var addr = "n.a.";
```

```
    var company = order.findCompany();
    if(company.isPresent()) {
        var address = company.get().findAddress();
        if(address.isPresent()) {
            addr = address.get();
        }
    }
    return addr;
```

以上代码似乎没有高明到哪去，不过至少每层都是 Optional 类型了，而且都使用了 isPresent()进行判断，并将 Optional<T>转换为 Optional<U>。

如果将 Optional<T>转换为 Optional<U>的方式可由外部指定，就可以重用 isPresent()的判断了，实际上，Optional 的 flatMap()方法已经实现了这个逻辑：

```
    public<U> Optional<U> flatMap(Function<? super T, Optional<U>> mapper)
{
        Objects.requireNonNull(mapper);
        if (!isPresent())
            return empty();
        else {
            return Objects.requireNonNull(mapper.apply(value));
        }
    }
```

因此，可以按照下面的方式使用 Optional 的 flatMap()方法：

```
    return order.findCompany()
                .flatMap(Company::findAddress)
                .orElse("n.a.");
```

如果层次不深，也许看不出使用 flatMap()的好处。随着层次加深，好处就显而易见了，例如，本节第二个程序片段若改写为以下形式，将变得清楚得多：

```
    return order.findCompany()
                .flatMap(Company::findAddress)
                .flatMap(Address::findCity)
                .orElse("n.a.");
```

flatMap()的名称令人困惑，不妨想象一下，Optional<T>调用 flatMap()后是如何得到 Optional<U>的？flatMap()对目前盒子内的值进行运算，结果由 Lambda 表达式转换到新盒子，以便进入下个计算场景。flat 是平坦化的意思，就 Optional 而言，flatMap()的意义就是对 Optional 的包含值进行 null 判断的运算，有值就套用 Lambda 表达式进行映像，以便进入下个 null 判断的运算。

因此，用户可以只指定感兴趣的运算，从而凸显代码的目的，同时流畅地编写代码，避免嵌套的运算流程。

如果没办法修改 findCompany()、findAddress()、findCity()等，但要让它们返回

Optional 类型，应该怎么办？Optional 有个 map()方法，例如，如果参数 order 是 Order 类型，它有可能是 null，而 findCompany()、findAddress()、findCity()的返回类型分别是 Company、Address、City，这些方法也都有可能返回 null，那么可以这么做：

```
return Optional.ofNullable(order)
               .map(Order::findCompany)
               .map(Company::findAddress)
               .map(Address::findCity)
               .orElse("n.a.");
```

与 flatMap()的差别在于，在 map()方法的实现中，对 mapper.apply(value)的结果使用了 Optional.ofNullable()方法(flatMap()中使用的是 Objects.requireNonNull())，因此可持续处理 null 的场景：

```
public<U> Optional<U> map(Function<? super T, ? extends U> mapper) {
   Objects.requireNonNull(mapper);
   if (!isPresent())
      return empty();
   else {
      return Optional.ofNullable(mapper.apply(value));
   }
}
```

如果之前的 Order 可以利用 lineItems()方法取得订单中的产品项目 List<LineItem>，并且可以通过 name()方法取得 LineItem 的名称，那么，如果有个 List<Order>想取得全部产品项目的名称，应该怎么写？你可能会马上想到使用循环：

```
var itemNames = new ArrayList<String>();
for(var order : orders) {
   for(var lineItem : order.lineItems()) {
      itemNames.add(lineItem.name());
   }
}
```

层次不深时，此风格代码的可读性还可以，不过如果层次加深，例如，若想进一步取得 LineItem 的赠品名称，则又得多一层 for 循环；如果这类层次持续加深，代码就会迅速变得无法阅读。

可以用 List 的 stream()方法取得 Stream，接着使用 flatMap()方法改写：

```
List<String> itemNames = orders.stream()
      .flatMap(order -> order.lineItems().stream())
      .map(LineItem::name)
      .collect(toList());
```

就上述代码来说，第一个 stream()方法返回 Stream<Order>，紧接着的 flatMap()返回 Stream<LineItem>。如果将 Stream<Order>看成盒子，那么盒中会有一组 Order。

flatMap()逐一取得 Order，Lambda 将 Order 转换为 Stream<LineItem>。flatMap()执行后的返回值是 Stream<LineItem>，之后可以再逐一取得 LineItem，就上例而言，它再通过 name()取得名称。

如果想进一步通过 LineItem 取得赠品呢？可以像下面这样编码：

```
List<String> itemNames = orders.stream()
       .flatMap(order -> order.lineItems().stream())
  .flatMap(lineItem -> lineItem.premiums().stream())
       .map(Premium::name)
       .collect(toList());
```

基本上，如果能知道 Optional、Stream(或其他类型)的 flatMap()方法，其实就是对目前盒子中的值进行运算，结果由 Lambda 表达式转换至新盒子，以便进入下个运算场景。在编写与阅读代码时，忽略掉 flatMap 这个名称，就能明白代码的目的。

提示»» flatMap()方法的概念来自函数式程序设计(Functional Programming)中的 Monad[1]概念。

Collectors 的 flatMapping()方法可指定 flatMap 操作并返回 Collector 实例。flatMapping()方法用来减少管道操作层次，或者建立可重用的 Collector，例如之前的这个操作：

```
List<String> addressLt = customers.stream()
     .flatMap(customer -> customer.addressList().stream())
     .collect(toList());
```

如果改用 flatMapping()方法，代码如下所示：

```
List<String> addressLt = customers.stream()
     .collect(flatMapping(
        customer -> customer.addressList().stream(), toList())
     );
```

12.2.6 与 Stream 相关的 API

许多 API 都可以取得 Stream 实例。举例来说，如果想对数组进行管道化操作，可以使用 Arrays 的 asList()或 List 的 of()方法返回 List，之后调用 stream()取得 Stream 实例；另一个方式是使用 Arrays 的 stream()方法，它可以在指定数组后返回 Stream 实例。

Stream、IntStream、DoubleStream 等都有 of()静态方法，可以使用可变长度参数方式来指定元素，它们分别可以返回 Stream、IntStream、DoubleStream 实例，它们也都有 generate()与 iterate()静态方法，可分别创建 Stream、IntStream、DoubleStream 实例。

如果想产生整数范围，可以使用 IntStream 的 range()与 rangeClosed()方法，它们返

1 Monad：https://openhome.cc/zh-tw/tags/monad/.

回 IntStream 实例。range()与 rangeClosed()方法的差别在于，后者返回的范围会包含第二个参数指定的值。例如，如果之前按照如下方式编写代码：

```
for(var i = 0 ; i < 10000 ; i++) {
    out.println(i);
}
```

可以使用 range()，并使用如下代码：

```
range(0, 10000).forEach(out::println);
```

CharSequence 的 chars()与 codePoints()方法都返回 IntStream，前者代表一串 char 的整数值，后者代表一串字符的代码点(Code Point)。例如：

```
IntStream charStream = "Justin".chars();
IntStream codeStream = "Justin".codePoints();
```

如果需要产生随机数，可以使用 java.lang.Math 中的 random()静态方法；如果要产生一串随机数，可以使用 java.util.Random 类，让我们来看一个例子：

```
var random = new Random();
DoubleStream doubleStream = random.doubles(); // 0 到 1 间的随机浮点数
IntStream intStream = random.ints(0, 100);     // 0 到 100 间的随机整数
```

12.2.7 活用 Optional 与 Stream

如果对 Optional 与 Stream 的使用已经得心应手，可以考虑采用接下来要介绍的这些 API，让程序的编写更为便捷。

活用 Optional

让我们来看个程序片段，如果 findNickName()将返回 Optional<String>：

```
var nickOptional = findNickName("Duke");
if(nickOptional.isPresent()) {
    var nickName = nickOptional.get();
    out.printf("Hello, %s%n", nickName);
} else {
    out.println("Hello, Guest");
}
```

类似的流程，你可能编写过许多次了，其实可以直接将其写为：

```
findNickName("Duke").ifPresentOrElse(
    nickName -> out.printf("Hello, %s%n", nickName),
    () -> out.println("Hello, Guest")
);
```

如果返回的 Optional 实例调用 isPresent()并返回 true，那么将执行第一个 Lambda

表达式，否则执行第二个 Lambda 表达式。

若有许多地方都采用了 Optional，你就会开始考虑 API 衔接的问题，例如，如果 findNickName()与 findDefaultName()都返回 Optional<String>，而你曾经定义过下面这样的方法：

```
public Optional<String> findDisplayName(String username) {
    var nickOptional = findNickName(username);
    if(nickOptional.isPresent()) {
        return nickOptional;
    } else {
        return findDefaultName(username);
    }
}
```

对于这类需求，可以使用如下代码：

```
public Optional<String> findDisplayName(String username) {
    return findNickName(username).or(
        () -> findDefaultName(username)
    );
}
```

在某些情况下，你可能会使用一组名称来调用 findNickName()，例如：

```
public Stream<String> availableNickNames(List<String> usernames) {
    return usernames.stream()
                    .map(username -> findNickName(username))
                    .filter(opt -> opt.isPresent())
                    .map(opt -> opt.get());
}
```

availableNickNames()会用来取得用户的昵称清单。由于 findNickName()返回 Optional<String>，map(username -> findNickName(username))返回类型将是 Stream<Optional<String>>，因此 filter(opt -> opt.isPresent())只留下有设定的昵称，返回类型也是 Stream<Optional<String>>，然而，availableNickNames()最后必须返回 Stream<String>，因此再次使用 map(opt-> opt.get())返回 Stream<String>。

可以直接改用 Optional 的 stream()方法，并搭配 Stream 的 flatMap()来简化以上程序，下面的片段使用了方法引用以使程序变得更简洁：

```
public Stream<String> availableNickNames(List<String> usernames) {
    return usernames.stream()
                    .map(this::findNickName))
                    .flatMap(Optional::stream);
}
```

map(this::findNickName))返回 Stream<Optional<String>>，记得吗？Stream<T>的 flatMap()会从 Stream<T>逐一取得其中包含的 T，就上例而言，就是从

Stream<Optional<String>>取得 Optional<String>。而 flatMap()接受的 Lambda 表达式必须返回 Stream<T>，就上例而言，Lambda 表达式必须返回 Stream<Optional<String>>，Optional<String>的 stream()方法将返回 Stream<Optional<String>>类型，而 Optional 的 stream()也进行了 isPresent()检查。

活用 Stream

如果 order 的 findCompany()方法返回类型为 Company，你想在返回的 Company 实例上调用 emailList()，以便取得联络用的邮件清单，然而 findCompany()可能返回 null，因此你也许会编写出下面的程序：

```
var company = order.findCompany();
Stream<String> emails = company == null
   ? Stream.empty()
   : company.emailList().stream();
```

因为你已经熟悉 Optional 的使用了，看到 null 检查后，会想将程序修改为以下版本：

```
Stream<String> emails =
    Optional.of(order.findCompany())
           .map(company -> company.emailList().stream())
           .orElse(Stream.empty());
```

可以使用 Stream.ofNullable()进一步简化程序：

```
Stream<String> emails =
    Sream.ofNullable(order.findCompany())
        .flatMap(company -> company.emailList().stream());
```

Stream 有个接受单一参数的 of()方法，如果传入 null，将会抛出 Null-Pointer Exception，而 Stream.ofNullable()如果接受 null，就会传回空的 Stream(调用 Stream.empty())。也可使用 Stream.of()创建包含单一元素的 Stream 实例，这样就不用通过 Optional.ofNullable()来衔接 API 了。

Stream 有个 iterate()版本，如果你试着运行下面的程序，那么它会从“x 为 4”开始迭代：

```
Stream.iterate(4, x -> x + 1).forEach(out::println);
```

4 是 x 的初始值，Lambda 表达式的运算结果会成为下个 x 值，因而数字会不断地递增。如果想设定迭代终止的条件，可使用另一个版本的 iterate()：

```
jshell> import static java.lang.System.out;

jshell> Stream.iterate(4, x -> x < 10, x -> x + 1).forEach(out::println);
4
5
6
7
```

```
    8
    9
```

此外还有 takeWhile()与 dropWhile()方法。takeWhile()保留符合条件的元素，当遇到第一个不符合条件的元素时就终止；dropWhile()则相反，它会丢弃符合条件的元素，直至遇到第一个不符合条件的元素，例如：

```
    jshell> Stream.of(1, 2, 3, 2).takeWhile(x ->
x<3).forEach(out::println);
    1
    2

    jshell> Stream.of(1, 2, 3, 2).dropWhile(x ->
x<3).forEach(out::println);
    3
    2
```

12.3　Lambda、并行化与异步处理

引入 Lambda 的目的之一是让开发者能够更方便地编写并行程序，然而获得便利性的前提是，开发者在设计上必须有分而治之的理念。本节会简单介绍利用 Lambda 时必须考虑哪些问题，才能在有并行设计需求时拥有并行处理的能力。

12.3.1　Stream 与并行化

12.2.4 节提过："在使用具有并行处理能力的 Stream 时……"嗯？这表示 Stream 有办法进行并行处理？是的，只要采用适当的设计方式，可以轻松获得并行处理能力，例如以下代码：

```
List<Person> males = persons.stream()
          .filter(person -> person.gender() == Person.Gender.MALE)
          .collect(ArrayList::new, ArrayList::add, ArrayList::addAll);
```

只要将 stream()改成 parallelStream()，就可能拥有并行处理的能力：

```
List<Person> males = persons.parallelStream()
          .filter(person -> person.gender() == Person.Gender.MALE)
          .collect(ArrayList::new, ArrayList::add, ArrayList::addAll);
```

Collection 的 parallelStream()方法返回的 Stream 实例在实现时，会在可能的情况下进行并行处理。对于 API 的设计，Java 希望你进行并行处理时能有明确的语义，因此 Java 提供了 stream()与 parallelStream()这两个方法，前者代表串行(Serial)处理，后者代表并行处理。如果想知道 Stream 实例是否为并行处理类型，可以调用 isParallel()进行判断。

不过，将 stream()方法改成 parallelStream()后，不一定能顺利拥有并行处理能力。天下没有免费的午餐，还得注意一些设计上的问题。

注意平行处理时的顺序需求

使用了 parallelStream()，不代表拥有并行处理能力而使执行速度加快。必须思考处理过程是否能分而治之，然后将结果进行合并。类似地，Collectors 有 groupingBy()与 groupingByConcurrent()这两个方法，前者代表串行处理，后者代表并行处理，例如之前有段程序：

```
Map<Person.Gender, List<Person>> males = persons.stream()
              .collect(
                 groupingBy(Person::gender));
```

如果能对处理过程分而治之，然后对结果进行合并，可以试着改用下面的形式，看看是否可以提升效率：

```
Map<Person.Gender, List<Person>> males = persons.parallelStream()
              .collect(
                 groupingByConcurrent(Person::gender));
```

Stream 实例如果具有并行处理能力，会试着对处理过程分而治之，也就是将任务切割为小任务。每个小任务都是一个管道化的操作，如下面的程序片段所示：

```
jshell> import static java.lang.System.out;

jshell> List<Integer> numbers = List.of(1, 2, 3, 4, 5, 6, 7, 8, 9);
numbers ==> [1, 2, 3, 4, 5, 6, 7, 8, 9]

jshell> numbers.parallelStream().forEach(out::println);
6
5
8
9
7
3
4
1
2
```

可以看到，显示顺序不一定是 1、2、3、4、5、6、7、8、9，而可能是任意顺序。就 forEach()这个终结操作来说，如果使用并行处理时，希望最后顺序与 Stream 来源的顺序一致，可以调用 forEachOrdered()。例如：

```
jshell> numbers.parallelStream().forEachOrdered(out::println);
1
2
3
4
5
6
```

```
7
8
9
```

在进行管道操作时，如果 forEachOrdered()前有其他中间操作(如 filter())，系统会试着并行处理，而最终 forEachOrdered()会以来源顺序进行处理。为了能有顺序上的保证，先执行完的小任务就必须等待其他小任务执行完。结果就是，使用 forEachOrdered()这类方法进行有序处理时，可能会失去并行化的部分(甚至全部)优势。有些中间操作也可能发生类似情况，例如 sorted()方法。

使用 Stream 的 reduce()与 collect()进行并行处理时也得留意顺序。API 文档基本上会记载终结操作是否按照来源顺序进行，reduce()基本上是按照来源顺序执行的，而 collect()得根据给予的 Collector 而定。在以下两个例子中，collect()都是按照来源顺序进行处理的：

```
    List<Person> males = persons.parallelStream()
                .filter(person -> person.gender() == Gender.MALE)
                .collect(ArrayList::new, ArrayList::add,
ArrayList::addAll);

    List<Person> males = persons.parallelStream()
                      .filter(person -> person.gender() == Gender.MALE)
                      .collect(toList());
```

在执行 collect()操作时如果想实现并行效果，必须满足以下三个条件：

- Stream 必须有并行处理能力。
- Collector 必须有 Collector.Characteristics.CONCURRENT 特性。
- Stream 是无序的(Unordered)或者 Collector 具有 Collector.Characteristics.UNORDERED 特性。

若想知道 Collector 是否具备 Collector.Characteristics.UNORDERED 或 Collector.Characteristics.CONCURRENT 特性，可以调用 Collector 的 characteristics()方法。要知道，并行处理的 Stream 基本上是无序的。如果不放心，可以调用 Stream 的 unordered()方法。

Collector 具有 CONCURRENT 与 UNORDERED 特性的一个例子是 Collectors 的 groupingByConcurrent()方法返回的实例，如果最后顺序不重要，可以使用 groupingByConcurrent()来取代 groupingBy()方法，可能会提升性能。

不要干扰 Stream 来源

若想善用 API 提供的并行处理能力，要对数据处理过程分而治之，而后将各个小任务的结果合并起来。这表示 API 在处理小任务时，不应该受到干扰，例如：

```
numbers.parallelStream()
       .filter(number -> {
```

```
            numbers.add(7);
            return number > 5;
        })
        .forEachOrdered(out::println);
```

无论基于哪种理由，这类对来源数据的干扰都令人感到困惑，执行时这类干扰会引发 ConcurrentModifiedException。

一次完成一件事

Java 提供高级语义的管道化 API，在可能的情况下提供并行处理能力，目的之一是引导你思考目前任务是由哪些小任务组成的，你可能基于(自我想象的)性能问题进行考察，在循环中执行了多个任务，因而令程序变得复杂。现在使用了高级 API，就要避免这么做。

例如，在写 for 循环时，你可能会顺便做些动作，如在过滤、显示元素的同时，对元素进行运算并将其收集到另一列表中：

```
var numbers = List.of(1, 2, 3, 4, 5, 6, 7, 8, 9);
var added10s = new ArrayList<Integer>();

for(var number : numbers) {
    if(number > 5) {
        added10s.add(number + 10);
        out.println(number);
    }
}
```

使用高级语义的管道化 API 重构(Refactor)代码时，记得一次只做一件事：

```
var numbers = List.of(1, 2, 3, 4, 5, 6, 7, 8, 9);

var biggerThan5s = numbers.stream()
                          .filter(number -> number > 5)
                          .collect(toList());

biggerThan5s.forEach(out::println);

var added10s = biggerThan5s.stream()
                           .map(number -> number + 10)
                           .collect(toList());
```

避免写出以下程序：

```
var numbers = List.of(1, 2, 3, 4, 5, 6, 7, 8, 9);
var added10s = new ArrayList<Integer>();

numbers.stream()
       .filter(number -> {
```

```
        var isBiggerThan5 = number > 5;
        if(isBiggerThan5) {
            added10s.add(number + 10);
        }
        return isBiggerThan5;
    })
    .forEach(out::println);
```

这样的程序并不易于理解。如果试图进行并行化处理：

```
var numbers = List.of(1, 2, 3, 4, 5, 6, 7, 8, 9);
var added10s = new ArrayList<>();

numbers.parallelStream()
        .filter(number -> {
            var isBiggerThan5 = number > 5;
            if(isBiggerThan5) {
                added10s.add(number + 10);
            }
            return isBiggerThan5;
        })
        .forEachOrdered(out::println);
```

就会发现，added10s 的顺序与 numbers 的顺序并不一致，然而一次处理一个任务的版本可以简单地改为并行化版本，且没有顺序问题：

```
var numbers = List.of(1, 2, 3, 4, 5, 6, 7, 8, 9);

var biggerThan5s = numbers.parallelStream()
                         .filter(number -> number > 5)
                         .collect(toList());

biggerThan5s.forEach(out::println);

var added10s = biggerThan5s.parallelStream()
                          .map(number -> number + 10)
                          .collect(toList());
```

12.3.2　Arrays 与并行化

针对超长数组的并行化操作，可以使用 Arrays 的 parallelPrefix()、parallelSetAll()与 parallelSort()方法，它们都有多个重载版本。

parallelPrefix()方法可以指定 XXXBinaryOperator 实例，执行类似于 Stream 的 reduce()操作。XXXBinaryOperator 的 applyXXX()方法的第一个参数接受前次运算的结果，第二个参数则接受数组迭代的元素。例如：

```
int[] arrs = {1, 2, 3, 4, 5};
Arrays.parallelPrefix(arrs, (left, right) -> left + right);
out.println(Arrays.toString(arrs)); // [1, 3, 6, 10, 15]
```

parallelSetAll()可进行数组初始化或重设各索引元素，可指定 XXXFunction 或 IntUnaryOperator，且每次会代入索引值，你可以指定该索引位置的元素。例如：

```
var arrs = new int[10000000];
Arrays.parallelSetAll(arrs, index -> -1);
```

parallelSort()可以将指定的数组分为子数组，以并行化的方式分别排序，然后进行合并排序。数组元素必须实现 Comparable，或对 parallelSort()指定 Comparator。

12.3.3 通过 CompletableFuture 进行异步处理

如果要异步读取文本文件，并在文件读取完后做某些事，根据 11.2.2 节的内容，可以使用 ExecutorService 来提交(submit())一个 Runnable 对象，比如使用以下流程：

```
    public static Future readFileAsync(String file, Consumer<String>
success,
                   Consumer<IOException> fail, ExecutorService service) {
       return service.submit(() -> {
          try {
             success.accept(
                 new String(Files.readAllBytes(Paths.get(file))));
          } catch (IOException ex) {
             fail.accept(ex);
          }
       });
    }
```

这么一来，就可使用以下异步风格的代码来读取文本文件：

```
readFileAsync(args[0],
   content -> out.println(content),  // 处理成功
   ex -> ex.printStackTrace(),       // 处理失败
   Executors.newFixedThreadPool(10)
);
```

读取文件、out.println(content)与 ex.printStackTrace()会在同一线程进行。如果想使用不同线程，需要额外进行设计；另一方面，这种异步操作使用回调(Callback)风格，如果在每次回调中又进行异步操作及回调，将很容易写出回调地狱(Callback Hell)，降低程序的可读性。

例如，如果使用类似于 readFileAsync()风格的异步 processContentAsync()方法继续处理 readFileAsync()读取的文件内容，就会编写出以下代码：

```
readFileAsync(args[0],
    content -> processContentAsync(content,
               processedContent -> out.println(processedContent),
               ex -> ex.printStackTrace(), service),
    ex -> ex.printStackTrace(), service);
```

CompletableFuture 基础

可以使用 java.util.concurrent.CompletableFuture 来执行异步处理的组合，例如：

Lambda Async.java

```
package cc.openhome;

import java.io.*;
import static java.lang.System.out;
import java.nio.file.*;
import java.util.concurrent.*;

public class Async {
    public static CompletableFuture<String> readFileAsync(
                    String file, ExecutorService service) {
        return CompletableFuture.supplyAsync(() -> {
            try {
                return new String(Files.readAllBytes(Paths.get(file)));
            } catch(IOException ex) {
                throw new UncheckedException(ex);
            }
        }, service);
    }


    public static void main(String[] args) throws Exception {
        var poolService = Executors.newFixedThreadPool(10);

        readFileAsync(args[0], poolService).whenComplete((ok, ex) -> {
            Optional.ofNullable(ex)
                    .ifPresentOrElse(
                        Throwable::printStackTrace,
                        () -> out.println(ok)
                    );
        }).join(); // 不让 main 线程在任务完成前就关闭 ExecutorService

        poolService.shutdown();
    }
}
```

CompletableFuture 的静态方法 supplyAsync()接受 Supplier 实例，可指定异步执行任务。上面的示例会由指定的 Executor 中的某个线程来执行，supplyAsync()的另一版本不用指定 Executor 实例，异步任务将由 ForkJoinPool.commonPool()返回的 ForkJoinPool 中的某个线程来执行。

supplyAsync()会返回 CompletableFuture 实例，你可以调用 whenComplete()通过 BiConsumer 实例指定任务完成时的处理方式。第一个参数是 Supplier 的返回值，如果有异常发生，会指定给第二个参数。示例中使用了 Optional 的 ifPresentOrElse()方法；若想在任务完成后继续异步地处理，可以使用 whenCompleteAsync()方法。

如果第一个 CompletableFuture 任务完成后，想继续以异步方式处理结果，可以使用 thenApplyAsync()方法。例如：

```
readFileAsync(args[0], poolService)
    .thenApplyAsync(String::toUpperCase)
    .whenComplete((ok, ex) -> {
        Optional.ofNullable(ex)
               .ifPresentOrElse(
                   Throwable::printStackTrace,
                   () -> out.println(ok)
               );
    });
```

CompletableFuture 实例的方法基本上都有同步与异步两个版本，可以用 Async 后缀来区分，例如，thenApplyAsync()的同步版本就是 thenApply()方法。

之前介绍过，Optional 与 Stream 各自定义了 map()方法，可指定 Optional 或 Stream 的值 T 如何映射为值 U，然后返回新的 Optional 或 Stream。CompletableFuture 的 thenApply()(以及异步的 thenApply()版本)就类似于 Optional 或 Stream 的 map()方法，可指定前一个 CompletableFuture 处理后的结果 T 如何映射为值 U，然后返回新的 CompletableFuture。

之前也谈过，Optional 与 Stream 各自定义了 flatMap()方法，可指定 Optional 或 Stream 的值 T 与 Optional<U>、Stream<U>间的关系。CompletableFuture 也有个 thenCompose()(以及异步的 thenComposeAsnyc()版本)，作用类似于 flatMap()，指定前一 CompletableFuture 处理后的结果 T 映射为值 CompletableFuture<U>。

举例来说，若想在 readFileAsync()返回的 CompletableFuture<String>处理完后，继续组合 processContentAsync()方法，返回 CompletableFuture<String>，可以使用如下程序：

```
readFileAsync(args[0], poolService)
    .thenCompose(content -> processContentAsync(content, poolService))
    .whenComplete((ok, ex) -> {
        Optional.ofNullable(ex)
               .ifPresentOrElse(
                   Throwable::printStackTrace,
                   () -> out.println(ok)
```

```
                );
    });
```

CompletableFuture 高级应用

使用 CompletableFuture 时，如果想延迟执行任务，可使用 static 的 delayedExecutor()方法：

```
public static Executor delayedExecutor(
    long delay, TimeUnit unit)
public static Executor delayedExecutor(
    long delay, TimeUnit unit, Executor executor)
```

两个方法都返回 Executor 实例。第一个方法会在指定的时间延迟之后，将任务发送给默认的 Executor，而第二个方法会在指定的时间延迟之后，将任务发送给指定的 Executor。TimeUnit 是位于 java.util.concurrent.TimeUnit 的列举类型，包含 SECONDS、MINUTES 等列举成员。例如：

```
...
future.completeAsync(
     () -> "Orz",
     CompletableFuture.delayedExecutor(3, TimeUnit.SECONDS)
   )
   .whenComplete((ok, ex) -> out.println(ok));

...
```

这个程序片段还演示了 completeAsync()方法(它还有另一个使用默认 Executor 的版本)。这个方法第一个 Supplier 参数的返回值会作为 CompletableFuture 任务执行结果。由于上面的程序片段使用了 delayedExecutor()，completeAsync()会在延迟 3 秒后才完成任务。

如果使用的是 orTimeout()方法，那么当任务执行超过指定的时间时，会抛出 java.util.concurrent.TimeoutException：

```
public CompletableFuture<T> orTimeout(long timeout, TimeUnit unit)
```

例如，对于之前的 Async 示例，如果想在读取时间超过 3 秒后抛出 TimeException，可以改用如下形式：

```
...
    readFileAsync(args[0], poolService)
        .orTimeOut(3, TimeUnit.SECONDS)
        .whenComplete((ok, ex) -> {
            Optional.ofNullable(ex)
                    .ifPresentOrElse(
                        Throwable::printStackTrace,
                        () -> out.println(ok)
```

```
                    );
    }).join();
...
```

也可使用 completeOnTimeOut()指定超时发生时的任务完成结果：

```
...
    readFileAsync(args[0], poolService)
        .completeOnTimeOut("TimeOut Happens", 3, TimeUnit.SECONDS)
        .whenComplete((ok, ex) -> {
            Optional.ofNullable(ex)
                    .ifPresentOrElse(
                        Throwable::printStackTrace,
                        () -> out.println(ok)
                    );
    }).join();
...
```

提示>>> CompletableFuture 还有许多方法，你如果有兴趣，除了参考 API 文档，还可以看看“Java 8: Definitive Guide to CompletableFuture”“Java 9 CompletableFuture API Improvements”[1]。

在异步处理的领域中，还发展出 Reactive Programming 规范，Java 也引入了 Flow API 来支持 Reactive，HttpClient API 就是一个实现，第 15 章会介绍。

课后练习

实验题

请使用 9.1.5 节中定义的 ArrayList，在其上添加 filter()、map()、reduce()与 forEach()方法，使 ArrayList 实例可以进行如下操作：

```
var numbers = new ArrayList<Integer>();
...//使用 add()添加 Integer 元素
numbers.filter(n -> n > 5).forEach(out::println);
numbers.map(n -> n * 2).forEach(out::println);
out.println(numbers.reduce((total, n) -> total + n).orElse(0));
```

1 Java 9 CompletableFuture API Improvements: https://www.baeldung.com/java-9-completablefuture.

第13章 时间与日期

学习目标

- 认识时间与日期
- 使用新的时间与日期 API
- 区分机器时间与人类时间的概念

13.1 认识时间与日期

在正式探讨 Java 提供哪些时间处理 API 之前，得先来了解一些关于时间、日期的历史信息，这样才能认识到时间与日期是个很复杂的主题，而使用程序来处理时间与日期，也不只是使用 API 的问题。

13.1.1 衡量时间

想衡量时间，得先有个时间基准，大多数人知道格林威治(Greenwich)时间，那就先从这个时间基准开始了解时间。

格林威治标准时间

格林威治标准时间(Greenwich Mean Time，GMT)一开始参考的是格林威治皇家天文台的标准太阳时间，格林威治标准时间的正午是太阳抵达天空最高点之时。通常不宜在程序中使用格林威治时间，因为 GMT 时间不够严谨(且有争议性)，所以经常使用 UTC 时间(稍后介绍)。

GMT 是人们通过观察太阳而得的，然而地球公转轨道为椭圆形且公转速度不是固定的值，地球自转也在缓慢减速中，因而会产生越来越大的时间误差，现在 GMT 已不作为标准时间使用。

世界时间

世界时间(Universal Time，UT)是人们通过观测远方星体跨过子午线(Meridian)而得的，这会比通过观察太阳得出的时间更准确一些，1935 年，国际天文学联合会(International Astronomical Union)建议使用更精确的 UT 来取代 GMT，在 1972 年 UTC 被引入之前，GMT 与 UT 是相同的。

国际原子时间

虽然通过观察远方星体得出的时间会比通过观察太阳得出的时间更精确，不过 UT 仍因受地球自转速度影响而有误差。1967 年定义的国际原子时间(International Atomic Time，TAI)将秒的国际单位(International System of Units，SI)定义为铯(Caesium)原子辐射振动 9 192 631 770 个周期耗费的时间，时间从 UT 的 1958 年开始同步。

世界协调时间

基于铯原子振动定义的秒长是固定的，然而地球自转越来越慢，这会使得 TAI 时间持续快于基于地球自转的 UT 系列时间。为了避免 TAI 与 UT 之间产生过大的差异，人们提出了折中修正版本的世界协调时间(Coordinated Universal Time，UTC)。

UTC 经过了几次修正。为了简化日后对时间的修正，1972 年 UTC 采用了闰秒(Leap Second)修正(1January 1972 00:00:00 UTC 实际上为 1 January 1972 00:00:10 TAI)，以确保 UTC 与 UT 之间的差异不会超过 0.9 秒。加入闰秒的时间通常在 6 月底或 12 月底，由巴黎的国际地球自转和参考系统服务(International Earth Rotation and Reference Systems Service)组织决定何时加入闰秒。

在本章撰写之时，最近一次的闰秒修正发生在 2016 年 12 月 31 日，这是第 27 次闰秒修正，当时 TAI 已比 UTC 快了 37 秒。

UNIX 时间

UNIX 系统的时间表示法被定义为以 UTC 时间 1970 年(UNIX 元年)1 月 1 日 00:00:00 为起点而经过的秒数，不考虑闰秒修正，用于表达时间轴上的某一瞬间(Instant)。

epoch

epoch 表示某个特定时代的开始，时间轴上的某一瞬间。例如，UNIX epoch 为 UTC 时间 1970 年 1 月 1 日 00:00:00，不少发源于 UNIX 的系统、平台、软件等都选择这个时间作为时间表示法的起始点。例如，稍后要介绍的 java.util.Date 封装的时间信息，使用的就是 January 1, 1970, 00:00:00 GMT(实际上是 UTC)经过的毫秒数，它可以被简称为 epoch 毫秒数。

提示»» 以上是关于时间与日期的重要说明，足以帮你了解后续 API 该如何使用。有机会的话，你应该在维基百科上详细了解时间与日期。

以上说明有几个重点：

- 就算标注的是 GMT(无论是文档说明，还是 API 的日期/时间字符串描述)，实际上谈到的时间是 UTC 时间。
- 秒的单位定义基于 TAI，也就是铯原子辐射振动次数。
- UTC 因地球自转越来越慢而有闰秒修正，以确保 UTC 与 UT 之差不超过 0.9 秒。最近一次的闰秒修正发生在 2016 年 12 月 31 日。

- UNIX 时间是以 1970 年 1 月 1 日 00:00:00 为起点而经过的秒数，不考虑闰秒。不少发源于 UNIX 的系统、平台、软件等都选择这个时间作为时间表示法的起始点。

13.1.2　年历简介

度量时间是一回事，表达日期是另一回事。前面谈到的时间起点使用的都是公历(或称为阳历)，然而在谈公历之前，得稍微谈一下其他历法。

儒略历

儒略历(Julian Calendar)是现今公历的前身，用来取代罗马历(Roman Calendar)，于公元前 46 年被 Julius Caesar 采纳，公元前 45 年开始施行，约于公元 4 年至 1582 年之间被广泛采用。儒略历修正了罗马历隔三年设置一个闰年的错误，改采四年一闰。

格里高利历

格里高利历(Gregorian Calendar)改革了儒略历，由教宗 Pope Gregory XIII 于 1582 年颁布，将儒略历 1582 年 10 月 4 日星期四的隔天定为格里高利历 1582 年 10 月 15 日星期五。

不过，各国改历时间并不相同，例如，英国改历时间是 1752 年 9 月初，因此，若在 UNIX/Linux 中查询 1752 年的月历，会发现 9 月平白少了 11 天，如图 13-1 所示。

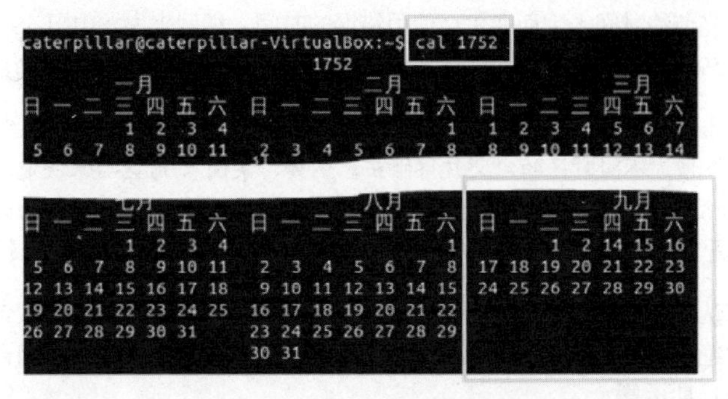

图 13-1　在 Linux 中查询 1752 年的月历

Java 年历系统

在一些时间/日期 API 应用场景中，你可能看过 ISO 8601。ISO 8601 并非年历系统，而是时间/日期表示方法的标准，定义了 yyyy-mm-ddTHH:MM:SS.SSS、yyyy-dddTHH:MM:SS.SSS、yyyy-Www-dTHH:MM:SS.SSS 等标准格式，用于统一时间与日期的数据交换格式。

Java 的新日期/时间 API 基于 ISO 8601 格式，定义了自己的年历系统，该年历系统与格里高利历大致相同，因此，有些处理时间/日期数据的程序或 API，为了符合时间/日期数据交换格式的标准，会采用 ISO 8601 表示时间/日期。不过，两种历法在表示方式上还是有些细微差别，例如，在 Java 定义中，19 世纪是指 1900 至 1999 年(包含该年)，而格里高利历的 19 世纪是指 1801 年至 1900 年(包含该年)。

13.1.3 认识时区

在时间与日期的主题中，时区(Time Zone)也许是最复杂的。每个地区的标准时间各不相同，因为这涉及地理、法律、经济、社会和政治等问题。

从地理角度来说，地球是圆的，基本上一边是白天，另一边就是夜晚，为了让人们对时间的认知符合作息习惯，因而设置了 UTC 偏移(Offset)。大致上，经度每 15° 偏移一小时，UTC 偏移的时间通常使用 Z 符号进行标识。

不过有些国家/地区领土横跨的经度很大，一个国家/地区若有多个时间，反而会造成困扰，因此不一定采取经度每 15° 偏移一小时的做法，例如，美国有四个时区，而中国、印度只采用单一时区。

除了考察时区之外，有些高纬度国家/地区，夏季、冬季日照时间差异很大，为了尽量利用夏季日照以节省能源，会实施日光节约时间(Daylight Saving Time)，也称夏令时(Summer Time)，这通常意味着在实施的第一天，让白天时间增加一小时，并在最后一天结束后调回一小时。

中国也曾实施过日光节约时间，后来该举措因为效益不大而取消，现在一些开发者不知道日光节约时间，因而偶尔会使用错误的时间。举例来说，中国 1975 年 3 月 31 日 23 时 59 分 59 秒的下一秒，是从 1975 年 4 月 1 日 1 时 0 分 0 秒开始的。

提示>>> 既然时区会涉及地理、法律、经济、社会和政治等问题，这也表明随着时间的推移，不同时区的定义就得修正，例如，某国家/地区后来决定取消日光节约时间，那么，该国/地区的时间定义应相应地发生改变。JDK 的时区信息会随着不同版本的 JDK 发布而更新，你也可以通过 Java SE TZUpdater 来进行更新。

如果想认真面对时间/日期处理，就必须认识以上基本信息。至少你应该知道，一年的毫秒数绝不是单纯的 365×24×60×60×1000，更不应该基于这类错误的观念来进行时间与日期运算。

13.2 认识 Date 与 Calendar

请不要使用 java.util.Date 与 java.util.Calendar 等 API！这一节之所以谈论它们，是为了让你知道 Date、Calendar 有什么缺点，这对如何善用 13.3 节要介绍的日期与时间处理 API 会有帮助。如果在现有系统中发现了 Date、Calendar，应尽量换掉它们。

13.2.1　时间轴上瞬间的 Date

获取系统时间的方式之一是使用 System.currentTimeMillis()，该方法返回的是 long 类型整数，代表 1970 年 1 月 1 日 0 时 0 分 0 秒 0 毫秒至今经过的毫秒数，时间起点与先前谈到的 UNIX 时间起点相同。通过这个方法取得的时间反映的是机器的时间观点，代表着时间轴上的某一瞬间，然而这一长串 epoch 毫秒数不符合人类的时间观点，对人类来说，该数据没有阅读上的意义。有人会使用 Date 实例来取得系统时间，不过 Date 也偏向于反映机器的时间观点。例如：

DateCalendar DateDemo.java

```
package cc.openhome;

import java.util.*;
import static java.lang.System.*;

public class DateDemo {
    public static void main(String[] args) {
        var date1 = new Date(currentTimeMillis());
        var date2 = new Date();

        out.println(date1.getTime());
        out.println(date2.getTime());
    }
}
```

Date 有两个构造函数，一个可以指定 epoch 毫秒数进行创建，另一个为无参数构造函数，内部也使用 System.currentTimeMillis()取得 epoch 毫秒数。调用 getTime()，可取得内部保存的 epoch 毫秒数值。示例执行结果如下：

```
1585728589057
1585728589057
```

Date 类是从 JDK1.0 就存在的 API，除了示例中使用的两个构造函数外，其他版本的构造函数都已废弃。除此之外，getTime()之外的 getXXX()方法都已废弃，而 setTime()(用来设置 epoch 毫秒数)之外的 setXXX()方法也都废弃了。Date 实例现在只能用来代表时间轴上的某一瞬间，也就是 1970 年 1 月 1 日 0 时 0 分 0 秒至某时间点经过的毫秒数。

Date 的 toString()虽然可按照内含的 epoch 毫秒数，返回人类可读的字符串时间格式 dow mon dd hh:mm:ss zzz yyyy，即星期(dow)、月(mon)、日(dd)、时(hh)、分(mm)、秒(ss)、时区(zzz)与公元年(yyyy)，不过你无法改变这个格式，因为 Date 实例的时区无法变换。不应该使用 toString()来取得年、月、日等字段信息，toLocaleString()、toGMTString()方法也早已废弃。

通过 Date 的 getTime()，可以取得 epoch 毫秒数值，然而，请不要基于毫秒数来处理涉及年、月、日等的计算问题。例如：

DateCalendar HowOld.java

```
package cc.openhome;

import java.util.*;
import java.text.*;

public class HowOld {
    public static void main(String[] args) throws Exception {
        System.out.print("输入出生年、月、日（yyyy-mm-dd）：");
        var dateFormat = new SimpleDateFormat("yyyy-mm-dd");
        var birthDate = dateFormat.parse(
                new Scanner(System.in).nextLine());
        var currentDate = new Date();
        var life = currentDate.getTime() - birthDate.getTime();
        System.out.println("你今年的岁数为：" +
                (life / (365 * 24 * 60 * 60 * 1000L)));
    }
}
```

这个程序可以让用户以“yyyy-mm-dd”的格式输入出生年、月、日。使用 DateFormat 的 parse()方法，可以将输入字符串解析为 Date。

如果想知道当前的岁数，不少初学者会像上面那样使用 new Date()取得当前时间，调用两个 Date 实例的 getTime()后将返回的值相减，就能得到至今活过的毫秒数，将该值除以一年的毫秒数，看起来能算出用户的岁数。执行结果如下：

```
输入出生年、月、日（yyyy-mm-dd）：1975-12-31
你今年的岁数为：46
```

不过，如 13.1 节结束前说到的，一年的毫秒数并不可以单纯地使用 365×24×60×60×1000 计算出来，此处不应该这样计算用户的岁数，实际上算出来的岁数也可能是错的，例如，如果编写这段代码的日期是 2021-12-17，因为还没到 12 月 31 日，所以此人应该还是 45 岁。

13.2.2 处理时间与日期的 Calendar

Date 一般只适合作为时间轴上的瞬时代表，如果想取得某时间/日期信息，或者对时间/日期进行运算，过去通常使用 Calendar 实例，这是个从 JDK1.1 就存在的 API。

Calendar 是抽象类，java.util.GregorianCalendar 是其子类，它是实现了儒略历与格里高利历的混合历。通过 Calendar 的 getInstance()取得的 Calendar 实例默认就是 GregorianCalendar 实例。例如：

```
    jshell> var calendar = Calendar.getInstance();
    calendar ==> java.util.GregorianCalendar[time=1639733156133,ar ...
SET=28800000,DST_OFFSET=0]
```

取得 Calendar 实例后，可以使用 getTime()取得 Date 实例。如果想要取得年、月、日等时间字段，可以使用 get()方法并指定 Calendar 上的字段列举常数。例如，想取得年、月、日字段的话：

```
jshell> calendar.get(Calendar.YEAR);
$2 ==> 2021

jshell> calendar.get(Calendar.MONTH);
$3 ==> 11

jshell> calendar.get(Calendar.DATE);
$4 ==> 17
```

实际上编写这个示例的日期是 2021-12-17，然而 calendar.get(Calendar.MONTH)取得的数字是 11，这是怎么回事？这个数字其实对应的是 Calendar 在月份上的列举值，而列举值的一月是从 0 开始的：

```
public final static int JANUARY = 0;
public final static int FEBRUARY = 1;
public final static int MARCH = 2;
public final static int APRIL = 3;
public final static int MAY = 4;
public final static int JUNE = 5;
public final static int JULY = 6;
public final static int AUGUST = 7;
public final static int SEPTEMBER = 8;
public final static int OCTOBER = 9;
public final static int NOVEMBER = 10;
public final static int DECEMBER = 11;
```

如果要设定时间、日期等字段，不要对 Date 设定，而应该使用 Calendar，同样，月份的部分请使用列举常数进行设定。例如：

```
    jshell> var calendar = Calendar.getInstance();
    calendar ==> java.util.GregorianCalendar[time=1639733256304,ar ...
SET=28800000,DST_OFFSET=0]

    jshell> calendar.set(2021, Calendar.OCTOBER, 10);

    jshell> calendar.get(Calendar.YEAR);
    $3 ==> 2021

    jshell> calendar.get(Calendar.MONTH);
```

```
$4 ==> 9

jshell> calendar.get(Calendar.DATE);
$5 ==> 10
```

列举值的一月是从数字 0 开始的，对开发者而言不够直观，在计算时间时也不方便。例如，通过 add()方法来改变 Calendar 的时间：

```
calendar.add(Calendar.MONTH, 1);    // Calendar 的时间加 1 个月
calendar.add(Calendar.HOUR, 3);     // Calendar 的时间加 3 小时
calendar.add(Calendar.YEAR, -2);    // Calendar 的时间减 2 年
calendar.add(Calendar.DATE, 3);     // Calendar 的时间加 3 天
```

如果打算只针对日期中某个字段进行加减，可以使用 roll()方法，例如：

```
calendar.roll(Calendar.DATE, 1);    // 只对日字段加 1
```

显然，Calendar 计算时间的方法，比如 add()或 roll()，会改变 Calendar 的状态。在传递 Calendar 实例时，你需要留意 Calendar 的状态是否被改变了。

例如，若想比较两个 Calendar 的时间/日期，可以使用 after()或 before()方法。这里先回顾一下刚刚谈到的 HowOld 示例，当时谈到，不能简单地把 365×24×60×60×1000 当作一年的毫秒数并用它计算年龄。如果使用 Calendar 的相关操作，可以使用如下代码：

DateCalendar CalendarUtil.java

```
package cc.openhome;

import static java.lang.System.out;
import java.util.Calendar;

public class CalendarUtil {
   public static void main(String[] args) {
      var birth = Calendar.getInstance();
      birth.set(1975, Calendar.DECEMBER, 31);
      var now = Calendar.getInstance();
      out.printf("岁数: %d%n", yearsBetween(birth, now));
      out.printf("天数: %d%n", daysBetween(birth, now));
   }

   public static long yearsBetween(Calendar begin, Calendar end) {
      var calendar = (Calendar) begin.clone();
      var years = 0;
      while(calendar.before(end)) {
         calendar.add(Calendar.YEAR, 1);
         years++;
      }
      return years - 1;
```

```
    }

    public static long daysBetween(Calendar begin, Calendar end) {
        var calendar = (Calendar) begin.clone();
        var days = 0;
        while (calendar.before(end)) {
            calendar.add(Calendar.DATE, 1);
            days++;
        }
        return days - 1;
    }
}
```

如果要在 Calendar 实例上进行 add()之类的操作，记得这类操作会修改 Calendar 实例本身。为了防止调用 yearsBetween()、daysBetween()之后传入的 Calendar 参数被修改，两个方法都对第一个参数进行了通过 clone()复制对象的动作。执行结果如下：

```
岁数：45
天数：16788
```

13.3　新时间与日期 API

Date 实例并非代表日期，最接近的概念是时间轴上特定的一瞬间，也就是 UTC 时间 1970 年 1 月 1 日 0 时 0 分 0 毫秒至某个特定瞬时的毫秒差。Date 的 setTime()方法没有被废弃，也就是说，Date 状态是可变的。如果在 API 之间传递它，并希望它的状态不要改变，就得确保 API 不会去修改它。

Calendar 提供了一些计算日期与时间的方法，不过，Calendar 用起来并不方便，YEAR、MONTH、DAY_OF_MONTH、HOUR 等列举常数不够直观，且 Calendar 状态可变，可能会带来问题。

若想在 Java 中处理时间与日期，请使用新时间与日期处理 API(规范为 JSR 310)，这样可以简化时间的处理。

提示>>> 新日期与时间 API 的“新”是相对于 Date、Calendar 而言的，新日期与时间 API 是在 Java 8 发布时成为标准 API 的。

13.3.1　机器时间观点的 API

Date 从名称上看似乎是人类的时间概念，实际却是机器的时间概念。若混淆机器与人类的时间观点，将会引发问题，例如日光节约时间方面的计算问题。之前提到过，中国早期实施过日光节约时间，如果开发者不知道这个事实，会认为中国时间 1975 年

3 月 31 日 23 时 59 分 59 秒的下一秒是 1975 年 4 月 1 日 0 时 0 分 0 秒。如果尝试编写如下程序：

```
jshell> var calendar = Calendar.getInstance();
calendar ==> java.util.GregorianCalendar[time=1585732737971,ar ...
SET=28800000,DST_OFFSET=0]

jshell> calendar.set(1975, Calendar.MARCH, 31, 23, 59, 59);

jshell> calendar.getTime();
$3 ==> Mon Mar 31 23:59:59 CST 1975

jshell> calendar.add(Calendar.SECOND, 1);    // 增加 1 秒

jshell> calendar.getTime();
$5 ==> Tue Apr 01 01:00:00 CDT 1975
```

Calendar 的 getTime()返回 Date 实例，如果系统设置为东八区时区，toString()返回的字符串描述会是 Tue Apr 01 01:00:00 CDT 1975，而不是 Tue Apr 01 00:00:00 CDT 1975。

由于中国早就已经不实施日光节约时间了，一些开发者并不知道过去有过日光节约时间，在取得 Date 实例后，被名称 Date 误导，以为它代表日期，但看到输出结果为 Tue Apr 01 01:00:00 CDT 1975 时，就会感到困惑。

就如之前谈过的，不应该使用 Date 实例的 toString()来获取人类观点的时间信息，Date 实例只代表机器观点的时间信息，真正可靠的信息只有其中包含的 epoch 毫秒数。如果取得的是 Date 实例，下一步就必须通过 Date 的 getTime()取得 epoch 毫秒数，这样就不会混淆。例如，以下示例正确地显示出，165513599154 的下一秒就是 165513600154：

```
    jshell> var calendar = Calendar.getInstance();
    calendar ==> java.util.GregorianCalendar[time=1585732877974,ar ...
SET=28800000,DST_OFFSET=0]

    jshell> calendar.set(1975, Calendar.MARCH, 31, 23, 59, 59);

    jshell> calendar.getTime().getTime();
    $3 ==> 165513599154

    jshell> calendar.add(Calendar.SECOND, 1);    // 增加 1 秒
```

```
jshell> calendar.getTime().getTime();
$5 ==> 165513600154
```

新时间与日期处理 API 清楚地区分了机器的时间概念与人类的时间概念，让两者之间的界限变得分明。新时间与日期处理 API 的主要包是 java.time。对于机器相关的时间概念，可以使用 Instant 类，代表 Java epoch(1970 年 1 月 1 日)以后的某个时间点经历的毫秒数，精度为毫秒，但你可添加纳秒(Nanosecond)精度的修正数值。

提示»» 为了避免时间定义上的模糊，JSR 310 定义了自己的时间度量(Time-scale)，比如什么是 Java epoch，年历上的一天是 86 400 秒，等等，你可以在 Instant 的 API 文档查询 JSR 310 如何定义时间的度量方式。

可以使用 Instant 的静态方法 now()取得 Instant 实例，ofEpochMilli()可以指定 Java epoch 毫秒数，ofEpochSecond()可以指定秒数。在取得 Instant 实例后，可以使用 plusSeconds()、plusMillis()、plusNanos()、minusSeconds()、minusMillis()、minusNanos()来做时间轴上的运算。Instant 实例本身无法更改，这些操作会返回新的 Instant 实例，代表运算后的瞬时时间。

对于新旧 API 的兼容问题，如果取得了 Date 实例，但想改用 Instant，可以调用 Date 实例的 toInstant()方法；如果有一个 Instant 实例，则可以使用 Date 的静态方法 from()将它转为 Date。

提示»» 如果访客在留言板留下信息，你该怎么记录信息创建的时间呢？是用机器的时间观点，还是人类的时间观点？可以参考 "Java 8 LocalDateTime vs Instant" [1]中的经验(稍后就会介绍 LocalDateTime)。

13.3.2　人类时间观点的 API

对于时间的表达，人类有时只需要表达日期，有时只需要表达时间，有时需要同时表达日期与时间，而且通常不会特别声明时区，也很少在意日光节约时间，可能只会提及年、月、日等。简而言之，人类在时间概念上表达的大多是笼统或零碎的信息。

LocalDateTime、LocalDate、LocalTime

对于零碎的日期与时间，新时间与日期 API 使用 LocalDateTime(包括日期与时间)、LocalDate(只有日期)、LocalTime(只有时间)等类来定义，这些类基于 ISO-8601 标准，是不带有时区的时间与日期定义。

LocalDateTime、LocalDate、LocalTime 等类名称以 Local 开头，表示它们只是对本地时间的描述，不会有时区信息，然而编译器对时间是否合理会有基本的判断，例如，LocalDate 如果设定了不存在的日期，例如 LocalDate.of(2019, 2, 29)，因为 2019 年

1 Java 8 LocalDateTime vs Instant：http://ingramchen.io/blog/2014/04/java-8-local-date-time-vs-instant.html.

并非闰年，程序会抛出 DateTimeException 异常。由于不带时区信息，对于 LocalDateTime.of(1975, 4, 1, 0, 0, 0)，程序无法判断该时间是否存在，就不会抛出 DateTimeException。

ZonedDateTime、OffsetDateTime

如果时间与日期需要带有时区，可以基于 LocalDateTime、LocalDate、LocalTime 等来补齐缺少的信息。

DateCalendar ZonedDateTimeDemo.java

```
package cc.openhome;

import static java.lang.System.out;
import java.time.*;

public class ZonedDateTimeDemo {
    public static void main(String[] args) {
        var localTime = LocalTime.of(0, 0, 0);
        var localDate = LocalDate.of(1975, 4, 1);
        var zonedDateTime = ZonedDateTime.of(
                localDate, localTime, ZoneId.of("Asia/Taipei"));

        out.println(zonedDateTime);
        out.println(zonedDateTime.toEpochSecond());
        out.println(zonedDateTime.toInstant().toEpochMilli());
    }
}
```

从执行结果可以看出，补上时区信息后，如果组合后的时间不存在，ZonedDateTime 会自动校正，不会抛出异常：

```
1975-04-01T01:00+09:00[Asia/Taipei]
165513600
165513600000
```

提示 >>> 对于用户自行设定的时间，可以使用 LocalDate、LocalTime、LocalDateTime 来表示，为了避免用户设定不存在的时间，建议在操作界面上使用日期时间选择器(DateTime Picker)组件，只显示存在的时间，让用户选择。

在新时间与日期 API 中，UTC 偏移量与时区的概念是分开的。OffsetDateTime 单纯代表 UTC 偏移量，使用 ISO 8601 时，如果有 LocalDateTime、LocalDate、LocalTime，也可以在分别补齐必要信息后，取得 UTC 偏移量：

```
var nowDate = LocalDate.now();
var nowTime = LocalTime.now();
var offsetDateTime =
```

```
OffsetDateTime.of(nowDate, nowTime, ZoneOffset.UTC);
```

ZonedDateTime 与 OffsetDateTime 可以通过 toXXX()方法互相转换。Instant 可以通过 atZone()与 atOffset()转为 ZonedDateTime 与 OffsetDateTime；ZonedDateTime 与 OffsetDateTime 可以通过 toInstant()取得 Instant。ZonedDateTime 与 OffsetDateTime 可以使用 toLocalDate()、toLocalTime()、toLocalDateTime()方法取得 LocalDate、LocalTime 与 LocalDateTime。

Year、YearMonth、Month、MonthDay

如果只想表示 2019 年，可以使用 Year；如果想表示 2019 年 5 月，可以使用 YearMonth；如果只想表示 5 月，可以使用 Month；如果想表示 5 月 4 日，可以使用 MonthDay，其中 Month 是 enum 类型；如果想取得代表月份的数字，不要使用 ordinal()方法。ordinal()是 enum 在定义时的顺序，从 0 开始。若想取得代表月份的数字，请通过 getValue()方法。

DateCalendar MonthDemo.java

```java
package cc.openhome;

import static java.lang.System.out;
import java.time.Month;

public class MonthDemo {
    public static void main(String[] args) {
        for(Month month : Month.values()) {
            out.printf("original: %d\tvalue: %d\t%s%n",
                    month.ordinal(), month.getValue(), month);
        }
    }
}
```

执行结果如下：

```
original: 0value: 1JANUARY
original: 1value: 2FEBRUARY
original: 2value: 3MARCH
original: 3value: 4APRIL
original: 4value: 5MAY
original: 5value: 6JUNE
original: 6value: 7JULY
original: 7value: 8AUGUST
original: 8value: 9SEPTEMBER
original: 9value: 10OCTOBER
original: 10value: 11NOVEMBER
original: 11value: 12DECEMBER
```

提示>>> 13.3.2 节介绍的类都有个 now()方法，如果不指定任何参数，会使用默认的 Clock 对象，它会以默认时区的系统时钟取得当前时间；必要时可以将自定义的 Clock 对象指定给 now()，该方法会根据给定的时钟产生当前时间，详情可参考 Clock 的 API 文档。

13.3.3 对时间的运算

如果想知道某日加上 5 天、6 个月、3 周后将会是什么时间，并使用指定的格式输出，可以使用 Calendar，并通过如下方式进行计算：

```
var calendar = Calendar.getInstance();
calendar.set(1975, Calendar.MAY, 26, 0, 0, 0);
calendar.add(Calendar.DAY_OF_MONTH, 5);
calendar.add(Calendar.MONTH, 6);
calendar.add(Calendar.WEEK_OF_MONTH, 3);
var df = new SimpleDateFormat("E MM/dd/yyyy");
out.println(df.format(calendar.getTime()));
```

TemporalAmount

新日期与时间处理实现了流畅 API(Fluent API)的概念，通过这种方式编写的代码会更加轻量且流畅、易读：

```
out.println(
   LocalDate.of(1975, 5, 26)
         .plusDays(5)
         .plusMonths(6)
         .plusWeeks(3)
         .format(ofPattern("E MM/dd/yyyy"))
);
```

提示>>> 有关流畅 API 的概念，可以参考《写一手流畅的 API》[1]。

其中，ofPattern()是 java.time.format.DateTimeFormatter 的静态方法，你可以查看 API 文档以了解格式化的方式。LocalDate 的 plusDays()、plusMonths()、plusWeeks()只是进行时间运算时常用的一些指定方法。当然，时间运算的需求很多，这里不可能列出全部的 plusXXX()方法。对于时间计量，新时间与日期 API 通过 Duration 类来定义，可用于计量天、时、分、秒的时间差，经精度调整，可达纳秒等级，而秒的最大值可以是 long 类型的最大值。对于年、月、星期、日的日期差，则使用 Period 类来定义。例如，上例可以改为：

```
out.println(
```

1 写一手流畅的 API：https://openhome.cc/Gossip/Programmer/FluentAPI.html.

```
    LocalDate.of(1975, 5, 26)
            .plus(ofDays(5))
            .plus(ofMonths(6))
            .plus(ofWeeks(3))
            .format(ofPattern("E MM/dd/yyyy"))
);
```

其中，ofDays()、ofMonths()、ofWeeks()是 Period 的静态方法，它们会返回 Period 实例，plus()方法接受 java.time.temporal.TemporalAmount 实例，而 Period 与 Duration 就是 TemporalAmount 的实现类，因此 plus()方法也可接受 Duration 实例。

前面的 HowOld 示例也可使用新时间与日期 API 按如下方式进行改写：

DateCalendar HowOld2.java

```
package cc.openhome;

import java.time.*;
import java.util.Scanner;
import static java.lang.System.out;

public class HowOld2 {
    public static void main(String[] args) {
        out.print("输入出生年、月、日（yyyy-mm-dd）：");
        var birth = LocalDate.parse(new Scanner(System.in).nextLine());
        var now = LocalDate.now();
        var period = Period.between(birth, now);
        out.printf("你活了 %d 年 %d 月 %d 日%n",
            period.getYears(), period.getMonths(), period.getDays());
    }
}
```

这次不只计算岁数，也计算了月数与日数，即便如此，整个程序仍非常简洁，执行结果如下：

```
输入出生年、月、日（yyyy-mm-dd）：1975-12-31
你活了 45 年 11 月 23 日
```

提示>>> Period 与 Duration 乍看上去有些难以区分。简单来说，Period 是日期差，between()方法只接受 LocalDate，不能表示比“日”更小的单位；Duration 是时间差，between()可以接受 Temporal 实现对象(马上就会介绍)，也就是说，可以用 LocalDate、LocalTime、LocalDateTime 来计算 Duration，不能表示比“天”更大的单位。

TemporalUnit

plus()方法的另一个重载版本接受 java.time.temporal.TemporalUnit 实例。

java.time.temporal.ChronoUnit 是 TemporalUnit 实现类，使用 enum 实现，因此，上例也可使用以下方式实现，该方式在阅读上会更符合人类的习惯：

```
out.println(
   LocalDate.of(1975, 5, 26)
          .plus(5, DAYS)
          .plus(6, MONTHS)
          .plus(3, WEEKS)
          .format(ofPattern("E MM/dd/yyyy"))
);
```

TemporalUnit 定义了 between()等方法，例如，如果使用实现类 ChronoUnit 的列举来实现之前的 CalendarUtil 示例，将非常方便：

```
var birth = LocalDate.of(1975, 5, 26);
var now = LocalDate.now();
out.printf("岁数: %d%n", ChronoUnit.YEARS.between(birth, now));
out.printf("天数: %d%n", ChronoUnit.DAYS.between(birth, now));
```

Temporal

新日期与时间 API 将时间运算行为抽取出来独立定义，放置在 java.time.temporal 包中，这是基于 API 实现弹性的考量，与人类时间或机器时间的概念无关。刚才提到的 Instant、LocalDate、LocalDateTime、LocalTime、OffsetDateTime、ZonedDateTime 等类都实现了 Temporal 接口，如图 13-2 所示。

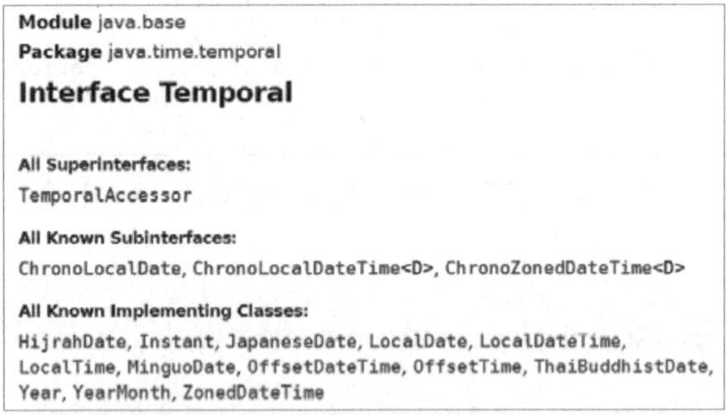

Module java.base
Package java.time.temporal

Interface Temporal

All Superinterfaces:
TemporalAccessor

All Known Subinterfaces:
ChronoLocalDate, ChronoLocalDateTime<D>, ChronoZonedDateTime<D>

All Known Implementing Classes:
HijrahDate, Instant, JapaneseDate, LocalDate, LocalDateTime, LocalTime, MinguoDate, OffsetDateTime, OffsetTime, ThaiBuddhistDate, Year, YearMonth, ZonedDateTime

图 13-2 Temporal 接口与实现类

刚才提到的 plus()方法是定义在 Temporal 接口上的，除了 plus()，还有两个重载版本的 minus()方法：

- plus(TemporalAmount amount)
- plus(long amountToAdd, TemporalUnit unit)
- minus(TemporalAmount amount)
- minus(long amountToSubtract, TemporalUnit unit)

提示>>> 如果需要更复杂的调整，可以使用 with(TemporalAdjuster adjuster)。细节可参考 TemporalAdjuster 的 API 文档。

TemporalAccessor

TemporalAccessor 定义了时间对象(比如日期、时间、偏移量等)的只读操作，Temporal 是 TemporalAccessor 的子接口，增加了对时间的处理操作，比如 plus()、minus()、with()等方法；前面谈到的 MonthDay 是只读的，这意味着它仅实现了 TemporalAccessor 接口，为什么呢？MonthDay 的 API 文档中有说明，因为有闰年问题，在缺少“年”信息的情况下，如果 MonthDay 可进行 plus()操作，那么 2 月 28 日加一天究竟是 2 月 29 日，还是 3 月 1 日呢？这无法定义。

13.3.4　年历系统设计

13.1.2 节介绍过，新日期与时间 API 基于 ISO 8601 格式，定义了自己的年历系统，如果需要其他年历系统呢？开发者要使用实现 java.time.chrono.Chronology 接口的类，如图 13-3 所示。

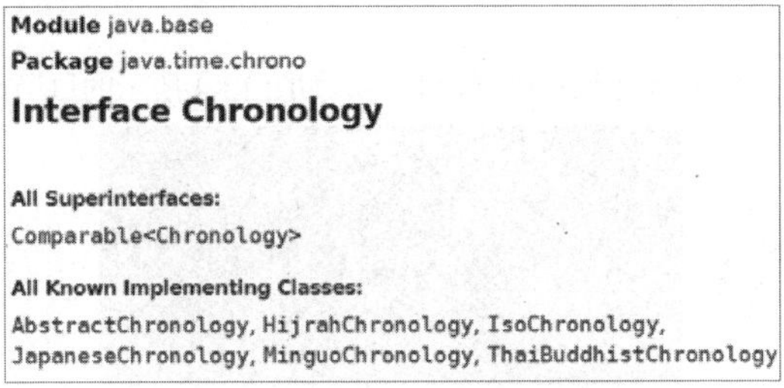

Module java.base
Package java.time.chrono

Interface Chronology

All Superinterfaces:
Comparable<Chronology>

All Known Implementing Classes:
AbstractChronology, HijrahChronology, IsoChronology, JapaneseChronology, MinguoChronology, ThaiBuddhistChronology

图 13-3　Chronology 接口与实现类

其中，与 MinguoChronology 搭配的主要类是 MinguoDate，实现了 Temporal、TemporalAdjuster 与 java.time.chrono. ChronoLocalDate 接口，之前介绍过的 LocalDate 类也实现了 ChronoLocalDate 接口。来看个简单的示例：

```
jshell> import java.time.LocalDate;

jshell> import java.time.chrono.MinguoDate;

jshell> var birth = LocalDate.of(1975, 5, 26);
birth ==> 1975-05-26

jshell> var mingoBirth = MinguoDate.from(birth);
mingoBirth ==> Minguo ROC 64-05-26
```

如果想同时表示MinguoChronology的日期与时间，可以使用ChronoLocalDateTime <MinguoDate>：

```
jshell> import java.time.LocalTime;

jshell> import java.time.chrono.MinguoDate;

jshell> MinguoDate.of(64, 5, 1).atTime(LocalTime.of(3, 30, 0));
$3 ==> Minguo ROC 64-05-01T03:30
```

实际上，之前介绍过的 LocalDateTime 也实现了 ChronoLocalDateTime 接口。若想了解如何自定义年历系统，不妨从 MinguoChronology 的源代码开始研究。

提示>>> Java 官方教学文档 *Java Tutorial* 中的 “Standard Calendar” [1]也对 Java 时间与日期处理进行了详细的介绍，可以用作参考。

课后练习

实验题

使用新时间与日期 API 编写程序，并显示如图 13-4 所示的日历。

2018-05-07 星期一						
日	一	二	三	四	五	六
		1	2	3	4	5
6	7	8	9	10	11	12
13	14	15	16	17	18	19
20	21	22	23	24	25	26
27	28	29	30	31		

图 13-4　日历示例

1 Standard Calendar：https://docs.oracle.com/javase/tutorial/datetime/iso/.

第 14 章 NIO 与 NIO2

学习目标

- 认识 NIO
- 使用 Channel 与 Buffer
- 使用 NIO2 文件系统

14.1 认识 NIO

第 10 章介绍的 InputStream、OutputStream、Reader、Writer 等用于字节、字符进行初级输入/输出，而对于高级输入/输出处理，可以使用 NIO(New IO)或 NIO2。认识并善用这些高级输入/输出 API，对于提升输入/输出的处理效率会有很大的帮助。

14.1.1 NIO 概述

InputStream、OutputStream 是以字节为单位的低层次处理，虽然面对的是字节数组，但在程序编写上，多半是对数据块进行处理。例如，10.1.1 节谈到的 dump()方法，实际上是整块数据读入后又整块写出，然而你必须处理 byte[]，必须记录读取的字节数，且必须指定写出的 byte[]起点与字节数：

```
public static void dump(InputStream src, OutputStream dest)
                        throws IOException {
    try (src; dest) {
        var data = new byte[1024];
        var length = 0;
        while((length = src.read(data)) != -1) {
            dest.write(data, 0, length);
        }
    }
}
```

虽然 java.io 包也有些装饰(Decorator)类，比如 DataInputStream、DataOutputStream、BufferedReader 与 BufferedWriter 等，但是，如果只需要对字节或字节中感兴趣的块进行处理，这些类不见得合适，这种情况下，必须自己编写 API 或寻找相关程序库来处理索引、标记等细节。

NIO 并非使用 InputStream、OutputStream 来连接数据源与目的地，而是使用通道(Channel)来连接数据节点。在处理数据时，NIO 可以设定缓冲区(Buffer)容量，并在缓冲区中标记感兴趣的数据块，比如读取位置、数据有效位置。对于这些块标记，Java 提供了 clear()、rewind()、flip()、compact()等高级操作。举例来说，对于上面的 dump() 方法，如果使用 NIO，可以按照下面的方式编写代码：

```
public static void dump(ReadableByteChannel src, WritableByteChannel dest)
            throws IOException {
    var buffer = ByteBuffer.allocate(1024);
    try(src; dest) {
        while(src.read(buffer) != -1) {
            buffer.flip();
            dest.write(buffer);
            buffer.clear();
        }
    }
}
```

稍后马上会说明 API 的细节，现阶段可以先了解的是，在这个程序示例中，只需要确保将数据从 Channel 中读入 Buffer(read()方法不返回-1)，使用高级 filp()方法标记 Buffer 中读入数据所在的块，然后将 Buffer 的数据写到另一个 Channel，最后使用 clear() 方法清除 Buffer 中的标记。这个过程不涉及 byte[]的相关细节。

提示»» NIO 包含了许多概念，然而认识 Channel 与 Buffer 不仅是使用 NIO 的起点，也是这一节的重点。完整的 NIO 功能说明，比如 Selector 的使用，可以参考 NIO 的相关书籍。

14.1.2 Channel 架构与操作

Channel 的相关接口与类存在于 java.nio.channels 包当中，Channel 接口是 AutoCloseable 的子接口，可搭配尝试关闭资源语法。Channel 接口新增的 isOpen()方法用来确认 Channel 是否开启。对 NIO 初学者来说，可以先了解图 14-1 所示的 Channel 继承架构。

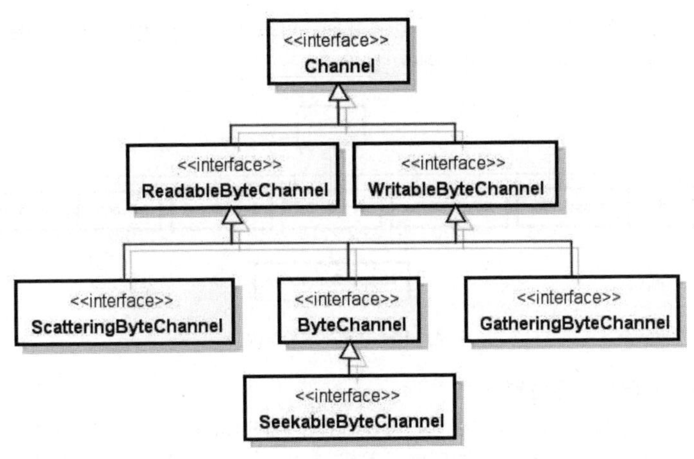

图 14-1　Channel 继承架构

ReadableByteChannel 定义的 read()方法负责将 ReadableByteChannel 的数据读至 ByteBuffer。WritableByteChannel 定义的 write()方法负责将 ByteBuffer 的数据写到 WritableByteChannel。ScatteringByteChannel 定义的 read()方法可将 ScatteringByteChannel 分配到 ByteBuffer 数组。GatheringByteChannel 定义的 write()方法可以将 ByteBuffer 数组的数据写到 GatheringByteChannel。

ByteChannel 没有定义任何方法，而是单纯继承了 ReadableByteChannel 与 WritableByteChannel 的行为，ByteChannel 的子接口 SeekableByteChannel 可以读取与改变下一个要存取数据的位置。

在 API 文件上可以看到 Channel 的实现类，不过，它们都是抽象类，不能直接实例化。若想取得 Channel 的实现对象，可使用 Channels 类，上面定义了静态方法 newChannel()。可以分别从 InputStream、OutputStream 创建 ReadableByteChannel、WritableByteChannel。有些 InputStream/OutputStream 实例本身也有可以取得 Channel 实例的方法。

举例来说，FileInputStream、FileOutputStream 都有 getChannel()方法，可以分别取得 FileChannel 实例(实现了 SeekableByteChannel、GatheringByteChannel 和 ScatteringByteChannel 接口)。

如果已经有相关的 Channel 实例，也可通过 Channels 的其他 newXXX()静态方法取得 InputStream、OutputStream、Reader、Writer 实例。

14.1.3　Buffer 架构与操作

在 NIO 的设计中，数据是在 java.nio.Buffer 中进行处理的。Buffer 是抽象类，定义了 clear()、flip()、reset()、rewind()等针对数据块的高级操作。这类操作返回的类型都是

Buffer 实例本身，在需要连续进行高级操作时，可以形成管道操作风格。Buffer 的类继承架构如图 14-2 所示，它们都是抽象类。

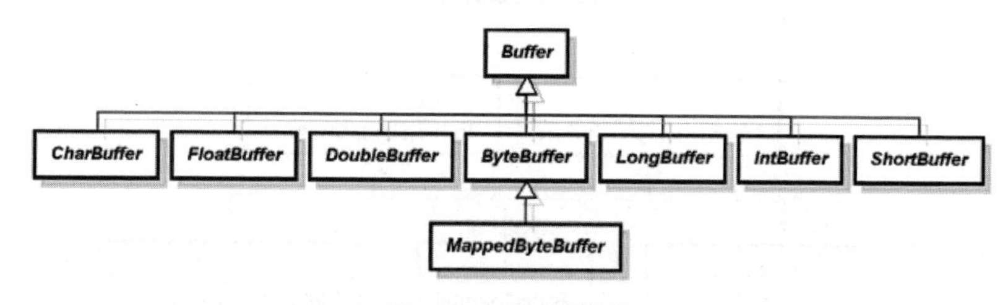

图 14-2 Buffer 继承架构

容量、界限与存取位置

根据不同的数据类型处理需求，可以选择不同的 Buffer 子类，然而它们都是抽象类，不能直接实例化。Buffer 的直接子类都有 allocate()静态方法，可以指定 Buffer 容量(Capacity)。对于 ByteBuffer，容量是指内部使用的 byte[]长度；对于 CharBuffer，容量是指 char[]长度；对于 FloatBuffer，容量是指 float[]长度；以此类推。

Buffer 的容量大小可使用 capacity()方法取得。如果想取得 Buffer 内部的数组，可以使用 array()方法；如果想将某个数组转为某 Buffer 子类的实例，可以使用 wrap()方法，每个 Buffer 子类实例都有该静态方法。

ByteBuffer 带有 allocateDirect()方法。allocate()方法的内存由 JVM 管理，而 allocateDirect()会利用操作系统的原生 I/O 操作，试着避免通过 JVM 进行转接。从内存配置来讲，理论上 allocateDirect()会比 allocate()效率更高。

不过，allocateDirect()在配置内存时会耗用较多系统资源，建议只用在生命周期长的大型 ByteBuffer 对象上。在能观察出明显性能差异的情况下，若想知道 Buffer 是否为直接配置，可以通过 isDirect()得知。

Buffer 是个容器，装载的数据不会超过它的容量。实际可读取或写入的数据界限(Limit)索引值可以由 limit()方法得知或设定。举例来说，对于容量为 1024 字节的 ByteBuffer，假如 ReadableByteChannel 对其写入了 512 字节，那么 limit()应该设为 512。至于下个可读取数据的位置(Position)索引值，可以使用 position()方法得知或设定。

clear()、flip()与 rewind()

若想了解关于 Buffer 的操作，可以从认识 clear()、flip()与 rewind()开始。在缓冲区刚被配置时或调用 clear()方法后，limit()将等于 capacity()，position()将是 0，例如，假设配置了容量为 32 字节的 ByteBuffer，内部的字节数组容量、数据界限与可读写位置如图 14-3 所示。

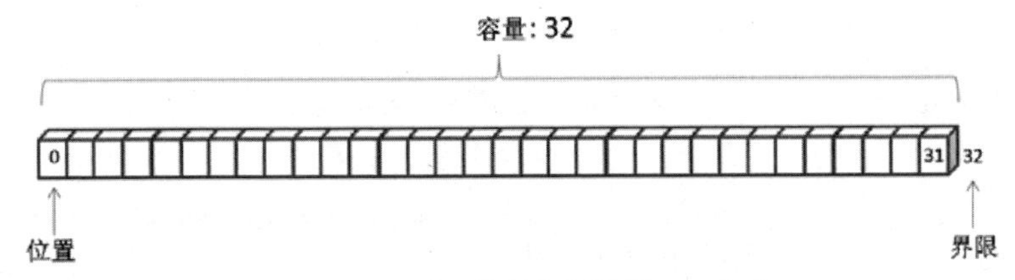

图 14-3　ByteBuffer 刚刚创建时或调用 clear()之后

如果 ReadableByteChannel 向 ByteBuffer 写入了 16 字节，那么 position()是 16，如图 14-4 所示。

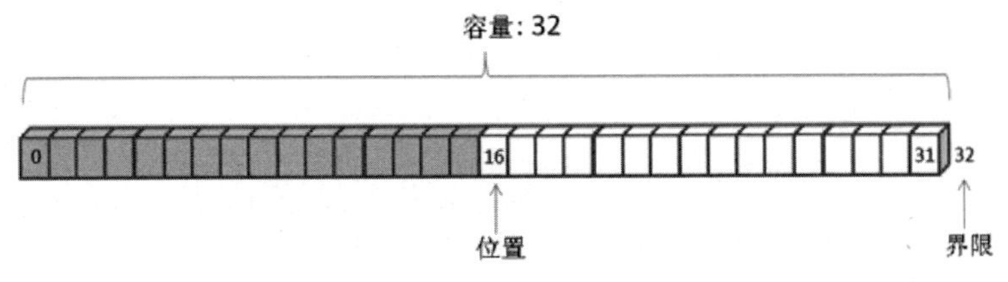

图 14-4　ByteBuffer 被写入了 16 字节

现在如果要对 ByteBuffer 中已写入的 16 字节进行读取，则必须将位置(position)设为 0。为了不读取到索引 16，必须将界限(limit)设为 16。虽然可以使用 buffer.position(0).limit(16)来完成这项任务，但是，可以直接调用 flip()方法，它会将 limit 值设为 position 的当前值，并将 position 设为 0(见图 14-5)。

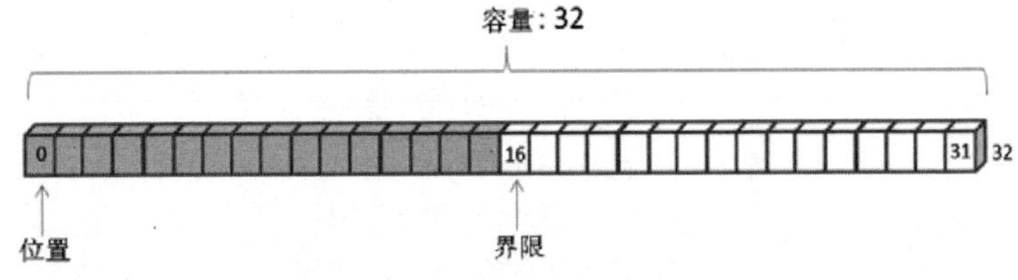

图 14-5　ByteBuffer 调用了 flip()方法

这就是 14.1.1 节开端的 NIO 程序示例片段会使用 flip()方法的原因，下面是个完整的示例。

NIO NIOUtil.java

```
package cc.openhome;

import java.io.*;
import java.nio.ByteBuffer;
import java.nio.channels.*;
```

```
import java.net.*;
import java.net.http.*;
import java.net.http.HttpResponse.BodyHandlers;

public class NIOUtil {
    public static InputStream openStream(String uri) throws Exception {
        // Java 11 新增的 HttpClient API
        return HttpClient
                .newHttpClient()
                .send(
                    HttpRequest.newBuilder(URI.create(uri)).build(),
                    BodyHandlers.ofInputStream()
                )
                .body();
    }

    public static void dump(ReadableByteChannel src,
                      WritableByteChannel dest) throws IOException {
        var buffer = ByteBuffer.allocate(1024);
        try(src; dest) {
            while(src.read(buffer) != -1) {
                buffer.flip();
                dest.write(buffer);
                buffer.clear();
            }
        }
    }

    // 用于测试的 main
    public static void main(String[] args) throws Exception {
        var src = Channels.newChannel(openStream("https://openhome.cc"));
        try(var in = new FileOutputStream("index.html")) {
            NIOUtil.dump(src, in.getChannel());
        }
    }
}
```

这个程序可以根据我提供的网址下载网页，并自动在工作文件夹下将其存为 index.html。在 dump()方法中，destCH.write(buffer)将 buffer 中 position 至 limit 前的数据写到 WritableByteChannel，最后 position 会等于 limit，因此调用 clear()将 position 设为 0，并将 limit 设为等于容量的值，以便下个循环使用，让 ReadableByteChannel 将数据写到 buffer 中。

如果调用 rewind()方法，会将 position 设为 0，而 limit 不变。这个方法通常在想重复读取 Buffer 中某段数据的情况下使用，作用相当于单独调用 Buffer 的 position(0)方法。

mark()、reset()、remaining()

Buffer 的 mark()方法可以在缓冲区的位置设置标记。在存取 Buffer 之后，如果调用 reset()方法，会将 position 设置回被 mark()标记的位置。remaining()方法可以返回此缓冲区中剩余的元素数。使用 hasRemaining()，可以判断当前位置和 limit 之间是否还有元素。

14.2　NIO2 文件系统

NIO2 文件系统的 API 在 java.nio.file、java.nio.file.attribute 与 java.nio.file.spi 包中提供了默认文件系统进行各种输入/输出的 API，既可简化现有文件的输入/输出操作，也增加了许多过去没有的文件系统存取功能。

14.2.1　NIO2 架构

当今存在着各式各样的文件系统，不同文件系统会提供不同的访问方式、文件属性、权限控制等。如果针对特定文件系统编写特定程序，将无法形成标准的编写方式，而且，针对特定功能编写程序，会增加开发者的负担。

如图 14-6 所示，NIO2 文件系统 API 提供一组标准接口与类，应用程序开发者只需要基于标准接口与类进行文件系统操作，至于底层实际如何实现文件系统操作，由文件系统提供者负责(由厂商实现)。

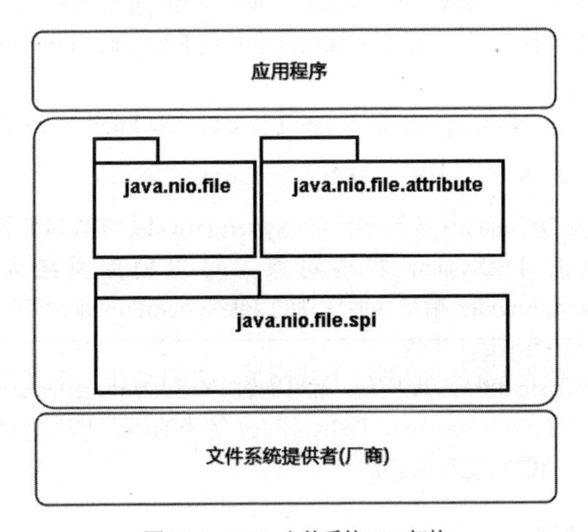

图 14-6　NIO2 文件系统 API 架构

应用程序开发者主要使用 java.nio.file 与 java.nio.file.attribute，包中必须实现的抽象类或接口由文件系统提供者来实现。应用程序开发者不必担心底层实际如何访问文件系统；通常只有文件系统提供者才需要关心 java.nio.file.spi 包。

NIO2 文件系统的核心是 java.nio.file.spi.FileSystemProvider，它本身为抽象类，是文件系统提供者才需要实现的类，作用是生成 java.nio.file 与 java.nio.file.attribute 中各种抽象类或接口的实现对象(见图 14-7)。

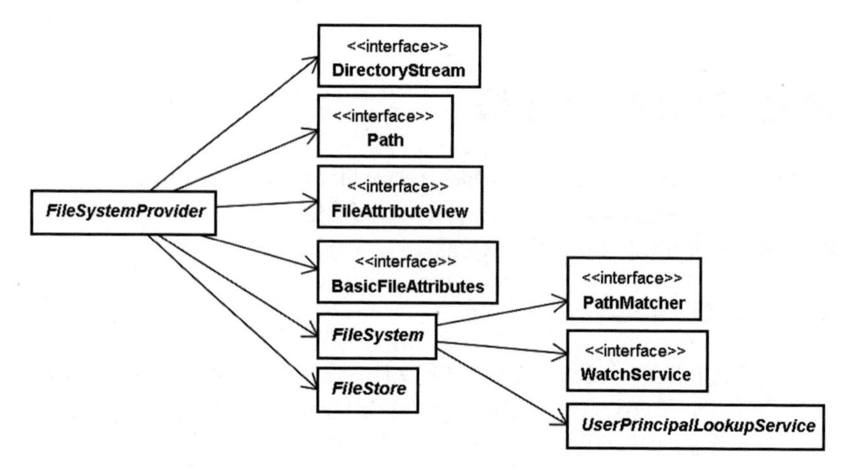

图 14-7 FileSystemProvider 生成各种实现对象

对应用程序开发者而言，知道 FileSystemProvider 的存在即可。应用程序开发者可以通过 java.nio.file 包中 FileSystems、Paths、Files 等类的静态方法，取得相关实现对象或进行各种文件系统操作。这些静态方法内部会运用 FileSystemProvider 取得实现对象，完成应有的操作。

例如，通过 FileSystems.getDefault()取得 java.nio.file.FileSystem 的实现对象：

```
FileSystem fileSystem = FileSystems.getDefault();
```

FileSystems.getDefault()内部会使用 FileSystemProvider 实现对象的 getFileSystem()方法取得默认的 FileSystem 实现对象。可以使用系统属性 java.nio.file.spi.DefaultFileSystemProvider 指定其他厂商的 FileSystemProvider 实现类名称，从而使用指定的 FileSystemProvider 实现。

一旦更换 FileSystemProvider 实现，就可通过 FileSystems.getDefault()取得该厂商的 FileSystem 实现对象。FileSystems、Paths、Files 等类的静态方法使用到的实现对象也会一并更换为该厂商的实现对象。

14.2.2 操作路径

操作文件前得先给出文件路径，Path 实例是 JVM 中代表路径的对象，也是 NIO2 文件系统 API 操作的起点。NIO2 文件系统 API 有许多操作都必须使用 Path 指定路径。

提示>>> 从 JDK1.0 就存在的 java.io.File 也可以指定路径，不过功能有限，存在一些问题，比如不同平台上的行为不一致。Java SE 提供将 File 转换为 Path 的 API，关于这些 API，可参考 “Legacy File I/O Code” [1]。

若想取得 Path 实例，可以使用 Paths.get()方法。最基本的方式就是使用字符串路径，可使用相对路径或绝对路径。例如：

```
var workspacePath = Paths.get("C:\\workspace");  // Windows 绝对路径
var booksPath = Paths.get("Desktop\\books");      // Windows 相对路径
var path = Paths.get(args[0]);
```

Paths.get()的第二个参数接受可变长度的参数，因此可指定起始路径；之后的路径分段指定。例如，以下代码可指定用户文件夹下的 Documents\Downloads：

```
Path path = Paths.get(
System.getProperty("user.home"), "Documents", "Downloads");
```

如果用户文件夹是 C:\Users\Justin，那么以上 Path 实例代表的路径是 C:\Users\Justin\Documents\Downloads。

Path 实例仅代表路径信息，该路径实际对应的文件或文件夹(也是一种文件)不一定存在。Path 提供一些方法，可取得路径的各种信息。例如：

NIO2 PathDemo.java

```
package cc.openhome;

import java.nio.file.*;
import static java.lang.System.out;

public class PathDemo {
   public static void main(String[] args) {
      var path = Paths.get(
            System.getProperty("user.home"), "Documents",
"Downloads");
      out.printf("toString: %s%n", path.toString());
      out.printf("getFileName: %s%n", path.getFileName());
      out.printf("getName(0): %s%n", path.getName(0));
      out.printf("getNameCount: %d%n", path.getNameCount());
      out.printf("subpath(0,2): %s%n", path.subpath(0, 2));
      out.printf("getParent: %s%n", path.getParent());
      out.printf("getRoot: %s%n", path.getRoot());
   }
}
```

1 Legacy File I/O Code：https://docs.oracle.com/javase/tutorial/essential/io/legacy.html.

路径元素计数是以文件夹为单位的，最上层文件夹的索引为 0，在 Windows 中的执行结果如下：

```
toString: C:\Users\Justin\Documents\Downloads
getFileName: Downloads
getName(0): Users
getNameCount: 4
subpath(0,2): Users\Justin
getParent: C:\Users\Justin\Documents
getRoot: C:\
```

Path 实现了 Iterable 接口。如果要循环取得 Path 中分段的路径信息，可以使用增强式 for 循环语法或 forEach()方法。例如：

```
var path = Paths.get(
System.getProperty("user.home"), "Documents", "Downloads");
path.forEach(out::println);
```

路径如果有冗余信息，可以使用 normalize()方法进行删除。

例如对于代表 C:\Users\Justin\.\Documents\Downloads 或 C:\Users\Monica\..\Justin\Documents\Downloads 的 Path 实例，以下片段都返回代表 C:\Users\Justin\Documents\Downloads 的 Path 实例：

```
var path1 = Paths.get(
     "C:\\Users\\Justin\\.\\Documents\\Downloads").normalize();
var path2 = Paths.get(
"C:\\Users\\Monica\\..\\Justin\\Documents\\Downloads").normalize();
```

Path 的 toAbsolutePath()方法可将相对路径 Path 转为绝对路径 Path；如果路径是符号链接(Symbolic Link)，toRealPath()可将它转换为真正的路径；如果是相对路径，则转换为绝对路径；如果路径有冗余信息，则会进行删除。

路径与路径可以使用 resolve()进行合并。例如，以下代码最后将得到代表 C:\Users\Justin 的 Path 实例：

```
var path1 = Paths.get("C:\\Users");
var path2 = Paths.get("Justin");
var path3 = path1.resolve(path2);
```

如果有两个路径，想知道如何从一个路径切换至另一路径，可以使用 relativize()方法。例如：

```
var p1 = Paths.get(System.getProperty("user.home"),
                   "Documents", "Downloads");
var p2 = Paths.get("C:\\workspace");
var p1ToP2 = p1.relativize(p2);
out.println(p1ToP2);        // 显示..\..\..\..\workspace
```

可以使用 equals()方法查看两个 Path 实例的路径是否相同，使用 startsWith()查看路径起始是否相同，使用 endsWith()查看路径结尾是否相同。如果文件系统支持符号链接，两个路径不同的 Path 实例有可能指向同一个文件，你可以使用 Files.isSameFile()查看是否如此。

提示 >>> 执行 Files.isSameFile()时，如果两个 Path 的 equals()结果是 true，就返回 true，不会确认文件是否存在。

如果想确定 Path 代表的路径，或者文件实际上是否存在，可以使用 Files.exists()或 Files.notExists()。Files.exists()仅在文件存在时返回 true，如果文件不存在或无法确认存在与否(例如没有权限访问文件)，则返回 false。Files.notExists()会在文件不存在的情况下返回 true，如果文件存在或无法确认是否存在，则返回 false。

对于文件的基本属性，可以使用 Files 的 isExecutable()、isHidden()、isReadable()、isRegularFile()、isSymbolicLink()、isWritable()等方法来得知。如果需要更多文件属性信息，则必须通过 BasicFileAttributes 或搭配 FileAttributeView 来取得。

14.2.3　属性读取与设定

NIO 可以通过 BasicFileAttributes、DosFileAttributes、PosixFileAttributes，针对不同文件系统取得相关的属性信息，如图 14-8 所示。

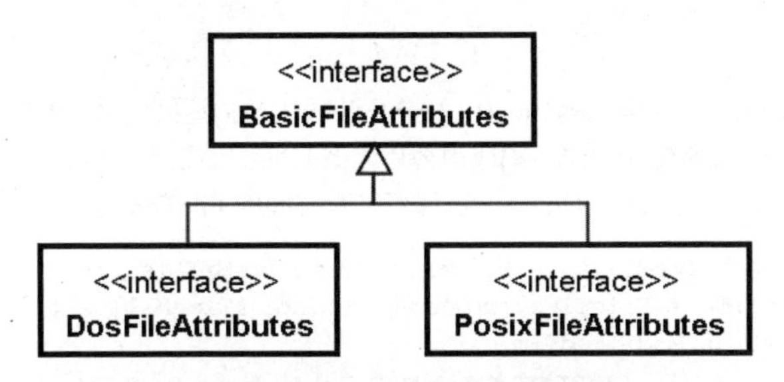

图 14-8　BasicFileAttributes 接口继承架构

BasicFileAttributes 可以获得各文件系统都支持的属性，可以通过 Files.readAttributes()取得 BasicFileAttributes 实例。

NIO2 BasicFileAttributesDemo.java

```
package cc.openhome;

import java.io.IOException;
import static java.lang.System.out;
import java.nio.file.*;
import java.nio.file.attribute.BasicFileAttributes;
```

```
public class BasicFileAttributesDemo {
    public static void main(String[] args) throws IOException {
        var file = Paths.get("C:\\Windows");
        BasicFileAttributes attrs =
                Files.readAttributes(file, BasicFileAttributes.class);
        out.printf("creationTime: %s%n", attrs.creationTime());
        out.printf("lastAccessTime: %s%n",  attrs.lastAccessTime());
        out.printf("lastModifiedTime: %s%n", attrs.lastModifiedTime());
        out.printf("isDirectory: %b%n", attrs.isDirectory());
        out.printf("isOther: %b%n", attrs.isOther());
        out.printf("isRegularFile: %b%n",  attrs.isRegularFile());
        out.printf("isSymbolicLink: %b%n", attrs.isSymbolicLink());
        out.printf("size: %d%n", attrs.size());
    }
}
```

执行结果如下：

```
creationTime: 2019-12-07T09:03:44.5394998Z
lastAccessTime: 2021-12-27T08:09:23.7113677Z
lastModifiedTime: 2021-12-24T09:45:42.2794106Z
isDirectory: true
isOther: false
isRegularFile: false
isSymbolicLink: false
size: 28672
```

creationTime()、lastAccessTime()、lastModifiedTime()返回的是 FileTime 实例；也可通过 Files.getLastModifiedTime()取得最后修改时间；如果想设定最后修改时间，可以通过 Files.setLastModifiedTime()指定代表修改时间的 FileTime 实例：

```
var currentTimeMillis = System.currentTimeMillis();
var fileTime = FileTime.fromMillis(currentTimeMillis);
Files.setLastModifiedTime(
    Paths.get("C:\\workspace\\Main.java"), fileTime);
```

Files.setLastModifiedTime()只是个简便方法，属性设定可以通过 Files.setAttribute()方法来完成。例如，设定文件为隐藏：

```
Files.setAttribute(Paths.get(args[0]), "dos:hidden", true);
```

Files.setAttribute()第二个参数必须指定 FileAttributeView 子接口规范的名称，格式为[view-name:]attribute-name。view-name 可以从 FileAttributeView 子接口实现对象的 name()方法取得(也可查看 API 文档)。如果省略，就默认为 basic。attribute-name 可在 FileAttributeView 各子接口的 API 文档中查询。例如，若要设定最后修改时间，改用 Files.setAttribute()的话，可以通过如下方式实现：

```
var currentTimeMillis = System.currentTimeMillis();
var fileTime = FileTime.fromMillis(currentTimeMillis);
Files.setAttribute(
    Paths.get("C:\\workspace\\Main.java"),
            "basic:lastModifiedTime", fileTime);
```

类似地，可以通过 Files.getAttribute()方法取得各种文件属性，使用方式类似于 setAttribute()。也可使用 Files.readAttributes()，通过另一种方法取得 Map<String, Object> 对象；在键的部分指定属性名称，就可以取得属性值。例如：

```
var attrs = Files.readAttributes(
        Paths.get(args[0]), " size,lastModifiedTime,lastAccessTime");
```

DosFileAttributes 继承自 BasicFileAttributes，新增了 isArchive()、isHidden()、isReadOnly()、isSystem()等方法；可以通过如下方式取得 DosFileAttributes 实例：

```
var file = Paths.get(args[0]);
var attrs = Files.readAttributes(file, DosFileAttributes.class);
```

PosixFileAttributes 继承自 BasicFileAttributes，新增了 owner()、group()方法，可取得 UserPrincipal(java.security.Principal 子接口)、GroupPrincipal(UserPrincipal 子接口)实例，可分别取得文件的群组(Group)与拥有者(Owner)信息；permissions()会以 Set 方式返回 Enum 类型的 PosixFilePermission 实例，代表文件的拥有者、群组与其他用户的读/写权限信息。

提示 >>> 关于 Posix 属性与权限的内容已超出本书范围，你可在网络上搜寻到不少资料。如果你已了解什么是 Posix，可进一步在“POSIX File Permissions”了解如何以 NIO2 文件系统 API 设定 Posix 相关属性。

如果想获取存储设备本身的信息，可以利用 Files.getFileStore()方法取得指定路径的 FileStore 实例，或通过 FileSystem 的 getFileStores()方法取得所有存储设备的 FileStore 实例。下面是利用 FileStore 计算磁盘使用率的示例：

NIO2 Disk.java

```
package cc.openhome;

import java.io.IOException;
import static java.lang.System.out;
import java.nio.file.*;
import java.text.DecimalFormat;

public class Disk {
   public static void main(String[] args) throws IOException {
```

```
        if(args.length == 0) {
            var fileSystem = FileSystems.getDefault();
            for (var fileStore: fileSystem.getFileStores()) {
                print(fileStore);
            }
        }
        else {
            for(var file: args) {
                var fileStore = Files.getFileStore(Paths.get(file));
                print(fileStore);
            }
        }
    }

    public static void print(FileStore store) throws IOException {
        var total = store.getTotalSpace();
        var used = store.getTotalSpace() - store.getUnallocatedSpace();
        var usable = store.getUsableSpace();
        var formatter = new DecimalFormat("#,###,###");
        out.println(store.toString());
        out.printf("\t- 总容量\t%s\t 字节%n", formatter.format(total));
        out.printf("\t- 可用空间\t%s\t 字节%n", formatter.format(used));
        out.printf("\t- 已用空间\t%s\t 字节%n", formatter.format(usable));
    }
}
```

FileSystem 的 getFileStores()方法会以 Iterable<FileStore>返回存储设备的 FileStore 对象。一个参考的执行结果如下：

```
OS (C:)
 - 总容量127,221,624,832 字节
 - 可用空间 56,206,708,736 字节
 - 已用空间 71,014,916,096 字节
DATA (D:)
 - 总容量1,000,203,087,872字节
 - 可用空间 36,868,411,392 字节
 - 已用空间 963,334,676,480 字节
```

14.2.4 操作文件与文件夹

如果想删除 Path 代表的文件或文件夹，可使用 Files.delete()方法。如果文件不存在，会抛出 NoSuchFileException 异常。如果因文件夹不为空而无法删除，会抛出 DirectoryNotEmptyException 异常。使用 Files.deleteIfExists()方法，可以删除文件。若在文件不存在的情况下调用该方法，并不会抛出异常。

如果想将文件从来源 Path 复制到目的地 Path，可以使用 Files.copy()方法。这个方

法的第三个选项可以指定 CopyOption 接口的实现对象，CopyOption 实现类有 Enum 类型的 StandardCopyOption 与 LinkOption。

例如，指定 StandardCopyOption 的 REPLACE_EXISTING 实例进行复制时，如果目标文件已存在，就会覆盖，COPY_ATTRIBUTES 会尝试复制相关属性，LinkOption 的 NOFOLLOW_LINKS 则不会使用符号链接。一个使用 Files.copy()的示例如下所示：

```
Path srcPath = ...;
Path destPath = ...;
Files.copy(srcPath, destPath, StandardCopyOption.REPLACE_EXISTING);
```

Files.copy()还有两个重载版本：一个接受 InputStream 作为来源，可直接读取数据，并将结果复制至指定的 Path；另一个 Files.copy()版本则将来源 Path 复制至指定的 OutputStream。例如，可将 10.1.1 节中的 Download 改写为以下形式：

NIO2 Download.java

```
package cc.openhome;

import java.io.*;
import java.net.URI;
import java.net.http.*;
import java.net.http.HttpResponse.BodyHandlers;
import java.nio.file.*;
import static java.nio.file.StandardCopyOption.*;

public class Download {
    public static InputStream openStream(String uri) throws Exception {
        return HttpClient
                .newHttpClient()
                .send(
                    HttpRequest.newBuilder(URI.create(uri)).build(),
                    BodyHandlers.ofInputStream()
                )
                .body();
    }

    public static void main(String[] args) throws Exception {
        Files.copy(
          openStream(args[0]), Paths.get(args[1]), REPLACE_EXISTING);
    }
}
```

如果移动文件或文件夹，可以使用 Files.move()方法。该方法的使用方式与 Files.copy()方法类似，可指定来源 Path、目的地 Path 与 CopyOption；如果文件系统支持原子移动，可在移动时指定 StandardCopyOption.ATOMIC_MOVE 选项。

如果要创建文件夹，可以使用 Files.createDirectory()方法；如果调用时父文件夹不存在，则会抛出 NoSuchFileException 异常。Files.createDirectories()会在父文件夹不存在的情况下一并创建。

提示>>> 可在创建文件夹时搭配使用 FileAttribute 来指定文件属性，例如，在支持 Posix 的文件系统上创建文件夹：

```
Set<PosixFilePermission> perms =
        PosixFilePermissions.fromString("rwxr-x---");
FileAttribute<Set<PosixFilePermission>> attr =
        PosixFilePermissions.asFileAttribute(perms);
Files.createDirectory(file, attr);
```

如果要创建临时文件夹，可以使用 Files.createTempDirectory()方法。这个方法在创建临时文件夹时，有指定路径与使用默认路径的不同版本。

第 10 章介绍过基本的输入/输出，对于 java.io 的基本输入/输出 API，NIO2 也进行了封装。例如，如果 Path 实例是个文件，你可使用 Files.readAllBytes()读取整个文件，然后以 byte[]返回文件内容；如果文件内容都是字符，你可使用 Files.readAllLines()指定文件 Path 与编码，读取整个文件，将文件中每行内容保存在 List<String>并返回。

第 12 章介绍过 Stream API，在 NIO2 的文件访问中，Files 提供了 lines()静态方法，它返回的是 Stream<String>，适合用于需要管道化、惰性操作的场景。lines()内部会开启文件，不使用时需要调用 close()方法来释放资源，返回的 Stream 可搭配尝试关闭资源语法来关闭。例如：

```
try(var lines = Files.lines(Paths.get(args[0]))) {
    lines.forEach(out::println);
}
```

如果文件内容都是字符，你需要在读取或写入时使用缓冲区，也可以使用 Files.newBufferedReader()、Files.newBufferedWriter()来指定文件 Path 和编码。它们分别返回 BufferedReader、BufferedWriter 实例，你可以使用它们来进行文件的读取或写入。例如，如果原先创建 BufferedReader 的片段如下所示：

```
var reader = new BufferedReader(
                 new InputStreamReader(
                     new FileInputStream(args[0]), "UTF-8"));
```

可使用 Files.newBufferedReader()将上述代码改写为如下形式：

```
var reader = Files.newBufferedReader(Path.get(args[0]), "UTF-8");
```

在使用 Files.newBufferedWriter()时，还可以指定 OpenOption 接口的实现对象，其实现类是 StandardOpenOption 与 LinkOption(实现了 CopyOption 与 OpenOption)，能指定开启文件时的行为。你可以查看 StandardOpenOption 与 LinkOption 的 API，了解有

哪些选项可以使用。

如果想通过 InputStream、OutputStream 来处理文件，你可以使用对应的 Files.new InputStream()、Files.newOutputStream()。

14.2.5　读取、访问文件夹

如果想获取文件系统根文件夹的路径信息，可以使用 FileSystem 的 getRootDirectories()方法，这会返回 Iterable<String>对象；可用增强式 for 循环或 forEach()方法获取根文件夹路径信息。例如：

NIO2 Roots.java

```
package cc.openhome;

import static java.lang.System.out;
import java.nio.file.*;

public class Roots {
    public static void main(String[] args) {
        var dirs = FileSystems.getDefault().getRootDirectories();
        dirs.forEach(out::println);
    }
}
```

Windows 下的执行结果如下：

```
C:\
D:\
```

也可以使用 Files.newDirectoryStream()方法取得 DirectoryStream 接口实现对象，代表指定路径下的所有文件。

在不使用 DirectoryStream 对象时，必须使用 close()方法关闭相关资源。DirectoryStream 继承了 Closeable 接口，其父接口为 AutoCloseable 接口，可搭配尝试关闭资源语法来简化程序的编写。

Files.newDirectoryStream()实际返回的是 DirectoryStream<Path>，由于 DirectoryStream 也继承了 Iterable 接口，可使用增强式 for 循环语法或 forEach()方法来逐一取得 Path。

下面这个示例可从命令行参数指定文件夹路径，查询出该文件夹下的文件：

NIO2File Dir.java

```
package cc.openhome;

import java.io.IOException;
import static java.lang.System.out;
import java.nio.file.*;
```

```
import java.util.*;

public class Dir {
   public static void main(String[] args) throws IOException {
      try(var directoryStream =
                   Files.newDirectoryStream(Paths.get(args[0]))) {
         var files = new ArrayList<String>();
         for(var path : directoryStream) {
            if(Files.isDirectory(path)) {
               out.printf("[%s]%n", path.getFileName());
            }
            else {
               files.add(path.getFileName().toString());
            }
         }
         files.forEach(out::println);
      }
   }
}
```

这个示例会先列出文件夹，再列出文件。如果命令行参数指定的是 C:\，则执行结果如下：

```
[$Recycle.Bin]
[Boot]
[Config.Msi]
[Documents and Settings]
[farston]
[Greenware]
[Intel]
[MSOCache]
[PerfLogs]
[Program Files]
[Program Files (x86)]
[ProgramData]
[Recovery]
[System Volume Information]
[Users]
[Windows]
[Winware]
[workspace]
bootmgr
BOOTNXT
devlist.txt
farstone_pe.letter
Finish.log
hiberfil.sys
```

```
pagefile.sys
swapfile.sys
```

如果想访问文件夹中的全部文件与子文件夹，可以实现 FileVisitor 接口，其中定义了四个必须实现的方法：

```
package java.nio.file;
import java.nio.file.attribute.BasicFileAttributes;
import java.io.IOException;
public interface FileVisitor<T> {
    FileVisitResult preVisitDirectory(T dir, BasicFileAttributes attrs)
        throws IOException;
    FileVisitResult visitFile(T file, BasicFileAttributes attrs)
        throws IOException;
    FileVisitResult visitFileFailed(T file, IOException exc)
        throws IOException;
    FileVisitResult postVisitDirectory(T dir, IOException exc)
        throws IOException;
}
```

从指定的文件夹路径开始，每次都会在访问该文件夹内容前，调用 preVisitDirectory()，访问文件时会调用 visitFile()，访问文件失败时会调用 visitFileFailed()，访问整个文件夹的内容后会调用 postVisitDirectory()。如果有多层文件夹，可以查看图 14-9 所示的访问时方法的调用顺序。

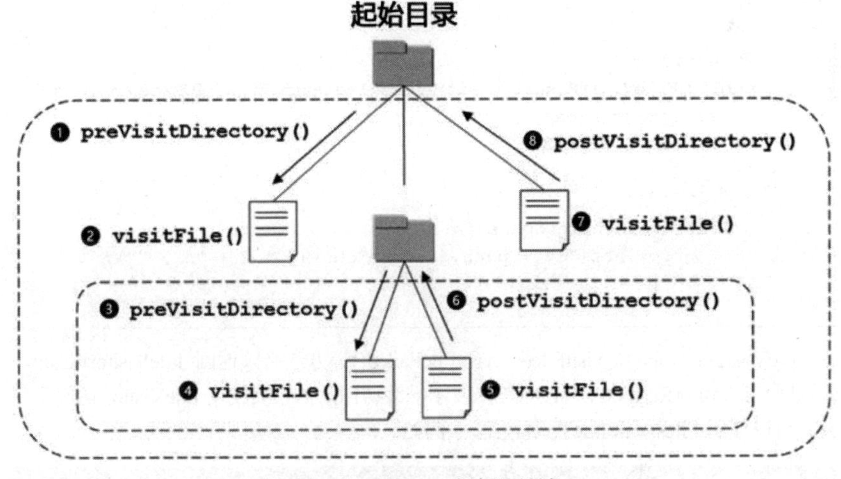

图 14-9　FileVisitor 方法调用顺序

如果只对 FileVisitor 中的一两个方法感兴趣，可以继承 SimpleFileVisitor 类，这个类实现了 FileVisitor 接口，继承后重新定义感兴趣的方法就可以。例如：

NIO2 ConsoleFileVisitor.java

```
package cc.openhome;

import java.io.IOException;
import static java.lang.System.*;
import java.nio.file.*;
import static java.nio.file.FileVisitResult.*;
import java.nio.file.attribute.*;

public class ConsoleFileVisitor extends SimpleFileVisitor<Path> {
    @Override
    public FileVisitResult preVisitDirectory(Path path,
                          BasicFileAttributes attrs) throws IOException {
        printSpace(path);
        out.printf("[%s]%n", path.getFileName());
        return CONTINUE;
    }

    @Override
    public FileVisitResult visitFile(
                    Path path, BasicFileAttributes attr) {
        printSpace(path);
        out.printf("%s%n", path.getFileName());
        return CONTINUE;
    }

    @Override
    public FileVisitResult visitFileFailed(Path file, IOException exc) {
        err.println(exc);
        return CONTINUE;
    }

    private void printSpace(Path path) {
         out.printf("%" + path.getNameCount() * 2 + "s", "");
    }
}
```

preVisitDirectory()、visitFile()、visitFileFailed()等方法必须返回 FileVisitorResult，若返回 FileVisitorResult.CONTINUE，表示继续访问。如果要使用 FileVisitor 访问文件夹，可以使用 Files.walkFileTree()方法。例如：

NIO2 DirAll.java

```
package cc.openhome;

import java.io.IOException;
import java.nio.file.*;
```

```
public class DirAll {
   public static void main(String[] args) throws IOException {
      Files.walkFileTree(Paths.get(args[0]), new
ConsoleFileVisitor());
   }
}
```

一个执行结果如下：

```
[workspace]
  [NIO2]
    [build]
      [modules]
        [cc.openhome]
          .netbeans_automatic_build
          .netbeans_update_resources
          [cc]
            [openhome]
              BasicFileAttributesDemo.class
              ConsoleFileVisitor.class
              Dir.class
              DirAll.class
            ...
```

第 12 章介绍过 Stream API。在使用 NIO2 访问文件夹时，可以使用 Files 提供的 list()与 walk()静态方法，它们返回的是 Stream<Path>，适合用于需要管道化、惰性操作的场合，list()会列出当前文件夹下的全部文件，walk()会列出当前文件夹及子文件夹下的全部文件。与之前介绍的 lines()一样，list()与 walk()返回的 Stream 不使用时，需要调用 close()方法来释放资源，可以搭配尝试关闭资源语法来关闭。例如：

```
try(var paths = Files.list(Paths.get(args[0]))) {
   paths.forEach(out::println);
}

try(var paths = Files.walk(Paths.get(args[0]))) {
    paths.forEach(out::println);
}
```

提示 >>> 若想知道如何监控文件夹变化，可以了解一下 NIO2 提供的 WatchService 等低层次的 API，可参考“Watching a Directory for Changes”[1]以了解更多信息。

1 Watching a Directory for Changes：http://docs.oracle.com/javase/tutorial/essential/io/notification.html.

14.2.6 过滤、搜索文件

如果想在列出文件夹内容时对结果进行过滤，例如只想显示.class 与.jar 文件，可以使用 Files.newDirectoryStream()的第二个参数指定过滤条件*.{class, jar}。例如：

```
try(var directoryStream = Files.newDirectoryStream(
                            Paths.get(args[0]), "*.{class,jar}")) {
 directoryStream.forEach(path -> out.println(path.getFileName()));
}
```

像*.{class, jar}这样的语法称为 Glob，是一种比正则表达式(Regular Expression)简单的模式比对语法(第 15 章将介绍正则表达式)，常用于文件夹与文件名称的比对。Glob 语法使用的符号与说明如表 14.1 所示。

表 14.1 Glob 语法符号

符号	说明
*	比较零个或多个字符
**	跨文件夹比较零个或多个字符
?	比较一个字符
{}	比较收集的任一子模式，例如，{class, jar}比较 class 或 jar，{tmp, temp*}比较 tmp 或以 temp 开头的字符
[ ]	比较收集的任一字符，例如，[acx]比较 a、c、x 中的任一字符，可使用-设置比较的范围，例如，[a-z]将比较 a 到 z 的任一字符，[A-Z, 0-9]将比较 A～Z 或 0～9 的任一字符，[ ]中的*、?、\用来进行字符比较，例如，[*?\]比较*、?、\中的任一字符
\	转义字符，比如，若要比较*、?、\，就要使用*、\?、\\
其他字符	比较字符本身

以下是几个 Glob 比较的示例：

- *.java 用来比较以.java 结尾的字符串。
- **/*Test.java 跨文件夹比较以 Test.java 结尾的字符串，例如，BookmarkTest.java、CommandTest.java 都符合。
- ？？？符合三个字符，例如，123、abc 会符合。
- a？*.java 比较 a 之后至少有一个字符，并以.java 结尾的字符串。
- *.{class, jar}符合以.class 或.jar 结尾的字符串。
- *[0-9]*比较的字符串中必须有一个数字。
- {*[0-9]*, *.java}比较的字符串中必须有一个数字，或者以.java 结尾。

在下面的例子中，可指定 Glob 搜索工作文件夹下符合条件的文件：

NIO2 LS.java

```
package cc.openhome;

import java.io.IOException;
import static java.lang.System.out;
import java.nio.file.*;

public class LS {
    public static void main(String[] args) throws IOException {
        // 默认取得所有文件
        var glob = args.length == 0 ? "*" : args[0];

        // 取得当前工作路径
        var userPath = Paths.get(System.getProperty("user.dir"));
        try(var directoryStream =
                Files.newDirectoryStream(userPath, glob)) {
            directoryStream.forEach(
                    path -> out.println(path.getFileName()));
        }
    }
}
```

如果启动 JVM 时指定命令行参数“\.*”，表示使用 Glob 语法“\.*”，那么工作文件夹下全部以“.”开头的文件或文件夹都会显示出来。例如，在 Eclipse 中执行时，结果如下：

```
.classpath
.project
.settings
```

Files.newDirectoryStream()的另一版本接受 DirectoryStream.Filter 实现对象。如果 Glob 语法无法满足条件过滤需求，可以自行实现 DirectoryStream.Filter 的 accept()方法，自定义过滤条件(例如采用正则表达式)。若 accept()方法返回 true，表示符合过滤条件。例如，若只想显示文件夹：

```
var filter = new DirectoryStream.Filter<Path>() {
    public boolean accept(Path path) throws IOException {
        return (Files.isDirectory(path));
    }
};
try(var directoryStream =
        Files.newDirectoryStream(Paths.get(args[0]), filter)) {
directoryStream.forEach(path -> out.println(path.getFileName()));
}
```

也可以使用 FileSystem 实例的 getPathMatcher()取得 PathMatcher 实现对象，调用 getPathMatcher()时可指定模式比对语法。regex 表示使用正则表达式语法，glob 表示使用 Glob 语法(其他厂商的实现也许还会提供其他语法)。例如：

```
var matcher = FileSystems.getDefault()
                    .getPathMatcher("glob:*.{class,jar}");
```

取得 PathMatcher 后，可以使用 matches()方法进行路径比较。若该方法返回 true，表示符合模式。例如，可以改写上一个示例，指定使用正则表达式或 Glob：

NIO2 LS2.java

```
package cc.openhome;

import java.io.IOException;
import static java.lang.System.out;
import java.nio.file.*;

public class LS2 {
    public static void main(String[] args) throws IOException {
        // 默认使用 Glob 获得所有文件
        var syntax = args.length == 2 ? args[0] : "glob";
        var pattern = args.length == 2 ? args[1] : "*";
        out.println(syntax + ":" + pattern);

        // 取得当前工作路径
        var userPath = Paths.get(System.getProperty("user.dir"));
        var matcher = FileSystems.getDefault()
                        .getPathMatcher(syntax + ":" + pattern);
        try(var directoryStream = Files.newDirectoryStream(userPath)) {
            directoryStream.forEach(path -> {
                var file = Paths.get(path.getFileName().toString());
                if(matcher.matches(file)) {
                    out.println(file.getFileName());
                }
            });
        }
    }
}
```

注意》》 如果 path 引用 Path 实例，那么使用 Files.newDirectoryStream()指定 Glob 比较时，比较的字符串对象是 path.getFileName().toString()。使用 PathMatcher 的 matches()时，比较的字符串对象是 path.toString()。

课后练习

实验题

编写程序，按照图 14-10 所示方式指定文件夹和 Glob 模式，递归搜索指定文件夹与子文件夹中符合模式的文件名称。Glob 模式必须放在" "中，以免被控制台解释为特定字符(如通配符'*')。

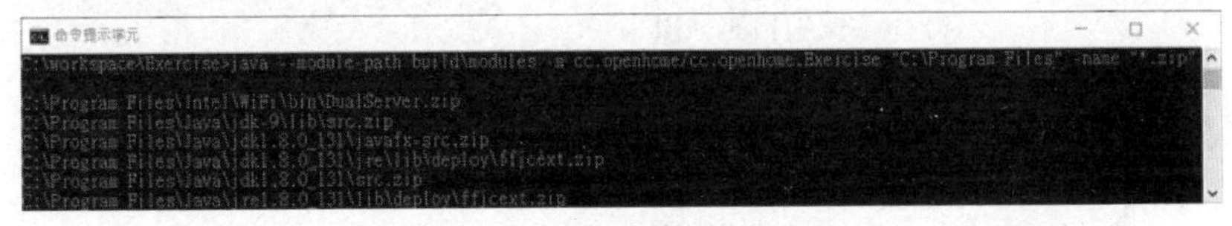

图 14-10　指定文件夹和 Glob 模式

第15章 通用API

学习目标

- 使用日志 API
- 了解国际化的基础
- 使用正则表达式
- 处理数字
- 访问堆栈跟踪

15.1 日志

系统中有许多必须记录的信息，例如捕获异常之后，对于开发者或系统管理员有意义的异常，那么该记录哪些信息(时间、信息产生的地方等)？用哪种方式记录(文件、数据库、远程主机等)？用哪种记录格式(控制台、纯文字、XML 等)？这些都是在记录时需要考虑的问题，Java SE 提供了日志 API，你可以在想基于标准 API 创建日志时使用。

15.1.1 日志 API 简介

尽管 java.util.logging 包在功能上赶不上第三方日志程序库，然而不必额外配置日志组件，就可在标准 Java 平台使用它，这是它的优势所在。

java.util.logging 包被划分到 java.logging 模块。如果采取模块化方式编写程序，必须在模块描述文件中加入 requires java.logging：

Logging module-info.java

```
module Logging {
   requires java.logging;
}
```

使用日志要从使用 Logger 类开始，创建 Logger 实例时有许多要处理的细节(例如刚才提到的几个注意事项，还有稍后会提到的命名空间处理问题等)。因为 Logger 类的构造函数是protected的，所以你不能以new方式来创建Logger实例，而必须使用Logger

的静态方法 getLogger()。例如：

```
var logger = Logger.getLogger("cc.openhome.Main");
```

调用 getLogger()时，必须指定 Logger 实例的命名空间(Name Space)。命名空间以“.”划分层级，层级相同的 Logger 拥有相同的父 Logger 配置。例如，如果有个 Logger 命名空间为“cc.openhome”，则命名空间“cc.openhome.Some”与“cc.openhome.Other”的 Logger 的父 Logger 配置就是“cc.openhome”命名空间的 Logger 配置。

通常在哪个类取得 Logger，就会将命名空间命名为哪个类的全名(在上例中，在 cc.openhome.Main 取得 Logger)。通常，也会通过以下方式取得 Logger：

```
var logger = Logger.getLogger(Main.class.getName());
```

后面讨论反射(Reflection)时会介绍，在类名称后加上.class，可以取得该类的 java.lang.Class 实例；调用 getName()，可以取得类的全名。

取得 Logger 实例后，可以使用 log()方法输出信息，输出信息时可使用 Level 的静态成员指定信息级别(Level)。例如：

Logging LoggerDemo.java

```
package cc.openhome;

import java.util.logging.*;

public class LoggerDemo {
   public static void main(String[] args) {
      var logger = Logger.getLogger(LoggerDemo.class.getName());
      logger.log(Level.WARNING, "WARNING 信息");
      logger.log(Level.INFO, "INFO 信息");
      logger.log(Level.CONFIG, "CONFIG 信息");
      logger.log(Level.FINE, "FINE 信息");
   }
}
```

执行结果如下：

```
1月 03, 2022 11:16:40 上午 cc.openhome.LoggerDemo main
WARNING: WARNING 信息
1月 03, 2022 11:16:40 上午 cc.openhome.LoggerDemo main
INFO: INFO 信息
```

可以看到，除了指定的信息之外，默认的 Logger 还会记录时间、类、方法等信息。咦？怎么只看到 Level.WARNING 与 Level.INFO 的信息？为什么会默认输出到控制台？如果要将信息输出到文件，怎么办？想改变信息的输出格式呢？除了日志层级的指定之外，如果要依赖外部条件决定是否输出信息呢？要了解这一切的答案，必须先了解日志 API 中的各个类与接口间的调用关系，如图 15-1 所示。

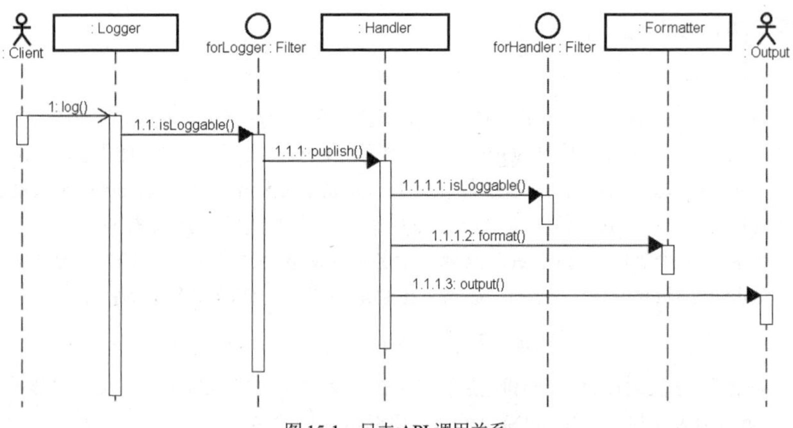

图 15-1 日志 API 调用关系

图 15-1 是简化后的 API 调用关系图。如果客户端调用了 Logger 实例的 log()方法，首先会按照 Level 来过滤信息，再看看 Logger 是否设定了 Filter 接口的实例，如果有且其 isLoggable()返回 true，则会调用 Handler 实例的 publish()方法。Handler 也可设定自己的 Filter 实例，如果有且其 isLoggable()返回 true，就调用 Formatter 实例的 format()方法格式化信息，最后才调用输出对象，将格式化后的信息输出。

简单来说，Logger 是记录信息的起点。若要输出信息，必须先通过 Logger 的 Level 与 Filter 进行过滤，再通过 Handler 的 Level 与 Filter 进行过滤；格式化信息的动作交给 Formatter 来完成，输出信息的动作实际由 Handler 负责。

还需要知道的是，正如前面介绍过的，Logger 有层级关系，命名空间层级相同的 Logger 会拥有相同的父 Logger 配置。每个 Logger 处理完自己的日志动作后，会向父 Logger 传播，让父 Logger 也可以处理日志。

15.1.2 指定日志层级

Logger 与 Handler 默认会按照 Level 过滤信息，如果没有进行任何修改，Logger 实例的父 Logger 配置就是 Logger.GLOBAL_LOGGER_NAME 命名空间中 Logger 实例的配置。这个实例的 Level 设定为 INFO，可通过 Logger 实例的 getParent()取得父 Logger 实例，通过 getLevel()，可取得设定的 Level 实例。例如：

```
jshell> import java.util.logging.*;

jshell> var logger = Logger.getLogger("cc.openhome.Some");
logger ==> java.util.logging.Logger@3d99d22e

jshell> var global = Logger.getLogger(Logger.GLOBAL_LOGGER_NAME);
global ==> java.util.logging.Logger@cd2dae5
```

```
jshell> logger.getLevel();
$4 ==> null

jshell> logger.getParent().getLevel();
$5 ==> INFO

jshell> global.getParent().getLevel();
$6 ==> INFO
```

Logger.GLOBAL_LOGGER_NAME 命名空间默认的信息层级是 Level.INFO，而 Logger 的信息处理会向父 Logger 传播，也就是说，取得 Logger 实例后，默认情况下只有大于或等于 Level.INFO 层级的信息才会被输出。可通过 Logger 的 setLevel()指定 Level 实例，可使用 Level 内置的几个静态成员来指定层级：

- Level.OFF(Integer.MAX_VALUE)
- Level.SEVERE(1000)
- Level.WARNING(900)
- Level.INFO(800)
- Level.CONFIG(700)
- Level.FINE(500)
- Level.FINER(400)
- Level.FINEST(300)
- Level.ALL(Integer.MIN_VALUE)

这些静态成员都是 Level 的实例，你可以使用 intValue()取得包含的 int 值，Logger 可以通过 setLevel()设定 Level 实例。如果调用 log()时指定的 Level 实例包含的 int 值小于 Logger 设定的 Level 实例包含的 int 值，Logger 就不会记录信息；Level.OFF 会关闭所有信息输出，Level.ALL 会允许全部信息输出。

在经过 Logger 过滤后，还得经过 Handler 过滤，可通过 Logger 的 addHandler()来新增 Handler 实例。前面介绍过，每个 Logger 处理完自己的日志动作后都会向父 Logger 传播，让父 Logger 也可以处理日志，因此实际上进行信息输出时，目前 Logger 的 Handler 处理完，会传播给父 Logger 的所有 Handler 处理(在使用父 Logger 层级的情况下)。可通过 getHandlers()方法取得目前已有的 Handler 实例数组。例如：

```
var logger = Logger.getLogger(Some.class.getName());
out.println(logger.getHandlers().length); // 显示 0，表示没有 Handler
// 以下会显示两行，一行包括 java.util.logging.ConsoleHandler 字样
// 一行包括 INFO 字样
for(var handler : logger.getParent().getHandlers()) {
    out.println(handler);
    out.println(handler.getLevel());
}
```

也就是说，在没有自定义配置的情况下，取得的 Logger 实例只会使用 Logger.GLOBAL_LOGGER_NAME 命名空间中 Logger 实例的 Handler，默认情况下使用 ConsoleHandler，它是 Handler 的子类，会在控制台输出日志信息，默认的层级是 Level.INFO。

Handler 可通过 setLevel()设定信息，信息要经过 Logger 与 Handler 的过滤后才可输出，因此对于 15.1.1 节中的示例，如果要显示 INFO 以下的信息，不仅要将 Logger 的层级设为 Level.INFO，还得将 Handler 层级设为 Level.INFO。例如：

Logging LoggerDemo2.java

```
package cc.openhome;

import java.util.logging.*;

public class LoggerDemo2 {
    public static void main(String[] args) {
        var logger = Logger.getLogger(LoggerDemo2.class.getName());
        logger.setLevel(Level.FINE);
        for(var handler : logger.getParent().getHandlers()) {
            handler.setLevel(Level.FINE);
        }
        logger.log(Level.WARNING, "WARNING 信息");
        logger.log(Level.INFO, "INFO 信息");
        logger.log(Level.CONFIG, "CONFIG 信息");
        logger.log(Level.FINE, "FINE 信息");
    }
}
```

执行结果如下所示，将输出程序中指定的所有信息：

```
1月 03, 2022 11:26:04 上午 cc.openhome.LoggerDemo2 main
WARNING: WARNING 信息
1月 03, 2022 11:26:04 上午 cc.openhome.LoggerDemo2 main
INFO: INFO 信息
1月 03, 2022 11:26:04 上午 cc.openhome.LoggerDemo2 main
CONFIG: CONFIG 信息
1月 03, 2022 11:26:04 上午 cc.openhome.LoggerDemo2 main
FINE: FINE 信息
```

对于一些日志层级，Logger 实例有对应的简便方法，比如 severe()、warning()、info()、config()、fine()、finer()、finest()，这些方法也有接受 Supplier 实例的重载版本。对于比较耗资源的日志动作，可以按照下面的方式编写程序，在没有达到指定层级时，就不会执行 expensiveLogging()：

```
logger.debug(() -> expensiveLogging());
```

15.1.3　使用 Handler 与 Formatter

Handler 实例负责日志输出，标准 API 提供了几个 Handler 实现类，继承架构如图 15-2 所示。

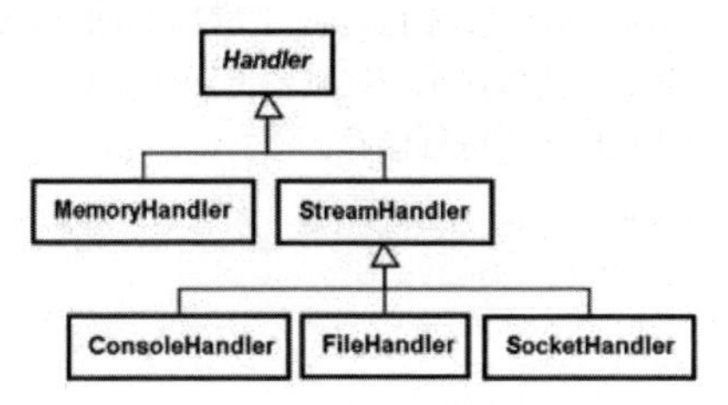

图 15-2　Handler 继承架构

MemoryHandler 不会格式化日志信息，信息会暂存在内存缓冲区中，直到超出缓冲区容量，才将信息输出至指定的目标 Handler。StreamHandler 可自行指定信息输出时使用的 OutputStream 实例，它与子类都使用指定的 Formatter 格式化信息。ConsoleHandler 创建时，会自动指定 OutputStream 为 System.err，因此日志信息会显示在控制台中。FileHandler 创建时会创建日志输出时使用的 FileOutputStream，文件位置与名称可以使用模式(Pattern)字符串来指定。SocketHandler 创建时可以指定主机位置与连接字符串，内部将自动建立网络连接，将日志信息传送至指定的主机。

Logger 可以使用 addHandler()新增 Handler 实例，使用 removeHandler()删除 Handler。下面的示例将当前的 Logger 与新建的 FileHandler 层级设定为 Level.CONFIG，并通过 addHandler()将它设定到 Logger 实例：

Logging HandlerDemo.java

```
package cc.openhome;

import java.io.IOException;
import java.util.logging.*;

public class HandlerDemo {
    public static void main(String[] args) throws IOException {
        var logger = Logger.getLogger(HandlerDemo.class.getName());
        logger.setLevel(Level.CONFIG);
        var handler = new FileHandler("%h/config.log");
        handler.setLevel(Level.CONFIG);
        logger.addHandler(handler);
        logger.config("Logger 配置完成");
    }
}
```

在创建 FileHandler 指定模式字符串时，可使用“%h”来表示用户的“家”(home)

文件夹(在 Windows 系统中，对应 C:\Users\用户名)，还可使用“%t”取得系统临时文件夹，或者使用“%g”自动为文件编号，例如，“%h/config%g.log”表示将 config*N*.log 文件储存于用户“家”文件夹，*N* 表示文件编号，会自动递增。

Logger 的 config()可直接以 Level.CONFIG 层级输出信息，另外还有 severe()、info()等简便方法。上面这个示例只会在当前 Logger 上增加 FileHandler，因为父 Logger 默认层级为 Level.INFO，信息不会再显示在控制台上，而会储存在用户“家”文件夹的 config.log 中，默认会以 XML 格式进行储存：

```
<?xml version="1.0" encoding="UTF-8" standalone="no"?>
<!DOCTYPE log SYSTEM "logger.dtd">
<log>
<record>
  <date>2022-01-03T03:29:20.167481100Z</date>
  <millis>1641180560167</millis>
  <nanos>481100</nanos>
  <sequence>0</sequence>
  <logger>cc.openhome.HandlerDemo</logger>
  <level>CONFIG</level>
  <class>cc.openhome.HandlerDemo</class>
  <method>main</method>
  <thread>1</thread>
  <message>Logger 配置完成</message>
</record>
</log>
```

这是因为 FileHandler 默认的 Formatter 是 XMLFormatter，之前谈到的 ConsoleHandler 默认使用 SimpleFormatter，这两个类是 Formatter 的子类，你可以通过 Handler 的 setFormatter()方法设定 Formatter。

如果不想让父 Logger 的 Handler 处理日志，可以对 Logger 实例调用 setUseParentHandlers()方法，并将其设定为 false，这样，日志信息就不会传播给父 Logger。也可以使用 Logger 实例的 setParent()方法来指定父 Logger。

提示 >>> 如果要以特定编码输出信息或储存文件，可以使用 Handler 的 setEncoding()方法指定文字编码。

15.1.4 自定义 Handler、Formatter 与 Filter

如果 java.util.logging 包提供的 Handler 实现不符合需求，可以继承 Handler 类，实现抽象方法 publish()、flush()与 close()来自定义 Handler。建议实现时考虑信息过滤与格式化，一个建议的实现流程为：

```
...
public class CustomHandler extends Handler {
```

```
        ...
    public void publish(LogRecord logRecord) {
        if(!isLoggable(logRecord)) {
            return;
        }
        var logMsg = getFormatter().format(logRecord);
        out.write(logMsg); // out 是输出目的地对象
    }
    public void flush() {
         ...// 清空信息
    }

    public void close() {
         ...// 关闭输出对象
    }
}
```

实现时要注意，在职责分配上，Handler 是负责输出的，格式化交由 Formatter 来处理，而信息过滤交由 Filter 来处理。Handler 有默认的 isLoggable()实现，会先按照 Level 过滤信息，再使用指定的 Filter 对信息进行过滤：

```
...
    public boolean isLoggable(LogRecord record) {
        var levelValue = getLevel().intValue();
        if(record.getLevel().intValue() < levelValue ||
            levelValue == offValue) {
            return false;
        }
        var filter = getFilter();
        if(filter == null) {
            return true;
        }
        return filter.isLoggable(record);
    }
...
```

如果要自定义 Formatter，可以继承 Formatter 后实现抽象方法 format()。这个方法会传入 LogRecord，储存所有日志信息。例如，将 ConsoleHandler 的 Formatter 设为自定义的 Formatter：

Logging FormatterDemo.java

```
package cc.openhome;

import java.time.Instant;
import java.util.logging.*;

public class FormatterDemo {
```

```
    public static void main(String[] args) {
        var logger = Logger.getLogger(FormatterDemo.class.getName());
        logger.setLevel(Level.CONFIG);
        var handler = new ConsoleHandler();
        handler.setLevel(Level.CONFIG);
        handler.setFormatter(new Formatter() {
            @Override
            public String format(LogRecord record) {
                return """
                    日志来自 %s %s
                        层级：%s
                        信息：%s
                        时间：%s
                        """.formatted(
                            record.getSourceClassName(),
                            record.getSourceMethodName(),
                            record.getLevel(),
                            record.getMessage(),
                            Instant.ofEpochMilli(record.getMillis())
                        );
            }
        });
        logger.addHandler(handler);
        logger.config("自定义 Formatter 信息");
    }
}
```

执行结果如下：

```
日志来自 cc.openhome.FormatterDemo main
    层级：CONFIG
    信息：自定义 Formatter 信息
    时间：2022-01-03T03:44:58.921Z
```

Logger 与 Handler 默认只按照层级过滤信息，Logger 与 Handler 都有 setFilter()方法，可以指定 Filter 实现对象。如果想让 Logger 与 Handler 不仅能按照层级过滤，还能加入额外过滤条件，可以实现 Filter 接口：

```
package java.util.logging;
public interface Filter {
    public boolean isLoggable(LogRecord record);
}
```

提示»» Java 生态系统中有许多日志程序库供你选择，比如 Log4j、Apache Common Logging、SL4J 或 Log4j2 等。如果想了解这些程序库的大概差异，可以从《哪来这么多日志程序库》[1]开始学习。

1 哪来这么多日志程序库：https://openhome.cc/Gossip/Programmer/Logging.html.

15.1.5　使用 logging.properties

前面介绍的方法都通过程序来改变 Logger 对象的配置，实际上，可以通过 logging.properties 设定 Logger 的配置，这很方便。例如在程序开发阶段，在.properties 上设定 Level.WARNING 层级的信息输出。在程序上线后，如果想关闭警报日志以减少程序的非必要输出，只需要修改.properties。

JDK 的 conf 文件夹内有个 logging.properties 文件，该文件用来设定 Logger 配置的参考示例：

```
############################################################
#  全局 Logger 配置
############################################################

#handlers 可通过逗号分隔来指定多个 Handler 类
#JVM 启动后会完成 Handler 设定，指定的类必须在 CLASSPATH 中
#默认是 ConsoleHandler
handlers= java.util.logging.ConsoleHandler

#下面是同时设定 FileHandler 与 ConsoleHandler 的示例
#handlers= java.util.logging.FileHandler,
           java.util.logging.ConsoleHandler

#全局 Logger 的默认层级(不是 Handler 默认的层级)
#默认是 INFO
.level= INFO

############################################################
#Handler 默认配置
############################################################

#FileHandler 默认配置
#Formatter 默认是 XMLFormatter
java.util.logging.FileHandler.pattern = %h/java%u.log
java.util.logging.FileHandler.limit = 50000
java.util.logging.FileHandler.count = 1
java.util.logging.FileHandler.formatter = java.util.logging.XMLFormatter

#ConsoleHandler 默认配置
#层级默认为 INFO
#Formatter 默认为 SimpleFormatter
java.util.logging.ConsoleHandler.level = INFO
java.util.logging.ConsoleHandler.formatter =
   java.util.logging.SimpleFormatter

#要自定义 SimpleFormatter 输出格式，可参考以下示例：
```

```
#    <level>: <log message> [<date/time>]
#例如:
#java.util.logging.SimpleFormatter.format=%4$s: %5$s [%1$tc]%n

##############################################################
#特定命名空间 Logger 配置
##############################################################

#例如，将 com.xyz.foo 命名空间中 Logger 的层级设定为 SEVERE
com.xyz.foo.level = SEVERE
```

可以修改这个.properties，然后将其另存到可加载类的路径。启动 JVM 时，指定“java.util.logging.config.file”系统属性为.properties 的名称，例如-Djava.util.logging.config.file=logging.properties，程序的 Logger 就会套用指定文件中的配置设定。

15.2 HTTP Client API

10.1.1 节曾经介绍过，从 HTTP 服务器读取某个网页时，使用的是 Java 11 新增的 HTTP Client API。这一节来认识一下它的基本使用方式。

15.2.1 浅谈 URI 与 HTTP

虽然在一些简单场景中，就算不了解 URL/URI 与 HTTP 的细节，也可以使用 HTTP Client API 来完成任务，但是知道这些细节，可以让你完成更多的操作，因此这里将提供一些 HTTP Client API 的基础知识，并在后面的章节中详细讨论。

URI 规范

想告诉浏览器到哪里取得文件等资源时，通常会听到有人这么说:“要指定 URL。”但偶尔也会听到有人说：“要指定 URI。”那么到底什么是 URL？URI？

URL 中的 U，早期代表 Universal(万用)，标准化之后代表 Uniform(统一)，URL 的全称为 Uniform Resource Locator，主要目的是定义网络资源的标准格式，就早期的“RFC 1738”[1]规范来看，URL 的主要语法格式为:

```
<scheme>:<scheme-specific-part>
```

协议(Scheme)指定了以何种方式取得资源，常用的协议如下：

- ftp(文件传输协议，File Transfer Protocol)
- http(超文本传输协议，Hypertext Transfer Protocol)
- mailto(电子邮件)
- file(特定主机文件名称)

1 RFC 1738：https://tools.ietf.org/html/rfc1738.

协议之后跟随冒号，协议特定部分(Scheme-specific-part)的格式根据协议而定，通常是：

```
// <用户>:<密码>@<主机>:<端口号>/<路径>
```

举例来说，假设主机名称为 openhome.cc，若要以 HTTP 协议取得 Gossips 文件夹中的 index.html 文件，连接端口号 8080，则必须使用以下 URL：

```
https://openhome.cc:8080/Gossip/index.html
```

由于一些历史性的原因，URL 后来成为 URI 规范的子集。感兴趣的话可以参考维基百科的“Uniform Resource Identifier”[1]条目，就“RFC 3986”[2]的规范来看，URI 的主要语法格式为：

```
URI        = scheme ":" hier-part [ "?" query ] [ "#" fragment ]
hier-part = "//" authority path-abempty
            / path-absolute
            / path-rootless
            / path-empty
```

规范中的语法实例如下：

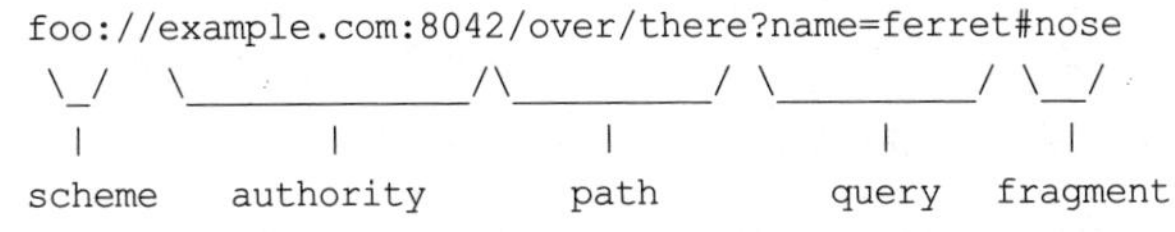

不过许多人已经习惯使用 URL 这个名称，因而 URL 这个名称仍广为使用。不少既有的技术，比如 API 或者相关设定中，也会出现 URL 字样，然而 Java 标准 API 使用 java.net.URI 来代表 URI，因此，后面将统一采用 URI 名称。

HTTP 请求

浏览器跟 Web 网站的沟通基本上是通过 HTTP 完成的，HTTP 定义了 GET、POST、PUT、DELETE、HEAD、OPTIONS、TRACE 等请求方式。就 HTTP Client API 的使用而言，初学者可以从 GET 与 POST 开始学习。

顾名思义，GET 请求就是请求取得指定的资源。在发出 GET 请求时，必须告诉网站请求资源的 URL，以及一些标头(Header)信息，一个 GET 请求的发送示例如图 15-3 所示。

1 Uniform Resource Identifier：https://en.wikipedia.org/wiki/Uniform_Resource_Identifier.

2 RFC 3986：https://www.ietf.org/rfc/rfc3986.txt.

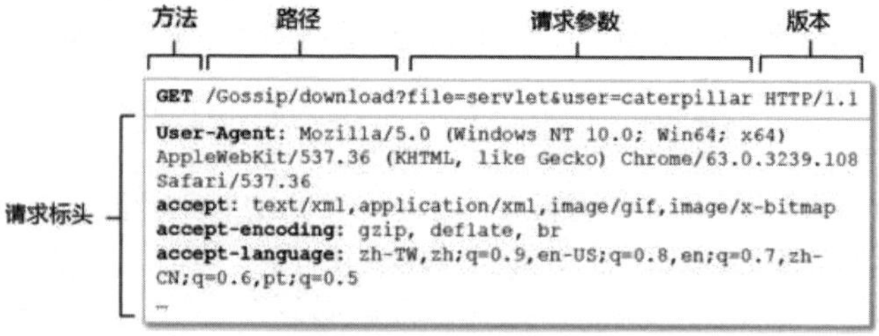

方法
路径
请求参数
版本
GET /Gossip/download?file=servlet&user=caterpillar HTTP/1.1
请求标头
User-Agent: Mozilla/5.0 (Windows NT 10.0; Win64; x64) AppleWebKit/537.36 (KHTML, like Gecko) Chrome/63.0.3239.108 Safari/537.36
accept: text/xml,application/xml,image/gif,image/x-bitmap
accept-encoding: gzip, deflate, br
accept-language: zh-TW,zh;q=0.9,en-US;q=0.8,en;q=0.7,zh-CN;q=0.6,pt;q=0.5
…

图 15-3 GET 请求示例

在图 15-3 中，请求标头向网站提供了一些有关浏览器的信息，网站可以使用这些信息来进行响应处理。例如，可从 User-Agent 得知用户的浏览器类型与版本，从 accept-language 了解浏览器接受哪些语言的内容响应等。

请求参数通常是用户发送给网站的信息，以便网站进一步针对用户请求进行正确的响应。在一个请求参数中，路径之后跟随问号(?)，然后是请求参数名称与请求参数值，中间以等号(=)表示成对的关系。如果有多个请求参数，则通过&字符进行连接。若使用 GET 的方式发送请求，那么浏览器的地址栏上也会出现请求的参数信息，如图 15-4 所示。

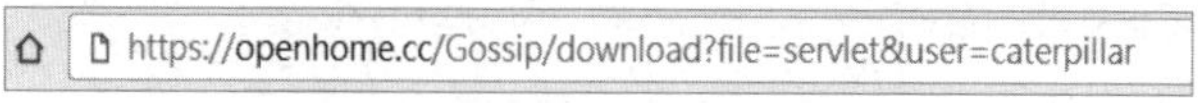

https://openhome.cc/Gossip/download?file=servlet&user=caterpillar

图 15-4 GET 请求参数出现在地址栏中

GET 请求可以发送的请求参数长度有限，这根据浏览器而有所不同；网站也会设定长度限制，大量数据不适合用 GET 方法来进行请求。

对于大量或复杂信息的发送(如文件的上传)，通常采用 POST 来进行发送，一个 POST 发送的示例如图 15-5 所示。

方法
路径
版本
POST /Gossip/download HTTP/1.1
请求标头
User-Agent: Mozilla/5.0 (Windows NT 10.0; Win64; x64) AppleWebKit/537.36 (KHTML, like Gecko) Chrome/63.0.3239.108 Safari/537.36
accept: text/xml,application/xml,image/gif,image/x-bitmap
accept-encoding: gzip, deflate, br
accept-language: zh-TW,zh;q=0.9,en-US;q=0.8,en;q=0.7,zh-CN;q=0.6,pt;q=0.5
…
Connection: close
请求参数
file=servlet&user=caterpillar

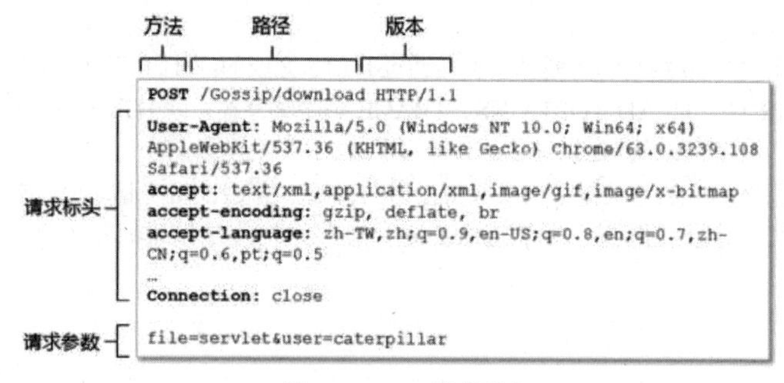

图 15-5 POST 请求示例

POST 将请求参数移至最后的信息主体(Message Body)，由于信息主体的内容长度不受限制，因此，对于大量数据的发送，可使用 POST 方法。由于请求参数移至信息主体，地址栏不会出现请求参数，因此，对于较敏感的信息，比如密码，即使长度不长，通常也会改用 POST 的方式进行发送，从而避免敏感信息因出现在地址栏而被直接窥看。

注意»» 虽然在使用 POST 发送请求时，请求参数不会出现在地址栏上，但是在非加密连接的情况下，如果请求被第三方拦截了，请求参数仍然是一目了然的；若想知道更多 HTTP 的细节，可以参考《重新认识 HTTP 请求方法》[1]。

URI 编码

HTTP 请求参数包含请求参数名称与请求参数值，中间以等号(=)表示成对关系，现在问题来了，如果请求参数值本身包括=符号，怎么办？如果想发送的请求参数值是"https://openhome.cc"这个值呢？对于 GET 请求，不能直接这么发送：

```
GET /Gossip/download?uri=https://openhome.ccHTTP/1.1
```

URI 规范定义了保留字符(Reserved Character)，例如":""/""?""&""=""@""%"等字符，在 URI 中都有其作用。如果要在请求参数上表达 URI 的保留字符，则必须在%字符之后以 16 进制数值表示，从而表示该字符的八位数值。

例如，":"字符真正储存时的八个字节为 00111010，若用 16 进制数值来表示，则为 3A，URI 上必须使用"%3A"来表示":"。"/"字符储存时的八个字节为 00101111，若用 16 进制表示，则为 2F，必须使用"%2F"来表示"/"字符。如果想发送的请求参数值是"https://openhome.cc"，则必须使用以下格式：

```
GET /Gossip/download?uri=https%3A%2F%2Fopenhome.cc HTTP/1.1
```

这是 URI 规范中的百分比编码(Percent-Encoding)，也就是俗称的 URI 编码。在非 ASCII 字符方面，例如中文，4.4.5 节曾经谈过，在 UTF-8 的编码下，中文多半使用三个字节来表示。例如，"林"在 UTF-8 编码下的三个字节，若用 16 进制数值表示，就是 E6、9E、97。在 URI 编码中，请求参数中如果包含"林"这个中文字符，表示方式就是"%E6%9E%97"。例如：

```
https://openhome.cc/addBookmar.do?lastName=%E6%9E%97
```

有些初学者会直接打开浏览器，键入如图 15-6 所示的内容，然后告诉我："URI 也可以直接用中文啊！"

🔒 安全 | https://openhome.cc/register?lastName=林

图 15-6 浏览器地址栏真的可以输入中文吗

你如果将地址栏复制、粘贴到纯文本文件中，就会看到 URI 编码的结果，这其实是因为现在的浏览器很聪明，会自动将 URI 编码显示为中文。

1 重新认识 HTTP 请求方法：https://openhome.cc/Gossip/Programmer/HttpMethod.html.

Cookie

HTTP 是无状态协议，HTTP 服务器在请求、响应后，会中断网络连接，下次请求会发起新的连接。也就是说，HTTP 服务器不会“记得”这次请求与下一次请求之间的关系。

然而有些功能必须由多次请求来完成，例如，PTT 论坛[1]会在你通过浏览器首次访问时，要求选择“我同意，我已年满十八岁”按钮，你选择后才能继续阅读文章。既然 HTTP 服务器不会记得这次请求与下一次请求之间的关系，那它又怎么记得用户曾经同意呢？

Cookie 是在浏览器储存信息的一种方式，Web 应用程序可以响应浏览器 Set-Cookie 标头，浏览器收到这个标头与数值后，会将其储存下来。Cookie 可设定保存期限，在期限内，浏览器会使用 Cookie 标头，自动将 Cookie 发送给 Web 应用程序，这样，Web 应用程序就可以得知一些关于之前浏览器请求的信息。

以 PTT 论坛为例，如图 15-7 所示，按下“我同意，我已年满十八岁”按钮后，会发出请求参数 yes=yes，Web 应用程序收到后的响应标头中，会包含 Set-Cookie: over18=1; Path=/。浏览器会以 Cookie 储存信息，该信息会在浏览器关闭后失效。在浏览器关闭前，对于你每次对论坛的请求，请求标头中都会包含 Cookie: over18=1，据此，Web 应用程序知道你曾经点击过代表“同意”的按钮，因而返回论坛的页面内容。

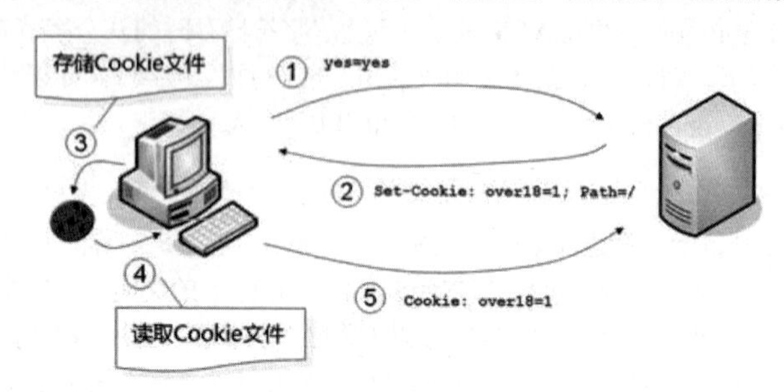

图 15-7　使用 Cookie

15.2.2　HTTP Client API 入门

因为 HTTP Client API 位于 java.net.http 模块中，所以使用前必须在 module-info.java 使用 requires 声明依赖的模块：

HTTP module-info.java

```
module Stream {
    requires java.net.http;
}
```

如果想使用 HTTP Client API，基本上会先接触到三个 API：使用 HttpRequest 组织

1 PTT 论坛：www.ptt.cc/bbs/Gossiping/index.html.

请求信息，通过 HttpClient 发出请求，从 HttpResponse 取得响应信息。先来看看如何处理基本的 GET 请求与响应。

HTTP Download.java

```
package cc.openhome;

import java.io.IOException;
import java.net.URI;
import java.net.http.*;
import java.net.http.HttpResponse.BodyHandlers;

public class Download {
   public static void main(String[] args)
                    throws IOException, InterruptedException {
      HttpRequest request =
                 HttpRequest.newBuilder()
                         .uri(URI.create(args[0]))
                         .GET()
                         .build();

      HttpClient client = HttpClient.newHttpClient();

      HttpResponse<String> response =
                 client.send(request, BodyHandlers.ofString());
      System.out.println(response.statusCode());
      System.out.println(response.body());
   }
}
```

这个示例特意不使用 var，从而凸显 HttpRequest、HttpClient 与 HttpResponse 三者之间的关系。若想创建 HttpRequest，必须先通过 newBuilder()创建 HttpRequestBuilder 实例，接着以流畅 API 风格组织请求信息。示例中只是通过 URI.create()从命令行参数指定 URI、GET 请求(默认就是 GET 请求，就这个示例来说，不调用 GET()方法也可以)。完成请求信息的组织后，调用 build()方法创建 HttpRequest 实例。如果有多次请求会共享信息，可以重用 HttpRequest 实例。

HttpClient 就像没有操作界面的浏览器，可通过 newHttpClient()方法创建。目前示例只采用其默认值，然而 HttpClient 可以用来指定 HTTP 版本、代理服务器和用户验证等信息。

如果想以同步方式进行请求，也就是说，在发出请求后，要等待响应完成，流程才会继续执行，可以通过 HttpClient 的 send()方法来实现。除了要指定 HttpRequest 实例，还要指定 BodyHandler 实例来处理响应主体。这里使用 BodyHandlers.ofString()返回的实例，它会将响应主体解读为字符串；必要时也可以指定字符串编码。

由于指定将响应主体解读为字符串，HttpClient 的 send()方法会返回 HttpResponse

<String>实例。可以通过 statusCode()、body()等方法读取响应内容，具体情况将根据指定的 BodyHandler 实例而定。body()方法返回的实例各不相同，这个示例将返回 String，然而你可以回忆一下 10.1.1 节中 Download 示例中的片段：

```
...
    public static InputStream openStream(String uri) throws Exception
{
        return HttpClient
                 .newHttpClient()
                 .send(
                     HttpRequest.newBuilder(URI.create(uri)).build(),
                     BodyHandlers.ofInputStream()
                 )
                 .body();
    }
    ...
```

BodyHandlers.ofInputStream()返回的 BodyHandler 实例会将响应主体当成流的来源，后续 HttpClient 的 send()方法返回的实例将是 HttpResponse<InputStream>。通过 body()方法，可以获得代表流来源的 InputStream。

如果想以异步的方式传送请求，可以尝试使用 sendAsync()方法，它将返回 CompletableFuture<HttpResponse<T>>。T 实际类型是由指定的 BodyHandler 实例决定的，例如，以下示例可获取 HTML 网页中的 img 标签信息。

HTTP ImgTags.java

```
package cc.openhome;

import java.net.URI;
import java.net.http.HttpClient;
import java.net.http.HttpRequest;
import java.net.http.HttpResponse.BodyHandlers;
import java.util.regex.Pattern;

public class ImgTags {
    public static void main(String[] args) {
        var regex = Pattern.compile("(?s)<img.+?src=\"(.+?)\".*?>");

        var request = HttpRequest
                      .newBuilder()
                      .uri(URI.create(args[0]))
                      .build();

        HttpClient.newHttpClient()
            .sendAsync(request, BodyHandlers.ofString())
            .thenApply(resp -> resp.body())
```

```
                .thenAccept(html -> {
                    var matcher = regex.matcher(html);
                    while(matcher.find()) {
                        System.out.println(matcher.group());
                    }
                })
                .join();  // 加入主线程，等 CompletableFuture 完成后再结束
    }
}
```

在上面这个示例中，sendAsync()方法设置了 BodyHandlers.ofString()，这会返回 CompletableFuture<HttpResponse<String>>，因此 thenApply()的 resp 会收到 HttpResponse<String>，这样，resp.body()就可以获得 String；示例中使用了正则表达式来比较 img 标签，这些内容将在 15.3 节中进行介绍。

为了能在完成 CompletableFuture 的任务后再结束程序，示例中使用了 join()。你也可以通过 HttpClient 的 newBuilder()获得 Builder 实例。在创建过程中，可以通过 executor()来指定 Executor 实例，例如：

```
var executor = Executors.newSingleThreadExecutor();
HttpClient.newBuilder()
      .executor(executor)
        .build()
        .sendAsync(request, BodyHandlers.ofString())
        .thenApply(resp -> resp.body())
        .thenAccept(html -> {
            var matcher = regex.matcher(html);
            while(matcher.find()) {
               System.out.println(matcher.group());
            }
            executor.shutdown();
        });
```

你可以用这个程序片段取代 ImgTags 中对应的部分，CompletableFuture 会在另一个线程进行异步处理。这只是个简单的示例，因此最后一个任务完成后，直接关闭了 Executor，结束整个程序。

15.2.3 发送请求信息

如果想发送请求参数，使用 GET 请求时，须在创建 URI 实例时将“?name=value”形式的字符串附加到 URI，然而要记得进行 15.2.1 节介绍过的 URI 编码，这可以通过 java.net.URLEncoder 的 encode()方法来处理。

例如，下面的代码将创建一个 RequestHelper，提供 queryString()方法来处理请求参数的 URI 编码：

HTTP RequestHelper.java

```
package cc.openhome;

import java.io.UncheckedIOException;
import java.io.UnsupportedEncodingException;
import java.net.URLEncoder;
import java.util.Map;
import java.util.stream.Collectors;

public class RequestHelper {
    public static String queryString(
                    Map<String, String> params, String enc) {
        return params.keySet()
                .stream()
                .map(name -> "%s=%s".formatted(
                        encode(name, enc),
                        encode(params.get(name), enc)
                    )
                )
                .collect(Collectors.joining("&"));
    }

    private static String encode(String str, String enc)  {
        try {
            return URLEncoder.encode(str, enc);
        } catch (UnsupportedEncodingException e) {
            throw new UncheckedIOException(e);
        }
    }
}
```

queryString()可以接收 Map<String, String>指定请求参数的键/值，而且可以指定文本编码。至于该指定哪个编码，要根据接收请求的网站而定，目前 Web 应用程序的主流是 UTF-8。

例如，如果想通过 HTTP Client API 对 Google 搜索发出请求，可以通过 q 参数指定搜索字符串。如果将 lr 指定为 lang_zh-TW，会搜索繁体中文网页。

HTTP Search.java

```
package cc.openhome;

import java.io.IOException;
import java.net.URI;
import java.net.http.HttpClient;
import java.net.http.HttpRequest;
import java.net.http.HttpResponse.BodyHandlers;
```

```
import java.util.Map;

public class Search {
    public static void main(String[] args)
                    throws IOException, InterruptedException {
        var params = Map.of("q", "Java SE 17 技术手册", "lr", "lang_zh-TW");
        var uri = URI.create(
            "https://www.google.com/search?" +
            RequestHelper.queryString(params, "UTF-8")
        );

        var request = HttpRequest.newBuilder(uri)
                            .header("User-Agent", "Mozilla/5.0")
                            .build();

        System.out.println(
            HttpClient
                .newHttpClient()
                .send(request, BodyHandlers.ofString())
                .body()
        );
    }
}
```

根据 Web 应用程序的要求，有时需要使用请求标头提供信息。以 Google 搜索为例，它会根据 User-Agent 标头，返回不同的结果。如果没有指定，会得到 HTTP Error 403: Forbidden 的错误，因此示例中通过 header()方法指定"User-Agent"为"Mozilla/5.0"。

有些请求会将数据放在主体中，例如 POST，这可以在调用 POST()等方法时，指定 BodyPublisher 实例进行数据转换。通常你必须指定 Content-Type 标头，告知 Web 应用程序主体的内容类型。以表单 POST 发送请求参数为例，可以按如下方式编写代码：

```
var request = HttpRequest
        .newBuilder(uri)
        .header("Content-Type", "application/x-www-form-urlencoded")
        .POST(
            BodyPublishers.ofString(
                RequestHelper.queryString(params, "UTF-8")
            )
        )
        .build();
```

BodyPublishers.ofString()创建的 BodyPublisher 实例可用于请求主体为字符串的情况，BodyPublishers 实例的 ofFile()、ofByteArray()等方法可用于对应类型的数据发送。

如果想发送 Cookie，可以在创建 HttpClient 的过程中，通过 cookieHandler()设定 CookieHandler 实例。例如，根据 15.2.1 节中有关 Cookie 的说明，来设定一下 Cookie，

以便浏览 PTT 论坛。

HTTP CookieOver18.java

```
package cc.openhome;

import java.io.IOException;
import java.net.CookieManager;
import java.net.HttpCookie;
import java.net.URI;
import java.net.http.HttpClient;
import java.net.http.HttpRequest;
import java.net.http.HttpResponse.BodyHandlers;

public class CookieOver18 {
   public static void main(String[] args)
                  throws IOException, InterruptedException {
      // 创建 Cookie
      var over18 = new HttpCookie("over18", "1");
      over18.setPath("/");

      // 存储 Cookie
      var cookieManager = new CookieManager();
      cookieManager.getCookieStore()
               .add(URI.create("https://www.ptt.cc"), over18);

      var gossip = URI.create(
               "https://www.ptt.cc/bbs/Gossiping/index.html");
      var request = HttpRequest.newBuilder(gossip).build();

      System.out.println(
          HttpClient
             .newBuilder()
             .cookieHandler(cookieManager)
             .build()
             .send(request, BodyHandlers.ofString())
             .body()
      );
   }
}
```

CookieHandler 实例就是处理 Cookie 的对象，它的子类之一是 CookieManager。通过 CookieStore，可以储存 Cookie。如果你设定了 CookieHandler，HttpClient 就会发送 Cookie。

提示»» 如果想深入了解 HTTP Client API，可以参考“A Closer Look at the Java 11 HTTP Client”[1]。

15.3 正则表达式

正则表达式(Regular Expression)最早由数学家 Stephen Kleene 在 1956 年提出，主要用于字符和字符串格式的比较，后来在信息领域广为应用。Java 提供一些支持正则表达式操作的标准 API，下面将从如何定义正则表达式开始介绍。

15.3.1 正则表达式简介

如果想根据某字符或者字符串对某个字符串进行分割，可以使用 String 的 split() 方法。它会返回分割后由各子字符串组成的 String 数组。例如：

Regex SplitDemo.java

```
package cc.openhome;

import static java.lang.System.out;

public class SplitDemo {
    public static void main(String[] args) {
        // 根据逗号进行分割
        for(var token : "Justin,Monica,Irene".split(",")) {
            out.println(token);
        }
        // 根据 Orz 进行分割
        for(var token : "JustinOrzMonicaOrzIrene".split("Orz")) {
            out.println(token);
        }
        // 根据 Tab 字符进行分割
        for(var token : "Justin\tMonica\tIrene".split("\\t")) {
            out.println(token);
        }
    }
}
```

执行结果会分别使用逗号、Orz 和 Tab 对字符串进行分割：

```
Justin
Monica
Irene
```

1 A Closer Look at the Java 11 HTTP Client：https://golb.hplar.ch/2019/01/java-11-http-client.html.

```
Justin
Monica
Irene
Justin
Monica
Irene
```

String 的 split()方法接受的是正则表达式，示例中指定了最简单的正则表达式：按照字面意义进行比较。最后一个 split()看起来很奇怪，为什么指定\\t？正则表达式是一门语言，这门语言中有些符号与 Java 字符串表示的某些符号重叠了，因此在字符串中编写正则表达式时必须进行额外的处理。

例如，因为正则表达式\t 使用了\符号，如果将\编写在 Java 字符串中，就必须将它写为\\，也就是说，用字符串表示正则表达式\t 时必须使用\\t；直接将它写为\t 的话，表示字符串内包含 Tab 字符，而不是包含正则表达式\t。

为了避免混淆，建议先单独学习正则表达式这门语言。

正则表达式基本上包括两种字符：字面字符(Literal)与元字符(Metacharacter)。字面字符是指按照字面意义进行比较的字符，比如刚才在示例中指定的 Orz，是 O、r 和 z 这三个字面字符；元字符是不按照字面含义进行比较的、在不同情况下有不同意义的字符，例如，^是元字符，正则表达式^Orz 是指行首出现 Orz 的情况，也就是说，此时^表示一行的开头，但正则表达式[^Orz]是指不包括 O 或 r 或 z 的比较，也就是说，在[]中，^表示“非”之后几个字符的情况。

元字符类似于程序语言中控制结构的语法。找出并理解元字符想表达的含义，对于正则表达式的阅读非常重要。

字符表示

字母和数字在正则表达式中都是按字面意义进行比较的。有些字符前加上\之后，会作为元字符，例如，\t 代表按下 Tab 键的字符，表 15-1 列出了正则表达式支持的字符表示。

表 15-1　字符表示

字符	说明
字母或数字	比较字母或数字
\\	比较\字符
\0n	8 进制 0n 字符(0 <= n <= 7)
\0nn	8 进制 0nn 字符(0 <= n <= 7)
\0mnn	8 进制 0mnn 字符(0 <= m <= 3，0 <= n <= 7)
\xhh	16 进制 0xhh 字符
\uhhhh	16 进制 0xhhh 字符(码元表示)
\x{h...h}	16 进制 0xh...h 字符(码点表示)

(续表)

字符	说明
\t	Tab(\u0009)
\n	换行(\u000A)
\r	回车(\u000D)
\f	分页(\u000C)
\a	警报响铃(\u0007)
\e	Esc(\u001B)
\cx	控制字符 X

元字符在正则表达式中有特殊的含义，例如!$ ^ *()+ = { } [ ] | \：.?等，如果要直接比较这些字符，就必须在其前面加上转义字符，例如，若要比较!，就必须使用\!，若要比较$字符，就必须使用\$。如果不确定哪些标点符号字符前要加上转义字符，可在每个标点符号前加上\，例如，要比较逗号时可以使用\,。

如果正则表达式为 XY，表示“X 后要跟随着 Y”。如果想表示“X 或 Y”，可以使用 X|Y。如果有多个字符要以“或”的方式表示，例如“X 或 Y 或 Z”，可以使用稍后介绍的字符类将其表示为[XYZ]。

Java 没有编写正则表达式的特定语法，必须在字符串中编写正则表达式，这就造成了处理某些字符的麻烦。例如，假设有个字符串为"Justin+Monica+Irene"，想使用 split()方法按照+进行分割，那么要使用的正则表达式是\+，而为了将\+写入" "，按照字符串的规定，必须忽略\+的\，因此必须将其编写为"\\+"。

类似地，假设有个字符串是"Justin||Monica||Irene"，想使用 split()方法按照||进行分割，那么要使用的正则表达式是\|\|，而为了将\|\|写入" "，按照字符串的规定，必须忽略\|的\，因此必须将其编写为"\\|\\|"。例如：

```
// 将正则表达式\|\|编写为字符串，应使用"\\|\\|"
for(var token : "Justin||Monica||Irene".split("\\|\\|")) {
    out.println(token);
}
```

如果原始文字是 Justin\Monica\Irene，使用字符串表示的话就是"Justin\\Monica\\Irene"，若想使用 split()方法按照\进行分割，则使用的正则表达式为\\，因此得按如下方式编写代码：

```
// 将正则表达式\\编写为字符串，应使用"\\\\"
for(var token : "Justin\\Monica\\Irene".split("\\\\")) {
    out.println(token);
}
```

注意！正则表达式是正则表达式，若将正则表达式写入" "，则变成了另一回事，别将两者混淆在一起。

字符类

在正则表达式中，多个字符被归为一个字符类(Character Class)，字符类会进行比对，看看文字中是否有任一字符符合字符类中的某个字符。在正则表达式中，被放在[]中的字符就属于同一字符类。例如，假设文字为 Justin1Monica2Irene3Bush，若想按照 1 或 2 或 3 拆分字符串，则可将正则表达式写为[123]：

```
for(var token : "Justin1Monica2Irene3".split("[123]")) {
   out.println(token);
}
```

正则表达式 123 表示连续出现字符 1、2、3，然而[]中的字符代表“或”的概念，也就是说，[123]实际表示“1 或 2 或 3”，|在字符类中只是一个普通字符，不会被当作“或”来使用。

字符类中的连字符-是元字符，表示一段文字范围，例如，若想知道文字中是否有 1 到 5 中的任一数字出现，可使用正则表达式[1-5]；若想知道文字中是否有 a 到 z 中的任一字母出现，可使用正则表达式[a-z]；若想知道文字中是否有 1 到 5、a 到 z、M 到 W 中的任一字符出现，可将正则表达式写为[1-5a-zM-W]。

字符类中的^是元字符，[^]被称为反字符类(Negated Character Class)，例如，[^abc]会比较 a、b、c 以外的字符。表 15-2 为字符类示例列表，如该表所示，字符类中可以再包含字符类。

表 15-2　字符类

字符类	说明
[abc]	a、b、c 中的任一字符
[^abc]	a、b、c 以外的任一字符
[a-zA-Z]	a 到 z 或 A 到 Z 中的任一字符
[a-d[m-p]]	a 到 d 或 m 到 p 中的任一字符(并集)，等于[a-dm-p]
[a-z&&[def]]	a 到 z 中的 d 或 e 或 f (交集)，等于[def]
[a-z&&[^bc]]	a 到 z 中除 b、c 以外的任一字符(减集)，等于[ad-z]
[a-z&&[^m-p]]	a 到 z 中除 m 到 p 以外的任一字符，等于[a-lq-z]

有些字符类很常用，例如，若经常需要判断数字是否为 0 到 9 中的任一字符，可以把正则表达式编写为[0-9]，或将它编写为\d。后者是预定义字符类(Predefined Character Class)，它们不用被放在[]之中，表 15-3 列出了可用的预定义字符类。

表 15-3　预定义字符类

预定义字符类	说明
.	任一字符
\d	比对任一数字字符，即[0-9]

(续表)

预定义字符类	说明
\D	比对任一非数字字符，即[^0-9]
\s	比对任一空白字符，即[\t\n\x0B\f\r]
\S	比对任一非空白字符，即[^\s]
\w	比对任一 ASCII 字符，即[a-zA-Z0-9_]
\W	比对任一非 ASCII 字符，即[^\w]

java.util.regex.Pattern 文件说明中还列出了一些可用的字符类。建议必要时参考 API 文档。

贪婪、懒惰、占有量词

如果想知道手机号码格式是否为 XXXX-XXXXXXX，其中 X 为数字，虽然可以使用正则表达式\d\d\d\d-\d\d\d\d\d\d，但还有更简便的写法，即\d{4}-\d{6}。{*n*}是贪婪量词(Greedy Quantifier)表示法的一种，表示前面的条目出现 *n* 次。表 15-4 列出了可用的贪婪量词。

表 15-4　贪婪量词

贪婪量词	说明
X?	X 项目出现一次或没有出现
X*	X 项目出现零次或多次
X+	X 项目出现一次或多次
X{*n*}	X 项目出现 *n* 次
X{*n*, }	X 项目至少出现 *n* 次
X{*n*,*m*}	X 项目出现 *n* 次但不超过 *m* 次

贪婪量词之所以贪婪，是因为看到贪婪量词时，比对器(Matcher)会把符合量词的文字全部吃掉，再逐步吐出(Back-off)文字，看看吐出的部分是否符合贪婪量词后的正则表达式，如果剩余的部分符合贪婪量词，而吐出的部分也符合正则表达式，就意味着比对成功，这样做的结果就是，贪婪量词会尽可能地找出长度最长的符合条件的文字。

例如，对于文字 xfooxxxxxxfoo，如果使用正则表达式.*foo 进行比对，比对器会根据.*吃掉整个 xfooxxxxxxfoo，之后吐出 foo，发现该部分符合 foo，而剩下的 xfooxxxxxx 符合.*，所以得到的相符的字符串是整个 xfooxxxxxxfoo。

如果在贪婪量词表示法后加上?，它会成为懒惰量词(Reluctant Quantifier)，也常称为非贪婪(Non-greedy)量词(相对于贪婪量词来说)。比对器将一边吃，一边进行比对，看看文字是否符合量词与之后的正则表达式，这样做的结果就是，懒惰量词会尽可能地找出长度最短的符合条件的文字。

例如，对于文字 xfooxxxxxxfoo，如果用正则表达式.*?foo 进行比对，比对器在吃掉 xfoo 后发现该部分符合.*?与 foo，接着继续吃掉 xxxxxxfoo，发现该部分也符合.*?与 foo，最后得到 xfoo 与 xxxxxxfoo 这两个符合条件的文字。

如果在贪婪量词表示法后加上+，它就会成为占有量词(Possessive Quantifier)，比对器会将符合量词的文字全部吃掉，而且不再回吐(因此才称为独吐或者占有)。

例如，对于文字 xfooxxxxxxfoo，如果使用正则表达式 x*+foo 进行比对，x 因为符合 x*+而被吃了，后续的 foo 符合 foo，所以 xfoo 符合条件，接着 xxxxxx 因为符合 x*+而被吃了，后续的 foo 符合 foo，所以 xxxxxxfoo 符合条件。

对于文字 xfooxxxxxxfoo，如果使用正则表达式.*+foo 进行比对，那么整个 xfooxxxxxxfoo 会因符合.*+而全被比对器吃掉，由于没有文字可再用于比对 foo，因此没有任何文字符合条件。

表 15-5 简单整理了前面三个量词的讨论。

表 15-5 比对 xfooxxxxxxfoo

正则表达式	得到的符合条件的文字
.*foo	xfooxxxxxxfoo
.*?foo	xfoo 与 xxxxxxfoo
x*+foo	xfoo 与 xxxxxxfoo
.*+foo	无

下面这个示例使用 String 的 replaceAll()演示了三个量词之间的差别。

Regex ReplaceDemo.java

```
package cc.openhome;

public class ReplaceDemo {
    public static void main(String[] args) {
        String[] regexs = {".*foo", ".*?foo", "x*+foo", ".*+foo"};
        for(var regex : regexs) {
            System.out.println("xfooxxxxxxfoo".replaceAll(regex, "Orz"));
        }
    }
}
```

replaceAll()会用新字符串替代符合正则表达式的字符串并返回新字符串，根据 Orz 出现了几次，就可以知道符合的字符串有几个：

```
Orz
OrzOrz
OrzOrz
xfooxxxxxxfoo
```

提示》》 可以参考“Quantifiers”[1]，进一步了解有关量词的用法。

边界比对

假设有段文字 Justin dog Monica doggie Irene，若想根据单词 dog 拆分出前后两个子字符串，也就是 Justin 与 Monica doggie Irene 这两个部分，那么下面的程序会让你失望：

Regex SplitDemo2.java

```
package cc.openhome;

public class SplitDemo2 {
    public static void main(String[] args) {
        for(var str : "Justin dog Monica doggie Irene".split("dog")) {
            System.out.println(str.trim());
        }
    }
}
```

在这个示例程序中，doggie 因为有 dog 子字符串，也被当作分割的依据，执行结果如下：

```
Justin
Monica
gie Irene
```

可以使用\b 标出单词边界，例如\bdog\b，这就只会比对出 dog 单词。例如：

Regex SplitDemo3.java

```
package cc.openhome;

public class SplitDemo3 {
    public static void main(String[] args) {
        for(var str : "Justin dog Monica doggie Irene".split("\\bdog\\b")) {
            System.out.println(str.trim());
        }
    }
}
```

执行结果如下：

```
Justin
Monica doggie Irene
```

边界比对用来表示文字必须符合指定的边界条件，也就是定位点，因此这类表达式也常称为锚(Anchor)，表 15-6 列出了正则表达式可用的边界比对。

1 Quantifiers：https://docs.oracle.com/javase/tutorial/essential/regex/quant.html.

表 15-6 边界比对

边界比对	说明
^	一行开头
$	一行结尾
\b	单词边界
\B	非单词边界
\A	输入开头
\G	前一个符合条件的项目结尾
\Z	非最后终端机(Final Terminator)的输入结尾
\z	输入结尾

分组与引用

可以使用()为正则表达式分组，子正则表达式还可以搭配量词使用。

例如，若想验证电子邮件格式，允许的用户名称开头是大/小写英文字符，之后可搭配数字，正则表达式可以写为^[a-zA-Z]+\d*，因为@后的域名有几层，必须是大/小写英文字符或数字，所以正则表达式可以写为([a-zA-Z0-9]+\.)+，其中使用()组合了正则表达式，之后的+表示此组合的表达式满足一或多次，最后以 com 结尾，因此，最终的正则表达式是^[a-zA-Z]+\d*@([a-zA-Z0-9]+\.)+com。

如果有字符串符合正则表达式分组，那么该字符串会被捕捉(Capture)，以便在稍后反向引用(Back Reference)。在这之前，必须知道分组计数。假设有一个正则表达式((A)(B(C)))，其中有四个分组，这是按照遇到的左括号来计数的，四个分组分别是：

- ((A)(B(C)))
- (A)
- (B(C))
- (C)

分组反向引用时，应在\后加上分组计数，表示引用第几个分组的比对结果。例如，\d\d 要求比对两个数字，(\d\d)\1 表示要输入四个数字，且输入的前两个数字与后两个数字必须相同，例如，1212 会满足条件，因为 12 符合(\d\d)，而\1 要求接下来也是 12；又如，1234 不符合条件，因为 12 符合(\d\d)，而\1 要求接下来也是 12，但接下来的数字是 34，这并不满足条件。

再来看个实用的例子，['"][^'"]*['"]比对单引号或双引号中 0 或多个字符，但没有要求两个都是单引号或双引号，(['"])[^'"]*\1 则要求前后引号必须一致。

扩展标记

正则表达式中的(?...)代表扩展标记(Extension Notation)，括号中首个字符必须是?，而后续的字符(也就是...的部分)进一步决定了正则表达式的组成意义。

举例来说，刚才介绍过，可以使用()进行分组，默认会对()分组进行计数。如果不需要分组计数，只是想使用()来定义某个子规则，则可以使用(?:...)来表示不捕捉分组。例如，如果只想比较邮件地址格式，而不打算捕捉分组，可以使用^[a-zA-Z]+\d*@(?:[a-zA-Z0-9]+\.)+com。

当正则表达式比较复杂时，善用(?:...)来避免不必要的捕捉分组，将有助于提升性能。

当要捕捉的分组数量众多时，不方便通过号码来区别分组，这时可以使用(?<name>...)来为分组命名，在同一个正则表达式中使用\k<name>访问分组。例如，之前谈到的(\d\d)\1 使用号码访问分组。如果想以名称访问分组，也可以使用(?<tens>\d\d)\k<tens>。当分组较多时，适时为分组命名，就不用因为分组计数而烦恼了。

如果想比较的对象之后必须跟随或没有跟随特定文字，可以使用(?=...)或(?!...)，二者分别称为 Lookahead 与 Negative Lookahead。例如，假设要求名称最后必须有 Lin：

```
jshell> "Justin Lin, Monica Huang".replaceAll("\\w+(?= Lin)", "Irene");
$1 ==> " Irene Lin, Monica Huang "
```

在上例中，字符串的 replaceAll()可以使用正则表达式，符合条件的文字将被第二个参数取代；\w+会比较 ASCII 文字，然而附加的(?= Lin)表示文字后必须跟随一个空格与 Lin，字符串 Justin Lin 的 Justin 部分符合条件，因此被 Irene 取代了。

相对地，如果想比较的对象前面必须有或没有特定文字，可以使用(?<=...)或(?<!...)，二者分别称为 Lookbehind 与 Negative Lookbehind。例如，假设要求文字前必须有 data：

```
jshell> "data-h1,cust-address,data-pre".replaceAll("(?<=data)-\\w+",
"xxx")
$2 ==> "dataxxx,cust-address,dataxxx"
```

提示 >>> 若想得到有关正则表达式的更完整的说明，除了可以参考 java.util.regex.Pattern 文档说明，也可参考我整理的“Regex”[1]。

15.3.2 quote()与 quoteReplacement()

在字符串中编写正则表达式时，必须回避元字符，例如，若想使用字符串的 split()方法按照+进行分割，要使用的正则表达式是\+，以字符串方式编写的话必须使用“\\+”；如果想按照||进行切割，正则表达式为\|\|，以字符串方式编写的话须使用“\\|\\|”……这类编写方法实在是很麻烦。

java.util.regex.Pattern 提供了 quote()静态方法，可对正则表达式的元字符进行转换：

```
jshell> import static java.util.regex.Pattern.quote;

jshell> "Justin+Monica+Irene".split(quote("+"));
$4 ==> String[3] { "Justin", "Monica", "Irene" }
```

---

1 Regex：https://openhome.cc/Gossip/Regex/.

```
jshell> "Justin||Monica||Irene".split(quote("||"));
$5 ==> String[3] { "Justin", "Monica", "Irene" }

jshell> "Justin\\Monica\\Irene".split(quote("\\"));
$6 ==> String[3] { "Justin", "Monica", "Irene" }
```

quote()方法实际上会在指定的字符串前后加上\Q 与\E，这个表示法在 Java 中用来表示\Q 与\E 间的全部字符，都不被当成元字符。

```
jshell> Pattern.quote(".");
$7 ==> "\\Q.\\E"
```

在进行字符串替代时，有些字符不能直接作为替代用的字符串内容，例如，$会在替代过程中被误认为是正则表达式的分组符号：

```
jshell> "java.exe".replaceFirst(quote("."), "$");
|  Exception java.lang.IllegalArgumentException: Illegal group
reference: group index is missing
|        at Matcher.appendExpandedReplacement (Matcher.java:1030)
|        at Matcher.appendReplacement (Matcher.java:998)
|        at Matcher.replaceFirst (Matcher.java:1408)
|        at String.replaceFirst (String.java:2096)
|        at (#8:1)
```

对于这类情况，必须使用“\\$”，或者使用 java.util.regex.Matcher 提供的 quoteReplacement()静态方法：

```
jshell> "java.exe".replaceFirst(quote("."), "\\$");
$8 ==> "java$exe"

jshell> import static java.util.regex.Matcher.quoteReplacement;

jshell> "java.exe".replaceFirst(quote("."), quoteReplacement("$"));
$9 ==> "java$exe"
```

注意>>> 遇到\d、\s 等预定义字符类时，只能在写入字符串时自行转换。如果使用的是 IDE，会方便一些。例如在 Eclipse 中，如果将文字复制、粘贴到""，会自动在原文字的\前加上\。

15.3.3 Pattern 与 Matcher

解析、验证正则表达式的阶段往往是最耗时间的阶段。在频繁使用某正则表达式的场合，如果能重复使用解析、验证后的正则表达式，将有助于提升效率。

创建 Pattern

java.util.regex.Pattern 实例是正则表达式代表对象，Pattern 的构造函数被标示为 private。你无法用 new 创建 Pattern 实例，而必须通过 Pattern 的静态方法 compile()。在解析、验证过正则表达式并确认其无误后，compile()方法将返回 Pattern 实例，之后就可以重用这个实例。例如：

```
var pattern = Pattern.compile(".*foo");
```

Pattern.compile()方法的另一版本可以指定标记(Flag)，例如，在对 dog 进行比较时，若不区分大小写，可以使用如下代码：

```
var pattern = Pattern.compile("dog", Pattern.CASE_INSENSITIVE);
```

指定标记 Pattern.LITERAL 的话，通过字符串编写正则表达式时，就不用回避元字符(不过还是需要避免\，以免正则表达式与字符串表达式发生冲突)：

```
jshell> import java.util.regex.Pattern;

jshell> var pattern = Pattern.compile("+", Pattern.LITERAL);
pattern ==> +

jshell> pattern.split("Justin+Monica")
$1 ==> String[2] { "Justin", "Monica" }
```

也可以在正则表达式中使用嵌入标记表示法(Embedded Flag Expression)。例如，与 Pattern.CASE_INSENSITIVE 等效的嵌入标记表示法为(?i)，下面程序代码的效果与上面例子相同：

```
var pattern = Pattern.compile("(?i)dog");
```

如果想对特定分组嵌入标记，可以使用(?i:dog)这样的语法；并非全部的常数标记都有对应的嵌入式表示法，下面列出有对应嵌入式表示法的标记：

- Pattern.CASE_INSENSITIVE：(?i)
- Pattern.COMMENTS：(?x)
- Pattern.MULTILINE：(?m)
- Pattern.DOTALL：(?s)
- Pattern.UNIX_LINES：(?d)
- Pattern.UNICODE_CASE：(?u)
- Pattern.UNICODE_CHARACTER_CLASS：(?U)

Pattern.COMMENTS 允许在正则表达式中通过#嵌入注释；Pattern.MULTILINE 启用多行文字模式(影响了^、$的行为，换行字符之后和之前会分别被视为行首、行尾)；默认情况下，.不匹配换行字符，可设置 Pattern.DOTALL 来匹配换行字符；Pattern.UNIX_LINES 启用后，只有\n 才被视为换行字符，作为.、^与$判断的依据。

Pattern.UNICODE_CASE、Pattern.UNICODE_CHARACTER_CLASS 与正则表达

式 Unicode 支持有关，稍后将进行说明。

正则表达式本身可读性差、排错困难。如果因为正则表达式有误而导致 compile()调用失败，会抛出 java.util.regex.PatternSyntaxException 异常。可以使用 getDescription()取得错误说明，使用 getIndex()取得错误索引，使用 getPattern()取得错误的正则表达式；getMessage()会以多行显示错误的索引、描述等综合信息。

获取 Matcher

在取得 Pattern 实例后，可以使用 split()按照正则表达式拆分字符串，效果等同于 String 的 split()方法；可以使用 matcher()指定要比对的字符串，这会返回 java.util.regex.Matcher 实例，表示字符串的比对器；可以使用 find()查看是否有下一个满足条件的字符串，或使用 lookingAt()看看字符串开头是否符合正则表达式要求；也可使用 group()返回符合条件的字符串。例如：

Regex PatternMatcherDemo.java

```
package cc.openhome;

import static java.lang.System.out;
import java.util.regex.*;

public class PatternMatcherDemo {
    public static void main(String[] args) {
        String[] regexs = {".*foo", ".*?foo", "x*+foo", ".*+foo"};
        for(var regex : regexs) {
            var pattern = Pattern.compile(regex);
            var matcher = pattern.matcher("xfooxxxxxxfoo");
            out.printf("%s find ", pattern.pattern());
            while(matcher.find()) {
                out.printf(" \"%s\"", matcher.group());
            }
            out.println(" in \"xfooxxxxxxfoo\".");
        }
    }
}
```

这个示例演示了贪婪、懒惰与独占量词的比较结果，执行结果如下：

```
.*foo find "xfooxxxxxxfoo" in "xfooxxxxxxfoo".
.*?foo find "xfoo" "xxxxxxfoo" in "xfooxxxxxxfoo".
x*+foo find "xfoo" "xxxxxxfoo" in "xfooxxxxxxfoo".
.*+foo find in "xfooxxxxxxfoo".
```

如果正则表达式有分组，group()可以使用 int 整数指定分数计数。举例来说，假设正则表达式是((A)(B(C)))，指定文字为 ABC，matcher.find()执行后指定 group(1)就是 ABC，group(2)就是 A，group(3)就是 BC，group(4)就是 C。由于分组计数会从 1 开始，group(0)就相当于没有参数的 group()。

如果设定了命名分组，group()方法可指定名称以取得分组：

```
    jshell> var regex =
Pattern.compile("(?<user>^[a-zA-Z]+\\d*)@(?<preCom>[a-z]+?.)com");
    regex ==> (?<user>^[a-zA-Z]+\d*)@(?<preCom>[a-z]+?.)com

    jshell> var matcher = regex.matcher("caterpillar@openhome.com");
    matcher ==> java.util.regex.Matcher[pattern=(?<user>^[a-zA-Z] ... om
region=0,24 lastmatch=]

    jshell> matcher.find();
    $3 ==> true

    jshell> matcher.group("user");
    $4 ==> "caterpillar"

    jshell> matcher.group("preCom");
    $5 ==> "openhome."
```

Matcher 还有 replaceAll()方法，可用指定字符串替代符合正则表达式的部分，效果等同于 String 的 replaceAll()方法。replaceFirst()与 replaceEnd()可分别替代首个、最后符合正则表达式的部分；start()可以取得符合字符串的起始索引，end()可取得符合字符串最后一个字符的索引。

如果正则表达式有分组设定，那么在使用 replaceAll()时，可以使用$n 来捕捉与分组匹配的文字。例如，以下片段可将用户邮件地址中的.com 替换为.cc：

```
var pattern = Pattern.compile("(^[a-zA-Z]+\\d*)@([a-z]+?.)com");
var matcher = pattern.matcher("caterpillar@openhome.com");
out.println(matcher.replaceAll("$1@$2cc")); // caterpillar@openhome.cc
```

整个正则表达式匹配了“caterpillar@openhome.com”，第一个分组捕捉到“caterpillar”，第二个分组捕捉“openhome.”，$1 与$2 就分别代表这两个部分。

如果是命名分组，使用的则是${name}形式：

```
jshell> var regex =
Pattern.compile("(?<user>^[a-zA-Z]+\\d*)@(?<preCom>[a-z]+?.)com");
regex ==> (?<user>^[a-zA-Z]+\d*)@(?<preCom>[a-z]+?.)com

jshell> var matcher = regex.matcher("caterpillar@openhome.com");
matcher ==> java.util.regex.Matcher[pattern=(?<user>^[a-zA-Z] ... om
region=0,24 lastmatch=]

jshell> matcher.replaceAll("${user}@${preCom}cc");
$8 ==> "caterpillar@openhome.cc"
```

Matcher 的状态是可变的，如果目前状态取得的比较结果不想被后续的比较影响，可以使用 toMatcherResult()取得 MatcherResult 实现对象，返回的对象是不可变、只包含该次比较的状态；实际上，Matcher 也实现了 MatcherResult 接口。

对于下面这个示例，可以输入正则表达式与想比较的字符串，并显示比较的结果。

Regex Regex.java

```
package cc.openhome;

import static java.lang.System.out;
import java.util.*;
import java.util.regex.*;

public class Regex {
    public static void main(String[] args) {
        try(var console = new Scanner(System.in)) {
            out.print("输入正则表达式：");
            String regex = console.nextLine();
            out.print("输入要比较的文字：");
            var text = console.nextLine();
            print(match(regex, text));
        } catch(PatternSyntaxException ex) {
            out.println("正则表达式有误");
            out.println(ex.getMessage());
        }
    }

    private static List<String> match(String regex, String text) {
        var pattern = Pattern.compile(regex);
        var matcher = pattern.matcher(text);
        var matched = new ArrayList<String>();
        while(matcher.find()) {
            matched.add(String.format(
                    "找到索引 %d 到索引 %d 之间符合的文字 \"%s\"%n",
                    matcher.start(), matcher.end(), matcher.group()));
        }
        return matched;
    }

    private static void print(List<String> matched) {
        if(matched.isEmpty()) {
            out.println("找不到符合的文字");
        }
        else {
            matched.forEach(out::println);
        }
    }
}
```

执行结果的示例如下：

```
输入正则表达式：.*?foo
输入要比较的文字：xfooxxxxxxfoo
找到索引 0 到索引 4 之间符合条件的文字 "xfoo"
找到索引 4 到索引 13 之间符合条件的文字 "xxxxxxfoo"
```

第 12 章介绍过 Stream API，Pattern 也有 splitAsStream()静态方法，可返回 Stream<String>，适合用于需要管道化、惰性操作的场景；Matcher 的 replaceAll()、replaceFirst()有接受 Function<MatchResult, String>的版本，可以自定义替代函数式：

```
jshell> var regex = Pattern.compile("(^[a-zA-Z]+\\d*)@([a-z]+?.)com");
regex ==> (^[a-zA-Z]+\d*)@([a-z]+?.)com

jshell> var matcher = regex.matcher("caterpillar@openhome.com");
matcher ==> java.util.regex.Matcher[pattern=(^[a-zA-Z]+\d*)@( ... om
region=0,24 lastmatch=]

jshell> matcher.replaceAll(result -> String.format("%s@%scc",
result.group(1), result.group(2)));
$11 ==> "caterpillar@openhome.cc"
```

另外还有一个 results()方法，可返回 Stream<MatchResult>实例，便于通过 Stream API 进行操作：

```
jshell> var matcher = regex.matcher("Justin+Monica+Irene");
matcher ==> java.util.regex.Matcher[pattern=\pL+ region=0,19 lastmatch=]

jshell> matcher.results().map(result ->
result.group().toUpperCase()).forEach(out::println);
JUSTIN
MONICA
IRENE
```

15.3.4 Unicode 正则表达式

Unicode 与正则表达式的关系是一个深奥的议题，如果你不需要处理 Unicode 字符比较，可以暂时跳过这个小节。

4.4.4 节介绍过，对于码点在 U+0000 至 U+FFFF 范围内的字符，如果想将其储存为 char，例如"林"，也可用"\u6797"表示；如果正则表达式想指定对 U+0000 至 U+FFFF 范围内的字符进行比较，可以使用表 15-1 列出的\uhhhh，其中的 hhhh 表示码元，例如：

```
jshell> "林".matches("\\u6797");
$1 ==> true
```

注意！因为正则表达式是\u6797，所以写入字符串的必须是"\\u6797"。如果将其写为"\u6797"，它会等同于字符串"林"，虽然"林".matches("\u6797")的结果也是 true，但这表示直接比较"林"这个字符，而"林".matches("\\u6797")表示比较 U+6797。

如果字符不在 BMP 范围内呢？4.4.4 节谈过，字符串可以使用代理对(Surrogatepair)来表示，例如，高音谱号 𝄞 的 Unicode 码点为 U+1D11E，字符串表示方式为"\uD834\uDD1E"；如果要以正则表达式进行比较，也可以采用代理对，正则表达式写法为\uD834\uDD1E：

```
jshell> "\uD834\uDD1E".matches("\\uD834\\uDD1E");
$2 ==> true
```

或者使用表 15-1 列出的\x{h...h}来表示，h...h 表示码点：

```
jshell> "\uD834\uDD1E".matches("\\x{1D11E}")
$3 ==> true
```

Unicode 字符集为世界大部分文字系统做了整理，正则表达式主要用于比较文字，当两者相遇时就产生了更多的需求；为了能令正则表达式支持 Unicode，Unicode 组织在“UNICODE REGULAR EXPRESSIONS”[1]设置了规范。

Unicode 特性转译

在 Unicode 规范中，每个 Unicode 字符都会隶属于某个分类，在“General Category Property”[2]可看到 Letter、Uppercase Letter 等一般分类，每个分类也都有 L、Lu 等缩写名称。

举例来说，隶属于 Letter 分类的字符都是字母，a 到 z、A 到 Z、全角的 a 到 z、A 到 Z 都在 Letter 分类中。除了英文字母，其他语种的字母，如希腊字母α、β、γ等，也都隶属于 Letter 分类。

Java 在 Unicode 特性的支持上，使用\p、\P 的方式。\p 表示具备某个特性(Property)，而\P 表示不具备某个特性。

例如，\p{L}表示字母(Letter)，\p{N}表示数字(Number)，等等。可以进一步指定子特性，例如，\p{Lu}表示大写字母，\p{Ll}表示小写字母：

```
jshell> "a".matches("\\p{Ll}");
$5 ==> true

jshell> "a".matches("\\p{Lu}");
$6 ==> false
```

来个有趣的测试吧！²³¹¼½¾㉛㉜㉝ⅠⅡⅢⅣⅤⅥⅦⅧⅨⅩⅪⅫⅬⅭⅮⅯⅰⅱⅲⅳⅴⅵⅶⅷⅸⅹ都是数字，下面的程序片段将显示 true：

```
System.out.println(
```

1 UNICODE REGULAR EXPRESSIONS：www.unicode.org/reports/tr18/.

2 General Category Property：www.unicode.org/reports/tr18/#General_Category_Property.

```
    (
        "²³¹¼½¾" +
        "㉛㉜㉝" +
        "ⅠⅡⅢⅣⅤⅥⅦⅧⅨⅩⅪⅫⅬⅭⅮⅯ" +
        "ⅰⅱⅲⅳⅴⅵⅶⅷⅸⅹ"
    )
    .matches("\\pN*")
);
```

也可以加上 Is 来表示二元特性，如\p{IsL}、\p{IsLu}等。如果使用单字符表示特性，例如，\p{L}可以省略{}，写为\pL；也可以使用\p{general_category=Lu}，或简写为\p{gc=Lu}。

有的语言可能会使用多种文字，例如，日语就包含了汉字、平假名、片假名等。有的语言只使用一种文字，例如泰文。Unicode 将语言的这一特点组织为文字(Script)特性，可参考“UNICODE SCRIPT PROPERTY”[1]。

在 Java 中，可以使用 IsHan、script=Han 或 sc=Han 的方式来指定特性，例如，测试汉字(Han 包含了繁体中文、简体中文，以及日文、韩文、越南文中的全部汉字)：

```
jshell> "a".matches("\\p{Ll}");
$7 ==> true

jshell> "a".matches("\\p{Lu}");
jshell> "林".matches("\\p{IsHan}");
$8 ==> true
```

对于 Unicode 码点块(Blocks)[2]，可以使用 InCJKUnifiedIdeographs、block=CJKUnifiedIdeographs 或 blk=CJKUnifiedIdeographs。例如，测试中文时常用的 Unicode 码点范围为 U+4E00 到 U+9FFF，也就是 CJK Unified Ideographs 的范围：

```
jshell> "林".matches("\\p{InCJKUnifiedIdeographs}");
$9 ==> true
```

Unicode 大小写与字符类

15.3.3 节介绍 Pattern 时曾经谈过，Pattern.UNICODE_CASE、Pattern.UNICODE_CHARACTER_CLASS 与正则表达式在 Unicode 方面的支持相关。

首先来看 Pattern.UNICODE_CASE。在设定 Pattern.CASE_INSENSITIVE 时，可以加上 Pattern.UNICODE_CASE 以启用 Unicode 版本的忽略大小写功能。例如，若要比较 Ä(U+00C4)与 ä(U+00E4)，看看二者是不是同一字母的大写形式和小写形式：

```
jshell> var regex1 = Pattern.compile("\u00C4", Pattern.CASE_INSENSITIVE);
regex3 ==> ?
```

1 UNICODE SCRIPT PROPERTY：www.unicode.org/reports/tr24/.

2 Blocks：www.unicode.org/reports/tr18/#Blocks.

```
jshell> regex1.matcher("\u00E4").find();
$11 ==> false

jshell> var regex2 = Pattern.compile("\u00C4", Pattern.CASE_INSENSITIVE |
Pattern.UNICODE_CASE);
regex4 ==> ?

jshell> regex2.matcher("\u00E4").find();
$13 ==> true
```

正则表达式是在后来才支持 Unicode 的，这就有了一些问题，例如预定义字符类没有考虑 Unicode 规范，又如\w 默认只能比较 ASCII 字符。如果要令\w 可以比较 Unicode 字符，可以设置(?U)(对应于 Pattern.UNICODE_CHARACTER_CLASS)：

```
jshell> "林".matches("\\w");
$14 ==> false

jshell> "林".matches("(?U)\\w");
$15 ==> true
```

例如，**１２３４５６７８９０１２３４５６**都是十进制数据，然而"**１２３４５６７８９０１２３４５６**".matches("\\d*")的结果是 false。如果使用(?U)，"**１２３４５６７８９０１２３４５６**".matches ("(?U)\\d*")的结果将是 true。

提示»» Java 还提供了自定义特性类与 POSIX 字符类支持。感兴趣的读者可以参考《特性类》[1]。

15.4 处理数字

4.1.2 节曾经简单介绍过 BigDecimal。如果需要处理涉及较大数字或高精度数字的更复杂的问题，就必须对 BigInteger 或 BigDecimal 有更多的认识，而这一节将会谈到如何对数字进行格式化。

15.4.1 使用 BigInteger

对于 Java 基本数据类型的整数，最大值是 9223372036854775807L，最小值是 -9223372036854775808L。如果想表示的整数超出了此范围，则可以使用 java.math.BigInteger，例如，若想表示 9223372036854775808 这个数字，可以通过如下代码创建 BigInteger 实例：

1 特性类：https://openhome.cc/Gossip/Regex/PropertiesJava.html.

```
jshell> var n = new BigInteger("9223372036854775808");
n ==> 9223372036854775808

jshell> n.add(BigInteger.ONE);
$2 ==> 9223372036854775809

jshell> n.add(BigInteger.ONE).add(BigInteger.TWO).add(BigInteger.TEN);
$3 ==> 9223372036854775821
```

由于 9223372036854775808 超出了 long 可储存的范围，创建 BigInteger 时不能直接写 9223372036854775808L。表示该数字的方式之一是使用字符串。在创建 BigInteger 实例后，如果要进行加、减、乘、除等运算，可使用 add()、subtract()、multiply()、divide()等方法。这些方法接受的参数类型也是 BigInteger，每个方法被调用后都会返回新的 BigInteger 实例，所以可形成流畅的调用风格。

由于在整数运算中，常使用 0、1、2、10 之类的数字，因此，BigInteger 提供了 BigInteger.ZERO、BigInteger.ONE、BigInteger.TWO、BigInteger.TEN 实例。可重复使用这些 BigInteger 实例，不用另行创建。

除了基本算术运算，在除余运算上，BigInteger 还提供 mod()与 divideAndRemainder()方法。后者会返回长度为 2 的 BigInteger 数组，其中，索引 0 为商数，索引 1 为余数：

```
jshell> BigInteger.TEN.mod(BigInteger.TWO);
$1 ==> 0

jshell> BigInteger.TEN.divideAndRemainder(BigInteger.TWO);
$2 ==> BigInteger[2] { 5, 0 }
```

在比较运算与条件运算上，BigInteger 提供了 equals()与 compareTo()方法；在位运算上，BigInteger 提供了 and()、or()、xor()、not()；对于左移(<<)与右移(>>)运算，则提供了 shiftLeft()、shiftRight()方法。

```
jshell> BigInteger.ONE.shiftLeft(1);
$1 ==> 2

jshell> BigInteger.ONE.shiftLeft(1).shiftLeft(2);
$2 ==> 8
```

如果必须在基本类型整数与 BigInteger 之间进行转换，可使用 BigInteger.valueOf()，它接受 long 整数，并能将其转换为 BigInteger。使用 valueOf()方法时，可重用已创建的 BigInteger 实例。

如果想将 BigInteger 转为基本类型，可使用 intValue()、longValue()方法。如果原本的数字无法容纳于 int 或 long 之中，那么这两个方法返回的整数会丢失精度。如果想在数字无法保存在 short、int、long 时抛出 ArithmeticException 异常，可使用

shortValueExtract()、intValueExtract()、longValueExtract()方法。

必要时也可使用 floatValue()、doubleValue()方法，将 BigInteger 代表的数字转换为基本类型的 float 或 double。

15.4.2 使用 BigDecimal

正如 4.1.2 节中的例子所示，如果在意浮点数误差的问题，则应该使用 BigDecimal，而不是使用 float、double 类型表示浮点数，而创建 BigDecimal 实例时，可以使用字符串表示浮点数。

在创建 BigDecimal 实例后，如果要对其进行运算，可以采用与 BigInteger 类似的方式，基本上都有对应的方法可以操作。不过，如果查看 API 文档，会发现在这些方法中，有的必须指定量级(scale)或进位舍入模式(java.math.RoundingMode)。

了解量级最简单的方式就是查看 API 文档，图 15-8 展示了 BigDecimal 中一个构造函数的说明。

BigDecimal

```
public BigDecimal(BigInteger unscaledVal,
                  int scale)
```

Translates a `BigInteger` unscaled value and an `int` scale into a `BigDecimal`. The value of the `BigDecimal` is `(unscaledVal × 10^-scale)`.

图 15-8　BigDecimal 构造函数之一

假设有个非量级值(unscaledVal)为 360，如果量级为 2，就表示 3.60 这个浮点数；如果量级为 5，就表示 0.00360。量级可以是负数，如果量级为-2，表示 360 乘 100。

```
jshell> new BigDecimal(BigInteger.valueOf(360), 2);
$1 ==> 3.60

jshell> new BigDecimal(BigInteger.valueOf(360), 5);
$2 ==> 0.00360

jshell> new BigDecimal(BigInteger.valueOf(360), -2);
$3 ==> 3.60E+4
```

在创建 BigDecimal 实例后，可使用 unscaledValue()取得非量级值，也可使用 scale()方法取得量级；如果要设定量级，可使用 setScale()方法，这会返回新的 BigDecimal 实例。量级改变可能会导致位数的减少，因此有必要知道该怎么处理进位舍入，这时就必须指定 RoundingMode。

许多人最熟悉的进位舍入法应该是四舍五入法、无条件进位法或无条件舍去法。为了便于理解，这里先使用正值，对于 5.4，套用这三种方法取整数的结果分别是 5、6.0 与 5.0。Math 的静态方法 round()、ceil()与 floor()可用来完成对应的计算：

```
jshell> Math.round(5.4);
$1 ==> 5

jshell> Math.ceil(5.4);
$2 ==> 6.0

jshell> Math.floor(5.4);
$3 ==> 5.0
```

那么-5.4 呢？套用这三个方法的结果分别是-5、-5.0、-6.0！

```
jshell> Math.round(-5.4);
$4 ==> -5

jshell> Math.ceil(-5.4);
$5 ==> -5.0

jshell> Math.floor(-5.4);
$6 ==> -6.0
```

实际上，round()会往最接近数字的方向进行舍入，因此结果为-5；ceil()会往正方向进行舍入，-5.4 的正方向就是-5.0；floor()会往负方向进行舍入，-5.4 的负方向就是-6.0。

Math 静态方法 round()、ceil()、floor()只保留整数部分。当想指定小数位数时，许多开发者会自行设计公式；然而，可以使用 BigDecimal，在计算操作中指定 RoundingMode，这样，round()、ceil()、floor()的三种舍入模式就分别对应至 HALF_UP、CEILING 与 FLOOR。

```
jshell> var n = new BigDecimal(BigInteger.valueOf(54), 1);
n ==> 5.4

jshell> n.setScale(0, RoundingMode.HALF_UP);
$2 ==> 5

jshell> n.setScale(0, RoundingMode.CEILING);
$3 ==> 6

jshell> n.setScale(0, RoundingMode.FLOOR);
$4 ==> 5

jshell> var n2 = new BigDecimal(BigInteger.valueOf(-54), 1);
n2 ==> -5.4

jshell> n2.setScale(0, RoundingMode.HALF_UP);
$6 ==> -5

jshell> n2.setScale(0, RoundingMode.CEILING);
```

```
$7 ==> -5

jshell> n2.setScale(0, RoundingMode.FLOOR);
$8 ==> -6
```

除了 HALF_UP、CEILING 与 FLOOR，RoundingMode 的 UP 模式会朝着远离 0 的方向进行舍入，也就是说，被舍弃的部分如果不是 0，左边的数字一律递增 1。因此在 UP 模式下，5.4 如果只保留整数，操作后结果将为 6；-5.4 操作后，结果将为-6。RoundingMode 的 DOWN 模式会朝着接近 0 的方向进行舍入，例如，5.4 操作后，结果将是 5；-5.4 操作后，结果将是-5。

刚才看过的 HALF_UP 以及 HALF_DOWN 模式都会向最接近数字的方向进行舍入。不同的是，如果最接近的数字距离相同，前者将进位而后者将舍去，因此，5.5 的 HALF_UP 会是 6，而 HALF_DOWN 会是 5。

HALF_EVEN 模式不是很好理解，虽然会往最接近数字的方向进行舍入，但是，如果最接近的数字距离相同，将向相邻的偶数舍入，因此对于 HALF_EVEN，如果舍去部分的左边为奇数，那么行为就像 HALF_UP，因此 5.5 操作后，结果将是 6；如果为偶数，那么，行为就像 HALF_DOWN，因此 4.5 操作后，结果为 4。这种舍入法又被称为银行家舍入法(Banker's Rounding)，或者四舍五入取偶数法(Round-to-even)。

注意>>> 开发者必须知道所用的语言或程序库对于舍入的行为究竟采取哪个策略。Java 的 Math.round()采用的是 HALF_UP，不过，其他语言或程序库不见得如此，例如，Python 3 的 round()函数式采用银行家舍入法！因此，在 Python 3 中，round(5.5)结果为 6，而 round(4.5)结果为 4。

在创建 BigDecimal 时，有的构造函数可以指定 java.math.MathContext 实例，有的方法也接受 MathContext。MathContext 本身提供了 DECIMAL128、DECIMAL64、DECIMAL32 常数，表示对应的 IEEE 754R 浮点数格式。自行创建 MathContext 实例时，可以指定最大精度(Precision)，这是指从数字最左边非 0 的数字开始，直到最右边所使用的数字个数。

BigDecimal 本身有个 precision()方法，可以取得当前浮点数使用的精度，例如：

```
jshell> var n = new BigDecimal(BigInteger.valueOf(42), 5);
n ==> 0.00042

jshell> n.precision();
$2 ==> 2

jshell> var n2 = new BigDecimal(BigInteger.valueOf(142), 5);
n2 ==> 0.00142

jshell> n2.precision();
$4 ==> 3
```

注意》》》 使用 BigDecimal 处理小数位数时，记得要使用 scale 相关参数，或者使用 scale 相关方法，而不是精度。

15.4.3 数字的格式化

如果想格式化数字，可使用 java.text.NumberFormat。这是个抽象类，然而提供了 getInstance()、getIntegerInstance()、getCurrencyInstance()、getPercentInstance()等方法，返回的实例类型是 NumberFormat 的子类实现，它们分别提供了默认的数字格式：

```
jshell> import java.text.NumberFormat;

jshell> NumberFormat.getInstance().format(123456789.987654321)
$2 ==> "123,456,789.988"

jshell> NumberFormat.getIntegerInstance().format(123456789.987654321);
$3 ==> "123,456,790"

jshell> NumberFormat.getCurrencyInstance().format(123456789.987654321);
$4 ==> "$123,456,789.99"

jshell> NumberFormat.getPercentInstance().format(123456789.987654321);
$5 ==> "12,345,678,999%"
```

这些方法都有个接受 Locale 的版本，例如，若想显示日币符号的格式：

```
jshell> import static java.util.Locale.JAPAN;

jshell> NumberFormat.getCurrencyInstance(JAPAN).format
(123456789.987654321);
$6 ==> "¥123,456,790"
```

NumberFormat 实例有个 parse()方法，该方法可指定代表数字的字符串，将它解析为 Number 实例，在可能的情况下会返回 Long，否则将使用 Double，它们都是 Number 的子类。

```
jshell> NumberFormat.getCurrencyInstance(JAPAN).parse("¥123,456,790");
$7 ==> 123456790
```

NumberFormat 的父类是 java.text.Format，通过从 Format 继承的 format()方法，也可对 BigDecimal 进行格式化：

```
jshell> NumberFormat.getInstance().format(new BigDecimal
("123456789.98765"));
$8 ==> "123,456,789.988"
```

必要时也可指定格式字符串自行创建 DecimalFormat 实例，它是 NumberFormat 的子类，例如，若想使整数部分每四位数一个逗号，小数最多三位：

```
jshell> import java.text.*;

jshell> var formatter = new DecimalFormat("#,####.###");
formatter ==> java.text.DecimalFormat@674dc

jshell> formatter.format(123456789.987654321);
$3 ==> "1,2345,6789.988"

jshell> formatter.format(123456789.92);
$4 ==> "1,2345,6789.92"
```

如果想使整数部分每四位数一个逗号，小数三位，不足时用 0 补齐：

```
jshell> import java.text.*;

jshell> var formatter = new DecimalFormat("#,####.000");
formatter ==> java.text.DecimalFormat@674dc

jshell> formatter.format(123456789.92);
$3 ==> "1,2345,6789.920"
```

#、0 等字符设定都有其意义，你可参考 DecimalFormat 的 API 说明，以了解每个字符的设定意义。

提示>>> NumberFormat 的 getInstance()等静态方法基本上都返回 DecimalFormat 实例。不过根据 API 文档，在某些特别的国家/地区设定下，可能不会返回 DecimalFormat 实例。

15.5 再谈堆栈跟踪

8.1.5 节曾经谈过堆栈跟踪。除了捕捉异常时可进行堆栈跟踪外，必要时也可自行创建 Throwable 或获得 Thread，通过 getStackTrace()获得堆栈跟踪，而 Stack-Walking API 提供更多的选项，让堆栈跟踪变得更有效率。

15.5.1 获取 StackTraceElement

8.1.5 节讲过，异常对象会自动收集 Stack Frame，可用于显示堆栈跟踪。当时还没谈到多线程，自动收集的 Stack Frame 来自主线程的 JVM Stack。

每个线程都会有专属的 JVM Stack，它是个先进后出的结构。每调用一个方法，JVM 都会建立一个 Stack Frame 来储存局部变量、方法、类等信息，并将其放入 JVM Stack 中，方法调用结束后，Stack Frame 就从 JVM Stack 弹出并销毁。

为了了解应用程序的行为，或者进行故障排除，或出于其他原因，有时需要自行获取堆栈跟踪。Throwable 与 Thread 类提供的 getStackTrace()方法可用来取得当前线程的 JVM Stack，并以 StackTraceElement 数组返回 JVM Stack 中全部的 Stack Frame。

如果想主动取得 Stack Frame，方式之一是创建 Throwable 实例，并调用其 getStackTrace()方法：

```
StackTraceElement[] stackTrace  = new Throwable().getStackTrace();
```

另一种方式是取得 Thread 实例，比如通过 Thread.currentThread()，调用其 getStackTrace()方法：

```
StackTraceElement[] stackTrace =
Thread.currentThread().getStackTrace();
```

每个 StackTraceElement 实例代表着 JVM Stack 中的一个 Stack Frame，你可以使用 StackTraceElement 的 getClassName()、getFileName()、getLineNumber()、getMethodName()、getModuleName()、getModuleVersion()、getClassLoaderName()等方法取得对应的信息。例如，可改写 8.1.5 节中的示例，主动显示堆栈跟踪。

StackTrace StackTraceDemo.java

```
package cc.openhome;

import static java.lang.System.out;
import java.util.List;

public class StackTraceDemo {
   public static void main(String[] args) {
      c();
   }

   static void c() {
      b();
   }

   static void b() {
      a();
   }

   static void a() {
      var currentThread = Thread.currentThread();
      var stackTrace = currentThread.getStackTrace();

      out.printf("Stack trace of thread %s:%n",
                 currentThread.getName());
      List.of(stackTrace).forEach(out::println);
   }
}
```

在这个示例程序中，c()方法调用 b()方法，b()方法调用 a()方法，因而堆栈跟踪显示的结果将是：

```
Stack trace of thread main:
java.base/java.lang.Thread.getStackTrace(Thread.java:1598)
StackTrace/cc.openhome.StackTraceDemo.a(StackTraceDemo.java:21)
StackTrace/cc.openhome.StackTraceDemo.b(StackTraceDemo.java:16)
StackTrace/cc.openhome.StackTraceDemo.c(StackTraceDemo.java:12)
StackTrace/cc.openhome.StackTraceDemo.main(StackTraceDemo.java:8)
```

每个线程都会有自己的 JVM Stack，下面的程序会显示个别线程的跟踪。

StackTrace StackTraceDemo2.java

```java
package cc.openhome;

import static java.lang.System.out;
import java.util.List;

public class StackTraceDemo2 {
    public static void main(String[] args) throws InterruptedException {
        var t = new Thread(() -> c());
        t.start();
        t.join(); // 这是为了循序显示个别的堆栈跟踪

        c();
    }

    static void c() {
        b();
    }

    static void b() {
        a();
    }

    static void a() {
        var currentThread = Thread.currentThread();
        var stackTrace = currentThread.getStackTrace();

        out.printf("Stack trace of thread %s:%n", currentThread.getName());
        List.of(stackTrace).forEach(out::println);
    }
}
```

执行结果如下：

```
Stack trace of thread Thread-0:
java.base/java.lang.Thread.getStackTrace(Thread.java:1598)
StackTrace/cc.openhome.StackTraceDemo2.a(StackTraceDemo2.java:25)
StackTrace/cc.openhome.StackTraceDemo2.b(StackTraceDemo2.java:20)
StackTrace/cc.openhome.StackTraceDemo2.c(StackTraceDemo2.java:16)
StackTrace/cc.openhome.StackTraceDemo2.lambda$0(StackTraceDemo2.java:8)
java.base/java.lang.Thread.run(Thread.java:832)
Stack trace of thread main:
java.base/java.lang.Thread.getStackTrace(Thread.java:1598)
StackTrace/cc.openhome.StackTraceDemo2.a(StackTraceDemo2.java:25)
StackTrace/cc.openhome.StackTraceDemo2.b(StackTraceDemo2.java:20)
StackTrace/cc.openhome.StackTraceDemo2.c(StackTraceDemo2.java:16)
StackTrace/cc.openhome.StackTraceDemo2.main(StackTraceDemo2.java:12)
```

如果只想取得简单信息，可以使用以上方式，然而，getStackTrace()会取得全部的 Stack Frame。如果只想查看前几个，这样做的效率非常低；如果想取得方法所在的类信息呢？StackTraceElement 中只有 getClassName()可用于返回字符串，你得自己想办法，比如通过反射(第 17 章会谈到)等机制来达到目的。如果想进一步取得方法调用者(Caller)的类信息呢？可以使用 Stack-Walking API。

15.5.2 Stack-Walking API

Stack-Walking API 能让堆栈跟踪变得更为方便，你可以通过 java.lang.StackWalker 的 getInstance()方法，在取得 StackWalker 实例后，运用 forEach()方法遍历 StackWalker.StackFrame。每个 StackFrame 代表着 JVM Stack 中的一个 Stack Frame。例如，可将之前的 StackTraceDemo 改写为如下形式。

StackTrace StackWalkerDemo.java

```
package cc.openhome;

import static java.lang.System.out;

public class StackWalkerDemo {
   public static void main(String[] args) {
      c();
   }

   static void c() {
      b();
   }

   static void b() {
      a();
```

```
    }

    static void a() {
        out.printf("Stack trace of thread %s:%n",
                    Thread.currentThread().getName());
        var stackWalker = StackWalker.getInstance();
        stackWalker.forEach(out::println);
    }
}
```

堆栈跟踪显示的结果为：

```
Stack trace of thread main:
StackTrace/cc.openhome.StackWalkerDemo.a(StackWalkerDemo.java:21)
StackTrace/cc.openhome.StackWalkerDemo.b(StackWalkerDemo.java:15)
StackTrace/cc.openhome.StackWalkerDemo.c(StackWalkerDemo.java:11)
StackTrace/cc.openhome.StackWalkerDemo.main(StackWalkerDemo.java:7)
```

StackWalker 带有 getCallerClass()方法，StackFrame 带有 getDeclaringClass()方法，然而必须在调用 StackWalker 的 getInstance()方法时，指定 StackWalker.Option 为 RETAIN_CLASS_REFERENCE，否则会引发 UnsupportedOperationException 异常。

例如，如果想显示类与方法名称，可以使用如下代码。

StackTrace StackWalkerDemo2.java

```
package cc.openhome;

import static java.lang.StackWalker.Option.RETAIN_CLASS_REFERENCE;
import static java.lang.System.out;

public class StackWalkerDemo2 {
    public static void main(String[] args) {
        c();
    }

    static void c() {
        b();
    }

    static void b() {
        a();
    }

    static void a() {
        out.printf("Stack trace of thread %s:%n",
                Thread.currentThread().getName());

        var stackWalker =
```

```
StackWalker.getInstance(RETAIN_CLASS_REFERENCE);
        out.printf("Caller class %s%n",
                stackWalker.getCallerClass().getName());

        stackWalker.forEach(stackFrame -> {
            out.printf("%s.%s%n",
                    stackFrame.getDeclaringClass(),
                    stackFrame.getMethodName());
        });
    }
}
```

堆栈跟踪显示的结果为：

```
Stack trace of thread main:
Caller class cc.openhome.StackWalkerDemo2
class cc.openhome.StackWalkerDemo2.a
class cc.openhome.StackWalkerDemo2.b
class cc.openhome.StackWalkerDemo2.c
class cc.openhome.StackWalkerDemo2.main
```

如果只对某几个 StackFrame 感兴趣，或想对 StackFrame 进行转换或过滤，可以使用 StackWalker 实例的 walk()方法，例如，若只想找到第一个 StackFrame：

```
Optional<StackFrame> frame =
    stackWalker.walk(frameStream -> frameStream.findFirst());
```

在 walk()的 Lambda 表达式中，会传入 Stream<?super StackFrame>，而 Lambda 表达式的返回值就是 walk()的返回值，因此你可以通过惰性操作传入 Stream<?super StackFrame>，基本上，Stream 定义的操作，比如 filter()、map()、collect()、count()等，都可以使用。

有些 Stack Frame 与反射或者特定的 JVM 实现相关，在不指定参数的情况下，StackWalker.getInstance()默认不可取得 Class 实例且不显示这些 Stack Frame。如果想显示与反射相关的 Stack Frame，则可以使用 SHOW_REFLECT_FRAMES。如果想显示隐藏的 Stack Frame(包含与反射相关的 Stack Frame)，则可以使用 SHOW_HIDDEN_FRAMES。

下面是个简单的示例，使用了反射机制来调用 c()方法，你可以暂且不管反射机制代码应如何编写，而将重点放在不同选项上，看看 StackWalker 遍历的 Stack Frame 有何不同。

StackTrace StackWalkerDemo3.java

```
package cc.openhome;

import static java.lang.StackWalker.Option.*;
import static java.lang.System.out;
```

```
import java.util.List;

public class StackWalkerDemo3 {
    public static void main(String[] args) throws Exception {
        StackWalkerDemo3.class.getDeclaredMethod("c").invoke(null);
    }

    static void c() {
        b();
    }

    static void b() {
        a();
    }

    static void a() {
        var stackWalkers = List.of(
            StackWalker.getInstance(),
            StackWalker.getInstance(SHOW_REFLECT_FRAMES),
            StackWalker.getInstance(SHOW_HIDDEN_FRAMES)
        );

         stackWalkers.forEach(
             stackWalker -> {
                 out.println();
                 stackWalker.forEach(out::println);
             }
         );
    }
}
```

执行结果如下：

```
StackTrace/cc.openhome.StackWalkerDemo3.lambda$0(StackWalkerDemo3.
java:30)
java.base/java.lang.Iterable.forEach(Iterable.java:75)
StackTrace/cc.openhome.StackWalkerDemo3.a(StackWalkerDemo3.java:27)
StackTrace/cc.openhome.StackWalkerDemo3.b(StackWalkerDemo3.java:17)
StackTrace/cc.openhome.StackWalkerDemo3.c(StackWalkerDemo3.java:13)
StackTrace/cc.openhome.StackWalkerDemo3.main(StackWalkerDemo3.java:9)

StackTrace/cc.openhome.StackWalkerDemo3.lambda$0(StackWalkerDemo3.
java:30)
java.base/java.lang.Iterable.forEach(Iterable.java:75)
StackTrace/cc.openhome.StackWalkerDemo3.a(StackWalkerDemo3.java:27)
StackTrace/cc.openhome.StackWalkerDemo3.b(StackWalkerDemo3.java:17)
StackTrace/cc.openhome.StackWalkerDemo3.c(StackWalkerDemo3.java:13)
```

```
java.base/jdk.internal.reflect.NativeMethodAccessorImpl.invoke0
(Native Method)
java.base/jdk.internal.reflect.NativeMethodAccessorImpl.invoke
(NativeMethodAccessorImpl.java:62)
java.base/jdk.internal.reflect.DelegatingMethodAccessorImpl.invoke
(DelegatingMethodAccessorImpl.java:43)
java.base/java.lang.reflect.Method.invoke(Method.java:564)
StackTrace/cc.openhome.StackWalkerDemo3.main(StackWalkerDemo3.java:9)

StackTrace/cc.openhome.StackWalkerDemo3.lambda$0(StackWalkerDemo3.
java:30)
StackTrace/cc.openhome.StackWalkerDemo3$$Lambda$23/
0x0000000800b97040.accept(Unknown Source)
java.base/java.lang.Iterable.forEach(Iterable.java:75)
StackTrace/cc.openhome.StackWalkerDemo3.a(StackWalkerDemo3.java:27)
StackTrace/cc.openhome.StackWalkerDemo3.b(StackWalkerDemo3.java:17)
StackTrace/cc.openhome.StackWalkerDemo3.c(StackWalkerDemo3.java:13)
java.base/jdk.internal.reflect.NativeMethodAccessorImpl.invoke0
(Native Method)
java.base/jdk.internal.reflect.NativeMethodAccessorImpl.invoke
(NativeMethodAccessorImpl.java:62)
java.base/jdk.internal.reflect.DelegatingMethodAccessorImpl.invoke
(DelegatingMethodAccessorImpl.java:43)
java.base/java.lang.reflect.Method.invoke(Method.java:564)
StackTrace/cc.openhome.StackWalkerDemo3.main(StackWalkerDemo3.java:9)
```

可以看到，默认的堆栈跟踪记录最为简洁，而 SHOW_REFLECT_FRAMES 显示了一些与反射相关的 Stack Frame。至于 SHOW_HIDDEN_FRAMES，除了显示与反射相关的 Stack Frame 外，还显示了个 JVM 特定实现的 Stack Frame。

如果需要在 StackWalker.getInstance()中指定多个选项，可以使用 Set 来指定，这时若结合 Set.of()，会很方便，例如：

```
var stackWalker = StackWalker.getInstance(
    Set.of(RETAIN_CLASS_REFERENCE, SHOW_REFLECT_FRAMES)
);
```

如果想限制可取得的 Stack Frame 深度，可以使用 StackWalker.getInstance()的另一个版本：

```
var stackWalker = StackWalker.getInstance(
    Set.of(RETAIN_CLASS_REFERENCE, SHOW_REFLECT_FRAMES),
    10  // 最大深度为 10
);
```

课后练习

实验题

假设有一个 HTML 文件，其中有许多 img 标签，而每个 img 标签都被 a 标签给包裹住。例如：

```
<a href="images/EssentialJavaScript-1-1.png" target="_blank">
<img src="images/EssentialJavaScript-1-1.png" alt="测试 node 指令"
style="max-width:100%;"></a>
```

请编写程序，该程序可以读取指定的 HTML 文件，将包裹 img 标签的 a 标签去除，然后将 img 标签存回原文件，也就是说，执行程序后，文件中的 HTML 要变为：

```
<img src="images/EssentialJavaScript-1-1.png" alt="测试 node 指令"
style="max-width:100%;">
```

第16章 整合数据库

学习目标

- 了解 JDBC 架构
- 使用 JDBC API
- 了解事务与隔离层级

16.1 JDBC入门

JDBC 是用于执行 SQL 的解决方案，开发人员使用 JDBC 标准接口，数据库厂商对接口进行实现，开发人员不必接触底层数据库驱动程序的差异性。这个章节会说明 JDBC 基本 API 的使用与观念，让你对 Java 访问数据库有所了解。

16.1.1 JDBC 简介

在正式介绍 JDBC 之前，先来认识应用程序如何与数据库进行沟通。很多数据库是一个独立运行的服务器程序，应用程序利用网络通信协议与数据库服务器沟通(见图 16-1)，从而对数据进行增、删、改、查。

图 16-1 应用程序与数据库利用通信协议进行沟通

应用程序会利用程序库通过通信协议与数据库进行通信，从而简化程序的编写，如图 16-2 所示。

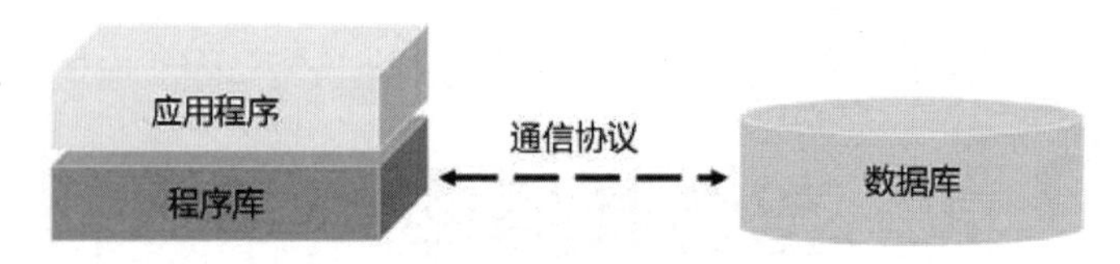

图 16-2　应用程序调用程序库以简化程序的编写

问题的重点在于，应用程序如何调用程序库？不同数据库通常以不同的通信协议连接不同数据库的程序库，API 也会不同。如果应用程序直接使用这些程序库，例如：

```
var conn = new XySqlConnection("localhost", "root", "1234");
conn.selectDB("gossip");
var query = conn.query("SELECT * FROM USERS");
```

假设这段代码中的 API 是某 Xy 数据库厂商程序库提供的，应用程序要连接数据库时，可直接调用这些 API。如果哪天应用程序打算改用 Ab 厂商提供的数据库及其提供的连接 API，你就得修改相关的代码。

另一个要考虑的问题是，如果 Xy 数据库厂商的程序库底层实际使用了与操作系统相依赖的功能，那么在换操作系统之前，还得考察一下，是否有该平台的数据库连接程序库。

更换数据库的需求不是没有，应用程序跨平台的需求也很常见，JDBC 就是用来满足这些需求的。JDBC 全名是 Java DataBase Connectivity，是 Java 连接数据库的标准规范。它定义了一组标准类与接口，应用程序需要连接数据库时调用这组标准 API。数据库厂商会实现 API 规范，实现的内容称为 JDBC 驱动程序(Driver)，如图 16-3 所示。

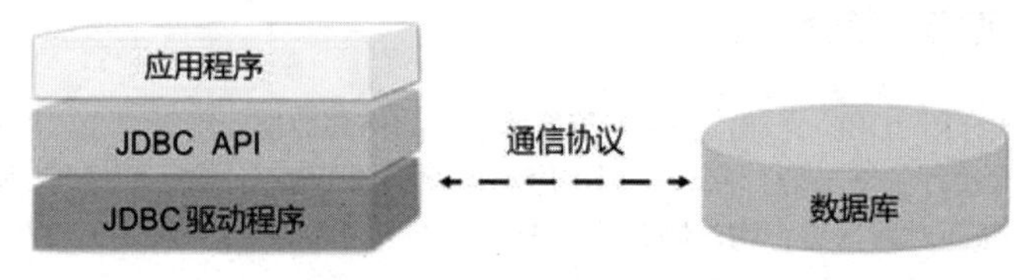

图 16-3　应用程序调用 JDBC 标准 API

JDBC API 主要分为两个部分：JDBC 应用程序开发者接口(Application Developer Interface)以及 JDBC 驱动程序开发者接口(Driver Developer Interface)。如图 16-4 所示，如果应用程序要连接数据库，将调用 JDBC 应用程序开发者接口，相关 API 主要位于 java.sql 与 javax.sql 这两个包中，在 JDK 9 以后归于 java.sql 模块，这也是本节说明的重点；JDBC 驱动程序开发者接口是数据库厂商实现驱动程序时的规范，一般开发者不用了解，本书也不予说明。

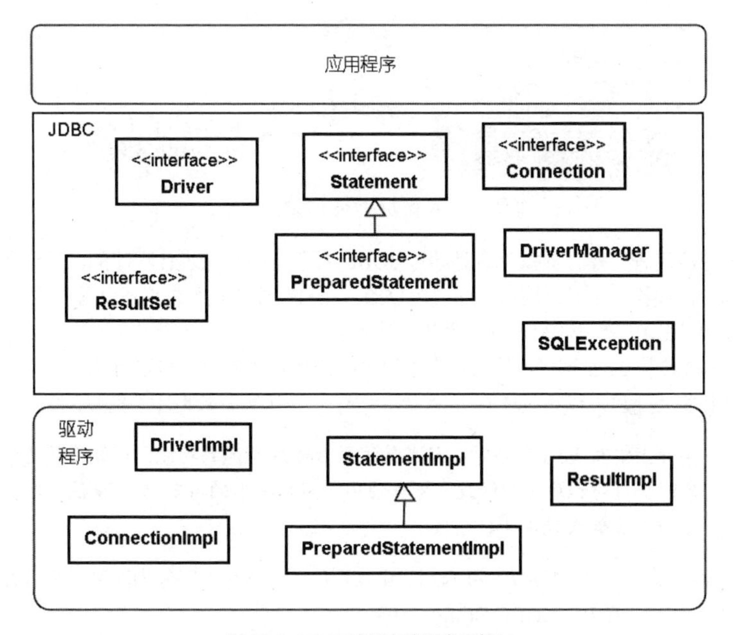

图 16-4　JDBC 应用程序开发者接口

举个例子来说，应用程序会使用 JDBC 连接数据库：

```
Connection conn = DriverManager.getConnection(…);
Statement st = conn.createStatement();
ResultSet rs = st.executeQuery("SELECT * FROM USERS");
```

粗体字部分就是标准类(比如 DriverManager)与接口(比如 Connection、Statement、ResultSet)等。假设这段代码用来连接 MySQL 数据库，则需要设定 JDBC 驱动程序，具体来说就是设定一个 JAR 文件(以及数据库地址等信息)，JVM 可从中加载.class。此时应用程序、JDBC 与数据库的关系如图 16-5 所示。

图 16-5　应用程序、JDBC 与数据库的关系

如果将来要改用 Oracle 数据库，则只需要改用 Oracle 驱动程序，具体来说，就是改用 Oracle 驱动程序的 JAR 文件(以及数据库地址等信息)，然而应用程序本身不用修改，如图 16-6 所示。

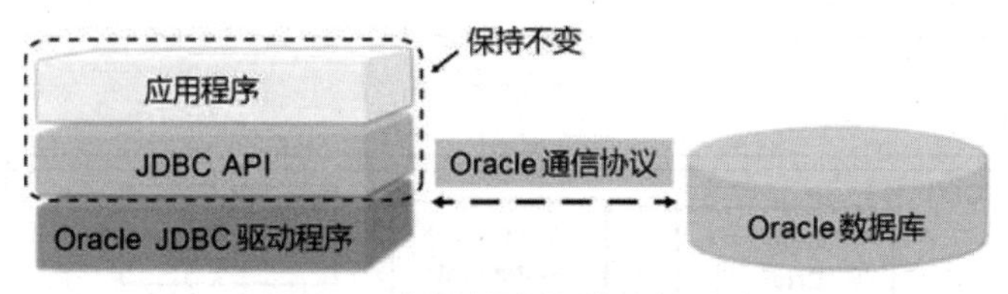

图 16-6 更换驱动程序但不修改应用程序

如果应用程序操作数据库时是通过 JDBC 提供的接口来设计程序的，那么在更换数据库时，理论上不必对应用程序进行修改，而只需要更换数据库驱动程序(以及数据库地址等信息)，就可对另一数据库进行操作。

JDBC 希望 Java 程序设计人员在编写数据库操作程序时，可以有统一的接口，而不必依赖特定 API，以达到“写一个 Java 程序，操作所有数据库”的目的。

提示 >>> 实际上编写 Java 程序时，如果使用了数据库特定的功能，可能导致迁移数据库时仍得对程序进行修改，例如使用了某数据库的特定 SQL 语法、数据类型或内置函数式调用等。

厂商在实现 JDBC 驱动程序时，按照实现方式将驱动程序分为四种类型(Type)。

- Type 1：JDBC-ODBC Bridge Driver

ODBC(Open DataBase Connectivity)是由 Microsoft 主导的数据库连接标准，ODBC 在 Microsoft 系统上最为成熟，例如，对 Microsoft Access 数据库的访问使用的就是 ODBC。

如图 16-7 所示，Type 1 驱动程序会将 JDBC 调用转换为对 ODBC 驱动程序的调用，由 ODBC 驱动程序操作数据库。

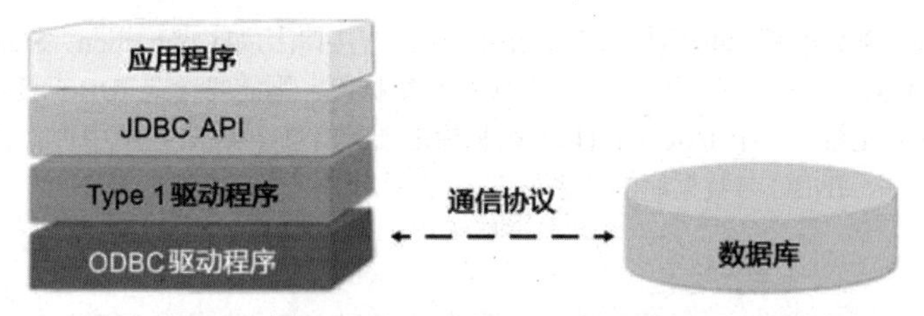

图 16-7 JDBC-ODBC Bridge Driver

利用现成的 ODBC 架构，只要将 JDBC 调用转换为 ODBC 调用，就可以实现这类驱动程序；不过，由于 JDBC 与 ODBC 并非一一对应的，部分调用无法直接转换，有些功能会受限；多层调用转换下，访问速度也会受到限制。ODBC 需要在平台上先设定好，因此弹性不足，ODBC 驱动程序也有跨平台的限制。

- Type 2：Native API Driver

如图 16-8 所示，这个类型的驱动程序会以原生(Native)方式调用数据库提供的原生程序库(通常由 C/C++实现)，JDBC 的方法调用会对应到原生程序库的相关 API 调用。由于使用了原生程序库，驱动程序本身依赖于平台，无法达到 JDBC 驱动程序的目标之一：跨平台。不过，由于直接调用数据库原生 API，Type 2 在速度上有机会成为四种类型中最快的驱动程序。

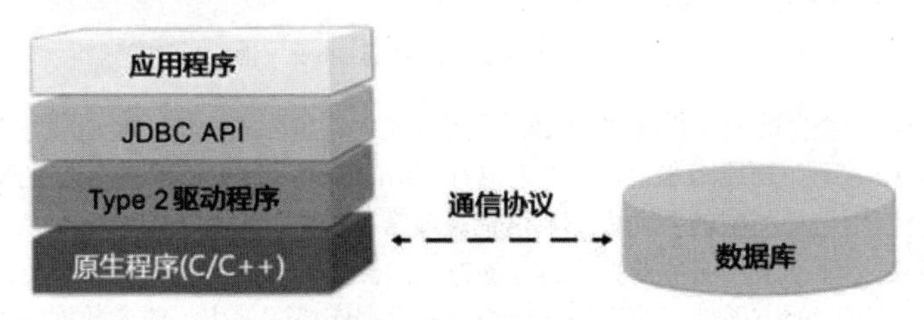

图 16-8　Native API Driver

Type 2 驱动程序的速度优势体现在获得数据库响应数据后，创建相关 JDBC API 实现对象之时；然而驱动程序本身无法跨平台，使用前得先在各平台安装设定驱动程序(比如安装数据库专属的原生程序库)。

- Type 3：JDBC-Net Driver

如图 16-9 所示，这类型的 JDBC 驱动程序会将 JDBC 方法调用转换为特定的网络协议(Protocol)，目的是与远端数据库的中间服务器或组件进行协议通信，而中间服务器或组件再与数据库进行通信操作。

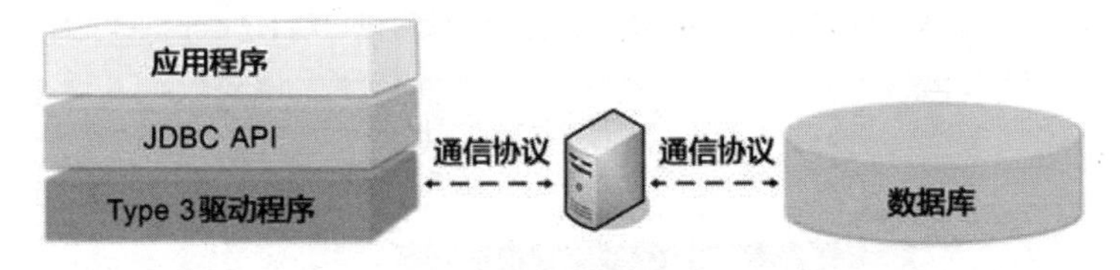

图 16-9　JDBC-Net Driver

由于与中间服务器或组件进行沟通时采用的是网络协议的方式，客户端的驱动程序可以使用纯 Java 实现(基本上是将 JDBC 调用对应到网络协议)，因此这种类型的驱动程序可以跨平台。

这种类型的驱动程序弹性较高，例如，可设计一个中间组件。JDBC 驱动程序与中间组件之间的协议是固定的，如果需要更换数据库系统，只需要更换中间组件，而客户端不受影响，驱动程序也不必更换；然而由于经由中间服务器转换，此类型的驱动程序速度较慢，获得架构弹性是使用此类型驱动程序的主要目的。

- Type 4：Native Protocol Driver

如图 16-10 所示，这种类型的驱动程序通常由数据库厂商提供，驱动程序实现将 JDBC 调用转换为与数据库所使用的特定网络协议，从而与数据库进行通信。

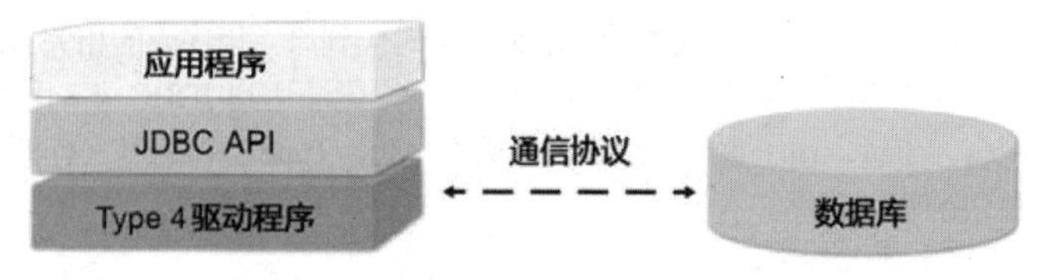

图 16-10　Native Protocol Driver

由于这种类型的驱动程序将 JDBC 调用转换为特定网络协议，驱动程序不仅可以使用纯 Java 实现，可以跨平台，性能上也有不错的表现。在不需要 Type 3 的架构弹性时，常会使用这种类型的驱动程序，这也是最常见的驱动程序类型。

许多数据库都采用服务器独立运行的方式，然而，有时因为设备本身资源有限，或者为了测试时的方便性，应用程序会与内存数据库搭配使用，或者数据库本身只是一个文件，应用程序直接读写该文件，进行数据的增、删、改、查，比如，HSQLDB(Hyper SQL Database)就提供了 Memory-Only 与 In-Process 模式，而 Android 支持的 SQLite 采用直接读写文件的方式，这类数据库的好处是不必安装、设定或启动，也可通过 JDBC 来进行数据库操作。

为了将重点放在 JDBC，免去设定数据库的麻烦，在接下来的内容中，将使用 H2 数据库系统进行操作。这是纯 Java 实现的数据库，提供了服务器、嵌入式或 InMemory 等模式。这类数据库的好处是安装、设定或启动都很简单，你可以在 H2 官方站点[1]下载 All Platforms 的版本，它是一个 zip 文件。将其中的 h2 文件夹解压缩到 C:\workspace，在文本模式下进入 h2 的 bin 文件夹，执行 h2 指令，就可以启动 H2 Console，见图 16-11。

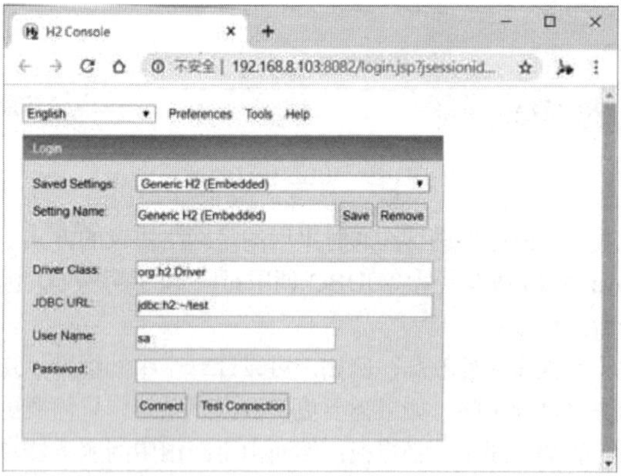

图 16-11　H2 Console

H2 Console 是用来管理 H2 数据库的简单接口。在操作之前，请先创建数据库，在桌面右下角的 H2 图标单击右键，执行“Create a new database...”，如图 16-12 所示。

1 H2 官方站点：www.h2database.com.

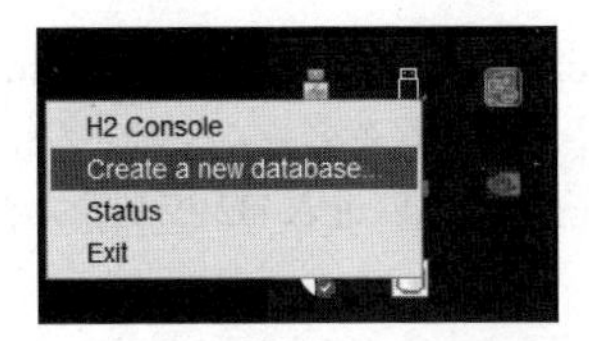

图 16-12　H2 Console

接下来按照图 16-13 中的说明创建数据库，“Username:”与“Password:”可以自行设定，你登录数据库时将使用这些信息，本书示例会分别使用“caterpillar”与“12345678”。

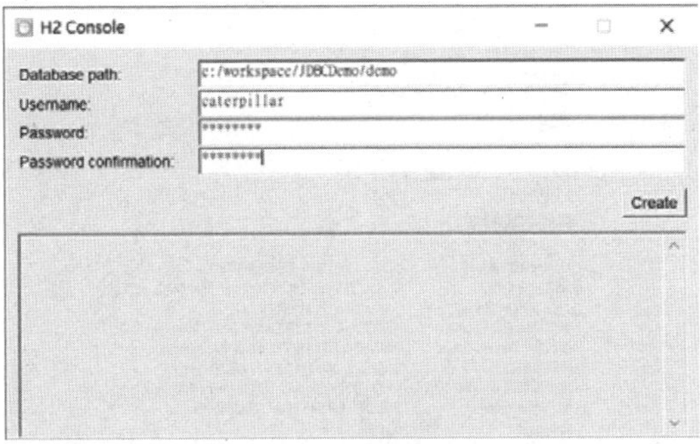

图 16-13　创建数据库

单击“Create”按钮后会创建 c:\workspace\JDBCDemo\demo.mv.db，这是数据库储存时使用的文件；接着回到 H2 Console 页面，可在左上角选择中文界面，转到中文界面后，在“储存的设定值：”选择“Generic H2(Server)”，按照图 16-14 所示方式设置相关数据。

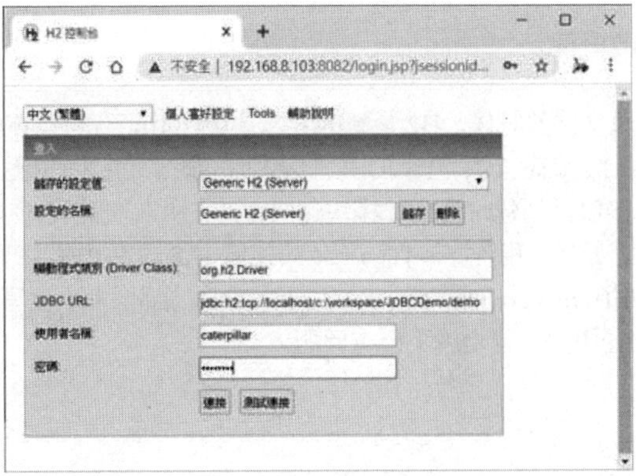

图 16-14　连接数据库

“jdbc:h2:tcp://localhost/c:/workspace/JDBCDemo/demo”表示将使用:\workspace\JDBCDemo\demo.mv.db 文件，“使用者名称：”与“密码：”要根据图 16-13 进行设定。接着单击“连接”按钮，就可以进入 H2 控制台，在其中执行 SQL 命令或查看结果等，如图 16-15 所示。

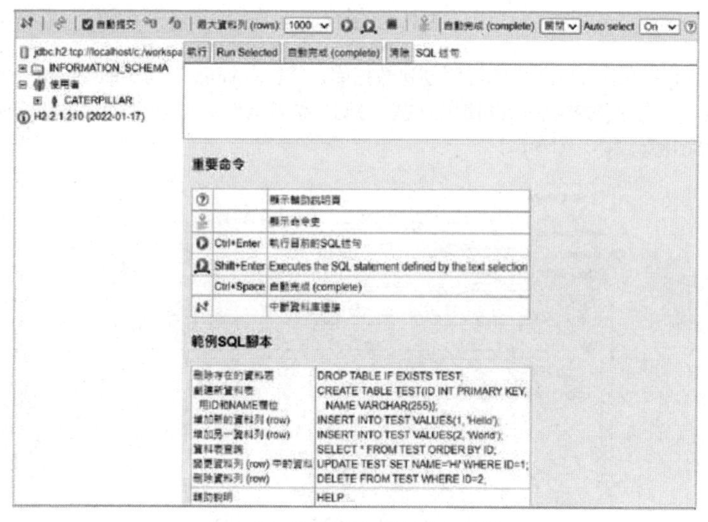

图 16-15　右侧方框可执行 SQL 语句

提示 >>> 数据库系统的使用与操作是一个很大的主题，本书并不针对这方面深入探讨。请自己阅读相关数据库的文档或书籍，如果对 H2 的使用感兴趣，可以参考 H2 官方教程[1]。

16.1.2　连接数据库

在我编写这段文字的时候，H2 最新的版本是 2.1.210，你可以在解压后的 h2/bin 文件夹中找到h2-2.1.210.jar，其中包含 JDBC 驱动程序，那么该怎么使用这个 JAR 文件呢？

方式之一是在项目创建时使用非模块化的方式，并使类路径(使用-cp 指定)包含 JAR 文件的路径。如果应用程序源代码不依赖任何 JAR 文件中的实现类，JDBC 驱动程序类只采用反射(Reflection)来加载，之后通过 JDBC 标准 API 编写程序，那么只要将 JAR 放在类路径中，执行上就不会有问题。

1 H2 官方教程：www.h2database.com/html/tutorial.html.

然而，本书至今的项目采用的都是模块化设计，类、接口都明确定义在模块中，这样的模块称为显式模块(Explicit Module)，而第 2 章就谈过，如果类路径中包含 JAR 文件，会使得 JAR 文件的类被归入未命名模块(Unnamed Module)中。问题就在于，显式模块无法声明依赖于未命名模块，因为未命名模块没有名称，如果代码中需要使用未命名模块的类，编译时就会出现找不到类的情况。

提示》》 执行时可以运用反射来访问未命名模块中的类。

如果采用的是模块化设计，未支持模块化设计的 JAR 文件可放在模块路径(使用 --module-path 指定)，它被视为自动模块(Automatic Module)。自动模块是命名模块的一种，模块名称的产生有其规则，基本上是根据 JAR 文件名产生的(19.1.1 节会再次讨论自动模块)。有了模块名称后就可以依赖于自动模块，也就可使用自动模块中公开的类、方法与值域。

如果无法从 JAR 文件名产生自动模块名称，被放到模块路径的 JAR 文件会在执行时产生错误信息。

如果不想基于 JAR 文件名产生自动模块名称，可以在 JAR 文件的 META-INF/MANIFEST.MF 里增加 Automatic-Module-Name，指定自动模块名称。然而对于第三方程序库的既有 JAR，不建议自己做这个动作，而应该让第三方程序库的发布者决定自动模块名称，免得以后产生名称上的困扰。

H2 没有使用模块描述文件来定义模块，然而在 JAR 文件的 META-INF/MANIFEST.MF 中，Automatic-Module-Name 被设置为 com.h2database。

提示》》 可以使用 jar 的--describe-module 来查看自动模块名称。

基于兼容性，自动模块带有隐含的模块定义，可以读取其他模块。其他模块也可以访问(与深层反射)自动模块，在应用程序迁移到模块化设计的过程中，自动模块将是未命名模块与显式模块之间的桥梁。

如果使用的是 IDE，程序项目会有管理类路径与模块路径的方式，例如，Eclipse 可通过下面的方式来新增程序库：

(1) 在“Package Explorer”窗口选择项目，单击右键，执行“Properties”。

(2) 在弹出的对话框中选择“Java Build Path”，其中可以切换至“Libraries”标签。

(3) 单击“Modulepath”按钮后，“Add External JARs...”等按钮就会呈现出可选择的状态。

(4) 单击“Add External JARs...”按钮，选择 h2/bin 中的 h2-2.1.210.jar，如图 16-16 所示。

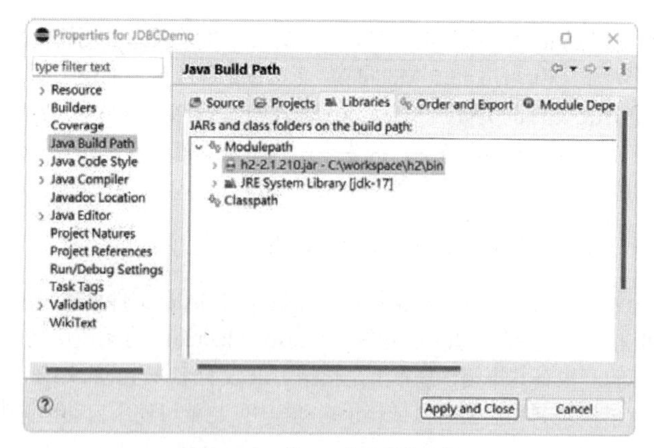

图 16-16 将 JAR 加入模块路径

如此一来，Eclipse 就会将 H2 的 JAR 视为模块，并采用其 Automatic-Module-Name 的 com.h2database 作为模块名称。

JDBC 接口或类位于 java.sql 包中，而在 JDK 9 以后这个包位于 java.sql 模块中。如果采用模块化设计，记得在模块描述文件中加入 requires java.sql。当前示例项目的模块描述文件至少要有以下内容。

JDBCDemo module-info.java

```
module JDBCDemo {
    requires com.h2database;
    requires java.sql;
}
```

在代码的编写上，如果要连接数据库，必须完成以下几个动作：

- 注册 Driver 实现对象。
- 获得 Connection 实现对象。
- 关闭 Connection 实现对象。

注册 Driver 实现对象

实现 Driver 接口的对象是 JDBC 进行数据库访问的起点。以 H2 实现的驱动程序为例，org.h2.Driver 类实现了 java.sql.Driver 接口，管理 Driver 实现对象的类是 java.sql.DriverManager。基本上，必须调用其静态方法 registerDriver()进行注册：

```
DriverManager.registerDriver(new org.h2.Driver());
```

不过，实际上很少自行编写代码进行此动作，只要加载 Driver 接口的实现类的.class 文件，就会完成注册。例如，可以通过 java.lang.Class 类的 forName()(下一章会详细说明这个方法)，动态加载驱动程序类：

```
try {
   Class.forName("org.h2.Driver");
}
catch(ClassNotFoundException e) {
   throw new RuntimeException("找不到指定的类");
}
```

如果查看 H2 的 org.h2.Driver 类的实现源代码：

```
package org.h2;
...
public class Driver implements java.sql.Driver,
JdbcDriverBackwardsCompat {
   private static final Driver INSTANCE = new Driver();
   ...

   static {
      load();
   }

   public static synchronized Driver load() {
      try {
         if (!registered) {
            registered = true;
            DriverManager.registerDriver(INSTANCE);
         }
      } catch (SQLException e) {
         DbException.traceThrowable(e);
      }
      return INSTANCE;
   }
}
```

可以发现，在 static 代码块中进行了注册 Driver 实例的动作(调用 static 的 load()方法)，而 static 程序块会在加载.class 文件时执行。使用 JDBC 时，需要加载.class 文件的方式有四种：

(1) 使用 Class.forName()。

(2) 自行创建 Driver 接口实现类的实例。

(3) 在启动 JVM 时指定 jdbc.drivers 属性。

(4) 设定 JAR 中的/META-INF/services/java.sql.Driver 文件。

第一种方式刚才已经说明。第二种方式是直接编写代码：

```
var driver = new org.h2.Driver();
```

要创建对象，就得加载.class 文件，也就会执行类的 static 代码块，完成驱动程序的注册。第三种方式是按照如下方式执行 java 命令：

```
> java-Djdbc.drivers=org.h2.Driver;ooo.XXXDriver 其他选项...YourProgram
```

应用程序可能同时连接多个厂商的数据库，DriverManager 也可注册多个驱动程序实例。以上方式如果需要指定多个驱动程序类，可以使用分号进行分隔。第四种方式是在驱动程序实现的 JAR 文件/META-INF/services 文件夹中放置 java.sql.Driver 文件，在其中编写 Driver 接口的实现类名称全名，DriverManager 会自动读取该文件，并找到指定类进行注册。

取得 Connection 实现对象

Connection 接口的实现对象是数据库连接的代表对象。要取得 Connection 实现对象，可通过 DriverManager 的 getConnection()方法：

```
Connection conn = DriverManager.getConnection(jdbcUrl);
```

调用 getConnection()时，必须提供 JDBC URL，其定义了连接数据库时的协议、子协议、数据源信息：

```
协议:子协议:数据源信息
```

JDBC URL 的“协议”总是以 jdbc 开始，除此之外，各家数据库的 JDBC URL 格式各不相同，你必须查询数据库产品使用手册来获得具体信息。

如果要直接通过 DriverManager 的 getConnection()连接数据库，一个比较完整的代码片段如下：

```
Connection conn = null;
SQLException ex = null;
try {
   var uri = "jdbc:h2:tcp://localhost/c:/workspace/JDBCDemo/demo";
   var user = "caterpillar";
   var password = "12345678";
   conn = DriverManager.getConnection(uri, user, password);
   ...
}
catch(SQLException e) {
   ex = e;
}
finally {
   if(conn != null) {
      try {
         conn.close();
      }
      catch(SQLException e) {
         if(ex == null) {
            ex = e;
         }
         else {
            ex.addSuppressed(e);
```

```
            }
        }
    }
    if(ex != null) {
        throw new RuntimeException(ex);
    }
}
```

SQLException 是处理 JDBC 时常遇到的异常对象，是数据库操作发生错误时的代表对象。SQLException 是受检异常(Checked Exception)，必须使用 try...catch...finally 明确处理，在异常发生时尝试关闭相关资源。

提示>>> SQLException 有个名叫 SQLWarning 的子类，如果数据库执行过程中产生了一些警示信息，会创建 SQLWarning，但不会抛出(throw)异常，而是通过连接方式收集起来。可以使用 Connection、Statement、ResultSet 的 getWarnings()来取得第一个 SQLWarning。使用这个对象的 getNextWarning()，可以取得下个 SQLWarning。它是 SQLException 的子类，必要时也可当作异常抛出。

关闭 Connection 实现对象

取得 Connection 对象之后，可以使用 isClosed()方法测试与数据库的连接是否关闭。在操作完数据库之后，如果不再需要连接，必须使用 close()来关闭与数据库的连接，以释放连接时相关的必要资源，比如相关的对象、授权资源等。

在前一个示例代码片段中，自行编写 try...catch...finally 以尝试关闭 Connection。除此之外，JDBC 的 Connection、Statement、ResultSet 等接口都是 java.lang.AutoCloseable 的子接口，可以使用尝试自动关闭资源语法来简化程序的编写。例如，前一个程序片段可以简化为：

```
var jdbcUrl = "jdbc:h2:tcp://localhost/c:/workspace/JDBCDemo/demo";
var user = "caterpillar";
var password = "12345678";
try(var conn = DriverManager.getConnection(jdbcUrl, user, password)) {
    ...
}
catch(SQLException e) {
    throw new RuntimeException(e);
}
```

然而在底层，DriverManager 如何进行连接呢？DriverManager 会循环迭代已注册的 Driver 实例，使用指定的 JDBC URL 调用 Driver 的 connect()方法，尝试取得 Connection 实例。以下是 DriverManager 中相关源代码的重点摘录：

```
SQLException reason = null;
for (int i = 0; i < drivers.size(); i++) { // 逐个获取 Driver 实例
```

```
    ...
    DriverInfo di = (DriverInfo)drivers.elementAt(i);
    ...
    try {
       Connection result = di.driver.connect(url, info); // 尝试连接
       if (result != null) {
          return (result);  // 如果取得 Connection，就返回
       }
    } catch (SQLException ex) {
       if (reason == null) { // 记录第一个发生的异常
            reason = ex;
      }
    }
 }
 if (reason != null)    {
    println("getConnection failed: " + reason);
    throw reason; // 如果有异常对象，就抛出
 }
 throw new SQLException(  // 如果没有合适的 Driver 实例，就抛出异常
         "No suitable driver found for "+ url, "08001");
```

Driver 的 connect()方法在无法取得 Connection 时会返回 null。简单来说，DriverManager 会逐一对 Driver 实例尝试连接，如果连接成功，则返回 Connection 对象；如果有异常发生，DriverManager 会记录首个异常，并继续尝试其他的 Driver，在全部 Driver 都试过了也无法取得连接时抛出已记录的异常，或者在最后抛出异常，表示没有合适的驱动程序。

下面先来看看连接数据库的完整示例，测试一下可否连接数据库并取得 Connection 实例。

JDBCDemo ConnectionDemo.java

```
package cc.openhome;

import java.sql.*;
import static java.lang.System.out;

public class ConnectionDemo {
   public static void main(String[] args)
                     throws ClassNotFoundException, SQLException {
      var url = "jdbc:h2:tcp://localhost/c:/workspace/JDBCDemo/demo";
      var user = "caterpillar";
      var password = "12345678";      取得 Connection 对象
                                       ↓
      try(var conn =
             DriverManager.getConnection(url, user, password)) {
         out.printf("已%s 数据库连接%n",
```

```
                conn.isClosed() ? "关闭" : "开启");
        }
    }
}
```

这个示例对 Connection 使用尝试自动关闭资源语法，执行完 try 代码块后，就会调用 Connection 的 close()方法。如果顺利取得连接，程序执行结果如下：

```
已开启数据库连接
```

提示>>> 实际上很少直接从 DriverManager 取得 Connection。因为如果在设计 API 时无法得知 JDBC URL(商业数据库还需名称、密码等敏感信息)，要怎么取得 Connection？答案是通过稍后介绍的 javax.sql.DataSource。

16.1.3　使用 Statement、ResultSet

Connection 是数据库连接的代表对象。要执行 SQL，就必须取得 java.sql.Statement 实现对象。它是 SQL 语句的代表对象，你可以使用 Connection 的 createStatement()创建 Statement 对象：

```
Statement stmt = conn.createStatement();
```

取得 Statement 对象后，可使用 executeUpdate()、executeQuery()等方法执行 SQL。executeUpdate()用于执行 CREATE TABLE、INSERT、DROP TABLE、ALTER TABLE 等会改变数据库内容的 SQL。

例如，如果想在 demo 数据库创建 messages 表格，可以按照如下方式使用 Statement 的 executeUpdate()方法：

JDBCDemo StatementDemo.java

```
p package cc.openhome;

import java.sql.DriverManager;
import java.sql.SQLException;

public class StatementDemo {
    public static void main(String[] args) {
        var url = "jdbc:h2:tcp://localhost/c:/workspace/JDBCDemo/demo";
        var user = "caterpillar";
        var password = "12345678";

        try(var conn = DriverManager.getConnection(url, user, password);
            var statement = conn.createStatement()) {
            statement.executeUpdate(
                """
```

```
                CREATE TABLE messages (
                    id INT NOT NULL AUTO_INCREMENT PRIMARY KEY,
                    name CHAR(20) NOT NULL,
                    email CHAR(40),
                    msg VARCHAR(256) NOT NULL
                );
                """
            );
            System.out.println("messages 表格创建完毕");
        } catch(SQLException ex) {
            throw new RuntimeException(ex);
        }
    }
}
```

提示»» 也可直接在 H2 Console 中使用如图 16-17 所示的命令，在 demo 数据库中创建表格。

图 16-17　在 demo 数据库中创建表格

在创建表格后，如果要在表格中插入一条数据，可按照下面的方式使用 Statement 的 executeUpdate()方法：

```
stmt.executeUpdate(
  "INSERT INTO messages VALUES(1, 'justin', 'justin@mail.com', 'message')"
);
```

executeUpdate()会返回 int 结果，表示数据更新的笔数。Statement 的 executeQuery()可执行 SELECT 等查询数据库的 SQL，且会返回 java.sql.ResultSet 对象，该对象代表查询结果，即一笔一笔的数据。你可以使用 ResultSet 的 next()移动到下一笔数据，该方法会返回 true 或 false，表示是否有下一笔数据。接着可以使用 getXXX()取得数据，例如，利用 getString()、getInt()、getFloat()、getDouble()等方法，可以分别取得对应的字段类型数据。getXXX()方法都提供按照字段名称取得数据或按照字段顺序取得数据的方法。一个例子如下，假设要指定字段名称来取得数据：

```
var result = stmt.executeQuery("SELECT * FROM messages");
while(result.next()) {
    var id = result.getInt("id");
```

```
    var name = result.getString("name");
    var email = result.getString("email");
    var msg = result.getString("msg");
    // ...
}
```

使用查询结果字段顺序来显示结果的方式如下(注意索引是从 1 开始的)：

```
var result = stmt.executeQuery("SELECT * FROM messages");
while(result.next()) {
    var id = result.getInt(1);
    var name = result.getString(2);
    var email = result.getString(3);
    var msg = result.getString(4);
    // ...
}
```

Statement 的 execute()可用来执行 SQL，并可测试 SQL 是执行查询还是更新。如果该方法返回 true，表示 SQL 执行并使用 ResultSet 作为查询结果，此时可使用 getResultSet()取得 ResultSet 对象。如果 execute()返回 false，表示 SQL 执行更新，会有更新记录数，此时可以使用 getUpdateCount()取得更新记录数。如果事先无法得知 SQL 是执行查询还是更新，就可以使用 execute()。例如：

```
if(stmt.execute(sql)) {
    var rs = stmt.getResultSet();  // 取得查询结果 ResultSet
    ...
}
else { // 这是更新操作
    var updated = stmt.getUpdateCount(); // 取得更新记录数
    ...
}
```

视需求而定，当不再使用 Statement 或 ResultSet 时，可以通过 close()将其关闭，从而释放相关资源。Statement 关闭时，相关的 ResultSet 也会自动关闭。

为了进行演示，接下来实现一个简单的留言板，首先实现一个 MessageDAO 来访问数据库。

JDBCDemo MessageDAO.java

```
package cc.openhome;

import java.sql.*;
import java.util.*;

public class MessageDAO {
    private String url;
    private String username;
```

```
    private String password;

    public MessageDAO(String url, String username, String password) {
        this.url = url;
        this.username = username;
        this.password = password;
    }           ❶ 这个方法会在数据库中增加留言

                                                      ❷ 取得 Connection 对象
    public void add(Message message) {
        try(var conn = DriverManager.getConnection(
                                        url, username, password);
            var statement = conn.createStatement()) {

                                                  ❸ 创建 Statement 对象

            var sql = String.format(
          "INSERT INTO messages(name, email, msg) VALUES ('%s', '%s', '%s')",
                message.name(), message.email(), message.msg());
            statement.executeUpdate(sql);  ← ❹ 执行 SQL 语句
        } catch(SQLException ex) {
            throw new RuntimeException(ex);
        }
    }

    public List<Message> get() {  ← ❺ 这个方法会从数据库中查询所有留言
        var messages = new ArrayList<Message>();
        try(var conn = DriverManager.getConnection(
                                            url, username, password);
            var statement = conn.createStatement()) {
            var result = statement.executeQuery("SELECT * FROM messages");
            while(result.next()) {
                var message = toMessage(result);
                messages.add(message);
            }
        } catch(SQLException ex) {
            throw new RuntimeException(ex);
        }
        return messages;
    }

    private Message toMessage(ResultSet result) throws SQLException {
        return new Message(
            result.getString(2),
            result.getString(3),
            result.getString(4)
        );
    }
}
```

这个对象会从 DriverManager 取得 Connection❷对象。add()接受 Message 对象❶，利用 Statement 对象❸执行 SQL 语句来新增留言❹。get()会从数据库中查询全部留言，将留言收集在一个 List<Message>对象中并返回对象❺。

提示 >>> JDBC 规范提到关闭 Connection 时，会关闭相关资源，然而没有明确说明关闭哪些相关资源。通常驱动程序实现时，会在关闭 Connection 时，一并关闭关联的 Statement，但最好留意是否真的关闭了资源。自行关闭 Statement 是比较保险的做法，以上示例对 Connection 与 Statement 使用了尝试自动关闭资源语法。

示例中的 Message 只是用来封装留言信息的简单类，使用了 9.1.3 节介绍过的 record 类。

JDBCDemo Message.java

```
package cc.openhome;

public record Message(String name, String email, String msg) {}
```

可以编写一个简单的 MessageDAODemo 类来使用 MessageDAO。例如：

JDBCDemo MessageDAODemo.java

```
package cc.openhome;

import static java.lang.System.out;
import java.util.Scanner;

public class MessageDAODemo {
    public static void main(String[] args) throws Exception {
        var url = "jdbc:h2:tcp://localhost/c:/workspace/JDBCDemo/demo";
        var username = "caterpillar";
        var password = "12345678";

        var dao = new MessageDAO(url, username, password);
        var console = new Scanner(System.in);
        while(true) {
            out.print("(1) 显示留言 (2) 新增留言：");
            switch(Integer.parseInt(console.nextLine())) {
                case 1:
                    dao.get().forEach(message -> {
                        out.printf("%s\t%s\t%s%n",
                                message.name(),
                                message.email(),
                                message.msg());
                    });
                    break;
                case 2:
```

```
                    out.print("姓名：");
                    var name = console.nextLine();
                    out.print("邮件：");
                    var email = console.nextLine();
                    out.print("留言：");
                    var msg = console.nextLine();
                    dao.add(new Message(name, email, msg));
                }
            }
        }
    }
```

执行的示例结果如下：

```
(1)显示留言(2)新增留言：2
姓名：良葛格
邮件：caterpillar@openhome.cc
留言：这是一篇测试留言!
(1)显示留言(2)新增留言：1
良葛格 caterpillar@openhome.cc 这是一篇测试留言!
```

注意>>> 示例怎么没有用 Class.forName()加载 Driver 实现类呢？别忘了，只要驱动程序 JAR 中有/META-INF/services/java.sql.Driver 文件，就会用其中设定的 Driver 实现类。

16.1.4 使用 PreparedStatement、CallableStatement

Statement 执行 executeQuery()、executeUpdate()等方法时，如果有些部分是动态数据，使用+运算符串接字符串来组成 SQL 语句的做法并不方便，比如之前的示例新增留言时，使用如下方式格式化 SQL 语句：

```
var statement = conn.createStatement();
var sql = String.format(
    "INSERT INTO messages(name, email, msg) VALUES ('%s', '%s', '%s')",
    message.name(), message.email(), message.msg());
statement.executeUpdate(sql);
```

对于一些操作，如果只是 SQL 语句中某些参数不同，其余部分的 SQL 语句相同，可以使用 java.sql.PreparedStatement。方式是使用 Connection 的 prepareStatement()方法创建预先编译的 SQL 语句，对于其中参数会变动的部分，先使用“?”占位字符进行占位。例如：

```
PreparedStatement stmt = conn.prepareStatement(
                    "INSERT INTO messages VALUES(?, ?, ?, ?)");
```

需要真正指定参数执行时，再使用对应的 setInt()、setString()等方法，指定“?”处真正应该有的参数。例如：

```
stmt.setInt(1, 2);
stmt.setString(2, "momor");
stmt.setString(3, "momor@mail.com");
stmt.setString(4, "message2...");
stmt.executeUpdate();
stmt.clearParameters();
```

要让 SQL 执行生效，可执行 executeUpdate()或 executeQuery()方法(如果是查询的话)。在 SQL 执行完毕后，可调用 clearParameters()清除设置的参数，之后可重用这个 PreparedStatement 实例。简单来说，使用 PreparedStatement，可以预先准备好 SQL 并重复使用。

可以使用 PreparedStatement 改写之前 MessageDAO 中 add()执行 SQL 语句的部分。例如：

JDBCDemo MessageDAO2.java

```
package cc.openhome;

import java.sql.*;
import java.util.*;

public class MessageDAO2 {
    ...
    public void add(Message message) {
        try(var conn = DriverManager.getConnection(url, user, passwd);
            var statement = conn.prepareStatement(
              "INSERT INTO messages(name, email, msg) VALUES (?,?,?)")) {
            statement.setString(1, message.name());
            statement.setString(2, message.email());
            statement.setString(3, message.msg());
            statement.executeUpdate();
        } catch(SQLException ex) {
            throw new RuntimeException(ex);
        }
    }
    ...
}
```

这样的写法比串接或格式化 SQL 的做法方便许多！不过，PreparedStatement 的好处不止于此。之前提过，在这次的 SQL 执行完毕后，可以调用 clearParameters()清除设置的参数，之后就可以重用这个 PreparedStatement 实例。也就是说，必要的话，可以考虑制作语句池(Statement Pool)，将频繁使用的 PreparedStatement 重复使用，以减少生成对象的负担。

在驱动程序支持的情况下，使用 PreparedStatement，可将 SQL 语句预编译为数据库的执行命令。由于它已经是数据库的可执行命令，执行速度可以快许多(例如有些纯 Java 实现的数据库，其驱动程序可将 SQL 预编译为字节码格式，在 JVM 中执行时可以快一些)，而 Statement 对象是在执行时将 SQL 发送到数据库，由数据库进行解析、编译，再执行。

使用 PreparedStatement，也可提升程序安全。举例来说，如果原先使用串接字符串的方式来执行 SQL：

```
var statement = connection.createStatement();
var queryString = "SELECT * FROM user_table WHERE username='" +
      username + "' AND password='" + password + "'";
var resultSet = statement.executeQuery(queryString);
```

其中，username 与 password 是来自用户的输入字符串，原本是希望用户正确地输入用户名和密码，组合后的 SQL 应该像这样：

```
SELECT * FROM user_table
    WHERE username='caterpillar' AND password='12345678'
```

也就是说，用户名与密码正确时，才会查找出指定用户的相关数据。如果在用户名处输入了“caterpillar' --”，密码空白，而你又没有针对输入的内容进行字符检查、过滤动作，那么这个字符串组合出来的 SQL 将如下所示：

```
SELECT * FROM user_table
    WHERE username='caterpillar' --' AND password=''
```

方框是密码请求参数的部分，若将方框拿掉，能更清楚地看出这个 SQL 有什么问题！

```
SELECT * FROM user_table
    WHERE username='caterpillar' --' AND password=''
```

因为 H2 数据库解析 SQL 时，会把--当成注释符号，被执行的 SQL 语句最后将是 SELECT * FROM user_table WHERE username='caterpillar'。也就是说，用户不用输入正确的密码，也可以随意查询任何人的数据，这就是 SQL Injection 的简单例子。

如果使用串接或 String.format()的方式组合 SQL 语句，会有 SQL Injection 的隐患；如果改用 PreparedStatement 的话：

```
var stmt = conn.prepareStatement(
   "SELECT * FROM user_table WHERE username=? AND password=?");
stmt.setString(1, username);
stmt.setString(2, password);
```

在这里，username 与 password 会被视为 SQL 的字符串，而不会被当作 SQL 语法来解释，这样就可避免刚才的 SQL Injection 问题。

串接或格式化字符串的方式运用起来比较麻烦，且可能发生 SQL Injection。此外，由于串接或格式化字符串时会产生新的 String 对象，如果串接字符串动作经常发生(例如在循环中进行 SQL 串接的动作)，那么还会产生性能上的问题。

如果编写数据库的存储过程(Stored Procedure)，并想使用 JDBC 来调用，可使用 java.sql.CallableStatement，调用的基本语法如下：

```
{? = call <程序名称>[<参数 1>, <参数 2>, ...]}
{call <程序名称>[<参数 1>, <参数 2>, ...]}
```

在 API 的使用上，CallableStatement 基本上与 PreparedStatement 差别不大，除了必须调用 prepareCall()创建 CallableStatement 实例外，一样使用 setXXX()设定参数。对于查询操作，使用 executeQuery()；对于更新操作，使用 executeUpdate()；另外，可以使用 registerOutParameter()注册输出参数等。

提示>>> 若使用 JDBC 的 CallableStatement 调用存储过程，须着重了解各数据库的存储过程如何编写及相关事宜。用 JDBC 调用存储过程，也表示应用程序将与数据库产生直接的依赖性。

在使用 PreparedStatement 或 CallableStatement 时，必须注意 SQL 数据类型与 Java 数据类型的对应，因为两者并非一一对应的。java.sql.Types 定义了一些常数来代表 SQL 类型，表 16-1 为 JDBC 规范建议的 SQL 类型与 Java 类型的对应。

表 16-1　Java 类型与 SQL 类型对应

Java 类型	SQL 类型
boolean	BIT
byte	TINYINT
short	SMALLINT
int	INTEGER
long	BIGINT
float	FLOAT
double	DOUBLE
byte[]	BINARY、VARBINARY、LONGBINARY
java.lang.String	CHAR、VARCHAR、LONGVARCHAR
java.math.BigDecimal	NUMERIC、DECIMAL
java.sql.Date	DATE
java.sql.Time	TIME
java.sql.Timestamp	TIMESTAMP

对于日期与时间，在 JDBC 中，并不是使用 java.util.Date，这个对象可代表的日期与时间格式是“年、月、日、时、分、秒、毫秒”。在 JDBC 中，若要表示日期，需要使用 java.sql.Date，其日期格式是“年、月、日”；若要表示时间，则应使用 java.sql.Time，其时间格式为“时、分、秒”；如果要表示“时、分、秒、纳秒”的格式，则应该使

用 java.sql.Timestamp。

13.3 节介绍过新时间与日期 API。对于 TimeStamp 实例，可以使用 toInstant()方法将其转为 Instant 实例；如果有一个 Instant 实例，可以通过 TimeStamp 的 from()静态方法将其转为 TimeStamp 实例。例如：

```
Instant instant = timeStamp.toInstant();
Timestamp timestamp2 = Timestamp.from(instant);
```

16.2 JDBC 高级应用

16.1 节介绍了 JDBC 入门概念与基本 API，这一节将说明更多高级 API 的使用，比如使用 DataSource 取得 Connection，使用 PreparedStatement、ResultSet 进行更新操作，等等。

16.2.1 使用 DataSource 取得连接

数据库在连接时，基本上必须提供 JDBC URL、用户名、密码等。然而这些是敏感信息，如果实际应用程序开发时无法得知这些信息，该如何改写 MessageDAO？

答案是，可以让 MessageDAO 依赖于 javax.sql.DataSource 接口，通过其定义的 getConnection()方法取得 Connection。例如：

JDBCDemo MessageDAO3.java

```
package cc.openhome;

import java.sql.*;
import java.util.*;
import javax.sql.DataSource;

public class MessageDAO3 {
    private DataSource dataSource;

    public MessageDAO3(DataSource dataSource) {
        this.dataSource = dataSource;
    }

    public void add(Message message) {
        try(var conn = dataSource.getConnection();
            var statement = conn.prepareStatement(
             "INSERT INTO messages(name, email, msg) VALUES (?,?,?)")) {
           ...
        } catch(SQLException ex) {
            throw new RuntimeException(ex);
```

```
        }
    }

    public List<Message> get() {
        var messages = new ArrayList<Message>();
        try(var conn = dataSource.getConnection();
            var statement = conn.createStatement()) {
            ...
        } catch(SQLException ex) {
            throw new RuntimeException(ex);
        }
        return messages;
    }
}
```

单看这个 MessageDAO3，不会知道 DataSource 实现对象是从哪个 URL，使用什么用户名、密码，内部如何建立 Connection 等。日后若要修改数据库服务器主机地址，或者为了重复利用 Connection 对象而想加入连接池(Connection Pool)机制等，这个 MessageDAO3 都不用修改。

提示 »» 对于运行在服务器上的数据库，若要取得数据库连接，就必须开启网络连接(中间经过实体网络)。连接至数据库服务器后，进行协议交换(也就是数次的网络数据传输)，从而验证名称、密码等。取得数据库连接是个耗时间及资源的动作。重复利用取得的 Connection 实例，是改善数据库连接性能的一种方式，使用连接池是一种基本做法。

例如，以下示例实现了具有简单连接池机制的 DataSource，演示如何重复使用 Connection。

JDBCDemo SimpleConnectionPoolDataSource.java

```
package cc.openhome;

import java.util.*;
import java.io.*;
import java.sql.*;
import java.util.concurrent.Executor;
import java.util.logging.Logger;
import javax.sql.DataSource;                    ❶ 实现 DataSource
                                                ↓
public class SimpleConnectionPoolDataSource implements DataSource {
    private Properties props;
    private String url;
    private int max; // 连接池中最大 Connection 数量
    private List<Connection> conns;◄—— ❷ 维护可重用的 Connection 对象
```

```
public SimpleConnectionPoolDataSource()
        throws IOException, ClassNotFoundException {
    this("jdbc.properties");
}                                        ❸ 可指定.properties 文件
                                         ↓
public SimpleConnectionPoolDataSource(String configFile)
                    throws IOException, ClassNotFoundException {
    props = new Properties();
    props.load(new FileInputStream(configFile));

    url = props.getProperty("cc.openhome.url");
    max = Integer.parseInt(props.getProperty("cc.openhome.poolmax"));

    conns = Collections.synchronizedList(new ArrayList<>());
}

public synchronized Connection getConnection() throws SQLException {
    if(conns.isEmpty()) { ←── ❹ 如果 List 为空，就创建新的 ConnectionWrapper
        return new ConnectionWrapper(
                DriverManager.getConnection(url),
                conns,
                max
        );
    }
    else { ←── ❺ 否则返回 List 中的一个 Connection
        return conns.remove(conns.size() - 1);
    }
}                                             ❻ ConnectionWrapper 实现
                                              ↓ Connection 接口
private class ConnectionWrapper implements Connection {
    private Connection conn;
    private List<Connection> conns;
    private int max;

    public ConnectionWrapper(Connection conn,
                     List<Connection> conns, int max) {
        this.conn = conn;
        this.conns = conns;
        this.max = max;
    }

    @Override
    public void close() throws SQLException {
        if(conns.size() == max) {←── ❼ 如果超出最大可维护 Connection 数量,
            conn.close();               就关闭 Connection
        }
        else {
```

```
                conns.add(this);◀── ❽ 否则放入 List 中以备重用
            }
        }

        @Override
        public Statement createStatement() throws SQLException {
            return conn.createStatement();
        }
        ...
    }
    ...
}
```

SimpleConnectionPoolDataSource 实现了 DataSource 接口❶，其中使用 List<Connection>实例维护可重用的 Connection❷，与连接相关的信息可以使用.properties 进行设定❸。如果客户端调用 getConnection()方法尝试取得连接，当 List<Connection>为空时，将创建新的 Connection 并将其包裹在 ConnectionWrapper 中返回❹；如果 List<Connection>不为空，就直接从其中移出一个 Connection 并返回❺。

ConnectionWrapper 实现了 Connection 接口❻，大部分方法实现时都是直接委托给被包裹的 Connection 实例。ConnectionWrapper 实现 close()方法时，会看看维护 Connection 的 List<Connection>容量是否达到最大值，如果它已达到最大值，就直接关闭被包裹的 Connection❼，否则将自己置入 List<Connection>以备重用❽。

如果准备一个如下所示的 jdbc.properties：

JDBCDemo jdbc.properties

```
cc.openhome.url=jdbc:h2:tcp://localhost/c:/workspace/JDBCDemo/demo
cc.openhome.username=caterpillar
cc.openhome.password=12345678
cc.openhome.poolmax=10
```

就可通过下面的方法使用 SimpleConnectionPoolDataSource 与 MessageDAO3：

JDBCDemo MessageDAODemo3.java

```
package cc.openhome;

import java.util.Scanner;

public class MessageDAODemo3 {
    public static void main(String[] args) throws Exception {
        var dao = new MessageDAO3(new SimpleConnectionPoolDataSource());
        ...
    }
}
```

提示>>> 实际上应用程序更常使用 JNDI，从服务器取得已设定的 DataSource，再从 DataSource 取得 Connection。将来当你接触到 Servlet/JSP 或其他 Java EE 应用领域时，就会看到相关的设定方式。

16.2.2 使用 ResultSet 查看、更新数据

ResultSet 默认可使用 next()移动数据光标至下一条数据，之后使用 getXXX()方法取得数据，也可使用 previous()、first()、last()等方法前后移动数据光标，调用 updateXXX()、updateRow()等方法修改数据。

在使用 Connection 的 createStatement()或 prepareStatement()方法建立 Statement 或 PreparedStatement 实例时，可以指定结果集类型与并行方式：

```
createStatement(int resultSetType, int resultSetConcurrency)
prepareStatement(String sql,
                 int resultSetType, int resultSetConcurrency)
```

结果集类型有三种设定：

- ResultSet.TYPE_FORWARD_ONLY(默认)
- ResultSet.TYPE_SCROLL_INSENSITIVE
- ResultSet.TYPE_SCROLL_SENSITIVE

注意>>> SQLite 只支持 TYPE_FORWARD_ONLY，如果使用其他的设定，会抛出 SQLException 异常。

指定 TYPE_FORWARD_ONLY 时，ResultSet 只能向前移动数据游标；指定 TYPE_SCROLL_INSENSITIVE 或 TYPE_SCROLL_SENSITIVE 时，ResultSet 则可以前后移动数据游标。两者之间的差别在于，在 TYPE_SCROLL_INSENSITIVE 设定下，取得的 ResultSet 不会反映数据库中的数据修改，而 TYPE_SCROLL_SENSITIVE 会反映数据库中的数据修改。

关于更新，有两种设置：

- ResultSet.CONCUR_READ_ONLY(默认)
- ResultSet.CONCUR_UPDATABLE

指定 CONCUR_READ_ONLY 时，只能用 ResultSet 进行数据读取，无法进行更新；指定 CONCUR_UPDATABLE 时，就可以使用 ResultSet 进行数据更新。

在使用 Connection 的 createStatement()或 prepareStatement()方法建立 Statement 或 PreparedStatement 实例时，如果没有指定结果集类型与并行方式，将默认使用 TYPE_FORWARD_ONLY 与 CONCUR_READ_ONLY。如果想前后移动数据游标，使用 ResultSet 进行更新，可以参考下面这个通过 Statement 进行设定的例子：

```
var stmt = conn.createStatement(
                    ResultSet.TYPE_SCROLL_INSENSITIVE,
                    ResultSet.CONCUR_UPDATABLE);
```

下面是一个通过 PreparedStatement 进行设定的例子：

```
var stmt = conn.prepareStatement(
                    "SELECT * FROM messages",
                    ResultSet.TYPE_SCROLL_INSENSITIVE,
                    ResultSet.CONCUR_UPDATABLE);
```

在数据游标移动的 API 上，可以使用 absolute()、afterLast()、beforeFirst()、first()、last()进行绝对位置移动，或使用 relative()、previous()、next()进行相对位置移动。这些方法如果成功移动，就会返回 true。也可以使用 isAfterLast()、isBeforeFirst()、isFirst()、isLast()判断当前位置。以下是简单的程序示例片段：

```
var stmt = conn.prepareStatement("SELECT * FROM messages",
                ResultSet.TYPE_SCROLL_INSENSITIVE,
                ResultSet.CONCUR_READ_ONLY);
var rs = stmt.executeQuery();
rs.absolute(2);                    // 移动到第 2 行
rs.next();                         // 移动到第 3 行
rs.first();                        // 移动到第 1 行
var b1 = rs.isFirst();             // b1 是 true
```

如果要使用 ResultSet 修改数据，应注意以下限制条件：

- 必须选择单一表格。
- 必须选择主键。
- 必须选择所有 NOT NULL 的值。

若在取得 ResultSet 后要更新数据，必须移动至要更新的行(Row)，调用 updateXxx()方法(Xxx 是类型)，而后调用 updateRow()方法完成更新。如果调用 cancelRowUpdates()，则可取消更新，但必须在调用 updateRow()前取消。一个使用 ResultSet 更新数据的例子如下：

```
var stmt = conn.prepareStatement("SELECT * FROM messages",
                ResultSet.TYPE_SCROLL_INSENSITIVE,
                ResultSet.CONCUR_UPDATABLE);
var rs = stmt.executeQuery();
rs.next();
rs.updateString(3, "caterpillar@openhome.cc");
rs.updateRow();
```

如果在取得 ResultSet 后想添加数据，要先调用 moveToInsertRow()，之后调用 updateXXX()设定要添加数据的各个字段，然后调用 insertRow()添加数据。一个使用 ResultSet 添加数据的例子如下：

```
var stmt = conn.prepareStatement("SELECT * FROM messages",
               ResultSet.TYPE_SCROLL_INSENSITIVE,
               ResultSet.CONCUR_UPDATABLE);
var rs = stmt.executeQuery();
rs.moveToInsertRow();
rs.updateString(2, "momor");
rs.updateString(3, "momor@openhome.cc");
rs.updateString(4, "blah...blah");
rs.insertRow();
rs.moveToCurrentRow();
```

如果在取得 ResultSet 后想删除数据，要移动数据游标至想删除的行，调用 deleteRow()删除数据行。一个使用 ResultSet 删除数据的例子如下：

```
var stmt = conn.prepareStatement("SELECT * FROM messages",
               ResultSet.TYPE_SCROLL_INSENSITIVE,
               ResultSet.CONCUR_UPDATABLE);
var rs = stmt.executeQuery();
rs.absolute(3);
rs.deleteRow();
```

16.2.3 批量更新

如果必须对数据库进行大量数据更新，则不应使用以下程序片段：

```
var stmt = conn.createStatement();
while(someCondition) {
   stmt.executeUpdate(
     "INSERT INTO messages(name,email,msg) VALUES('…','…','…')");
}
```

每次执行 executeUpdate()时，都会向数据库发送一次 SQL，如果大量更新的 SQL 有一万笔，就等于通过网络进行了一万次的信息传递，网络传送信息时必须开启 I/O 并进行路由等动作，像这样进行大量更新，将带来性能问题。

可以使用 addBatch()方法收集 SQL，并使用 executeBatch()方法将收集的 SQL 传送出去。例如：

```
var stmt = conn.createStatement();
while(someCondition) {
   stmt.addBatch(
     "INSERT INTO messages(name,email,msg) VALUES('…','…','…')");
}
stmt.executeBatch();
```

提示>>> 对于 H2 驱动程序，其 Statement 实现的 addBatch()使用了 ArrayList 来收集 SQL，然而 executeBatch()会在使用 for 循环逐一取得 SQL 语句后执行。对于 MySQL 驱动程序的 Statement 实现，其 addBatch()使用了 ArrayList 来收集 SQL，收集的全部 SQL 最后会串为一句 SQL 语句，然后传送给数据库。假设大量更新的 SQL 有一万笔，这一万笔 SQL 会连接为一句 SQL，再通过一次网络传输发送给数据库，这样可以节省 I/O、网络路由等动作耗费的时间。

既然使用的是批次更新，顾名思义，这个操作仅用于更新，因此批次更新的限制是，SQL 语句不能是 SELECT，否则会抛出异常。

使用 executeBatch()时，SQL 的执行顺序就是 addBatch()使用的顺序。executeBatch()返回的 int[]代表每笔 SQL 造成的数据变更行数。执行 executeBatch()时，之前已开启的 ResultSet 会被关闭，执行过后收集 SQL 用的 List 会被清空。任何的 SQL 错误都会抛出 BatchUpdateException 异常。你可以使用这个对象的 getUpdateCounts()取得 int[]，该数据代表之前执行成功的 SQL 完成的更新记录数。

之前举的例子是 Statement 的例子，如果 PreparedStatement 要使用批次更新，可以使用 addBatch()收集占位字符真正的数值，如下例所示：

```
var stmt = conn.prepareStatement(
      "INSERT INTO messages(name,email,msg) VALUES(?, ?, ?)");
while(someCondition) {
   stmt.setString(1, "..");
   stmt.setString(2, "..");
   stmt.setString(3, "..");
   stmt.addBatch();      // 收集参数
}
stmt.executeBatch();  // 发送所有参数
```

提示>>> 除了在 API 上使用 addBatch()、executeBatch()等方法以进行批量更新之外，通常还会搭配关闭自动提交(Auto Commit)功能，这在性能上也会有所影响，稍后在介绍事务时会详细说明。

还要注意驱动程序本身是否支持批量更新。以 MySQL 为例，要支持批量更新，必须在 JDBC URL 附加 rewriteBatchedStatements=true 参数，这样它才能生效。

16.2.4 Blob 与 Clob

如果要将文件写入数据库，可以在数据库表格字段使用 BLOB 或 CLOB 数据类型。BLOB 全名 Binary Large Object，用于储存大量的二进制数据，比如图片、影音文件等；CLOB 全名 Character Large Object，用于储存大量的文字数据。

JDBC 提供的 java.sql.Blob 与 java.sql.Clob 类分别代表 BLOB 与 CLOB 数据。以 Blob 为例，写入数据时，可通过 PreparedStatement 的 setBlob()来设定 Blob 对象；读取

数据时，可通过 ResultSet 的 getBlob()取得 Blob 对象。

Blob 拥有 getBinaryStream()、getBytes()等方法，可以取得代表字段来源的 InputStream 或字段的 byte[]数据。Clob 拥有 getCharacterStream()、getAsciiStream()等方法，可取得 Reader 或 InputStream 等数据。你可以查看 API 文档来获得更详细的信息。

BLOB 字段也可以对应 byte[]或输入/输出流。在写入数据时，可以使用 PreparedStatement 的 setBytes()来设定要存入的 byte[]数据，也可使用 setBinaryStream()来设定代表输入来源的 InputStream。在读取数据时，可以使用 ResultSet 的 getBytes()，以 byte[]取得字段中储存的数据，或以 getBinaryStream()取得代表字段来源的 InputStream。

以下是取得代表文件来源的 InputStream 后，进行数据库储存的片段：

```
InputStream in = readFileAsInputStream("...");
var stmt = conn.prepareStatement(
    "INSERT INTO IMAGES(src, img) VALUE(?, ?)");
stmt.setString(1, "...");
stmt.setBinaryStream(2, in);
stmt.executeUpdate();
```

以下是取得代表字段数据源的 InputStream 的片段：

```
var stmt = conn.prepareStatement(
    "SELECT img FROM IMAGES");
var rs = stmt.executeQuery();
while(rs.next()) {
    InputStream in = rs.getBinaryStream(1);
    // 使用 InputStream 读取数据
}
```

16.2.5 事务简介

事务的四个基本要求是原子性(Atomicity)、一致性(Consistency)、隔离行为(Isolation Behavior)与持续性(Durability)，简称为 ACID。

- 原子性

  一个事务是一个单元工作，其中可能包括数个步骤。这些步骤必须全部执行成功，如果有一个失败，整个事务则宣告失败，事务中其他步骤执行过的动作必须撤销，回到事务之前的状态。

  在数据库上执行的单元工作称为数据库事务(Database Transaction)，单元中每个步骤就是每句 SQL 的执行。假设你要开启一个事务边界(通常是以一个 BEGIN 的命令开始)，所有 SQL 语句下达之后，COMMIT 确认所有操作的变更，此时交易成功，或者因为某个 SQL 语句发生错误，ROLLBACK 进行撤销动作，此时事务失败。

● 一致性
  事务控制的数据集合在事务前后必须一致。如果事务成功，整个数据集合都必须是事务操作后的状态；如果事务失败，整个数据集合必须与事务开始前一致；整个数据集合不能出现部分有变更、部分没变更的状态。例如转账行为，假设数据集合涉及 A、B 两个账户，A 原有 20 000，B 原有 10 000，A 转 10 000 给 B，交易成功的话，最后 A 必须变成 10 000，B 变成 20 000；交易失败的话，A 必须为 20 000，B 为 10 000，而不能发生 A 为 20 000(未扣款)，B 也为 20 000(已收款)的情况。
● 隔离行为
  在多人使用的环境下，用户各自使用事务，事务与事务之间互不干扰。用户不会意识到其他用户正在执行事务，就好像只有自己在进行操作一样。
● 持续性
  事务一旦成功，变更就必须被保存下来，即使系统崩溃，事务的结果也不能遗失。这通常需要系统软、硬件架构的支持。

在原子性的要求上，JDBC 可以操作 Connection 的 setAutoCommit()方法，给它 false 参数，提示数据库开启事务；在发出 SQL 语句后，自行调用 Connection 的 commit()，提示数据库确认(COMMIT)操作；如果中间发生错误，则调用 rollback()，提示数据库撤销(ROLLBACK)全部的操作。一个示例的流程如下：

```
Connection conn = null;
try {
    conn = dataSource.getConnection();
    conn.setAutoCommit(false);  // 取消自动提交
    var stmt = conn.createStatement();
    stmt.executeUpdate("INSERT INTO ...");
    stmt.executeUpdate("INSERT INTO ...");
    conn.commit();              // 提交
}
catch(SQLException e) {
    e.printStackTrace();
    if(conn != null) {
        try {
            conn.rollback();    //  回滚
        }
        catch(SQLException ex) {
            ex.printStackTrace();
        }
    }
}
finally {
    ...
    if(conn != null) {
```

```
        try {
            conn.setAutoCommit(true);  //  恢复自动提交
            conn.close();
        }
        catch(SQLException ex) {
            ex.printStackTrace();
        }
    }
}
```

如果在执行事务管理时，仅想回滚某个执行点，可以设定保存点(Save Point)。例如：

```
Savepoint point = null;
try {
    conn.setAutoCommit(false);
    var stmt = conn.createStatement();
    stmt.executeUpdate("INSERT INTO ...");
    ...
    point = conn.setSavepoint(); // 设定保存点
    stmt.executeUpdate("INSERT INTO ...");
    ...
    conn.commit();
}
catch(SQLException e) {
    e.printStackTrace();
    if(conn != null) {
        try {
            if(point == null) {
                conn.rollback();
            }
            else {
                conn.rollback(point);                // 回滚到保存点
                conn.releaseSavepoint(point);        // 释放保存点
            }
        }
        catch(SQLException ex) {
            ex.printStackTrace();
        }
    }
}
finally {
    ...
    if(conn != null) {
        try {
            conn.setAutoCommit(true);
            conn.close();
        }
```

```
        catch(SQLException ex) {
            ex.printStackTrace();
        }
    }
}
```

在进行批量更新时，若不用每笔都确认的话，也可搭配事务管理。例如：

```
try {
    conn.setAutoCommit(false);
    stmt = conn.createStatement();
    while(someCondition) {
        stmt.addBatch("INSERT INTO ...");
    }
    stmt.executeBatch();
    conn.commit();
} catch(SQLException ex) {
    ex.printStackTrace();
    if(conn != null) {
        try {
            conn.rollback();
        } catch(SQLException e) {
            e.printStackTrace();
        }
    }
} finally {
    ...
    if(conn != null) {
        try {
            conn.setAutoCommit(true);
            conn.close();
        }
        catch(SQLException ex) {
            ex.printStackTrace();
        }
    }
}
```

在隔离行为的支持上，JDBC 可以通过 Connection 的 getTransactionIsolation()方法取得数据库目前的隔离行为设定，或通过 setTransactionIsolation()提示数据库采用指定的隔离行为，此外，还可通过以下常数在 Connection 上进行设定，如下所示：

- TRANSACTION_NONE
- TRANSACTION_READ_UNCOMMITTED
- TRANSACTION_READ_COMMITTED
- TRANSACTION_REPEATABLE_READ
- TRANSACTION_SERIALIZABLE

其中，TRANSACTION_NONE 表示对事务不设定隔离行为，仅适合用于没有事务功能、以只读功能为主、不会发生多名用户同时修改字段的情况的数据库。有事务功能的数据库可能会忽略 TRANSACTION_NONE 的设定提示。

要了解其他隔离行为设定的影响，首先要了解多个事务并行时可能引发的数据不一致问题，下面逐一举例说明。

更新丢失(Lost Update)

“更新丢失”指某个事务对字段进行更新的信息，因另一个事务的介入而丢失更新结果。举例来说，如图 16-18 所示，假设某字段数据原为 ZZZ，用户 A、用户 B 分别在不同的时间点对同一字段进行更新事务。

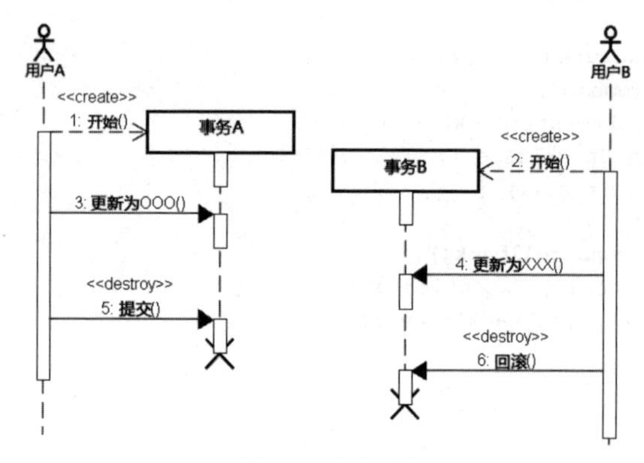

图 16-18 更新丢失

就用户 A 的事务而言，最后字段应该是 OOO；就用户 B 的事务而言，最后字段应该是 ZZZ。在完全没有设定隔离行为的情况下，由于用户 B 撤销操作的时间在用户 A 确认之后，最后字段结果会是 ZZZ，因此用户 A 看不到更新确认的 OOO 结果，用户 A 将面临更新丢失的问题。

提示>>> 假设有两个用户，如果用户 A 打开文件后，后续又允许用户 B 打开文件。一开始，用户 A 和用户 B 看到的文件都有 ZZZ 字符，用户 A 将 ZZZ 修改为 OOO 后储存，用户 B 将 ZZZ 修改为 XXX 后又将其还原为 ZZZ 并储存。最后文件内容为 ZZZ，用户 A 的更新丢失了。

如果要避免更新丢失问题，可将隔离层级设定为“可读取未提交”(Read Uncommitted)，也就是说，对于事务 A 已更新但未确认的数据，事务 B 仅可进行读取动作，但不可进行更新的动作。JDBC 可使用 Connection 的 setTransactionIsolation()方法，并将其设定为 TRANSACTION_UNCOMMITTED 来提示数据库采用此隔离行为。

数据库对此隔离行为的基本做法是，如果事务 A 已更新但未确认，将事务 B 的更新需求延至事务 A 确认后。以上例而言，事务顺序如图 16-19 所示。

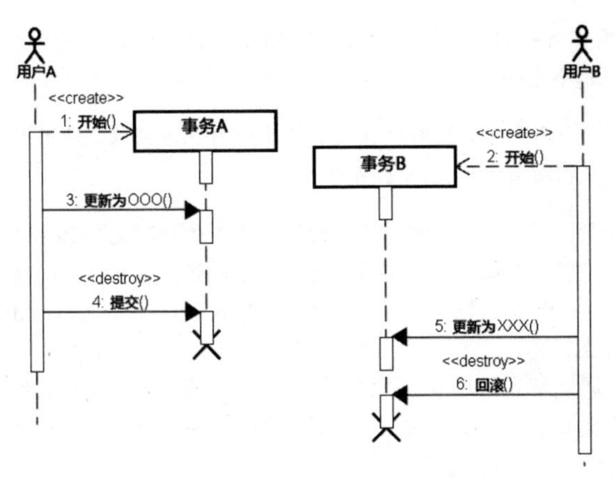

图 16-19　“可读取未提交”避免更新丢失

提示 >>> 假设有两个用户，如果用户 A 打开文件之后，后续只允许用户 B 以只读方式打开文件，那么用户 B 如果要写入，至少得等用户 A 修改完并关闭文件之后才能进行。

提示数据库“可读取未提交”的隔离层级后，数据库需要保证事务能避免更新丢失问题，通常这也是具备事务功能的数据库引擎会采取的最低隔离层级。不过，这个隔离层级读取错误数据的概率太高，开发者一般不会采用这种隔离层级。

脏读(Dirty Read)

当两个事务同时进行时，若其中一个事务更新数据但未提交，另一个交易就读取数据，将有可能发生脏读问题，也就是读到脏数据(Dirty Data)——不干净、不正确的数据，如图 16-20 所示。

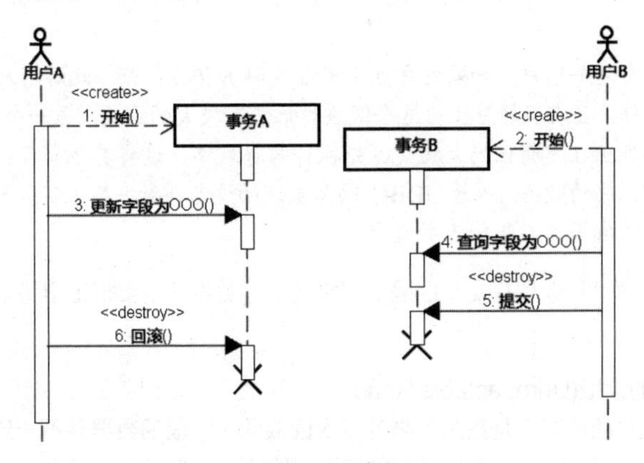

图 16-20　脏读

用户 B 在事务 A 撤销前读取到字段数据 OOO，如果事务 A 回滚了事务，那用户 B 读取的数据就是不正确的。

提示>>> 假设有两个用户，如果用户 A 打开了文件并仍在修改，此时用户 B 打开文件读到的数据就有可能是不正确的。

如果要避免脏读问题，可将隔离层级设定为“可读取提交”(Read Commited)，也就是说，事务读取的数据必须是其他事务已经提交的数据。JDBC 可使用 Connection 的 setTransactionIsolation()方法，并将其设定为 TRANSACTION_COMMITTED 来提示数据库采用此隔离行为。

数据库对此隔离行为的基本做法之一是，读取的事务不会阻止其他事务，但未提交的更新事务会阻止其他事务。如果使用这个做法，事务顺序结果会变成如图 16-20 所示的形式(如果原字段为 ZZZ)。

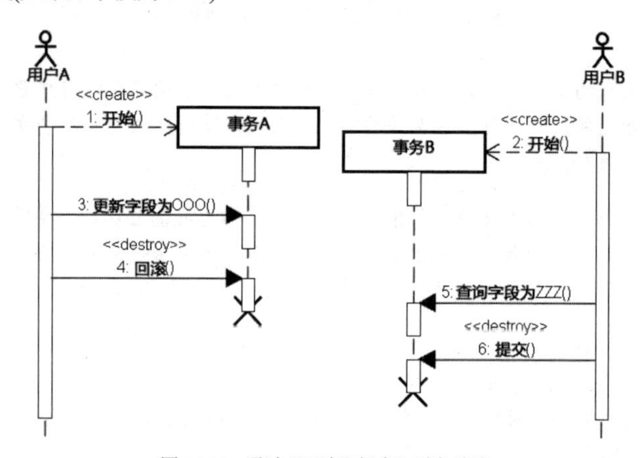

图 16-21　通过“可读取提交”避免脏读

提示>>> 假设有两个用户，如果用户 A 打开了文件并仍在修改，此时用户 B 就不能打开文件。但在数据库上，这个做法对性能有较大的影响。另一个基本做法是，若事务正在更新但尚未提交，先操作暂存表格，这样其他事务就不至于读取到不正确的数据。至于 JDBC 隔离层级的设定在数据库上实际如何实现，得看各家数据库在性能上的考量。

提示数据库“可读取提交”的隔离层级之后，数据库需要保证事务能避免脏读与更新丢失问题。

无法重复的读取(Unrepeatable Read)

“无法重复的读取”是指某个事务两次读取同一字段的数据并不一致。例如，若事务 A 在事务 B 更新前、后进行数据的读取，则事务 A 会得到不同的结果，如图 16-22

所示，假设字段原为 ZZZ。

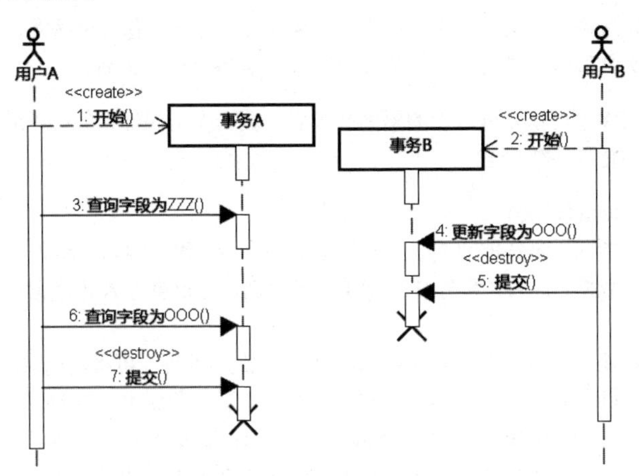

图 16-22　无法重复的读取

如果要避免无法重复读取的问题，可将隔离层级设定为“可重复读取”，也就是说，同一事务内两次读取的数据必须相同。JDBC 可使用 Connection 的 setTransactionIsolation()方法，并将其设定为 TRANSACTION_REPEATABLE_READ 来提示数据库采用此隔离行为。

数据库对此隔离行为的基本做法之一是，读取事务在确认前不阻止其他读取事务，但会阻止其他更新事务。如果使用这个方法，事务顺序结果会变成如图 16-23 所示的形式(如果原字段值为 ZZZ)。

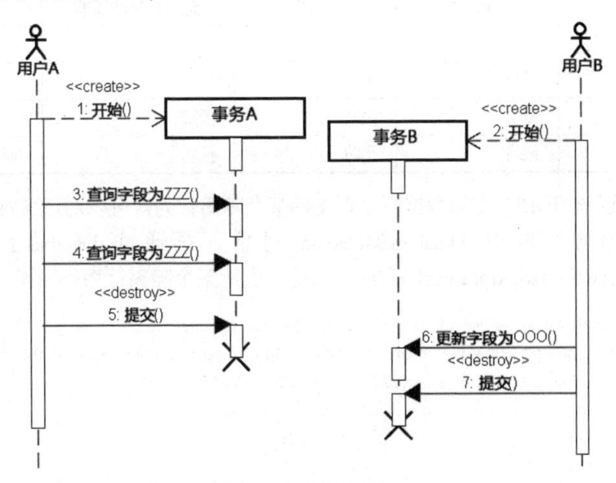

图 16-23　可重复读取

提示>>> 在数据库上，这种做法对性能的影响较大，另一个基本做法是，如果事务正在读取但尚未提交，另一事务会在临时表格上进行更新。

提示数据库“可重复读取”的隔离层级后，数据库将保证事务可以避免无法重复读取、脏读与更新丢失问题。

幻读(Phantom Read)

“幻读”指同一事务期间读取到的数据记录数不一致。例如，事务 A 第一次读取时得到了五条数据，此时，事务 B 新增了一条数据，导致事务 A 再次读取时得到六条数据。

如果已将隔离行为设定为可重复读取，但发生幻读现象，可将隔离层级设定为“可串行化”(Serializable)，也就是说，在有事务时，如果有数据不一致的担忧，事务必须可以串行逐一进行。JDBC 可使用 Connection 的 setTransactionIsolation()方法，并将其设定为 TRANSACTION_SERIALIZABLE 来提示数据库采用此隔离行为。

提示>>> 事务如果真的逐一串行进行，对数据库性能的影响过于巨大，实际上也许未必直接阻止其他事务或真的串行进行，例如采用临时表格的方式。事实上，只要能满足事务隔离的 4 个要求，各家数据库就会寻求能获得最佳性能的解决方式。

表 16-2 整理了各个隔离行为可预防的问题。

表 16-2 隔离行为与可预防的问题

隔离行为	更新丢失	脏读	无法重复的读取	幻读
可读取未提交	预防			
可读取提交	预防	预防		
可重复读取	预防	预防	预防	
可串行化	预防	预防	预防	预防

如果想通过 JDBC 得知数据库是否支持某个隔离行为，可以通过 Connection 的 getMetaData()方法取得 DatabaseMetadata 对象，再通过 DatabaseMetadata 的 supportsTransactionIsolationLevel()方法得知是否支持某个隔离行为。例如：

```
DatabaseMetadata meta = conn.getMetaData();
boolean isSupported = meta.supportsTransactionIsolationLevel(
        Connection.TRANSACTION_READ_COMMITTED);
```

16.2.6　metadata 简介

metadata 即“关于数据的数据”(Data about Data)。例如，数据库是用来储存数据的地方，然而数据库本身的名称是什么？数据库中有几个数据表？表名称是什么？表中有几个字段？这些信息就是 metadata。

JDBC 可以通过 Connection 的 getMetaData()方法取得 DatabaseMetaData 对象，再通过该对象提供的各个方法取得数据库整体信息；而 ResultSet 表示查询到的数据，对于数据本身的字段、类型等信息，可以通过 ResultSet 的 getMetaData()方法取得 ResultSetMetaData 对象，再通过该对象提供的相关方法取得字段名称、字段类型等信息。

提示 >>> DatabaseMetaData 或 ResultSetMetaData 的 API 使用并不难，问题在于各家数据库对某些名词的定义不同，你必须查阅数据库厂商手册以及对应的 API，才可以取得想要的信息。

在下面的例子中，利用 JDBC 的 metadata 相关 API，取得之前文件管理示例 messages 表的相关信息：

JDBCDemo MessagesInfo.java

```
package cc.openhome;

import java.sql.*;
import java.util.*;
import javax.sql.DataSource;

public class MessagesInfo {
    private DataSource dataSource;

    public MessagesInfo(DataSource dataSource) {
        this.dataSource = dataSource;
    }

    public List<ColumnInfo> getAllColumnInfo() {
        List<ColumnInfo> infos = null;
        try(var conn = dataSource.getConnection()) {
            var meta = conn.getMetaData();          ❶ 查询 MESSAGES 表的所有字段
            var crs = meta.getColumns(
                              null, null, "MESSAGES", null);
            infos = new ArrayList<>(); ←── ❷ 用来收集字段信息
            while(crs.next()) {
                ColumnInfo info = toColumnInfo(crs);←── ❸ 封装字段名称、类型、大小、可否为空、默认值等信息
                infos.add(info);
            }
        }
```

```
        catch(SQLException ex) {
            throw new RuntimeException(ex);
        }
        return infos;
    }

    private ColumnInfo toColumnInfo(ResultSet crs) throws SQLException {
        return new ColumnInfo(
            crs.getString("COLUMN_NAME"),
            crs.getString("TYPE_NAME"),
            crs.getInt("COLUMN_SIZE"),
            crs.getBoolean("IS_NULLABLE"),
            crs.getString("COLUMN_DEF")
        );
    }
}
```

在调用 getAllColumnInfo()时，会先从 Connection 取得 DatabaseMetaData，以查询数据库中指定表格的字段❶，这会取得 ResultSet；接着从 ResultSet 逐一取得想要的所有信息，将其封装为 ColumnInfo 对象❸，并收集在 List 中返回❷。

ColumnInfo 只是自定义的简单类，用于封装字段的相关信息：

JDBCDemo ColumnInfo.java

```
package cc.openhome;

public record ColumnInfo(
    String name,
    String type,
    int size,
    boolean nullable,
    String def) {}
```

可以通过以下示例运用 MessagesInfo 取得字段信息：

JDBCDemo MessagesInfoDemo.java

```
package cc.openhome;

import java.io.IOException;
import static java.lang.System.out;

public class MessagesInfoDemo {
    public static void main(String[] args)
            throws IOException, ClassNotFoundException {   ❶ 传入 DataSource
        var messagesInfo =
                new MessagesInfo(new SimpleConnectionPoolDataSource());
        out.println("名称\t 类型\t 为空\t 默认");
```

```
        messagesInfo.getAllColumnInfo().forEach(info -> {
            out.printf("%s\t%s\t%s\t%s%n",
                    info.name(),
                    info.type(),
                    info.nullable(),
                    info.def());
        });
    }
}
```

❷ 显示字段信息

上面程序的执行结果如下：

```
名称    类型      为空    默认
ID      INTEGER   false   NEXT VALUE ...
NAME    CHAR      false   null
EMAIL   CHAR      true    null
MSG     VARCHAR   false   null
```

课后练习

实验题

请尝试编写一个 JdbcTemplate 类来封装 JDBC 更新操作，可以按如下方式使用其 update()与 queryForList()方法：

```
var dataSource = new SimpleConnectionPoolDataSource();
var jdbcTemplate = new JdbcTemplate(dataSource);
jdbcTemplate.update(
        """
        CREATE TABLE messages (
            id INT NOT NULL AUTO_INCREMENT PRIMARY KEY,
            name CHAR(20) NOT NULL,
            email CHAR(40),
            msg VARCHAR(256) NOT NULL
        );
        """
);

jdbcTemplate.update(
        "INSERT INTO messages(name, email, msg) VALUES (?,?,?)",
        "测试员", "tester@openhome.cc", "这是一个测试留言");

jdbcTemplate.queryForList("SELECT * FROM messages")
          .forEach(message -> {
              out.printf("%d\t%s\t%s\t%s%n",
                      message.get("ID"),
```

```
                    message.get("NAME"),
                    message.get("EMAIL"),
                    message.get("MSG"));
        });
```

其中，dataSource 引用 DataSource 实现对象，update()第一个参数接受更新 SQL，之后的不定长度参数可接受 SQL 中占位字符“?”的实际数据。不定长度参数部分不一定是字符串，也可接受表 16-1 列出的数据类型，而 queryForList()的返回值可以是 List<Map>。

提示》》》 检索关键字“JdbcTemplate”以了解相关设计方法。

第17章 反射与类加载器

学习目标

- 取得.class 文件信息
- 动态生成对象与操作方法
- 认识模块与反射的权限设定
- 了解类加载器层级
- 使用 ClassLoader 实例

17.1 使用反射

Java 需要使用类时才加载.class 文件，生成的 java.lang.Class 实例代表该文件。编译后产生的.class 文件本身记录了许多信息，你可以从 Class 实例获得这些信息。从 Class 等 API 获取类信息的机制称为反射(Reflection)。

JDK 9 以后支持模块化，开发者在采取模块设计时如何在不破坏模块封装的前提下运用反射机制的弹性，是认识反射时必须知道的一大课题。

在本章一开始，会先对 java.base 与示例项目模块的类进行反射，17.1.7 节再探讨不同模块间进行反射时需要注意的事项。

注意>>> 为了避免新、旧机制的内容同时出现，给读者带来理解上的混乱，有关 JDK 8 以前版本的反射，本书不再赘述，可以在《Java SE 8 技术手册》中寻找有关反射的内容，或者参考“Reflection”[1]在线文档。

17.1.1 Class 与.class 文件

Java 只在需要某类时加载.class 文件，而非在程序启动时就加载全部类。只在需要某些功能时加载对应资源，可让系统资源的运用更有效率。

java.lang.Class 实例代表 Java 应用程序运行时加载的.class 文件，类、接口、Enum 等编译过后，都会生成.class 文件，Class 可用来取得类、接口、Enum 等信息。Class

1 Reflection：https://openhome.cc/Gossip/JavaEssence/index.html#Reflection.

类没有公开构造函数，实例由 JVM 自动产生，每个.class 文件加载时，JVM 都会自动生成对应的 Class 实例。

可以通过 Object 的 getClass()方法，或通过.class 常量(Class Literal)取得对象对应的 Class 实例。对于基本类型，可以使用对应的包装类(加上.TYPE)取得 Class 实例，例如，Integer.TYPE 可取得代表 int 的 Class 实例。

注意>>> 可以使用 Integer.TYPE 取得代表 int 基本类型的 Class，也可以使用 int.class 取得；但如果要取得 Integer.class 文件的 Class，则必须使用 Integer.class。

取得 Class 实例后，可以通过公开方法取得类的基本信息，例如，以下程序可取得 String 类的 Class 实例，并从中获得 String 的基本信息：

Reflection ClassInfo.java

```
package cc.openhome;

import static java.lang.System.out;

public class ClassInfo {
    public static void main(String[] args) {
        Class clz = String.class;

        out.printf("类名称：%s%n", clz.getName());
        out.printf("是否为接口：%s%n", clz.isInterface());
        out.printf("是否为基本类型：%s%n", clz.isPrimitive());
        out.printf("是否为数组对象：%s%n", clz.isArray());
        out.printf("父类名称：%s%n", clz.getSuperclass().getName());
        out.printf("所在模块：%s%n", clz.getModule().getName());
    }
}
```

Java 应用程序都依赖于 java.base 模块，你可通过 java.base 模块的类认识反射的使用，这可能是最简单的方式。Class 的 getModule()方法可以取得代表模块的 java.lang.Module 实例，以便取得模块的信息，19.2.1 节会进一步介绍如何使用 Module。执行结果如下：

```
类名称：java.lang.String
是否为接口：false
是否为基本类型：false
是否为数组对象：false
父类名称：java.lang.Object
所在模块：java.base
```

Java 只在需要使用类时加载.class 文件，也就是说，当要使用指定类生成实例时(或使用 Class.forName()或 java.lang.ClassLoader 实例的 loadClass()加载类时，这些将在稍后进行说明)，Java 才加载.class 文件。使用类声明的引用名称时不会加载.class 文件(编译器仅会检查对应的.class 文件是否存在)。例如，可设计测试类来进行验证：

Reflection Some.java

```
package cc.openhome;

public class Some {
    static {
        System.out.println("加载 Some.class 文件");
    }
}
```

Some 类定义了 static 代码块，默认首次加载.class 文件时会执行静态代码块(说默认的原因是，可以设定加载.class 文件时不执行 static 代码块，这将在稍后进行介绍)。通过在文本模式下显示信息，可以了解何时加载.class 文件。例如：

Reflection SomeDemo.java

```
package cc.openhome;

import static java.lang.System.out;

public class SomeDemo {
    public static void main(String[] args) {
        Some s;
        out.println("声明 Some 引用名称");
        s = new Some();
        out.println("生成 Some 实例");
    }
}
```

声明 Some 引用名称时不会加载 Some.class 文件，使用 new 生成对象时才会加载类(因为必须从.class 文件得知构造函数的定义是什么)，执行 new Some()时，才会发现 static 代码块的执行信息。执行结果如下：

```
声明 Some 引用名称
加载 Some.class 文件
生成 Some 实例
```

类信息是在编译时期储存于.class 文件中的。编译时期如果使用到相关类，编译器会检查对应的.class 文件的信息，以确定是否可以完成编译。若在运行时使用某类，会先检查是否有对应的 Class 实例，如果没有，则会加载对应的.class 文件，并生成对应的 Class 实例。

默认 JVM 只用一个 Class 实例来代表一个.class 文件(确切的说法是，经由同一类加载器加载的.class 文件只会有一个对应的 Class 实例)，每个类的实例会知道自身是由哪个 Class 实例生成的。默认使用 getClass()或.class 取得的 Class 实例会是同一个对象。例如：

```
jshell> "".getClass() == String.class;
$1 ==> true
```

17.1.2 使用 Class.forName()

在某些场合，无法事先知道开发者要使用哪个类，例如，如果事先不知道开发者将使用哪个厂商的 JDBC 驱动程序，也就不知道厂商实现 java.sql.Driver 接口的类名称是什么，因而必须让开发者能指定类名称，从而动态加载类。

你可以使用 Class.forName()方法动态加载类，方式之一是使用字符串指定类名称。例如：

Reflection InfoAbout.java

```
package cc.openhome;

import static java.lang.System.out;

public class InfoAbout {
   public static void main(String[] args) {
      try {
         Class clz = Class.forName(args[0]);
         out.printf("类名称：%s%n", clz.getName());
         out.printf("是否为接口：%s%n", clz.isInterface());
         out.printf("是否为基本类型：%s%n", clz.isPrimitive());
         out.printf("是否为数组：%s%n", clz.isArray());
         out.printf("父类：%s%n", clz.getSuperclass().getName());
         out.printf("所在模块：%s%n", clz.getModule().getName());
      } catch (ArrayIndexOutOfBoundsException e) {
         out.println("没有指定类名称");
      } catch (ClassNotFoundException e) {
         out.printf("找不到指定的类 %s%n", args[0]);
      }
   }
}
```

Class.forName()方法找不到类时会抛出 ClassNotFoundException 异常。如果启动 JVM 时的命令行参数是 java.lang.String，显示的结果与上个示例的执行结果相同。

Class.forName()的另一版本可指定类名称及加载类时是否执行静态代码块与类加载器：

```
static Class forName(String name, boolean initialize, ClassLoader loader)
```

之前说过，默认加载.class 文件时会执行类定义的 static 代码块。使用 forName()

的第二个版本时，可将 initialize 设为 false，这样，加载.class 文件时就不会执行 static 代码块，在建立类实例时才会执行 static 代码块。例如：

Reflection SomeDemo2.java

```
package cc.openhome;

import static java.lang.System.out;

class Some2 {
    static {
        out.println("[执行静态代码块]");
    }
}

public class SomeDemo2 {
    public static void main(String[] args) throws ClassNotFoundException {
        var clz = Class.forName("cc.openhome.Some2", false,
                              SomeDemo2.class.getClassLoader());
        out.println("已加载 Some2.class ");
        Some2 s;
        out.println("声明 Some 引用名称");
        s = new Some2();
        out.println("生成 Some 实例");
    }
}
```

由于使用 Class.forName()方法时，设定 initialize 为 false，因此加载.class 文件时不会执行静态代码块，使用类建立对象时才执行静态代码块。第二个版本的 Class.forName()方法需要指定类加载器，可在取得代表 SomeDemo2.class 文件的 Class 实例后，通过 getClassLoader()方法取得加载 SomeDemo2.class 文件的类加载器，再将其传递给 Class.forName()使用。执行结果如下：

```
已加载 Some2.class
声明 Some 引用名称
[执行静态代码块]
生成 Some 实例
```

如果使用第一个版本的 Class.forName()方法，等同于：

```
Class.forName(className, true, currentLoader);
```

其中，currentLoader 是当前类的类加载器，也就是说，如果在 A 类中使用 Class.forName()的第一个版本，默认就是用 A 类的类加载器来加载类。

17.1.3 从 Class 创建对象

如果事先知道类名称，可使用 new 关键字创建实例，如果事先不知道类名称呢？可以利用 Class.forName()动态加载.class 文件，在取得 Class 实例之后，调用 Class 的 getConstructor()或 getDeclaredConstructor()方法取得代表构造函数的 Constructor 对象，并利用其 newInstance()方法创建类实例。例如：

```
var clz = Class.forName(args[0]);
Object obj = clz.getDeclaredConstructor().newInstance();
```

注意>>> Class 的 newInstance()方法在 JDK 9 以后被标为已废弃，因为如果构造函数声明抛出了非受检异常，那么调用此方法等同于略过编译时检查；Constructor 的 newInstance()方法会抛出受检的 InvocationTargetException 异常，而任何构造函数抛出的异常都会被 InvocationTargetException 实例包装。

如果加载的类定义了无参数构造函数，你可以使用这种方式构建对象。为何有时候事先不知道类名称，却需要创建类实例？例如，假设你想采用视频程序库来播放动画，然而负责实现视频程序库的部门迟迟不动工，怎么办呢？可以利用接口定义出视频程序库该有的功能。例如：

Reflection Player.java

```
package cc.openhome;

public interface Player {
    void play(String video);
}
```

可以要求实现视频程序库的部门必须实现 Player，而你可以先实现动画的播放：

Reflection MediaMaster.java

```
package cc.openhome;

import java.util.Scanner;

public class MediaMaster {
    public static void main(String[] args)
                      throws ReflectiveOperationException {
        var playerImpl = System.getProperty("cc.openhome.PlayerImpl");
        var player = (Player) Class.forName(playerImpl)
                            .getDeclaredConstructor().newInstance();
        System.out.print("输入想播放的影片：");
        player.play(new Scanner(System.in).nextLine());
    }
}
```

在这个程序中，没有指定实现 Player 的类名称，这可以在启动程序时，通过系统属性 cc.openhome.PlayerImpl 指定。例如，若实现 Player 的类名称为 cc.openhome.ConsolePlayer，而其实现如下：

Reflection ConsolePlayer.java

```
package cc.openhome;

public class ConsolePlayer implements Player {
    @Override
    public void play(String video) {
        System.out.println("正在播放 " + video);
    }
}
```

若在执行时指定-Dcc.openhome.PlayerImpl=cc.openhome.ConsolePlayer，执行结果将如下所示：

```
输入想播放的视频：Hello! Duke!
正在播放 Hello! Duke!
```

如果类定义了多个构造函数，你可以指定使用哪个构造函数生成对象，这必须在调用 Class 的 getConstructor()或 getDeclaredConstructor()方法时，指定参数类型，取得代表构造函数的 Constructor 对象，再利用 Constructor 的 newInstance()指定创建时的参数值。

例如，假设必须动态加载 java.util.List 实现类，但只知道实现类有个接受 int 的构造函数用来指定 List 初始容量，可以按照如下方式创建实例：

```
var = Class.forName(args[0]);  // 动态加载 class
Constructor constructor = clz.getConstructor(Integer.TYPE);
// 取得构造函数
var list = (List) constructor.newInstance(100);  // 利用构造函数创建实例
```

如果要生成数组呢？数组的 Class 实例由 JVM 生成，可以通过.class 或 getClass()取得 Class 实例，不过并不知道数组的构造函数是什么，因此必须使用 java.lang.reflect.Array 的 newInstance()方法。例如，动态生成长度为 10 的 java.util.ArrayList 数组：

```
var clz = java.util.ArrayList.class;
Object obj = Array.newInstance(clz, 10);
```

取得数组对象之后，可以使用 Array.set()方法指定索引来设置值，或者使用 Array.get()方法指定索引的取值；另一个比较偷懒的方式是，直接把数组对象当作 Object[](或已知的数组类型)使用：

```
var clz = java.util.ArrayList.class;
var objs = (Object[]) Array.newInstance(clz, 10);
```

```
objs[0] = new ArrayList();
var list = (ArrayList) objs[0];
```

在以上程序片段中，对于 objs 引用的数组实例，每个索引处都是 ArrayList 类型，而不是 Object 类型，这就是使用 Array.newInstance()创建数组的原因。若想理解应用场景，可以稍微回顾一下 9.1.7 节中实现过的 ArrayList；如果现在为其设计一个 toArray()方法：

```
public class ArrayList<E> {
    private Object[] elems;
    ...
    public ArrayList(int capacity) {
        elems = new Object[capacity];
    }
    ...
    public E[] toArray() {
        return (E[]) elems;
    }
}
```

看起来很完美，不是吗？如果有个用户这样使用 ArrayList，悲剧就发生了：

```
var list = new ArrayList<String>();
list.add("One");
list.add("Two");
String[] strs = list.toArray();
```

这个程序片段会抛出 java.lang.ClassCastException 异常，告诉你不可将 Object[]当作 String[]来使用，为什么？回顾一下程序片段中的粗体字部分，你创建的对象确实是 Object[]，而不是 String[]，你可以通过如下方式来解决：

Reflection ArrayList.java

```
package cc.openhome;

import java.lang.reflect.Array;
import java.util.Arrays;

public class ArrayList<E> {
    private Object[] elems;
    private int next;

    public ArrayList(int capacity) {
        elems = new Object[capacity];
    }

    public ArrayList() {
        this(16);
```

```
    }
    ...

    public E[] toArray() {
        E[] elements = null;
        if(size() > 0) {
            elements = (E[]) Array.newInstance(
                                elems[0].getClass(), size());
            for(var i = 0; i < elements.length; i++) {
                elements[i] = (E) elems[i];
            }
        }
        return elements;
    }
}
```

在调用 toArray()时，如果 ArrayList 收集对象的长度不为 0，可通过第一个索引取得被收集对象的 Class 实例，此时就可以搭配 Array.newInstance()创建数组实例。例如，如果实际上收集的是 String 对象，创建的数组就会是 String[]，这样，调用 toArray()的客户端时，就不会收到 java.lang.ClassCastException 异常了。

17.1.4　从 Class 获得信息

取得 Class 实例后，就可以取得.class 文件记载的信息，比如包、构造函数、方法成员、数据成员等信息。每个信息会有对应的类型，例如，模块对应的类型为 java.lang.Module，包对应的类型是 java.lang.Package，构造函数对应的类型是 java.lang.reflect.Constructor，成员方法对应的类型是 java.lang.reflect.Method，成员数据对应的类型是 java.lang.reflect.Field，等等。例如，若要取得指定 String 类的包名称，可以使用如下代码：

```
Package p = String.class.getPackage();
out.println(p.getName());    // 显示 java.lang
```

可以分别取回 Field、Constructor、Method 等对象，这些对象分别代表成员数据、构造函数与成员方法，以下是可取得类基本信息的示例：

Reflection ClassViewer.java

```
package cc.openhome;

import static java.lang.System.out;
import java.lang.reflect.*;

public class ClassViewer {
    public static void main(String[] args) {
        try {
```

```
            ClassViewer.view(args[0]);
        } catch (ArrayIndexOutOfBoundsException e) {
            out.println("没有指定类");
        } catch (ClassNotFoundException e) {
            out.println("找不到指定类");
        }
    }

    public static void view(String clzName)
                              throws ClassNotFoundException {
        var clz = Class.forName(clzName);

        showModuleName(clz);
        showPackageName(clz);
        showClassInfo(clz);

        out.println("{");

        showFiledsInfo(clz);
        showConstructorsInfo(clz);
        showMethodsInfo(clz);

        out.println("}");
    }

    private static void showModuleName(Class clz) {
        Module m = clz.getModule(); // 取得模块代表对象
        out.printf("module %s;%n", m.getName());
    }

    private static void showPackageName(Class clz) {
        Package p = clz.getPackage(); // 取得包代表对象
        out.printf("package %s;%n", p.getName());
    }

    private static void showClassInfo(Class clz) {
        int modifier = clz.getModifiers();   // 取得类型修饰常数
        out.printf("%s %s %s",
                Modifier.toString(modifier), // 将常数转为字符串表示
                Modifier.isInterface(modifier) ? "interface" : "class",
                clz.getName() // 取得类名称
        );
    }

    private static void showFiledsInfo(Class clz)
                                    throws SecurityException {
```

```
        // 取得声明的数据成员代表对象
        Field[] fields = clz.getDeclaredFields();
        for(Field field : fields) {
            // 显示权限修饰，比如public、protected、private
            out.printf("\t%s %s %s;%n",
                    Modifier.toString(field.getModifiers()),
                    field.getType().getName(), // 显示类型名称
                    field.getName() // 显示数据成员名称
            );
        }
    }

    private static void showConstructorsInfo(Class clz)
                                throws SecurityException {
        // 取得声明的构造方法代表对象
        Constructor[] constructors = clz.getDeclaredConstructors();
        for(Constructor constructor : constructors) {
            // 显示权限修饰，比如public、protected、private
            out.printf("\t%s %s();%n",
                    Modifier.toString(constructor.getModifiers()),
                    constructor.getName() // 显示构造函数名称
            );
        }
    }

    private static void showMethodsInfo(Class clz)
                                throws SecurityException {
        // 取得声明的数据成员代表对象
        Method[] methods = clz.getDeclaredMethods();
        for(Method method : methods) {
            // 显示权限修饰，比如public、protected、private
            out.printf("\t%s %s %s();%n",
                    Modifier.toString(method.getModifiers()),
                    method.getReturnType().getName(), // 显示返回值类型名称
                    method.getName() //显示方法名称
            );
        }
    }
}
```

如果命令行参数指定了 java.lang.String，执行结果如下：

```
module java.base;
package java.lang;
public final class java.lang.String{
    private final [B value;
    private final byte coder;
```

```
    private int hash;
    private static final long serialVersionUID;
    static final boolean COMPACT_STRINGS;
    private static final [Ljava.io.ObjectStreamField;
    serialPersistentFields;
    public static final java.util.Comparator CASE_INSENSITIVE_ORDER;
    static final byte LATIN1;
    static final byte UTF16;
    public java.lang.String();
     ...
    public int hashCode();
    public void getChars();
    public volatile int compareTo();
    public int compareTo();
     ...
}
```

17.1.5 操作对象的方法与成员

17.1.3 节谈过，java.lang.reflect.Method 实例是方法的代表对象，你可以使用 invoke() 方法动态调用指定的方法。例如，如果有个 Student 类：

Reflection Student.java

```
package cc.openhome;
public class Student {
    private String name;
    private Integer score;

    public Student() {}

    public Student(String name, Integer score) {
        this.name = name;
        this.score = score;
    }

    public void setName(String name) {
        this.name = name;
    }
    public String getName() {
        return name;
    }
    public void setScore(Integer score) {
        this.score = score;
    }
    public Integer getScore() {
```

```
        return score;
    }
}
```

以下程序片段可动态生成 Student 实例，并通过 setName()设定名称，用 getName()取得名称：

```
Class clz = Class.forName("cc.openhome.Student");
Constructor constructor = clz.getConstructor(String.class, Integer.class);
Object obj = constructor.newInstance("caterpillar", 90);
//指定方法名称与参数类型，调用 getMethod()取得对应的公开 Method 实例
Method setter = clz.getMethod("setName", String.class);
//指定参数值调用对象 obj 的方法
setter.invoke(obj, "caterpillar");
Method getter = clz.getMethod("getName");
out.println(getter.invoke(obj));
```

这只是演示动态调用方法的基本流程。接下来看个实际应用，下面会设计 BeanUtil 类，可指定 Map 对象与类名称来调用 getBean()方法。这个方法会抽取 Map 内容，将其封装为指定类的实例。Map 的键为要调用的 setXXX()方法名称(不包括以 set 开头的名称，例如，若要调用 setName()方法，只需要将键设定为“name”)，而值为调用 setXXX()时的参数。

提示 》》 Java 称 setXXX()之类的方法为设值方法(Setter)，而称 getXXX()之类的方法为取值方法(Getter)。

例如，如果 Map 收集了学生数据，下面返回的就是 Student 实例，其中包括 Map 的信息：

```
var data = new HashMap<String, Object>();
data.put("name", "Justin");
data.put("score", 90);
var student = (Student) BeanUtil.getBean(data, "cc.openhome.Student");
//下面显示(Justin, 90)
out.printf("(%s, %d)%n", student.getName(), student.getScore());
```

下面为 BeanUtil 实现，相关说明直接以注释方式提供：

Reflection BeanUtil.java

```
package cc.openhome;

import java.lang.reflect.*;
import java.util.*;

public class BeanUtil {
    public static <T> T getBean(Map<String, Object> data, String clzName)
                                    throws Exception {
```

```
            var clz = Class.forName(clzName);
            var bean = clz.getDeclaredConstructor().newInstance();

            data.entrySet().forEach(entry -> {
                var setter = String.format("set%s%s",
                        entry.getKey().substring(0, 1).toUpperCase(),
                        entry.getKey().substring(1));
                try {
                    // 根据方法名称与参数类型取得 Method 实例
                    var method = clz.getMethod(
                            setter, entry.getValue().getClass());
                    // 必须是公开方法
                    if(Modifier.isPublic(method.getModifiers())) {
                        // 指定实例与参数值调用方法
                        method.invoke(bean, entry.getValue());
                    }
                } catch(IllegalAccessException | IllegalArgumentException |
                        NoSuchMethodException | SecurityException |
                        InvocationTargetException ex) {
                    throw new RuntimeException(ex);
                }
            });

            return (T) bean;
        }
    }
```

在某些情况下，也许想调用受保护的(protected)或私有的(private)方法，可以使用 Class 的 getDeclaredMethod()取得方法，并在调用 Method 的 setAccessible()时指定 true，这将解除访问限制，例如：

```
Method priMth = clz.getDeclaredMethod("priMth", ...);
priMth.setAccessible(true);
priMth.invoke(target, args);
```

也可以使用反射机制访问类数据成员(Field)，通过 Class 的 getField()，可取得公开的 Field。如果想取得私有 Field，可以使用 getDeclaredField()方法。例如，假设要动态创建 Student 实例，并访问 private 的 name 与 score 成员，可采用如下方式：

```
var clz = Student.class;
var o = clz.getDeclaredConstructor().newInstance();
Field name = clz.getDeclaredField("name");
Field score = clz.getDeclaredField("score");
name.setAccessible(true);    // 如果要修改 private 的 Field，则需要调用此方法
score.setAccessible(true);
name.set(o, "Justin");
score.set(o, 90);
```

```
var student = (Student) o;
// 下面显示(Justin, 90)
out.printf("(%s, %d)%n", student.getName(), student.getScore());
```

在调用 Method 或 Field 的 setAccessible(true)时，如果模块权限设定上不允许，会抛出 java.lang.reflect.InaccessibleObjectException 异常。上面程序片段中的 setAccessible(true)可用于同一模块的类，但不能用于 java.base 的类，因为 java.base 模块没有开放权限。若想进一步了解，可以查看 17.1.7 节。

17.1.6　动态代理

反射 API 有个 Proxy 类，可动态创建接口的实现对象。在了解这个方法如何使用前，先来看一个简单的例子。如果需要在执行某方法时进行日志记录，你可能会按如下方式编写程序：

```
public class HelloSpeaker {
    public void hello(String name) {
        // 方法执行开始时留下日志
        Logger.getLogger(HelloSpeaker.class.getName())
              .log(Level.INFO, "hello()方法开始……");
        // 程序主要功能
        out.printf("哈喽, %s%n", name);
        // 方法执行完毕前留下日志
        Logger.getLogger(HelloSpeaker.class.getName())
              .log(Level.INFO, "hello()方法结束……");
    }
}
```

假设你希望 hello()方法执行前后都能留下日志，最简单的做法就如之前的程序片段所示，在方法执行前、后进行日志记录，然而日志代码写在 HelloSpeaker 类中，缺乏弹性。对于 hello()方法来说，日志的动作(显示“Hello”等文字)并不属于它的职责，如果程序到处都有这种日志需求，你将需要到处编写这些日志代码，这会让维护日志代码的工作变得非常麻烦。如果哪天不再需要日志代码，还必须删除相关代码，这将无法简单地取消日志服务。

可以使用代理(Proxy)机制来解决这个问题。这里讨论两种代理方式：静态代理(Static Proxy)与动态代理(Dynamic Proxy)。

静态代理

在静态代理实现中，代理对象与被代理对象实现同一接口。在代理对象中可以实现日志服务，必要时调用被代理对象，被代理对象就可以仅实现本身的职责。举例来说，可定义一个 Hello 接口：

Reflection Hello.java

```
package cc.openhome;

public interface Hello {
   void hello(String name);
}
```

如果有一个 HelloSpeaker 类要实现 Hello 接口：

Reflection HelloSpeaker.java

```
package cc.openhome;

public class HelloSpeaker implements Hello {
   public void hello(String name) {
      System.out.printf("哈喽, %s%n", name);
   }
}
```

HelloSpeaker 类中没有任何日志代码，日志代码实现在代理对象中，代理对象也实现了 Hello 接口。例如：

```
import java.util.logging.*;
public class HelloProxy implements Hello {
   private Hello helloObj;

   public HelloProxy(Hello helloObj) {
      this.helloObj = helloObj;
   }

   public void hello(String name) {
      log("hello()方法开始……");      // 日志服务
      helloObj.hello(name);          // 执行业务逻辑
      log("hello()方法结束……");      // 日志服务
   }

   private void log(String msg) {
      Logger.getLogger(HelloProxy.class.getName())
            .log(Level.INFO, msg);
   }
}
```

在 HelloProxy 类的 hello()方法中，调用 Hello 的 hello()方法前后可安排日志代码；接着按照下面的方式使用代理对象：

```
Hello proxy = new HelloProxy(new HelloSpeaker());
proxy.hello("Justin");
```

创建代理对象 HelloProxy 时，必须指定被代理对象 HelloSpeaker。代理对象代理

HelloSpeaker 并执行 hello()方法。在调用 HelloSpeaker 的 hello()方法前、后加上日志，这样，编写 HelloSpeaker 时就不必考虑日志问题，而可以专注于本身的业务逻辑。

显然，静态代理必须为个别接口实现个别代理类。当应用程序行为复杂时，多个接口就必须定义多个代理对象，实现与维护代理对象时会有不小的负担。

动态代理

反射 API 提供动态代理相关的类。不必为特定接口实现特定代理对象，通过动态代理机制，可使用一个处理程序(Handler)代理多个接口的实现对象。

处理程序必须实现 java.lang.reflect.InvocationHandler 接口，例如，设计一个 LoggingProxy 类：

Reflection LoggingProxy.java

```
package cc.openhome;

import java.lang.reflect.InvocationHandler;
import java.lang.reflect.InvocationTargetException;
import java.lang.reflect.Method;
import java.lang.reflect.Proxy;
import java.util.logging.Level;
import java.util.logging.Logger;

public class LoggingProxy {

    public static Object bind(Object target) {
        return Proxy.newProxyInstance( ← ❶ 动态创建代理对象
            target.getClass().getClassLoader(),
            target.getClass().getInterfaces(),
            new LoggingHandler(target)
        );
    }

    private static class LoggingHandler implements InvocationHandler {
        private Object target;

        LoggingHandler(Object target) {
            this.target = target;
        }
                            ❷ 代理对象的方法被调用时会调用此方法
                            ↓
        public Object invoke(Object proxy, Method method,
                             Object[] args) throws Throwable {
            Object result = null;       ❸ 实现日志
            try {                        ↓
                log(String.format("%s()调用开始……", method.getName()));
                result = method.invoke(target, args); ← ❹ 执行被代理对象的职责
❺ 实现日志 → log(String.format("%s()调用结束……", method.getName()));
```

```
            } catch (IllegalAccessException | IllegalArgumentException |
                    InvocationTargetException e){
                log(e.toString());
            }

            return result;
        }

        private void log(String message) {
            Logger.getLogger(LoggingHandler.class.getName())
                    .log(Level.INFO, message);
        }
    }
}
```

主要概念是使用 Proxy.newProxyInstance()方法创建代理对象，调用该方法时必须指定类加载器，告知要代理的接口，以及接口定义的方法被调用时的处理程序(InvocationHandler 实例)❶。Proxy.newProxyInstance()方法底层会使用原生(Native)方式，生成代理对象的 Class 实例，并利用它来生成代理对象，而代理对象会实现指定的接口。

如果操作 Proxy.newProxyInstance()返回的代理对象，会调用处理程序(InvocationHandler 实例)的 invoke()方法，并传入代理对象、被调用方法的 Method 实例与参数值❷。可用 invoke()方法实现日志❸❺，通过被代理对象、被调用的方法 Method 实例与参数值，执行被代理对象的职责❹。

注意>>> 日志 API 位于 java.logging 模块，记得在模块描述文件中加上 requires java.logging。

接下来可按照下面的方式使用 LoggingHandler 的 bind()方法绑定被代理对象：

Reflection ProxyDemo.java

```
package cc.openhome;

public class ProxyDemo {
    public static void main(String[] args) {
        var helloProxy = (Hello) LoggingProxy.bind(new HelloSpeaker());
        helloProxy.hello("Justin");
    }
}
```

示例的执行结果如下：

```
1月 17, 2022 11:06:37 上午 cc.openhome.LoggingProxy$LoggingHandler log
INFO: hello()调用开始……
哈喽, Justin
```

```
1月 17, 2022 11:06:37 上午 cc.openhome.LoggingProxy$LoggingHandler log
INFO: hello()调用结束……
```

提示>>> 更多有关反射 API 的介绍，可以参考“Trail: The Reflection API”[1]。

17.1.7　反射与模块

模块设计者可决定是否允许反射。如之前介绍过的，在同一个模块中，反射允许访问类定义的成员，包括公开、受保护与私有成员。接下来，为了演示跨模块的反射，请将下载的示例文件夹 labs\CH17 的 ReflectModule、ReflectModuleR 复制到 C:\workspace 下，并使用 Eclipse 导入这两个项目，以便从练习中逐步了解跨模块下，对于反射的权限控制。

ReflectModuleR 项目带有 cc.openhome.reflect 模块，其中有 cc.openhome.reflect.Some 类，源代码如下：

ReflectModuleR Some.java

```
package cc.openhome.reflect;

public class Some {
    private String some;

    public Some(String some) {
        this.some = some;
    }

    public void doSome() {
        System.out.println(some);
    }
}
```

ReflectModule 项目带有 cc.openhome 模块，你可以在项目的模块路径设定中找到 ReflectModuleR 的 cc.openhome.reflect 模块；如果想在 cc.openhome 模块的 cc.openhome.Main 类中使用 Class.forName()取得 Some 的 Class 实例，可按照如下方式编写代码：

ReflectModule Main.java

```
package cc.openhome;

public class Main {
    public static void main(String[] args) throws ClassNotFoundException {
        var clz = Class.forName("cc.openhome.reflect.Some");
```

1 Trail: The Reflection API：https://docs.oracle.com/javase/tutorial/reflect/.

```
    }
}
```

现在运行 Main 的话，会得到以下错误信息：

```
Exception in thread "main" java.lang.ClassNotFoundException:
cc.openhome.reflect.Some
 at java.base/jdk.internal.loader.
 BuiltinClassLoader.loadClass(BuiltinClassLoader.java:602)
 at java.base/jdk.internal.loader.ClassLoaders$AppClassLoader.
 loadClass(ClassLoaders.java:178)
 at java.base/java.lang.ClassLoader.loadClass(ClassLoader.java:522)
 at java.base/java.lang.Class.forName0(Native Method)
 at java.base/java.lang.Class.forName(Class.java:340)
 at cc.openhome/cc.openhome.Main.main(Main.java:5)
```

模块图

上面为什么出错了呢？刚才不是说 cc.openhome.reflect 在模块路径中吗？因为一个模块在模块路径中，只表示 JVM 可以找到模块描述文件(module-info.class)，不代表模块图(Module Graph)中有该模块，如果模块图中没有该模块，自然就找不到模块中的类。目前 cc.openhome 的模块描述文件没有编写任何设定，因此目前的模块图如图 17-1 所示。

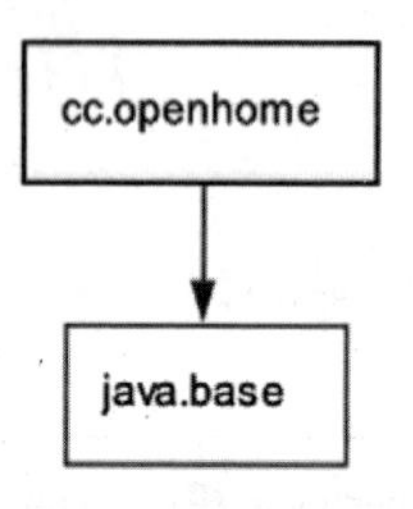

图 17-1 模块图

这个模块图表示，目前包含程序进入点的启动模块 cc.openhome 是唯一的根模块(Root Module)，而它依赖于 java.base 模块。

如果要将模块加入模块图，方式之一是在执行 java 命令启动 JVM 时使用 --add-modules 参数加入其他模块，并将其用作根模块；如果执行 java 命令指定了 --add-modules cc.openhome.reflect，重新执行示例时就不会出现 ClassNotFoundException 异常了，这时的模块图如图 17-2 所示。

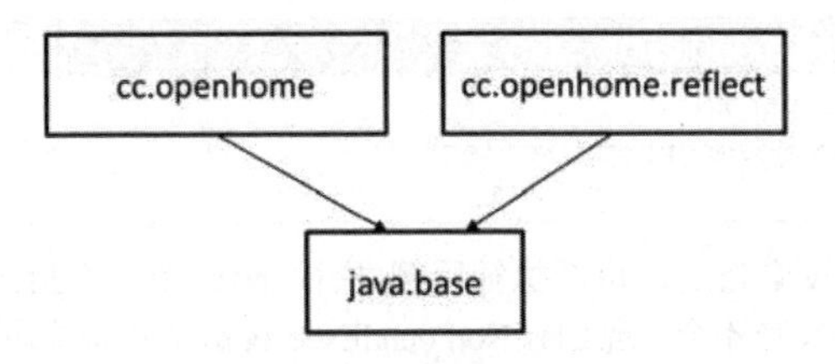

图 17-2　加入根模块

提示》》使用 Eclipse 的话，在具有程序进入点的类单击右键，执行"Run As/Run Configurations…"，就可以在"Java Application"节点设定"VM arguments"，如图 17-3 所示。

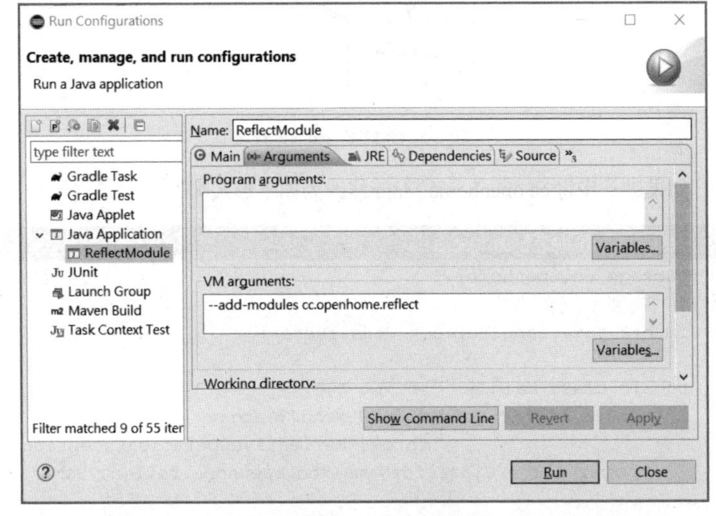

图 17-3　设定"VM arguments"

通过--add-modules，结合反射机制，可让 cc.openhome 模块在不依赖 cc.openhome.reflect 的情况下加载类。--add-modules 是运行时调整模块的弹性机制，19.1.2 节介绍选择性(Optional)依赖模块时，会再讨论它的应用。

另一个将指定模块加入模块图的方式是，在模块描述文件中加入 requires 设定。这样一来，现有模块会依赖于指定模块，这意味着现有模块可以读取(read)该模块，也就是说，现有模块对该模块有读取能力(Readability)，例如，cc.openhome 模块的 module-info.java 设定如下：

ReflectModule module-info.java

```
module cc.openhome {
    requires cc.openhome.reflect;
}
```

按如上方式设定之后，重新执行示例(执行 java 命令不指定--add-modules cc.openhome.reflect)时，就不会出现 ClassNotFoundException，这时的模块图如图 17-4 所示。

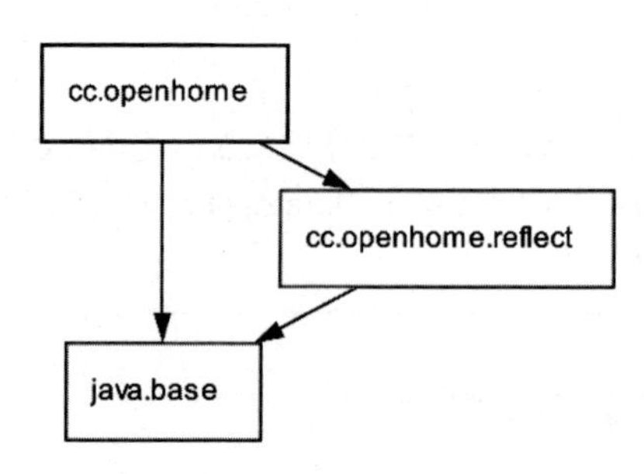

图 17-4 requires 模块

如果进一步将 cc.openhome.Main 修改为如下形式呢？

ReflectModule2 Main.java

```
package cc.openhome;

import java.lang.reflect.Constructor;

public class Main {
    public static void main(String[] args)
                        throws ReflectiveOperationException {
        var clz = Class.forName("cc.openhome.reflect.Some");

        Constructor constructor =
                    clz.getDeclaredConstructor(String.class);
    }
}
```

执行程序时并不会发生问题，接着进一步使用 Constructor 的 newInstance()来建立实例。

ReflectModule2 Main.java

```
package cc.openhome;

public class Main {
```

```
    public static void main(String[] args)
                        throws ReflectiveOperationException {
        var clz = Class.forName("cc.openhome.reflect.Some");

        var constructor = clz.getDeclaredConstructor(String.class);
        var target = constructor.newInstance("Some object");
    }
}
```

执行时会出现以下错误：

```
Exception in thread "main" java.lang.IllegalAccessException: class
cc.openhome.Main (in module cc.openhome) cannot access class
cc.openhome.reflect.Some (in module cc.openhome.reflect) because module
cc.openhome.reflect does not export cc.openhome.reflect to module
cc.openhome
    at java.base/jdk.internal.reflect.Reflection.
newIllegalAccessException(Reflection.java:376)
    at java.base/java.lang.reflect.AccessibleObject.
checkAccess(Accessible Object.java:647)
    at java.base/java.lang.reflect.Constructor.
newInstanceWithCaller(Constructor.java:490)
    at java.base/java.lang.reflect.Constructor.
newInstance(Constructor.java:481)
    at cc.openhome/cc.openhome.Main.main(Main.java:10)
```

exports 包

虽然可以加载类，也可以取得公开构造函数的 Constructor 实例，但是，如果模块想允许其他模块操作公开成员，则必须在模块描述文件中使用 exports，定义哪些包的类可允许此动作。更确切的说法是，指定此模块中哪些包的公开成员可被访问(Accessible)，因此必须在 cc.openhome.reflect 模块的 module-info.java 文件中按如下方式编写：

ReflectModuleR2 module-info.java

```
module cc.openhome.reflect {
    exports cc.openhome.reflect;
}
```

这样一来，就可以允许其他模块在反射时操作公开成员，例如，现在按如下方式修改 cc.openhome.Main：

ReflectModule2 Main.java

```
package cc.openhome;

public class Main {
```

```
    public static void main(String[] args)
                            throws ReflectiveOperationException {
        var clz = Class.forName("cc.openhome.reflect.Some");

        var constructor = clz.getDeclaredConstructor(String.class);
        var target = constructor.newInstance("Some object");
        clz.getDeclaredMethod("doSome").invoke(target);
    }
}
```

执行时就可以顺利出现如下结果:

```
Some object
```

接着，尝试取得私有值域的 Field 实例:

ReflectModule3 Main.java

```
package cc.openhome;

public class Main {
    public static void main(String[] args)
                        throws ReflectiveOperationException {
        var clz = Class.forName("cc.openhome.reflect.Some");

        var constructor = clz.getDeclaredConstructor(String.class);
        var target = constructor.newInstance("Some object");
        clz.getDeclaredMethod("doSome").invoke(target);

        var field = clz.getDeclaredField("some");
    }
}
```

执行时并没有问题，如果要取得私有值域的值呢?

ReflectModule3 Main.java

```
package cc.openhome;

import static java.lang.System.out;

public class Main {
    public static void main(String[] args)
                            throws ReflectiveOperationException {
        var clz = Class.forName("cc.openhome.reflect.Some");
        var constructor = clz.getDeclaredConstructor(String.class);
        var target = constructor.newInstance("Some object");
        clz.getDeclaredMethod("doSome").invoke(target);

        var field = clz.getDeclaredField("some");
```

```
        field.setAccessible(true);
        out.println(field.get(target));
    }
}
```

执行时会出现以下错误信息：

```
Some object
Exception in thread "main" java.lang.reflect.InaccessibleObjectException:
Unable to make field private java.lang.String cc.openhome.reflect.
Some.some accessible: module cc.openhome.reflect does not "opens
cc.openhome.reflect" to module cc.openhome
 at java.base/java.lang.reflect.AccessibleObject.
checkCanSetAccessible(AccessibleObject.java:349)
 at java.base/java.lang.reflect.AccessibleObject.
checkCanSetAccessible(AccessibleObject.java:289)
 at java.base/java.lang.reflect.Field.checkCanSetAccessible
(Field.java:174)
 at java.base/java.lang.reflect.Field.setAccessible(Field.java:168)
 at cc.openhome/cc.openhome.Main.main(Main.java:13)
```

opens 包或 open 模块

如果模块允许其他模块在反射时操作非公开成员，则必须在模块描述文件中使用 opens 指定哪些包的类可允许此动作，因此必须在 cc.openhome.reflect 模块的 module-info.java 中编写以下语句：

ReflectModuleR3 module-info.java

```
module cc.openhome.reflect {
    opens cc.openhome.reflect;
}
```

再次执行程序的话，就会出现以下结果：

```
Some object
Some object
```

除了使用 opens 指定要开放的包，也可使用 open module，表示开放模块中全部的包。如果使用了 open module，就不能有 opens 的独立设定(因为已开放整个模块)。被设为 open module 的模块称为开放模块(Open Module)，相对地，没有 open 的模块称为一般模块(Normal Module)，它们都属于显式模块。

提示》》》命名模块、未命名模块、显式模块、自动模块、一般模块、开放模块，到现在为止，你看过几种模块类型了？是否清楚它们之间的差异性呢？别担心！在 19.1.1 节会进行总结！

因此，在 cc.openhome.reflect 模块的 module-info.java 中，也可按如下方式编写代

码，程序也可以顺利执行。

ReflectModuleR3 module-info.java

```
open module cc.openhome.reflect {
    exports cc.openhome.reflect;
}
```

java.base 模块的包使用了 exports，然而没有设定 opens 的包，也没有直接 open module java.base，因此，如果采取模块化设计，就不允许其他模块在反射时对非公开成员进行操作。

提示》》 *若在采取模块化设计以后，还想对 java.base 模块做深层反射，其实是有办法的，详情参见 19.1.4 节。*

17.1.8 使用 ServiceLoader

17.1.4 节曾经讨论过如何使用反射动态生成对象，让 MediaMaster 在编写程序时，可不用在意实际的 Player 实现类。如果 Player 是种 API 服务，更实际的场景将是，Player 是服务的接口之一，也许定义在 cc.openhome.api 包中，而 ConsolePlayer 是服务的具体实现，可能定义在 cc.openhome.impl 包中；MediaMaster 是你正在设计的应用程序，定义在 cc.openhome 包中。

为了便于接下来的练习，可将下载的示例文件中 labs\CH17 的 ServiceLoaderDemo、ServiceLoaderAPI、ServiceLoaderImpl 复制到 C:\workspace 下，并使用 Eclipse 导入这些项目。它们已经将 17.1.4 节的示例拆成三个模块。

接下来，为了得出 17.1.4 节的示例结果，你会怎么做呢？按照 17.1.7 节的说明，可以在 cc.openhome.impl 模块的模块描述文件中加上 exports cc.openhome.impl，然后在 cc.openhome 模块的模块描述文件中加上 requires cc.openhome.impl，不过，cc.openhome 模块依赖于 cc.openhome.impl 模块。如果希望将来服务的实现模块是可以替换的，而且不用修改 cc.openhome 模块的依赖关系的话，这就不是个好主意。

可以使用 java.util.ServiceLoader 来解决这个问题。首先，可以在 cc.openhome.api 模块新增一个 PlayerProvider。

ServiceLoaderDemo PlayerProvider.java

```
package cc.openhome.api;

import java.util.Optional;
import java.util.ServiceLoader;

public interface PlayerProvider {
    Player player();
```

```
    public static Player providePlayer() {
        return ServiceLoader.load(PlayerProvider.class)
                .findFirst()
                .orElseThrow(() -> new RuntimeException("没有服务提供者"))
                .player();
    }
}
```

ServiceProvider 会检查各模块中是否有 PlayerProvider 的具体实现，并运用反射创建实例。然而，为了提升效率与定义上的清晰度，必须在 cc.openhome.api 模块的 module-info.java 中使用 uses 设定此模块使用哪个接口提供服务。

ServiceLoaderAPI module-info.java

```
module cc.openhome.api {
    exports cc.openhome.api;
    uses cc.openhome.api.PlayerProvider;
}
```

模块描述文件允许使用 import 语句，必要时也可按如下方式编写：

```
import cc.openhome.api.PlayerProvider;

module cc.openhome.api {
    exports cc.openhome.api;
    uses PlayerProvider;
}
```

接着在 cc.openhome.impl 模块，新增 ConsolePlayerProvider 实现 PlayerProvider，以提供具体的 Player 实例。

ServiceLoaderImpl ConsolePlayerProvider.java

```
package cc.openhome.impl;

import cc.openhome.api.Player;
import cc.openhome.api.PlayerProvider;

public class ConsolePlayerProvider implements PlayerProvider {
    @Override
    public Player player() {
        return new ConsolePlayer();
    }
}
```

为了提升效率与定义上的清晰度，Java 模块系统会扫描模块中具有 provides 语句的模块，看看是否有符合 uses 指定的 API 实现。因此在 cc.openhome.impl 模块的 module-info.java 中，必须使用 provides 设定此模块为 cc.openhome.api.PlayerProvider 提供的实现类。

ServiceLoaderImpl module-info.java

```
module cc.openhome.impl {
    requires cc.openhome.api;
    provides cc.openhome.api.PlayerProvider
            with cc.openhome.impl.ConsolePlayerProvider;
}
```

类似地，也可使用 import 语句让 provides 的部分变得更简洁：

```
import cc.openhome.api.PlayerProvider;
import cc.openhome.impl.ConsolePlayerProvider;

module cc.openhome.impl {
    requires cc.openhome.api;
    provides PlayerProvider with ConsolePlayerProvider;
}
```

在这样的设定下，cc.openhome.api 模块没有依赖于 cc.openhome.impl 模块，cc.openhome 模块也不用依赖于 cc.openhome.impl 模块，因此只需要使用以下代码：

ServiceLoaderDemo module-info.java

```
package cc.openhome;

import cc.openhome.api.PlayerProvider;
import java.util.Scanner;

public class MediaMaster {
    public static void main(String[] args)
                    throws ReflectiveOperationException {
        var player = PlayerProvider.providePlayer();
        System.out.print("输入想播放的影片：");
        player.play(new Scanner(System.in).nextLine());
    }
}
```

在第 16 章曾使用过 java.sql.Driver 服务，查看 java.sql 模块的 module-info.java 定义，可以看到以下内容：

```
module java.sql {
    requires transitive java.logging;
    requires transitive java.xml;

    exports java.sql;
    exports javax.sql;
    exports javax.transaction.xa;
```

```
    uses java.sql.Driver;
}
```

提示»» ServiceLoader 是从 JDK 6 开始就存在的 API。在基于类路径的情境下，也可使用 ServiceLoader，以便为服务提供可替换的实现，且不用接触反射的细节。方式是在服务实现的JAR中META-INF/services文件夹内放入名称与服务API类全名相同的文件，其中写入实现的类全名。

基于兼容性，服务实现的 JAR 中 META-INF/services 文件夹内如果有这样的文件，而 JAR 被放在模块路径中，成为自动模块，那就等同于使用了 provides 语句；而服务 API 的 JAR 如果被放在模块路径中，成为自动模块，那就等同于可使用任何可取得的 API 服务。

欲知更多详情，可查看 ServiceLoader 的 API 文档的说明[1]。

17.2　了解类加载器

17.1 节介绍反射 API 时，曾谈到类加载器这个名称。类加载器实际的职责就是加载.class 文件。JDK 本身有默认的类加载器，你也可以建立自己的类加载器，并加入现有的加载器层级。了解类加载器层级架构，当遇到 ClassNotFoundException 或 NoClassDefFoundError 时就不会惊慌失措。

17.2.1　类加载器层级

在 JDK 中，有三个层级的类加载器负责加载类，分别为 System 类加载器(也称为 Application 加载器)、Platform 类加载器和 Bootstrap 类加载器。这三种类加载器有层级关系，System 的父加载器为 Platform，而 Platform 的父加载器为 Bootstrap。

你可以通过 Class 实例的 getClassLoader()取得类加载器实例，类型为 ClassLoader，例如：

ClassLoaderDemo ClassLoaderHierarchy.java

```
package cc.openhome;

import static java.lang.System.out;

public class ClassLoaderHierarchy {
    public static void main(String[] args) {
        var clz = ClassLoaderHierarchy.class;
```

1 ServiceLoader：https://docs.oracle.com/javase/9/docs/api/java/util/ServiceLoader.html.

```
        out.println(clz.getClassLoader());
        out.println(clz.getClassLoader().getParent());
        out.println(clz.getClassLoader().getParent().getParent());
    }
}
```

执行结果如下：

```
jdk.internal.loader.ClassLoaders$AppClassLoader@4f3f5b24
jdk.internal.loader.ClassLoaders$PlatformClassLoader@6f539caf
null
```

System 类加载器可加载应用程序模块路径、类路径上的类(以及放在 jdk.javadoc、jdk.jartool 等模块的 JDK 特定工具类)。示例的 ClassLoaderHierarchy.class 位于模块路径，因此会由 System 类加载器加载，也就是执行结果展示的 AppClassLoader。

System 类加载器的父加载器为 Platform 加载器，因此 System 类加载器 getParent()的显示结果是 PlatformClassLoader。它可以加载整个 Java SE 平台 API、实现类(以及特定的 JDK 运行时类)。

Platform 类加载器的父加载器为 Bootstrap 加载器。Bootstrap 类加载器是 JVM 内置的加载器，在过去版本的 JDK 中都是通过 JVM 源代码实现的，因此在 JVM 没有实例可用作代表时，若试图取得 Bootstrap 加载器实例，将得到 null。

在 JDK 中，Bootstrap 类加载器 JVM 源代码的实现中，也有 Java 实现的部分，然而为了维持兼容性，若试图取得 Bootstrap 加载器实例，结果将是 null。Bootstrap 可以加载 java.base、java.logging、java.prefs 和 java.desktop 模块(以及一些 JDK 模块)中的类。

如果 System 类加载器需要加载类，它会先搜寻各类加载器定义的模块；如果某类加载器定义的模块适用，就会使用该加载器来加载类。因此，如果 Bootstrap 定义的模块适用，System 类加载器可以直接委托 Bootstrap 来加载类，否则委托父加载器 Platform 类来加载类，如果找不到类，System 类加载器会搜寻模块路径与类路径来试着加载类，如果还是找不到类，则会抛出 ClassNotFoundException 异常。

Platform 类加载器试着加载类时，也会先搜寻各类加载器定义的模块；如果某个类加载器定义的模块适用，会使用该加载器来加载类。因此，如果 System 定义的模块适用，Platform 类加载器也可直接委托 System 来加载类，否则使用父加载器 Platform 类试着加载类，如果找不到类，那么 Platform 将搜索自己定义下的模块。

例如，下面的简单程序可以正常运行，其中，cc.openhome.Some 同样定义在 cc.openhome 模块中。

ClassLoaderDemo PlatformLoaderDemo.java

```
package cc.openhome;

public class PlatformLoaderDemo {
    public static void main(String[] args) throws ClassNotFoundException {
        ClassLoader platform = PlatformLoaderDemo.class
```

```
                                .getClassLoader().getParent();
        System.out.println(platform);

        var clz = platform.loadClass("cc.openhome.Some");
        System.out.println(clz.getClassLoader());
    }
}
```

从下面的执行结果中可以看出，虽然取得 Platform 类加载器并试着加载指定的类，但是 Platform 类加载器可以委托 System 加载器来加载类。

```
jdk.internal.loader.ClassLoaders$PlatformClassLoader@6f539caf
jdk.internal.loader.ClassLoaders$AppClassLoader@4f3f5b24
```

在 JDK 加载类时，各加载器可以直接委托的对象如图 17-5 所示。

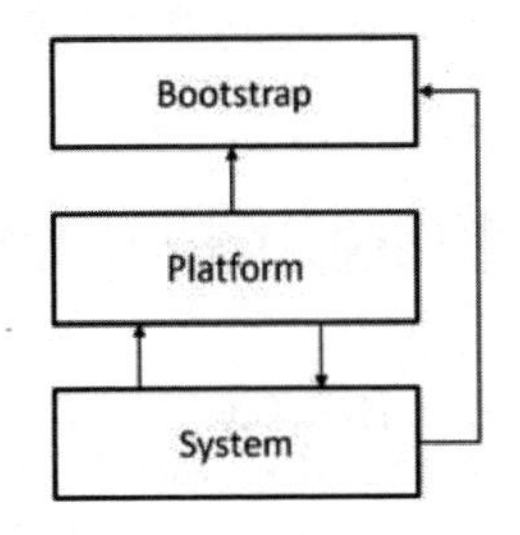

图 17-5　JDK 类加载器层级

如果想直接取得 System 或 Platform 类加载器，可以使用 ClassLoader 的 getSystemClassLoader()与 getPlatformClassLoader()静态方法。

17.2.2　创建 ClassLoader 实例

Bootstrap 加载器、Platform 加载器与 System 加载器在程序启动后无法再改变它们的搜索路径；如果在程序运行过程中，想动态地从其他路径加载类，就要生成新的类加载器。

你可以使用 URLClassLoader 来生成新的类加载器，它需要 java.net.URL 作为参数来指定类加载的搜索路径，例如：

```
var url = new URL("file:/c:/workspace/classes");
var loader = new URLClassLoader(new URL[] {url});
var clz = loader.loadClass("cc.openhome.Other");
```

使用以上方式创建 URLClassLoader 实例后，会设定父加载器为 System 加载器。URLClassLoader 也有可指定父加载器的构造函数版本。使用 URLClassLoader 的 loadClass()方法加载指定类时，会先委托父加载器代为搜索；如果都找不到指定类，将使用新建的 URLClassLoader 实例，在指定路径中搜索，看看对应的包层次下是否存在 Other.class；如果找到了，就加载，这时必然不会在模块路径的模块中找到类，被加载的类会被归为未命名模块。虽然显式模块不能依赖于(requires)未命名模块，但是未命名模块开放全部的包，运行时显式模块可通过反射来访问。

每个 ClassLoader 实例都会有个未命名模块，你可通过 ClassLoader 实例的 getUnnamedModule()方法取得代表未命名模块的 Module 实例。

同一类加载器加载的.class 文件只会有一个 Class 实例；如果同一.class 文件由两个不同的类加载器加载，将有两份不同的 Class 实例。

注意>>> 如果有两个自行创建的 ClassLoader 实例尝试搜索相同的类，而在父加载器层级就可找到指定类，就只会有一个 Class 实例，因为两个自行创建的 ClassLoader 实例都是通过委托父加载器找到类的。如果指定类不是由父加载器找到的，而是由各自的 ClassLoader 实例搜索到的，就会有两个 Class 实例。

以下是个简单示例，可以指定加载路径，测试 Class 实例是否为同一对象。

ClassLoaderDemo URLClassLoaderDemo.java

```
package cc.openhome;

import static java.lang.System.out;
import java.net.MalformedURLException;
import java.net.URL;
import java.net.URLClassLoader;

public class ClassLoaderDemo {
    public static void main(String[] args) {
        try {
            var path = args[0];     // 测试路径
            var clzName = args[1]; // 测试类

            var clz1 = loadClassFrom(path, clzName);
            out.println(clz1);
            var clz2 = loadClassFrom(path, clzName);
            out.println(clz2);

            out.printf("clz1 与 clz2 为%s 实例",
                    clz1 == clz2 ? "相同" : "不同");
        } catch (ArrayIndexOutOfBoundsException e) {
            out.println("没有指定类加载路径和名称");
        } catch (MalformedURLException e) {
            out.println("加载路径错误");
        } catch (ClassNotFoundException e) {
            out.println("找不到指定的类");
        }
```

```
    }

    private static Class loadClassFrom(String path, String clzName)
            throws ClassNotFoundException, MalformedURLException {
        var loader = new URLClassLoader(new URL[] {new URL(path)});
        return loader.loadClass(clzName);
    }
}
```

可以任意设计一个类，其中，可在 path 中输入不在 JDK 类加载器层级搜索路径的其他路径，例如 file:/c:/workspace/classes/，这样，同一个类会分别由 loader1、loader2 引用的实例加载，结果会有两个 Class 实例，执行时就会显示“clz1 与 clz2 为不同实例”。

如果执行程序时，模块路径中的模块也包含指定的类，对于 loader1、loader2 引用的实例，父加载器会是同一个 System 加载器，System 加载器会在模块路径中的模块先找到指定类，因此最后只有一个指定类的 Class 实例，执行时将会显示“clz1 与 clz2 为相同实例”。

课后练习

实验题

如果有个对象，你不知道它是什么类的实例，也不知道它实现了哪些接口，你只知道对象上会有 quack()方法，该怎么写程序来调用这个方法？

第18章 自定义泛型、列举与标注

学习目标

- 高级自定义泛型
- 高级自定义列举
- 使用标准标注
- 自定义与读取标注

18.1 自定义泛型

9.1.5 节曾简单介绍过基本的泛型语法，请你在继续学习之前，先复习该节内容。泛型定义相当复杂，包括仅定义在方法上的泛型语法，用来限制可用类的 extends 与 super 关键字，?类型通配符(Wildcard)的使用，以及如何结合这三者来模拟协变性与逆变性。

18.1.1 使用 extends 与?

在定义泛型时，可以定义类型的边界。例如：

```
class Animal {}

class Human extends Animal {}

class Toy {}

class Duck<T extends Animal> {}

public class BoundDemo {
    public static void main(String[] args) {
        Duck<Animal> ad = new Duck<Animal>();
        Duck<Human> hd = new Duck<Human>();
        Duck<Toy> td = new Duck<Toy>();  // 编译错误
    }
}
```

在上例中，使用 extends 将 T 实际类型限定为 Animal 的子类，你可以使用 Animal

与 Human 指定 T 实际类型，但不可以使用 Toy，因为 Toy 不是 Animal 的子类。

实际应用的场景可以用快速排序法的例子来说明。

Generics Sort.java

```
package cc.openhome;

import java.util.Arrays;

public class Sort {
    public static <T extends Comparable<T>> T[] sorted(T[] array) {
        T[] arr = Arrays.copyOf(array, array.length);
        sort(arr, 0, arr.length - 1);
        return arr;
    }

    private static <T extends Comparable<T>> void sort(
                            T[] array, int left, int right) {
        if(left < right) {
            var q = partition(array, left, right);
            sort(array, left, q - 1);
            sort(array, q + 1, right);
        }
    }

    private static <T extends Comparable<T>> int partition(
                            T[] array, int left, int right) {
        var i = left - 1;
        for(var j = left; j < right; j++) {
            if(array[j].compareTo(array[right]) <= 0) {
                i++;
                swap(array, i, j);
            }
        }
        swap(array, i+1, right);
        return i + 1;
    }

    private static void swap(Object[] array, int i, int j) {
        var t = array[i];
        array[i] = array[j];
        array[j] = t;
    }
}
```

提示>>> 关于快速排序法，可参考“Quick Sort”[1]。

使对象能够排序的方式之一是使对象本身能比较大小，因此，Sort 类实例要求 sorted()方法传入的数组中的元素必须是 T 类型，<T extends Comparable<T>>限定 T 必须实现 java.lang.Comparable<T>接口。可以按如下方式使用 sorted()方法。

Generics SortDemo.java

```
package cc.openhome;

public class SortDemo {
   public static void main(String[] args) {
      String[] strs = {"3", "2", "5", "1"};
      for(var s : Sort.sorted(strs)) {
         System.out.println(s);
      }
   }
}
```

String 实现了 Comparable 接口，因此可如 Generics Sort.java 中粗体字所示方式使用 sorted()方法进行排序，返回新的已排序数组。

如果 extends 之后指定了类或接口，那么想再指定其他接口时，可以使用&进行连接。例如：

```
public class Some<T extends Iterable<T> & Comparable<T>> {
    ...
}
```

接着来看看类型通配符?。如果定义了以下类：

Generics Node.java

```
package cc.openhome;

public class Node<T> {
   public T value;
   public Node<T> next;

   public Node(T value, Node<T> next) {
      this.value = value;
      this.next = next;
   }
}
```

假设有一个 Shape 接口与实现，如下所示：

1 Quick Sort：https://openhome.cc/zh-tw/tags/quick-sort/.

Generics Shape.java

```
interface Shape {
    double area(); // 计算面积
}

record Circle(double x, double y, double radius) implements Shape {
    @Override
    public double area() {
        return radius * radius * 3.14159;
    }
}

record Square(double x, double y, double length) implements Shape {
    @Override
    public double area() {
        return length * length;
    }
}
```

这里为了简化示例，将 Circle、Square 单纯地设计为数据载体，使用了 9.1.3 节介绍过的 record 类。如 9.1.3 节介绍的，必要时 record 类也可实现接口，这里的 Shape 要求必须实现计算面积的 area()方法。

如果有以下程序片段，会发生编译错误：

```
Node<Circle> circle = new Node<>(new Circle(0, 0, 10), null);
Node<Shape> shape = circle;  // 编译错误，incompatible types
```

在这个程序片段中，circle 类型声明为 Node<Circle>，shape 类型声明为 Node<Shape>，那么 Node<Circle>具有 Node<Shape>的行为吗？显然，编译器认为不是，不允许通过编译。

在接下来的说明中，如果 B 是 A 的子类，或者 B 实现了 A 接口，那么可以称 B 是 A 的次类型(Subtype)。

如果 B 是 A 的次类型，且 Node<B>也被视为 Node<A>的次类型，因为 Node 保持了次类型的关系，所以称 Node 具有协变性(Covariance)。从以上编译结果可看出，Java 的泛型不具有协变性，不过可使用类型通配符?与 extends 声明变量，达到类似协变性的效果。例如，以下代码可以通过编译：

```
Node<Circle> circle = new Node<>(new Circle(0, 0, 10), null);
Node<? extends Shape> shape = circle; // 类似协变性的效果
```

上面的程序片段使用了<?extends Shape>语法，?代表 shape 引用的 Node 对象不知道 T 实际类型，其后的 extends Shape 表示 T 实际类型一定会是 Shape 的次类型。因为 circle 声明为 Node<Circle>，Circle 是 Shape 的次类型，所以可以通过编译。

一个实际应用的例子如下：

Generics CovarianceDemo.java

```
package cc.openhome;

public class CovarianceDemo {
    public static void main(String[] args) {
        var c1 = new Node<>(new Circle(0, 0, 10), null);
        var c2 = new Node<>(new Circle(0, 0, 20), c1);
        var c3 = new Node<>(new Circle(0, 0, 30), c2);

        var s1 = new Node<>(new Square(0, 0, 15), null);
        var s2 = new Node<>(new Square(0, 0, 30), s1);

        show(c3);
        show(s2);
    }

    public static void show(Node<? extends Shape> n) {
        Node<? extends Shape> node = n;
        do {
            System.out.println(node.value);
            node = node.next;
        } while(node != null);
    }
}
```

在上例中，适当地搭配了 var 来声明，可以减轻泛型编写上的负担。show()方法的目的是显示全部的形状节点，如果参数 n 声明为 Node<Shape>类型，就只能接受 Node<Shape>实例。示例中 show()方法使用类型通配符?与 extends 声明参数，令 n 具备类似协变的特性，这样 show()方法既可接受 Node<Circle>实例，又可接受 Node<Square>实例。执行结果如下：

```
Circle[x=0.0, y=0.0, radius=30.0]
Circle[x=0.0, y=0.0, radius=20.0]
Circle[x=0.0, y=0.0, radius=10.0]
Square[x=0.0, y=0.0, length=30.0]
Square[x=0.0, y=0.0, length=15.0]
```

如果声明?时不搭配 extends，则默认为?extends Object。例如：

```
Node<?> node; // 相当于 Node<? extends Object>
```

以上的 node 可接受 Node<Object>、Node<Shape>、Node<Circle>等对象，只要角括号中的对象是 Object 的次类型，就可通过编译。

注意 >>> Node<?>与 Node<Object>不同，如果 node 声明为 Node<Object>，就只能引用 Node<Object>实例，也就是说，以下代码会出现编译错误：

```
Node<Object> node = new Node<Integer>(1, null);
```

但以下代码会编译成功：

```
Node<?> node = new Node<Integer>(1, null);
```

若使用通配符?与 extends 限制 T 类型，那么 T 声明的变量取得的对象只能指定给 Object 或 Shape，或将 T 声明的变量指定为 null，除此之外，不能进行其他动作。例如：

```
Node<? extends Shape> node = new Node<>(new Circle(0, 0, 10), null);
Object o = node.value;
node.value = null;
Circle circle = node.value;          // 编译错误
node.value = new Circle(0, 0, 10);   // 编译错误
```

以上程序片段只知道 value 引用的对象会继承 Shape，但该对象到底是 Circle 还是 Square 呢？如果 node.value 是 Square 实例，那么指定给 Circle 类型的 circle 肯定不对，因而会出现编译错误。如果建立 Node 时指定 T 类型是 Square，那么，若将 Circle 实例指定给 node.value，将不符合原先的要求，因此也会出现编译错误。

泛型的类型信息仅供编译器进行类型检查，编译器不考虑运行时对象的实际类型，因而会造成以上的限制。

提示 >>> 泛型无法考虑运行时类型，这有时令人困惑。例如，以下代码的执行结果是 true 还是 false 呢？

```
var list1 = new ArrayList<Integer>();
var list2 = new ArrayList<String>();
System.out.println(list1.equals(list2));
```

许多人起初会认为执行结果是 false，然而结果是 true。若想知道为什么，可以参考《长角的东西怎么比》[1]。

排除可将 T 声明的名称指定为 null 的情况，简单来说，对于支持泛型的类，比如之前示例中的 Node 类定义，如果使用?extends Shape 时，Node 类定义中的 T 声明的变量只能作为数据的提供者，则不能被重新设定；如果 Node 类使用 T 声明某方法的参数，那么调用该方法时会出现编译错误；如果使用 T 声明某方法的返回类型，调用该方法时就不会有问题。

实际应用案例之一是支持泛型的 java.util.List。如果有一个 List<?extends Shape> lt = new ArrayList<>()，那么 lt.add(shape)会引发编译错误，然而 lt.get(0)没有问题。

泛型不考虑运行时对象类型，因而造成了这类限制，既然如此，不如活用这个限

1 长角的东西怎么比：https://openhome.cc/Gossip/JavaEssence/GenericEquals.html.

制，记忆的口诀就是“Producer extends”。如果想限定接收到的 List 实例，使其只能作为数据的提供者，就使用?extends 这样的声明。

18.1.2 使用 super 与?

继续 18.1.1 节的内容，如果 B 是 A 的次类型，然而 Node<A>却被视为 Node<B>的次类型，因为 Node 逆转了次类型的关系，所以称 Node 具有逆变性(Contravariance)。也就是说，如果以下代码片段没有发生错误，Node 就具有逆变性：

```
Node<Shape> shape = new Node<>(new Circle(0, 0, 10), null);
Node<Square> node = shape;  // 实际上会发生编译错误
```

Java 泛型不支持逆变性，实际上上述代码第二行会发生编译错误。可使用类型通配符?与 super 来声明变量，达到类似逆变性的效果，例如：

```
Node<Shape> shape = new Node<>(new Circle(0, 0, 10), null);
Node<? super Square> node1 = shape;
Node<? super Circle> node2 = shape;
```

就<?super Square>语义来说，只知道 Node 的 T 会是 Square 或其父类型，Shape 是 Square 的父类型，因而可以通过编译。类似地，就<?super Circle>语义来说，T 实际上会是 Circle 或其父类型，而 Shapc 是 Circlc 的父类型，因而可以通过编译。

为何要支持逆变性呢？假设你想设计一组对象，可以指定组中有哪些对象，放入的对象会是相同类型的(例如都是 Circle)，且有个 sort()方法，可指定 java.util.Comparator，针对组中的对象进行排序，请问以下泛型未填写的部分该如何声明？

```
public class Group<T> {
   public T[] things;

   public Group(T... things) {
      this.things = things;
   }

   public void sort(Comparator<__________> comparator) {
      // 进行排序
   }
}
```

声明为 Comparator<T>的话，就 Group<Circle>实例而言，代表 sort()要传入 Comparator<Circle>，目的可能是根据半径排序；就 Group<Square>实例而言，则代表 sort()要传入 Comparator<Square>，目的可能是根据正方形的边长进行排序。

如果要能从父类型的观点排序呢？例如，不管是 Group<Circle>还是 Group<Square>，如果都要能接受 Comparator<Shape>，根据 area()的返回值进行排序呢？

只是声明为 Comparator<T>的话，就 Group<Circle>实例而言，代表 sort()的参数类

型为 Comparator<Circle>，若要能接受 Comparator<Shape>，刚才谈到，Java 不支持逆变性，但可以使用?与 super 来声明，从而达到类似逆变性的效果。

Generics Group.java

```
package cc.openhome;

import java.util.Arrays;
import java.util.Comparator;

public class Group<T> {
   public T[] things;

   public Group(T... things) {
      this.things = things;
   }

   public void sort(Comparator<? super T> comparator) {
      Arrays.sort(things, comparator);
   }
}
```

为了简化示例，上面使用了 java.util.Arrays 的 sort()方法进行排序。现在，Group 的 sort()方法还能这样调用：

```
var circles = new Group<Circle>(
      new Circle(0, 0, 10), new Circle(0, 0, 20));

circles.sort((c1, c2) -> {      // 指定 Comparator<Circle>，根据半径排序
   var diff = c1.radius() - c2.radius();
   if(diff == 0.0) {
      return 0;
   }
   return diff > 0 ? 1 : -1;
});

var squares = new Group<Square>(
      new Square(0, 0, 20), new Square(0, 0, 30));

squares.sort((s1, s2) -> {      // 指定 Comparator<Square>，根据边长排序
   var diff = s1.length() - s2.length();
   if(diff == 0.0) {
      return 0;
   }
   return diff > 0 ? 1 : -1;
});
```

如果想从 T 的父类型的观点实现 Comparator，现在也没有问题。

Generics ContravarianceDemo.java

```
package cc.openhome;

import static java.lang.System.out;

import java.util.Arrays;
import java.util.Comparator;

public class ContravarianceDemo {
    public static void main(String[] args) {
        // 根据面积排序
        Comparator<Shape> areaComparator = (s1, s2) -> {
            var diff = s1.area() - s2.area();
            if(diff == 0.0) {
                return 0;
            }
            return diff > 0 ? 1 : -1;
        };

        var circles = new Group<Circle>(
                new Circle(0, 0, 10), new Circle(0, 0, 20));

        circles.sort(areaComparator);
        Arrays.stream(circles.things).forEach(out::print);
        out.println();

        var squares = new Group<Square>(
                new Square(0, 0, 20), new Square(0, 0, 30));

        squares.sort(areaComparator);
        Arrays.stream(squares.things).forEach(out::print);
        out.println();
    }
}
```

执行结果如下：

```
Circle[x=0.0, y=0.0, radius=10.0]Circle[x=0.0, y=0.0, radius=20.0]
Square[x=0.0, y=0.0, length=20.0]Square[x=0.0, y=0.0, length=30.0]
```

刚才的示例使用了 java.util.Arrays 的 sort()方法进行排序。查看 API 文档，可以发现 sort()方法的第二个参数也被声明为 Comparator<?super T>，这也是为了让客户端可以从父类型的观点实现 Comparator，如图 18-1 所示。

```
sort

public static <T> void sort(T[] a,
                            Comparator<? super T> c)
```

图 18-1　<?super T>的实际应用

让我们来讨论一个问题，对于下面的代码：

```
Node<? super Circle> node = new Node<>(new Circle(0, 0, 10), null);
```

node.value 的类型会是?super Circle，可接受 Circle 或 Shape 实例的指定，如果要指定 node.value 给其他变量引用，该变量可以是什么类型呢？

因为类型是?super Circle，而 node.value 可能引用 Circle、Shape 或 Object 类型的实例，所以，Circle circle = node.value 或 Shape shape =node.value 是不行的；如果 node.value 实际是 Object，那么编译器只允许 Object o = node.value。

也就是说，如果类支持泛型，而声明时使用?super，那么 T 声明的变量可作为消费者，也就是接收数据的角色，但不适合作为提供数据的角色，记忆的口诀是“Consumer super”。

同样以 java.util.List 为例，如果有一个 List<?super Circle> lt = new ArrayList<>()，那么 lt.add(shape)不会有问题，lt 就像 Shape 的消费者，然而，Shape shape = lt.get(0)或 Circle circle = lt.get(0)会引发编译错误。

提示>>> 如果泛型类或接口不具协变性或逆变性，则称为非协变的(Nonvariant)。

18.2　自定义列举

7.2.3 节曾经简单介绍过列举类型，请先了解该节内容，接下来在本节将讨论有关列举类型的定义与使用。

18.2.1　成员的细节

在 7.2.3 节，曾使用 enum 定义过以下 Action 列举类型：

```
public enum Action {
    STOP, RIGHT, LEFT, UP, DOWN
}
```

每个列举成员都会有一个名称与 int 值，你可通过 name()方法取得名称，该方法适合用于需要使用字符串代表列举值的情况。列举的 int 值从 0 开始，按照列举顺序递增，可通过 ordinal()取得，适合用于需要使用 int 代表列举值的情况，例如，对于 7.2.1 节中的 Game 类，可以进行如下操作：

Enum GameDemo.java

```
package cc.openhome;

public class GameDemo {
   public static void main(String[] args) {
      Game.play(Action2.DOWN.ordinal());
      Game.play(Action2.RIGHT.ordinal());
   }
}
```

如果 Action2 的定义如下：

Enum Action2.java

```
package cc.openhome;

public enum Action2 {
   STOP, RIGHT, LEFT, UP, DOWN
}
```

执行结果如下：

```
向下播放动画
向右播放动画
```

列举成员实现了 Comparable 接口，compareTo()方法主要针对 ordinal()进行比较。列举成员重新定义了 equals()与 hashCode()方法，并将它们标示为 final，实现逻辑与 Object 的 equals()与 hashCode()方法相同：

```
...
public final boolean equals(Object other) {
      return this==other;
   }

   public final int hashCode() {
      return super.hashCode();
   }
...
```

稍后就会看到，列举时可以定义方法，然而不能重新定义 equals()与 hashCode()。这是因为列举成员在 JVM 中只存在单一实例，编译器会如上面所示产生 final 的 equals()与 hashCode()，并基于 Object 定义的 equals()与 hashCode()来比较对象的相等性。

18.2.2 构造函数、方法与接口

定义列举时可以自定义构造函数，条件是不得将其设置为公开(public)或受保护

(protected)，也不可在构造函数中调用 super()方法。

让我们来看个实际应用，之前介绍过 ordinal()的值是根据成员顺序返回的，数值由 0 开始，如果这不是你要的顺序呢？例如，原本有个 interface 定义的列举常数：

```
public interface Priority {
    int MAX = 10;
    int NORM = 5;
    int MIN = 1;
}
```

如果现在想使用 enum 重新定义列举，又必须搭配既有 API，也就是说，必须有个 int 值符合既有 API 的 Priority 值，这时怎么办？可以像下面这样定义：

Enum Priority.java

```
package cc.openhome;

public enum Priority {
    MAX(10), NORM(5), MIN(1);  ←— ❶ 调用 enum 构造函数

    private int value;

    private Priority(int value) { ←— ❷ 不为 public 的构造函数
        this.value = value;
    }

    public int value() { ←— ❸ 自定义方法
        return value;
    }

    public static void main(String[] args) {
        for(var priority : Priority.values()) {
            System.out.printf("Priority(%s, %d)%n",
                    priority, priority.value());
        }
    }
}
```

这里将构造函数定义为 private❷，若想在 enum 中调用构造函数，只要在列举成员后加上括号，就可以指定构造函数的参数❶。你不能定义 name()、ordinal()，它们是由编译器产生的，因此此处自定义了 value()方法来返回 int 值。执行结果如下：

```
Priority(MAX, 10)
Priority(NORM, 5)
Priority(MIN, 1)
```

提示>>> 13.3.2 节介绍过 Month，它是 enum 类型。若想取得代表月份的数，要使用 getValue()方法，而不是 ordinal()。getValue()就是自定义的方法。

定义列举时还可以实现接口，例如，假设有个接口的定义如下：

Enum Command.java

```
package cc.openhome;

public interface Command {
    void execute();
}
```

如果要在定义列举时实现 Command 接口，可以采用如下基本方式：

```
public enum Action3 implements Command {
    STOP, RIGHT, LEFT, UP, DOWN;

    public void execute() {
        switch(this) {
            case STOP:
                out.println("停止播放动画");
                break;
            case RIGHT:
                out.println("向右播放动画");
                break;
            case LEFT:
                out.println("向左播放动画");
                break;
            case UP:
                out.println("向上播放动画");
                break;
            case DOWN:
                out.println("向下播放动画");
                break;
        }
    }
}
```

使用 enum 定义列举时，通常使用 implements 实现接口，并实现接口定义的方法，就如同定义 class 时使用 implements 实现接口。

不过实现接口时，可能希望各列举成员可以有不同实现，例如，上面的程序片段其实是想让列举成员带有各自的命令，以便执行如下程序：

Enum Game3.java

```
package cc.openhome;
```

```
public class Game3 {
    public static void play(Action3 action) {
        action.execute();
    }

    public static void main(String[] args) {
        Game3.play(Action3.RIGHT);
        Game3.play(Action3.DOWN);
    }
}
```

产生以下执行结果：

```
向右播放动画
向下播放动画
```

为了达到这个目的，之前在实现 Command 的 execute()方法时，使用了 switch 比较列举实例。其实可以有更好的做法，就是在定义 enum 时使用特定值类主体(Value-Specific Class Bodies)语法。下面直接来看如何运用此语法：

Enum Action3.java

```
package cc.openhome;

import static java.lang.System.out;

public enum Action3 implements Command {
    STOP {
        public void execute() {
            out.println("停止播放动画");
        }
    },
    RIGHT {
        public void execute() {
            out.println("向右播放动画");
        }
    },
    LEFT {
        public void execute() {
            out.println("向左播放动画");
        }
    },
    UP {
        public void execute() {
            out.println("向上播放动画");
        }
    },
    DOWN {
```

```
        public void execute() {
            out.println("向下播放动画");
        }
    };
}
```

可以看到，在列举成员后，直接加上{}以实现 Command 的 execute()方法，这代表每个列举实例都会有不同的 execute()实现。在职责分配上，此语法比 switch 的方式清楚许多。

18.3 record 与 sealed

9.1.3 节介绍过，如果你所需数据的字段结构都是公开的数据载体，可使用 Java 16 的 record 类别；另外，如果应用程序需要的范围对象有限且已知，而你想要明确地揭露、控制类型的边界，可以使用 Java 17 的 sealed 新特性。

18.3.1 深入了解 record 类

现代有许多需求涉及软件之间的数据交换，有时候，你需要一个对象来表示数据，对象的类型名称代表数据类型，对象的值域对应数据的字段。例如，你可能从某网站接收到一条纯文本数据{x:10, y:20}，该数据代表二维坐标系上的点。这时，你如果想定义 Point 类来表示，可以使用 record 类：

```
public record Point(double x, double y) {}
```

record 的限制

Point 定义了二维坐标系上的点，按照顺序记录了 *x* 与 *y* 坐标，编译器默认会以指定的字段名称产生标准构造函数(Canonical Constructor)：

```
public Point(double x, double y) {
    this.x = x;
    this.y = y;
}
```

new Point(10, 20)仅仅代表坐标(10, 20)，因为该对象无法改变状态。编译器会以指定的字段名称生成 private final 的值域，以及同名的公开方法，就上例而言，将会生成 x()与 y()方法，并将它们放回对应的值域。

如 9.1.3 节介绍的，因为只要具有字段名称、顺序、状态不可更改等特性，编译器就能自动生成 hashCode()、equals()及 toString()等方法，所以，如果想要一个可记录数据的数据载体，可以方便地使用 record 类来定义。

虽然编译器会根据字段名称生成公开方法，但是你指定的字段名称不能与 Object

已定义的方法具有相同名称，也就是说，不能使用 hashCode、equals、toString、wait、notify 等作为字段名称，这会引发编译错误。

虽然 record 类也是一种 Object，但是定义 record 类时，不能使用 extends 关键字，也就是说，不能自行实现继承，即使编译器将 record 类设为 final 类，record 类也不能被继承。

因为 record 类作为数据的载体，必须完整而公开地表现数据的结构，但继承意味着无法排除隐藏状态的可能性；例如，如果能继承 Point 来定义 Point3D，并将 Point3D 实例传给接受 Point 的方法，从方法实现的观点来看，如何能确定它接收到的对象只有 x 与 y 呢？

因为 record 类必须完整而公开地表现数据的结构，不能隐藏状态，所以不能自行定义非静态的值域。若试图自定义非静态的值域，会引发编译错误。

record 类看似有许多限制，而且必须完整而公开地表现数据的结构，不能隐藏状态，许多开发者初次接触 record 类时，总有种疑问，这不是破坏了面向对象的封装概念吗？

封装的边界

讨论面向对象的概念时经常谈到封装，然而，封装的对象或意图其实是多元的，也许是想隐藏状态、不暴露实现、遮蔽数据的结构、管理对象复杂的生命周期、隔离对象间的依赖关系等，大部分情况下，封装都意味着某种程度的隐蔽性，表示试图将某些内容隐藏起来。

然而，作为一个数据载体时，封装只是单纯地将某些数据组合为一个概念，例如将两个小数组合为点的概念，这些数据在名称、结构和聚合后的名称(就数学意义来讲，数据的组合构成了一个集合，例如点的集合)上都是透明的，对象在外观表现上会暴露一切，简单来说，对象本身提供的 API 会与对象想表现的数据耦合在一起。

这使得数据载体的封装在意图上与其他的封装大相径庭，因为就其他封装的意图来说，往往希望对象本身提供的 API 能够隐藏对象本身(内部)的数据等内容；而数据载体本身的意图是暴露数据的一切。

刚才谈到，有时候你就是需要一个对象来表示数据，这说明你需要的是个数据载体，然而在 record 类出现之前，无论是哪种封装，基本上都是通过 class 来定义的，所以，在过去，即使是简单的需求，也需要复杂的定义过程。这不难想象，你可以试着只使用 class 来定义刚才的 Point 类，如果要有公开的 x()、y()，以及 hashCode()、equals()、toString()等方法，应该需要一定行数的代码来实现！

提示>>> 不要只将 record 类当成可自动生成 hashCode()、equals()和 toString()等方法的简便语法，这只会让你觉得 record 类的限制很多。记住，record 类是用来定义数据载体的！

数据载体的设计

record 类虽然有许多限制，但能方便地用于数据载体的设计。既然数据载体不能实现继承，那么该怎么设计刚才提到的二维坐标点与三维坐标点的数据载体呢？

方式之一是将二维坐标点与三维坐标点看成不同的数据组合，分别将它们设计为 Point2D、Point3D：

```
record Point2D(float x, float y) {}
record Point3D(float x, float y, float z) {}
```

另一种方式是只定义三维坐标点，然而创建坐标点的实例时，如果只指定 x 与 y，那么 z 将默认为 0；如果想通过 record 类实现这种设计，可以自定义构造函数：

```
public record Point(double x, double y, double z) {
   public Point(double x, double y) {
      this(x, y, 0.0);
   }
}
```

自定义构造函数的限制是，一定要以 this()调用某个构造函数，而构造函数的调用链最后调用了标准构造函数，这是为了确保数据的完整性。

如果想针对标准构造函数传入的数据做些处理呢？例如，若想检查用户名称，确保其不为 null，然后将其转为小写，该如何定义呢？可以自定义标准构造函数：

```
public record User(String name, int age) {
   public User(String name, int age) {
      Objects.requireNonNull(name);
      this.name = name.toLowerCase();
      this.age = age;
   }
}
```

如果你自定义标准构造函数，那么，因为每个数据字段对应的值域都是 private final，所以构造函数中必须明确地设置值。不过，record 字段定义与构造函数的参数重复了，其实你可以定义精简的构造函数(Compact Constructor)：

```
public record User(String name, int age) {
   public User {
      Objects.requireNonNull(name);
      name = name.toLowerCase();
   }
}
```

精简构造函数的内容会被安插到编译器产生的标准构造函数开头，也就是说，以上代码相当于：

```
public record User(String name, int age) {
   public User(String name, int age) {
```

```
        Objects.requireNonNull(name);
        name = name.toLowerCase();
        this.name = name;
        this.age = age;
    }
}
```

编译器会为 record 类自动生成与值域名称对应的方法，以及 equals()、hashCode()、toString()等方法；你也可以自行定义其他方法，不过自定义方法通常是为了数据间的计算、转换等，例如点的位移、点与点之间距离的计算、数据格式的转换等：

```
import static java.lang.Math.pow;
import static java.lang.Math.sqrt;

public record Point(double x, double y) {
    public Point translated(double x, double y) {
        return new Point(this.x + x, this.y + y);
    }

    public double distance(Point p) {
        return sqrt(pow(this.x - p.x, 2) + pow(this.y - p.y, 2));
    }

    public String toJSON() {
        return """
               {
                   "x": %f,
                   "y": %f
               }
               """.formatted(this.x, this.y);
    }
}
```

因为静态成员基本上只以类名称作为命名空间，这与实例的状态无关，所以 record 类可以定义静态成员，例如，定义一个 fromJSON()静态方法：

```
import java.util.regex.Pattern;

public record Point(double x, double y) {
    private static Pattern regex = Pattern.compile(
        """
        "x":(?<x>\\d+\\.?\\d*),"y":(?<y>\\d+\\.?\\d*)"""
    );

    public static Point fromJSON(String json) {
        var matcher = regex.matcher(json.replaceAll("\\s+",""));
        if(matcher.find()) {
            return new Point(
                Double.parseDouble(matcher.group("x")),
```

```
                Double.parseDouble(matcher.group("y"))
            );
        }
        throw new IllegalArgumentException("cannot parse json");
    }
}
```

如果数据载体必须实现某些行为，那么在定义 record 类时，可以实现接口。例如实现 Comparable，实现对圆的大小进行比较时，必须依照半径进行：

```
public record Circle(double radius) implements Comparable<Circle> {
    @Override
    public int compareTo(Circle other) {
        double diff = this.radius - other.radius;
        if(diff == 0.0) {
            return 0;
        }
        return diff > 0 ? 1 : -1;
    }
}
```

刚才谈到了继承，另一个与继承相关的问题是，如果数据具有相同的字段，该怎么办呢？例如：

```
record Circle(double x, double y, double radius) {
    ...// 一些与坐标计算相关的方法
    ...// 一些要取得 x、y 信息以进行圆相关运算的方法
}
record Square(double x, double y, double length) {
    ...// 一些与坐标计算相关的方法
    ...// 一些要取得 x、y 信息以进行正方形相关运算的方法
}
```

圆形或正方形都会有个中心坐标，你可能会想将 x 与 y 提升至 Shape 类，然后让 Circle 与 Square 继承 Shape，不过，record 没办法实现继承啊？这时可以改用组合(Composite)的概念来设计，也就是让 x、y 组成 Point，然后 Point 与 radius 组成 Circle，Point 与 length 组成 Square：

```
record Point(double x, double y) {
    ...// 一些与坐标计算相关的方法
}
record Circle(Point center, double radius) {
    ...// 一些要通过 Point 的 x()、y()信息来进行圆相关运算的方法
}
record Square(Point center, double length) {
    ...// 一些要通过 Point 的 x()、y()信息来进行正方形相关运算的方法
}
```

与坐标计算相关的方法可以抽取到 Point 类，如果 Circle 与 Square 的一些方法必须使用 x、y 进行运算，重构后可通过 Point 实例的 x()、y()方法取得数据。

现代程序开发常从不同的来源取得数据，抽取必要信息后建立必要的数据结构。如果使用继承，只会让数据结构的多样性降低；而若基于组合，将会有各种数据结构的可能性。record 类不能实现继承的目的，因此希望开发者面对数据载体设计时，优先考虑组合，而不是继承。

18.3.2　sealed 的类型层级

如果你想设计一个 RPG 程序库，允许其他人使用它进一步设计游戏，然而你想将角色限定为骑兵、战士、魔法师、弓兵四种类型。在你定义了 Role 类，让 Knight、Warrior、Mage、Archer 继承 Role 之后，就面临着一个问题：该怎么阻止其他人继承 Role 呢？

sealed 类

有时候要解决的问题中，某些模型的类型架构是已知的，如果你想控制类型的边界，比如，使 Role 只能有上述四个子类别，在 Java 17 之前，没有适当的方式可以实现这类需求，然而 Java 17 以后的 sealed 关键字可以满足这个需求。例如：

```
public abstract sealed class Role
                 permits Knight, Warrior, Mage, Archer {}
final class Knight extends Role {}
final class Warrior extends Role {}
final class Mage extends Role {}
final class Archer extends Role {}
```

可以使用 sealed 关键字修饰的类必须是抽象类，permits 列出了允许的子类。子类必须在同一包中定义，并且必须使用 final、non-sealed 或 sealed 修饰。以上程序片段使用了 final，这表示其他人不仅不能继承 Role，也不能创建 Knight、Warrior、Mage、Archer 的子类。

如果使用 non-sealed 进行修饰，例如：

```
public abstract sealed class Role
                 permits Knight, Warrior, Mage, Archer {}
non-sealed class Knight extends Role {}
non-sealed class Warrior extends Role {}
non-sealed class Mage extends Role {}
non-sealed class Archer extends Role {}
```

这就表示其他人不能继承 Role，然而可以任意地创建 Knight、Warrior、Mage、Archer 的子类，也许这样做的目的是允许其他人随意定义骑兵、战士、魔法师、弓兵进化后的延伸职业，例如，骑兵可以进化为飞龙骑兵等。

如果你也想进一步掌握骑兵、战士、魔法师、弓兵进化后的延伸职业，比如，若要让骑兵只能进化为飞龙骑兵或陆战骑兵，可以使用 sealed 修饰，并使用 permits 列出允许的子类。

```
sealed class Knight extends Role permits DragonKnight, MarineKnight {}
final class DragonKnight extends Knight {}
final class MarineKnight extends Knight {}
```

sealed 接口

sealed 也可以用来修饰接口，这表示你很清楚接口会有几种实现结果或子接口，不允许其他人实现该接口或增加直接的子接口，实现类必须在同一包中定义，并且必须使用 final、non-sealed 或 sealed 修饰，子接口必须在同一包中定义，并且必须使用 non-sealed 或 sealed 修饰。

举例来说，有些语言允许函数式返回两个值，有些开发者会用这类函数式返回错误值与正确值。遇到这类函数式时，函数式的调用者必须检查返回值，针对函数式执行成功及失败的情况分别进行处理。

如果想在 Java 中模拟这种效果，可以设计 Either 接口，因为只有错误与正确两种可能性，所以可以使用 sealed 修饰 Either 接口，只允许有 Left、Right 这两个实现类:

Sealed Either.java

```
package cc.openhome;

public sealed interface Either<E, R> permits Left<E, R>, Right<E, R> {
    default E left() {
        throw new IllegalStateException("nothing left");
    }
    default R right() {
        throw new IllegalStateException("nothing right");
    }
}
```

因为错误值与正确值可能是各种类型，这里使用泛型进行参数化，代表错误值的 Left 必须重新定义 left()方法:

Sealed Left.java

```
package cc.openhome;

public record Left<E, R>(E value) implements Either<E, R> {
    @Override
    public E left() {
        return value;
    }
}
```

因此，对于 Left 实例，调用 left()时不会抛出异常，因为 record 类是 final 类，所以不用加上 final 修饰；类似地，代表正确值的 Right 必须重新定义 right()方法：

Sealed Right.java

```
package cc.openhome;

public record Right<E, R>(R value) implements Either<E, R> {
    @Override
    public R right() {
        return value;
    }
}
```

这么一来，对于 Right 实例，调用 right()时不会抛出异常，现在可以使用 Either 作为函数式的返回值了。例如：

Sealed EitherDemo.java

```
package cc.openhome;

public class EitherDemo {
    static Either<String, Integer> div(Integer a, Integer b) {
        if(b == 0) {
            return new Left<>("除零错误%d / %d".formatted(a, b));
        }
        return new Right<>(a / b);
    }

    public static void main(String[] args) {
        Integer a = Integer.parseInt("10");
        Integer b = Integer.parseInt("0");

        Either<String, Integer> either = div(a, b);
        // 检查返回结果
        if(either instanceof Left) {          // 如果有错误
            System.err.println(either.left());
        }
        else if(either instanceof Right) {    // 如果是正确值
            System.out.printf("%d / %d = %d%n", a, b, either.right());
        }
    }
}
```

由于这里使用了 sealed 修饰 Either，而且使用 record 类实现 Left 与 Right，其他人如果要处理返回值，就必须使用 instanceof 来比对类型，然后才能知道结果是错误的还是正确的，因此，这里使用 instanceof，并无不妥。

提示>>> Either 的概念来自函数式设计，这里的 instanceof 相当于模式比较(Pattern Matching)，未来 Java 在模式比较方面的语法还会有进一步的加强，使用起来将很方便；另外，Left、Right 总会让我想到一则笑话："Your left brain has nothing right， and your right brain has nothing left！"

你可能觉得 Either 跟 Optional 有点像，Optional 代表"无"或"有"的概念，而 Either 代表"错"或"对"的概念。Either 还要与 instanceof 搭配使用，如果你觉得这样很麻烦，也可以为 Either 实现 map()、flatMap()、orElse()之类的方法，这是本章课后练习的一部分！

18.4 关于标注

Java 源代码中可以使用标注(Annotation)向编译器提供额外的提示，或提供运行时可读取的配置信息。标注的信息可以仅用于源代码解析，编译后留在.class 文件中，仅供编译器读取，或者允许运行时读取。

18.4.1 常用标准标注

Java 提供了标准标注，这里先介绍@Override、@Deprecated、@SuppressWarnings、@SafeVarargs 与@FunctionalInterface。

@Override

先前常看到的@Override 就是标准标注，被标注的方法必须是父类或接口已定义的方法，你可以让编译器协助判断，是否真的重新定义了方法。例如，在重新定义 Thread 的 run()方法时：

```
public class WorkerThread extends Thread {
    public void Run() {
        //...
    }
}
```

在这个程序示例中，本想重新定义 run()方法，结果却错误地输入了 Run()，在 WorkerThread 定义了新方法。为了避免这类错误，可以加上@Override。编译器看到@Override 后，将检查父类中是否存在 Run()方法，如果父类中没有这个方法，将返回错误，如图 18-2 所示。

```
public class WorkerThread extends Thread {

    @Override
    public void Run() {
        //...
    }
}
```

The method Run() of type WorkerThread must override or implement a supertype method
1 quick fix available:
Remove '@Override' annotation
Press 'F2' for focus

图 18-2　@Override 要求编译器检查是否重新定义了方法

@Deprecated 与@SuppressWarnings

如果某方法原先存在于 API 中，后来不建议再使用，可将该方法标注为@Deprecated。例如：

```
public class Some {
    @Deprecated
    public void doSome() {
        ...
    }
}
```

编译后的.class 会储存这个信息，如果用户后续调用或重新定义这个方法，编译器会发出警告(IDE 通常会在方法上加删除线以进行表示，可参考图 11-3)：

```
Note: XXX.java uses or overrides a deprecated API.
Note: Recompile with -Xlint:deprecation for details.
```

如果不想看到这个警告，可以在调用该方法的情况下使用@SuppressWarnings 抑制 deprecation 的警告产生，例如：

```
...
    @SuppressWarnings("deprecation")
    public static void main(String[] args) {
        var some = new Some ();
        some.doSome();
    }
...
```

@Deprecated 可以设定 since 与 forRemoval 参数，since 标注 API 从哪个版本开始弃用，默认值为空字符串。就 JDK 标准 API 的弃用来说，会使用 JDK 版本号码来标注。例如，BigDecimal 使用 int 列举的进制舍去常数，被标示为废弃。若查看 API 文档，可在相关方法上看到下面这类标注：

```
@Deprecated(since="9")
public BigDecimal divide(BigDecimal divisor, int roundingMode)
```

@Deprecated 的 forRemoval 默认值为 false，这类弃用被归为一般弃用(Ordinary Deprecation)，你可使用@SuppressWarnings("deprecation")来抑制警告信息。如果 forRemoval 被设为 true，表示该 API 未来会被移除，这类弃用称为移除弃用(Removal

Deprecation)。@SuppressWarnings("deprecation")不会抑制这类警告，所以你必须使用@SuppressWarnings("removal")进行抑制。如果调用的多个方法中包含一般弃用与移除弃用，而你想同时抑制这两种警告，则必须使用@SuppressWarnings({"deprecation", "removal"})。

使用@SuppressWarnings 抑制多个值时，必须使用花括号。完整的写法是@SuppressWarnings(value = {"deprecation", "removal"})。@SuppressWarnings 的 value 用来指定要抑制的警告种类，其实，抑制单一警告时，完整写法是@SuppressWarnings(value = {"deprecation"})，当然，简写方式还是比较方便的。

提示>>> 弃用警告是由编译器生成的，这表示得在新的 JDK 上重新编译源代码，才能知道既有代码是否调用了新版 JDK 中被弃用的 API。JDK 提供了静态分析工具 jdeprscan，可以扫描源代码，协助找出弃用的 API。详情可查看"jdeprscan"[1]。

对于支持泛型的 API，建议明确指定泛型实际类型。如果你没有指定，编译器会发出警告。例如，代码如果含有以下片段：

```
public void doSome() {
    var list = new ArrayList();
    list.add("Some");
}
```

由于 List 与 ArrayList 支持泛型，但这里没有指定泛型实际类型，编译时会出现以下信息：

```
Note: xxx.java uses unchecked or unsafe operations.
Note: Recompile with -Xlint:unchecked for details.
```

如果不想看到警告，可使用@SuppressWarnings 抑制 unchecked 警告：

```
@SuppressWarnings("unchecked")
public void doSome() {
    var list = new ArrayList();
    list.add("Some");
}
```

@SafeVarargs

介绍@SafeVarargs 标注之前需要先探讨一个问题：你是否可能创建 List<String>[] 数组的实例？答案是不可能！对于 new List<String>[10]、List<String>[] lists = {new ArrayList<String>()}等语法，编译器会直接给出 error: generic array creation 的错误信息，但你可以声明 List<String>[] lists 变量，只是很少有人这么做。声明 List<String>[] lists 主要是为了支持可变长度参数，例如，你可能这样声明：

1 jdeprscan：https://docs.oracle.com/javase/9/tools/jdeprscan.htm.

```
public class Util {
    public static <T> void doSome(List<String>... varargs) {
        ...
    }
}
```

代码中使用泛型声明可变长度参数，varargs 实际上就是 List<String>[]类型，编译时会出现以下警告：

```
Util.java:3: warning: [unchecked] Possible heap pollution from
parameterized vararg type List<String>
    public static <T> void doSome(List<String>... varargs) {
                                                  ^
1 warning
```

18.1.1 节介绍过，泛型语法将向编译器提供信息，使其可在编译时检查类型。编译器只能就 List<String>的类型信息，在编译时检查调用 doSome()处传入的值是否为 List<String>类型。然而设计 doSome()的人在实现流程时，有可能遇到编译器无法检查的运行时类型错误。例如，SafeVarargs 的 API 文档中就有一个示例，如果以 doSome(new ArrayList<String>())调用：

```
public static <T> void doSome(List<String>... varargs) {
    Object[] array = varargs;
    List<Integer> tmpList = Arrays.asList(42);
    array[0] = tmpList;            // 语义不对，不过编译器不会生成警告
    String s = varargs[0].get(0);  // 运行时发生 ClassCastException
}
```

这类问题称为 Heap pollution，也就是编译器无法检查运行时的类型错误。在你使用泛型定义可变长度参数时，编译器会通过警告的方式提醒你，是否注意到 Heap pollution 问题。如果你确定已避免此类问题，可以使用@SafeVarargs 标注。例如：

```
public class Util {
    @SafeVarargs
    public static <T> void doSome(List<String>... varargs) {
        ...
    }
}
```

加上@SafeVarargs 后，编译 Util 类时就不会看到警告；你也可以通过如下方式抑制警告：

```
public class Util {
    @SuppressWarnings(value={"unchecked"})
    public static <T> void doSome(List<String>... varargs) {
        ...
    }
}
```

不过这不仅会抑制泛型声明可变长度参数的警告，还会抑制其他 unchecked 警告，因此不鼓励通过此方式抑制泛型声明可变长度参数的警告。

@FunctionalInterface

为了支持 Lambda，JDK 提供了@FunctionalInterface 标注，让编译器可协助检查 interface 可否作为 Lambda 的目标类型，这在 12.1.2 节中已经介绍过。

18.4.2 自定义标注类型

标注类型(Annotation Type)都是 java.lang.annotation.Annotation 的子接口，@Override 的标注类型为 java.lang.Override，@Deprecated 的标注类型为 java.lang.Deprecated，等等。之前介绍的标准标注类型都位于 java.lang 包中。

你可以自定义标注，先来看看如何定义标示标注(Marker Annotation)，对于此类标注，标注名称本身就是信息，编译器或应用程序主要检查是否有标注出现，并执行对应的动作，例如，@Override 就是标示标注。要定义标注，可以使用@interface。例如：

Annotation Test.java

```
package cc.openhome;
public @interface Test {}
```

编译完成后，就可在代码中使用@Test 标注。例如：

```
public class SomeTestCase {
    @Test
    public void testDoSome() {
        ...
    }
}
```

如果标注名称本身无法提供足够的信息，可进一步设定单值标注(Single-value Annotation)。例如：

Annotation Test2.java

```
package cc.openhome;
public @interface Test2 {
    int timeout();
}
```

这表示标注会有一个 timeout 属性，可以设定 int 值。例如：

```
@Test2(timeout = 10)
public void testDoSome2() {
    ...
}
```

标注属性也可用数组形式指定。例如，若按照下面的方式定义标注：

Annotation Test3.java

```
package cc.openhome;
public @interface Test3 {
    String[] args();
}
```

就可以用数组形式指定属性：

```
@Test3(args = {"arg1", "arg2"})
public void testDoSome3() {
    ...
}
```

在定义标注属性时，如果属性名称为 value，则可以省略属性名称，直接指定值。例如：

Annotation Ignore.java

```
package cc.openhome;
public @interface Ignore {
    String value();
}
```

这个标注可使用@Ignore(value ="message")进行指定，也可使用@Ignore("message")进行指定，而下面这个标注：

Annotation TestClass.java

```
package cc.openhome;

public @interface TestClass {
    Class[] value();
}
```

可以使用@TestClass(value = {Some.class, Other.class})指定，也可以使用@TestClass({Some.class, Other.class})指定。

也可对成员设定默认值，为此，使用 default 关键字即可。例如：

Annotation Test4.java

```
package cc.openhome;
public @interface Test4 {
    int timeout() default 0;
    String message() default "";
}
```

如此一来，如果以@Test4 进行标注，timeout 默认值是 0，message 默认是空字符串。如果设定@Test4(timeout = 10, message ="超时 10 秒")，timeout 的值就是 10，而 message 是“超时 10 秒”。如果 Class 设定的属性比较特殊，default 之后不能接 null，这种情况下，会发生编译错误，你必须自定义一个类作为默认值。例如：

Annotation Test5.java

```
package cc.openhome;
public @interface Test5 {
    Class expected() default Default.class;
    class Default {}
}
```

如果要设定数组默认值，可在 default 之后加上{}。例如：

Annotation Test6.java

```
package cc.openhome;
public @interface Test6 {
    String[] args() default {};
}
```

必要时可在{}中放置元素值。例如：

Annotation Test7.java

```
package cc.openhome;
public @interface Test7 {
    String[] args() default {"arg1", "arg2"};
}
```

在定义标注时，可使用 java.lang.annotation.Target 限定标注的使用位置，限定时可指定 java.lang.annotation.ElementType 的列举值：

```
package java.lang.annotation;
public enum ElementType {
    TYPE,                  // 可标注类、接口、列举等
    FIELD,                 // 可标注数据成员
    METHOD,                // 可标注方法
    PARAMETER,             // 可标注方法上的参数
    CONSTRUCTOR,           // 可标注构造函数
    LOCAL_VARIABLE,        // 可标注局部变量
    ANNOTATION_TYPE,       // 可标注标注类型
    PACKAGE                // 可标注包
    TYPE_PARAMETER,        // 可标注类型参数
    TYPE_USE,              // 可标注各种类型
    MODULE                 // 可标注模块
}
```

例如，若想限制@Test8，使其只能用于方法：

Annotation Test8.java

```
package cc.openhome;

import java.lang.annotation.Target;
import java.lang.annotation.ElementType;

@Target({ElementType.METHOD})
public @interface Test8 {}
```

如果尝试在方法以外的地方加上@Test8，将会发生编译错误，如图 18-3 所示。

```
@Test8
public class SomeTestCase {
The annotation @Test8 is disallowed for this location
Press 'F2' for focus
```

图 18-3　限定标注使用位置

如果想对泛型的类型参数(Type Parameter)进行标注：

```
public class MailBox<@Email T> {
    ...
}
```

那么在定义@Email 时，必须在@Target 处设定 ElementType.TYPE_PARAMETER，表示此标注可用来标注类型参数。例如：

Annotation Email.java

```
package cc.openhome;

import java.lang.annotation.Target;
import java.lang.annotation.ElementType;

@Target(ElementType.TYPE_PARAMETER)
public @interface Email {}
```

ElementType.TYPE_USE 可用于标注各种类型，因此在上面的示例中，也可将 ElementType.TYPE_PARAMETER 改为 ElementType.TYPE_USE。标注如果被设为 ElementType.TYPE_USE，那么只要是类型名称，都可进行标注。例如，如果有一个标注的定义如下：

Annotation Test9.java

```
package cc.openhome;

import java.lang.annotation.Target;
import java.lang.annotation.ElementType;

@Target(ElementType.TYPE_USE)
```

```
public @interface Test9 {}
```

那么以下几个标注示例都是没问题的：

```
List<@Test9 Comparable> list1 = new ArrayList<>();
List<? extends Comparable> list2 = new ArrayList<@Test9 Comparable>();
@Test9 String text;
text = (@Test9 String) new Object();
java.util. @Test9 Scanner console;
console = new java. util. @Test9 Scanner(System.in);
```

这几个示例都仅对@Test9 右边的类型名称进行标注，应与列举成员 TYPE、FIELD、METHOD、PARAMETER、CONSTRUCTOR、LOCAL_VARIABLE、ANNOTATION_TYPE、PACKAGE 等相区别。举例来说，以下标注就不合法：

```
@Test9 java.lang.String text;
```

在上面这个例子中，java.lang.String text 声明的是 text 变量；如果声明的是一个局部变量，而你想让以上标注合法，那么对于@Test9，须在@Target 中加注 ElementType.LOCAL_VARIABLE。

被加注 ElementType.MODULE 的有@Deprecated 与@SuppressWarnings，这表示可在模块描述文件的 module 上使用这两个标注。例如：

```
@Deprecated
module cc.openhome.simple {
    ...
}
```

如果把 requires 用在了被标注为@Deprecated 的模块上，编译时会看到警告，如果不想看到警告，可在模块上加注@SuppressWarnings("deprecation")，例如：

```
@SuppressWarnings("deprecation")
module cc.openhome {
    requires cc.openhome.simple;
    ...
}
```

在制作 JavaDoc 文档时，默认不会将标注数据加入文档；如果想将标注数据加入文档，可使用 java.lang.annotation.Documented。例如：

Annotation Test10.java

```
package cc.openhome;

import java.lang.annotation.Documented;

@Documented
public @interface Test10 {}
```

在使用了@Test10，生成 JavaDoc 后，文件中就会包含@Test10 的信息，如图 18-4 所示。

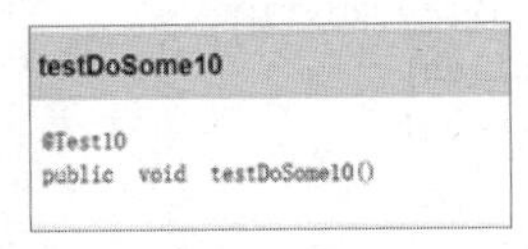

图 18-4　在文档中记录标注信息

在定义标注类型并应用于代码时，一个标注默认不会继承父类设定的标注，你可在定义标注时设定 java.lang.annotation.Inherited 标注，让标注可被子类继承。例如：

Annotation Test11.java

```
package cc.openhome;

import java.lang.annotation.Inherited;

@Inherited
public @interface Test11 {}
```

@Repeatable 可以让你在同一位置重复相同的标注。举例来说，也许本来定义了以下@Filter 标注：

```
public @interface Filter {
    String[] value();
}
```

这可以让你进行如下标注：

```
@Filter({"/admin", "/manager"})
public interface SecurityFilter {
    ...
}
```

如果想要另一种标注风格，可以使用如下方式：

Annotation SecurityFilter.java

```
package cc.openhome;

@Filter("/admin")
@Filter("/manager")
public interface SecurityFilter {}
```

为了实现这种标注风格，可以通过如下方式定义@Filter：

Annotation Filter.java

```
package cc.openhome;
```

```
import java.lang.annotation.*;

@Retention(RetentionPolicy.RUNTIME)
@Repeatable(Filters.class)
public @interface Filter {
    String value();
}

@Retention(RetentionPolicy.RUNTIME)
@interface Filters {
    Filter[] value();
}
```

实际上这是编译器的魔法，在这里，@Repeatable 告诉编译器，使用@Filters 作为收集重复标注信息的容器，而每个@Filter 储存各自指定的字符串值。

18.4.3 运行时读取标注信息

代码如果使用了自定义标注，默认会将标注信息储存于.class 中，允许编译器或字节码分析工具读取，但运行时无法读取标注信息。如果想在运行时读取标注信息，可在自定义标注时搭配使用 java.lang.annotation.Retention 与 java.lang.annotation.RetentionPolicy 来列举设定：

```
package java.lang.annotation;
public enum RetentionPolicy {
    SOURCE,  // 标注只会用于原始码(不会存至.class)
    CLASS,   // 标注信息存至.class 文件，只用于编译时期，执行时期无法读取
    RUNTIME  // 标注信息存至.class 文件，执行时期可以读取
}
```

RetentionPolicy 为 SOURCE 的一个例子是@SuppressWarnings，其作用仅在于告知编译器抑制警告信息，不用将此信息储存在.class 文件中。@Override 也是如此，其作用仅在于告知编译器检查是否重新定义了方法。

提示 »» 编译时处理标注信息的规范定义在 JSR 269 中，有兴趣的读者可以参考《编译时期捕鼠》[1]。

RetentionPolicy 为 RUNTIME 时，可让标注在运行时提供应用程序信息，可使用 java.lang.reflect.AnnotatedElement 接口实现对象取得标注信息，这个接口定义了几个方法，如图 18-5 所示。

1 编译时期捕鼠：https://openhome.cc/Gossip/JavaEssence/JSR269.html.

Modifier and Type	Method	Description
<T extends Annotation> T	getAnnotation (Class<T> annotationClass)	Returns this element's annotation for the specified type if such an annotation is *present*, else null.
Annotation[]	getAnnotations()	Returns annotations that are *present* on this element.
default <T extends Annotation> T[]	getAnnotationsByType (Class<T> annotationClass)	Returns annotations that are *associated* with this element.
default <T extends Annotation> T	getDeclaredAnnotation (Class<T> annotationClass)	Returns this element's annotation for the specified type if such an annotation is *directly present*, else null.
Annotation[]	getDeclaredAnnotations()	Returns annotations that are *directly present* on this element.
default <T extends Annotation> T[]	getDeclaredAnnotationsByType (Class<T> annotationClass)	Returns this element's annotation(s) for the specified type if such annotations are either *directly present* or *indirectly present*.
default boolean	isAnnotationPresent(Class<? extends Annotation> annotationClass)	Returns true if an annotation for the specified type is *present* on this element, else false.

图 18-5　AnnotatedElement 接口定义的方法

Class、Constructor、Field、Method、Package 等类都实现了 AnnotatedElement 接口，如果标注在定义 RetentionPolicy 时指定 RUNTIME，就可通过 Class、Constructor、Field、Method、Package 等类的实例取得设定的标注信息。

举例来说，如果设计了以下标注：

Annotation Debug.java

```
package cc.openhome;

import java.lang.annotation.Retention;
import java.lang.annotation.RetentionPolicy;

@Retention(RetentionPolicy.RUNTIME)
public @interface Debug {
    String name();
    String value();
}
```

因为 RetentionPolicy 为 RUNTIME，所以你可以在运行时读取标注信息，例如，可将@Debug 用于程序中：

Annotation Other.java

```
package cc.openhome;

public class Other {
    @Debug(name = "caterpillar", value = "2022/02/25")
    public void doOther() {
        ...
    }
}
```

以下示例可用来读取@Debug 设定的信息：

Annotation DebugTool.java

```
package cc.openhome;

import static java.lang.System.out;
import java.lang.annotation.Annotation;
import java.lang.reflect.Method;

public class DebugTool {
    public static void main(String[] args) throws NoSuchMethodException
{
        Class<Other> c = Other.class;
        Method method = c.getMethod("doOther");
        if(method.isAnnotationPresent(Debug.class)) {
            out.println("已设定 @Debug 标注");
            showDebugAnnotation(method);
        } else {
            out.println("没有设定 @Debug 标注");
        }
        showAllAnnotations(method);
    }

    private static void showDebugAnnotation(Method method) {
        // 取得 @Debug 实例
        Debug debug = method.getAnnotation(Debug.class);
        out.printf("value: %s%n", debug.value());
        out.printf("name : %s%n", debug.name());
    }

    private static void showAllAnnotations(Method method) {
        Annotation[] annotations = method.getAnnotations();
        for(Annotation annotation : annotations) {
            out.println(annotation.annotationType().getName());
        }
    }
}
```

执行结果如下：

```
已设定 @Debug 标注
value: 2022/02/25
name : caterpillar
cc.openhome.Debug
```

在图 18-5 中，可看到 getDeclaredAnnotation()、getDeclaredAnnotationsByType()、getAnnotationsByType()这三个方法。其中，getDeclaredAnnotation()可以取回指定的标

注；至于 getDeclaredAnnotationsByType()与 getAnnotationsByType()，在指定@Repeatable 的标注时，会查找并收集重复标注的容器；相比之下，getDeclaredAnnotation()与 getAnnotation()就不会处理@Repeatable 的标记。

举例来说，可以使用以下示例来读取之前 SecurityFilter 中重复的@Filter 标记信息。

Annotation SecurityTool.java

```
package cc.openhome;

import static java.lang.System.out;

public class SecurityTool {
    public static void main(String[] args) {
        Filter[] filters = SecurityFilter.class
                                .getAnnotationsByType(Filter.class);
        for(Filter filter : filters) {
            out.println(filter.value());
        }

        out.println(SecurityFilter.class.getAnnotation(Filter.class));
    }
}
```

执行结果如下所示，你可以观察到，对于被标注为@Repeatable 的@Filter，getAnnotation()的返回值会是 null。

```
/admin
/manager
null
```

课后练习

实验题

1. 你在 18.3.2 节实现了 Either 类，请为它实现 map()、flatMap()、orElse()方法，以进行以下操作：

```
static Either<String, Integer> div(Integer a, Integer b) {
    if(b == 0) {
        return new Left<>("除零错误 %d / %d".formatted(a, b));
    }
    return new Right<>(a / b);
}

public static void main(String[] args) {
```

```
        Integer a = Integer.parseInt("10");
        Integer b = Integer.parseInt("0");

        System.out.println(
            div(a, b).map(r -> r * 3.14159)
                     .flatMap(r -> new Right<>(String.valueOf(r)))
                     .orElse(err -> "Infinity")
        );
    }
```

2. 你在 7.2.2 节曾实现一个 ClientQueue，请为 ClientQueue 中的 Client 新增或删除特定对象，可以实现 ClientListener，并向 ClientQueue 进行注册。例如：

```
public class ClientLogger implements ClientListener {
    public void clientAdded(ClientEvent event) {
        out.println(event.getIp() + " added...");
    }

    public void clientRemoved(ClientEvent event) {
        out.println(event.getIp() + " removed...");
    }
}
```

请设计@ClientAdded 与@ClientRemoved 标注，可以对方法进行标注：

```
public class ClientLogger {
    @ClientAdded
    public void clientAdded(ClientEvent event) {
        out.println(event.getIp() + " added...");
    }

    @ClientRemoved
    public void clientRemoved(ClientEvent event) {
        out.println(event.getIp() + " removed...");
    }
}
```

希望实现如下功能：如果有 Client 加入 ClientQueue，会调用@ClientAdded 标注的方法；如果有 Client 从 ClientQueue 中移除，会调用@ClientRemoved 标注的方法。

提示》》》 你也许必须搭配使用 17.1.6 节中介绍的动态代理技术。

第19章 深入了解模块化

学习目标

- 认识模块的种类
- 处理模块依赖与封装细节
- 使用模块 API
- 创建 JAR、JMOD 与 JIMAGE

19.1 使用模块

Java 模块平台系统并非语言层次的功能，而且有一定的复杂度，条件允许的话，应由专职人员针对模块进行规划、设定与管理。然而大家都知道，在现实环境中，开发者都要会一点模块化的知识，至少在必要时知道如何找到相关知识，而这一章就是为此而准备的。

19.1.1 模块的种类

先说结论，请不要跳过这一节！

了解模块化最好的方式，就是在适当场景中使用适当的规划与设定，因此之前的各章节已在适当的地方介绍过一些模块化的知识。现在，是时候对散落各章节的模块化信息做个总结了，厘清模块的种类，以便后续深入了解模块化。

另一方面，你可能相当熟悉 Java，在看了这本书的目录后，因为急于了解模块化而直接翻阅本章。建议你通过本章的总结，看看之前在哪些章节，在什么样的场景中用了哪些模块相关的知识，这样才能进一步了解模块化议题。

1.2.4 节讨论 JDK 安装内容时，曾谈到 Java SE 9 将 JDK 模块化了，src.zip 的源代码被划分到各个模块。除了使用 JAR 来封装模块以外，还可使用 JIMAGE 与 JMOD 格式，你可以自己创建这些格式，我们将在 19.2 节详细介绍。

命名模块和未命名模块

在 2.3 节初探模块平台系统时，谈到了如何创建、编译、运行简单的模块。对于模块描述文件的设定，知道模块必须导出(exports)包，另一个模块声明依赖于(requires)

某模块后，才能使用被导出包中的类。你认识了模块路径，应当知道类路径中的类会自动被归为未命名模块；模块路径中的类都属于命名模块；如果应用程序采取模块化设计，默认会依赖于 java.base 模块；java.base 模块导出的包，任何模块都可访问。图 19-1 展示了命名模块与未命名模块之间的关系。

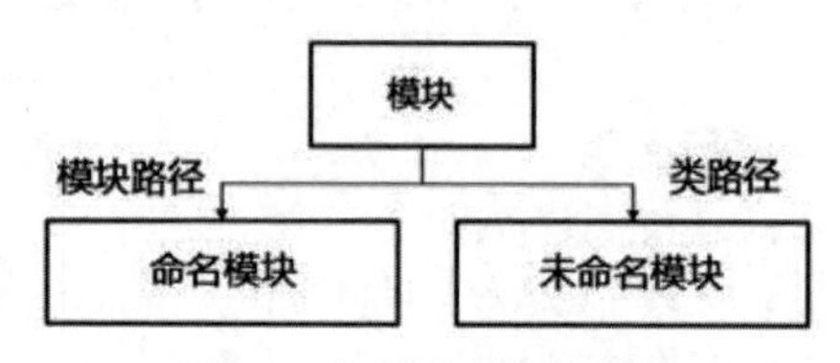

图 19-1　命名模块与未命名模块

如果你打算阅读本章，表示你应该具备包管理的知识，并了解 public、protected、private 与默认包权限。在 JDK 8 以前，public 表示整个应用程序都可以访问，然而，JDK 9 以后有了模块，模块中的 public 类、方法、值域是否能被另一模块看见，由模块设置决定。

在定义模块时必须记得，requires 的两个模块中不能出现相同的包，这种相同的包被称为分裂包(Split Package)，会导致编译失败，而运行时会产生 LayerInstantiation Exception 异常。

在 2.3 节之后，各章节的示例项目只使用模块路径，而且只使用 java.base 模块，直到 15.1 节谈到日志 API 时，因为 java.util.logging 包被划分至 java.logging 模块，所以你必须在模块描述文件中加入 requires java.logging，也就是说，就算是 Java SE API，如果不是 java.base 模块的类，就必须声明其依赖于(requires)相关模块；为什么 java.util.logging 包没被放到 java.base 模块中呢？因为实际工作中常会使用功能更强大的第三方日志程序库。

你也许只想让既有的应用程序运行在 JDK 9 以后的版本上，但不打算使用模块化，也就是说，从程序进入点开始的每个类都是基于类路径的，即都在未命名模块之中；其他被放在类路径中的 JAR 在 API 的使用上也许没有问题，也可使用 java.sql、java.util.logging 包中的 API，然而如果用到 javax.xml.bind.*、javax.rmi 等包，还是会出现编译错误。

这是因为这些包虽然被放在 Java SE 中，但实际上是与 Java EE 相关的 API。JDK 9 以后还是包含这些包，但它们被划分到 java.se.ee 模块，JVM 默认不会加载该模块。因此编译与执行时，必须使用--add-modules java.se.ee，才能使用这些包。

显式模块、自动模块

有些程序库可能还没模块化，为了保持兼容性，可以将这些程序库的 JAR 放在类路径中。但是本书示例项目都采用了模块化，都明确定义了模块并将它们放在模块路径中，这样的模块称为显式模块。显式模块无法依赖于未命名模块，因为未命名模块没有名称，无法在显式模块的模块描述文件中进行 requires 设置。

如果采用模块化设计，可将未支持模块化设计的 JAR 文件放在模块路径中。这会使得 JAR 文件被视为自动模块，而自动模块也是命名模块的一种。稍后会看到名称产生的规则。有了模块名称后，就可以声明依赖于(requires)自动模块，也就可以使用自动模块中的公开类、方法与值域。

基于兼容性，自动模块有隐含的模块定义，可以访问其他模块，而其他模块也可访问自动模块。在将应用程序迁移至模块化设计的过程中，自动模块将是未命名模块到显式模块的桥梁，如图 19-2 所示。

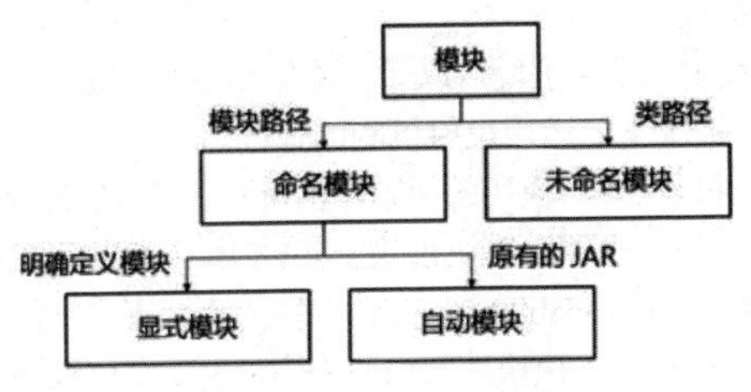

图 19-2　显式模块与自动模块

并非任何 JAR 都可以自动产生正确的模块名称。既有的 JAR 如果还没有进行任何调整，默认是基于文件名来产生名称的，产生的规则如下。

- 取得 JAR 的主文件名：如果是 cc.openhome-1.0.jar，就使用 cc.openhome-1.0 这个名称。
- 删除版本号：版本号必须是连字符(-)或下画线(_)后跟随的数字；找到版本号后，取得连字符(-)或下画线(_)前的名称，例如，对于 cc.openhome.util-1.0，使用 cc.openhome.util；对于 cc-openhome-util_1.0，使用 cc-openhome-util；如果没有版本号，例如 cc_openhome_util，就直接使用该名称。
- 将名称中非字母的部分替换为句号(.)：对于 cc.openhome.util、cc-openhome-util 或 cc_openhome_util，最后产生的自动模块名称都是 cc.openhome.util。

在自动产生模块名称时，JAR 主文件名不能有多个版本号片段，例如，cc.openhome.util_1.0-spec-1.0 无法自动产生正确的模块名称，此时如果被放到模块路径中的 JAR 文件在编译时期没有名称可以声明依赖关系，而运行时会产生 IllegalArgumentException 异常，将导致 JVM 无法对模块层进行初始化，进而引发 FindException 异常。

提示>>> 如果不想基于文件名自动产生模块名称，对于既有的 JAR，可以在 META-INF/MANIFEST.MF 里增加 Automatic-Module-Name，从而指定自动模块名称。然而对于第三方程序库的既有 JAR，不建议自己执行这个动作，最好让第三方程序库的发布者决定自动模块名称，免得以后产生名称上的混乱。在程序库官方决定自动模块的名称之前，若按照文件名来产生模块名称，实际上也会引发问题。感兴趣的读者可参考“Java SE 9 - JPMS Automatic Modules”[1]中的内容。

在决定是否将自己的应用程序迁移到模块化之前，可以先了解一下使用到的各程序库是否已有官方决定的(自动)模块名称，这样可以免去后续自行修改模块名称的麻烦。

注意，同一个包不能出现在多个模块中，如果同一个包出现在多个模块路径的 JAR 文件中，将只有一个 JAR 能成为自动模块，而其他的会被忽略。

一般模块、开放模块

第 17 章介绍了反射。学习了反射以后，开发者必须知道在采取模块设计时，如何在不破坏模块封装的情况下，运用反射机制的弹性。

17.1.7 节就是在探讨反射与模块的问题，也谈到了“读取能力”这个名词。如果 a 模块声明 requires b 模块，表示 a 模块依赖于 b 模块，a 模块可以读取 b 模块，或说 a 模块对 b 模块有读取能力(Readability)，有读取能力不代表有访问能力，b 模块还得导出(exports)包，这样 a 模块对 b 模块才有访问能力，也就是可以操作公开的类、方法或值域。

比访问能力更进一步的是深层反射。如果要操作非公开的类、方法或值域，模块本身需要开放(opens)包，或者直接开放模块本身。如果模块本身开放了，该模块将是一个开放模块，相对地，未开放的模块是一般模块，如图 19-3 所示。

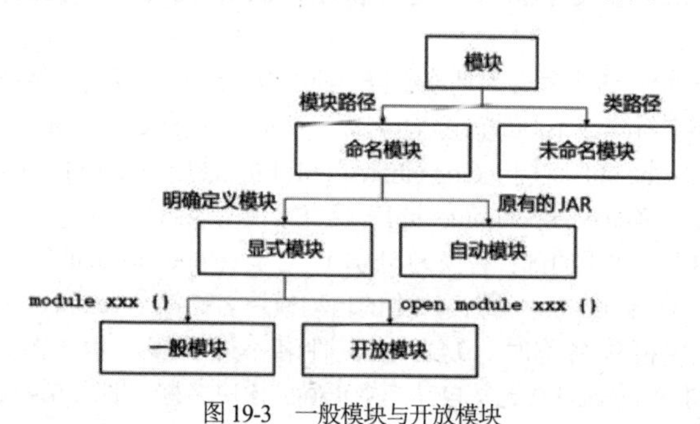

图 19-3 一般模块与开放模块

java.base 模块导出全部的包，但没有开放包，也没有开放模块，因此，任何模块都不能对 java.base 进行深层反射。

之前谈到，未命名模块可以读取其他模块，然而能否访问或进行深层反射，取决于其他模块是否导出或开放，而未命名模块对其他模块来说，就像开放了全部包，因此运行时，任何模块都可访问与深层反射未命名模块，不过，未命名模块没有名称，因此显式模块无法依赖于未命名模块，也就不能访问(也不能读取)未命名模块。

1 Java SE 9 - JPMS Automatic Modules：https://blog.joda.org/2017/05/java-se-9-jpms-automatic-modules.html.

那么自动模块呢？自动模块可以读取其他模块，然而能否访问或进行深层反射，取决于其他模块是否导出或开放，而自动模块对其他模块来说，就像开放了全部包，因此其他模块可以访问与深层反射自动模块。自动模块是命名模块，所以显式模块也可以依赖于自动模块。

注意 >>> 对于未命名模块，默认是找不到 javax.xml.bind.*、javax.rmi 等包的，因为它们被归为 Java EE 相关 API，位于 java.se.ee 模块中。

17.1.8 节谈到如何使用 ServiceLoader，以及如何在模块上使用 uses、provides 设定，让服务的客户端依赖于服务的 API 规范，而不用依赖于实现服务的模块，同时服务规范 API 的模块与实现服务的模块可以保持松散的依赖关系。

在 17.2 节中，关于类加载器的部分谈到了，根据模块化的特性，类加载器层级发生了变化，Application 也可以直接委托 Bootstrap 加载器了，而 Extension 被 Platform 加载器取代，它也可以直接委托 Application 加载器了；另外，如果自己创建 URLClassLoader 实例，而最后该实例确实从指定路径加载了类，那么该类会被归入未命名模块中。

应用程序依赖的模块可能被弃用，18.3.2 节中提到了 ElementType 的列举成员 MODULE，而被加注 MODULE 的有@Deprecated 与@SuppressWarnings，这表示可以使用@Deprecated 标注被弃用的模块。某模块如果仍想使用被弃用的模块，但不想收到警告信息，可以使用标注@SuppressWarnings("deprecation")。

如果对以上内容都已经了解，应该可以应对模块相关的多数场景了。接下来的内容将针对模块的更多细节进行补充。对于本书没有涵盖的内容，相信你已有足够的能力自行探索相关文档了。

19.1.2　requires、exports 与 opens 的细节说明

看到这里，你应该知道在模块描述文件中，requires、exports、opens 设定的基本意义是什么，它们还有一些值得探索的细节。

requires transitive

如果 a 的模块描述文件没有任何设定，a 就只依赖于 java.base 模块，这是隐含的(Implicit)依赖关系；如果 a 的模块描述文件声明了 requires b 模块，那么 a 模块显式(Explicit)依赖于 b 模块，而 a 模块与 b 模块都隐式依赖于 java.base。

如果 a 的模块描述文件声明了 requires b 模块，而 b 的模块模块描述文件声明了 requires c 模块，那么 a 对 b 显式依赖，而 a 模块隐式依赖于 c 模块。现在问题来了，a 模块可以使用 c 模块 exports 包的公开 API 吗？不行！默认情况下，模块对隐式依赖的模块没有读取能力。

如果 b 模块是基于 c 模块而编写的，并希望 a 模块不要触及 c 模块，以免未来 b 模块想替换底层实现时，会影响 a 模块，这样的设计就有意义。当然，如果 a 模块真

想直接使用 c 模块的 API，那么可以在 a 的模块描述文件中设定 requires c 模块来解决此问题，然而这时 a 模块就显式依赖 c 模块了。

然而，如果 b 模块的某方法返回 c 模块中的类型，而 a 模块如果要使用该类型，就必须对 c 模块有读取能力。虽然可在 a 的模块描述文件中设定 requires c 模块来解决此问题，但是，b 模块既然揭露了 c 模块的类型，你可以考虑使用 requires transitive c 模块，让模块在依赖于 b 模块时，既对 c 模块有隐含的读取能力，又不用显式依赖于 c 模块。

Java SE API 中的例子之一就是 java.sql 模块，你定义的模块描述文件声明 requires java.sql 后，就可从 java.sql.Driver 的 getParentLogger()取得 java.util.logging.Logger 实例来进行操作，然而后者位于 java.logging 模块中，可以这么做的原因在于，java.sql 模块描述文件是这么编写的：

```
module java.sql {
    requires transitive java.logging;
    requires transitive java.xml;

    exports java.sql;
    exports javax.sql;
    exports javax.transaction.xa;

    uses java.sql.Driver;
}
```

由于声明了 requires transitive java.logging 和 java.xml 模块，只要模块声明 requires java.sql 模块，就隐式依赖于 java.logging 与 java.xml 模块，并对这两个模块具有隐含的读取能力。假设 cc.openhome 模块声明了 requires java.sql 模块，那么模块图将如图 19-4 所示。

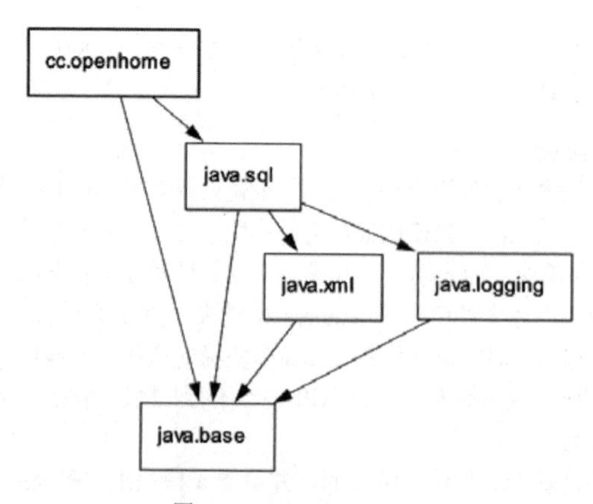

图 19-4 requires java.sql

requires 定义了模块间的依赖关系，而且定义的是编译时与运行时的依赖关系。在编译时，如果代码必须用到另一模块的公开 API，则必须声明 requires 该模块，这样编译器才能找到该模块。如果 a 模块声明了 requires b 模块，在执行时期 b 模块就一定得存在，否则会抛出 java.lang.module.FindException 异常，表示找不到 b 模块。

例如，可以将下载的示例文件中 labs\CH19 的 RequiresStaticDemo、RequiresStaticTest 项目复制到 C:\workspace，并使用 Eclipse 导入这两个项目。

RequiresStaticDemo 项目中 cc.openhome 模块声明了 requires RequiresStaticTest 项目中的 cc.openhome.test 模块，而 cc.openhome 模块中有个 Main 类：

RequiresStaticDemo Main.java

```
package cc.openhome;

public class Main {
    public static void main(String[] args) {
        if(args.length != 0 && "test".equals(args[0])) {
            cc.openhome.test.Test.fromTestModule();
        } else {
            System.out.println("应用程序正常流程");
        }
    }
}
```

cc.openhome.test.Test 类来自 cc.openhome.test 模块，假设它是开发程序时用于测试的类，执行 Main 时如果加上命令行参数 test，就会用到 Test 类。

如果只想测试运行时模块间的依赖关系，可以在 c:\workspace 目录中，使用以下命令执行：

```
> java --module-path
c:\workspace\RequiresStaticDemo\bin;c:\workspace\RequiresStaticTest\
bin -m cc.openhome/cc.openhome.Main test
来自 cc.openhome.test 模块
```

如果没有提供命令行参数 test，就会执行应用程序流程：

```
>java --module-path
c:\workspace\RequiresStaticDemo\bin;c:\workspace\RequiresStaticTest\
bin -m cc.openhome/cc.openhome.Main
应用程序正常流程
```

也许 cc.openhome.test 模块在实际生产环境中并不是必需的，然而，由于 cc.openhome 模块声明了 requires cc.openhome.test 模块，运行时如果没有 cc.openhome.test 模块，将出现错误：

```
>java --module-path C:\workspace\RequiresStaticDemo\bin -m
cc.openhome/cc.openhome.Main
```

```
Error occurred during initialization of boot layer
java.lang.module.FindException: Module cc.openhome.test not found,
required by cc.openhome
```

如果某模块是可选的，仅需要用于编译时，运行时可以不存在，那么可使用 requires static 设定仅在编译时依赖。以上面的示例来说，可将 cc.openhome 模块的 module-info.java 改为如下形式：

RequiresStaticDemo module-info.java

```
module cc.openhome {
    requires static cc.openhome.test;
}
```

在 Eclipse 中储存.java 文件后，就会自动编译出.class，接着试着在执行时提供命令行参数 test：

```
>java --module-path
C:\workspace\RequiresStaticDemo\bin;C:\workspace\RequiresStaticTest\
bin -m cc.openhome/cc.openhome.Main test
Exception in thread "main" java.lang.NoClassDefFoundError:
cc/openhome/test/Test
        at cc.openhome/cc.openhome.Main.main(Main.java:6)
Caused by: java.lang.ClassNotFoundException: cc.openhome.test.Test
        at java.base/jdk.internal.loader.BuiltinClassLoader.
loadClass(BuiltinClassLoader.java:602)
        at java.base/jdk.internal.loader.ClassLoaders$AppClassLoader.
loadClass(ClassLoaders.java:178)
        at java.base/java.lang.ClassLoader.loadClass(ClassLoader.
java:522)
        ... 1 more
```

哎呀，出错了？若对模块使用 requires static，设定仅在编译时依赖，运行时就不会看到依赖关系，因而就算--module-path 可找到 cc.openhome.test 模块，模块图中也不会有该模块，这时就可以用上 17.1.7 节中谈到的--add-modules 参数了：

```
>java --add-modules cc.openhome.test --module-path
C:\workspace\RequiresStaticDemo\bin;C:\workspace\RequiresStaticTest\
bin -m cc.openhome/cc.openhome.Main test
来自 cc.openhome.test 模块
```

实际产品上线后，使用了 requires static 的模块被设定为仅在编译时依赖，运行时不会显示依赖关系，模块图中也就不包含 cc.openhome.test 模块：

```
>java --module-path C:\workspace\RequiresStaticDemo\bin -m
cc.openhome/cc.openhome.Main
应用程序正常流程
```

在使用 requires 时，也可搭配使用 transitive 与 static，例如：

```
requires transitive static cc.openhome.somemodule;
```

exports to、opens to

模块使用 exports 指定包时，还可使用 to 限定只允许哪些模块使用，例如，java.base 的模块描述文件中，有些特定实现模块或 JDK 内部模块会在声明 exports 时限定可使用的模块：

```
module java.base {
  ...
   exports com.sun.security.ntlm to java.security.sasl;
   exports jdk.internal to jdk.jfr;
   exports jdk.internal.jimage to jdk.jlink;
   exports jdk.internal.jimage.decompressor to jdk.jlink;
   exports jdk.internal.jmod to
      jdk.compiler,
      jdk.jlink;
   ...
}
```

类似地，在使用 opens 开放包时，也可以加上 to，限定只允许哪些模块进行深层反射。

19.1.3　补丁模块

有时会想临时地替换模块中的某个(些)类，或临时性地修补分裂套件的问题，这时可在编译或执行时使用--patch-module 参数，指定修补用的类来源。建议只将这个参数用于排错或测试，不建议将其用于实际上线的环境中。

例如，在示例文件的 labs\CH19 中有个 PatchModule 文件夹，其中有已经构建好的 cc.openhome.jar、cc.openhome.util.jar 与 cc.openhome.util-patch.jar，如果在 PatchModule 文件夹中执行下面的指令，会显示 help 字样：

```
>java --module-path cc.openhome.jar;cc.openhome.util.jar -m
cc.openhome/cc.openhome.Main
help
```

help 字样来自 cc.openhome.util 模块中 cc.openhome.util.Util 类的 help()方法，源代码可在 labs/CH19 文件夹的 PatchModuleUtil 项目中找到。

cc.openhome.util-patch.jar 封装了 cc.openhome.util.Util 类，并将 help()方法实现为显示 HELP 字样。如果执行下面的 java 命令：

```
>java --patch-module cc.openhome.util=cc.openhome.util-patch.jar -module
-path cc.openhome.jar;cc.openhome.util.jar -m cc.openhome/cc.openhome.Main
HELP
```

--patch-module 的指定表示，cc.openhome.util 模块中如果有符合的类，将会被 cc.openhome.util-patch.jar 中对应的类取代。

--patch-module 只能用来替换 API 类，如果--patch-module 指定的来源中含有 module-info.class，该类只会被忽略，不会被换掉。使用 javac 编译时，也可使用 --patch-module 参数。

19.1.4 放宽模块封装与依赖

模块化功能是为了增强封装，然而有时想在不修改模块描述文件的前提下，临时放宽既有模块的封装，例如，使用未被导出的 JDK 内部 API，或对 Java SE 标准 API 进行深层反射。

在编译或运行时，如果真的必要，可以通过指定参数--add-exports、--add-opens 和 --add-reads，在模块描述文件中添加 exports、opens 和 requires 选项。建议只将这些参数用于排错或测试，不建议将其用于实际上线的环境中。

--add-exports

举例来说，java.base 模块的 sun.net 包或子包都指定 exports 只给 JDK 内部模块(jdk.*开头的模块)使用，如果在某个场景下，打算使用 sun.net 包或子包的 API，例如，如果 cc.openhome 模块中有一个 Main 类，其内容如下：

```
package cc.openhome;

import sun.net.ftp.FtpClient;
import sun.net.ftp.impl.DefaultFtpClientProvider;

public class Main {
    public static void main(String[] args) {
        FtpClient c = new DefaultFtpClientProvider().createFtpClient();
        ...
    }
}
```

默认使用 javac 时无法通过编译，然而，如果加上--add-exports 参数，例如：

```
javac --add-exports java.base/sun.net.ftp=cc.openhome
      --add-exports java.base/sun.net.ftp.impl=cc.openhome
      ...
```

就可以通过编译，上面的--add-exports 指定，相当于在 java.base 的模块描述文件中添加下面的 exports to 设定：

```
exports sun.net to cc.openhome;
exports sun.net.ftp.impl to cc.openhome;
```

如果想以--add-exports 指定 exports 给未命名模块，那么可在等号右边使用 ALL-UNNAMED。在通过编译后，运行时使用 java 命令时也要指定--add-exports 参数，这样才不会引发 IllegalAccessError，例如：

```
java --add-exports java.base/sun.net.ftp=cc.openhome
     --add-exports java.base/sun.net.ftp.impl=cc.openhome
     ...
```

--add-opens

--add-opens 在指定格式上与--add-exports 相同，例如，由于 java.base 模块的 java.lang 包没有 opens，下面 cc.openhome 模块的 Main 类在执行时，因为试图进行深层反射而引发 InaccessibleObjectException 异常：

```
package cc.openhome;

public class Main {
   public static void main(String[] args) throws Exception {
      var empty = "";
      var hash = String.class.getDeclaredField("hash");
      hash.setAccessible(true);
      System.out.println(hash.get(empty));
   }
}
```

如果运行 java 时指定--add-opens java.base/java.lang=cc.openhome，就可以顺利执行，因为这相当于对 java.base 的模块描述文件添加下面的设定：

```
opens java.lang to cc.openhome;
```

--add-reads

--add-reads 可以添加模块描述文件未定义的模块依赖关系，例如，如果 a 模块未依赖于 b 模块，也就是未在模块描述文件中直接声明 requires b，甚至连 requires static b 也没有，然而，临时想使用 b 模块导出的 API，那么可以在使用 javac 编译的时候，添加--add-reads 参数：

```
javac --add-modules b
      --add-reads a=b
      ...
```

指定--add-reads a=b，相当于在 a 的模块描述文件中添加 requires b 的设定，然而，实际上模块描述文件中没有 requires b 语句，为了在模块图中显示 b 模块，记得使用--add-modules b，使用 java 执行的时候也是如此：

```
java --add-modules b
     --add-reads a=b
     ...
```

提示>>> 若想将现有的应用程序迁移至 JDK 9 以后的平台，可能需要费点工夫。感兴趣的话，可以参考《迁移！往 Java 9 前进！》[1]。

19.2 模块 API

JDK 在运行时，使用 java.lang.Module 实例来代表各模块，你可以从中取得模块相关信息。对于模块描述文件定义的信息，运行时使用 java.lang.module.ModuleDescriptor 实例来代表，你可以从中取得 requires、exports 等语句的代表实例，比如 ModuleDescriptor.Exports、ModuleDescriptor.Requires 等。接下来要介绍这些模块 API，并简单介绍模块层(Module Layer)的概念。

19.2.1 使用 Module

17.1.1 节介绍过，Class 的 getModule()方法可取得类所在的模块代表实例，类似于反射 API。在取得 Module 实例后，可以对它进行信息检索。例如，在下面的示例中，可查看当前模块，以及可否读取指定类所在的模块，并列出其导出(exports)的包：

ModuleAPI ModuleInfo.java

```
package cc.openhome;

import static java.lang.System.out;

public class ModuleInfo {
    public static void main(String[] args) throws Exception {
        var clz = Class.forName(args[0]);

        Module current = ModuleInfo.class.getModule();
        Module module = clz.getModule();

        out.printf("%s 模块%s 读取 %s 类所在的 %s 模块%n",
                current.getName(),
                current.canRead(module) ? "可" : "不可",
                args[0],
                module.getName());

        out.println("导出的包：");
        module.getPackages().stream()
                .filter(module::isExported)
                .forEachOrdered(out::println);
```

1 迁移！往 Java 9 前进！：https://openhome.cc/Gossip/Programmer/MigrateToJava9.html.

```
    }
}
```

Module 的 getName()会返回模块名称，对于未命名模块，会返回 null。canRead()判断是否可读取指定的模块，对于命名模块，getPackages()会使用 Set<String>返回模块中包含的包；对于未命名模块，getPackages()返回的是加载类的类加载器定义的包(每个加载器都会有一个未命名模块)。isExported()判断指定的包是否有 exports，它的另一个重载版本可用来判断指定的包是否导出至(exports to)某个模块。

如果执行的命令行参数为 java.lang.Object，运行结果如下：

```
cc.openhome 模块可读取 java.lang.Object 类所在的 java.base 模块
导出的包：
javax.net.ssl
java.util.stream
javax.crypto.interfaces
java.lang.invoke
javax.security.cert
java.util.regex
java.lang
java.lang.module
java.security.cert
java.nio.charset
java.security.spec
java.io
java.util.concurrent
java.time.temporal
...
```

Module 不仅能用于查看模块信息，它还定义了 addExports()、addOpens()，可用于添加模块导出、开放的包，而 addReads()可用于添加模块依赖的模块，addUses()可用于添加模块使用到的服务类。

与 19.1.4 节介绍的--add-exports、--add-opens、--add-reads 等参数不同，只有模块内的类才能调用所在模块的 addExports()、addOpens()、addReads()、addUses()，因此，取得 java.base 模块的 Module 实例并调用其 addOpens()方法，会引发 IllegalCallerException 异常。

举例来说，假设在 cc.openhome.util 模块中有一个 Some 类，如下所示：

ModuleAPIUtil Some.java

```
package cc.openhome.util;

public class Some {
   private int some;

   public void openTo(Module module) {
```

```java
        this.getClass().getModule().addOpens("cc.openhome.util", module);
    }
}
```

cc.openhome.util 模块的模块描述文件仅声明了 exports cc.openhome.util 包，其他模块基本上只能访问公开的 API，然而 Some 类提供了 openTo()方法，可以将 cc.openhome.util 包导出给指定模块。例如，如果 cc.openhome 模块中有下面的示例程序：

ModuleAPI OpensDemo.java

```java
package cc.openhome;

import cc.openhome.util.Some;
import java.lang.reflect.Field;

public class OpensDemo {
    public static void main(String[] args) throws Exception {
        var s = new Some();
        if(args.length != 0 && "opens".equals(args[0])) {
            s.openTo(OpensDemo.class.getModule());
        }
        var f = Some.class.getDeclaredField("some");
        f.setAccessible(true);
        System.out.println(f.get(s));
    }
}
```

执行这个示例时，如果没有指定命令行参数，会因试图访问私有值域而引发 InaccessibleObjectException 异常；如果执行时指定命令行参数 opens，那么 cc.openhome.util 包会开放给 cc.openhome 模块，这样就能访问私有值域了。

19.2.2 使用 ModuleDescriptor

Module 实例可取得的模块信息其实有限，它提供的 getDescriptor()方法可以返回 java.lang.module.ModuleDescriptor，代表命名模块(包含自动模块)的模块描述文件；未命名模块的 getDescriptor()会返回 null。

ModuleDescriptor 代表模块描述文件，这意味着，它包含的是静态的模块描述信息，也就是模块描述文件的内容。

举例来说，如果通过 Module 的 addOpens()方法开放了更多包，那么 Module 的 getPackages()方法返回的 Set<String>将包含 addOpens()方法开放的包，不过，ModuleDescriptor 的 packages()方法返回的 Set<String>仍是模块描述文件中定义了 exports 的包。

部署描述文件中的 requires、exports、opens 等语句，在 ModuleDescriptor 中有对应

的 ModuleDescriptor.Requires、ModuleDescriptor.Exports、ModuleDescriptor.Opens 等类，而 ModuleDescriptor 的 requires()、exports()、opens()等方法返回的就是对应的 Set<ModuleDescriptor.Requires>、Set<ModuleDescriptor.Exports>、Set<ModuleDescriptor.Opens>等对象。

ModuleDescriptor 提供了静态的 read()方法，可以读取并根据 module-info.class 的内容创建 ModuleDescriptor 实例，例如，读取 java.base 的 module-info.class：

```
Module m = Object.class.getModule();
ModuleDescriptor md = ModuleDescriptor.read(
    m.getResourceAsStream("module-info.class")
);
```

在这个片段中也可以看到，如果要读取模块中的资源，可以通过 Module 的 getResourceAsStream()方法。

ModuleDescriptor 提供了静态的 newAutomaticModule()、newModule()、newOpenModule()等方法，可创建新的模块描述定义。它们都返回 ModuleDescriptor.Builder，可使用流畅的 API 风格来创建 ModuleDescriptor。ModuleDescriptor.Builder 的 API 文档提供了下面的示例：

```
ModuleDescriptor descriptor = ModuleDescriptor.newModule("stats.core")
        .requires("java.base")
        .exports("org.acme.stats.core.clustering")
        .exports("org.acme.stats.core.regression")
        .packages(Set.of("org.acme.stats.core.internal"))
        .build();
```

19.2.3 浅谈 ModuleLayer

Module 实例定义了 getLayer()方法，会返回 java.lang.ModuleLayer 实例，代表该模块是在哪个模块层找到的。那么，什么是模块层？

回顾 17.2 节介绍的类加载器，你知道它们负责加载类，而在 JDK 9 以后，类必然属于某个模块。程序执行时，模块彼此间的关系构成了模块图，类加载器会在模块图中查找类，模块图与类加载器的关系就组成了模块层。

到目前为止，示例程序运行时都只有一个模块层，它被称为 boot 模块层，而类加载器都是在 boot 模块层的模块图中查找类，boot 模块层上还有一个空模块层(Empty Layer)，里面没有任何模块，仅仅用作 boot 模块层的父模块层。

可以通过 ModuleLayer.boot()来取得 boot 模块层的代表实例。由于目前类加载器都是在 boot 模块层查找类，因此通过 Module 的 getLayer()取得的就是 boot 模块层：

```
jshell> ModuleLayer.boot() == Object.class.getModule().getLayer();
$1 ==> true
```

大多数应用程序项目不需要开发者意识到模块层的存在。只有当想实现某种服务容器或 plugins 架构的应用程序时，才会使用模块层。有关模块层的详细讨论不在本书的范围之内，然而 ModuleLayer 的 API 文档提供了一个简单的示例，这里将简单介绍该示例，使你大致知道如何构建模块层，以及如何从模块层中找到模块并加载类。

首先使用 java.lang.module.ModuleFinder 来查找模块。假设模块的 JAR 文件位于 One 项目的 dist 文件夹：

```
ModuleFinder finder =
    ModuleFinder.of(Paths.get("C:\\workspace\\One\\dist"));
```

接下来解析模块并建立模块图，解析模块是通过 java.lang.module.Configuration 实现的。由于 java.base 等模块位于 boot 模块层，在解析模块时需要 boot 模块层的 Configuration，在取得 boot 模块层的 ModuleLayer 实例后，可以调用 configuration()来取得：

```
ModuleLayer boot = ModuleLayer.boot();
Configuration cf = boot.configuration()
   .resolve(finder, ModuleFinder.of(), Set.of("one"));
```

调用 resolve()方法进行解析时，第一个参数指定从哪个 ModuleFinder 查找模块；如果在父 ModuleFinder 与第一个参数指定的 ModuleFinder 找不到模块，会使用第二个参数指定的 ModuleFinder；第三个参数指定模块层的根模块名称，One 项目 dist 文件夹中的 one.jar 中有一个 one 模块，因此第三个参数使用了 Set.of("one")。

完成解析并取得 Configuration 实例后，可以用该实例在 boot 模块层下创建新的模块层，创建时指定 System 加载器作为父加载器：

```
ClassLoader scl = ClassLoader.getSystemClassLoader();
ModuleLayer layer = boot.defineModulesWithOneLoader(cf, scl);
```

如果要从新的模块层加载类，应先找出模块的类加载器，并使用该加载器进行加载：

```
Class<?> c = layer.findLoader("one")
               .loadClass("cc.openhome.one.OneClass");
```

就这个例子来说，对于 findLoader("one")找到的加载器，父加载器将是 System 加载器；如果在 System、Platform、Bootstrap 加载器架构下找不到类，会由 findLoader("one")找到的加载器来加载类。

本节通过 ModuleLayer 的 API 文档提供的简单示例，简单介绍了什么是模块层。欲知更多细节，可以参考 API 文档的说明。

19.3 打包模块

1.2.4 节介绍过，若想打包模块，在 JDK 9 以后，除了可以使用 JAR 之外，还可使用 JMOD 与 JIMAGE。虽然可使用更为便捷的工具程序来打包模块，但是通过几个简单的示例稍微了解一下如何使用 JDK 内置命令来创建 JAR、JMOD 与 JIMAGE，也有助于理解打包模块时更便捷的工具程序到底做了哪些事情。

19.3.1　使用 jar 打包

身为 Java 开发者，你应该非常熟悉 JAR 格式了。它采用 zip 压缩格式，可通过 JDK 内置的 jar 命令来创建。如果使用 IDE 或者 Maven、Gradle 之类的构建工具(Build Tool)，将有更便捷的命令来创建 JAR 文件。

基本 JAR 打包

如果想体验如何使用 jar 命令创建 JAR 文件，可将下载示例文件中 labs\CH19 的 Hello2 文件夹复制到 C:\workspace。Hello2 是 2.3.1 节中示例的成果，其中的 classes 文件夹包含 cc.openhome.Main 类的编译结果，mods\cc.openome 则是 cc.openhome 模块的编译结果。

首先，试着创建一个传统的类库 JAR 封装，在进入 Hello2 文件夹之后，执行下面的命令：

```
C:\workspace\Hello2>jar --create --file dist/helloworld.jar -C classes /

C:\workspace\Hello2>java -cp dist/helloworld.jar cc.openhome.Main
Hello, World
```

--create 表示创建 JAR，--file 指定了 JAR 文件名称，-C 参数用来指定 JAR 要包含哪个文件夹的内容。你可以指定-cp 并指定程序进入点类，此外，如果创建 JAR 文件时，使用--main-class 指定程序进入点类，就可以使用-jar 来执行 JAR 文件。例如：

```
C:\workspace\Hello2>jar --create --file dist/helloworld2.jar
--main-class cc.openhome.Main -C classes /

C:\workspace\Hello2>java -jar dist/helloworld2.jar
Hello, World
```

在 Hello2 的 mods 中，cc.openhome 文件夹有编译好的 cc.openhome 模块，可使用下面的命令创建模块 JAR：

```
C:\workspace\Hello2>jar --create --file dist/cc.openhome.jar
--main-class cc.openhome.Main -C mods/cc.openhome /

C:\workspace\Hello2>java --module-path dist/cc.openhome.jar -m
cc.openhome/cc.openhome.Main
Hello, World

C:\workspace\Hello2>java --module-path dist/cc.openhome.jar
```

```
-m cc.openhome
Hello, World
```

这次在建立 JAR 时指定了--main-class，因此在使用-m 时可以只指定模块名称，就可以显示 Hello, World。

如果想查看 JAR 中有哪些文件，可以使用--list 参数，例如：

```
C:\workspace\Hello2>jar --list --file dist/cc.openhome.jar
META-INF/
META-INF/MANIFEST.MF
module-info.class
cc/
cc/openhome/
cc/openhome/Main.class
```

多版本 JAR

JDK 9 以后为 JAR 格式进行了增强，可以创建多版本 JAR(Multi-release JAR)，其中可以包含多个 JDK 版本下编译的.class 文件。如果运行在 JDK 8 以前的版本中，就使用旧版本的.class；如果运行在 JDK 9 以后的版本中，就使用新版本的.class。

为了进行演示，请将示例文件中的 labs\CH19\MultiReleases 文件夹复制到 C:\workspace。MultiReleases 包含了 classes 文件夹，其中的 Main.class 是在 JDK 8 中对 src\cc\openhome\Main.java 进行编译时得到的，如果将它作为程序进入点执行，会显示 Hello, JDK 8；MultiReleases 包含了 mods 文件夹，其中的 Main.class 是在 JDK 17 中编译 src\cc.openhome\cc\openhome\Main.java 时得到的，如果将它作为程序进入点执行，会显示 Hello, World。

现在可以进入 MultiReleases 文件夹，并执行下面的命令：

```
C:\workspace\MultiReleases>jar --create --file dist/cc.openhome.jar
--main-class cc.openhome.Main -C classes / --release 17 -C mods/cc.openhome /
```

注意--release 前的内容，这与旧式 JAR 的创建方式相同，因此，指定要包装的内容将是 JDK 8 编译后的.class 文件，--release 指定了 17，紧接着的-C 指定的是 JDK17 编译好的.class 文件。现在来看看 JAR 中有什么：

```
C:\workspace\MultiReleases>jar --list --file dist/cc.openhome.jar
META-INF/
META-INF/MANIFEST.MF
META-INF/versions/17/module-info.class
cc/
cc/openhome/
cc/openhome/Main.class
META-INF/versions/17/
META-INF/versions/17/cc/
META-INF/versions/17/cc/openhome/
```

```
META-INF/versions/17/cc/openhome/Main.class
```

如果不看粗体字部分，可以发现内容布局与旧式 JAR 相同，这部分信息主要来自使用 jar 命令时--release 前的设定。在 JDK 8 使用这个 JAR 时，例如执行 java -jar dist/cc.openhome.jar 时，会显示 Hello, JDK 8。

至于粗体字的部分，只在 JDK 9 以后使用该 JAR 文件时才会有作用，例如，在 JDK17 中执行 java -jar dist/cc.openhome.jar 时，如果发现 JAR 根目录的.class 与 META-INF/versions/17 中的.class 没有重复，会使用 JAR 根目录中的.class；如果 META-INF/versions/17 中有重复的.class，或 JAR 根目录中不存在 META-INF/versions/17 的.class(比如 module-info.class)，就使用 META-INF/versions/17 中的.class。

因此，若在 JDK17 中执行下面的命令，会显示 Hello, World：

```
C:\workspace\MultiReleases>java -jar dist/cc.openhome.jar
Hello, World

C:\workspace\MultiReleases>java --module-path dist/cc.openhome.jar -m
cc.openhome
Hello, World
```

由于 META-INF/versions/17 的 cc/openhome/Main.class 与 JAR 根目录的 cc/openhome/Main.class 重复，在 JDK17 中会使用 META-INF/versions/17 的 cc/openhome/Main.class。由于 META-INF/versions/17/module-info.class 不存在于 JAR 根目录中，在 JDK17 中也可通过--module-path 与-m 执行。

提示 >>> 这里对 jar 命令进行了基本的介绍。如果想了解更多内容，可以参考"jar"[1]的文档。

19.3.2 使用 JMOD 进行打包

JDK 9 引进了新的 JMOD 来打包模块，目的是处理比 JAR 更多的文件类型，比如原生指令、配置文件等。有些文件将 JMOD 描述为扩展版的 JAR，使用 javac 或 jlink 工具程序时，可以指定--module-path 参数到.jmod 文件所在路径，然而运行时不支持 JMOD 文件。

可以使用 JDK 9 以后内置的 jmod 工具程序来创建、查看或取出 JMOD 文件的内容。在我编写本章内容时，jmod 创建的文件采用 zip 压缩格式，然而这只是暂时性的方案，未来的格式仍是个开放讨论的议题。

由于运行时不能使用 JMOD，因此将程序库发布给开发者使用时，仍以 JAR 为主。jmod 工具程序也能将模块 JAR 文件作为.class 来源以建立 JMOD。发布 JMOD 文件的

1 jar：https://docs.oracle.com/javase/9/tools/jar.htm.

时机在于，需要一并打包原生命令、配置文件等，让客户端能方便地自定义运行时镜像文件；如 1.2.4 节介绍过的，JDK 本身提供了 Java SE API 的 JMOD 文件，你可以在 JDK 安装文件夹的 jmods 文件夹中找到它。

基本 JMOD 打包

如果想体验一下如何使用 jar 命令自己创建 JAR 文件，可以在 Hello2 文件夹(曾在 19.3.1 节使用过)进行操作，例如，若想将 mods/cc.openhome 中的 cc.openhome 模块封装为 cc.openhome.jmod，可以使用如下命令：

```
C:\workspace\Hello2>jmod create --class-path mods/cc.openhome
--main-class cc.openhome.Main dist/cc.openhome.jmod

C:\workspace\Hello2>jmod list dist/cc.openhome.jmod
classes/module-info.class
classes/cc/openhome/Main.class
```

--class-path 用来指定.class 来源，来源也可以是 JAR 文件；--main-class 指定程序进入点类(如果有的话)，这会在 dist 文件夹创建 cc.openhome.jmod；若想查看 JMOD 的内容，可使用 list 参数，Java 的.class 文件会放置在 classes 中；打包时可执行文件(使用--cmds)会放在 bin 中，配置文件(使用--config)放在 conf 中，头文件(使用--header-files)放在 include 中，原生程序库(使用--lib)放在 lib 中，法务信息(使用--legal-notices)放在 legal 中。例如，查看一下 JDK17 中 jmods 文件夹的 java.base.jmod：

```
C:\workspace\Hello2>jmod list "C:\Program
Files\Java\jdk-17\jmods\java.base.jmod"
classes/module-info.class
classes/com/sun/crypto/provider/AESCipher$AES128_CBC_NoPadding.class
classes/com/sun/crypto/provider/AESCipher$AES128_CFB_NoPadding.class
...
conf/net.properties
conf/security/java.policy
conf/security/java.security
...
include/classfile_constants.h
include/jni.h
include/jvmti.h
...
legal/COPYRIGHT
legal/LICENSE
legal/public_suffix.md
...
bin/java.exe
bin/javaw.exe
bin/keytool.exe
lib/classlist
```

```
lib/java.dll
lib/jimage.dll
lib/jli.dll
...
```

稍后介绍 jlink 时，会使用刚才建立的 cc.openhome.jmod 文件，接下来先看看如何记录 JMOD 文件的哈希值。

记录 JMOD 哈希值

如果其他模块依赖于目前正在打包的模块，此打包模块可记录其他模块的哈希值，一旦记录了哈希值，使用 jlink 时就会验证哈希值，如果该值不符合构建要求，就会失败并显示错误信息。

如果想实际操作，可以使用 2.3.3 节中的结果。请复制示例文件中 labs\CH19 的 Hello3 文件夹到 C:\workspace，在进入 Hello3 文件夹后，使用下面的命令为 cc.openhome 及 cc.openhome.util 模块分别创建 cc.openhome.jmod 与 cc.openhome.util.jmod：

```
C:\workspace\Hello3>jmod create --class-path mods/cc.openhome
--main-class cc.openhome.Main dist/cc.openhome.jmod

C:\workspace\Hello3>jmod create --class-path mods/cc.openhome.util
dist/cc.openhome.util.jmod
```

接着，执行 jmod，设定 describe，先查看两个.jmod 的信息：

```
C:\workspace\Hello3>jmod describe dist/cc.openhome.jmod
cc.openhome
requires cc.openhome.util
requires java.base mandated
contains cc.openhome
main-class cc.openhome.Main

C:\workspace\Hello3>jmod describe dist/cc.openhome.util.jmod
cc.openhome.util
exports cc.openhome.util
requires java.base mandated
```

目前没有记录任何哈希值，接下来使用 jmod hash 为模块加入哈希信息：

```
C:\workspace\Hello3>jmod hash --module-path dist --hash-modules .*
Hashes are recorded in module cc.openhome.util

C:\workspace\Hello3>jmod describe dist/cc.openhome.jmod
cc.openhome
requires cc.openhome.util
requires java.base mandated
contains cc.openhome
main-class cc.openhome.Main
```

```
C:\workspace\Hello3>jmod describe dist/cc.openhome.util.jmod
cc.openhome.util
exports cc.openhome.util
requires java.base mandated
hashes cc.openhome SHA-256
ab77964b377aaef9ae15a19f1400b8965670a3c35605e774191e43f1e940591f
```

--hash-modules 指定为哪些模块间的依赖关系记录哈希值，使用的是正则表达式。可以看到，cc.openhome.util.jmod 上记录了 cc.openhome 的哈希信息。

为了稍后在使用 jlink 时进行对比，dist2 已经准备了不同时间编译、创建的 jmod 文件，而且记录了哈希值，可以看到，这些哈希值与刚才的哈希值不同：

```
C:\workspace\Hello3>jmod describe dist2/cc.openhome.util.jmod
cc.openhome.util
exports cc.openhome.util
requires java.base mandated
hashes cc.openhome SHA-256
1ef656d415799df0f934818180090cd3443e3c43f05ca01afd82c8ad05bfe574
```

提示 >>> 这里对 jmod 命令进行了基本的介绍。如果想了解更多内容，可以参考“jmod”[1]的文档。

19.3.3 使用 jlink 建立运行时镜像

可以使用 JDK 9 以后附带的 jlink 工具程序创建运行时镜像，其中只包含指定的模块，这意味着执行特定的 Java 应用程序时，不需要完整的标准 JDK(JDK14 为三百多兆字节)。如果基于标准 JDK，基本 Hello, World 程序的运行时镜像将是二十几兆字节。通过压缩、去除不必要的头文件等，还可使容量变得更小。

来看看实际上如何使用 jlink，首先使用 19.3.2 节的 Hello2 结果，从 cc.openhome.jmod 与 java.base.jmod 创建运行时镜像，在进入 Hello2 文件夹后，执行以下命令：

```
C:\workspace\Hello2>jlink --module-path "C:\Program
Files\Java\jdk-14\jmods;dist\cc.openhome.jmod" --add-modules cc.openhome
--output helloworld

C:\workspace\Hello2>helloworld\bin\java --list-modules
cc.openhome
java.base@17

C:\workspace\Hello2>helloworld\bin\java -m cc.openhome
Hello, World
```

1 jmod：https://docs.oracle.com/javase/9/tools/jmod.htm.

--module-path 指定了模块来源，来源可以是目录、JAR 或 JMOD。--add-modules 指定要将哪些模块加入根模块，--output 指定输出到哪个文件夹。只有使用到的模块会被加入运行时镜像，就 Hello2 来说，只会使用到 java.base 与 cc.openhome 模块。

由于 java.base.jmod 包含 java 等命令，在运行时镜像创建好后，输出文件夹的 bin 里就有 java 等命令。你可以使用 java --list-modules 列出运行时镜像中的模块。先前的 cc.openhome.jmod 在创建时，使用--main-class 指定了程序进入点类，因此可使用 java–m cc.openhome 执行程序。

在 19.3.2 节，曾为 JMOD 记录了哈希值，目前在 Hello3 文件夹中，dist/cc.openhome.util.jmod 必须搭配 dist/cc.openhome.jmod，这样，在使用 jlink 建立运行时镜像时，才能通过哈希值进行比较。例如，进入 Hello3 文件夹之后，执行下面的命令：

```
C:\workspace\Hello3>jlink --module-path "C:\Program
Files\Java\jdk-17\jmods;dist" --add-modules cc.openhome
--output helloworld

C:\workspace\Hello3>helloworld\bin\java --list-modules
cc.openhome
cc.openhome.util
java.base@17

C:\workspace\Hello3>helloworld\bin\java -m cc.openhome
Hello, World
```

如果特意在建立运行时(Runtime)镜像时，使用 dist2/cc.openhome.jmod，将会因哈希值比较结果不相符而失败，例如，试着删除刚才创建的 helloworld 文件夹，然后执行以下命令：

```
    C:\workspace\Hello3>jlink --module-path "C:\Program
Files\Java\jdk-17\jmods;dist2\cc.openhome.jmod;dist\cc.openhome.util.
jmod" --add-modules cc.openhome --output helloworld
    Error: Hash of cc.openhome
(1ef656d415799df0f934818180090cd3443e3c43f05ca01afd82c8ad05bfe574)
differs to expected hash
(ab77964b377aaef9ae15a19f1400b8965670a3c35605e774191e43f1e940591f)
recorded in cc.openhome.util
    java.lang.module.FindException: Hash of cc.openhome
(1ef656d415799df0f934818180090cd3443e3c43f05ca01afd82c8ad05bfe574)
differs to expected hash
(ab77964b377aaef9ae15a19f1400b8965670a3c35605e774191e43f1e940591f)
recorded in cc.openhome.util
```

提示»» 这里对 jlink 命令进行了基本的介绍。如果想了解更多内容，可以参考“jlink”[1]的文档。

1 jlink：https://docs.oracle.com/javase/9/tools/jlink.htm.

附录 如何使用本书项目

学习目标

- 示例项目环境配置
- 示例项目导入

A.1 项目环境配置

为了方便读者查看示例程序、运行示例并观察结果，本书提供示例程序，读者可扫描封底二维码以下载资源。由于每个读者的计算机环境配置不尽相同，这里将对本书示例制作时的环境加以介绍，以便读者配置出与作者制作示例时所用环境最为接近的环境。

本书编写过程中安装的软件：

- Oracle JDK17
- Eclipse IDE for Java Developers - 2021-09

关于 JDK17 的下载、安装，请见 1.2.3 节；关于 Eclipse IDE 的安装，请见 2.4.1 节。

跟安装及路径有关的信息包括：

- JDK 安装在 C:\Program Files\Java\jdk-17 文件夹中，PATH 环境变量中包括 C:\Program Files\Java\jdk-17\bin 文件夹。
- Eclipse 项目都是建于 C:\workspace 文件夹中。

A.2 导入项目

如果要使用示例项目，请将示例项目复制到 C:\workspace，接着在 Eclipse 中执行导入项目的动作。

(1) 执行菜单“File/Import...”命令，在出现的“Import”对话框中，选择“General/Existing Projects into Workspace”。

(2) 单击“Next>”按钮，选择想导入的项目后单击“Finish”按钮，如图 A-1 所示。

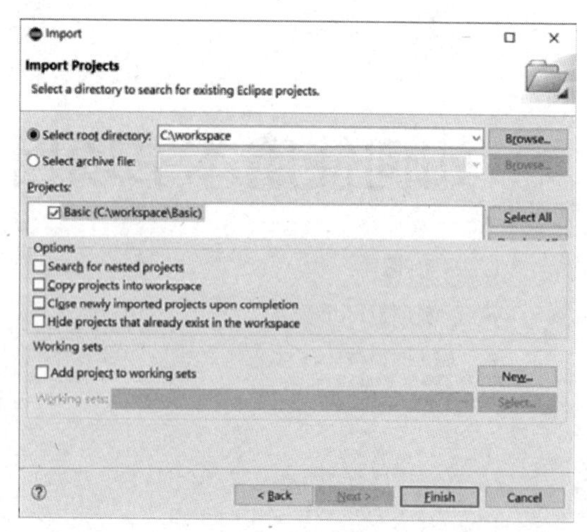

图 A-1　导入项目

如果导入项目后，发现项目上出现图标，这可能是因为你使用的 JDK 版本与我制作示例时使用的 JDK 版本不同，必须调整设置。

(1) 在项目上单击右键，执行“Properties”，并在出现的“Properties”对话框中选择“Java Build Path”节点。

(2) 在“Java Build Path”中切换至“Libraries”，双击出现图标的“JRE System Library”。

(3) 在“Edit Library”中选择想使用的 JRE，如图 A-2 所示。

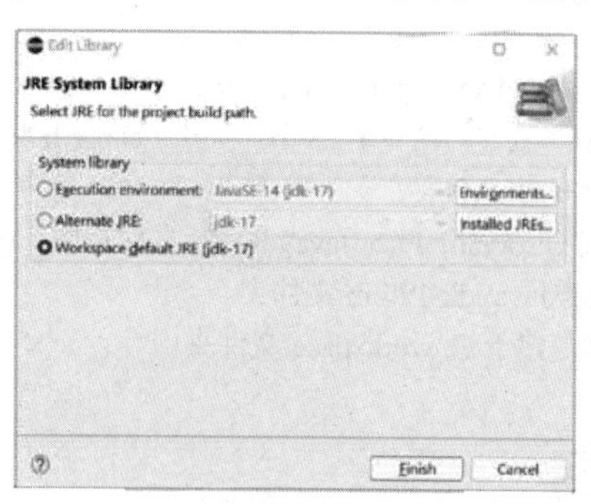

图 A-2　调整项目使用的 JRE

关于其他特定示例的设定，请参考各章节中的操作步骤说明。